雅砻江
杨房沟水电站
大型地下洞室群
稳定控制关键技术

中国电建集团华东勘测设计研究院有限公司
徐建军　殷亮　褚卫江　蔡波 等　著

中国水利水电出版社
www.waterpub.com.cn
· 北京 ·

内 容 提 要

本书是对杨房沟水电站大型地下洞室群设计、施工、动态反馈分析等关键技术的总结。全书共6章，包括绪论、工程地质研究、地下洞室群布置研究与开挖支护设计、地下洞室群施工关键技术、地下洞室群安全监测与围岩稳定反馈分析、地下洞室群若干典型岩石力学问题与工程对策。

本书可供从事大型地下洞室群研究、设计和施工的相关技术人员借鉴，也可供高等院校水电、水利、地质、土木工程等相关专业师生参考。

图书在版编目（CIP）数据

雅砻江杨房沟水电站大型地下洞室群稳定控制关键技术 / 徐建军等著. -- 北京 : 中国水利水电出版社, 2025. 7. -- ISBN 978-7-5226-3406-7

Ⅰ. TV731

中国国家版本馆CIP数据核字第2025JV2229号

书　　名	**雅砻江杨房沟水电站大型地下洞室群稳定控制关键技术** YALONG JIANG YANGFANGGOU SHUIDIANZHAN DAXING DIXIA DONGSHI QUN WENDING KONGZHI GUANJIAN JISHU
作　　者	中国电建集团华东勘测设计研究院有限公司 徐建军　殷　亮　褚卫江　蔡　波　等　著
出版发行	中国水利水电出版社 （北京市海淀区玉渊潭南路1号D座　100038） 网址：www.waterpub.com.cn E-mail：sales@mwr.gov.cn 电话：(010) 68545888（营销中心）
经　　售	北京科水图书销售有限公司 电话：(010) 68545874、63202643 全国各地新华书店和相关出版物销售网点
排　　版	中国水利水电出版社微机排版中心
印　　刷	北京印匠彩色印刷有限公司
规　　格	184mm×260mm　16开本　21.25印张　517千字
版　　次	2025年7月第1版　2025年7月第1次印刷
定　　价	**168.00**元

本书编委会

主　　编	徐建军	殷　亮	褚卫江	蔡　波
编写人员	张　帅	徐江涛	段伟锋	钟大宁
	潘　兵	周　强	蒋胜祥	应和平
	吴　疆	杨日昌	周　勇	谢　斌
	肖厚云	闫兴田	丁兵勇	张俊林
	赵　鹏	张立新	巩贵彦	杨连苗

前言

PREFACE

随着全球能源结构的转型和可持续发展理念的深入人心，水电作为一种清洁、可再生的能源，在世界能源供应中扮演着越来越重要的角色。中国作为世界上水电资源最为丰富的国家之一，对大型水电站的建设和技术创新有着迫切的需求和巨大的潜力。在这一背景下，大型水电站地下洞室群的稳定性控制技术，成为了确保工程安全、提高能源利用效率的关键。

《雅砻江杨房沟水电站大型地下洞室群稳定控制关键技术》是由中国电建集团华东勘测设计研究院有限公司联合中国水利水电第七工程局有限公司，依托杨房沟水电站工程的丰富实践经验，精心编写的专业著作。全书系统总结了地下洞室群的设计、施工、动态反馈分析等关键技术，旨在为水电行业的技术人员、管理人员以及相关专业的学生和研究人员提供宝贵的知识资源和实践指导。

本书的编写，是在水电行业转型升级的大背景下进行的。随着市场竞争的加剧和电力体制改革的不断深入，传统的水电开发模式已难以满足新的发展需求。EPC总承包建设模式的推广应用，为水电行业带来了新的生机，同时也带来了工程技术复杂性、管理难度和建设标准的提升。本书正是在这样的行业发展趋势中应运而生的，旨在为水电行业的持续发展与转型升级提供技术支持和理论指导。

全书内容涵盖了工程地质研究、地下洞室群布置研究与开挖支护设计、地下洞室群施工关键技术、地下洞室群安全监测与围岩稳定反馈分析，以及地下洞室群若干典型岩石力学问题与工程对策等多个方面。每一章节都力求深入浅出，既有理论的深度，又有实践的广度，以期为读者提供全面、系统的技术参考。

在编写本书的过程中，我们深知理论与实践相结合的重要性。因此，本书引用了大量的勘察、设计、科研资料和丰富的文献，以确保内容的科学性、先进性和实用性。同时，我们也意识到，任何技术的发展都离不开创新。因此，本书在总结现有技术的基础上，更加注重技术创新与发展趋势的研究，以期为水电行业的技术进步贡献力量。

在本书的编写过程中，我们得到了雅砻江流域水电开发有限公司的大力支持，以及众多参与研究工作的单位、专家和学者的无私帮助。在此，我们表示衷心的感谢。同时，我们也期待同行和读者对本书提出宝贵的意见和建议，以便我们不断修订和完善。

最后，我们希望本书能够为水电行业的发展贡献一份力量，为推动我国乃至全球水电技术的创新和进步提供理论和实践的支持。

作者

2024 年 6 月

目录
CONTENTS

第1章 绪 论

1.1 概述

我国水电资源总量位居世界第一，根据《能源中长期发展规划纲要（2004—2020年）》，大力发展水电是解决好能源短缺与清洁能源的重要途径。它不仅有助于减少对化石燃料的依赖，降低温室气体排放，而且在电网调峰、稳定供电方面发挥着不可替代的作用。水电作为一种清洁、可再生的能源，在国家能源结构中占据着至关重要的地位，大力开发西部水电，实施西电东送是西部大开发战略的重要组成部分。受地形和气候条件的控制，中国的水力资源多集中在西南高山峻岭地区，河谷狭窄陡峻，适宜修建许多高水头大容量的水电站。21世纪以来，我国已经兴建了一批以复杂大型地下洞室群为标志性建筑物的大型水电站，包括三峡、龙滩、水布垭、构皮滩、彭水、拉西瓦、溪洛渡、官地、锦屏一级、锦屏二级、向家坝、瀑布沟、大岗山、猴子岩、两河口、白鹤滩、乌东德等水电站，我国的大型地下洞室的规模、数量在世界上首屈一指，例如已经建成发电的白鹤滩水电站右岸主厂房洞室开挖尺寸为34m×88.7m×438m、三峡水电站地下电站主厂房开挖尺寸为32.6m×88.6m×311.3m、向家坝水电站主厂房尺寸为33.4m×85.5m×255m，大型地下洞室设计、施工技术水平和工程实践方面已经达到世界领先水平。

地下厂房作为大型水电站的核心结构，其洞室群的布局和设计极具挑战性。这些洞室群通常囊括主副厂房、主变电室（以下简称“主变室”）、尾水调压室（以下简称“尾调室”）等关键空间，以及母线通道、引水隧道、尾水隧道等重要组成部分，还有诸如出线竖井、交通隧道、排水隧道等辅助设施。在相对紧凑的空间内，这些洞室纵横交错，形成了高挖空率的复杂结构，尤其是主副厂房、主变室和尾调室，它们作为宽敞空间和高边墙的代表，对工程设计和施工提出了更高要求。地下洞室的围岩不仅是工程结构的一部分，也是地下洞室稳定的自然条件。在中国西南等地区，由于板块构造的活跃运动，使地形险峻多变，地质构造复杂，岩石性质和地应力条件变化多端，这为地下工程的地质勘探和施工带来了不小的难题。由于勘探技术的限制，地下所有的地质信息和岩石力学特性无法被完全掌握，这无疑增加了工程建设的不确定性和潜在风险。大型地下洞室群在施工和使用过程中，经常面临一些独特的力学挑战。例如，在开挖过程中，由于应力释放，可能会产生大量的卸荷，导致围岩产生显著变形。同时，多洞室的相互作用可能导致力学效应的叠加，进而引起围岩的变形、开裂，甚至影响锚固系统的正常受力。随着时间的推移，围岩可能出现时效变形，这不仅会影响围岩自身的稳定性，还可能导致支护结构的失效，对整个地下工程的安全构成威胁。

因此，对地下洞室群的稳定性进行深入研究，开展针对性的围岩稳定性分析、动态监测反馈、支护控制策略以及安全性评估，不仅是理论上的需要，更具有迫切的现实意义。发展有效的控制技术和支护策略，对于确保大型水电站地下厂房的安全运行至关重要。这需要综合考虑地质条件、岩石力学特性、地应力环境以及施工技术等多方面因素，采取科学合理的设计和施工方法，以应对地下工程中可能出现的各种复杂情况。

1.2　大型水电站地下洞室研究现状

1.2.1　围岩稳定性评价

在水利水电工程领域，大型地下洞室的稳定性分析是至关重要的。分析方法多样，包括但不限于以下几种。

（1）工程类比法与地质分析法：主要用于地下洞室稳定性的宏观定性和半定量分析，是规范中推荐的主要方法。它们依据地质勘察资料、岩体力学试验和地应力测试等，开展岩体质量评价和围岩分类，为地下洞室的开挖和支护方案提供建议。这些方法在工程实践中得到广泛应用，并随着经验的积累而不断完善。国际和国内均有多种围岩分类标准，如 RMR 法、Q 系统分类法、BQ 系统分类法和 HC 法等，这些分类依据工程地质条件进行围岩稳定性的支护设计。

（2）理论分析方法：依赖于数学模型和物理定律来预测地下洞室在不同荷载和地质条件下的行为。对于规则洞室，可以应用解析解来预测其稳定性；对于不规则洞室，则可能需要采用复变函数法等数学工具来求解。这种方法的优势在于能够提供洞室设计的深刻洞见，但可能因实际工程条件的复杂性而受限。

（3）物理模型试验法：通过建立按比例缩小的地下洞室模型来模拟实际工程条件，包括地质构造、应力状态和施工过程。这种方法的优势在于能够直观地展示洞室和围岩的变形、破坏过程，为工程设计提供直观的参考。然而，物理模型的制作和试验成本较高，且在模拟复杂地质条件时可能存在困难。

（4）数值模拟方法：利用计算机技术对地下洞室的稳定性进行仿真分析。这类方法可以细分为基于连续介质力学的方法（如有限元法、有限差分法）、基于非连续介质力学的方法（如离散元法、DDA 方法），以及结合连续与非连续介质特性的方法。数值模拟的优势在于能够模拟复杂的地质条件和施工过程，预测洞室的长期稳定性，但需要精确的地质数据和合适的计算模型。数值模拟方法还包括对地下洞室施工过程中的动态模拟，分析开挖、支护等施工步骤对洞室稳定性的影响。此外，数值模拟也被用于研究锚固支护结构的设计和施工顺序的优化，以及围岩和支护结构共同承载能力。

这些方法在实际应用中往往不是孤立的，而是相互补充，共同为地下洞室的稳定性分析提供全面的解决方案。随着技术的发展，这些方法也在不断地融合和创新，以适应日益复杂的工程挑战。

1.2.2　围岩安全监测分析

地下洞室的稳定性评估和变形特征研究是确保水利水电工程安全性的关键环节，而安全监测作为获取现场原型数据的重要手段，对于理解地下洞室围岩的力学行为和稳定性评价具有不可替代的作用。安全监测不仅构成了“新奥法”施工中动态设计和信息化施工的理论基础，同时也是施工阶段安全开挖的有力保障。

地下洞室安全监测的科学基础和方法起源于坝体监测技术，其发展历史可追溯至20世纪初期。自20世纪20年代美国首次在大坝中埋设量测仪器以来，监测技术在坝体工作状态评估中发挥了重要作用，促进了坝工理论的进步。20世纪50年代后，随着全球范围内对工程安全监测重视程度的提升，我国亦在大坝安全监测领域取得了显著进展，尤其是在刘家峡、葛洲坝等工程中开展了大量的地下洞室安全监测工作。

地下洞室围岩安全监测技术涵盖了围岩位移、应力、渗压、渗水量、声发射、松弛区以及锚杆应力、锚索锚固力等多个方面。监测仪器的类型包括差动电阻式、振弦式、电容式、光纤类、声波类、加速度式、磁致伸缩式等，具体仪器如多点位移计、测缝计、收敛计、锚杆应力计、钢筋计、渗压计、滑动测微计、钻孔倾斜仪、土压力计、微震监测仪等，这些仪器为地下洞室稳定性的全面评估提供了重要的数据支持。

安全监测技术在地下洞室建设中的应用日益广泛，不仅在葛洲坝、二滩、三峡等重大工程中发挥了关键作用，而且通过大量成功应用，积累了丰富的实测数据，揭示了不同地质条件下岩体卸荷变形的规律和特征。

尽管原型观测技术取得了显著成果，但在施工开挖的实时跟踪、数据分析的及时性、异常变形破坏的解译能力以及与数值仿真的结合等方面仍有提升空间。特别是在西部地区的复杂地质条件下，对于超大型地下洞室，例如乌东德水电站的地下厂房高边墙所面临的陡倾岩层-小夹角变形破坏特征和变化规律、锚固作用机制等关键科学问题，亟须进一步深入研究。此外，对于高应力条件下大型洞室开挖完成后变形随时间持续增长的时效变形问题，及其对高承载锚索等支护结构长期安全性的影响，也需结合现场实测数据进行更为细致的分析。

综上所述，安全监测在地下洞室稳定性研究和施工安全中发挥着至关重要的作用。通过不断优化监测技术和方法，结合现场实测数据，可以更准确地评估地下洞室的稳定性，为工程设计和施工提供科学依据，确保工程安全。

1.2.3 围岩动态反馈调控

在水利水电工程中，大型地下洞室的稳定性分析和施工设计是一个多阶段、多方法集成的复杂过程。这一过程通常以地质勘探和岩体力学特性分析为基础，结合数值模拟方法，来确定洞室的开挖方案和锚固支护措施。鉴于前期勘探的精度和深度存在局限性，施工期间需不断根据岩性、岩体结构条件和岩石力学参数的调整，以及应力变化和监测成果，开展围岩动态反馈分析和调控。这一动态分析和调控过程是“新奥法”设计施工流程的核心部分，包括以下四个关键因素。

1. 动态设计流程

动态设计流程的发展始于20世纪60年代，基于喷锚支护施工经验和大量隧道建设实践，逐渐形成了一套综合性的设计和施工方法，即“新奥法”。该方法随着岩石力学理论和技术的发展而不断丰富。在中国，自20世纪70年代引入后，已在多个领域得到应用。动态设计流程是针对地下洞室施工过程中遇到的不可预测因素而采取的灵活设计方法。此流程强调实时监测数据的重要性，通过监测洞室施工过程中的围岩位移、应力变化等关键参数，实现对设计方案的及时调整。随着施工的进展，地质条件可能发生变化，动态设计流程允许工程团队根据最新的地质信息和监测数据，优化支护措施和施工方法。这种方法论的发展，不仅提高了地下工程的安全性，也促进了设计方法的科学化和精细化。

2. 岩体结构力学与控制作用

岩体结构特性是其力学行为、变形和破坏形式的主要控制因素。岩体由结构面和结构体组成，这些结构特性决定了岩体力学行为的各向异性、非连续性和非线性。岩体结构控制论认为，地下洞室的稳定性受岩体结构面的分布、产状、性质以及结构体的完整性所控制。在地下洞室的设计和施工中，识别和评估这些结构特性对于预防岩体失稳、优化支护设计至关重要。

3. 大型地下洞室动态反馈分析

动态反馈分析是对地下洞室施工过程中围岩响应的实时评估。通过监测手段获取数据，结合数值模拟技术，分析围岩的应力路径、位移场和破坏模式。这种分析方法允许工程团队对地下洞室的稳定性进行连续评估，并根据分析结果调整施工步骤和支护措施。已有研究通过黏弹性反分析、模式搜索优化方法和节理裂隙岩体模型非线性有限元法等手段，开展施工过程的时空反馈分析。动态反馈分析的实施，提高了地下洞室施工的适应性和安全性，为地下洞室群的稳定性特征分析提供了重要的理论和实践基础。

4. 变形调控标准

尽管地下厂房大型洞室群监测反馈分析已经取得大量研究成果和应用实践经验，但在地下工程监测反馈分析流程中的某些关键环节仍受限，例如动态反馈及时性和围岩稳定控制标准的缺乏。现有研究成果主要集中在围岩评价指标方面，但地下洞室群围岩稳定性评判方法和指标至今没有统一、实用的定论，导致反馈分析成果难以及时判断围岩稳定状态并指导设计和施工。

总体而言，大型地下洞室的稳定性分析和施工设计是一个涉及多学科、多技术的综合过程。该过程需要不断地根据施工过程中揭露的地质条件和监测数据进行动态调整和优化，以确保工程的安全性和可靠性。在大数据、人工智能等新兴技术的推动下，未来的地下洞室稳定性分析和施工设计将更加智能化、精准化，为大型地下工程的安全性和可靠性提供更强有力的保障。

1.3　杨房沟水电站工程概况

1.3.1　工程概述

杨房沟水电站位于四川省凉山彝族自治州木里藏族自治县境内的雅砻江中游河段麦地龙乡上游约 6km 处，是中游河段一库七级开发的第六级。雅砻江中游（两河口—卡拉河段）水电规划梯级图如图 1.3-1 所示。杨房沟水电站上距孟底沟水电站坝址约 33km，下距卡拉水电站坝址约 37km。坝址控制流域面积为 8.088 万 km^2，多年平均流量为 $900m^3/s$。工程区距木里藏族自治县约 150km，距西昌市约 429km，其中木里藏族自治县至坝址仅有简易公路相通，西昌市至木里藏族自治县为省道。

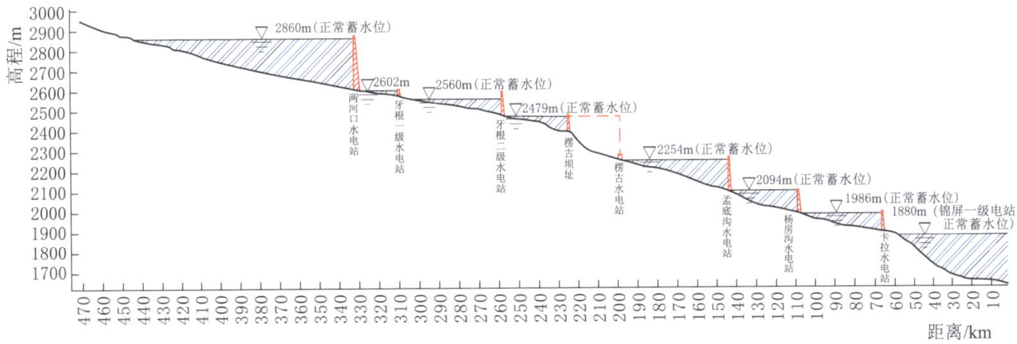

图 1.3-1 雅砻江中游（两河口—卡拉河段）水电规划梯级图

杨房沟水电站工程的开发任务为发电，水库正常蓄水位为 2094m，相应库容为 4.558 亿 m^3，死水位为 2088m，相应库容为 4.0195 亿 m^3。水库总库容为 5.1248 亿 m^3，调节库容为 0.5385 亿 m^3，电站装机容量为 1500MW，安装 4 台 375MW 的混流式水轮发电机组。电站单独运行时具有日调节性能，与中游河段“龙头”梯级水库两河口水电站联合运行时电站具有年调节性能。杨房沟水电站与两河口水电站联合运行时，保证出力为 523.3MW，多年平均年发电量为 68.557 亿 kW·h。

杨房沟水电站为Ⅰ等大（1）型工程，工程枢纽主要建筑物由挡水建筑物、泄洪消能建筑物及引水发电系统等组成，杨房沟水电站工程枢纽三维效果如图 1.3-2 所示。挡水建筑物采用混凝土双曲拱坝，坝高 155m；泄洪消能建筑物为坝身表、中孔和坝后水垫塘及二道坝，泄洪建筑物布置在混凝土坝身，消能建筑物布置在坝后；引水发电系统布置在河道左岸山体内，地下厂房采用首部开发方式，尾水洞出口布置在杨房沟沟口上游侧。混凝土双曲拱坝、泄洪消能建筑物、引水发电系统等主要水工建筑物为 1 级建筑物，坝后水垫塘及其他次要建筑物为 3 级建筑物。

图 1.3-2 杨房沟水电站工程枢纽三维效果图

挡水建筑物采用混凝土双曲拱坝，坝顶高程为 2102m，坝高 155m。拱冠梁顶厚 9m、底厚 32m，厚高比为 0.206；最大拱端厚度为 34.9m，最大中心角为 87.01°。坝顶中心线弧长 362.17m，弧高比为 2.34，共分为 18 个坝段。拱坝坝体混凝土约 75.81 万 m^3。

泄洪消能建筑物由坝身 3 个表孔与 4 个中孔、坝后水垫塘及二道坝组成。坝身表孔为开敞式溢流表孔，溢流面采用 WES 堰，堰顶高程为 2080m，表孔孔口尺寸为 12m×14m（宽×高），表孔出口采用 30°俯角出流型式。坝身中孔进出口底高程均为 2029m，出口孔口尺寸为 5.5m×7m（宽×高），中孔全流道采用低合金高强度结构钢板衬砌，出口采用平底、对称的宽尾墩出流型式。坝后水垫塘总长约 197.68m，采用平底（局部倒圆角）的复式梯形断面。二道坝采用混凝土重力坝，坝顶高程为 1988.5m，坝高 38.5m。

项目可行性研究报告于 2012 年 11 月通过四川省发展和改革委员会、四川省能源局审查，2015 年 6 月通过项目核准，2016 年 1 月正式开工建设，总工期为 95 个月，动态总投资约 200 亿元。杨房沟水电站于 2021 年 11 月投产发电，2022 年工程竣工。

1.3.2　引水发电系统与地下洞室群

1.3.2.1　基本设计方案

杨房沟水电站地下厂房采用左岸首部开发方案，左岸厂址区地形较为陡峻，岸坡坡度为 55°～65°，局部为陡崖。地下洞室群位处坡体深部，地下厂房部位的地面高程为 2240～2370m，上覆岩体厚度为 197～328m，水平岩体厚度为 125～320m，岩性为花岗闪长岩，岩体完整，岩质坚硬。厂区建筑物由主副厂房洞、主变室、尾调室三大洞室，以及母线洞、出线竖井及出线平洞、厂房进/排风洞、电缆交通洞、进厂交通洞、通风兼安全洞及通风竖井、排水（灌浆）廊道、自流排水洞及其他辅助洞室、地面开关站等组成。其中，主副厂房洞纵轴线方向为 N5°E，与引水隧洞高压管道轴线交角 90°。主副厂房洞、主变室、尾调室三大洞室平行布置，均采用圆拱直墙型断面，主副厂房洞与主变室的净距为 45.0m，主变室与尾调室的净距为 42.0m。主副厂房洞在平面布置上采用一字形布置，从左至右依次为副厂房、主厂房和安装场。地下洞室群三维布置如图 1.3-3 所示。

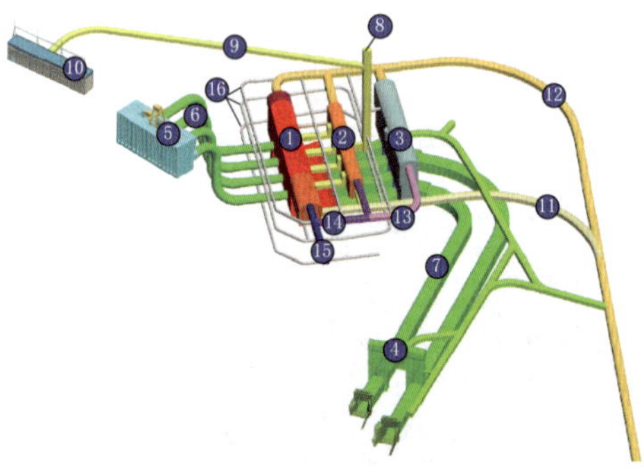

图 1.3-3　地下洞室群三维布置图

①—主副厂房洞；②—主变室；③—尾调室；④—尾水闸门室；⑤—进水塔；⑥—引水隧洞；⑦—尾水隧洞；⑧—出线竖井；⑨—出线平洞；⑩—开关站；⑪—进厂交通洞；⑫—厂房进风洞；⑬—尾调排风洞；⑭—主变排风洞；⑮—通风兼安全洞；⑯—排水廊道

主副厂房洞室开挖尺寸为 230m×30m×75.57m（长×宽×高），分 4 个机组段布置，机组间距 33.0m，机组安装高程为 1973.5m，发电机层高程为 1992m，开挖底高程为 1947m，开挖顶高程为 2022.5m。

主变室布置在主厂房下游侧，与主副厂房洞平行布置，两洞室间净距为 45m，主变室开挖尺寸为 156.0m×18.0m×22.3m（长×宽×高），开挖底高程为 1990.4m，开挖顶高程为 2012.7m。

尾调室采用阻抗长廊式，与主副厂房洞、主变室平行布置，1 号和 2 号调压室尺寸分别为 24m×69.5m×63.75m（宽×长×高）和

24m×82m×63.75m（宽×长×高）。两条尾水洞断面采用17m×18.5m（宽×高）的城门洞形，长度为516.4～667.0m，采用钢筋混凝土衬砌，尾水洞出口设置地下尾水闸门室。另外，在尾水出口上游侧约100m处布置有尾水检修闸门室。

1.3.2.2 工程建设情况

杨房沟水电站工程大型地下洞室群自2016年4月开挖开始，至2018年6月三大洞室（主副厂房、主变室、尾调室）整体开挖支护完成，共历时26个月。在工程建设中，依托数字化信息化管理平台，结合实时快速反馈分析与动态开挖支护设计方法，积极开展复杂大型地下洞室群安全、优质、高效施工技术研究工作，克服了诸多工程难题，大幅提升了整体设计施工效率与质量，缩减开挖工期6个月（相较于原工程总承包合同工期）。图1.3-4和图1.3-5为主副厂房洞开挖支护完成后的现场施工面貌。

图1.3-4 主副厂房洞现场施工面貌（一）

图1.3-5 主副厂房洞现场施工面貌（二）

1.3.3 工程等别与设计标准

1.3.3.1 工程等别

根据《防洪标准》（GB 50201—2014）及《水电枢纽工程等级划分及设计安全标准》（DL 5180—2003）的有关规定，该工程为Ⅰ等工程，工程规模为大（1）型。该工程混凝土双曲拱坝、泄洪建筑物、引水发电系统等主要水工建筑物为1级建筑物；坝后水垫塘及其他次要建筑物为3级建筑物。

根据《水电枢纽工程等级划分及设计安全标准》（DL 5180—2003）的有关规定：按照可靠度原理设计或验算结构安全性时，水工建筑物的结构安全级别应根据水工建筑物的级别确定。工程主要水工建筑物级别和结构安全级别见表1.3-1。

表1.3-1 工程主要水工建筑物级别和结构安全级别

序号	建筑物名称	建筑物级别	建筑物结构安全级别
1	混凝土双曲拱坝	1	Ⅰ
2	坝身泄洪建筑物	1	Ⅰ
3	引水发电系统	1	Ⅰ
4	坝后消能防冲建筑物、下游河道护岸	3	Ⅱ

1.3.3.2 设计标准

1. 洪水标准

根据《防洪标准》（GB 50201—2014）及《水电枢纽工程等级划分及设计安全标准》

（DL 5180—2003）的有关规定，杨房沟水电站发电厂房洪水标准按 200 年一遇洪水设计，1000 年一遇洪水校核。主要水工建筑物洪水标准及相应流量见表 1.3-2。

表 1.3-2　　主要水工建筑物洪水标准及相应流量

建筑物名称	设计洪水		校核洪水	
	重现期/年	洪峰流量/(m^3/s)	重现期/年	洪峰流量/(m^3/s)
混凝土双曲拱坝	500	9320	5000	11200
坝身泄洪建筑物	500	9320	5000	11200
水垫塘及二道坝	100	7930		
电站进水口	500	9320	5000	11200
发电厂房	200	8540	1000	9900

2. 地震及抗震标准

根据中国地震局地震预测研究所提出的《四川省雅砻江杨房沟水电站地震安全性评价报告》和中国地震灾害防御中心提供的《杨房沟水电站坝址设计地震动参数补充工作报告》，杨房沟水电站工程区域地震基本烈度为Ⅶ度，坝址场地不同超越概率标准的基岩水平地震动峰值加速度见表 1.3-3。

表 1.3-3　　坝址场地不同超越概率标准基岩水平地震动峰值加速度

概　率	50 年超越概率			100 年超越概率	
	63%	10%	5%	2%	1%
基岩水平峰值加速度	51.0gal	144.5gal	191.5gal	302.4gal	378.4gal

根据《水电工程水工建筑物抗震设计规范》（NB 35047—2015）规定：在地下结构的抗震设计计算中，基岩面下 50m 及其以下部位的设计地震取非壅水建筑物抗震设防标准峰值加速度的 1/2，即 95.75gal。

1.4　主要工程问题

1.4.1　地下洞室群的典型工程地质问题

杨房沟水电站地下洞室群规模巨大，工程场地的地质条件复杂，受各种不利地质条件制约，地下洞室群开挖与支护过程中将面临一系列安全与稳定难题。杨房沟水电站地下洞室群的复杂地质条件及其带来的工程问题主要体现在四个方面：①水平大主应力的方位角与厂房纵轴线近乎垂直，厂房上游拱肩和下游墙角应力集中，存在片帮破坏现象；②厂区发育顺洞向陡倾角优势结构面，存在大量潜在随机块体和不利半定位块体；③厂房下游边墙局部洞段发育岩体蚀变带和节理密集带，对岩壁吊车梁和下游边墙围岩稳定不利；④洞室围岩开挖揭示不利断层，如顶拱揭示的缓倾角断层、边墙揭示的中陡倾角断层，对顶拱和边墙围岩稳定不利。杨房沟水电站地下洞室群复杂地质条件如图 1.4-1 所示。

1. 水平大主应力与厂房纵轴线近乎垂直

一般来讲，厂房纵轴线方位应尽量与第一主应力的水平投影方向成较小的夹角，以减

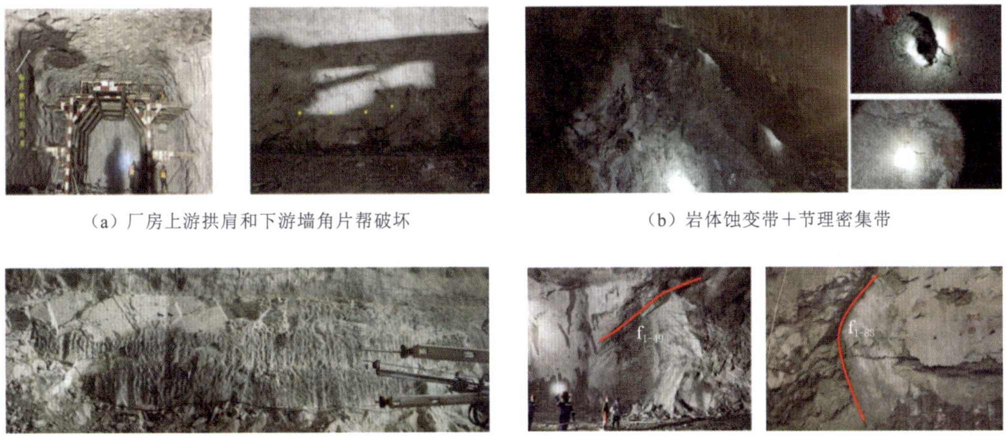

（a）厂房上游拱肩和下游墙角片帮破坏　（b）岩体蚀变带＋节理密集带

（c）顺洞向中陡倾角优势结构面　（d）不利断层（顶拱、边墙）

图 1.4－1　杨房沟水电站地下洞室群复杂地质条件

少高边墙开挖时的卸荷作用，有利于洞室围岩的稳定。国内大型地下厂房第一、第二主应力基本信息见表 1.4－1。很显然，杨房沟水电站地下厂房纵轴线方位（N5°E）与第一主应力（量值为 15.52MPa，方向角为 N79°W）的夹角较大，近乎垂直，加之杨房沟水电站厂址区域属中等地应力场，可以预见，在开挖卸荷作用下，顶拱围岩将存在较明显的应力集中，或有高应力破坏风险；洞室高边墙围岩将发生较大的应力释放，导致边墙围岩变形较大，将给高边墙的支护方式和支护参数设计带来较大挑战。另外，根据地应力测试结果和工程区岩石力学试验结果，如实测地应力的平均值取 14MPa，花岗闪长岩的单轴抗压强度取 60～100MPa，则围岩的强度与应力之比为 4.3～7.1，可能存在轻微高应力破坏风险。

表 1.4－1　国内大型地下厂房第一、第二主应力基本信息

水电站名称	第一主应力/MPa	第二主应力/MPa	第一主应力与厂房纵轴线夹角（平均值）/(°)
叶巴滩	37.57	17.98	21
锦屏一级	35.7	25.6	17.6
两河口	30.44	21.57	38.9
官地	25.0	10.6	40.4
二滩	25.6	24.4	29
溪洛渡（左岸）	14.79	10.42	41
溪洛渡（右岸）	15.87	10.05	5
杨房沟	15.52	14.00	84

2. 厂区发育顺洞向陡倾角优势节理和挤压破碎带

杨房沟水电站地下厂房区域主要发育三组优势节理：①N15°～20°E、NW∠75°～80°；②N85°E、NW∠40°～45°；③N65°～75°W、SW∠65°～70°。与洞轴线的夹角分别为 15°、80°、75°。其中优势节理①与洞室轴线呈不利的小角度，加上边墙发育多条顺洞向陡倾角挤压破碎带，与切洞向优势结构面组合后对高边墙、岩壁吊车梁的开挖成型和稳定不利，也因提供了边墙侧向卸荷变形的条件而导致母线洞环向开裂加剧。

3. *厂房下游边墙局部洞段发育岩体蚀变带*

杨房沟水电站地下厂房下游边墙开挖揭露断层 f_{83} 及其影响带，岩体存在不同程度蚀变现象（宽 6～10m，呈局部化）。该蚀变岩体具有节理裂隙发育、强度低、易软化等特点，因其位处厂房高边墙，设计施工难度大，加之紧邻的岩壁吊车梁的特殊运行环境又带来了其他不确定性，显然其开挖支护设计需充分考虑围岩支护结构体系在施工及运行阶段的整体安全稳定性。如何快速有效获取蚀变岩体的空间分布、物理力学参数、变形机制等均是亟待解决的难题，尤其是大型地下厂房受岩体蚀变带影响方面的研究较少，缺乏系统性。

4. *洞室围岩开挖揭示不利断层*

洞室围岩开挖揭示的不利断层，常表现出明显的非连续变形特征，其在洞室顶拱揭露，一般会导致深层变形问题和局部坍塌破坏；在边墙开挖揭露，则会导致围岩松弛变形或局部滑塌等块体稳定问题。比如，在地下厂房中导洞开挖阶段，顶拱出露的缓倾角断层 $f_{1\text{-}49}$，即导致了该断层下盘出现数米长的坍塌破坏，围岩松弛变形问题突出。

1.4.2 动态设计与反馈分析的深度融合与实现

岩体作为地下工程的载体，是一种不确定性系统。相对于一般的地表工程，大型地下洞室群建设可能面临更加严峻的考验，主要体现在以下几方面：①工程材料特性存在不确定性，工程岩体本身经历了各种再变形和再破坏的漫长地质过程，其内部存在众多不同规模的影响其连续性的断层、节理、缺陷等，其不同尺度下的力学行为差别较大，不连续性、非均质性和各向异性特征突出；②工程问题的破坏机理难以弄清楚，自然界中的岩体被各种构造形迹切割成既连续又不连续的地质体，比迄今为止人类熟知的任何工程材料都复杂，它几乎到处都在变化；③工程地质信息的不完备，详细的工程地质调查也只能对有限工程区的地质条件进行测绘，而大尺寸洞室穿越的众多地质单位和不良地质条件都无法通过有限的勘探物探等手段进行逐一详细地描述和评估。

目前，复杂大型地下洞室群围岩稳定控制方法得到了长足发展，但很多难题仍未能彻底解决。在复杂大型地下洞室群的稳定性研究中，如何分析开挖中的围岩损伤及损伤累积过程，如何针对大型洞室分层分步开挖的特点提出科学的反馈分析方法，又如何进行洞室群围岩稳定性的安全预警和动态优化设计，仍是水电地下工程实践对岩石学科理论研究的迫切要求。然而，目前应用于大型地下洞室群的反馈分析要么偏重于经验而导致稳定性判别随意性较大，要么过分依赖于理论计算分析而导致分析结果与工程实际脱节。并且目前依据围岩变形的地下洞室稳定性评价指标过于单一，预警体系缺乏联动与统一，不能完全反映实际复杂地质条件的影响和施工过程中围岩稳定性的演化特征，在工程实践中缺乏可操作性。总体上看，目前工程实践中普遍存在反馈分析与设计优化脱节的问题，没有形成二者协同配合的有效机制和运行模式，以上种种难题是制约动态优化设计的关键技术“瓶颈”。

另外，在复杂大型地下洞室群施工中，由于地质环境复杂、洞群效应显著、开挖扰动频繁、安全风险高、工作条件差，存在多工作面交叉协同作业难、通风施工通道综合效率待提高、复杂地质洞段施工难度大等诸多问题。杨房沟水电站工程作为国内首个百万千瓦级总承包模式建设的大型水电项目，其在缩短工期、提高设备利用率、降低人力成本、降能耗、保安全等方面提出了更高要求，因此迫切需要加大对行业领域内现有大型地下洞室群施工先进技术的深入实践与提炼升华，在精细化施工质量控制、施工技术管理方面进行改革创新，加强施工过程的集约化、标准化与工厂化，工序与功能的三维协同优化，以及典型复杂不良地质问题的流程化管控，进而提升整体施工效率和施工质量，保障施工安全和节约施工成本。最终目的是形成复杂大型地下洞室群安全、优质、高效施工的成套技术。

1.5　主要研究内容

1.5.1　大型水电站地下洞室围岩稳定控制方法

大型水电站地下洞室围岩稳定控制方法主要研究内容包括三个方面：①复杂大型地下洞室群快速智能反馈分析技术与动态高效优化设计方法；②针对典型复杂地下工程技术难题的流程化研究方法与设计理论体系；③基于多源数据、多维分析的地下洞室群围岩稳定预警模型与安全控制技术。

1.5.2　大型水电站地下洞室施工成套技术

大型水电站地下洞室施工成套技术主要研究内容包括三个方面：①复杂大型地下洞室群优质安全高效建设的成套施工技术；②施工期大型地下洞室群多工序、多功能协同施工技术；③针对各类典型特殊不良地质条件的地下洞室施工技术。

第2章 工程地质研究

2.1 基本工程地质条件

2.1.1 地形地貌及地层岩性

杨房沟水电站地下洞室群布置在雅砻江左岸山体内，厂址区地形较为陡峻，岸坡坡度为55°～65°，高程为2390～2460m，局部呈陡崖分布，厂址区揭露的地层主要为燕山期花岗闪长岩（$\gamma\delta_5^2$）、新都桥组变质粉砂岩（T_3xd）及第四系（Q_4）地层，冲沟局部覆盖第四系崩坡积层。左岸原始地形地貌如图2.1-1所示。

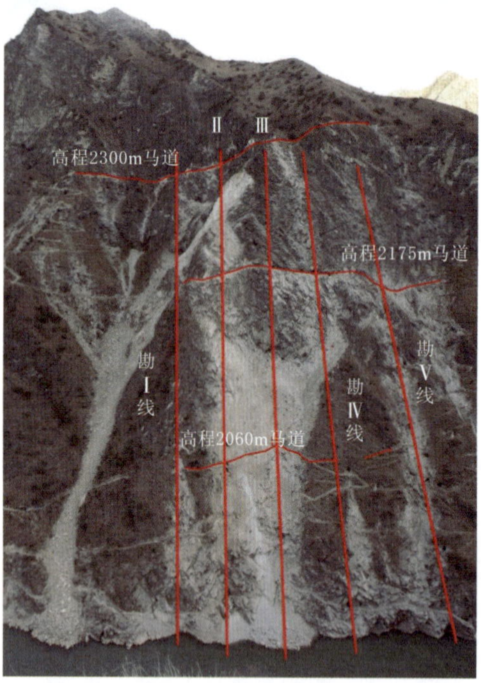

图2.1-1 左岸原始地形地貌图

1. 三叠系上统新都桥组变质粉砂岩（T_3xd）

浅灰～深灰或灰黑色变质粉砂岩，互层～中厚层为主，局部为薄层状。浅灰～深灰色变质粉砂岩以中厚层为主，为脆性坚硬岩，其原岩为砂岩及硅质含量较高的砂岩；局部夹薄层状灰黑色变质粉砂岩，经强烈石墨化，岩质软弱，且经过后期构造挤压，呈挤压破碎状。该地层在PD47平洞洞深480m处揭露，岩层产状为N10°～15°W、NE∠40°～50°，与燕山期花岗闪长岩（$\gamma\delta_5^2$）呈裂隙接触。

2. 燕山期花岗闪长岩（$\gamma\delta_5^2$）

深灰～浅灰色，花岗结构为主，块状构造。矿物颗粒直径为0.8～2mm，以细粒为主，其矿物成分由普通角闪石、黑云母、斜长石、钾长石、石英等组成。普通角闪石遭强阳起石化，其次为方解石化、绿帘石化、绿泥石化、偶见硅化；斜长石受较强绢云母化、泥化，偶有绿帘石化，常被扭曲；岩体内沿结构面蚀变现象较为普遍。花岗闪长岩分布界线于勘Ⅰ线岸坡高程约2480m处以N8°E方向延伸。

3. 第四系全新统（Q_4）

崩坡积层（Q_4^{col-dl}）为碎石混合土，主要由碎、砾石夹粉土，局部夹块石或施工弃渣。分布在较缓山坡处及冲沟内，厚度一般为0.5～5m。

2.1.2 区域构造稳定性综合评价

工程所在区域属松潘—甘孜地槽褶皱系（Ⅱ）之雅江褶皱带（$Ⅱ_2$）的南部，与扬子准地台相邻。区内新构造运动以大面积整体急速抬升为主，其次为以大断裂为边界的断块之间的差异运动。区域内断裂较为发育，主要有安宁河—则木河断裂带、大凉山断裂带、鲜水河断裂带、龙门山断裂带、理塘—德巫断裂带等。这些断裂带自晚第四纪以来活动强烈，并且与中、强地震的发生密切相关。自有地震记载以来，共记录到$M \geqslant 7$级地震8次，主要分布于研究区东部川滇菱形块体边界断裂带上，历史地震对坝址影响烈度大于等于Ⅵ度的有5次，最大影响烈度为Ⅵ度。由此可见，坝址区域（坝址周围150km内）外围现代地壳活动较强烈，区域构造稳定性差。

工程近场区（坝址周围25km内）主要位于川西南强隆区内。自第四纪以来主要表现为间歇性的整体隆升，发育有多级夷平面和河流阶地，地壳平均隆升速率为2～3mm/a。区内断裂构造较为发育，主要发育有NNE向和NW向两组断裂，如三岩龙断裂、玉农稀断裂、前波断裂、西萨寺断层、麦洼乡断层、圆宝山断层、机落断层、先锋断层、航牵断层、藏翁断层等。玉农稀断层和机落断层均为全新世活动断层，具备发生6.5级以上强震的可能性。其余断层均为早、中更新世活动断层，不具备发生6.5级以上强震的构造背景。近场区历史地震活动水平和频率较低，发生$M=4.75$级地震1次，自1970年以来发生$M_L \geqslant 2.5$级地震41次，最大震级3.5级。因此，工程近场区现代地震活动强度中等，区域构造稳定性较差。

工程场址区（坝址周围5km内）所见断层最新活动时代均为中更新世，未发现晚更新世后活动的地质地貌证据，也无中强地震记录，构造稳定性相对较好，其地震危险性主要来自外围强震带的影响。

可见，工程场址区位于间歇性整体隆升的区域，离差异运动边界较远；场区内未发现活动断裂，也无中强地震记录，构造稳定性相对较好，其地震危险性主要来自外围构造地震带强震的影响。根据中国地震局地震预测研究所提出、中国地震局批复的《雅砻江杨房沟水电站工程场地地震安全性评价报告》（2006年3月）和中国地震灾害防御中心提出的《雅砻江杨房沟水电站坝址地震设计动参数补充工作报告》（2009年4月），工程场址区的地震基本烈度为Ⅶ度，50年超越概率为10%、5%的基岩水平峰值加速度分别为144.5gal和191.5gal，100年超越概率为2%、1%的基岩水平峰值加速度为302.4gal、378.4gal。

2.1.3 岩体（石）基本物理力学性质研究

在工程规划、预可行性研究（以下简称“预可”）及可行性研究（以下简称“可研”）阶段，开展了大量的勘测工作，包括原位和室内试验成果，勘测工作量见表2.1-1。结合相关试验的成功，并参考相关规程规范和工程经验，总结归纳得到不同类别围岩和结构面的力学参数建议取值范围，杨房沟水电站坝址区洞室围岩、厂引区岩体结构面分类及力学指标建议值见表2.1-2、表2.1-3。

表 2.1-1　勘测工作量一览表

位置	工作内容		单位	工作量			备注
				规划、预可	可研	小计	
坝址区及引水发电厂房	地形测量	1∶2000	km^2	15	5	20	
		1∶1000			10	10	
		1∶500 实测剖面	km		8	8	
	地质测绘	1∶2000	km^2	15	5	20	
		1∶1000			10	10	
	1∶100 断面地质测绘		km	8	10	18	
	测点放样		个	400	500	900	
	钻探	上坝址	m（孔）	2698.87（18）	7567.28（91）	10266.15（109）	
		中坝址		2053.82（20）	283.2（4）	2336.92（24）	
		下坝址		1923.04（21）		1923.04（21）	
		小　计		6675.73（59）	7850.48（93）	14526.21（154）	
	洞探	上坝址	m（洞）	2004.2（13）	5655.3（56）	7659.5（69）	含交通洞 410.2m
		中坝址		390（3）	1269（10）	1659（13）	含交通洞 444.4m
		下坝址		283.8（2）		283.8（2）	
		小　计		2678（18）	6924.3（66）	9602.3（84）	
	槽坑探		m^3	3000	1000	4000	
	物探	平洞地震波	m（洞）	1937（17）	4797（47）	6734（64）	
		平洞声波		922.0（8）	1821.9（19）	2743.9（27）	
		钻孔声波	m（孔）	2626.0（39）	4917.1（53）	7543.1（92）	
		钻孔电视		1461.62（13）	2797.68（32）	4259.30（46）	
		地震剖面	m（条）	5755（20）		5755（20）	
	钻孔常规及高压压水试验		段	1063	1238	2301	高压压水 79 段
	河床覆盖层抽水试验		段	4	2	6	
	水质分析		组	7	13	20	
	岩石物理力学性质		组	41	25	66	
	岩石薄片鉴定		块	5	5	10	
	断层带颗分		组	6		6	
	地应力测试	单向	孔		7	7	河床 3 孔，左、右岸各 1 孔，厂房 2 孔
		三维	组		9	9	坝址 6 组，厂房 3 组
	岩体变形试验		点	29	84	113	
	岩体抗剪试验	岩/岩	组	4	10	14	
		混凝土/岩		7	9	16	
	结构面抗剪试验			2	8	10	

表 2.1-2　　杨房沟水电站坝址区洞室围岩分类及力学指标建议值

岩体质量分类	定性指标				力学参数建议值				
	岩体基本特性	岩性	风化及卸荷	结构类型	单轴饱和抗压强度/MPa	变形模量/GPa	泊松比 μ	岩体抗剪断强度（岩/岩） f'	c'/MPa
Ⅱ	岩体完整～较完整，强度高，软弱结构面不控制岩体稳定，抗剪、抗变形性能较高	花岗闪长岩	微风化～新鲜	次块状～块状结构	80～100	13.0～19.0	0.21～0.23	1.35～1.45	1.10～1.40
Ⅲ	岩体较完整，局部完整性差，强度较高，抗剪、抗变形性能在一定程度上受结构面和岩块间嵌合能力控制	花岗闪长岩	弱风化下段、弱风化上段、弱卸荷	次块状结构～镶嵌结构	40～80	5.0～13.0	0.24～0.30	0.90～1.30	0.80～1.30
Ⅳ	岩体完整性差，抗剪、抗变形性能明显受结构面和岩块间嵌合能力控制	花岗闪长岩	弱风化上段、强卸荷；蚀变带	碎裂～块裂结构	25～40	2.5～4.0	0.31～0.35	0.70～0.80	0.50～0.70
Ⅴ	岩体破碎或较破碎，岩体强度参数低、抗变形能力差	花岗闪长岩断层带	强卸荷、强风化	碎裂～碎块结构	<25	0.2～1.0		0.40～0.50	0.10～0.20

表 2.1-3　　杨房沟水电站厂引区岩体结构面分类及力学指标建议值

结构面类型		充填物特征	结合程度	两侧岩体	抗剪断参数 f'	c'/MPa	f	c/MPa
层面	新鲜接触型	节理面新鲜无充填	好	完整～新鲜	0.70～0.75	0.20～0.30	0.55～0.60	0
	风化接触型	无充填，沿面铁锰渲染，弱风化	好～较好	完整～较完整	0.50～0.70	0.10～0.15	0.40～0.55	0
节理	无充填型	节理面无充填，或新鲜	好～较好	完整～较完整	0.60～0.65	0.05～0.15	0.50～0.60	0
断层、挤压破碎带等	岩块岩屑型	充填碎块、角砾和岩屑，大于 2mm 的颗粒含量为 63.4%～77.4%。粉黏粒含量少	好～较好	完整～较完整	0.50～0.60	0.10～0.15	0.40～0.50	0
	岩块岩屑夹泥膜型	充填岩块和岩屑为主，大于 2mm 的颗粒含量大于等于 55%，黏粒含量小于等于 5%	一般～较差	较完整～较破碎	0.35～0.40	0.05～0.10	0.30～0.40	0
风化、卸荷裂隙	无充填型	无充填	差	较完整～较破碎	0.25～0.30	0	0.25～0.30	0
	充填型	充填碎块和岩屑，或植物根系	差～很差	较破碎～破碎	0.20～0.25	0	0.20～0.25	0

2.2　施工期工程地质条件

工程地质分析是岩体工程问题研究的主要手段之一，通过对勘探、施工过程中所遇见的各种现象作出合理的解释和判断，可以揭示各种现象背后的本质规律和现象间的联系，在此基础上进行分析、归纳及提炼，作出总体评价和推断预测，进而确定岩体工程问题的工程地质力学模型，从而为选取适宜的分析方法奠定基础。工程地质分析贯穿岩体工程问题研究的全过程，是整个岩体力学分析的核心内容。

2.2.1　围岩破坏模式与分析方法

地下工程围岩的破坏受岩性、岩体结构、地应力、环境条件、洞群结构及开挖等因素的影响，表现为复杂多种破坏模式，国内外学者或工程师针对围岩的破坏模式分类方面展开了大量研究。例如，Hoek 等将地下工程围岩破坏模式总结为块体失稳、破裂、断层滑动、弯曲破坏等类型；王思敬等将变形破坏模式划分为脆性破裂、块体运动、弯曲折断、松动解脱和塑性变形五种基本模式，再细分为岩爆开裂、块体滑落、块体滑动、块体转动、弯曲挤入、折断塌落、边墙垮塌、石流、塑性挤入、剪切破坏、底鼓收缩等 12 种表现形式。张悼元等根据岩性特征将围岩划分为脆性围岩破坏和塑性围岩破坏，再根据各自不同的结构和受力特征，细分为张裂塌落、劈裂剥落、剪切滑移和剪切破裂、岩爆、弯折内鼓、碎裂松动、塑性挤出、膨胀内鼓、重力坍塌等破坏形式。C. D. Martin 等根据地应力水平、岩体强度和结构面发育程度将脆性岩体地下工程围岩的力学响应和潜在破坏模式划分为 9 种类型。Hudson 等根据失稳的控制因素将围岩破坏分为结构控制型破坏和应力控制型破坏两大类。于学馥等研究了岩体的破坏模式及其分类和控制方法。李宁等针对地下厂房母线洞环向裂缝的成因进行了分析。李仲奎等针对锦屏一级、二级水电站从不同角度分析了围岩开裂变形机制、破坏模式、处理措施等。向天兵、吴文平等针对深埋硬岩隧洞围岩的破坏模式进行了分类，并针对每类破坏模式都提出了相应的调控策略。

C. D. Martin 等按照“应力强度比 σ_1/σ_c”和“围岩 RMR 分级”将岩体地下工程的硬质岩潜在破坏模式划分为 9 种类型，地下工程围岩开挖响应和破坏模式分类见表 2.2－1。随着应力强度比升高，应力水平和岩石承载力之间的矛盾加剧，岩体会发生破坏，具体划分如下：

表 2.2－1　地下工程围岩开挖响应和破坏模式分类（C. D. Martin 等）

初始应力	完整岩体（RMR>75）	块状岩体（50<RMR<75）	破碎岩体（RMR<50）	围岩破坏特征描述
低初始应力条件（σ_1/σ_c <0.15）	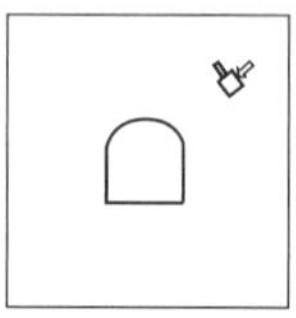 线弹性响应	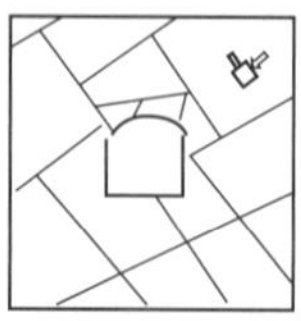 块体滑动破坏	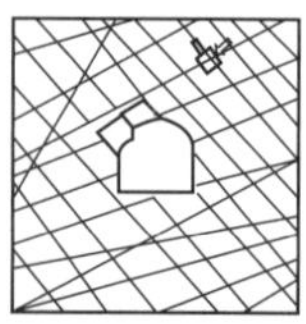 块体在开挖面呈散体破坏	一般不出现应力型破坏特征

续表

初始应力	完整岩体（RMR＞75）	块状岩体（50＜RMR＜75）	破碎岩体（RMR＜50）	围岩破坏特征描述
中等初始应力条件（0.15$<\sigma_1/\sigma_c<$0.40）	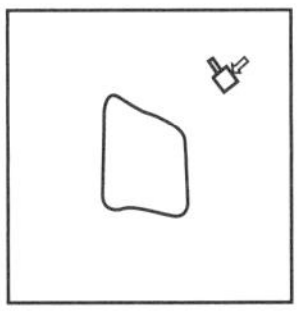 临近开挖面的脆性破坏	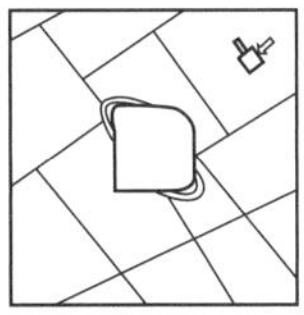 咬合部位局部脆性破坏和块体滑动	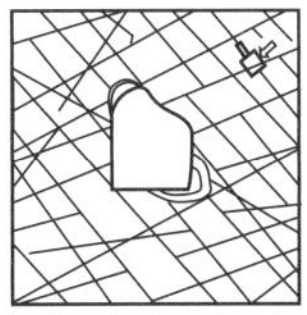 咬合部位局部脆性破坏和沿结构面散体破坏	较普遍中等程度应力型破坏特征
高初始应力条件（$\sigma_1/\sigma_c>$0.40）	 绕开挖面环状脆性破坏	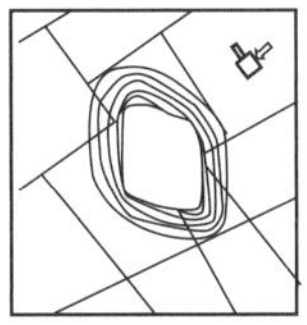 完整岩石的脆性破坏和块体滑移	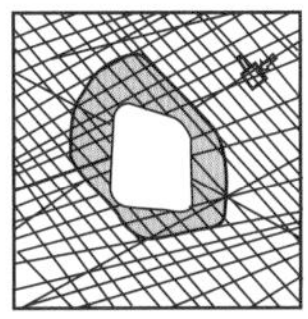 岩石的挤压与鼓胀和弹塑性连续特性	较严重且普遍地应力型破坏特征

（1）低初始应力条件（应力强度比$\sigma_1/\sigma_c<0.15$）。隧洞开挖后的重分布应力不超过岩体强度，因此岩体不发生高应力破坏，围岩开挖响应以弹性响应为主。

（2）中等初始应力条件（$0.15<\sigma_1/\sigma_c<0.40$）。完整岩体在中等初始应力条件下会出现轻微的应力型破坏，如片帮、板状剥落等；块状岩体的应力型片状破坏会明显地受到结构面的影响，但总体上破坏位置与地应力的特征存在联系；破碎岩体在中等初始应力条件下，较低初始应力条件下更容易产生垮塌破坏，并且破坏的规模更大。

（3）高初始应力条件（$\sigma_1/\sigma_c>0.40$）。完整岩体在高初始应力条件下以严重的高应力破坏为主要破坏形式，包括强烈的片帮、破裂、板状剥落、不同等级的应变型岩爆等；块状岩体的高应力破坏与结构面的展布特征密切相关，开挖后更多是表现为多种结构面—高应力组合型破坏、断裂型岩爆等；破碎岩体在高初始应力条件下的开挖响应表现为严重的坍塌和强烈的鼓胀变形。

该方法准确而定量地给出了地应力和结构特征两大控制因素的表达方法，即应力强度比和围岩 RMR 分级，在实际工程中应用起来十分方便，目前仍能够被广泛接受；但该方法偏重于围岩不同条件下的力学行为，不是真正意义上的具体破坏模式（如开裂、岩爆等）。

大型地下洞室群岩性多样、工程地质条件复杂、地应力高复杂，地下洞室破坏模式的分类采用层次分类方法，依据围岩响应特征控制的内在因素确定破坏模式的主类，根据具体的表现形式确定破坏模式的亚类，再根据具体的发生条件确定破坏模式的命名。第一个层次的划分依据是“控制因素”，也即岩性、岩体结构特征和地应力特征。第二个层次按照对围岩破坏影响大小，分为“变形问题”“结构面控制型破坏问题”“应力控制型破坏问题”“结构面—应力组合型问题”等类型。第三个层次的划分依据是“破坏机理和发生条件”，即在特定的岩体结构和受力作用下，围岩破坏的发生过程和机制，分类结果是对各种具体破坏形态的归类总结，考虑岩体结构特征和地应力特征，还要考虑两者的组合关系，并结合特定的岩性特征、工程部位、洞群空间关系和开挖支护过程等具体条件对围岩破坏的各种具体的、典型的表现形式进行分类。考虑大型地下洞室群的特殊性，吸收现有文献中关于洞室群围岩失稳破坏问题的研究和工程应用成果，对大型洞室群围岩的破坏模式从 3 个层次上进行破坏模式分类，归纳总结出大型地下洞室群围岩典型破坏模式分类（图 2.2－1）。

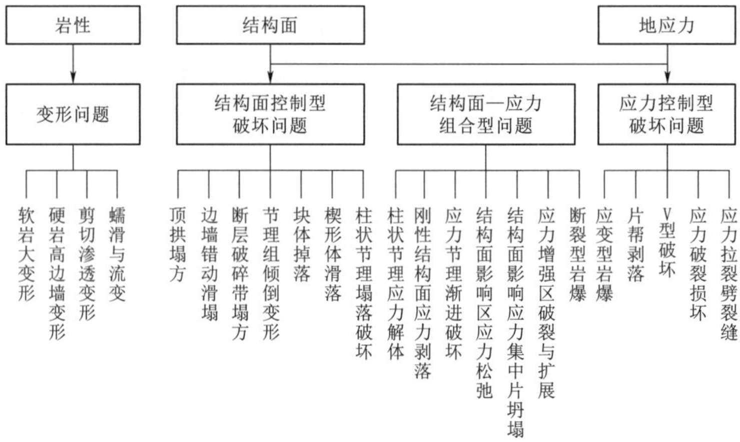

图 2.2－1　大型地下洞室群围岩典型破坏模式分类

2.2.2　现场开挖揭示围岩条件

2.2.2.1　主副厂房洞

主副厂房洞位于左岸山体内，轴线走向为 N5°E，地面高程为 2220～2350m，洞顶高程为 2022.5m，上覆岩体厚度为 200～330m，水平埋深为 180～330m，岩性为微风化～新鲜花岗闪长岩，岩质坚硬，以次块状～块状结构为主。

厂房顶拱岩体较完整～完整性差，主要发育中陡倾角结构面，围岩整体稳定，但部分洞段发育缓倾角结构面对顶拱稳定不利，局部稳定性较差，顶拱属Ⅱ类、Ⅲ类围岩，其中Ⅱ类围岩占比 45.7%，$Ⅲ_1$ 类围岩占比 45%，$Ⅲ_2$ 类围岩占比 9.3%。

厂房上游边墙岩体较完整，局部完整性差，围岩整体稳定性较好，局部块体稳定性较差，以Ⅱ类围岩为主、占比 90.2%，局部为$Ⅲ_1$ 类围岩、占比 9.8%。

厂房下游边墙岩体完整性差，局部较完整，主要为Ⅲ类围岩、占比约 85.1%，其中 $Ⅲ_1$ 类围岩占比 67.7%，$Ⅲ_2$ 类围岩占比 17.4%；部分为Ⅱ类围岩，占比约 14.9%；局部断层带影响区域为Ⅳ类围岩。

厂房区域节理较发育，拱顶及边墙区域共揭露 100 余条构造，包括 33 条小断层和 67 条挤压带。主副厂房洞构造走向、倾角、宽度统计直方图如图 2.2－2～图 2.2－4 所示，构造走向以 NWW 向、NEE 向为主，NNE 向次之，倾角以中倾角为主，宽度以 1～3cm 为主。断层宽度一般为 1～5cm，延伸长度一般为 30～100m，除断层 f_{1-49}、f_{1-94}、f_{1-152} 为岩屑夹泥型外，其余均为岩块岩屑型，挤压破碎带宽度一般为 1～3cm，延伸长度为 10～30m。

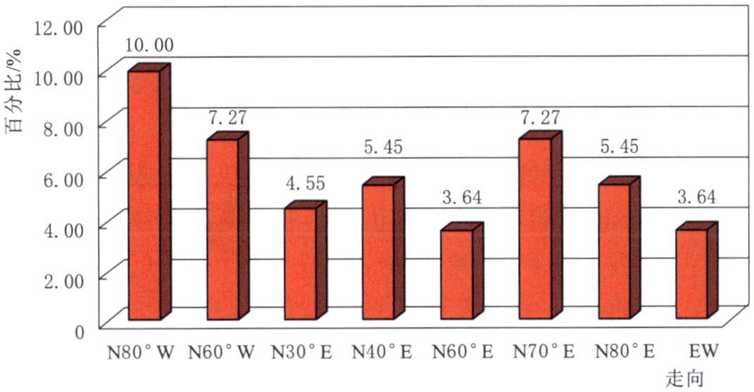

图 2.2-2 主副厂房洞构造走向统计直方图

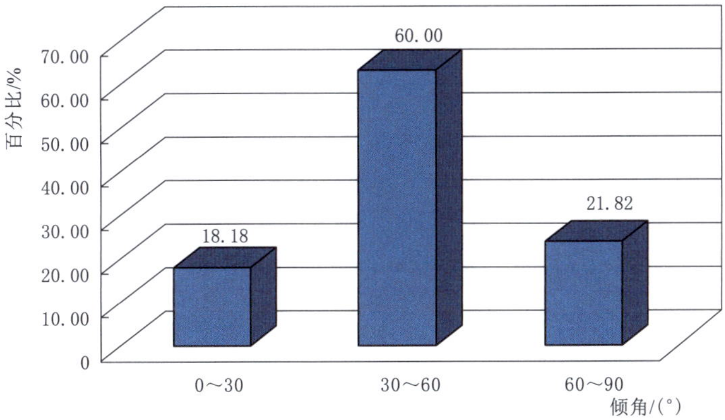

图 2.2-3 主副厂房洞构造倾角统计直方图

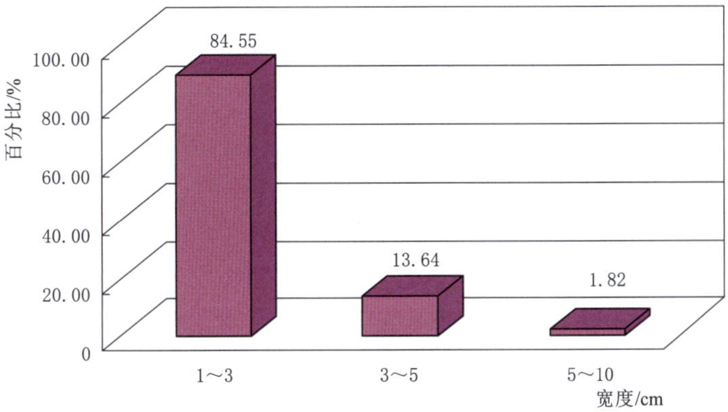

图 2.2-4 主副厂房洞构造宽度统计直方图

主要发育三组优势节理：①N15°～20°E、NW∠75°～80°；②N85°E、NW∠40°～45°；③N65°～75°W、SW∠65°～70°。与洞轴线的夹角分别为15°、80°、75°。其中，优势节理①与洞室轴线呈小角度相交，与切洞向优势节理组合后对边墙稳定相对不利。

2.2.2.2　主变室

主变室位于左岸山体内，轴线走向为 N5°E，地面高程为 2350～2390m，洞顶高程为 2012.7m，上覆岩体厚为 340～380m，岩性为花岗闪长岩，为块状～次块状结构。

主变室顶拱开挖成形总体较好，局部发育不利组合块体引发掉块，岩体较完整～完整性差，围岩整体稳定，局部稳定性差，以Ⅱ类、$Ⅲ_1$ 类围岩为主，其中Ⅱ类围岩占比 36.2%，$Ⅲ_1$ 类围岩占比 57.3%，$Ⅲ_2$ 类围岩占比 6.5%。

主变室上游边墙节理轻度～中等发育，岩体较完整，局部完整性较差，结构面走向多为切洞向，围岩整体稳定性较好，属Ⅱ类围岩。

主变室下游边墙岩体完整性差～较完整，断层均为切洞向中陡倾角，对边墙稳定影响不大，边墙整体稳定，但 NNE 向优势节理陡倾洞内，对边墙局部稳定不利，见卸荷松弛现象引发小规模掉块，局部稳定性差，下游边墙主要为$Ⅲ_1$ 类围岩、占比 95.8%，局部为$Ⅲ_2$ 类围岩、占比 4.2%。

主变室开挖揭露Ⅳ级及以上结构面近 11 条，断层宽度一般为 1～3cm、个别在 5～10cm，延伸长度一般为 20～70m，均为岩块岩屑型，其中 9 条断层为切洞向中陡倾角，2 条为顺洞向中陡倾角。结构面 f_{2-5}、f_{2-6} 与主变室轴线呈小角度相交，但结构面性状较好，延伸不长，对边墙稳定影响有限。主要发育 3 组优势节理：①顺洞向陡倾角，N20°～30°E、NW∠75°～85°；②切洞向中倾角，N80°～90°W、SW/NE∠40°～55°；③切洞向陡倾角，N70°E、NW∠65°～75°。

2.2.2.3　尾调室

尾调室轴线走向为 N5°E，地面高程为 2370～2470m，室顶高程为 2030.75m，上覆岩体厚度为 340～440m，岩性为微风化～新鲜花岗闪长岩，岩质坚硬，以次块状～块状结构为主。

尾调室顶拱岩体完整性差～较完整，发育中缓倾角结构面可形成不利组合块体，顶拱局部稳定性较差，顶拱围岩以Ⅱ类、Ⅲ类围岩为主，其中Ⅱ类围岩占比 37.3%，$Ⅲ_1$ 类围岩占比 43.3%，$Ⅲ_2$ 类围岩占比 19.4%。

尾调室上游边墙岩体较完整～完整性差，围岩整体稳定，主要为Ⅱ类围岩，占比 60.1%；部分边墙发育顺洞向陡倾角节理可形成组合块体引发掉块，局部稳定性差，为$Ⅲ_1$ 类围岩，占比 39.5%；局部节理密集，属$Ⅲ_2$ 类围岩，占比 0.4%。

尾调室下游边墙发育的顺洞向断层 f_{3-36} 等对部分稳定不利，发育的 NNE 向优势节理易引起表层岩体卸荷松弛，部分边墙稳定性较差，以Ⅲ类围岩为主（$Ⅲ_1$ 类围岩占比 69.6%，$Ⅲ_2$ 类围岩占比 18.6%）；部分边墙岩体较完整，属Ⅱ类围岩、占比 11.8%。

尾调室揭露 85 条Ⅳ级结构面，包括 43 条小断层和 42 条挤压带。尾调室Ⅳ级结构面走向、倾角、宽度统计直方图如图 2.2-5～图 2.2-7 所示。构造走向以 NWW 向、NEE 向为主，NNE 向次之，倾角以中陡倾角为主，宽度主要为 1～5cm。断层延伸长度一般为 60～100m，其中 27 条为切洞向中陡倾角断层，6 条为切洞向缓倾角，9 条为顺洞向中陡倾角，1 条为顺洞向缓倾角。挤压带宽度一般为 1～3cm，延伸长度为 10～25m 不等。

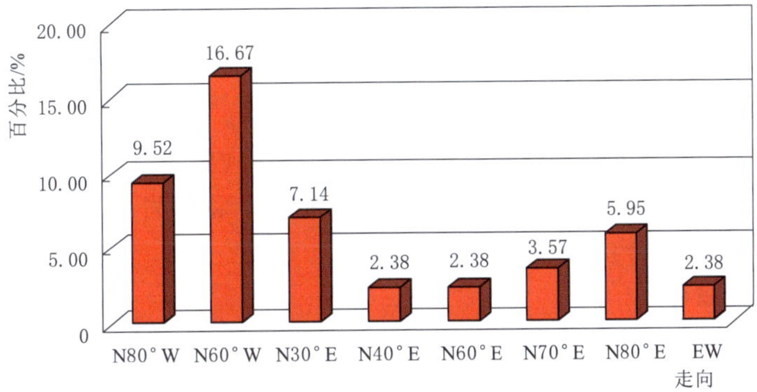

图 2.2-5 尾调室Ⅳ级结构面走向统计直方图

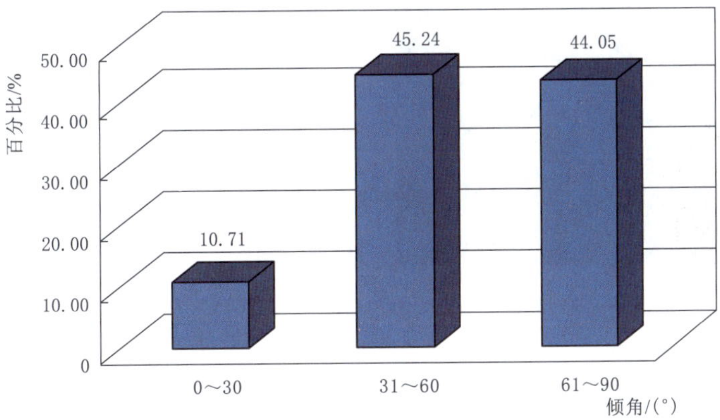

图 2.2-6 尾调室Ⅳ级结构面倾角统计直方图

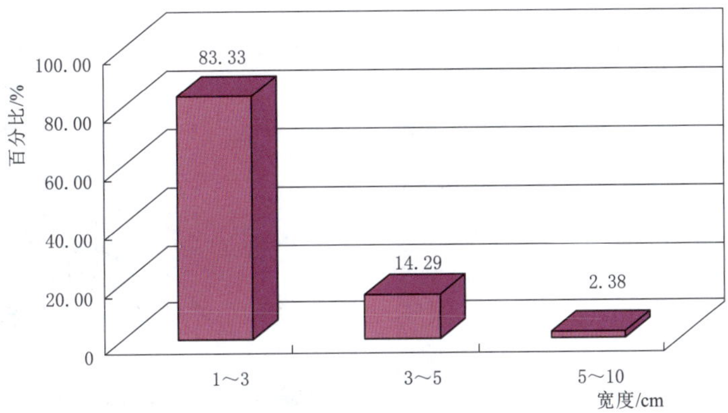

图 2.2-7 尾调室Ⅳ级结构面宽度统计直方图

边墙节理轻度~中等发育，主要见 4 组优势节理：①N15°~20°E、NW∠75°~90°，闭合~微张，面平直，延伸长，与洞向夹角 10°~15°；②N80°~90°W、SW∠35°~50°，闭合，面平直粗糙，延伸长，与洞向夹角约 80°；③N50°~60°W、NE∠35°~40°，闭合，面平直粗糙，断续延伸长，与洞向夹角约 65°；④N60°~80°W、SW/NE∠75°~90°，闭合，面平直光滑，延伸较长，与洞向夹角约 85°。其中，优势节理①与洞室轴线呈小角度相交，对边墙稳定相对不利。

2.2.3　现场典型破坏特征分析

根据杨房沟水电站地下洞室群开挖过程中局部破坏现象的控制性因素（围岩质量、地应力量值、岩体结构特征等），结合现场岩体破坏形态，将围岩的局部破坏归纳为应力控制型、结构面控制型、结构面—应力组合型 3 种。

1. 应力控制型破坏

杨房沟水电站地下厂区属中等地应力场，整体应力水平不高，在洞室群开挖过程中，应力控制型破坏并不普遍，仅在零星部位可见薄片状破坏，并且破坏深度较薄，现场出现片帮破坏位置，肉眼可见深度均不超过 10cm。在主副厂房第Ⅰ层中导洞开挖过程中，局部洞段上游侧拱肩部位存在轻微的应力控制型片帮破坏，随着洞室持续下卧开挖，顶拱喷层也出现了应力集中导致的开裂脱落等变形破坏现象。中导洞上游侧拱肩片帮破坏特征如图 2.2-8 所示。

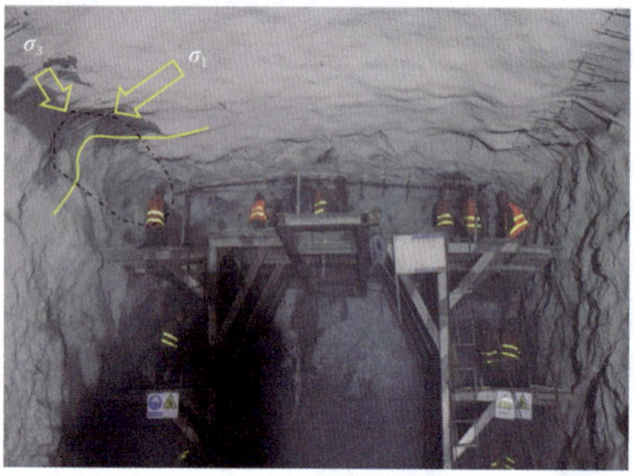

图 2.2-8　中导洞上游侧拱肩片帮破坏特征

在厂区三大洞室分层分幅开挖过程中，受河谷地应力场影响，洞室下游侧临时墙角部位一般为应力集中区，在分层开挖界面处及分层底角部位，同样存在应力控制型破坏现象，但破坏程度整体较轻微。厂房下游边墙、主变室第Ⅱ层开挖边墙、尾调室下游边墙墙脚应力控制型破坏特征如图 2.2-9～图 2.2-11 所示。

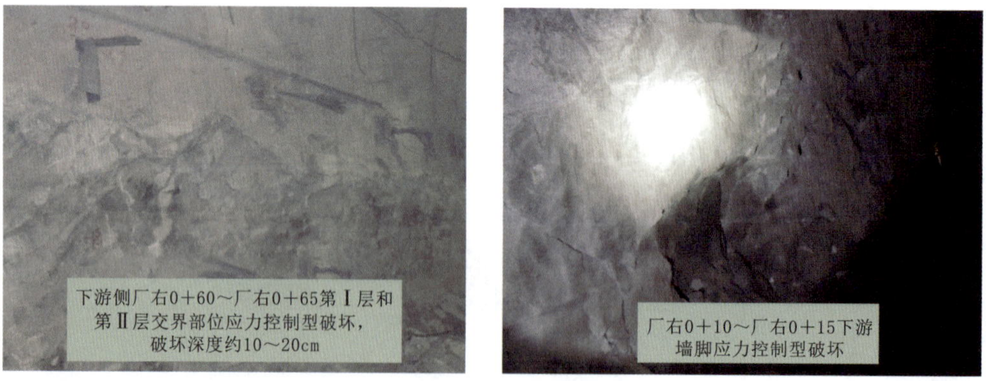

图 2.2-9　厂房下游边墙应力控制型破坏特征

2. 结构面控制型破坏

结构面控制型的围岩破坏主要表现为结构面相互组合切割形成的块体失稳、结构面密集发育部位或错动带影响区等地质缺陷部位局部破碎岩体的掉块或塌落。结构面控制型破坏在顶拱部位主要受缓倾结构面控制，具体表现为块体冒落和沿缓倾角结构面的垮塌，主

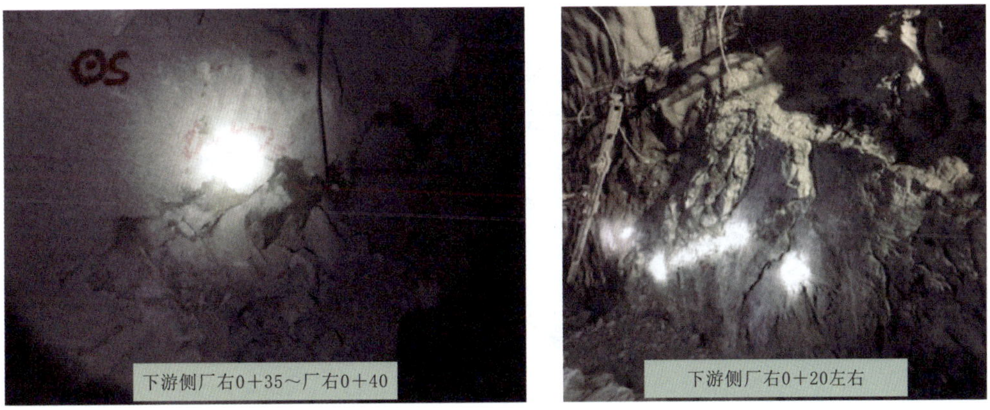

图 2.2-10　主变室第Ⅱ层开挖边墙应力控制型破坏特征

图 2.2-11　尾调室下游边墙墙脚应力控制型破坏特征

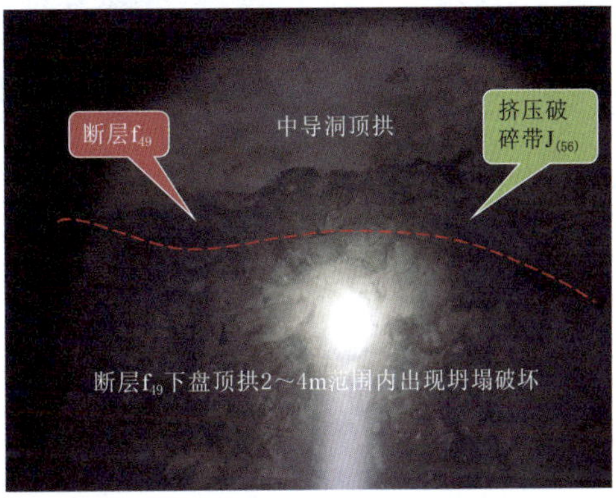

图 2.2-12　主厂房顶拱坍塌掉块破坏特征（厂左 0+04～厂左 0+07）

厂房、主变室、尾调室顶拱坍塌掉块破坏特征如图 2.2-12～图 2.2-14 所示。在上、下游边墙部分主要受陡倾结构面控制，具体表现为块体沿陡倾角结构面的掉块、塌滑、拉裂倾倒，在三大洞室均有发生，厂房上游、厂房下游、主变室、尾调室第Ⅱ层开挖边墙坍塌掉块破坏特征如图 2.2-15～图 2.2-18 所示。而洞室交叉部位由于多面临空卸荷，受力状态较差，当结构面较发育时更易产生沿结构面的坍塌破坏，洞室交界部位边墙坍塌掉块破坏特征如图 2.2-19 所示。该类破坏形式在杨房沟水电站地下洞室开挖过程中比较普遍，但出现掉块或坍塌的方量一般较小，对洞室整体稳定影响有限，施工期间也多以局部快速加强支护型式进行针对性处理。

图 2.2-13 主变室顶拱坍塌掉块破坏特征（厂左 0+02～厂左 0+08）

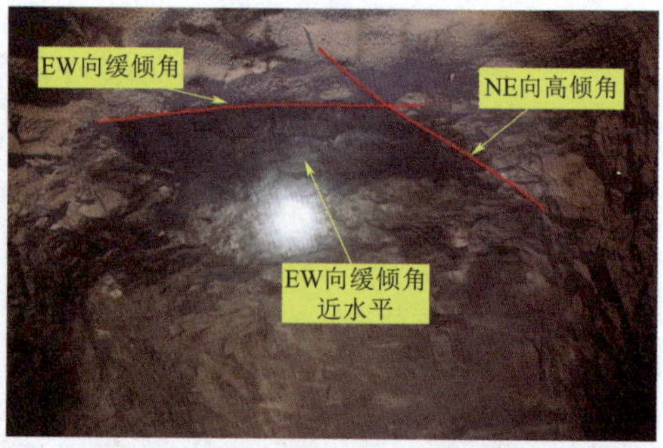

图 2.2-14 尾调室顶拱坍塌掉块破坏特征（厂右 0+114～厂右 0+109）

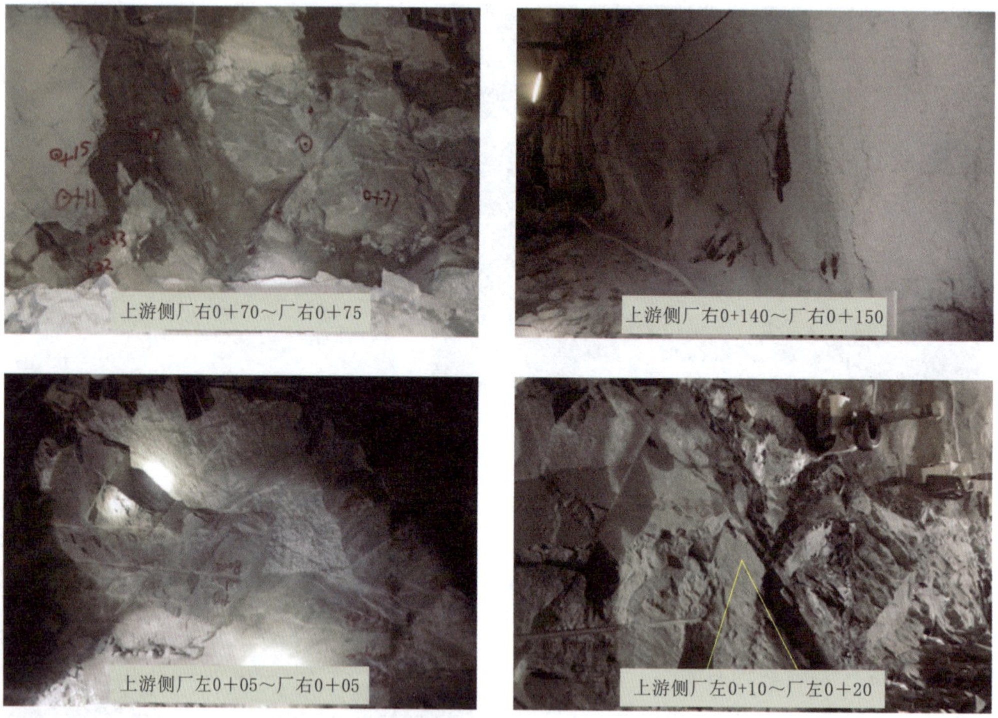

图 2.2-15 厂房上游边墙坍塌掉块破坏特征

3. 结构面—应力组合型破坏

受开挖卸荷、应力调整和结构面共同影响，在开挖过程中，围岩出现沿原生结构面松弛、张开或错位、局部发生拉裂破坏、拉剪破坏等现象。受河谷地应力场影响，三大洞室上下游侧墙脚部位为应力集中区，当该区域发育顺洞向陡倾结构面时，易发生结构面—应力组合型破坏。厂房下游、主变室边墙结构面—应力组合型破坏特征如图 2.2-20 和图 2.2-21 所示。

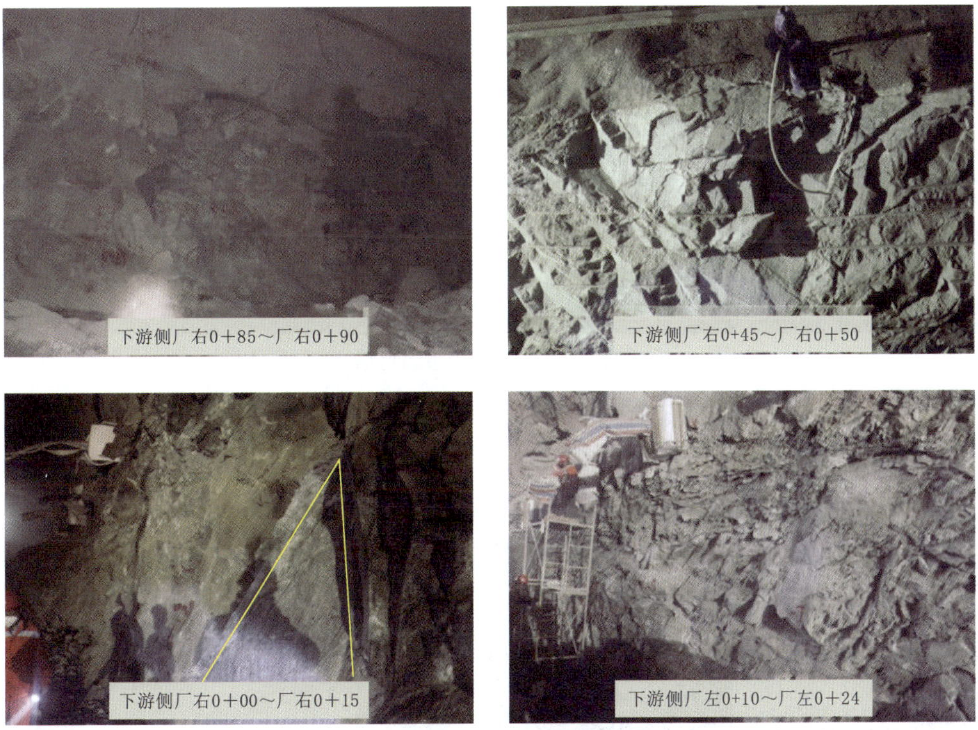

图 2.2-16　厂房下游边墙坍塌掉块破坏特征

图 2.2-17　主变室边墙坍塌掉块破坏特征

图 2.2-18　尾调室第Ⅱ层开挖边墙坍塌掉块破坏特征

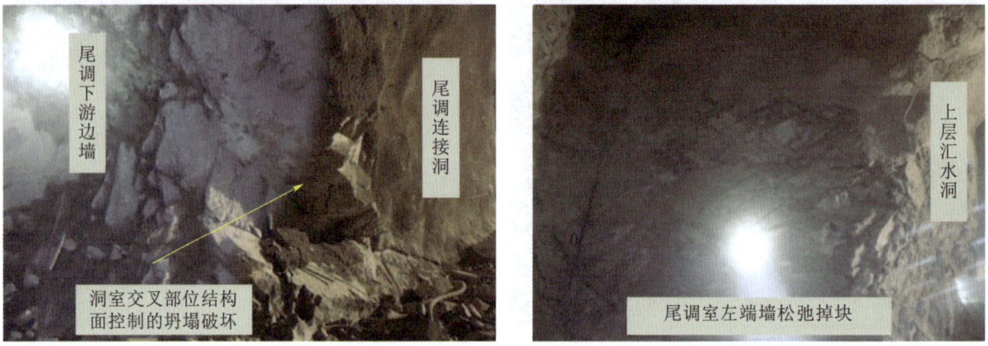

图 2.2-19　洞室交叉部位边墙坍塌掉块破坏特征

图 2.2-20（一）　厂房下游边墙结构面—应力组合型破坏特征

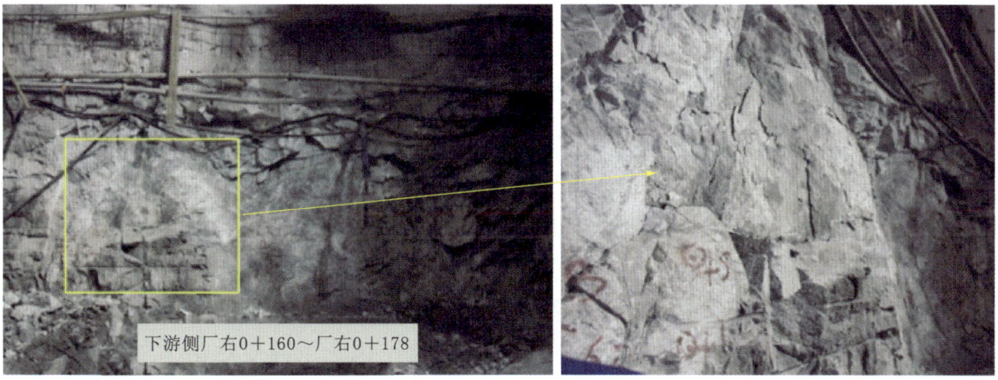

图 2.2-20（二） 厂房下游边墙结构面—应力组合型破坏特征

图 2.2-21 主变室边墙结构面—应力组合型破坏特征

2.3 岩体蚀变特性研究

2.3.1 岩体蚀变问题

我国西南地区许多水电工程，包括在坝基高边坡或大型地下洞室群等开挖实践中，常常会遇到相对突出的岩体蚀变问题。蚀变通过改变岩体内部的部分矿物成分、结构—构造类型等，进而改变原生岩体的力学特性，同时由于蚀变的差异性，易造成岩体性状的不均匀，甚至形成局部的工程岩体软弱带，影响岩体的工程特性，有时也会进一步制约到工程建设，其中关于蚀变岩体的工程地质特性研究通常是解决相关工程问题的关键所在。

在岩体蚀变的地质成因机制方面，目前主要通过现场地质调查结合室内岩样分析的宏观—微观综合对比分析方法开展研究。孙强等针对西南地区工程遇到的蚀变岩问题，基于X线衍射和热分析技术，深入分析了蚀变岩的发育地质环境，并探讨了蚀变岩成因及演化过程，认为蚀变岩对工程地质特性的影响主要体现在力学强度的改变、变形特性和水文地质条件的劣化。苗朝和魏志云调研大岗山高拱坝坝区花岗岩在多期次蚀变作用下形成了多种蚀变岩类，查明区域复杂构造环境造就了花岗岩不同种类和程度的蚀变，蚀变类型有热液交代、动力构造和次生风化蚀变。魏伟等分析研究了风化、蚀变对花岗斑岩物理力学特性的影响机制，通过开展大量室内试验研究，建立了孔隙度与其他各项物理力学参数的函数关系。杨根兰查明了小湾水电站蚀变岩的成因及岩体结构特征，认为该蚀变岩属热液蚀变成因，断裂构造是热液上升的通道，蚀变岩的规模仅局限于断裂破碎带及其两侧。

在工程应用方面，蚀变岩体作为典型的不良地质体，将可能严重影响工程施工安全和围岩稳定。杨根兰对小湾水电站的蚀变岩特性及其工程响应展开了深入研究，基于蚀变岩的地质过程演化机制分析其产出状态、发育特征、空间分带性，进而对含蚀变岩的工程岩体在施工开挖及蓄水条件下的整体稳定性进行了数值模拟研究，获得了不同阶段蚀变岩的力学响应，为坝肩抗力体长期稳定性分析评价提供了依据。大岗山水电站地下厂房区辉绿岩脉群发育，岩脉岩体破碎、强度较低，给厂房区开挖支护造成较大的困难和风险，魏志云等基于现场地质调查归纳总结了不同高程揭露的岩脉走向、延伸尺寸、形态特征、内部构造及物质组分，之后对厂房区揭露的长大岩脉稳定性状况进行了较为合理的评估，并提出一些有参考意义的支护建议。王振等利用 FLAC 3D 程序建立天池抽水蓄能电站地下厂房三维动态计算模型，研究了蚀变岩体对洞室围岩变形及稳定的影响机制，认为蚀变岩体力学性质普遍较差，将导致洞室变形偏大及安全性降低。

杨房沟水电站工程的岩体蚀变带具有节理裂隙发育、强度低、易软化等特点，因其在拱坝建基面、地下厂房高边墙等部位出露，相应的设计施工难度大，加之特殊的运行环境又带来了其他不确定性，显然其针对性开挖支护设计需充分考虑围岩支护结构体系在施工及运行阶段的整体安全稳定性。

2.3.2　岩体蚀变地质成因

杨房沟水电站坝址地处雅砻江中游深切河谷地段，大地构造格架上位于川滇菱形块体中北部，断裂发育，地质历史时期岩浆热液活动频繁，于中晚侏罗世～早白垩世岩浆侵入并形成中酸性花岗闪长岩，其后经历了喜山期地块构造活动和新构造运动。构造应力场具有多期次演化的特征，这使得坝址区花岗闪长岩在原生节理的基础上叠加了不同期次的构造节理，表现为节理的相互穿插、切割，以及在多期构造运动和多次应力场演化过程发生的热液交代蚀变、构造蚀变和次生风化蚀变作用。

工程区大量钻孔、平洞揭示，花岗闪长岩蚀变带分布无明显带状延伸规律性，但常伴随着有挤压或错动的结构面而产生，沿结构面两侧分布厚度一般为 2～5cm，部分为 5～20cm，局部达 30～200cm，其蚀变带往往伴随着后期风化蚀变作用。如 PD1 洞壁洞深

66～68m 处沿 f_{1-6} 上盘面见 40～50cm 蚀变岩，PD16 洞壁洞深 55～58m 处及 102～102.6m 处沿节理面两侧见 60～200cm 蚀变岩，PD2 洞内沿 f_{2-1}、f_{2-7} 及 PD5 洞内沿 f_{5-4}、f_{5-5} 分别见 5～40cm 蚀变岩等。

在工程可研阶段，通过详细地质调查和采样分析，认为坝址区花岗闪长岩的岩体蚀变成因机制较复杂，主要是花岗闪长岩侵入后受岩浆期后热液作用和后期构造动力作用，在岩块内部和顺裂隙面产生的一系列蚀变现象。相关调查统计显示坝址区岩体蚀变类型主要有绿泥石化、钠黝帘石化、绢云母化、方解石化、绿帘石化、硅化和玻化等。另外，根据岩体蚀变的空间分布和分带特征，从空间形态上可分为“面型蚀变”和“体型蚀变”两类。

顾名思义，“面型蚀变”是指蚀变在空间上呈面状分布，即在二维方向的延伸远大于其第三个方向的延伸，在断面上往往呈带状延伸。其形态和延展主要受蚀变热液的运移通道控制，如绿帘石化蚀变和绢云母化蚀变都属面型蚀变，另外部分顺构造裂隙发育的绿泥石化蚀变带也属面型蚀变。分析蚀变作用的强度特性，受早期热液作用控制的蚀变，如绿帘石化蚀变和绢云母化蚀变，不会随着后期构造活动而增强；而受构造动力作用控制的蚀变，如绿泥石化蚀变，随着构造的多期叠加改造，其蚀变程度会增强，范围也可能会扩大。一般而言，蚀变作用随着断层规模同步增强，在多条构造带的交汇处，蚀变作用也会增强。另外，后期的风化卸荷对蚀变岩体的力学强度也具有重要影响，但从本质上来说，风化卸荷并非增强了原蚀变类型的蚀变强度，而是使蚀变矿物进一步朝着表生、低温稳定型矿物方向发展，如硅铝质的黏土矿物，其物理力学性状逐渐降低。

“体型蚀变”是指蚀变作用在空间的分布和分带在三个方向的延伸差别不大，且均具有一定的规模。坝址区的体型蚀变现象较少见，这种蚀变往往也是沿着断裂分布，但是其中一盘的蚀变程度较强、厚度较大，而且并不是沿整条断裂均有同程度的蚀变，往往仅存在于断裂起伏段或多断裂面交汇的透镜体内。分析认为，体型蚀变很大程度上受构造应力强弱影响。

总体上，坝址区花岗闪长岩体的蚀变主要以面型蚀变为主，且无明显的规律性，蚀变分布往往沿岩体中各种随机的原生裂面和构造断裂及其两侧一定范围内发育。蚀变岩体的强度、变形特性一般受蚀变程度、风化程度及岩石性质共同影响，遇水易软化，但不具膨胀性。不同蚀变程度的蚀变岩体，其力学指标有较大差异，表现为随蚀变程度的增强其综合岩体质量降低，且严重蚀变岩体的偏低岩体力学指标对工程稳定十分不利。

2.3.3 典型蚀变岩体分布

2.3.3.1 地下厂房岩体蚀变

杨房沟水电站工程所在区域小断层、顺洞向中高倾角长大节理发育，沿部分断层面随机分布厚度不等的蚀变岩。在地下厂房第Ⅲ层开挖过程中，厂右 0+05～厂左 0+35 洞段下游边墙开挖揭露断层 f_{1-83}（N10°～20°E、NW∠75°～85°）及其影响带，洞段节理裂隙密集发育，岩体存在不同程度蚀变现象，断层影响带附近的蚀变程度较强，表层岩体较破碎，断层 f_{1-83} 及其影响带开挖揭示情况如图 2.3-1、图 2.3-2 所示。

现场取芯的单轴抗压强度试验揭示，断层 f_{1-83} 岩体蚀变带（宽 6～10m，呈局部化）内岩石饱和抗压强度平均值降至约 40.4MPa（正常的花岗闪长岩岩石饱和抗压强度为 80～100MPa），地下厂房蚀变岩抗压强度统计见表 2.3－1。从现场开挖揭露的岩体蚀变分布范围看，其主要分布在断层影响带及邻近的节理密集带等部位。由于岩体蚀变一般伴随节理裂隙发育，其较差的物理力学性能往往控制着工程的安全与稳定，尤其还涉及岩壁吊车梁等关键工程部位。

图 2.3－1　断层 f_{1-83} 及其影响带开挖揭示情况图

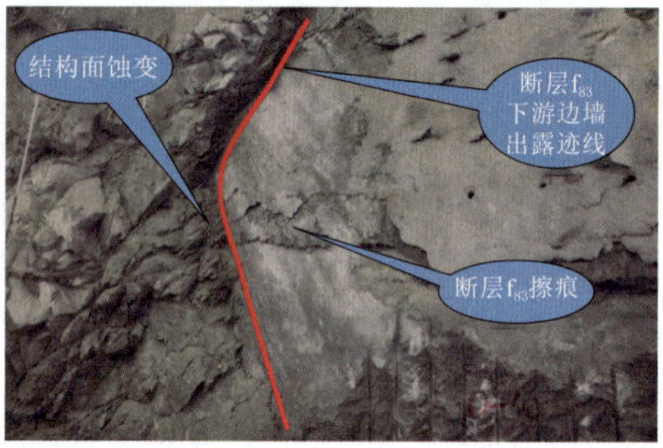

图 2.3－2　断层 f_{1-83} 及其影响带开挖揭示情况图

表 2.3－1　　　　地下厂房蚀变岩抗压强度统计表

组号	试件编号	取样深度或桩号/m	饱和抗压强度/MPa
ZHK8	1－1	3.3～3.4	65.5
	1－2	1.4～1.5	17.9
	1－3	3.4～3.5	28.8
ZHK7	2－1	3.5～3.6	37.9
	2－2	2.7～2.8	32.3
	2－4	2.1～2.2	29.8
ZHK6	3－1	1.5～1.6	58.6
	3－2	1.7～1.8	69.4
	3－3	2.6～2.7	41.9
1	1－1	厂左 0+30	4.3
	1－2	厂左 0+30	12.3
	1－3	厂左 0+30	20.8
2	2－1	厂左 0+25	58.2
	2－2	厂左 0+25	62.2
	2－3	厂左 0+25	76.8
3	3－1	厂左 0+15	37.6
	3－2	厂左 0+15	54.9
	3－3	厂左 0+15	47.0
	3－4	厂左 0+15	73.1

续表

组号	试件编号	取样深度或桩号/m	饱和抗压强度/MPa
4	4-1	厂左 0+20	25.2
	4-1	厂左 0+20	19.7
	4-3	厂左 0+20	15.0
平均值			40.4
大值平均值			60.8
小值平均值			23.5

2.3.3.2 拱坝建基面岩体蚀变

杨房沟水电站拱坝建基面同样存在沿断层面发育的岩体蚀变现象，并且具有一定的蚀变影响厚度。左岸拱肩槽上游侧边坡部位发育断层 f_{27}，中陡倾角展布，向下延伸后走向发生偏转，斜切左岸坝基，在建基面中下部出露。断层产状为 N50°～85°W、SW∠55°～65°，宽 10～15cm，最大宽 20cm，带内为碎块岩、蚀变岩、岩屑充填。在建基面上沿 f_{27} 断层面两侧分布蚀变岩体，现场揭露的蚀变岩体宽度为 1.5～3.9m，墨绿色，蚀变程度强烈，劈理、隐微裂隙发育，局部充填方解石细脉，岩体破碎，呈透镜体状分布，坝基断层 f_{27} 及蚀变带槽挖前情况如图 2.3-3 所示。

现场针对坝基断层 f_{27} 及蚀变带采取槽挖回填混凝土处理，槽挖宽度为 4.8～10.9m，深度约 4m。槽挖后，在槽底的断层 f_{27} 两侧蚀变岩体宽 0.5～1.1m，蚀变程度较弱，坝基断层 f_{27} 及蚀变岩槽挖处理后情况如图 2.3-4 所示。总体上断层 f_{27} 蚀变带宽度往坝基深部已逐渐缩窄，岩体蚀变程度也逐渐减弱，影响范围相对有限。

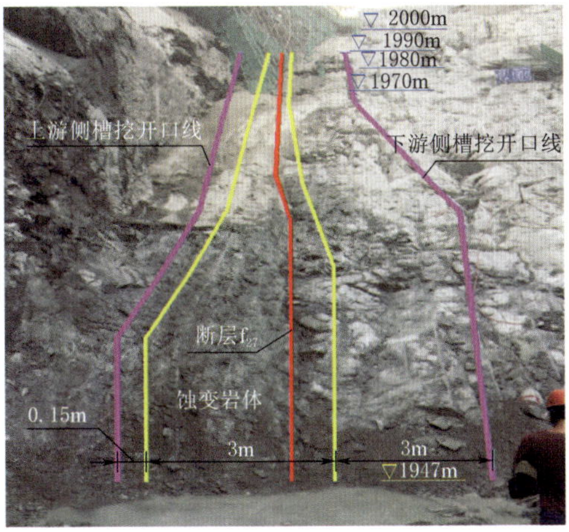

图 2.3-3 坝基断层 f_{27} 及蚀变带槽挖前情况

图 2.3-4 坝基断层 f_{27} 及蚀变岩槽挖处理后情况

2.3.4 蚀变岩矿物学特征

2.3.4.1 薄片鉴定特征

针对坝基花岗闪长岩原岩及断层 f_{27} 蚀变岩进行薄片鉴定，其中蚀变岩样取自左岸坝基建基面高程约 1970m 处。经薄片鉴定，蚀变岩具半自形中细粒花岗结构，块状构造。

其成分为斜长石含量大于 25%，钾长石含量大于 20%，石英含量大于 20%，绿泥石含量大于 10%，黑云母含量小于 5%，角闪石含量小于 5%。其中，黑云母已基本蚀变为绿泥石、绿帘石，蚀变岩显微镜下特征如图 2.3-5 所示。

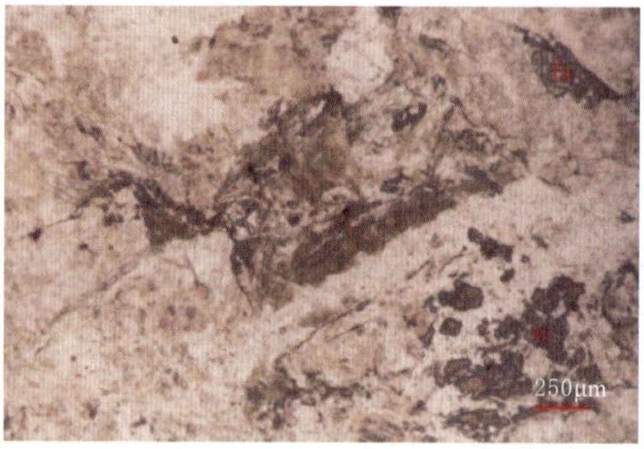

（a）角闪石部分蚀变为绿泥石（单偏光）

（b）角闪石完全蚀变为绿泥石，残留其假象（正交偏光）

图 2.3-5　蚀变岩显微镜下特征

2.3.4.2　X 射线粉晶衍射

X 射线粉晶衍射是分析岩石矿物组成的重要手段，也是鉴定黏土矿物的有力工具。针对坝基断层 f_{27} 蚀变岩进行 X 射线粉晶衍射实验，主要对构造蚀变带的不同部位、不同蚀变程度的蚀变岩样品进行对比测试，共计 20 件。根据 XRD 图谱进行矿物成分分析，断层 f_{27} 蚀变岩 X 射线粉晶衍射定量分析结果见表 2.3-2。分析认为，断层蚀变岩的矿物成分以绿泥石、石英、斜长石、钾长石、角闪石为主，含少量高岭石和伊利石，所有试件均不含蒙脱石，个别样品中含阳起石和黑云母，这与薄片鉴定结果一致。

表 2.3-2　　断层 f_{27} 蚀变岩 X 射线粉晶衍射定量分析结果

试验样品		矿物成分/%								
		黑云母	伊利石	高岭石	阳起石	绿泥石	石英	碱性长石	斜长石	角闪石
断层 f_{27} 蚀变岩	样品 1		0.1	7.4		14.8	28.9	19.6	20.6	8.6
	样品 2		0.8	2.9		16.1	24.8	30.7	17.1	7.5
	样品 3			0.2		19.4	26.3	36.4	9.8	8
	样品 4	2.3	2.7			13.2	29.8	25.1	18.7	8.1

2.3.5　蚀变岩物理力学特征

以断层 f_{27} 蚀变岩为研究对象，通过多种室内试验手段，对断层蚀变岩物理力学特性进行研究，试验方法及操作步骤参照《水电水利工程岩石试验规程》（DL/T 5368—2007）、《工程岩体试验方法标准》（GB/T 50266—2013）。

2.3.5.1　物理性质

1. 含水率、吸水性试验

分别对 12 组蚀变岩岩样进行了含水率、吸水性的试验工作，测得含水率较低，为

1.56%～2.43%；吸水率为 2.43%～2.67%，饱和吸水率为 2.65%～2.86%。饱和吸水率是岩石孔隙性以及矿物吸水性的综合反映，由于断层蚀变岩矿物成分并不含有蒙脱石等强吸水性矿物，因此饱和吸水性反映了蚀变岩的孔隙发育情况，饱和吸水率越高表明岩石内部孔隙越发育。

2. 膨胀性试验

断层蚀变岩膨胀性试验成果见表 2.3-3，断层蚀变岩轴向、径向自由膨胀率很小，所有试件均不超过 1%。膨胀性测试成果与 X 射线粉晶衍射实验成果一致，断层蚀变岩不含强膨胀性黏土矿物蒙脱石，因此基本不具膨胀性。

表 2.3-3　断层蚀变岩膨胀性试验成果

取样点高程	试件编号	轴向自由膨胀率/%	径向自由膨胀率/%
高程 1974m	Ⅰ-1-2-1	0.40	0.16
	Ⅰ-1-2-2	0.21	0.27
	Ⅰ-1-2-3	0.33	0.40
平均值		0.31	0.28
高程 2000m	Ⅰ-2-2-1	0.01	0.14
	Ⅰ-2-2-2	0.01	0.05
	Ⅰ-2-2-3	0.07	0.04
平均值		0.03	0.07

3. 耐崩解性试验

岩石耐崩解性试验共进行 5 次循环，称取筛筒和每次循环后残留试件的质量，描述 5 次循环后的试件特征，计算得到岩石耐崩解性指数。各试件在经过 5 次耐崩解循环后质量均显著下降，表现出一定的崩解性，属中等耐久性岩石。从崩解后的残留试样形态来看，为块状崩解或片状开裂，残留物为碎岩片或碎岩块。随着耐崩解性试验循环次数增加，蚀变岩的耐崩解性指数呈指数关系降低，降幅主要发生于前三次循环，并以第一次干湿循环所致降幅最大，耐崩解性指数与循环次数的关系如图 2.3-6 所示。

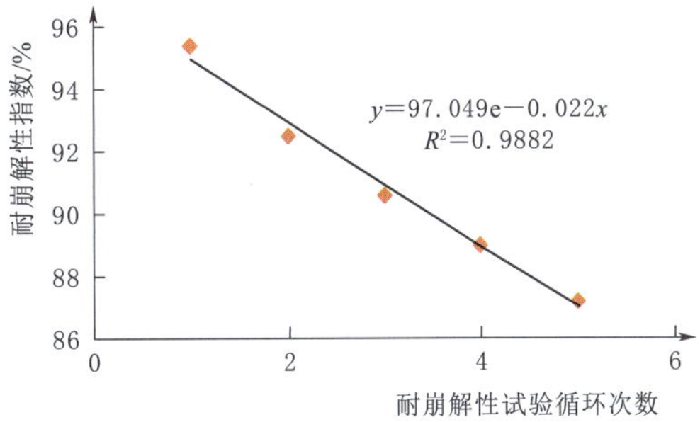

图 2.3-6　耐崩解性指数与循环次数的关系

2.3.5.2　力学性质

1. 单轴压缩试验

试验在微机液压压力试验机上进行，采用 ϕ50mm×100mm 的标准试件，对断层 f_{27} 蚀变岩进行天然条件下的单轴抗压强度与压缩变形试验。试验结果表明，取自建基面的蚀变岩天然样单轴抗压强度均值为 6.81～9.40MPa，饱和样单轴抗压强度均值为 2.02～3.70MPa；而取自刻槽底部的蚀变岩天然样单轴抗压强度均值为 54.46MPa，饱和样单轴抗压强度均值为 34.59MPa。蚀变岩单轴压缩试验试样（试样 1-1～试样 1-3）破坏形态及应力—应变曲线如图 2.3-7 所示，建基面试样的弹性模量为 0.89～1.72GPa，刻槽底部的蚀变岩试样弹性模量为 7.39～17.81GPa，说明不同位置试样的弹性模量差异较大。

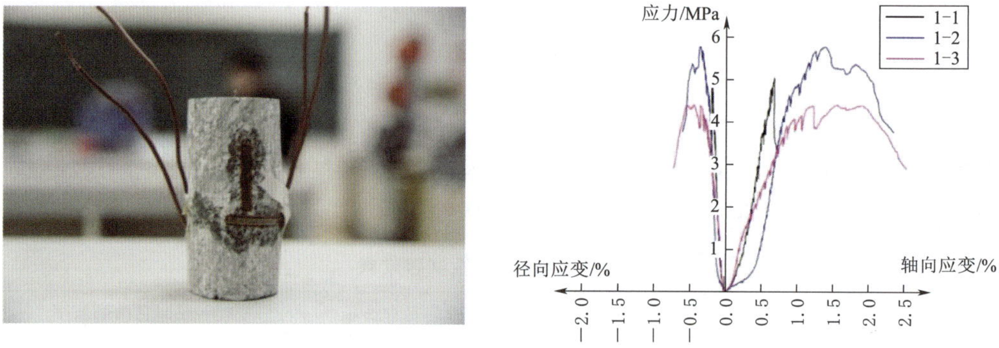

（a）破坏形态　　（b）应力—应变曲线

图 2.3－7　单轴压缩试验试样破坏形态及应力—应变曲线

2. 常规三轴试验

常规三轴试验在 MTS815 程控伺服刚性试验系统上进行，采用轴向位移控制，加载速率为 0.1mm/min。根据取样点位置的现场地应力条件，选定的侧压力最大值为 15MPa，每组试验分有 3MPa、6MPa、9MPa、12MPa、15MPa 五个侧压力级数，获取天然样（S1－1～S1－5）、饱和样（SB7－1～SB7－5）三轴压缩试验曲线如图 2.3－8、图 2.3－9 所示。随着围压的增大，蚀变岩抗压强度逐渐提高，蚀变岩天然抗压强度在 160MPa 左右，饱和抗压强度在 117MPa 左右。断层 f_{27} 蚀变岩天然样内摩擦角均值为 51.23°，黏聚力均值为 9.72MPa；饱和样内摩擦角均值为 41.45°，黏聚力为 13.37MPa。饱和条件下，蚀变岩内摩擦角较天然条件下降低约 10°，而黏聚力相差不大。同时，不同围压的蚀变岩弹性模量相差总体不大。

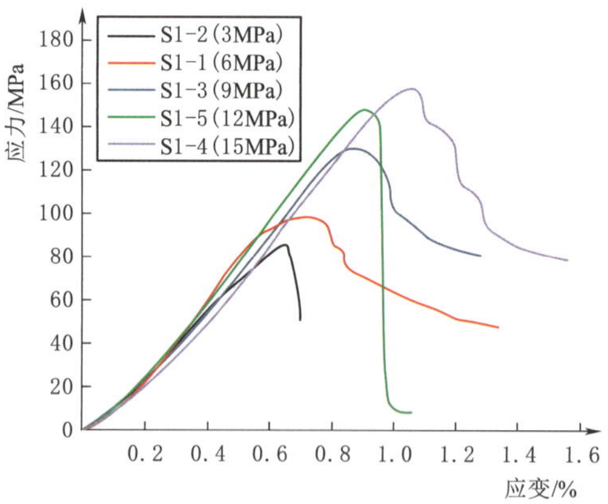

图 2.3－8　天然样三轴压缩试验曲线

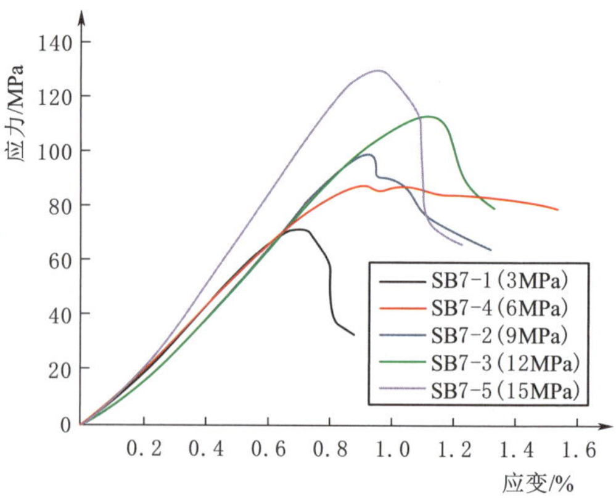

图 2.3－9　饱和样三轴压缩试验曲线

蚀变岩石的饱和单轴抗压强度较原岩明显降低，降幅可达 60%，且岩体破碎程度较高，可划分为Ⅲ$_2$～Ⅳ类岩体，抗变形能力显著减弱，承载后可能出现较大压缩变形，造成岩体变形过大且变形不均匀，对地下洞室边墙和大坝的稳定性产生一定的影响；蚀变岩为碎裂结构，裂隙、孔隙十分发育，且蚀变作用大大削弱了矿物颗粒间的连接力，导致岩石允许渗透坡降降低，可产生渗透变形破坏，从而影响工程安全。

2.4　岩体尺寸效应研究

工程岩体与其他各种材料的主要差别在于它的不连续性和不均匀性，因此，不仅室内岩块试验的参数，甚至现场平洞试验的结果也难以代表几十米乃至百米以上的工程岩体力学性质。为了保证对工程岩体进行的各种计算分析更加符合实际，需要获得代表大范围岩体力学性质的力学参数，即所谓的岩体宏观力学参数。岩体宏观力学参数的研究就是对一定范围和尺度的岩体在一定荷载作用下进行力学性质的研究，是岩石力学最基本、也是最困难的研究课题之一。由于宏观力学参数代表整个区域岩体的整体力学参数，反映的是整个区域岩体变形、破坏力学特性，因而较之单个岩块的力学参数具有更重要的意义。

工程岩体是由岩块和节理、裂隙、断层等不连续结构面共同组成的一种地质结构体，而不只是一种均质材料。岩体的力学特性远比一般材料复杂，表现在岩体的变形模量、强度等力学参数并不是岩体的特有属性，这些力学参数不仅受到岩块力学特性和结构面几何形态、力学特性的综合影响，还与岩体所对应的工程规模，即尺度因素密切相关。因此对大尺度岩体力学参数的分析方法和影响因素进行系统性研究，具有重要的现实意义和工程应用价值。

2.4.1　节理岩体的多尺度分析方法

岩体是赋存于特定地质环境中并经过亿万年改造作用的岩块集合体，包含了复杂的内部构造，可以展现出多样的力学特征，比如其强度具有尺寸效应、各向异性、非弹性等性质。岩体尺寸效应的问题是岩石力学中的经典问题，指岩石的一些力学特征会随着考察尺寸的变化而变化，如弹性模量、强度、渗流张量都会随着考察尺寸的变化而改变。

Hoek给出的岩体尺寸效应的概念如图2.4-1所示，图中针对洞室给出了5个不同的考察尺寸，洞室的围岩中含若干组正交的结构面，但结构面的连通率有区别。当考察尺寸只有几厘米至十几厘米时（室内试验尺度），该尺寸一般不包含任何小节理或结构面，强度和变形参数代表的是岩块尺度，各种力学参数一般都具有各向同性的特点（片岩除外）。考察尺寸增大至十几厘米至几十厘米时，往往包含了单条结构面，由于单条不连续弱面的存在，该尺寸条件下岩体的强度特征和变形特征不再是各向同性，而是表现出由弱面强度和岩体强度共同控制的各向异性特征，强度特征与Jeager的单一弱面公式的描述结果相接近。

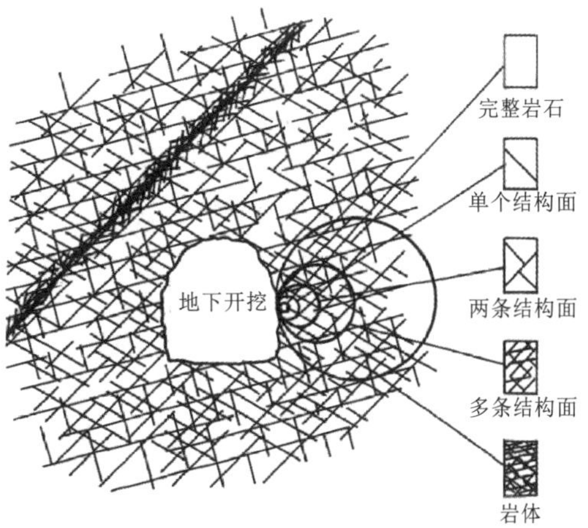

图2.4-1　岩体尺寸效应概念图（Hoek）

随着考察尺寸进一步增大，比如增大到几十厘米至一米的尺寸，该尺寸情况下包含了数条结构面，岩体也将呈现出各向异性特征，显然该尺度条件下的各向异性的规律与含单一弱面的各向异性特征完全不同。首先由于结构面增多，强度和变形模量均会较单一弱面的情况有所降低，其次由于多条件结构面的存在，强度和变形模量在各个方向上降低的幅度可能都不相同，对该尺寸沿各个方向施加压力直至破坏，则强度或变形模量与加载方向的变化关系将完全区别于单一弱面情况。

当考察尺寸继续增大至数米尺度，该尺度条件与前几种情况相比包含了更多的不连续面，比如包含了十几条至几十条结构面，不连续面的进一步增多将继续导致岩体强度和变形模量降低，此时岩体仍具有各向异性特征。对图 2.4-1 的岩体结构而言，由于两组节理是正交的，随着考察尺寸的增大，岩体的各向异性特征在减弱，趋于各向同性。

当考察尺寸增大至数米至十几米，如果继续增大考察尺寸并不会导致变形模量、强度等力学参数发生大的变化，那么此时的尺寸一般也称之为表征体积单元（REV）的最小尺寸。对于任何岩体而言，都会存在这样一个岩体参数趋于稳定的临界尺寸。不同的岩体结构条件下，临界尺寸的大小不同。

Hoek 给出的岩体尺寸效应的概念图并未量化，为了叙述的方便，前文示意性地量化了几个不同的典型尺度，显然这些尺度的具体量值与岩体的结构面网络密切相关，可以说结构面网络的特征很大程度上决定了具体 REV 尺寸的大小。

确定不同尺度条件下的岩体力学特性最好的方法是试验，但无论是室内试验和现场试验，加载系统的能力是极其有限的，试验能加载的尺寸一般也只能达到 1m 左右。再大的尺寸只能采用数值方法模拟加载试验获得大尺度条件下的岩体力学参数。我们知道岩体的强度和弹性模量一般会随着考察尺寸的增大而减小，最终在某一尺寸下趋于稳定。图 2.4-2 是 Peter Cundall 院士针对某种岩体的强度随着考察尺寸变化，所开展的数值试验结果，其中 140MPa 是实验室小尺度（50mm×100mm）的单轴强度，考察尺寸增大至 20m 时，岩体的单轴强度基本趋于稳定，只有 20MPa 左右。数值试验还显示出该岩体具有轻微的各向异性效应，在 10m 以内的考察尺寸条件下强度各向异性表现的并不明显，考察尺寸超过 20m 后，NS 方向的强度略高于 EW 方向和垂直方向的强度。

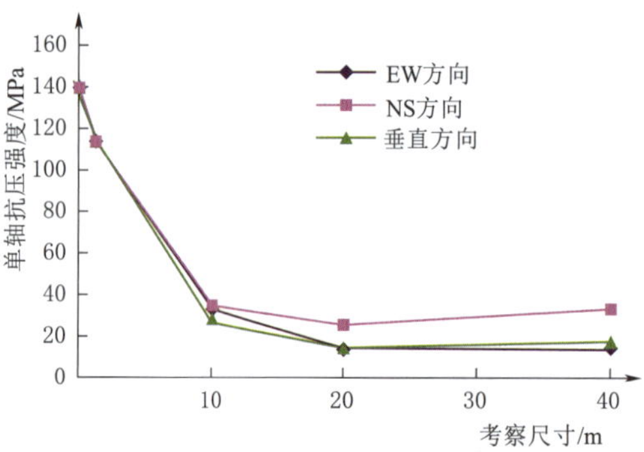

图 2.4-2　单轴强度的尺寸效应
（据 Peter Cundall）

显然，随着考察尺寸的增大，岩体结构面增多，岩体的脆性特征降低，延性特征增加。然而采用数值方法定量地再现该过程将涉及一系列严格的环节，包括数值方法的正确合理性、离散裂隙网络的可靠性等，图 2.4-3 是 Peter Cundall 院士获得的某种岩体 20m、50m 和 100m 尺度条件下的应力—应变关系曲线。

从图 2.4-3 可以看出 20m 尺度条件下，应力—应变曲线到达峰值强度后快速跌落，脆性特征明显，尺寸增大至 50m 和 100m，应力—应变响应基本上呈现出塑性特征。实验室的小尺寸条件下进行单轴试验，岩石普遍都会呈现出脆性破坏特征，围压增大对某些岩石而言会带来脆性特征向延性特征的转变。然后，随着考察尺寸的增大，即便是单轴压缩条件，岩体也可以表现强烈的延性特征，这也是尺寸效应对岩体力学性质影响的另一个重要方面。

对大部分岩体而言，离散裂隙网络是导致岩体尺寸效应的最根本性原因，因此关于离散裂隙网络的现场调查、统计、生成以及数值模拟的处理成为岩体尺寸效应研究的关键环节。岩体中的不同尺度的离散裂隙网络如图 2.4-4 所示。

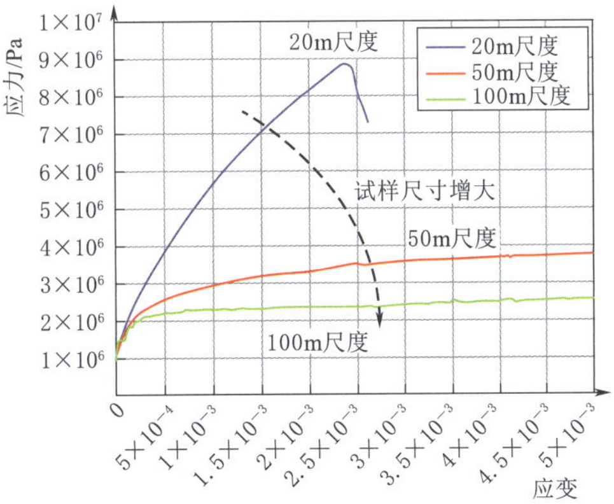

图 2.4-3　不同尺度条件下的应力—应变曲线（Peter Cundall）

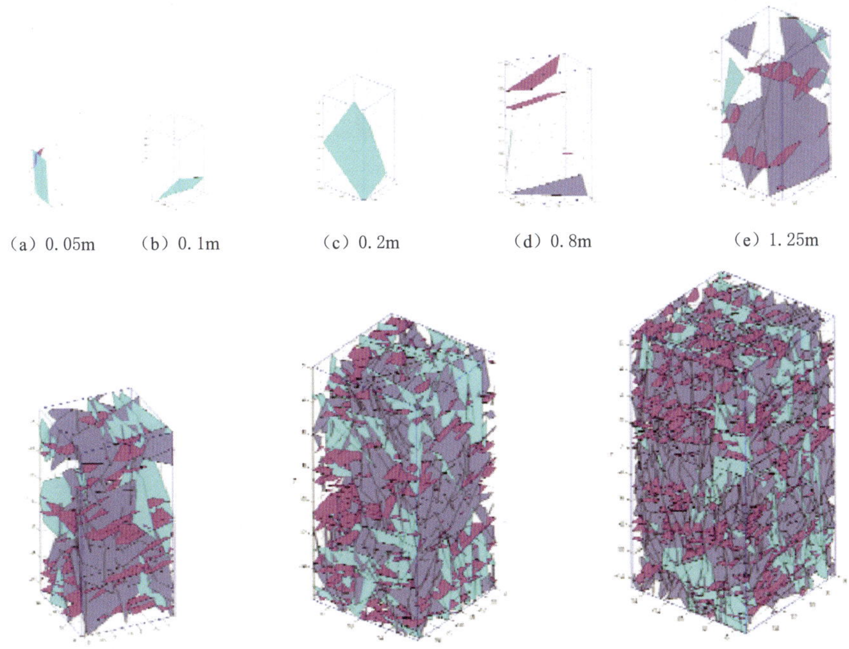

（a）0.05m　（b）0.1m　（c）0.2m　（d）0.8m　（e）1.25m

（f）3.5m　（g）7.0m　（h）10.0m

图 2.4-4　岩体中的不同尺度的离散裂隙网络

在数值模拟中，由于图 2.4-4 中的不规则多边形模拟困难，往往将结构面简化成圆盘或椭圆形，圆盘模拟的离散裂隙网络如图 2.4-5 所示。将图 2.4-4 中的多边形面积和边长等效为圆盘直径或椭圆的长、短轴。除了圆盘或椭圆简化方式，有时还可简化成四边形。

诸多分析表明，离散裂隙网络的存在所主导的岩体尺寸效应问题是最为经典的尺寸效应问题，相关研究也最为充分。在工程可研阶段，依托杨房沟水电站花岗闪长岩，开展了岩体尺寸效应问题研究工作。

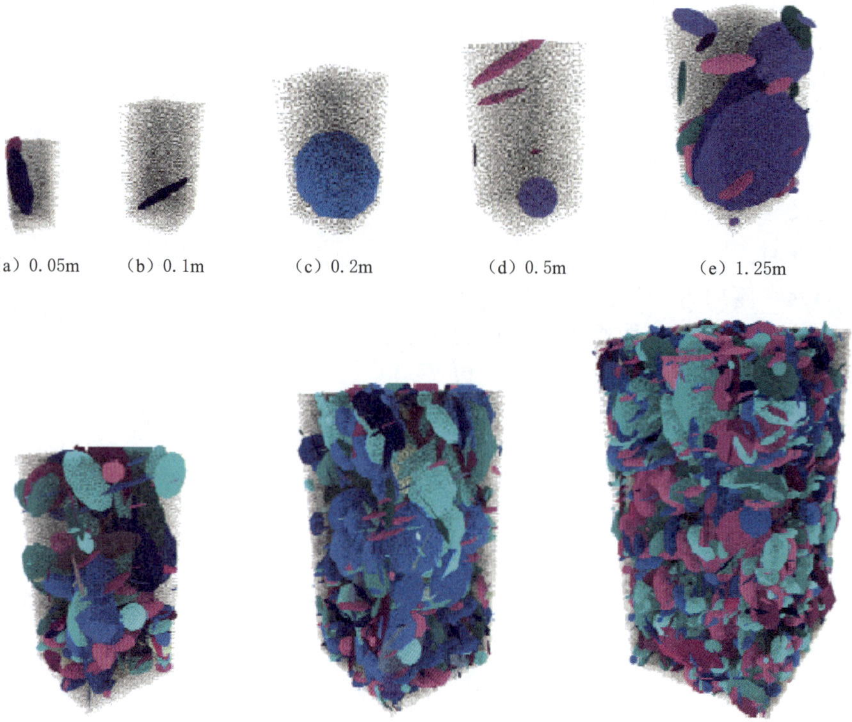

（a）0.05m　（b）0.1m　（c）0.2m　（d）0.5m　（e）1.25m

（f）3.5m　（g）7.0m　（h）10.0m

图 2.4－5　圆盘模拟的离散裂隙网络

2.4.2　花岗闪长岩尺寸效应研究内容

以杨房沟水电站工程岩体为研究对象，以通过三维数码照相技术重构而成的三维结构面网络为基础，以非连续离散元数值方法、概率统计理论为研究手段，对岩体力学参数的尺寸效应问题进行系统地研究。主要研究内容如下。

（1）基于数字近景摄影测量方法，开展岩体结构面信息采集工作，在拍摄技术准备、现场踏勘的基础上，采取合适的控制坐标系、测量精度控制措施，对岩体进行结构面的三维信息数字化采集。

（2）对岩体三维结构面网络的生成理论进行系统探讨，总结岩体结构均质区划分、结构面密度、结构面产状、结构面直径的函数归回数学方法。

（3）根据三维结构面网络的统计成果，重构生成岩体的三维结构面网络，并对重构结果进行检验，以证明其合理性。

（4）系统地研究基于 3DEC 的岩体尺寸效应数值方法模拟中的关键技术问题，解决有限尺寸岩体抽样、离散元接触本构、合成岩体模拟方法等技术问题。

（5）基于离散元的合成岩体技术，开展三轴压缩数值试验，获得岩体的结构参数和力学参数随尺寸的变化规律。综合结构参数和力学参数的尺寸效应研究成果，确定杨房沟水电站工程区岩体的 REV 尺寸。

（6）将上述尺寸效应获得的关于岩体参数的研究成果，应用至杨房沟水电工程的岩体稳定分析。

岩体尺寸效应研究思路如图 2.4-6 所示。

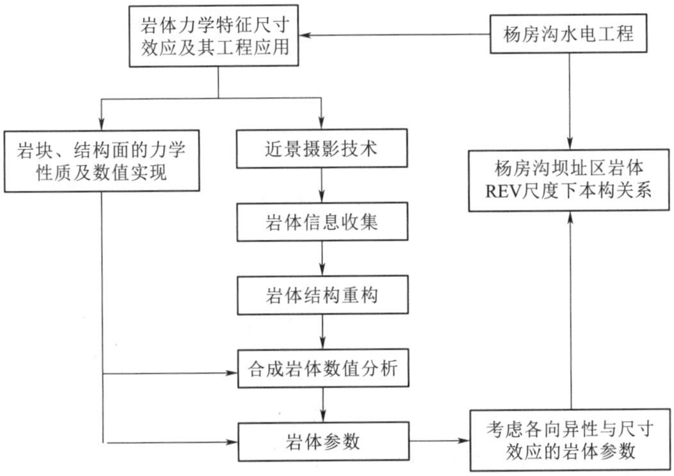

图 2.4-6　岩体尺寸效应研究思路

2.4.3　三维离散裂隙网络采集与生成

离散裂隙网络主导的尺寸效应问题研究中，最基础也是最为重要的工作之一是结构面信息的采集，总体上结构面信息采集的手段有如下两种。

(1) 传统的手工测量方法。优点是采集工作简单、准确，并且可以同步采集结构面的性状，缺点是低效、费力、耗时，对于距离较远、高大陡峭的露头难以全面、有效、及时地捕捉岩体结构信息。

(2) 三维数码采集。采用数字近景摄影测量技术（采用摄像设备）和图像处理技术（采用 ADAM 商业软件）相结合的技术手段，其优点是可以实现高效的岩体结构面信息快速采集。

2.4.3.1　数字摄影拍摄区域

采用数字近景摄影测量的方法可以快速地获取岩体结构面的信息，进而统计出结构面的迹线长和倾向、倾角等，并且此法精度较高，可以满足结构面统计分析的要求。经现场踏勘和地质调查，先后共计选定具有代表性的 4 片拍摄区域（A 区、B 区、C 区、D 区）进行结构面信息采集工作。以下重点介绍其中的测量 A 区的工作开展情况。

在测量 A 区拍摄时，考虑该区域布站位置和拍摄距离，选用两站布设，50mm 镜头拍摄。为保证照片清晰，足以获得所选区域岩体结构的特征，现场拍摄过程中选取了多重摄影参数组合进行拍摄，返回室内后挑选精度最高的照片进行 DTM 生成。高精度的合成照片可用来描述区域内岩体结构分布特征。测量 A 区的模型照片数字化过程产生数据点 154327 个，约 4822 个/m^2，该区域照片的数字化精度较高，满足要求。测量 A 区现场采集的高精度照片如图 2.4-7 所示。测量 A 区基于近景摄影技术生成的点云、DTM 模型如图 2.4-8、图 2.4-9 所示。测量 A 区测得的测窗迹线如图 2.4-10 所示。

(a) 左站　　(b) 右站

图 2.4－7　测量 A 区现场采集的高精度照片

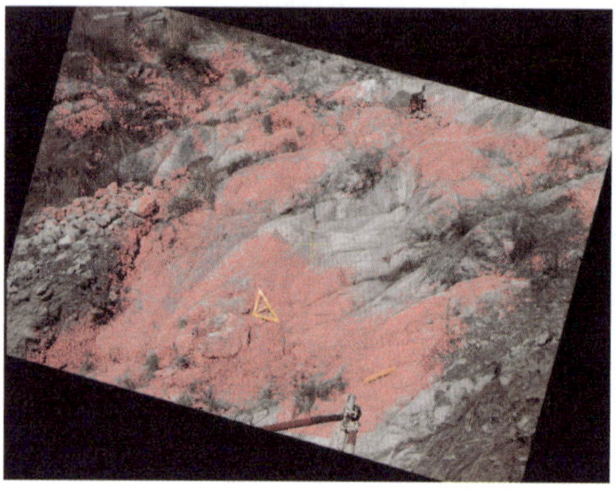

图 2.4－8　测量 A 区基于近景摄影技术生成的点云

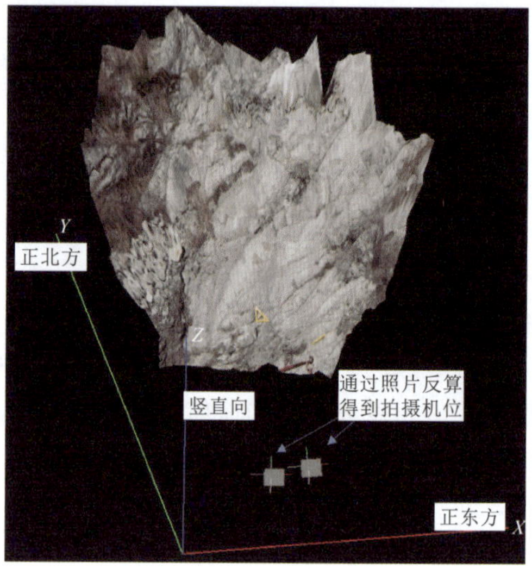

图 2.4－9　测量 A 区基于近景摄影技术生成的 DTM 模型

2.4.3.2　地质结构面信息采集与统计分析

要获得工程某一区域的三维结构面网络，重要的定位结构面可以通过现场信息采集单独确定，随机结构面则需采用计算模拟的方法生成。随机结构面的生成方法基于随机统计数学理论，根据现场揭露的有限的结构面概率分布来推测其在岩体内部的分布规律，是目前研究复杂节理岩体中结构面几何分布特征的有效手段。

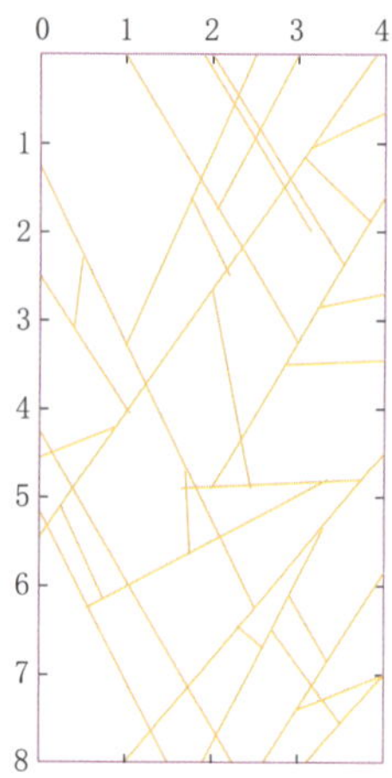

图 2.4－10　测量 A 区测得的测窗迹线图（单位：m）

生成结构面网络的过程十分复杂，每个环节的统计分析和模型建立都将影响最终的模拟成果。在实际工程岩体中，由于地层岩性及地质构造的差异，往往不同区域或同一区域不同位置的岩体中，结构面的分布情况具有很大差异，因此，在进行结构面网络模拟之前，首先要确定研究区域是否具有相似的岩体结构特征。然而，影响岩体结构的因素有很多，如岩性、结构面产状、迹长、间距、密度、张开度、填充情况、起伏度、粗糙度、蚀变程度以及结构面之间的组合特征等，这导致结构面网络的生成具有很大的不确定性，存在失真的可能。

为了保证采样的系统、客观、科学，应在采样前对研究区的工程岩体进行归类分区，把岩性相同、地质年代相同、构造部位相同、岩体结构类型相同的“结构区”（也可称为“均质区”）作为同一采样区。结构面采样与模拟均应在同一结构区内开展，不同的结构区应该分别采样、独立模拟。例如，采样模拟区域中既包括皱褶的核部又包括皱褶的翼部，由于这两处结构面的形成机制与发育规律不同，因此不能作为同一“结构区”进行采样。如果某采样区的结构面数量偏少，可在同一类型的其他结构区内补充采样，合并这些样本并统一构建结构面的概率模型。一般不建议跨区采样、跨区合并样本。

岩体结构均质区一般应根据岩体的宏观结构特征地质条件划分，如果野外不易划分，也可以根据样本观测值的统计相似性进行划分。杨房沟水电站工程岩体（花岗闪长岩）的弱风化上段以Ⅲ$_2$类岩体为主，局部强卸荷带为Ⅳ类岩体，弱风化下段以Ⅲ$_1$类岩体为主，局部蚀变岩带为Ⅳ类岩体，微风化～新鲜岩以Ⅱ类岩体为主。现场结构面采集工作分为两个均质区，其一为风化、卸荷程度相对较高的岩体，对应Ⅳ类岩体，简称“卸荷区”；其二为风化、卸荷程度相对较低的岩体，对应Ⅲ$_1$类及Ⅲ$_2$类岩体，简称“较完整区”。

其中，针对卸荷区，信息采集地点主要位于坡面冲沟、支洞洞口、河谷台地。为了提高岩体结构采样样本的覆盖范围及可信程度，现场在卸荷风化区和探洞的卸荷区同步选取了3条测线进行现场编录，以作为对照。针对较完整区，信息采集地点选取探洞的非卸荷区，统计的勘察平洞包括PD58、PD65、PD19、PD25、PD82、PD15、PD28、PD26、PD6。

综合各类不同来源的岩体结构信息资料，其中卸荷区共收集到899条岩体结构信息，较完整区共收集到1138条岩体结构信息。卸荷区及较完整区的岩体结构信息的赤平投影图和走向玫瑰图如图2.4-11和图2.4-12所示。

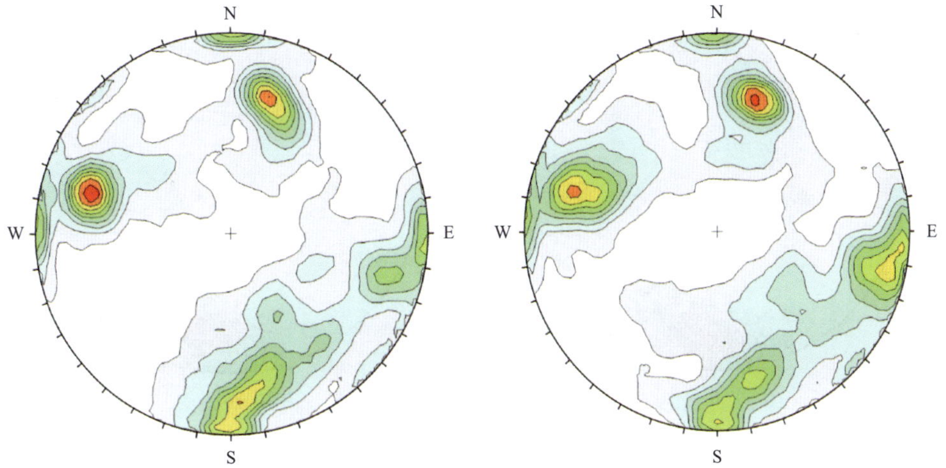

(a) 卸荷区　　(b) 较完整区

图2.4-11　岩体结构信息赤平投影图（下半球、等面积投影）

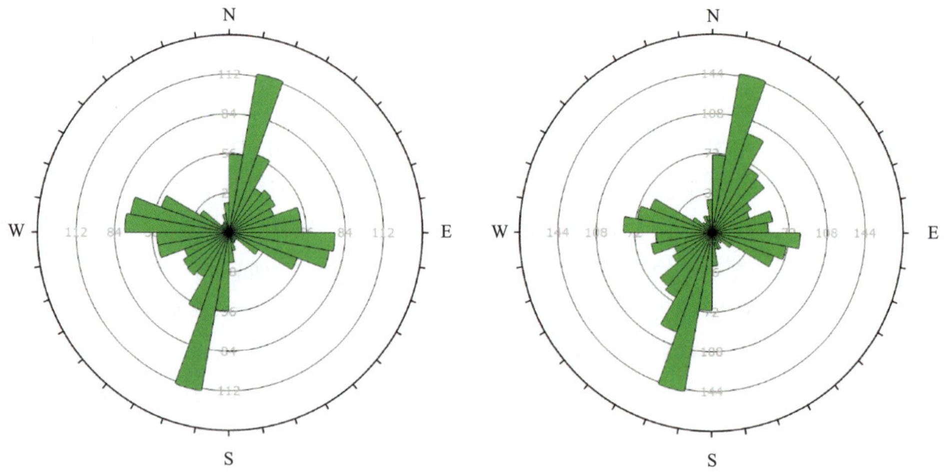

（a）卸荷区　　（b）较完整区

图 2.4－12　岩体结构走向玫瑰图

在结构面信息采集阶段，测线与结构面的交角会影响到部分结构面被量测到的机会，并且海量原始结构面信息数据也来源于不同产状的测线，这样会影响优势分组及各组的平均产状。因此 R. Terzaghi 建议对不同方位结构面的产状统计结果进行修正。Terzaghi 修正后的岩体结构的赤平投影图和走向玫瑰图如图 2.4－13 和图 2.4－14 所示。其中，对于卸荷区，由于综合了近景摄影的测窗测量成果、近河谷向测线成果及探洞编录成果，因此 Terzaghi 修正后的成果与修正前相差不多。对于较完整区，其利用的基础资料多为岸坡的探洞统计数据，经 Terzaghi 修正后差异较大，表现为 NS 向和 NNE 向两组结构面的影响明显减弱。

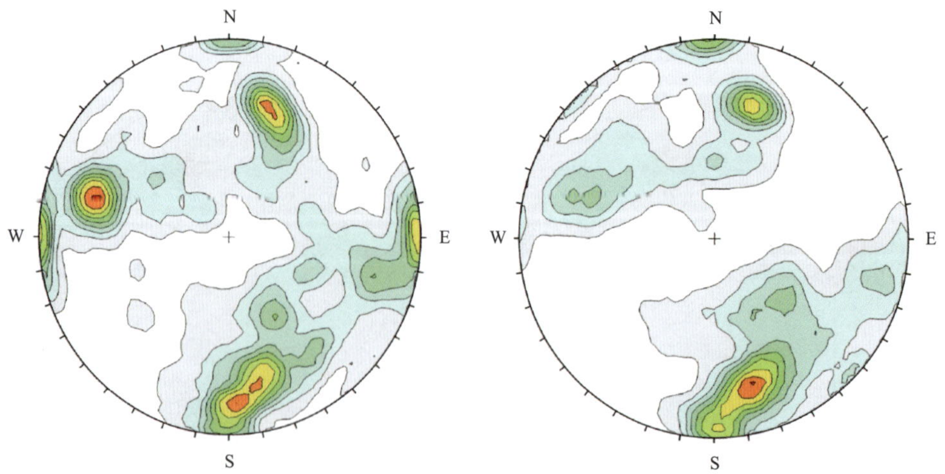

（a）卸荷区　　（b）较完整区

图 2.4－13　Terzaghi 修正后的岩体结构信息赤平投影图（下半球、等面积投影）

进一步对两个均质区的优势结构面进行分组，卸荷区的优势结构面分组结果如图 2.4－15 所示。卸荷区的主要岩体结构可分为 4 组，结构面产状包括：①倾角 40°～80°、

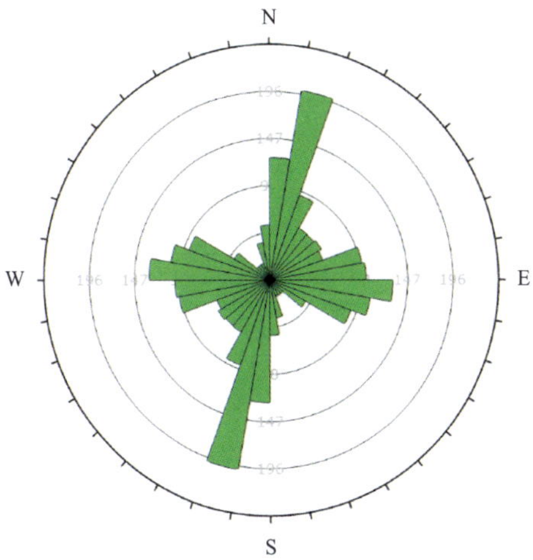

(a) 卸荷区　　(b) 较完整区

图 2.4-14　Terzaghi 修正后的岩体结构走向玫瑰图

倾向 85°～130°（平均倾角 62°、平均倾向 106°，即 N16°E、SE∠62°）；②倾角 40°～70°、倾向 180°～220°（平均倾角 55°、平均倾向 200°，即 N70°W、SW∠55°）；③倾角 55°～90°、倾向 338°～15°（平均倾角 72°、平均倾向 356°，即 N86°E、NW∠72°）；④倾角 60°～90°、倾向 260°～300°及倾角 80°～90°、倾向 90°～120°（平均倾角 83°、平均倾向 267°，即 N3°W、SW∠83°）。

较完整区的优势结构面分组结果如图 2.4-16 所示，主要岩体结构可分为 2 组，结构面产状包括：①倾角 55°～90°倾向 338°～15°（平均倾角 74°、平均倾向 352°，即 N82°E、NW∠74°）；②倾角 40°～75°、倾向 180°～220°（平均倾角 58°、平均倾向 195°，即 N75°W、SW∠58°）。

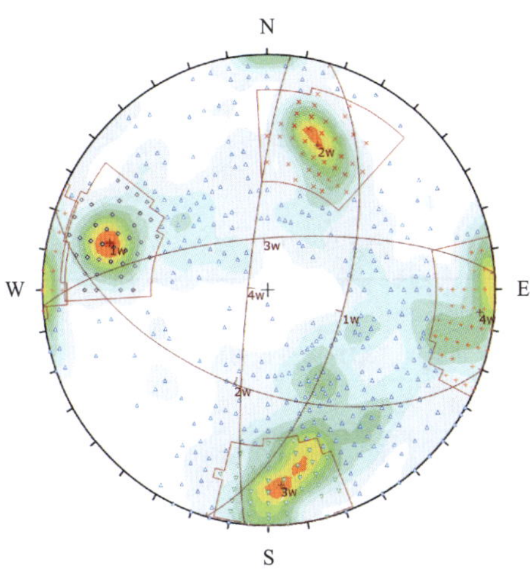

图 2.4-15　卸荷区优势结构面分组结果

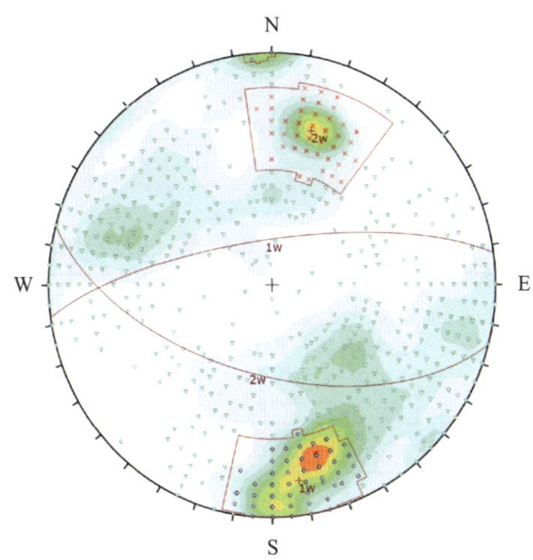

图 2.4-16　较完整区优势结构面分组结果

根据优势结构面分组结果，各均质区的实测结构面数量见表 2.4-1，可供计算三维结构面网络的相关参数。

表 2.4-1　　各均质区的实测结构面数量

卸荷区		较完整区	
优势分组	结构面条数	优势分组	结构面条数
第一组	110	第一组	156
第二组	103	第二组	118
第三组	145		
第四组	111		

在岩体结构面的密度、产状、尺寸参数中，产状参数最容易得到，由于有部分结构面的倾向并不在一个连续的区间，如卸荷区中第三组和第四组优势结构面一部分优势倾向为90°左右，另一部分为285°左右。因此，对于此类数据形式，难以采用正态分布等常规概率函数进行描述。故直接使用 Fisher 函数进行产状的概率模型建立。DIPS 软件中直接提供了各组优势结构面的 Fisher 函数的参数估计值，各均质区的产状概率参数估计值见表 2.4-2。

表 2.4-2　　各均质区的产状概率参数估计值（Fisher 分布）

卸荷区				较完整区			
优势分组	倾向均值/(°)	倾角均值/(°)	Fisher 常数 κ	优势分组	倾向均值/(°)	倾角均值/(°)	Fisher 常数 κ
第一组	106	62	56.8702	第一组	352	74	62.0794
第二组	200	55	54.8658	第二组	195	58	37.9651
第三组	356	72	40.3720				
第四组	267	83	39.5506				

在生成离散裂隙网络的过程中涉及结构面的体密度信息 P30，而估计 P30 指标需要结构面的尺寸指标，因此需先进行结构面的尺寸参数估计。首先估算迹长指标，按测线法、测窗法各自的迹长估算理论，分别计算各测线、测窗的全迹长，而后按照各自包含的该组结构面条数进行加权平均取值，最后可根据全迹长指标估算结构面的直径。各均质区的尺寸概率参数估计值见表 2.4-3。

表 2.4-3　　各均质区的尺寸概率参数估计值（负指数分布）

卸荷区			较完整区		
优势分组	结构面直径均值/m	负指数参数	优势分组	结构面直径均值/m	负指数参数
第一组	4.334268439	0.230719443	第一组	6.539305701	0.152921433
第二组	6.311300684	0.158445945	第二组	7.048957011	0.141864959
第三组	7.372008901	0.135648236			
第四组	5.22628955	0.191340336			

对于结构面的密度，首先根据各测线得到的结构面条数与测线长，考虑各组结构面的视倾角，计算得到线密度。对各测线得到的线密度进行加权平均，继而考虑测线的有限长度，对线密度进行修正。之后，根据此前获得的结构面直径指标，换算得到结构面的体密

度，用以进行结构面生成。各均质区的密度概率参数估计值见表 2.4－4。

表 2.4－4　各均质区的密度概率参数估计值（均匀分布）

卸荷区			较完整区		
优势分组	线密度 P10/m^{-1}	体密度 P30/m^{-3}	优势分组	线密度 P10/m^{-1}	体密度 P30/m^{-3}
第一组	0.261182264	0.009971066	第一组	0.219007957	0.003670194
第二组	0.23083362	0.003789355	第二组	0.202892188	0.002764299
第三组	0.362735921	0.005085881			
第四组	0.31482274	0.010178563			

2.4.3.3　离散裂隙网络重构与验证

1. 离散裂隙网络重构

根据结构面统计信息生成离散裂隙网络（discrete fracture network，DFN）的流程如图 2.4－17 所示，需要指出，岩体结构的重构生成中涉及复杂的随机过程，对于特定的回归参数，在重构过程中可以生成无数个与之对应的岩体结构样本。每一个具体的样本表现出的特性也必然是随机的、不相同的。因此，不能将任一次重构得到的岩体结构样本的特性，视作对应该组回归参数的确定性结果。

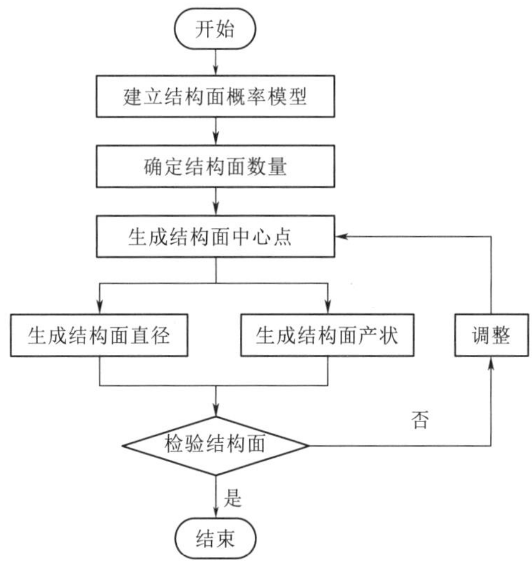

图 2.4－17　离散裂隙网络生成流程图

对随机性问题可按照 Esmaieli 等的经验，采用如下方式处理：首先，在一个大尺度的范围内生成一个分布符合回归参数的重构样本，这一范围应该较之期望的 REV 尺寸更大，以保证重构生成的岩体结构参数具有足够的统计样本。比如建立一个 400m×400m×400m 的大范围样本，之后根据期望研究的节理岩体尺寸进行抽样分析。对于大尺度范围的样本，采用固定随机数种子的方式实现其可重复性，卸荷区、较完整区离散裂隙网络及离散裂隙网络迹线图如图 2.4－18～图 2.4－21 所示。

2. 离散裂隙网络验证

对生成的两个离散裂隙网络模型进行检验，论证其可以代表真实的杨房沟水电站坝址区卸荷岩体及较完整岩体。首先是直观考察，卸荷区、完整区离散裂隙网络的赤平投影图如图 2.4－22、图 2.4－23 所示，与图 2.4－13 中地质编录成果相比，重构效果较为理想。

进一步将模拟生成的结构面网络及实测数据进行定量对比。实测与模拟得到的线密度对比见表 2.4－5，模拟线密度均值与实测均值基本接近，标准差较小。实测与模拟得到的体密度对比见表 2.4－6，模拟值与实测值同样接近。

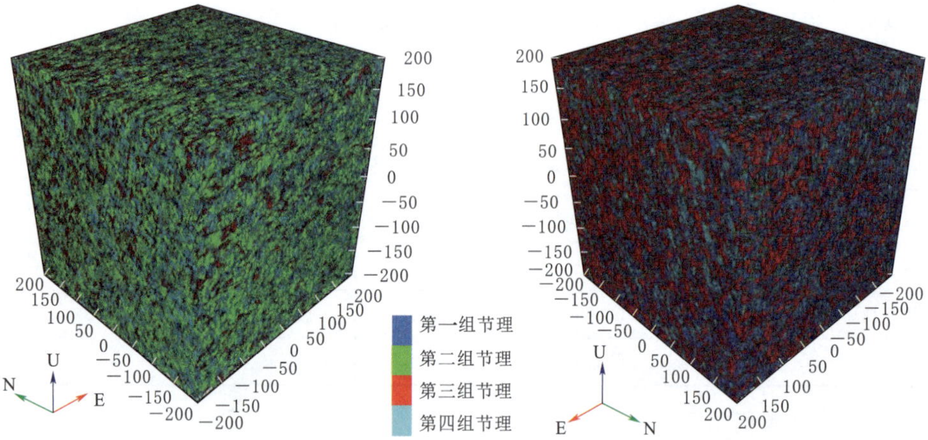

（a）视角1　　（b）视角2

图 2.4-18　卸荷区离散裂隙网络（单位：m）

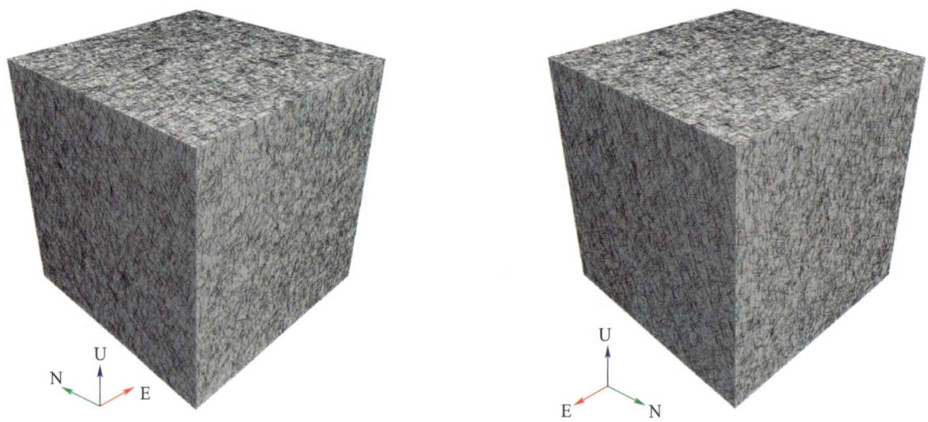

（a）视角1　　（b）视角2

图 2.4-19　卸荷区离散裂隙网络迹线图

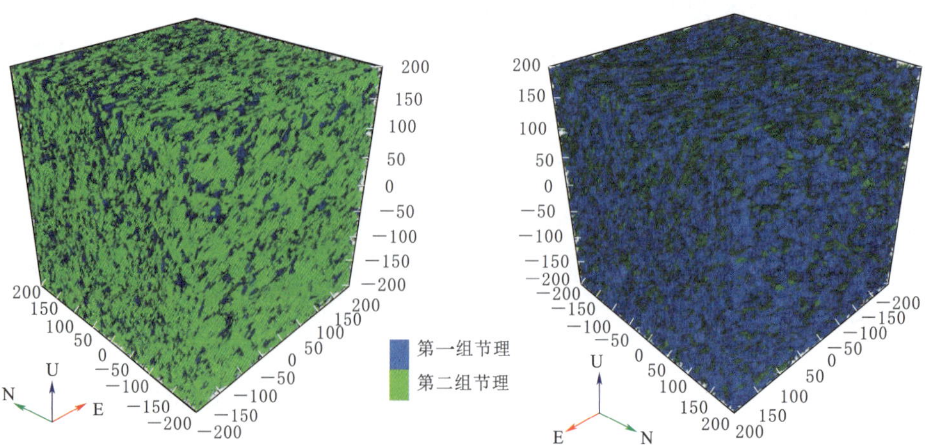

（a）视角1　　（b）视角2

图 2.4-20　较完整区离散裂隙网络（单位：m）

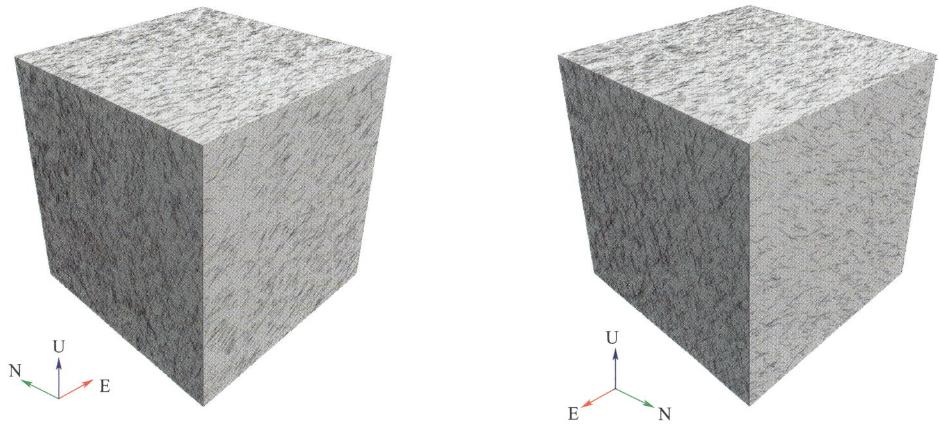

(a) 视角1　　(b) 视角2

图 2.4-21　较完整区离散裂隙网络迹线图

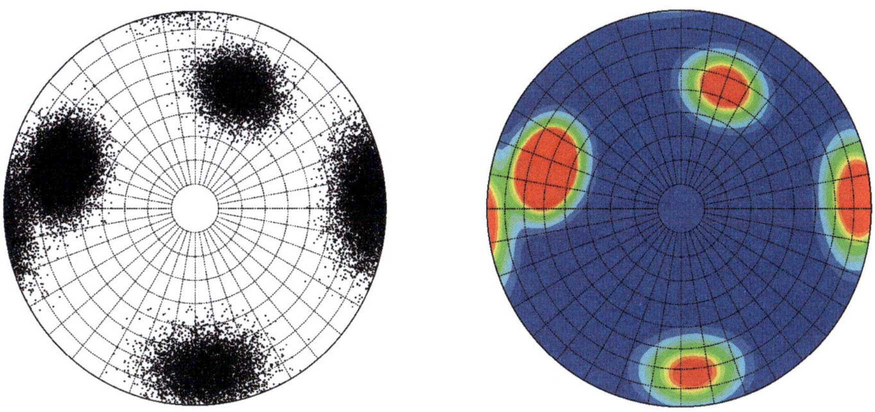

(a) 极点图　　(b) 云图

图 2.4-22　卸荷区离散裂隙网络的赤平投影图（下半球、等面积投影）

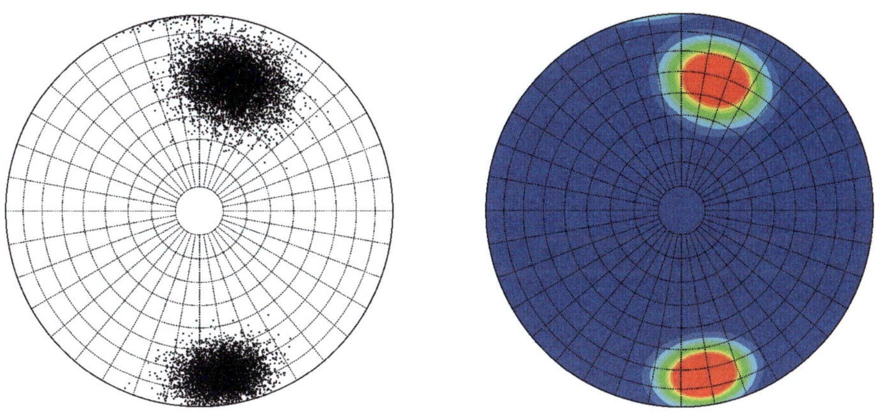

(a) 极点图　　(b) 云图

图 2.4-23　较完整区离散裂隙网络的赤平投影图（下半球、等面积投影）

表 2.4-5　　实测与模拟得到的线密度对比

均质区	组别	实测线密度 P10/m^{-1}	模拟线密度 P10/m^{-1}			
			均值	最小值	最大值	标准差
卸荷区	第一组	0.261182264	0.280476568	0.0599693	0.494747	0.066225143
	第二组	0.23083362	0.232277943	0.0773589	0.417738	0.053660275
	第三组	0.362735921	0.371873499	0.173908	0.565201	0.064134202
	第四组	0.31482274	0.343389866	0.141949	0.567798	0.06511671
较完整区	第一组	0.219007957	0.218007565	0.0496534	0.425648	0.05926431
	第二组	0.202892188	0.211364464	0.0586143	0.453654	0.51236548

表 2.4-6　　实测与模拟得到的体密度对比

均质区	组别	实测体密度 P30/m^{-3}	模拟体密度 P30/m^{-3}
卸荷区	第一组	0.009971066	0.010124346
	第二组	0.003789355	0.003867676
	第三组	0.005085881	0.005098789
	第四组	0.010178563	0.010187673
较完整区	第一组	0.003670194	0.003945484
	第二组	0.002764299	0.00268464

模拟和实测的卸荷区第一～第四组、较完整区第一～第二组节理概率密度直方图对比如图 2.4-24～图 2.4-29 所示，模拟和实测的概率密度函数分布较为接近。

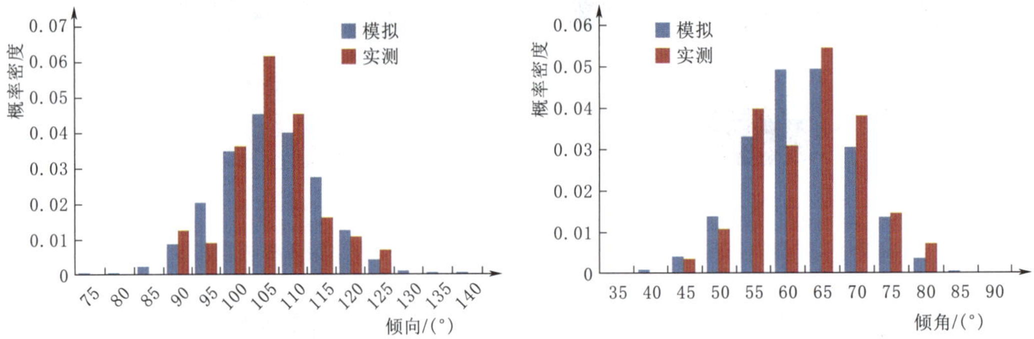

(a) 倾向　　(b) 倾角

图 2.4-24　模拟和实测的卸荷区第一组节理概率密度直方图对比

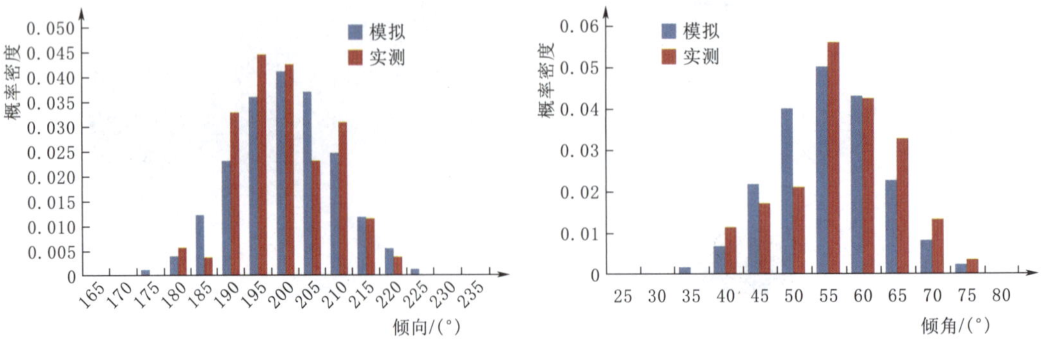

(a) 倾向　　(b) 倾角

图 2.4-25　模拟和实测的卸荷区第二组节理概率密度直方图对比

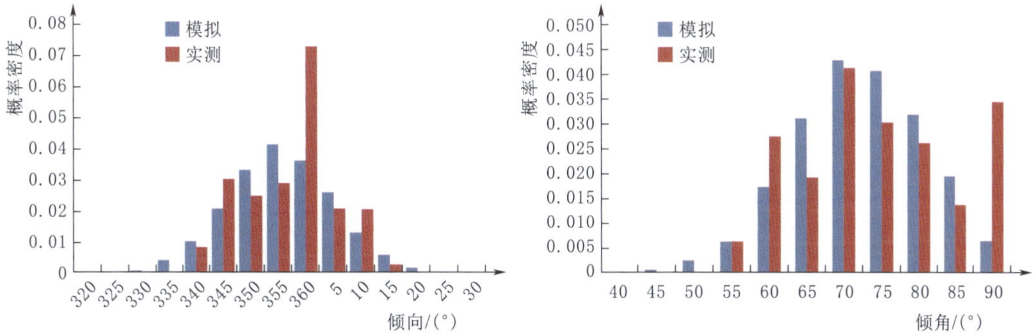

（a）倾向　　（b）倾角

图 2.4－26　模拟和实测的卸荷区第三组节理概率密度直方图对比

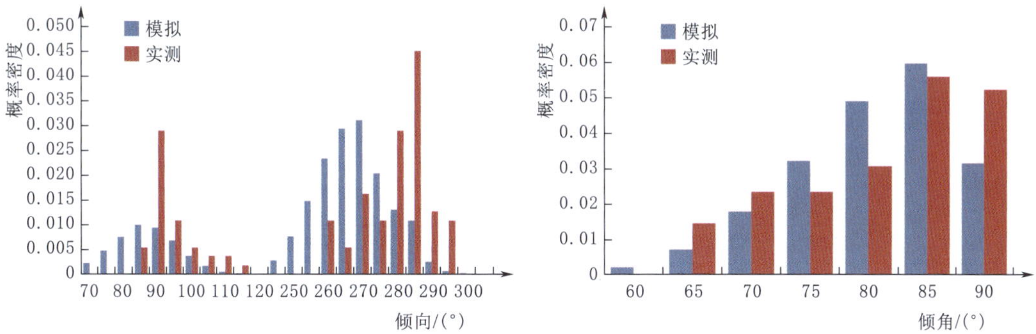

（a）倾向　　（b）倾角

图 2.4－27　模拟和实测的卸荷区第四组节理概率密度直方图对比

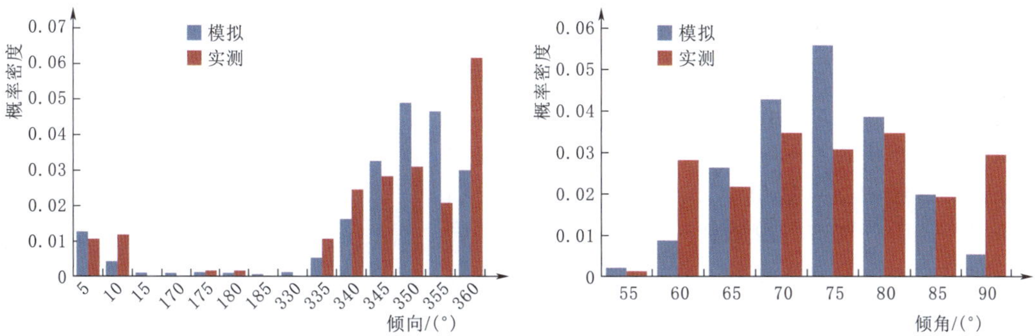

（a）倾向　　（b）倾角

图 2.4－28　模拟和实测的较完整区第一组节理概率密度直方图对比

实测与模拟得到的结构面直径分布对比见表 2.4－7，实测与模拟基本具有一致性。

通过直观考查与实际数据的定量对比，数值模拟生成的杨房沟水电站岩体结构面网络的代表性较好，可以作为岩体参数尺寸效应研究的基础模型平台。

2.4.4　花岗闪长岩尺寸效应研究

依据构建的三维离散裂隙网络，在计算机中生成含有不同尺度结构面与岩块组成的“合成岩体”后，可采用数值方法开展不同尺度的、不同围压条件下的虚拟三轴试验研究，进而定量化研究岩体的尺寸效应。

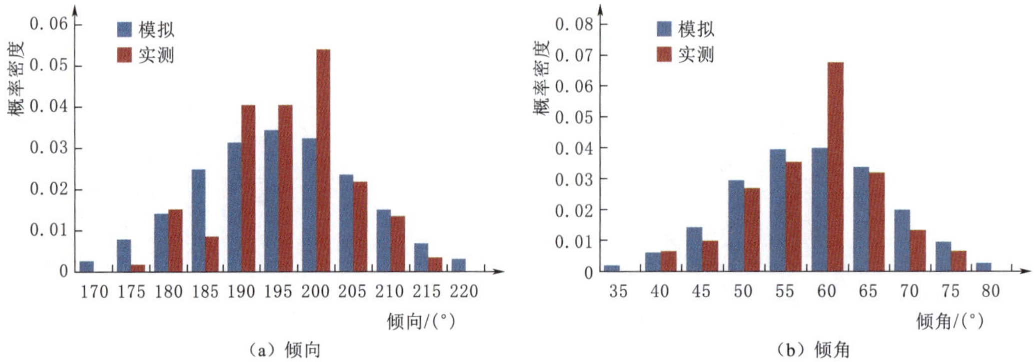

图 2.4-29　模拟和实测的较完整区第二组节理概率密度直方图对比

表 2.4-7　实测与模拟得到的结构面直径分布对比

均质区	组别	实　测		模　拟	
		结构面直径均值/m	负指数参数	结构面直径均值/m	负指数参数
卸荷区	第一组	4.334268439	0.230719443	4.322922	0.231325
	第二组	6.311300684	0.158445945	6.247930	0.160053
	第三组	7.372008901	0.135648236	7.304815	0.136896
	第四组	5.22628955	0.191340336	5.196613	0.192433
较完整区	第一组	6.539305701	0.152921433	6.521256	0.153344
	第二组	7.048957011	0.141864959	7.036953	0.142106

对于该工程，利用之前建立的三维岩体节理网络（400m×400m×400m），采用“相同中心点+不同尺寸”的反复抽样技术进行试样抽取。抽取试样考虑 1m、3m、5m、10m、20m、…、90m、100m 共 13 级尺寸的试件，相同中心点、不同尺寸的抽样方法如图 2.4-30 所示。首先进行了结构参数（体积节理中心点数量 P32、体密度 P30）的抽取研究，随后分别进行单轴、三轴数值试验，以确定不同尺寸岩体的力学参数。在此过程中，同步考虑岩体各向异性特征的影响，将岩体在 x、y 和 z 方向的力学参数尺寸效应研究分开进行，从而获得三个相互垂直方向上不同位置合成岩体的变形参数（E）、强度参数（c，f，UCS）。

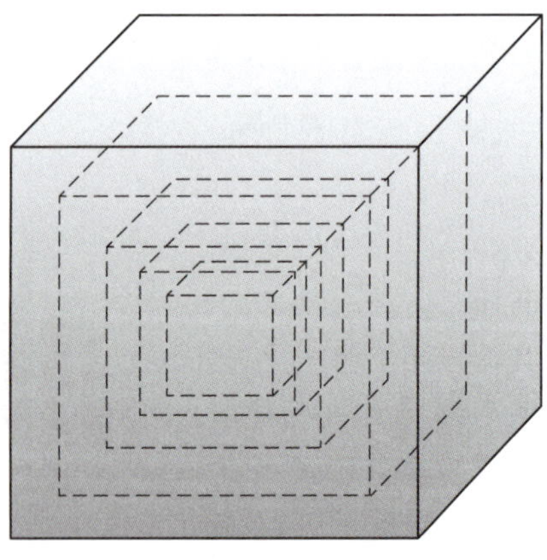

图 2.4-30　相同中心点、不同尺寸的抽样方法

2.4.4.1　岩体结构指标参数尺寸效应

分析 1～100m 尺寸范围内抽取的岩体结构参数，其中对于结构参数 P30，针对每次抽样得到的岩体试件，通过 3DEC 软件中 FISH 函数统计试件内结构面的中心点数量，并与当前试件的体积相除，即可获得当前尺度试件的结构参数 P30 样本数据，结构参数 P30 随尺寸的变化如图 2.4-31 所示。对于结构参数 P32，同样利用 FISH 函数，对每个尺度等级的试样进行 50 个不同中心点样本的抽样，并分别计算各样本单位体积的节理面积，之后基于统计分析获得结构参数 P32 随尺寸的变化如图 2.4-32 所示。

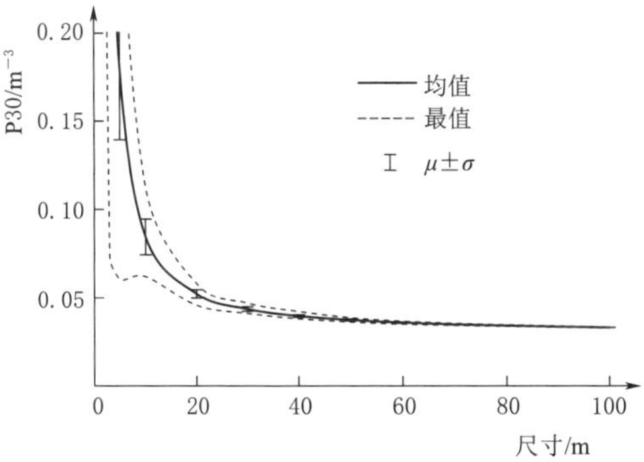

图 2.4-31 结构参数 P30 随尺寸的变化

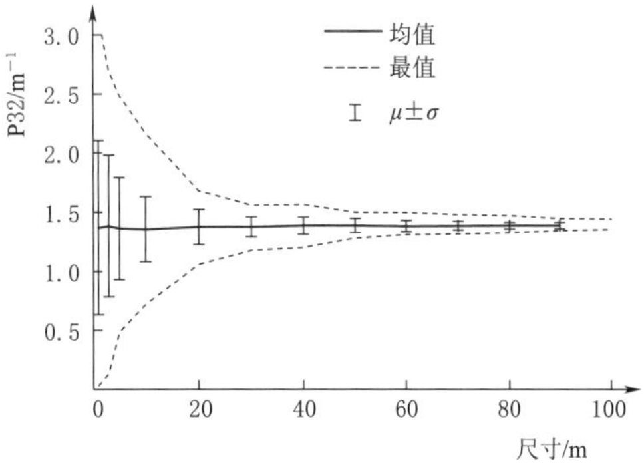

图 2.4-32 结构参数 P32 随尺寸的变化

分析表明，随尺寸的增加，各尺度相应的 P30 的最值区间、方差、均值均逐渐减小，并趋近一个常数。对于杨房沟水电站坝址区岩体，P30 的变化规律在 20～30m 尺度趋近平缓，对应 P30 的 REV 尺寸为 20～30m。相对于 P30，P32 的最值区间和方差随尺寸增加也迅速减小，而均值则基本不变。当以最值区间和方差趋近稳定的尺度作为 REV 尺寸时，对应 P32 的 REV 尺寸同样为 20～30m。

2.4.4.2 岩体力学参数尺寸效应

基于离散元的合成岩体技术，针对杨房沟水电站工程卸荷区和较完整区岩体，用数值模拟的方法虚拟开展三轴压缩试验，可获得不同尺度条件下的力学参数，等效模量、等效黏聚力、等效摩擦角、单轴抗压强度随尺寸的变化，如图 2.4-33～图 2.4-36 所示。计

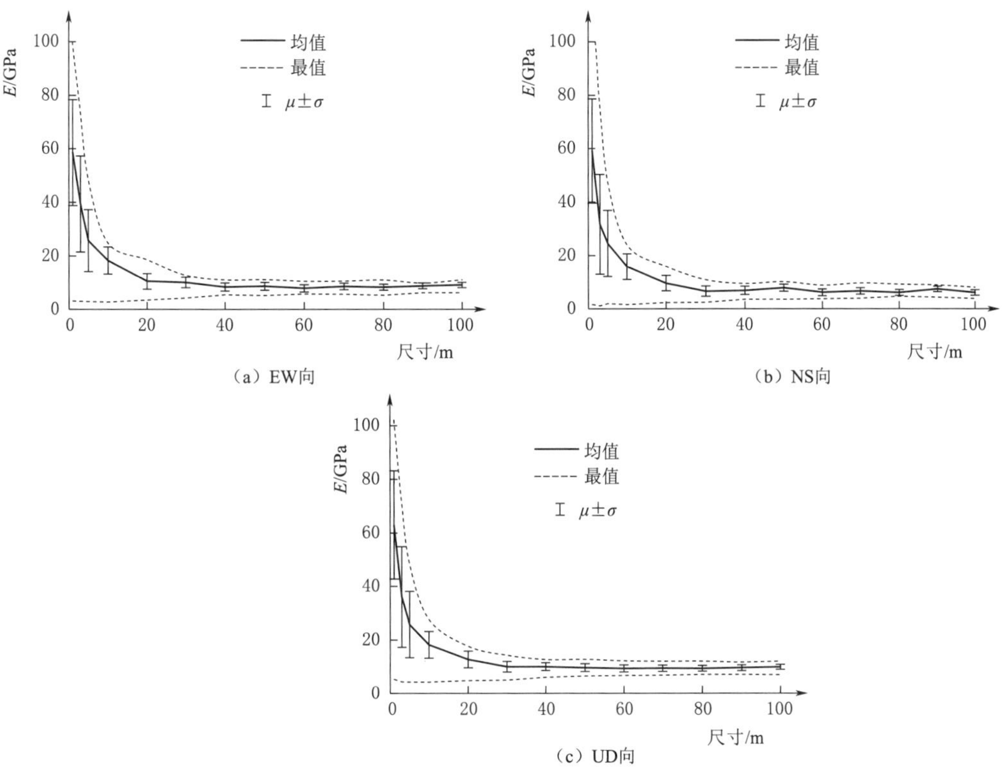

图 2.4-33 等效模量随尺寸的变化

算表明，岩体各种力学参数的最值区间、方差、均值均随尺度增大而逐渐减小，并趋近一个常数。杨房沟水电站工程岩体力学参数的 REV 尺寸为 20～30m，与岩体结构参数（P30、P32）的 REV 尺寸一致。

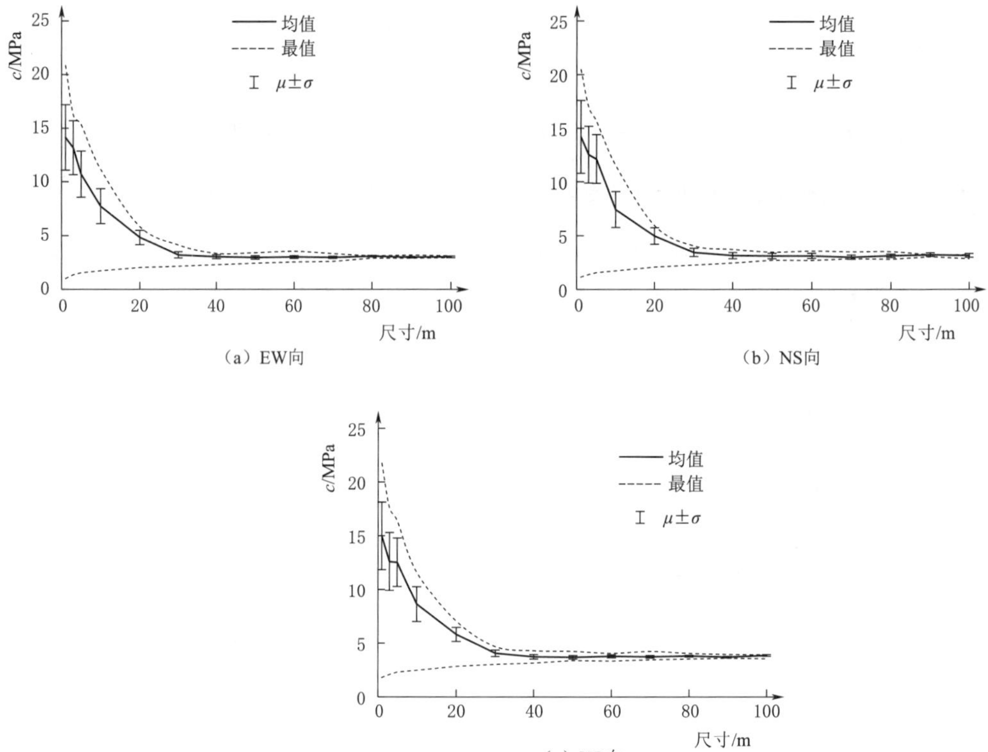

（a）EW向　（b）NS向　（c）UD向

图 2.4－34　等效黏聚力随尺寸的变化

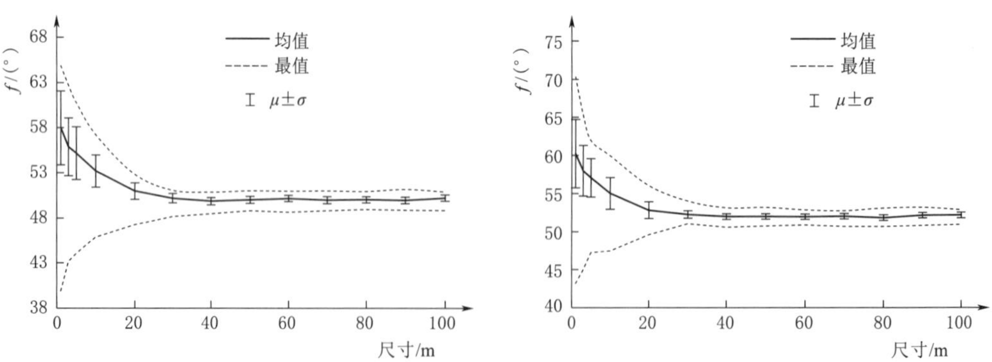

（a）EW向　（b）NS向

图 2.4－35（一）　等效摩擦角随尺寸的变化

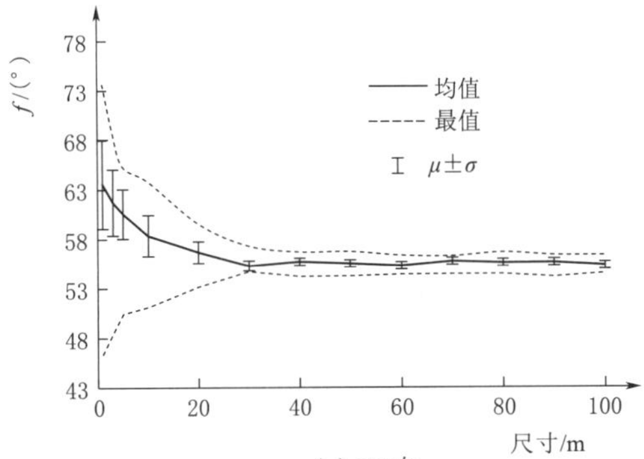

(c) UD向

图 2.4-35（二）　等效摩擦角随尺寸的变化

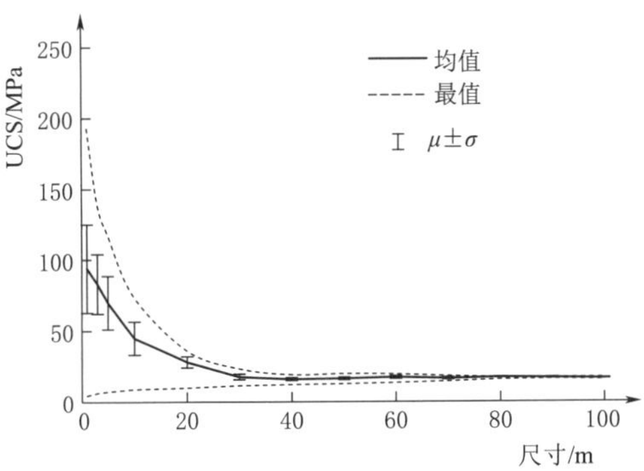

(a) EW向

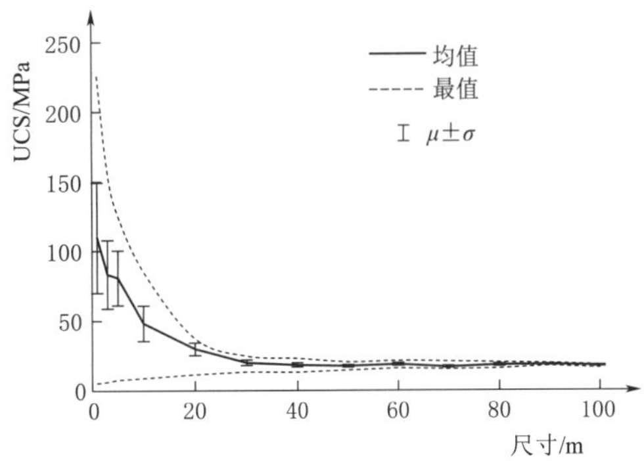

(b) NS向

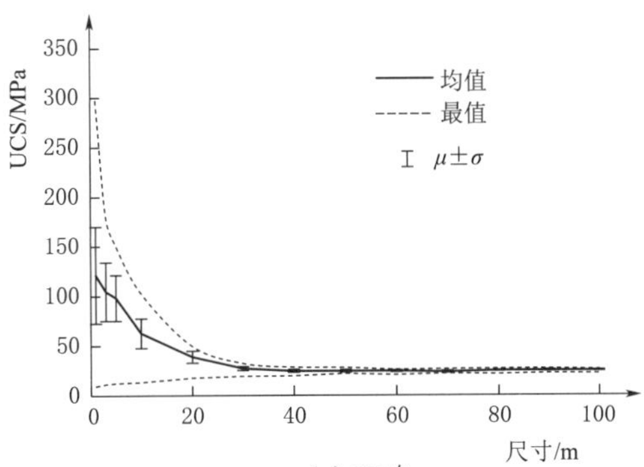

(c) UD向

图 2.4-36　单轴抗压强度随尺寸的变化

2.5　岩体初始应力场研究

2.5.1　研究方法

1. 概述

岩体地应力场是高边坡、地下洞室等岩石工程设计中重点关注的问题之一，在进行此类工程设计时，应重点关注边坡或洞室开挖前地应力的大小和方向，以及开挖引起的岩体应力重分布特性，以确定合适的开挖布置方案和支护参数。总体上，地应力、岩体参数和结构面特征是岩石工程分析的三要素，其中地应力是地下工程最重要的荷载。

影响现今地应力场的因素较多，一般认为是岩体重力和多次构造运动发展的结果，并且还涉及地形、地质构造、风化剥蚀等众多因素，其中大多数因素对岩体地应力的影响无法精确得知，如何准确地反映初始地应力场是岩体工程一直面临的一个难题。目前，认识地应力场分布特征的方法有几种，如地应力测量、数值模拟、地质构造分析、经验判断等。这几种方法各有利弊，其中地应力测量是唯一的直接方法，任何其他方法无法代替直接测量。目前，应力场的测量方法主要有震源机制法、水压致裂法、应力解除法、井径测量法、岩芯测井法、地形变测量法等，水电工程中应用最多的是水压致裂法和应力解除法。但由于场地、经费、工期等现实问题，绝大部分工程不可能进行大量地应力测量（指超过百次的测量次数），而且地应力场成因复杂，影响因素众多，部分测量成果可能反映的是测点位置的局部应力场，同时测量成果受到测量误差的影响，使得地应力测量成果有一定程度的离散性，有时很难达到工程要求。

目前，工程场地初始地应力研究中应用较广的是数值分析方法，伴随着计算机技术在岩体工程中的普遍应用而兴起。这种方法建立在已经获得的经验估计认识和有限的测试数据资料基础上，采用基于数值模拟的反演分析构建整个工程区的地应力场，是一种综合的分析方法。在初始地应力场定量数值计算分析中，主要有以下几种初始输入方式：①以岩体自重应力场作为初始地应力场；②海姆法则；③测压系数法（金尼克的弹性理论计算法）；④边界荷载调整法；⑤应力函数法；⑥回归反演法等。前三种方法相对简单，适用于工程前期缺乏地应力测试资料的阶段；后几种方法相对复杂一些，适用于获得地应力测试成果，并需要借助数值分析程序进行分析模拟，其中以回归反演法应用最广。地应力数值模拟分析的方法虽然很多，但普遍都有其局限性，复杂工程环境，如岩性不均一、地质构造复杂等情况，对地应力场的影响均难以通过数值模拟加以真实反映，必要的现场地应力实测资料是数值方法的基础性资料，应该说任何数值分析方法都不能脱离现场实测结果。

2. 通用研究思路

西部工程的区域地应力场往往比较复杂，使得地应力分析评价工作难度极大。因此，在进行地应力数值分析时，需要工程设计人员能够综合多方面的资料和信息进行工程区域地应力场的分析。具体地，针对杨房沟水电站工程区域地应力场，按如下步骤开展地应力研究工作：

（1）根据世界地应力图和 GPS 大地运动监测成果，预估工程区域的地应力格局和水平大主应力的方向。并根据近代地质运动、区域大断裂、断层的走向和性质复核有关地应力格局和水平大主应力方向的推测结果。

（2）根据研究区域的地形地貌、岩性条件和地质构造等特征，以及现场开挖响应揭露出的一些围岩破坏现象，对宏观区域地应力场进行适宜性的调整，获得研究区域应力场的大体分布规律。

（3）地应力测量结果分析，对测点的可靠性和代表性问题进行综合评估。

（4）根据宏观分析和地应力测量结果进行工程研究区域的地应力数值模拟分析，推测关注区域的地应力水平，为坝基开挖方案对比优化提供初始地应力条件。

2.5.2 河谷地应力场的一般分布规律

经历漫长的地质年代，受地表剥蚀和河流侵蚀的影响，河谷两岸的地形、地貌变化较大，岸坡中的地应力场也受到相应的改造。研究表明，即便是坡度小于10%的低缓斜坡区域，其地形对地应力的分布也有影响。河谷发育演化对地应力的影响，一般越接近地表或岸坡影响越明显，随着深度的增加，山体内的应力将逐渐过渡到区域构造应力场。在地形急剧起伏的深切河谷地区，岸坡区域的地应力场可以看成是在原始地应力场基础上，随着地表剥蚀和河流发育过程不断改造的局部地应力场，即中生代及以前（先期）所形成的地应力场受新生代（后期）地形起伏、地表剥蚀、河流侵蚀等作用的影响，产生的应力调整和改变。

河谷岸坡按其应力特征，可以划分成三个典型的应力分区：地表地质作用控制带、向山体内的过渡带和深部的原始应力带。其中的地表地质作用控制带又可以在垂直方向分成三个区，即岸坡上部一带的应力松弛区（卸荷区）、河床一带的应力集中区以及二者之间的过渡区。河谷地应力场的分带和分区特性如图2.5-1所示。

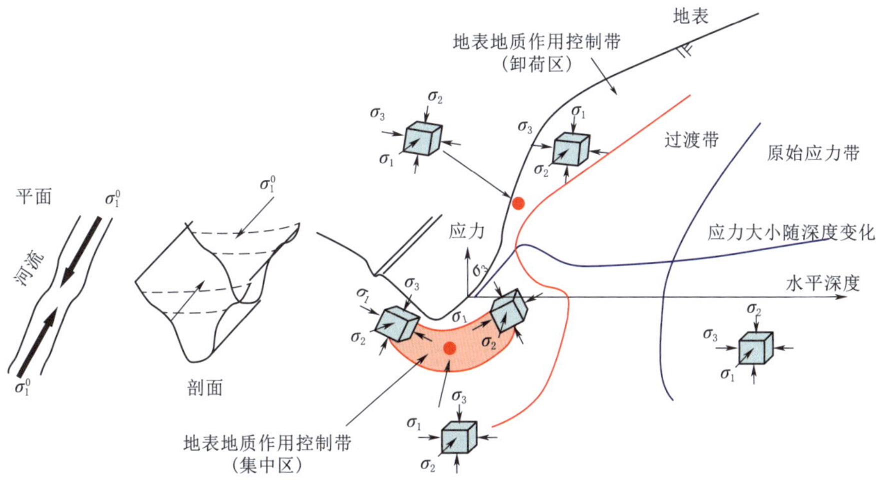

图2.5-1　河谷地应力场的分带和分区特性

通常，深切河谷地区地应力场分布具有一般的规律性，岸坡低高程部位的应力集中区水平深度一般在数十米至300m的区间范围，应力集中区内应力状态的显著特点是应力比较高，垂直应力和岩体自重的比值也较高。在离开岸坡水平距离达到500m以后（具体数值与河谷规模、构造应力还有卸荷程度密切相关），这种影响会明显减弱，原区域构造应力往往起主导地位。图2.5-1中显示的应力集中区所在部位（如水平深度）和应力集中程度受到三个方面基本因素的影响：①区域构造应力场特征；②河谷结构条件，特别是与区域构造应力场的关系；③河谷岸坡几何形态。

其中，区域构造应力场特征的影响显而易见，它决定了地表剥蚀和河流侵蚀的地应力基础，区域地应力场水平越高，河床和岸坡坡脚一带应力集中程度就越突出。相应地，低高程平洞内浅表卸荷松弛区深度和受应力集中影响的水平深度范围也越大，最大深度可以达到300m或更深。

杨房沟水电站左岸地下洞室群位处深山峡谷地区河谷岸坡的坡体深部（垂直埋深为200～500m，水平埋深为250～400m）。根据以上经验认识，厂房布置区域深入坡体，地表剥蚀（河谷下切）对地应力的改造影响可能相对较小。厂区初始地应力场更多地受控于工程区域整体地应力格局，地应力分布规律较岸坡浅部要简单和稳定。

2.5.3 区域地应力格局

地应力场可靠性的检验工作是地应力测试成果分析的重要环节。地应力场可靠性的检验方法很多，如与既往认识进行对比、与区域性测试资料和地应力分布规律相比，或利用开挖揭露的现象和相关测试数据等，实际工作中，在条件许可的情况，往往可以综合多种验证方法。

区域地应力特征分析是检验地应力测试成果的主要手段之一。区域地应力特征分析的主要目的有两个：①确定区域地应力格局；②明确水平大主应力的方向。地应力的格局按照三个主应力之间的关系，可以分成逆断型（thrust faulting regime）、正断型（normal faulting regime）和平断型（strike-slip regime）。

世界地应力图是地球构造地应力分布的全球数据库，是德国卡尔斯鲁厄理工学院公布的一项公开资源，到2016年为止，一共收集了全世界范围内的21750组地应力资料，其中的15698组来自震源机制解，4436组来自对钻孔破裂的解译成果，960组来自地应力测量（水压致裂法和应力解除法），其他组则来自构造解译等成果。除少数地应力测量结果来自地壳浅层受局部地形影响以外，这些数据成果主要反映了目前状态下构造应力的分布特征，具有比较高的参考价值。

杨房沟水电站的区域地应力特征可以根据世界地应力图进行初步分析，工程区域周边地应力资料如图2.5-2所示。图中的白点表示工程所在区域，工程区域北侧附近的几处地应力资料显示该处是正断型地应力格局（图中实心红色圆圈），而南侧附近大量的地应力测点显示为正断型或平断型地应力格局（图中红色圆圈和绿色半填充圆圈）。根据世界地应力图所提供的资料，可以初步判断杨房沟水电站工程区域的地应力格局可能是潜在正断型或潜在平断型。另外，图中也显示了此工程区域的水平大主应力方向为NW或NWW方向。

2.5.4 地应力测试成果分析

1. 水压致裂法

地应力测量是定量地获得地应力数据资料的唯一直接方法，其中最常用的方法包括水压致裂法（Hydro-Fracturing）和应力解除法（Overcoring），这两类测试方法都受到国际岩石力学学会推荐，是目前应用最广泛的方法。

不论采取哪种测量方式，事先对测试区域的地质条件进行调查和地应力状态的判断都非常重要，在总结世界上地应力测量实践活动以后，根据国际岩石力学学会于2003年颁布的建议方法，把现场调查和判断作为任何测量工作的第一步工作，并专门制定了现场调查和判断的工作方法与程序。换言之，不论地应力测量技术含量多高，地应力测量毕竟是一项工程测试技术，理解这些技术的要求和恰当地应用好这些技术手段也显得非常重要。

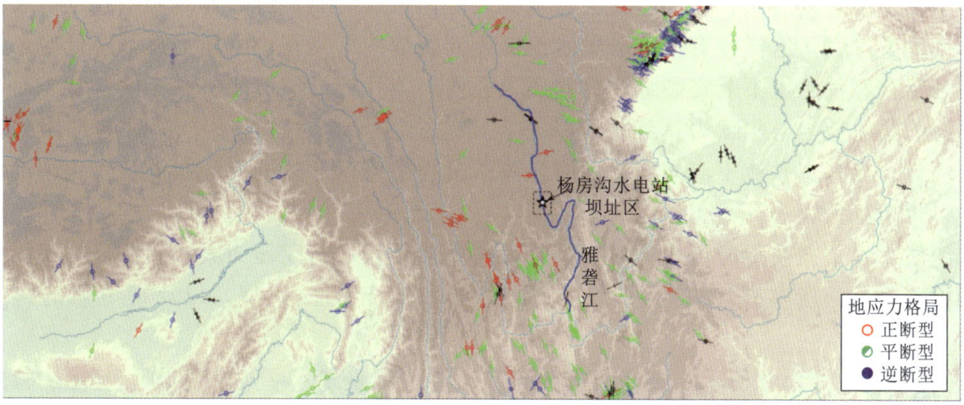

图 2.5－2 工程区域周边地应力资料（根据世界地应力图）

由于目前的一些地应力测量方法经过了数以百计的工程实践检验，从某种程度上讲，因此用好这些技术可能比寻求新的技术更重要，即按规程和要求进行准备、测试、成果整理，都是非常值得关注的环节。

接下来重点介绍水压致裂法地应力测量的基本原理。水压致裂法最早被应用于石油开采行业，是通过在钻孔内注入高压水的方法劈裂岩石进入含油层内，以获得更高的石油开采产量。在 20 世纪 60 年代，这一方法被引用和扩展到地应力测量，其原理相对简单。水压致裂法地应力测量基本原理如图 2.5－3 所示。假设钻孔与中间主应力平行，此时钻孔断面上的平面主应力分别为 σ_1 和 σ_3，如图 2.5－3 中①所示，钻孔以后在 σ_1 方向的孔壁形成的切向应力大小为 $3\sigma_3-\sigma_1$，显然是孔壁上最小的切向应力。

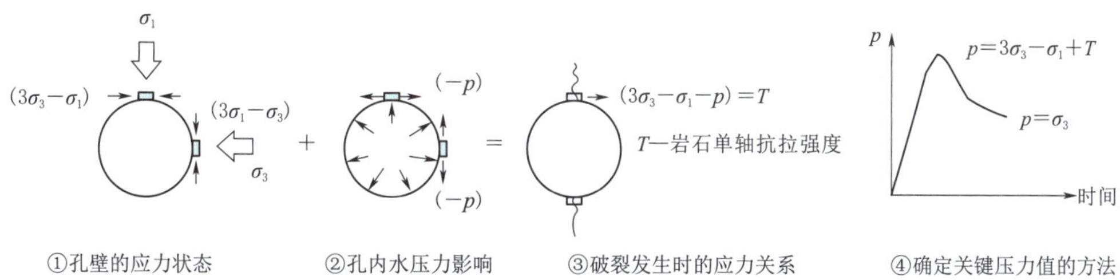

图 2.5－3 水压致裂法地应力测量基本原理

当在钻孔内注入压力为 p 的水体时，劈裂效应使得孔壁的切向应力减小，如图 2.5－3 中②所示，此时切向应力最小值为 $3\sigma_3-\sigma_1-p$。如果这个值与岩石抗拉强度一致，理论上该部位的岩石将会开始被拉裂，如图 2.5－3 中③所示，此时得到的破裂开始的应力平衡方程为

$$p=3\sigma_3-\sigma_1+T \qquad (2.5-1)$$

其中的 p 值可以在测试过程中获得，如图 2.5－3 中②所示曲线的峰值。T 是岩石单轴抗拉强度，可以通过室内劈裂试验获得。

显然，上述一个方程不足以获得两个未知量 σ_1 和 σ_3，为获得这两个参数的大小，还需要从测试中获得其他的信息。

当孔壁破裂以后，孔内的水流会进入到裂缝内继续劈裂裂缝，即现实中孔壁破裂以后有一个发展过程，这样会有一部分的水流流入到裂缝中。当孔内水压力逐渐降低时，裂缝在逐渐闭合过程中也不断将裂缝内的水压入孔内。当孔壁处裂缝刚好处于闭合状态时，此时裂缝的法向应力与水压力达到平衡状态，而这个法向应力就是 σ_3，此时的水压力称为封闭压力。当孔内水流不渗向岩体内时，测试过程中可以通过同时记录流量变化情况可靠地获得封闭压力大小。

测试过程中在获得峰值压力以后，一般需要减压获得封闭压力大小。并且，实际操作中为控制误差一般在破裂以后进行几个加载-卸载循环测试过程，以获得可靠的封闭压力值。

如图 2.5 - 3 中③所示，裂缝对应在孔壁的方位就是最小主应力方向。上述试验过程中强调了如下两点：①钻孔必须与其中的一个主应力平行；②压水试验段岩体需要完整，不存在结构面。

如果钻孔不与其中的某一个主应力平行，则孔壁因为剪应力的存在，劈裂产生的裂纹方向就不与最小主应力方向一致。显然，这就要求在进行水压致裂法地应力测量之前就比较可靠地判断主应力方位，使得布置的钻孔与其中一个主应力充分接近。

压水试验段是否存在结构面一方面可以从钻孔岩心得到判断，也可以利用孔内成像技术获得信息。不过，最重要的还是记录测试过程中水压力、流量等相关数据资料，这些资料可以帮助准确地判断压水试验过程中是否出现渗漏现象，即判断测试段是否与结构面相连。

现实中或许会不可避免地存在某些结构面的影响，针对这一情况，F. Cornet 博士等人提出了 HTPF（Hydraulic Test for Pre - existing Fracture）方法，即含结构面的水劈裂测试方法。现实中这种方法通常是与传统的水压致裂法同时使用，这两种测试方法的设备要求完全相同，只存在解译上的差别。与传统水压致裂法只获得与钻孔垂直平面上的两个主应力相比，HTPF 方法可以获得全应力状态，即获得应力张量的 6 个分量。

传统水压致裂法测量的一个关键是要保证试验段内的压力水流与外界缺乏联系，即不出现明显的渗漏现象，否则会影响到压力读数的可靠性，也难以保证获得的破裂主要是应力作用的结果，即难以保证地应力方位测量结果的可靠性。此外，为保证获得良好的破裂效果，测试过程中也要求加载过程均匀和相对缓慢，一般一个加载循环需要 3～5min。测试过程中记录流量变化情况显得非常重要，它可以帮助有效地判断测试过程中是否出现渗漏和渗漏量的大小，从而帮助判断测试数据是否有效。

2. 测试成果分析

工程可研阶段采用地应力水压致裂法，对工程区地应力特征进行了相关测试工作，测试工作主要包括四大区域：左岸坝基边坡、右岸坝基边坡、坝基河床坝段以及厂房洞室群。杨房沟水电站坝址区地应力主要测点分布如图 2.5 - 4 所示。上述各工程部位的测试工作均包含了二维地应力测试和三维地应力测试，在三维地应力测试中每个测点布置一个垂直钻孔和两个水平钻孔。具体包括：

(1) 左岸坝基边坡 PD1 平洞内 σPD1 - 1、σPD1 - 2 开展了两组三维地应力测试，于 ZK137 钻孔进行了二维地应力测试。

（2）右岸坝基边坡 PD2 平洞内 σPD2－1、σPD2－2 开展了两组三维地应力测试，于 ZK138 钻孔进行了二维地应力测试。

（3）坝基河床坝段 ZK121、ZK122、ZK136 钻孔开展了三组二维地应力测试。

（4）厂房洞室群 PD47 平洞内 ZK155、ZK156、ZK157 钻孔开展了三组三维地应力测试，在 ZK152 等钻孔进行了二维地应力测试。

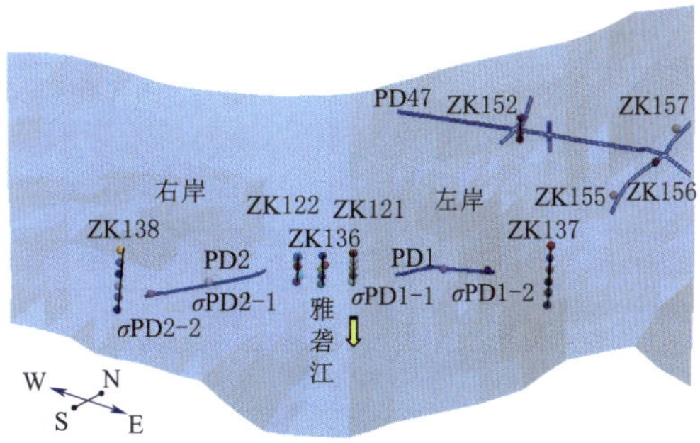

图 2.5－4　杨房沟水电站坝址区地应力主要测点分布图

坝址区不同部位的二维地应力测试成果见表 2.5－1。根据二维地应力测试成果，左岸坝基边坡最大水平主应力范围值为 3.95～14.50MPa，最大水平主应力方向为 N80°～88°W；右岸坝基边坡最大水平主应力范围值为 4.32～11.24MPa，最大水平主应力方向为 N70°～86°W；坝基河床坝段最大水平主应力范围值为 4.09～20.8MPa，最大水平主应力方向为 N67°～88°W；厂房洞室群最大水平主应力范围值为 5.34～13.20MPa，最大水平主应力方向为 N83°～86°W。根据地应力测试结果，坝址区地应力属中等应力区，河床部位应力水平相对偏高（由于河谷应力集中的关系）。左右岸及河中大部分测试点揭示的最大水平主应力方向均较为一致，可基本推断工程区域的最大水平主应力方向为近 NWW。

表 2.5－1　　二维地应力测试成果表

工程部位	钻孔编号	最大水平主应力 σ_H			最小水平主应力 σ_h	
		范围值 /MPa	平均值 /MPa	方向	范围值 /MPa	平均值 /MPa
左岸坝基边坡	ZK137	3.95～14.50	7.71	N88°/80°W	2.97～8.62	4.94
右岸坝基边坡	ZK138	4.32～11.24	7.20	N86°/80°/70°W	3.21～8.70	5.64
坝基河床坝段	ZK121	4.09～20.80	11.16	N67°/84°/86°W	3.85～13.77	7.80
	ZK122	8.33～18.53	13.35	N83°/86°/85°W	5.83～12.03	8.87
	ZK136	6.38～13.10	9.41	N76°/82°/88°W	5.24～9.30	6.82
厂房洞室群	ZK152	5.34～13.20	11.41	N83°/86°/85°W	5.58～8.35	7.61

坝址区不同部位的三维地应力测试成果见表 2.5－2，三维地应力测试主要针对河谷岸坡区域。根据三维地应力测试成果，左岸坝基边坡 PD1 平洞 σPD1－1 和 σPD1－2 的应力量值水平基本相当，最大主应力约为 10MPa；另外主应力方位角也较为接近，大主应力方位角近 NWW 向，与区域水平构造应力方向具有一致性；最小主应力朝向坡外，较为符合河谷岸坡最小主应力分布特征。同样地，右岸坝基边坡 PD2 平洞 σPD2－1 和 σPD2－2 的应力量值水平基本相当，最大主应力约为 8MPa，略低于左岸同等位置的应力水平。厂房洞室群的地应力以水平应力为主，最大主应力量值在 13MPa 左右。

上述地应力测试结果显示，岸坡区和厂房洞室群的地应力场受区域地质构造应力影响较为明显，以水平应力为主，二维、三维地应力测试成果均揭示区域水平大主应力方向为 NWW，厂区最大主应力量值为 12～15MPa，属中等应力区。

表 2.5-2　　三维地应力测试成果表

工程部位	编　号	测点埋深/m	第一主应力 σ_1			第二主应力 σ_2			第三主应力 σ_3		
			量值/MPa	倾角	倾向	量值/MPa	倾角	倾向	量值/MPa	倾角	倾向
左岸坝基岸坡	σPD1-1（PD1 内）	70	10.20	23°	S80°E	7.66	−29°	S3°E	5.32	−52°	N42°E
	σPD1-2（PD1 内）	165	9.89	35°	S73°E	7.99	−31°	S8°E	7.27	−40°	N52°E
右岸坝基岸坡	σPD2-1（PD2 内）	70	7.49	−25°	S80°E	5.85	42°	S24°E	3.71	38°	N31°E
	σPD2-2（PD2 内）	239	8.32	−28°	N90°E	6.90	0°	S	5.48	62°	N87°E
厂房洞室群	ZK155（PD47 内）	275	12.83	13°	S79°E	10.83	−46°	S4°E	5.4	−41°	N23°E
	ZK156（PD47 内）	310	13.04	18°	S79°E	11.81	−46°	S9°E	5.08	−38°	N26°E
	ZK157（PD47 内）	360	12.62	−25°	S61°E	11.03	40°	N45°E	8.04	40°	S1°E

注　倾角数据中，正号表示仰角，负号表示俯角。

2.5.5　地应力场反演回归分析

2.5.5.1　地应力反演分析方法与模型

对于强烈地质作用区地应力场的模拟而言，地表地质作用强烈造成的地表剥蚀卸荷效应，对地应力场的分布具有比较明显的影响。因此，考虑地表剥蚀卸荷效应对正确评价区域地应力场的应力状态是必要的。高山峡谷地区河谷地应力场是在区域地应力场基础上，随着河谷形成过程中地表侵蚀、河谷剥蚀等地质作用产生的长期卸荷的结果，这种卸荷作用破坏了河谷形成前岩体的相对平衡状态，导致岩体内应力、应变及能量调整，并达到新的平衡状态。

基于上述认识，采用考虑河谷下切的地应力反演方法，分析工程区域的地应力特征。该方法从区域构造应力特征着手，能够反映河谷地形地貌、河谷演化规律等对岸坡岩体地应力场分布规律的影响，不能达到对某一测点的精确符合，但可根据有限的少量地应力实测值，获得符合区域地应力整体分布特征的地应力场。

除新构造运动强烈的地区以外，一个地区岩体的构造形迹一般都形成在新生代以前，而河谷一般都主要形成在第四纪晚期。河谷发育是构造运动格局基本确定以后的地表地质作用，相应地，河谷地应力场也是在数十万年前原始地应力场的基础上受河谷发育强烈改造的结果。河谷地区的地应力场可以看成是在原始地应力场基础上，随河谷发育过程不断改造的局部地应力场，地表剥蚀和水流下切是其中最主要的两个改造作用。整个过程与人工边坡开挖形成边坡应力场的过程相似。因此，现今河谷地应力状态受如下四个主要因素的影响。

（1）河谷形成前原始地应力场的大小。

（2）地表夷平的高度。

（3）原始地应力场方位与河谷走向的相对关系。

（4）河谷的形态特征。

相应的河谷地应力场反演分析的模拟方法如图 2.5-5 所示。

采用考虑河谷下切的地应力反演方法进行数值模拟时，虚拟顶面高程的确定十分关

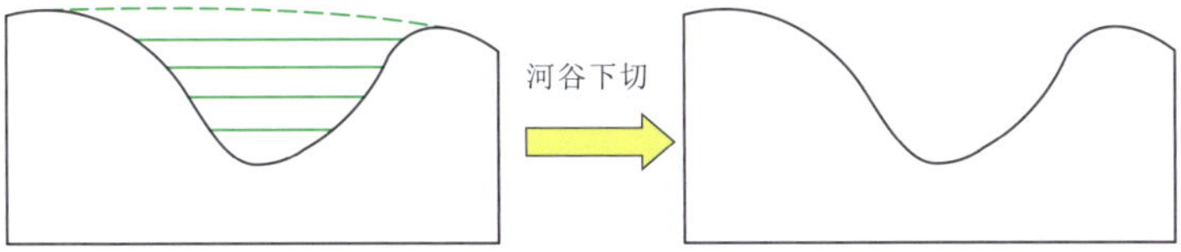

图 2.5-5 地应力场反演分析模拟方法简图

键，反映了河谷侵蚀下切前的地表形态，需根据经验与实际情况进行合理的选择，并通过反复试算调整后选定，具体计算过程因较为复杂不展开说明。采用河谷下切方法模拟杨房沟水电站工程区的应力场分布特征，地应力反演数值模型如图 2.5-6 所示。

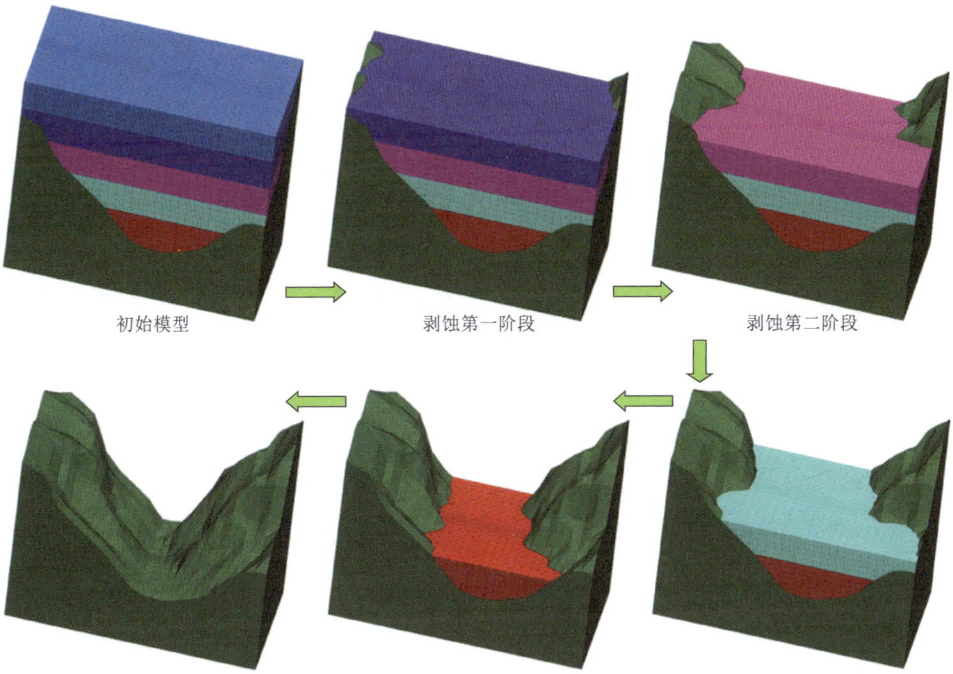

图 2.5-6 地应力反演数值模型

根据区域构造应力场分析，初步确定数值模拟采用的水平大主应力 σ_H 的方位角为 N75°W ± 10°。参考国内外各种文献的地应力统计值与大量反演计算经验，可初步拟定数值反演试算函数，见式（2.5-2），该地应力分布规律适合于无大型断裂构造发育的平缓地层，可将其视作该工程场地河谷发育过程中某历史时期的初始地应力条件，并通过模拟河谷的剥蚀下切发育过程来获得当前状态下的工程区域地应力场。通过调整基础输入条件并反复大量试算，即可获得与场地实测结果一致的目标应力场，见式（2.5-3），区域水平大主应力 σ_H 的方位角为 N72°W。

反演试算函数：

$$\left.\begin{aligned}\sigma_H&=(0.021\pm0.003)h+(8\pm4)\\\sigma_h&=(0.017\pm0.003)h+(6\pm4)\\\sigma_V&=\gamma h\end{aligned}\right\}\tag{2.5-2}$$

目标函数：

$$\left.\begin{aligned}\sigma_H&=0.023h+4.2\\\sigma_h&=0.020h+2.5\\\sigma_V&=\gamma h\end{aligned}\right\}\qquad(2.5-3)$$

式中：σ_H、σ_h 分别代表最大水平主应力和最小水平主应力；σ_V 为垂直主应力；γ 为岩体重度；h 为岩体埋深。

2.5.5.2　地应力场分布规律

1. 地应力反演计算结果评价

采用河谷下切的地应力反演分析方法，拱轴线剖面最大主应力、最小主应力分布情况如图 2.5-7、图 2.5-8 所示，左右岸坡体应力量值基本相当，其中河床部位一定深度下存在应力集中，工程区以 NWW 向水平构造应力为主。

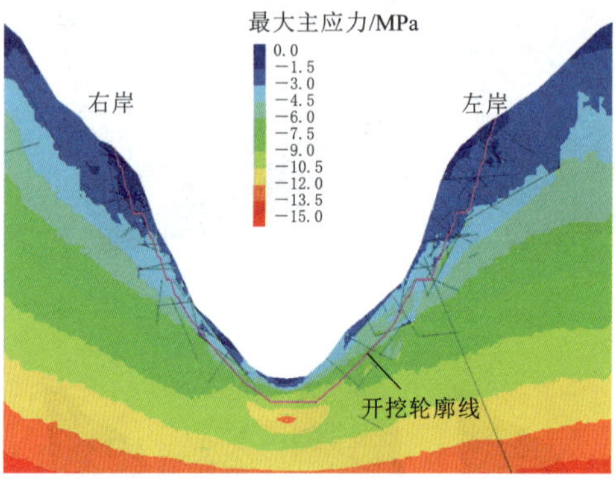

图 2.5-7　拱轴线剖面最大主应力分布情况

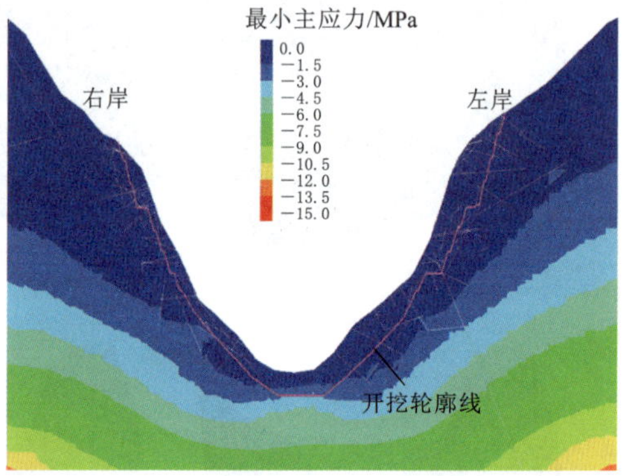

图 2.5-8　拱轴线剖面最小主应力分布情况

二维、三维测试成果与数值计算值对比见表 2.5-3 和表 2.5-4，详细对比了工程各典型部位的二维、三维实测应力值与数值计算值。可见，绝大部分的测试值与模拟值的应力值和应力方向结果均能基本保持一致，说明考虑河谷下切作用获得的工程区域地应力场具有较高的可靠性。

表 2.5-3　　二维测试成果与数值计算值对比

测试点	高程/m	最大水平主应力 σ_H/MPa		最小水平主应力 σ_h/MPa		最大水平主应力 σ_H 方向	
		实测值	反演值	实测值	反演值	实测值	反演值
ZK121	1945	8.9	9.5	7.4	5.6	N67°/84°/86°W	N78°W
ZK122	1945	8.4	10.1	5.9	5.8	N83°/86°/85°W	N80°W
ZK136	1945	6.4	9.6	5.4	5.5	N76°/82°/88°W	N82°W
ZK137	2150	6.0	5.7	4.5	2.1	N88°/80°W	N40°W
ZK138	2120	6.7	6.5	5.2	2.6	N86°/80°/70°W	N60°W
ZK152	1978	13.7	11.5	7.6	6.9	N83°W	N75°W

注　1. 最大水平主应力 σ_H 实测值和最小水平主应力 σ_h 实测值取各典型高程测试段的对应值。
2. 各应力方位角已转换为大地坐标系。

表 2.5-4 三维测试成果与数值计算值对比

测试点		第一主应力 σ_1			第二主应力 σ_2			第三主应力 σ_3		
		量值/MPa	倾角	倾向	量值/MPa	倾角	倾向	量值/MPa	倾角	倾向
σPD1-1	实测	10.20	23°	S80°E	7.66	-29°	S3°E	5.32	-52°	N42°E
	反演	9.3	28°	S75°E	7.0	-25°	S5°E	2.1	-48°	N52°E
σPD1-2	实测	9.89	35°	S73°E	7.99	-31°	S8°E	7.27	-40°	N52°E
	反演	9.6	25°	S65°E	7.8	-32°	S5°W	4.1	-48°	N55°E
σPD2-1	实测	7.49	-25°	S80°E	5.85	42°	S24°E	3.71	38°	N31°E
	反演	7.8	-32°	S82°E	6.6	40°	S25°E	2.2	35°	N34°E
σPD2-2	实测	8.32	-28°	N90°E	6.90	0°	S	5.48	62°	N87°E
	反演	9.3	5°	S56°E	7.8	52°	S33°W	3.5	42°	N35°E
ZK155	实测	12.83	13°	S79°E	10.83	-46°	S4°E	5.4	-41°	N23°E
	反演	11.4	3°	S50°E	8.2	-62°	S35°W	6.0	-28°	N42°E
ZK156	实测	13.04	18°	S79°E	11.81	-46°	S9°E	5.08	-38°	N26°E
	反演	11.8	14°	S65°E	8.5	-60°	S10W	6.5	-30°	N42°E
ZK157	实测	12.62	-25°	S61°E	11.03	40°	N45°E	8.04	40°	S1°E
	反演	12.0	-9°	S70°E	8.6	60°	N32°E	7.0	28°	S18°W

注 1. 倾角数据中，正号表示仰角，负号表示俯角。
2. 各主应力应力方位角已转换为大地坐标系。

2. 拱坝建基面初始地应力场分布规律

根据地应力的反演结果，拱坝坝基开挖区应力大小特征如下：坝基开挖区域（高程2102m以下）最大主应力为5～12MPa，中间主应力为3～8MPa，最小主应力为1～4MPa。左、右岸坝基边坡应力量值基本相当，总体属中等地应力量值，并以NWW向水平构造应力为主，坡表浅层一定深度范围内卸荷特征明显，高高程部位以自重应力为主，靠近河床部位受应力集中带影响，初始地应力水平呈增高趋势。

3. 地下洞室群初始地应力场分布规律

根据地应力的反演结果，厂区附近的最大主应力达到12～14MPa，与现场实际测量的地应力测值相符。主要分布特征如下。

(1) 地应力大小特征：从三个主应力 σ_1、σ_2、σ_3 分布来看，厂区最大主应力为12～15MPa，中间主应力为10～12MPa，最小主应力为7～8MPa。

(2) 应力矢量特征：在厂址区域，浅层岩体最大主应力倾角随着地表形态变化而变化，其倾角基本一致；而距离地表较远位置，地应力大小逐渐变大，在厂房区域，最大主应力倾角变化范围为10°～15°，受河谷下切的影响，其方位角为S60°～80°E，与厂方轴线的夹角为65°～85°，对洞室边墙稳定相对不利，但由于地应力量级中等，围岩整体稳定状态受厂房轴线影响较小。

为方便计算分析，地下洞群典型高程的地应力分布情况见表2.5-5，其中最大主应力方向呈NWW向，与厂房轴线呈大角度相交，最大主应力与中间主应力量值基本相当。

表 2.5-5　　地下洞群典型高程的地应力分布情况

典型高程/m	σ_1			σ_2			σ_3		
	量值/MPa	倾角/(°)	倾向/(°)	量值/MPa	倾角/(°)	倾向/(°)	量值/MPa	倾角/(°)	倾向/(°)
2040	12	13	101	11	−46	176	6	−41	23
1940	15	13	101	14	−46	176	9	−41	23

2.6　本章小结

本章针对杨房沟水电站地下洞室群开挖揭露的工程地质条件、岩体力学特性、尺寸效应以及工程区地应力场特征进行分析，主要认识如下：

（1）地下厂房区岩性为花岗闪长岩，微风化～新鲜，属于次块状～镶嵌结构岩体，开挖揭示厂区无较大断层通过，岩体完整性较好，以Ⅱ类、Ⅲ类围岩为主，洞室群围岩的整体稳定条件相对较好，局部洞段节理裂隙密集发育，岩体存在不同程度蚀变现象，断层影响带附近的蚀变程度较强，表层岩体较破碎，其较差的物理力学性能影响着工程的安全与稳定，尤其还涉及岩壁吊车梁等关键工程部位。

（2）地应力分析结果显示，地下厂房区最大主应力在 12～15MPa，属中等应力区，整体应力水平不高，但最大主应力方向与洞室轴线大角度相交，对围岩稳定较不利。根据地下厂房洞室群开挖揭露，厂区围岩中，中陡倾角节理裂隙发育，与洞室轴线夹角较小的结构面及其组合块体是影响洞室围岩变形及稳定的重要因素，特别是三大洞室下游边墙区域，受不利的最大主应力方向和顺洞向陡倾结构面叠加效应影响，高边墙围岩开挖卸荷松弛变形问题较突出，并可能表现出一定的时效松弛变形特征。

（3）从岩体破坏特征来看，结构面控制型、应力控制型以及结构面—应力组合型这三种类型的破坏现象均有不同程度的体现。其中结构面控制型破坏相对普遍，三大洞室顶拱部位围岩的局部破坏主要受缓倾结构面控制，在高边墙则主要受陡倾结构面组合控制，在施工过程中出现的局部破坏主要表现为岩块在边墙陡倾角结构面和顶拱缓倾角结构面出露部位的松弛或塌落。

（4）整体上看，杨房沟水电站三大洞室布置格局与最大地应力方向及优势岩体结构的空间关系均相对不利，但由于厂区地应力水平整体不高，也不存在较大断层通过，施工过程中通过及时支护、适时有效的针对性加强支护等手段，未见大的块体稳定问题以致影响洞室围岩整体稳定的情况。

第3章　地下洞室群布置研究与开挖支护设计

3.1　概述

3.1.1　地下洞室群建设现状

由于我国水能资源主要集中在云、贵、川、藏等地，西南三江流域的河流谷深坡陡，构造应力大，卸荷作用强，地震烈度高。地下洞室因其占地少、适应地形条件能力强、抗震性能好以及环境友好等特点，在国内外水电站中得到普遍应用。我国自20世纪50年代以来，陆续有水电工程采用地下厂房方式。但是，水电地下工程是一个十分庞大的系统工程，包括压力管道、主厂房、主变室、尾调室、尾水连接洞、尾水洞等，洞室断面相异，长短不一，空间布置异常复杂。从工程规模、技术难度等方面综合分析，我国的水电站地下厂房大致经历了艰难起步、曲折发展、借鉴突破以及引领发展四个阶段：①20世纪50年代以前为艰难起步阶段，以古田溪一级地下厂房为代表，这个阶段的特点表现为发展特别缓慢、电站规模小且少；②曲折发展阶段为20世纪50—70年代，建成了以刘家峡、白山等几个水电站为代表的地下厂房，其特点为规模不大、数量不多且技术落后；③借鉴突破阶段为20世纪80年代至20世纪末，建成了以二滩、天荒坪等水电站为代表的地下厂房，其特点为规模较大，技术上已经紧跟国际领先技术，并逐渐形成了自己的理论技术体系；④进入21世纪以来，随着西部大开发的深入进展，建成了以向家坝、溪洛渡、三峡、锦屏（一级、二级）、小湾等一大批巨型地下水电工程，具有单机大容量、洞室大跨度、开挖大规模、结构超复杂、稳定高难度等特点，标志着我国的水电站地下厂房设计技术已居于世界领先地位，引领着世界水电站地下工程技术的发展。

3.1.2　地下工程设计理论方法

地下工程支护理论发展至今已有近百年的历史，地下工程支护理论的一个重要问题就是如何确定作用在支护结构上的荷载。从这方面看，支护理论的发展可以分为三个阶段：①20世纪20年代以前主要是古典的压力理论，这一理论是基于一些简单的假设；②20世纪20—60年代为松散体理论，这一理论将岩体作为松散体，认为作用在支护结构上的荷载是围岩塌落拱内的松动岩体质量；③20世纪60年代前后发展起来的支护与围岩共同作用的现代支护理论，这种支护理论的产生一方面是由于喷锚支护等现代支护形式的出现，保证了围岩不发生坍塌，另一方面是由于岩体力学的发展，由此逐渐形成了以岩体力学原理为基础的、以喷锚支护为手段、考虑支护与围岩共同作用的现代支护理论。

基于上述原理，喷锚支护的具体设计方法有工程类比法、理论设计法和监控设计法。

（1）工程类比法是当前主要采用的方法，目前正朝着定量化、精确化和科学化的方向发展。

（2）喷锚支护的理论设计法，最早是新奥法创始人之一拉布希维兹在 20 世纪 60 年代提出的。近年来，有限元、离散元、边界元等数值模拟方法已在喷锚支护计算中广泛应用，它能模拟围岩弹塑性、黏弹塑性及岩体节理裂隙等力学特征与施工开挖程序等，因而成为计算的主要手段。不过，由于岩体力学参数及初始地应力难以准确确定，对围岩的本构关系及破坏准则也认识不足，因而计算结果只作为设计的参考依据。

（3）监控设计法（信息化设计法）是 20 世纪 70 年代后期发展起来的一种新兴的工程设计法，它依据现场量测获得的信息，反馈设计并指导施工。由于监控设计法能较好地适应复杂多变的围岩特性和反映地下工程的受力特点，因而它和理论设计法结合，进一步发展成为监控反馈设计法（反分析法）。

20 世纪 90 年代以来，我国迎来了水电发展的新时期，一大批规模宏大的地下厂房洞室群的开挖建成，在吸收借鉴原有支护设计理论的基础上，进一步推动现代支护设计理论的发展。

杨房沟水电站地下洞室群规模大、围岩地质条件复杂且地应力水平较高，根据该工程实际特点，采用现代支护设计理论，确定地下洞室群支护设计方案。

3.2　地下洞室群开挖支护设计

3.2.1　洞室群布置及规模

杨房沟水电站厂区的主要洞室主副厂房洞、主变室、尾调室平行布置，地下厂房洞室群布置格局如图 1.3-3 所示。主副厂房洞与主变室之间布置有 4 条母线洞，同时厂房下游、主变室下部布置有尾水洞。主变室下游布置有出线洞，其中出线洞包含出线下平洞、出线竖井和出线上平洞。引水发电系统地下洞室群各洞室尺寸汇总见表 3.2-1。

表 3.2-1　　引水发电系统地下洞室群各洞室尺寸汇总表

洞室名称	洞室尺寸/(m×m×m)
主副厂房洞	230×30(28)×75.57
主变室	156×18×22.3
尾调室	166.1×24(22)×61.75
尾水闸门室	87×10(6.4～8)×67
母线洞	15×9×7.5
	25.5×(9～11)×7.5
	4.5×11×18.5
压力管道	L=266.79～209.95m、D=10.8～12m
尾水洞	(667.0～516.4)×17×18.5
出线洞～出线下平洞	13×5.85×14.4
出线洞～出线竖井	148.4×9×10
出线洞～出线上平洞	411.83×8.6×7
	16×9.9×8.15

3.2.2 开挖分区及施工顺序

地下厂房洞室群合理的开挖分区及施工顺序，不仅关系到地下厂房洞室群的施工工期，还关系到地下厂房洞室群的围岩稳定，并直接影响到工程的投资和效益。通过拟定的开挖顺序方案进行围岩稳定性研究，结合施工组织设计优化，确定该工程合理的施工开挖顺序，协调好快速施工与大型地下厂房洞室群围岩稳定的矛盾，使地下厂房洞室群围岩稳定与支护达到安全可行、合理经济的目的。

3.2.2.1 开挖分区

根据已建工程经验，按照施工组织设计要求，针对该工程地下厂房洞室群布置，结合目前的施工技术手段、施工机械设备和施工通道布置，确定主副厂房洞由上而下分为 9 层进行开挖，主变室分为 3 层进行开挖，尾调室分为 11 层进行开挖。地下厂房洞室群主要洞室开挖分层示意如图 3.2－1 所示。

1. 主副厂房洞开挖

主副厂房洞第Ⅰ层由厂房进风洞、通风兼安全洞从两侧进入，先进行厂房顶拱开挖。采用中导洞超前 20～30m 开挖、两侧保护层扩挖跟进的方法。

主副厂房洞第Ⅱ层仍由厂房进风洞、通风兼安全洞从两侧进入，开挖时，上、下游边墙预留 3.50m 厚的保护层，梯段开挖推进约 50m 后，再开始进行上、下游两侧 3.50m 预留保护层的开挖。

主副厂房洞第Ⅲ层由进厂交通洞进入，采用先中部拉槽开挖，两侧保护层后扩挖跟进的方法。

主副厂房洞第Ⅳ层、第Ⅴ层由进厂交通洞进入，第Ⅵ层、第Ⅶ层由引水下平段施工支洞进入，各层开挖均采用潜孔钻钻孔、周边预裂爆破的施工方法进行施工。

主副厂房洞第Ⅷ层、第Ⅸ层位于厂房底部，以尾水隧洞为施工通道。

2. 主变室开挖

主变室第一层开挖的施工通道为主变上层施工支洞、主变排风洞。开挖采取中导洞超前 20～30m 开挖，两侧保护层扩挖跟进的方法。

主变室第二层、第三层以主变进风洞（进厂交通洞）为施工通道，采用中部拉槽开挖，两侧保护层扩挖跟进的方法。

3. 尾调室开挖

尾调室顶拱①～②区开挖的施工通道为尾调排风洞。开挖采取中导洞超前 20～30m 开挖，两侧保护层扩挖跟进的方法。

③区开挖的施工通道为尾调施工支洞和尾调通气洞。中部梯段开挖推进约 50m 后，再开始进行上、下游两侧 3.50m 预留保护层的开挖。

④～⑨区采用反井钻机施工，上部通道为尾调施工支洞和尾调通气洞，下部通道为尾水隧洞下层和尾水隧洞施工支洞。先自上而下施工 ϕ244 导孔，导孔和下平段贯通后反向扩挖成直径为 1.40m 的导井，再自上而下扩挖成直径为 4.00m 的溜渣井，最后扩挖至设计断面。

⑪～⑫区与尾水隧洞上、下层同高，可在尾水隧洞开挖进展至尾调室工作面时同期形成，并作为尾调室④～⑨区井挖的下部通道。

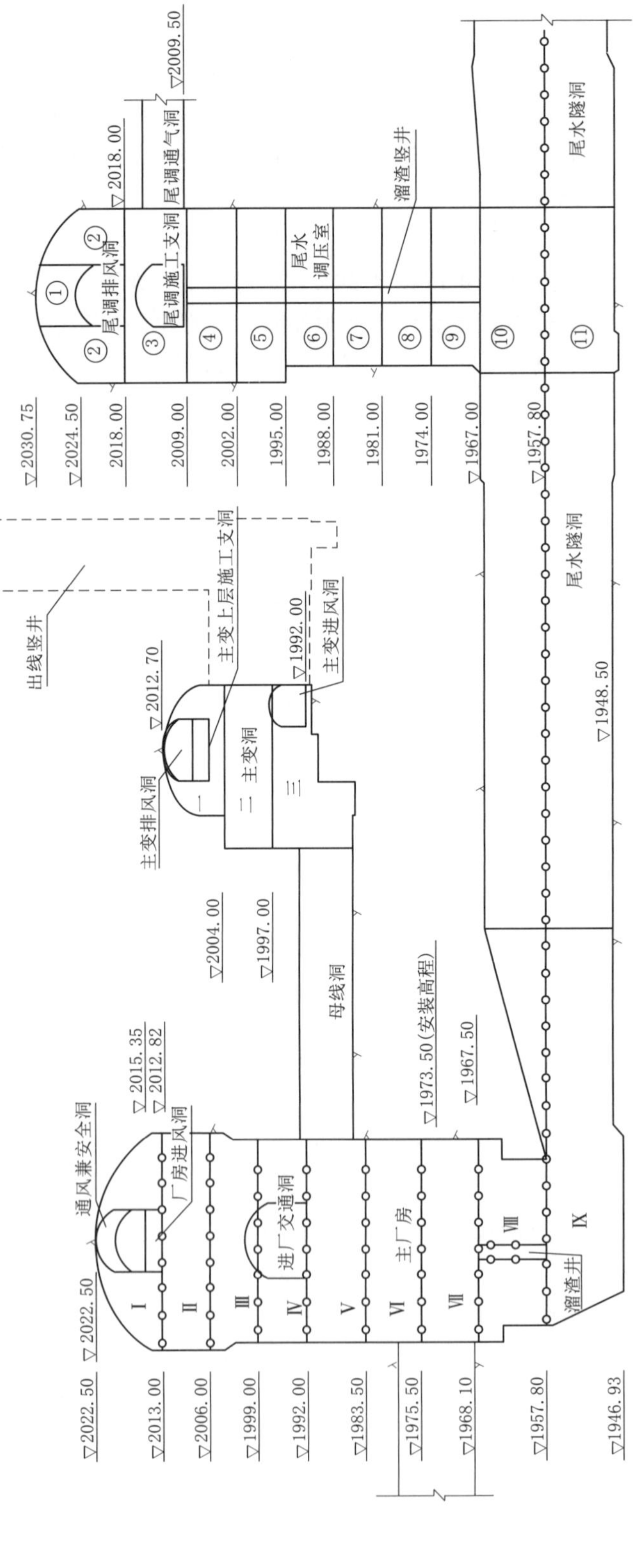

图 3.2-1　地下厂房洞室群主要洞室开挖分层示意图（高程单位：m）

3.2.2.2 开挖顺序

三大洞室开挖顺序采用主厂房洞先期进行顶拱开挖，稍滞后再进行尾调室和主变室顶拱的开挖和支护，并尽量缩短主变室的施工工期，相互间根据通道条件协调施工。

厂区主要洞室施工分层开挖顺序见表3.2-2。

表3.2-2　　厂区主要洞室施工分层开挖顺序表

开挖顺序	主副厂房洞	主变室	尾调室	母线洞	尾水管
第一期	Ⅰ	一、二	①②		√
第二期	Ⅱ	三	③⑩		√
第三期	Ⅲ、Ⅸ		④	√	√
第四期	Ⅳ		④⑤		
第五期	Ⅴ		⑥⑦		
第六期	Ⅵ		⑦		
第七期	Ⅶ		⑧		
第八期	Ⅷ		⑧⑨		
第九期			⑪⑫		

3.2.3 系统支护参数设计原则

地下厂房洞室群在中高地应力的基本条件下，脆性岩体受不利地质结构面主导控制的岩体力学问题相对突出，结合工程可研阶段成果反映的地下厂房洞室群围岩开挖响应特点，确定该工程最基本的支护设计原则。

(1) 选择适合高地应力环境下脆性岩体破坏特征的系统支护方案，与针对特定不利地质构造的局部加强支护相结合的支护原则。

(2) 遵循“根据该工程特点，广泛征求专家意见，以已建工程经验和工程类比为主，岩体力学数值分析为辅”的设计原则。

(3) 遵循充分发挥围岩本身的自承能力，围岩支护遵循“喷锚支护为主，钢筋拱肋支护为辅”的设计原则。

(4) 采取分层开挖，及时支护，力求体现喷锚支护灵活性的特点及围岩局部破坏局部加固、整体加固与局部加强的等强度支护的原则。

(5) 遵循动态支护设计原则，采用“设计、施工、监测、反馈、修正设计”的原则进行支护设计。在施工过程中，根据现场揭示的地质情况和围岩变形、锚杆应力等监测资料，及时修正设计支护参数。

3.2.4 系统支护类比分析

据不完全统计，全世界已建成地下厂房超过600座，其中我国截至2017年年底已建成120余座地下式水电站，代表性地下厂房参数见表3.2-3，经过多年工程实践及技术积累，我国地下厂房建设技术已趋成熟，并逐渐引领技术发展。我国已经完建的地下厂房最大单机容量已达到1000MW，跨度已超过33m，高度多超过85m。我国水电站地下厂房建设技术已开始实践“走出去”以及“一带一路”倡议，向发展中国家，甚至是发达国家输送成熟的水电站建设技术。

表 3.2-3　代表性地下厂房参数

序号	水电站名称	装机容量/MW	单机容量×台数/(MW×台)	厂房尺寸（长×宽×高）/(m×m×m)	主变室尺寸（长×宽×高）/(m×m×m)	调压室尺寸/m	岩性	建成年份
1	向家坝	3200	800×4	255.4×33.4×88.2	192.3×26.3×23.9	—	砂岩夹少量泥岩	2014
2	溪洛渡	13860	770×18	439.7×31.9×75.6	349.3×33.3×19.8	317.0×95.0×25.0	玄武岩	2014
3	龙滩	6300	700×9	388.5×30.3×74.5	397×19.5×22.5	95.3×21.6×89.7	砂岩/泥板岩	2009
4	三峡（右岸）	4200	700×6	311.3×32.6×87.3	—	—	花岗岩	2009
5	小湾	4200	700×6	298.4×30.6×79.3	257.0×22.0×32.0	2ϕ38×91.02	片麻岩	2012
6	拉西瓦	4200	700×6	311.7×30.0×73.8	354.75×29×53.0	2ϕ32×69.3	花岗岩	2011
7	糯扎渡	6300	650×9	418.0×29.0×79.6	348.0×19.0×22.6	3ϕ38×94.0	花岗岩	2014
8	大岗山	2600	650×4	226.5×30.8×73.7	144.0×18.8×25.6	132×24×75.08	花岗岩	2015
9	长河坝	2600	650×4	228.8×30.8×73.3	150.0×19.3×25.8	162.0×22.5×79.5	花岗岩	2017
10	锦屏二级	4800	600×8	352.4×28.3×72.2	374.6×19.8×31.4	4ϕ23.6×129.8	大理岩	2014
11	锦屏一级	3600	600×6	277.0×29.6×68.8	201.6×19.3×32.5	ϕ41×80.5 ϕ37×79.5	大理岩	2014
12	构皮滩	3600	600×6	230.4×27.0×75.3	207.1×15.8×21.3	—	灰岩	2011
13	官地	2400	600×4	243.4×31.1×76.3	197.3×18.8×25.2	205.0×21.5×72.5	玄武岩	2013
14	瀑布沟	3300	550×6	294.1×30.7×70.1	250.3×18.3×25.6	178.87×17.4×54.15	花岗岩	2010
15	二滩	3300	550×6	280.3×30.7×65.3	214.9×18.3×25.0	203×19.8×69.8	正长岩、玄武岩	2000
16	猴子岩	1700	425×4	219.5×29.2×68.7	139.0×18.8×25.2	140.5×23.5×75.0	灰岩	2017
17	水布垭	1600	400×4	168.5×23.0×67.0	—	—	灰岩、页岩	2009
18	鲁地拉	2160	360×6	267.0×29.8×77.2	203.4×19.8×24.0	184.0×24.0×75.0	变质砂岩	2014
19	彭水	1750	350×5	252.0×30.0×76.5	—	—	灰岩、灰质页岩	2008
20	小浪底	1200	300×4	251.5×26.2×61.44	174.7×14.4×18	175.8×16.6/6.0×20.6	砂岩、黏土岩	2007

从表 3.2-3 可以看出，与采矿巷道、公路铁路隧道相比，水电站地下洞室具有大断面、大跨度、高边墙的特点，采矿巷道断面面积在 10m^2 左右，公路、铁路交通隧道断面面积在 100m^2 左右，而目前的水电站地下洞室主厂房断面面积普遍大 1～2 个数量级，介于 1000～3000m^2 之间。随着技术的进步，地下厂房的洞室高度也呈指数式急剧增大，高度超过 80m 的地下厂房有：三峡（87.3m）、向家坝（88.2m）、乌东德（89.8m）、白鹤

滩（88.7m）等。与断面面积和洞室高度的变化类似，地下厂房的洞室跨度也在不断增大，跨度超过30m的地下厂房有：小湾（30.6m）、三峡（35.6m）、瀑布沟（30.7m）、向家坝（33.4m）、官地（31.1m）、拉西瓦（30m）、长河坝（30.8m）、乌东德（31.5m）、白鹤滩（34m）等。

工程类比法是确定洞室支护参数的重要手段之一，国内部分已建水电工程地下工程支护参数见表3.2-4。

表3.2-4　　国内部分已建水电工程地下工程支护参数表

工程	地质条件及围岩类别	主要洞室规模	主要支护参数
溪洛渡	地下厂房主要为$P_2\beta_4$层角砾集块熔岩和$P_2\beta_5$层致密状玄武岩及角砾集块熔岩，$P_2\beta_6$层的斑状玄武岩，围岩类别为Ⅰ～Ⅱ类为主，整体稳定性好。 最大主应力为15～20MPa	左岸主厂房：443.34m×31.9m×77.6m； 左岸主变室：399.62m×19.8m×33.82m； 左岸调压室：296m×26.5m×95m； 右岸主厂房：439.74m×31.9m×77.6m； 右岸主变室：336.02m×19.8m×33.82m； 右岸调压室：296m×26.5m×95m	主厂房顶拱：喷素混凝土20cm，挂钢筋网Φ8、200mm×200mm，局部喷钢纤维混凝土，锚杆Φ32、$L=9$m，预应力锚杆Φ32、$L=9$m、$T=120$kN、@1.5m×1.5m，交错布置。 主厂房边墙：喷素混凝土15～20cm，挂钢筋网Φ8、200mm×200mm，锚杆Φ32、$L=6$m/9m、@1.5m×1.5m，交错布置；3排预应力锚索175t，$L=20$m、4排预应力锚索1500kN、$L=15$m。 主变室顶拱：喷素混凝土15cm，挂钢筋网Φ8、200mm×200mm，锚杆Φ32、$L=9$m，预应力锚杆Φ32、$L=9$m、$T=120$kN、@1.7m×1.7m，交错布置。 主变室边墙：喷素混凝土15cm，挂钢筋网Φ8、200mm×200mm，锚杆Φ32、$L=6$m/9m、@1.5m×1.5m，交错布置。 调压室顶拱：喷素混凝土20cm，挂钢筋网Φ8、200mm×200mm，锚杆Φ32、$L=9$m，预应力锚杆Φ32、$L=9$m、$T=120$kN、@1.5m×1.5m，交错布置。 调压室边墙：喷素混凝土15cm，挂钢筋网Φ8、200mm×200mm，锚杆Φ32、$L=6$m/9m、@1.5m×1.5m，交错布置；4排预应力锚索1750kN、$L=20$m，5排预应力锚索1500kN、$L=15$m。 调压室隔墙：喷素混凝土15cm，挂钢筋网Φ8、200mm×200mm，锚杆Φ28、$L=6$m、@1.5m×1.5m，交错布置；8排预应力锚索1500kN、$L=16$m
向家坝	地下厂房区分布有须家河组T_3^2、T_3^3、T_3^4岩组和$J_{1\text{-}2}z$，T_3^2、T_3^4岩组以厚至巨厚层状砂岩为主，夹少量透镜体状泥质岩石，引水发电系统围岩以Ⅱ类为主。 最大主应力为8.2～12.2MPa	主厂房：255m×33.4m×85.5m； 主变室：190.5m×26.3m×25.11m； 调压室：296m×26.5m×95m	主厂房顶拱：喷素混凝土20cm，挂钢筋网Φ8、200mm×200mm，锚杆Φ32、$L=6$m/8m、@1.5m×1.5m，交错布置，局部预应力锚杆Φ36、$L=10$m；4排预应力对穿锚索2000kN、$L=30$m。 主厂房边墙：喷素混凝土15cm，挂钢筋网Φ8、200mm×200mm，锚杆Φ32、$L=6$m/9m、@1.5m×1.5m，交错布置；8排预应力锚索2000kN、$L=27$m。 主变室顶拱：喷素混凝土15cm，挂钢筋网Φ8、200mm×200mm，锚杆Φ32、$L=5$m/7m、@1.5m×1.5m，交错布置；2排预应力对穿锚索1000kN、$L=19.5$m/21.5m；1排预应力锚索1000kN、$L=20$m。 主变室边墙：喷素混凝土15cm，挂钢筋网Φ8、200mm×200mm，锚杆Φ32、$L=5$m/7m、@1.5m×1.5m，交错布置

续表

工程	地质条件及围岩类别	主要洞室规模	主要支护参数
锦屏一级	地下厂房区岩性为杂谷脑组第二段第二、三、四层大理岩夹绿片岩（$T_{2-3}^{2-4}z$），洞室围岩以Ⅲ$_1$类为主。 最大主应力为 20～35.7MPa	主厂房： 293.14m×29.3m×68.8m； 主变室： 227.6m×19.3m×32.5m； 圆筒调压室： D38（41）m×80.5m	主厂房顶拱：喷素混凝土 20cm，挂钢筋网Φ8、200mm×200mm，局部喷钢纤维混凝土，钢筋混凝土拱肋，锚杆Φ32、$L=7$m，预应力锚杆Φ32、$L=9$m、$T=120$kN、@1.2m×1.5m，交错布置。 主厂房边墙：喷素混凝土 15cm，挂钢筋网Φ8、200mm×200mm，锚杆Φ28/32、$L=6$m/9m、@1.5m×1.5m，交错布置；1（3）排预应力对穿锚索 2000kN、$L=32$m，4（2）排预应力锚索 2000kN、$L=25$m，2（2）排预应力锚索 1750kN、$L=20$m（括号内为下游边墙）。 主变室顶拱：喷素混凝土 20cm，挂钢筋网Φ8、200mm×200mm，局部喷钢纤维混凝土，锚杆Φ32、$L=7$m，预应力锚杆Φ32、$L=9$m、$T=120$kN、@1.2m×1.5m，交错布置。 主变室边墙：喷素混凝土 15cm，挂钢筋网Φ8、200mm×200mm，锚杆Φ28/32、$L=6$m/9m、@1.5m×1.5m，交错布置。 尾调室顶拱：喷素混凝土 20cm，挂钢筋网Φ8、200mm×200mm，局部喷钢纤维混凝土，锚杆Φ32、$L=7$m，预应力锚杆Φ32、$L=9$m、$T=120$kN、@1.2m×1.5m，交错布置。 尾调室边墙：喷素混凝土 15cm，挂钢筋网Φ8、200mm×200mm，锚杆Φ28/32、$L=6$m/9m、@1.5m×1.5m，交错布置；3 排预应力锚索 2000kN、$L=25$m，3 排预应力锚索 1750kN、$L=20$m
拉西瓦	岩体为花岗岩，灰—灰白色，中粗粒结构，块状构造，矿物成分以长石、石英、黑云母为主。岩石强度高，岩体致密坚硬，多属Ⅰ～Ⅱ类围岩。 最大主应力为 20～21MPa	主厂房： 309.75m×30m×76.84m； 主变室： 233.6m×29m×51.5m； 尾闸室： 188.5m×9m×29.8m； 调压室： D30（32）m×80.5m	主厂房顶拱：喷钢纤维混凝土 15cm，锚杆Φ28、$L=4.6$m，预应力锚杆Φ32、$L=9$m、$T=100$kN、@3m×3m，梅花形布置；局部预应力锚索 1500kN。 主厂房边墙：喷钢纤维混凝土 15cm，锚杆Φ28/32、$L=4.5$m/9m、@1.5m×1.5m，交错布置；预应力锚索 2000kN、$L=25$m，预应力锚索 1750kN、$L=20$m。 主变室顶拱：喷钢纤维混凝土 15cm，锚杆Φ28、$L=4.8$m，预应力锚杆Φ32、$L=9$m、$T=100$kN、@3m×3m，梅花形布置；局部预应力锚索 1500kN。 主变室边墙：喷钢纤维混凝土 15cm，锚杆Φ28/32、$L=4.5$m/9m、@1.5m×1.5m、交错布置。 尾闸室：喷钢纤维混凝土 10cm，锚杆Φ25、$L=3$m、@3.0m×3.0m，梅花形布置。 尾调室顶拱：喷钢纤维混凝土 15cm，锚杆Φ28、$L=4.8$m，Φ32、$L=9$m，@1.5m×1.5m，相间布置；4 排预应力锚索 1500kN，间距 4.5m。 尾调室边墙：喷钢纤维混凝土 15cm，锚杆Φ32、$L=6$m/8m、@1.5m×1.5m，梅花形布置

续表

工程	地质条件及围岩类别	主要洞室规模	主要支护参数
龙滩	地下厂区主要地层为 $T_2^{19\sim39}b$ 层砂岩、粉砂岩、泥板岩夹少量灰岩，岩石强度高，新鲜砂岩饱和抗压强度为 130MPa，泥板岩饱和抗压强度为 40～80MPa，主洞室布置区岩石新鲜，完整～较完整，围岩主要为Ⅱ～Ⅲ类。 最大主应力为 12～13MPa	主厂房： 388.9m×30.7m×65m； 主变室： 408.8m×19.8m×20.75m； 调压室： 345.3m×24.85m×84.21m	主厂房顶拱：喷钢纤维混凝土 20cm，锚杆 ⌀ 28、$L=6.5m$，预应力锚杆 ⌀ 32、$L=8m$、$T=150kN$、@1.5m×1.5m，交错布置；局部预应力锚索 1500kN。 主厂房边墙：喷钢纤维混凝土 20cm，低高程喷聚丙烯微纤维混凝土，锚杆 ⌀ 28、$L=6m$，预应力锚杆 ⌀ 32、$L=9.5m$、$T=150kN$、@1.5m×1.5m，交错布置；预应力锚索 2000kN、$L=20m$。 主变室顶拱：喷聚丙烯微纤维混凝土 15cm，锚杆 ⌀ 25/28、$L=5m/7m$； 主变室边墙：喷聚丙烯微纤维混凝土 15cm，锚杆 ⌀ 25/28、$L=4.5m/8m$，4 排预应力对穿锚索 1200kN。 尾调室顶拱：喷聚丙烯微纤维混凝土 15cm，锚杆 ⌀ 28/32、$L=6m/8m$； 尾调室边墙：喷聚丙烯微纤维混凝土 15cm，锚杆 ⌀ 28、$L=6m$，预应力锚杆 ⌀ 32、$L=9.5m$、$T=150kN$、@1.5m×1.5m，交错布置，4 排预应力对穿锚索 1200kN
小湾	地下厂区岩层岩性主要有黑云花岗片麻岩和角闪斜长片麻岩，二者均夹有薄层透镜状云母角闪片岩，属坚硬岩石，具有抗压强度高的特点。围岩主要为Ⅰ～Ⅱ类。 最大主应力为 16.4～25.4MPa	主厂房： 298.4m×30.6m×79.38m； 主变室： 230.6m×19m×23.05m； 尾闸室： 206.8m×11m×32.5m； 调压室： D32.3（33.3）m×90.5m	主厂房顶拱：喷钢纤维混凝土 20cm，锚杆 ⌀ 28/32、$L=4.5m/9m$，局部预应力锚杆 ⌀ 32、$L=9m$、$T=125kN$、@2m×2m，交错布置；局部钢筋拱肋。 主厂房边墙：喷聚丙烯微纤维混凝土 20cm，锚杆 ⌀ 28/32、$L=4.5m/9m$、@2.5m×2.5m，交错布置；4 排预应力锚索 1000kN，5 排预应力锚索 1800kN。 主变洞顶拱：喷钢纤维混凝土 15cm，锚杆 ⌀ 28/32、$L=4.5m/9m$。 主变洞边墙：喷聚丙烯微纤维混凝土 15cm，锚杆 ⌀ 28、$L=4.5m/6m$，4 排预应力对穿锚索 1000kN。 尾闸室顶拱：喷钢纤维混凝土 15cm，锚杆 ⌀ 28、$L=6m/4.5m$、@2m×2m，梅花形交错布置。 尾闸室边墙：喷混凝土 15cm，锚杆 ⌀ 28、$L=6m/4.5m$、@2m×2m，梅花形交错布置。 尾闸室中隔墙边墙：喷混凝土 15cm，锚杆 ⌀ 28、$L=6m$，125kN 预应力锚杆 ⌀ 28、$L=9m$、@2m×2m，梅花形交错布置。 尾调室顶拱：喷钢纤维混凝土 20cm，挂钢筋网 Φ 6.5、200mm×200mm，锚杆 ⌀ 28/36、$L=4.5m/9m$。 尾调室边墙：喷聚丙烯微纤维混凝土 15cm，锚杆 ⌀ 28/32、$L=4.5m/9m$、@2m×2m，交错布置

3.2.5 主洞室系统支护设计

3.2.5.1 主副厂房洞系统支护

主副厂房洞系统支护参数见表 3.2-5；主厂房系统支护典型断面如图 3.2-2 所示。

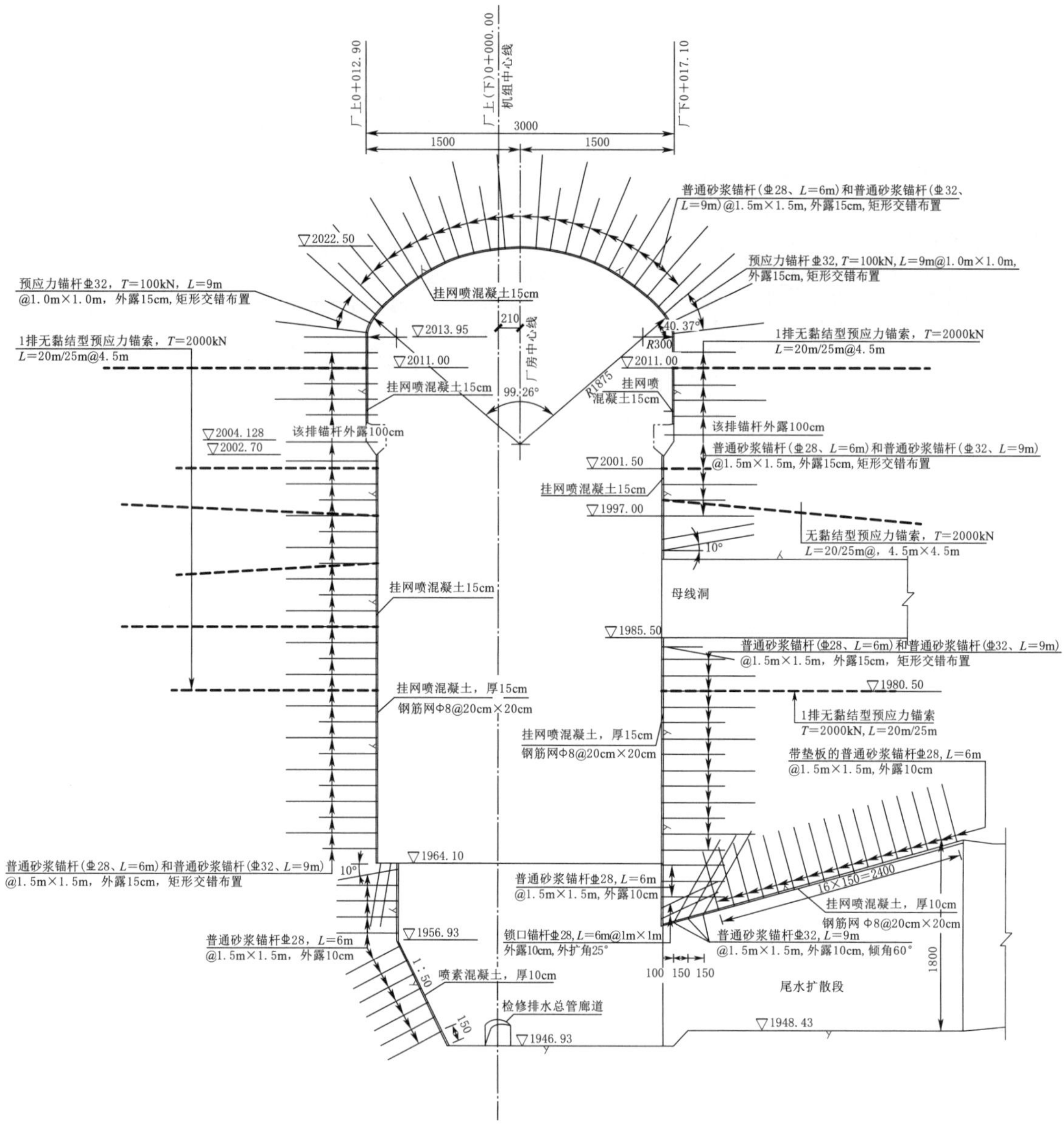

图 3.2-2　主厂房系统支护典型断面图（高程单位：m，尺寸单位：cm）

表 3.2-5　　　　　　　　主副厂房洞系统支护参数表

部位	支护参数
顶拱	普通砂浆锚杆⌀ 28，L=6m；普通砂浆锚杆⌀ 32，L=9m，@1.5m×1.5m
	挂网Φ 8@20cm×20cm，龙骨筋⌀ 12@2m×2m，喷混凝土厚 15cm
拱座	预应力锚杆⌀ 32，L=9m，@1.0m×1.0m
	挂网Φ 8@20cm×20cm，龙骨筋⌀ 12@2m×2m，喷混凝土厚 15cm

续表

部位	支护参数
边墙	普通砂浆锚杆Φ28，L=6m；普通砂浆锚杆Φ32，L=9m，@1.5m×1.5m
	挂网Φ8@20cm×20cm，龙骨筋Φ12@2m×2m，喷混凝土厚15cm
	安装间段上下游墙各2排无黏结预应力锚索T=2000kN，L=20m/25m@4.5m； 机组段上下游墙各5排无黏结预应力锚索T=2000kN，L=20m/25m@4.5m； 副厂房段上下游墙各6排无黏结预应力锚索，T=2000kN，L=20m/25m@4.5m
端墙	普通砂浆锚杆Φ28，L=6m；普通砂浆锚杆Φ32，L=9m，@1.5m×1.5m
	挂网Φ8@20cm×20cm，龙骨筋Φ12@2m×2m，喷混凝土厚15cm
基坑之间岩柱	预应力锚杆Φ32，L=12m，@1.5m×1.5m，喷素混凝土，厚10cm

3.2.5.2 主变室系统支护

主变室系统支护参数见表3.2-6。主变室系统支护典型断面如图3.2-3所示。

表3.2-6　主变室系统支护参数表

部位	支护参数
顶拱	普通砂浆锚杆Φ28，L=5m/7m，@1.5m×1.5m
	挂网Φ8@20cm×20cm，龙骨筋Φ12@3m×3m，喷混凝土厚15cm
拱座	预应力锚杆Φ32，L=8m，@1.0m×1.0m
	挂网Φ8@20cm×20cm，龙骨筋Φ12@3m×3m，喷混凝土厚15cm
边墙	普通砂浆锚杆Φ28，L=5m/7m，@1.5m×1.5m
	挂网Φ8@20cm×20cm，龙骨筋Φ12@3m×3m，喷混凝土厚15cm
	上下游墙各两排无黏结型预应力锚索，T=2000kN，L=20m/25m@4.5m
端墙	普通砂浆锚杆Φ28，L=5m/7m，@1.5m×1.5m
	挂网Φ8@20cm×20cm，龙骨筋Φ12@3m×3m，喷混凝土厚15cm

3.2.5.3 尾调室系统支护

尾调室系统支护参数见表3.2-7，尾调室系统支护典型断面如图3.2-4所示。

表3.2-7　尾调室系统支护参数表

部位	支护参数
拱顶	普通砂浆锚杆Φ28/Φ32，L=6m/9m，@1.5m×1.5m
	挂网Φ8@20cm×20cm，喷混凝土C25厚15cm
	左右拱座各设2排预应力锚杆Φ32，L=9m，T=100kN，间排距1.0m
上下游边墙	普通砂浆锚杆Φ28，L=6m；普通砂浆锚杆Φ32，L=9m，@1.5m×1.5m
	挂网Φ8@20cm×20cm，喷混凝土厚15cm
	上下游边墙分别在高程2022.50m、高程2011.25m、高程2006.75m、高程2002.25m、高程1997.75m、高程1993.25m、高程1988.75m处共设置7排系统无黏结预应力锚索T=2000kN，L=20m/25m，@4.5m×4.5m

续表

部位	支　护　参　数
两侧端墙	普通砂浆锚杆Φ 28，$L=6$m；普通砂浆锚杆Φ 32，$L=9$m，@1.5m×1.5m
	挂网Φ 8@20cm×20cm，喷混凝土厚 15cm
中隔墙	普通砂浆锚杆Φ 28，$L=6$m，@1.5m×1.5m
	挂网Φ 8@20cm×20cm，喷混凝土厚 15cm
	中隔墙采用系统无黏结预应力对穿锚索 $T=1000$kN/1500kN，$L=14.6$m，@4.5m×4.5m

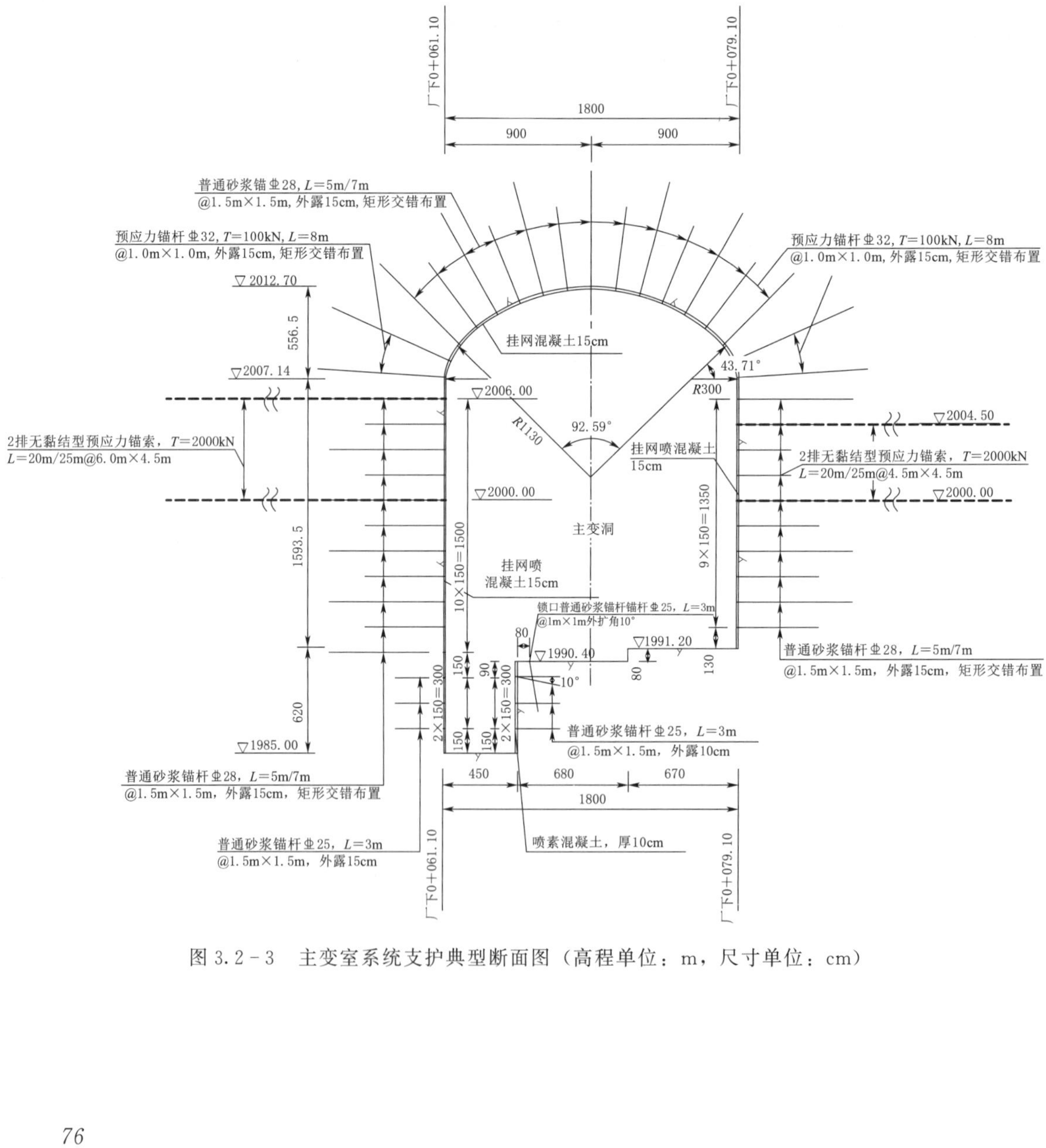

图 3.2-3　主变室系统支护典型断面图（高程单位：m，尺寸单位：cm）

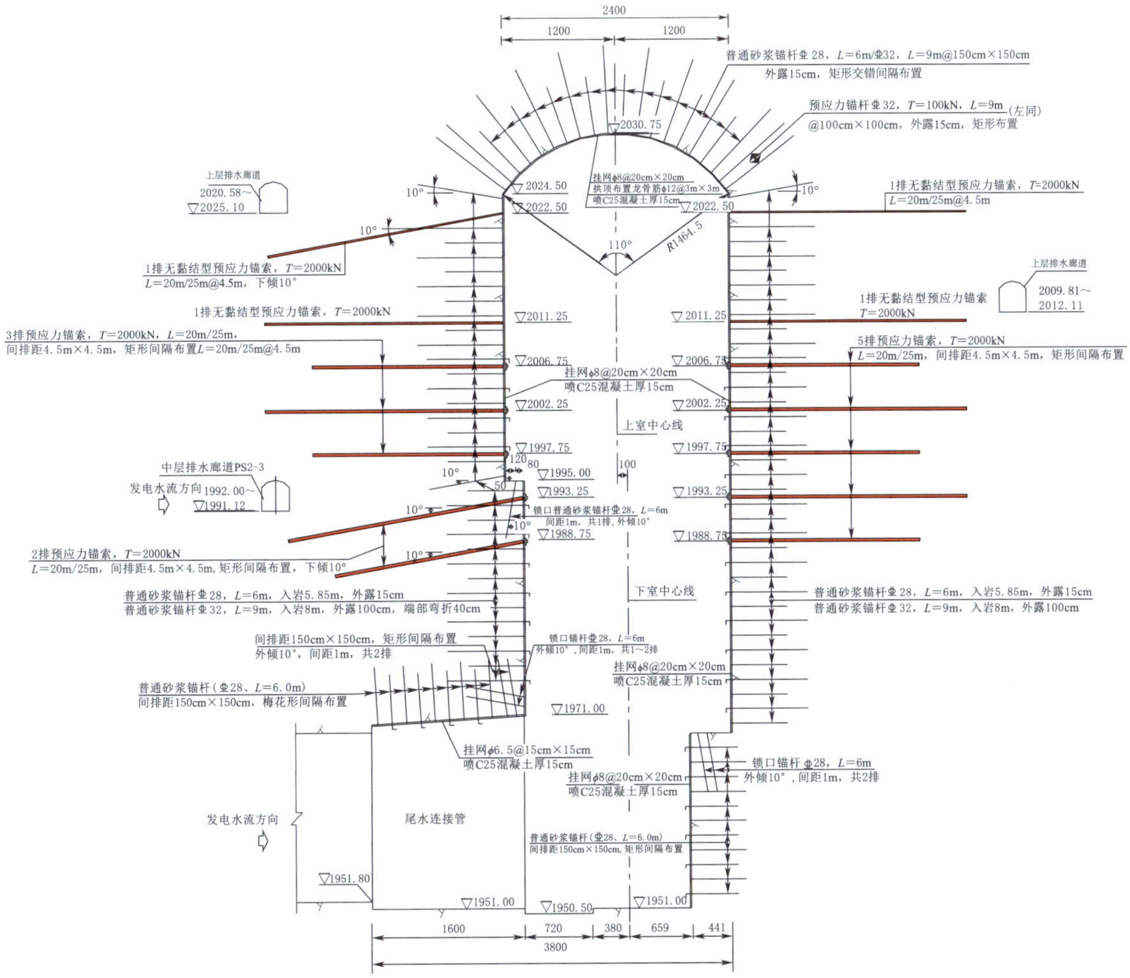

图 3.2-4 尾调室系统支护典型断面图（高程单位：m，尺寸单位：cm）

3.3 地下洞室群防渗排水设计

杨房沟水电站工程采用左岸首部开发地下厂房，厂房上游边墙距岸坡距离约 150m，距水库库区比较近，厂房洞室的防渗、排水系统设计对电站的安全运行十分重要，有必要根据工程地质、水文地质条件，结合厂区建筑物布置情况，对厂区防渗、排水系统设计进行分析研究，确定安全可靠、经济合理的地下厂房洞室群防渗排水方案。

3.3.1 厂区水文地质条件

厂区存在两种岩性，即花岗闪长岩和变质粉砂岩，两种岩性均为非可溶岩，弱下～微风化岩体多为微透水岩层，新鲜岩体为微透水～不透水岩层。厂区岩体节理裂隙发育，地表没有大的沟谷，岸坡地下水位及相对隔水层埋藏较深，地下水位随地面高程增大而埋藏越深。根据钻孔揭露地下水位及相对隔水层数据统计，厂址区地下水位埋深为58.7～60.9m，相对隔水层（$q\leqslant 1$Lu）顶板埋深为17.1～21.3m，相对隔水层（$q\leqslant 3$Lu）顶板埋深为65.5～70.9m。因厂址区地形较陡，降雨多迅速形成地表径流，只有少量渗入地下形成裂隙性潜水，基岩中地下水主要以裂隙水的形式存在。如勘探平洞PD47洞深0～50m内雨季时多见渗水及滴水现象，未见有线状流水及涌水现象；1～4号压力管道开挖过程中未见有线状流水及涌水现象，仅局部滴水。

3.3.2　厂区防渗排水系统设计

厂区防渗排水设计遵循"先堵后排、堵排结合、高水自流、低水抽排、安全可靠并适当留有余地"的设计原则，采用大坝左岸基础帷幕与厂房帷幕连成整体的布置方案，充分利用坝肩渗控系统的阻、排水作用，形成立体渗控布置，厂区防渗排水设计主要由厂区防渗帷幕灌浆廊道、厂区封闭式排水廊道系统、厂内排水系统等三部分组成。

3.3.2.1　厂区防渗帷幕灌浆设计

厂区防渗帷幕平面布置、横剖面布置如图3.3-1、图3.3-2所示。从平面布置上看，厂区防渗帷幕自大坝防渗帷幕左坝肩处折向上游，至厂区排水廊道上游侧22m后转向平行于主厂房纵轴线布置，延伸至距副厂房左端墙97.5m的位置。从高程布置上看，在厂房上游侧50m自高程2102m、2060m、2015m处分别布置三层灌浆廊道及其防渗帷幕，与大坝的灌浆平洞及其防渗帷幕连接，形成整体防渗排水体系。

左岸厂区各层帷幕灌浆廊道均布置一排帷幕灌浆孔，孔距为2.0m，孔径为75mm，基本按倾向上游设计，倾角为8°左右，且防渗帷幕延伸至下层灌浆平洞底板高程以下6.0m。帷幕底线高程考虑压力钢管下平段，帷幕灌浆底线确定为1955m。考虑地质条件和提高防渗帷幕灌浆质量，灌浆平洞采用混凝土衬砌，上游侧设四排交错布置的灌浆浅孔与防渗帷幕孔相连接，浅孔深9～12m，纵向孔距为2m。

在3层帷幕灌浆廊道的下游侧设置排水孔幕，排水孔幕底高程分别为1975m、2026.5m、2095m，孔径为110mm，孔距为3m。各层廊道排水孔幕渗滴水分别汇入其排水沟内，通过排水沟自流入相应高程的大坝防渗廊道内，由大坝防排系统排至河道下游。

3.3.2.2　厂区排水系统设计

厂区排水廊道共设置3层，沿主体洞室四周布置，其中上2层排水廊道平面上呈封闭状，底层平面上呈半封闭状。

上层排水廊道布置在厂房顶拱以上，高程约为2012.00m，包括4条纵向排水廊道和2条横向排水廊道，形成环形封闭。4条纵向排水廊道中心线分别位于主厂房上游边墙25.00m处、主厂房下游边墙22.50m处、主变室下游边墙18.00m处和尾调室下游边墙30.00m处。2条横向排水廊道分别距安装间端墙25.00m、距副厂房端墙30.00m，部分结合厂房进风洞和主变排风洞布置。排水廊道断面尺寸为3.0m×3.2m（宽×高），总长度为986.80m。通过向主厂房、主变室、尾调室顶拱方向打一排斜向上方的连续排水幕，在主厂房、主变室、尾调室洞室顶拱上部形成一道连续封闭的排水幕，"人"字形排水幕设在排水廊道顶拱，仰角45°，排水孔孔径为90mm，孔深15～65m，间距为3m。该层廊道内的渗水一部分通过连接廊道排入左岸灌浆排水廊道，由大坝防排系统排至河道下游，

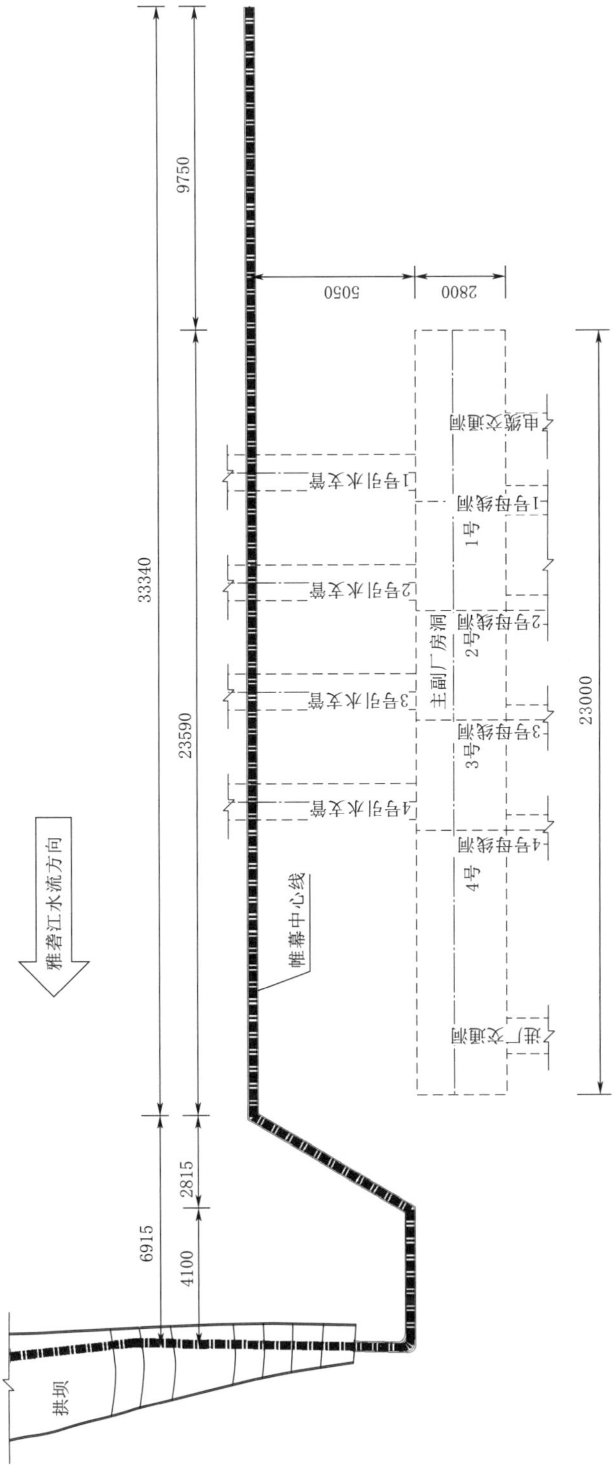

图 3.3-1 厂区防渗帷幕平面布置图(单位:cm)

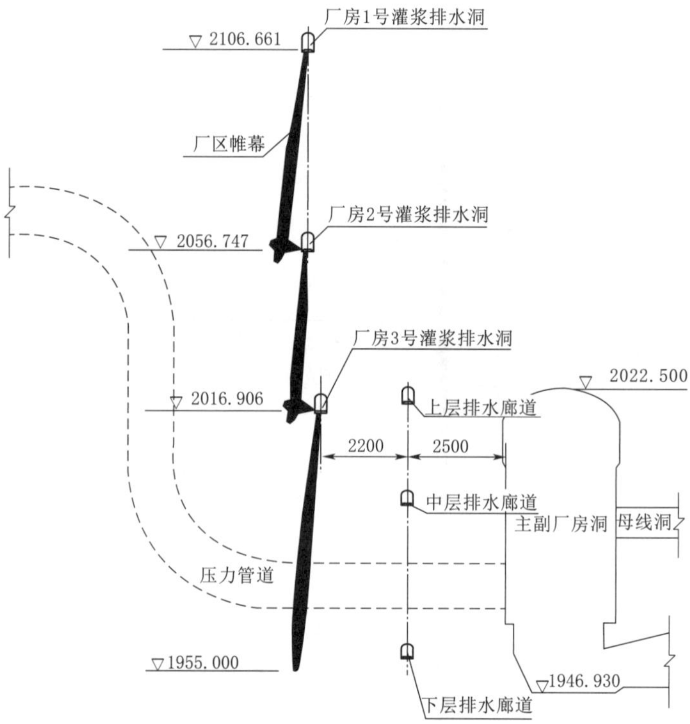

图 3.3-2　厂区防渗帷幕横剖面布置图（高程单位：m，尺寸单位：cm）

另一部分排入尾调室。

中层排水廊道布置在高程约 1992.00m 处，包括 2 条纵向排水廊道和 2 条横向排水廊道，形成环形封闭。2 条纵向排水廊道分别位于主厂房上游边墙 25.00m 处、主变室下游边墙 18.00m 处。2 条横向排水廊道分别距安装间端墙 25.00m、距副厂房端墙 30.00m。排水廊道断面尺寸为 3.0m×3.2m（宽×高），总长度为 853.00m。廊道顶拱和底板分别设置竖直向排水孔，排水孔孔径为 90mm，间距为 3m。该层排水廊道内的渗漏水通过排水孔自流到底层排水廊道，汇入厂房渗漏集水井。

底层排水廊道布置在高程约 1953.00m 处，包括 1 条纵向排水廊道和 2 条横向排水廊道。纵向排水廊道位于主厂房边墙上游边墙 25.00m 处。2 条横向排水廊道分别距安装间端墙 25.00m、距副厂房端墙 30.00m。排水廊道断面尺寸为 3.0m×3.2m（宽×高），总长度为 529.86 m。廊道顶拱设排水孔与中层排水廊道连通，孔径为 90mm，间距为 3m。该层排水廊道内的渗漏水通过连接洞排入主厂房渗漏集水井。

排水廊道内排水幕典型横剖面如图 3.3-3 所示。

3.3.3　洞内系统排水设计

在厂房顶拱及中上部边墙、主变室顶拱及边墙等部位，视洞室岩壁地下水渗漏情况，按“渗水大、多布孔，渗水小，少布孔”的原则，在岩壁上设置 ϕ50mm、深 5m、间距 4.5m、梅花形布置的系统排水孔，以减少渗透压力对洞室围岩稳定的影响。各部位的渗漏水经排水沟和预埋管道，流入渗漏集水井。为降低厂内湿度，在厂房、主变室四周设置

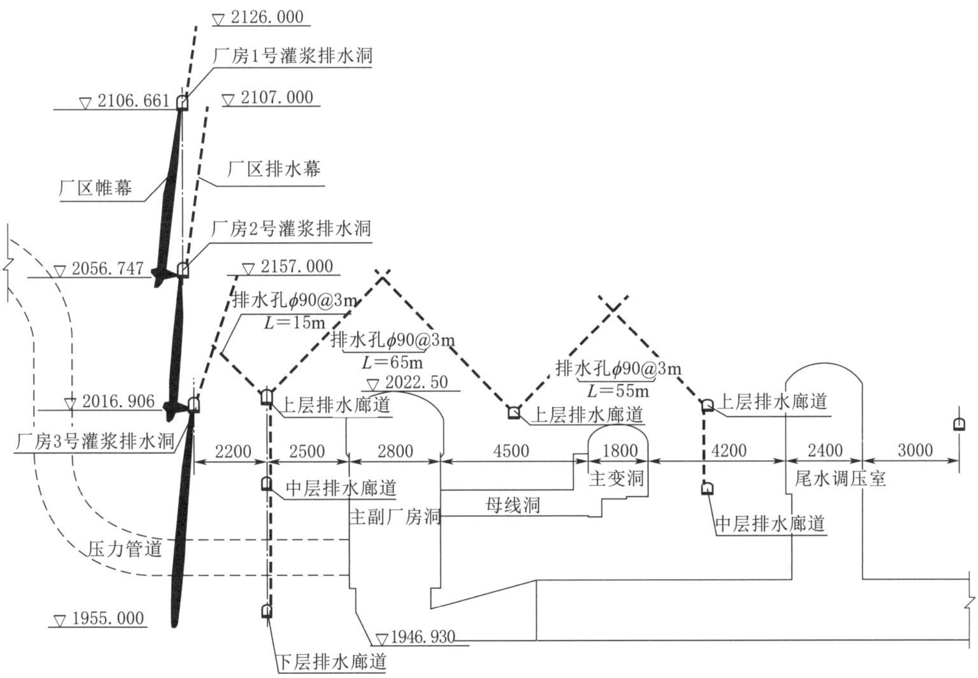

图 3.3-3　排水廊道内排水幕典型横剖面（高程单位：m，尺寸单位：cm）

防潮隔墙，并与顶棚结合形成封闭的防潮体系。

3.3.3.1　主副厂房洞系统排水

主副厂房洞围岩浅层排水孔布置原则如下：①浅层排水孔布置在操作廊道层（高程1965.1m）以上；②排水孔直径为50mm，排水孔深入围岩5m，矩形布置，间排距为4.5m×4.5m，边墙排水孔上倾10°；③排水孔口布置三通，各孔口之间采用软式排水管（软式透水管）竖向衔接；④竖向排水管分两种类型，对于无后期覆盖的区域采用软式排水管，对于后期覆盖混凝土（或者喷层）的区域采用软式透水管和防水板；⑤对于机组段和安装场，拱顶渗水排至吊顶支撑柱顶部排水沟，拱肩至岩锚梁高程范围内上下游边墙渗水排至岩锚梁顶面排水沟，岩锚梁至发电机层高程范围内上下游边墙渗水排至发电机层排水沟，发电机层以下渗水排至操作廊道层排水沟；⑥对于左侧副厂房段，所有渗水均排至副厂房底板排水沟。

主副厂房洞围岩设置系统排水孔（ϕ50mm、L=5m、@4.5m×4.5m），排除岩体内的地下水，经环向排水管引入各结构层岩壁排水沟，最终汇入厂房渗漏集水井。主副厂房洞机组段系统排水孔布置如图3.3-4所示。

3.3.3.2　主变室系统排水

主变室浅层排水孔布置原则如下：①浅层排水孔沿边顶拱全断面布置；②排水孔直径为50mm，排水孔深入围岩5m，矩形布置，间排距为4.5m×4.5m，边墙排水孔上倾10°；③排水孔口布置三通，各孔口之间采用软式排水管竖向衔接；④主变室边拱顶渗水直接排至底层排水沟。

主变室围岩设置系统排水孔（ϕ50mm、L=5m、@4.5m×4.5m），排除岩体内的地

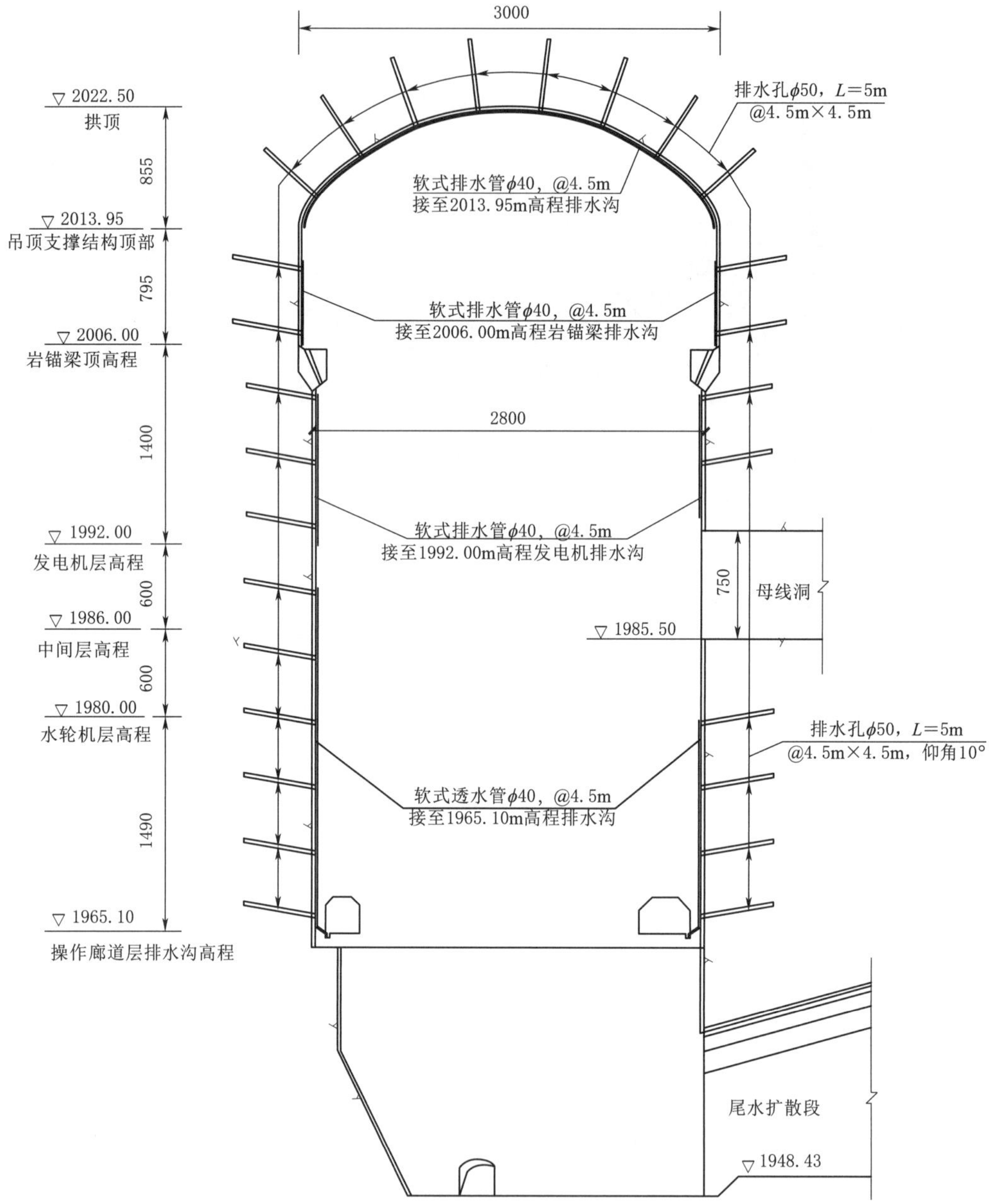

图 3.3-4　主副厂房洞机组段系统排水孔布置典型断面图（高程单位：m，尺寸单位：cm）

下水，经环向排水管引入底层岩壁排水沟，最终汇入厂房渗漏集水井和场外。主变室系统排水孔布置典型断面如图 3.3-5 所示。

3.3.3.3　尾调室系统排水

尾调室高程 2009.50m 以上围岩设置系统排水孔（ϕ50mm、$L=4$m、@4.5m×4.5m），排除岩体内的地下水，经环向排水管引入调压室大井中。高程 2009.50m 以上的尾调室系统排水孔布置典型断面如图 3.3-6 所示。尾调室 2009.50m 以下边墙设置钢筋混凝土衬砌。

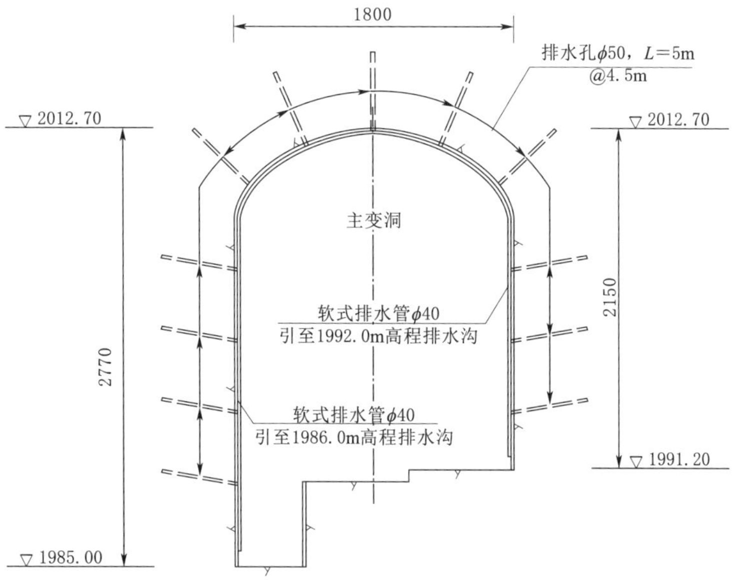

图 3.3-5　主变室系统排水孔布置典型断面图（高程单位：m，尺寸单位：cm）

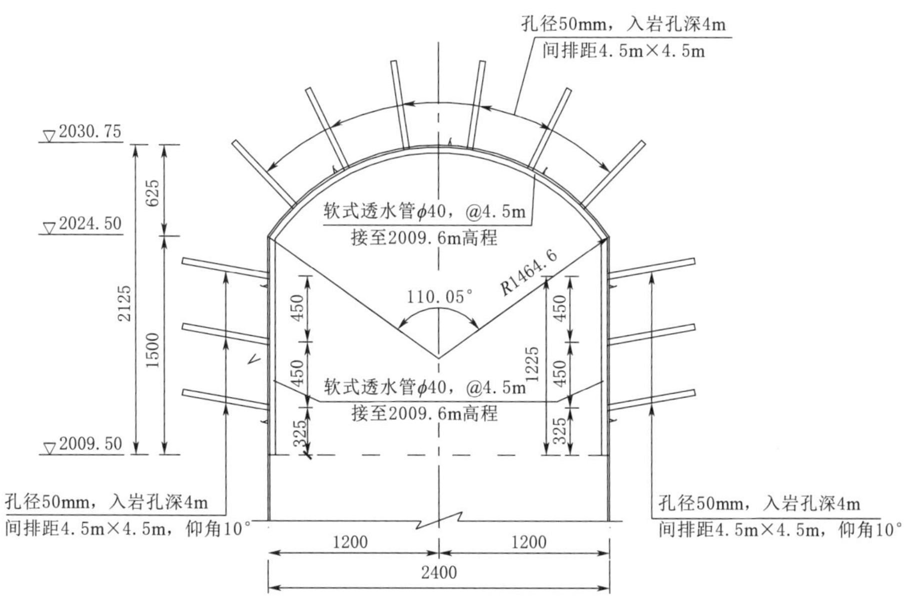

图 3.3-6　尾调室系统排水孔布置典型断面图（高程单位：m，尺寸单位：cm）

3.4　施工期典型工程问题动态设计

3.4.1　施工期动态设计方法

对水电站地下工程而言，地质条件与岩体赋存环境的复杂性及不确定性、洞室群结构的大规模及大尺度决定了水电站地下工程问题的复杂性和挑战性，导致水电站地下工程的开挖施工过程控制困难，甚至可能影响工程长期稳定性。随着西南地区水电工程的开发进展，动态设计施工的理念和技术被越来越多地应用于地下工程的过程控制中。

杨房沟水电站地下洞室群施工期遵循“设计→施工→监测→反馈→修正设计→指导施工”的原则进行动态支护设计，即在施工过程中，根据实际揭示的地质条件及现场监测的反映系统力学行为的某些输出物理量（如位移、应力、应变或荷载等），进行模型辨识与参数修正，最终目的是建立一个更接近现场地质现象与监测结果的理论计算模型，以便能正确反映或预测岩土介质的某些力学行为，及时反馈到支护设计、施工及管理上，从而指导和完善设计、优化施工，最终形成地下洞室群的合理支护设计体系。围岩动态支护设计技术路线如图 3.4－1 所示。

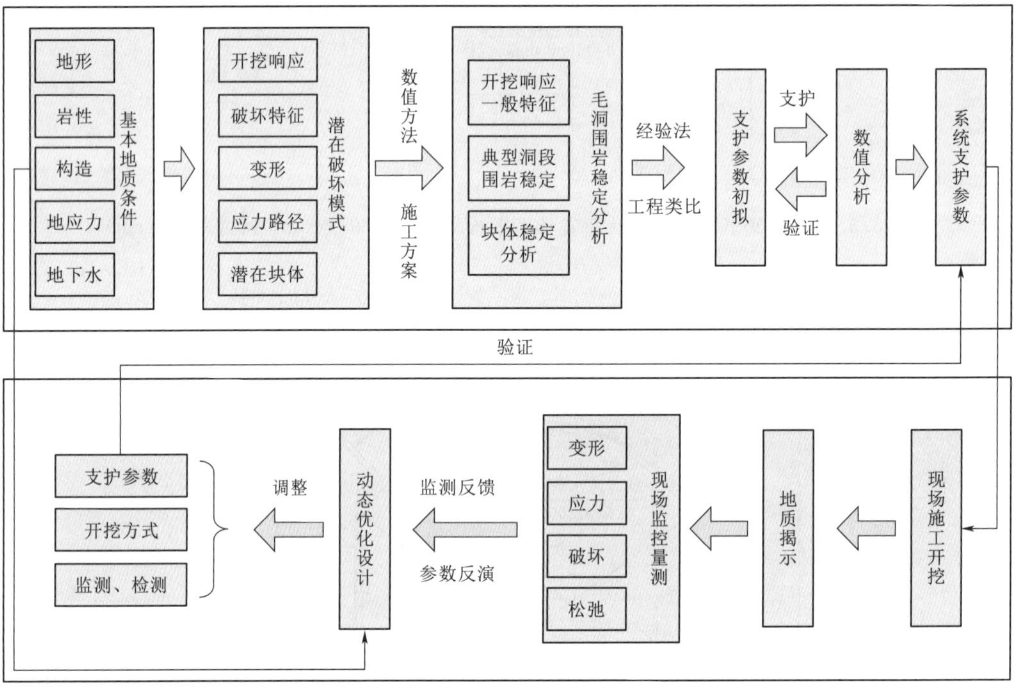

图 3.4－1　围岩动态支护设计技术路线

3.4.2　地下厂房的系统支护施作时机

在具体的地下洞室群开挖支护施工过程中，要找到理论上的最佳支护时机十分困难，也不现实。目前普遍以工程经验法为基础，辅助现场监控法和数值分析法来选择合适的支护时机，而且这个时机在很大程度上也受制于现场的施工管理和工艺水平。很多情况下，实际的施工过程和设计预案会存在较大差距。

从确保围岩稳定、施工安全和工程进度的角度，解决上述“支护时机”问题，有必要针对不同的围岩质量洞段，制定相适应的具体支护施作进度要求。杨房沟水电站地下厂房的地质条件决定了在厂房洞室群开挖过程中，会出现不同规模的块体问题、局部的片帮和破裂问题、掉块与坍塌破坏问题，因此支护施作进度的制定，需要全面考虑开挖过程中揭露的不同围岩地质条件、潜在破坏模式以及监测检测资料，综合权衡后研究确定。

根据在锦屏二级、白鹤滩、溪洛渡、猴子岩等水电站地下工程中的现场实践及科研工作经验积累，并结合杨房沟水电站地下洞室群自身特点，在工程投资、工程进度和工程安全之间寻求平衡点，提出适用于该工程地下厂房的支护施作进度要求。

在我国水电地下工程建设中，支护施工按施作时机一般可以分为两期：一期支护（即临时支护），主要解决施工期安全以及短期围岩稳定问题，一般要求开挖即进行施作，并要求紧跟掌子面；二期支护，即设计图纸上的系统支护。其中，一期支护根据其支护类型，一般包括如下几种主要支护型式：①紧跟掌子面的厘米厚度（通常为5cm）的喷射混凝土，用于封闭边顶拱一带的开挖面围岩；②针对潜在失稳定块体所布置的随机锚杆，解决施工期块体稳定问题；③片帮破坏严重或岩体较破碎条件下，可以增加挂网。

针对杨房沟水电站地下厂房开挖与支护的时机问题，拟定一期与二期支护时机均采用间距控制、比如在Ⅱ类围岩洞段，要求二期支护落后于掌子面不超过25m；在Ⅲ类围岩洞段，要求二期支护落后于掌子面不超过15m。其主要目的是解决施工期开挖与支护施工面的交叉影响（提高开挖效率），以及控制施工期安全的问题。其中25m、15m均来自工程经验，从施工角度讲，一期与二期支护距离越大越好，有利于提高开挖效率。但从技术角度讲，一期与二期支护距离越小越好，有利于规避与时间效应相关的岩体持续破坏，同时能防止应力释放过度导致的安全隐患。具体实施方案如下。

(1) Ⅱ类以及$Ⅲ_1$类岩体洞段。这类洞段一般围岩稳定条件较好，主要的围岩破坏形式可能表现为规模很小的掉块，以及局部的块体稳定问题，因此对一期支护和二期支护作如下要求：①一期支护，不小于5cm厚度的初喷混凝土紧跟掌子面，若发现潜在块体问题，则采用随机锚杆加固潜在失稳定块体；②系统支护，由于围岩条件总体较好，可以允许系统支护滞后于掌子面一定距离，原则上系统支护滞后于掌子面的距离不应超过25m。

(2) $Ⅲ_2$类岩体洞段。$Ⅲ_2$类岩体洞段，对一期支护和二期支护作如下要求：①一期支护，不小于5cm厚度的初喷混凝土紧跟掌子面；若发现潜在块体问题，则采用随机锚杆加固潜在失稳定块体；②系统支护，一般情况下，该洞段不允许系统支护滞后于掌子面超过15m。若该洞段监测数据出现异常，或者监测的围岩变形达到预警等级，则要求系统支护不得滞后于掌子面超过8～10m。

(3) Ⅳ类岩体洞段。Ⅳ类岩体由于洞室自稳能力差，不再区分一期支护和系统支护，而是要求系统支护滞后于掌子面的距离不超过3m。

(4) Ⅴ类岩体洞段。Ⅴ类岩体洞段，洞室开挖后无法自稳，因此不再区分一期支护和系统支护，而是要求系统支护紧跟掌子面。

(5) 片帮破坏洞段：出现普遍的片帮破坏洞段，通常围岩整体稳定性尚可，但需要对片帮破坏进行控制，相应地，对一期支护和二期支护作如下要求：①一期支护，不小于5cm厚度的初喷混凝土紧跟掌子面，对片帮破坏位置可以针对性布置2～3排临时锚杆；②系统支护，一般情况下，该洞段不允许系统支护滞后于掌子面超过20m，由于片帮破坏具有时间效应，滞后于掌子面20m部位的系统支护应在开挖后3周内完成，若该洞段监测数据出现异常，或者监测的围岩变形达到预警等级，则要求系统支护不得滞后于掌子面超过15m。

显然，深入研究洞室围岩应力释放与开挖进尺的关系有助于合理确定支护时间（支护时间可能还与洞室大小、围岩类别、岩性等因素有关），在控制岩体松弛深度、防止安全隐患、确保围岩稳定的前提下尽量加大一期、二期支护距离，达到充分发挥围岩自身承载力和解决开挖面和支护面施工交叉问题的目的，进一步提高施工效率。

3.4.3 顶拱局部片帮问题及处置方案

3.4.3.1 工程问题

杨房沟水电站地下洞室群处于中等地应力环境，开挖过程中，顶拱围岩出现普遍片帮破坏的可能性低，更多地表现为零星的、局部的片帮现象，地下厂房中导洞上游拱肩局部片帮破坏如图 3.4-2 所示。从破坏程度和数值计算成果来看，临江侧拱肩最大应力为 20～26MPa，主要以局部出现轻微～中等程度的片帮破坏为主。由于围岩片帮这种应力型的破坏一般具有时间效应特征，且临江侧拱肩应力会随着厂房上下游扩挖持续调整，因此需要对其采取针对性的开挖支护措施。

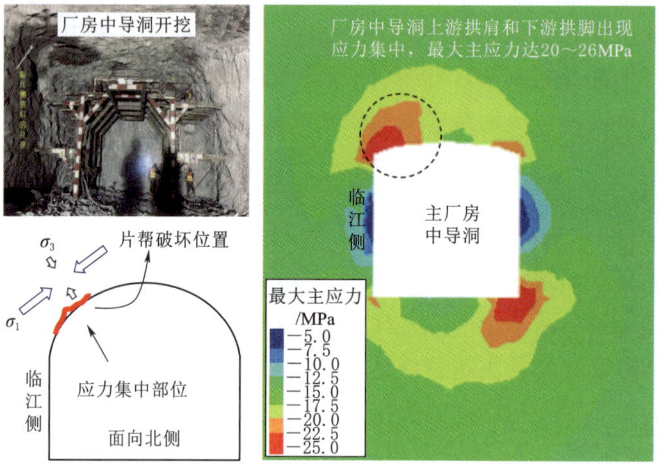

图 3.4-2 地下厂房中导洞上游拱肩局部片帮破坏

3.4.3.2 处置方案

依托同类工程经验与数值分析技术，开展动态设计调整，制定了“中导先行、边幅分序、间隔开挖、逐步卸荷、预锚加固”的开挖施工方案，地下厂房顶层开挖方案示意如图 3.4-3 所示。在中导洞开挖贯通后，先扩挖上游，再扩挖下游，并在中导洞临江侧拱肩增设带垫板的普通砂浆锚杆或预应力锚杆。另外，在实际开挖中，各段开挖掌子面之间应保持一定的距离，以充分利用未开挖岩体的抵抗力来调整应力释放的速度和均匀度，协调开挖与支护进度之间的矛盾。此开挖方案不会影响工期，还可以帮助减轻厂房中导洞临江侧拱肩片帮的不利影响，确保厂房顶拱开挖成型效果。

3.4.4 顶拱缓倾角断层影响及处置方案

地下厂房顶拱围岩深层变形问题，多由不利岩体结构面如缓倾软弱断层、层间错动带等导致，一般会在洞室开挖过程中表现出明显的非连续变形特征。在中高地应力硬岩条件下，厂房顶拱围岩应力集中现象一般较普遍，会诱发或加剧顶拱围岩深部变形问题，表现为典型的结构面—高应力组合型变形或破坏现象。在实际工程中，遇到顶拱潜在深部变形问题，制定合理的洞室开挖顺序方案和系统支护非常关键。除应及时施以浅层支护限制表

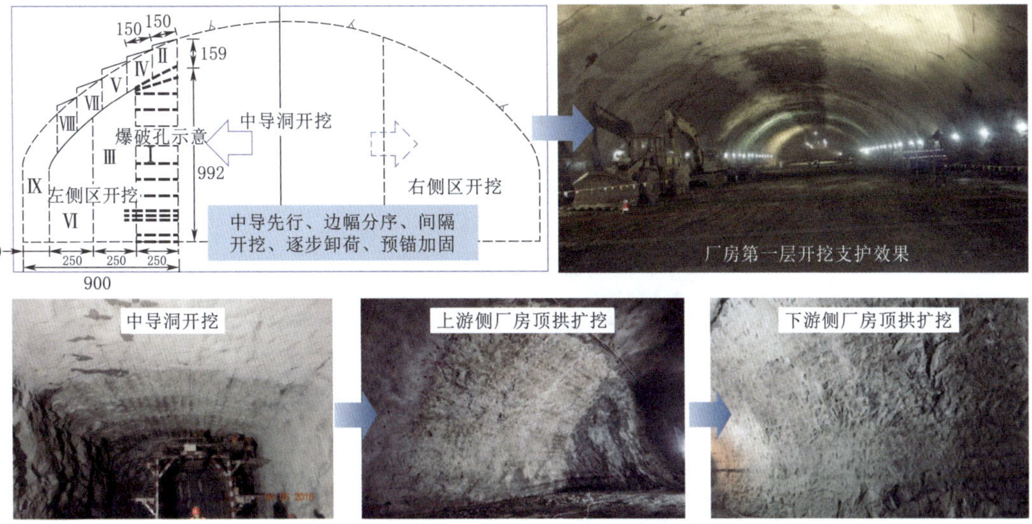

图 3.4－3　地下厂房顶层开挖方案示意（单位：cm）

层的松弛破坏外，还应视其影响程度，适时施以长预应力锚杆或预应力锚索等主动支护措施以限制深层岩体和结构面的卸荷松弛变形。

3.4.4.1　工程问题

地下厂房中导洞开挖阶段，顶拱出露缓倾角断层 f_{1-49}，产状 N75°～80°E、SE∠25°，充填碎块岩、岩屑，少量泥膜，带内岩体挤压破碎，上游侧拱顶附近岩体有蚀变现象，蚀变带宽 10～40cm。在施工排险过程中，厂左 0+01～厂左 0+06 段顶拱 f_{1-49} 断层下盘出现数米长的坍塌破坏（图 3.4－4）。分析认为，在厂房顶拱出露不利缓倾断层时，断层下盘浅部围岩易发生松弛变形，进而增大该部位顶拱围岩的坍塌破坏风险，这类破坏往往在掌子面推进后发生。

图 3.4－4　主副厂房洞顶拱缓倾角断层 f_{1-49} 引起掉块

3.4.4.2　数值模拟分析

建立地下厂房三维模型，计算过程模拟厂房实际开挖施工工序，包含厂房第Ⅰ层中导洞开挖、两侧扩挖等多个关键开挖步。模型考虑顶拱部位揭露的多条断层。断层 f_{1-49} 影响洞段三维数值计算模型如图 3.4－5。

1. 中导洞开挖阶段

中导洞开挖时，受不利断层 f_{1-49} 影响，其下盘岩体的变形比岩体完整洞段更突出，断层 f_{1-49} 在顶拱出露处下盘岩体的最大变形超过 20mm，中导洞开挖过程中断层 f_{1-49} 影响段岩体变形及应力分布如图 3.4－6 所示。显然，该缓倾断层是开挖卸荷松弛变形的主边界，加之缓倾断层下盘的局部应力集中与陡倾裂隙产生组合影响（洞段陡倾裂隙较发育），使得围岩松弛的范围和深度进一步增大，直至发生局部坍塌破坏。

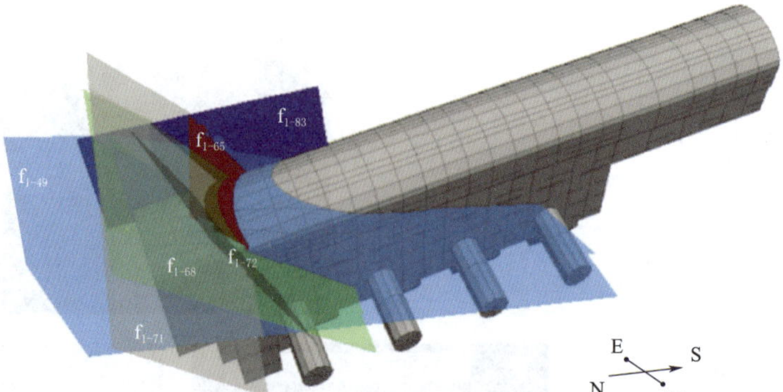

(a) 厂房三维模型与断层f_{1-49}影响范围主要岩体结构

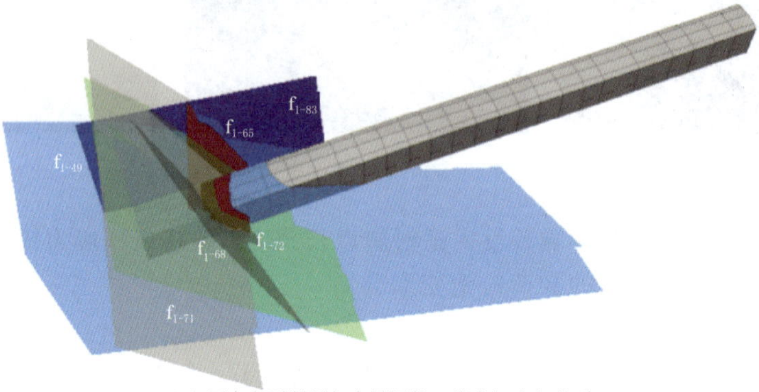

(b) 厂左主要断层与中导洞的三维空间交切关系

图 3.4-5　断层 f_{1-49} 影响洞段三维数值计算模型

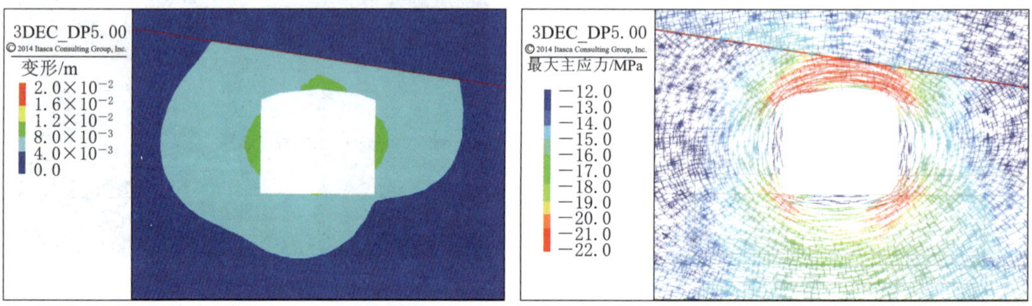

(a) 厂左0+11

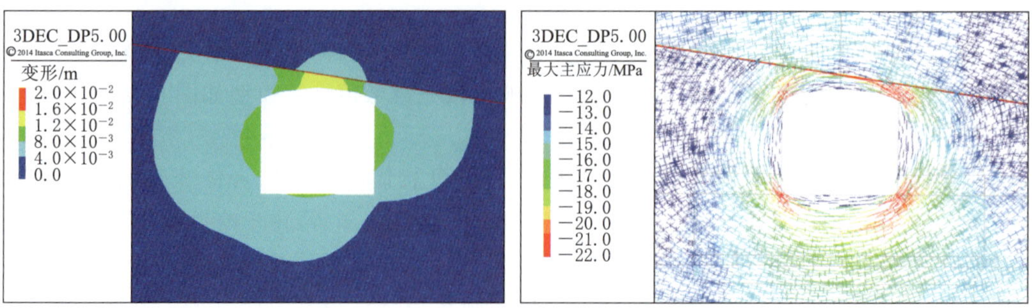

(b) 厂左0+07

图 3.4-6（一）　中导洞开挖过程中断层 f_{1-49} 影响段岩体变形及应力分布

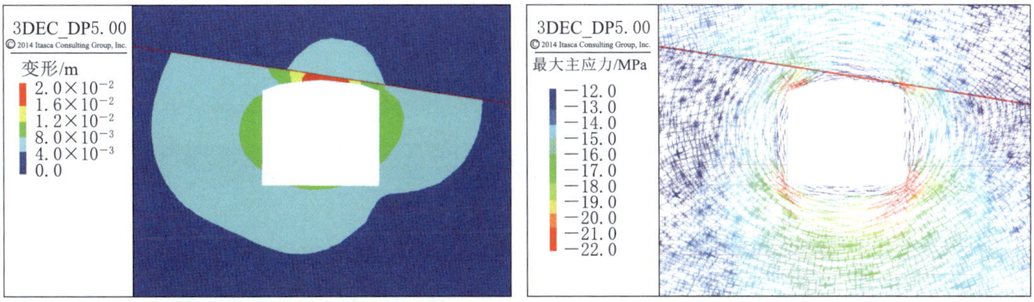

(c) 厂左0+05

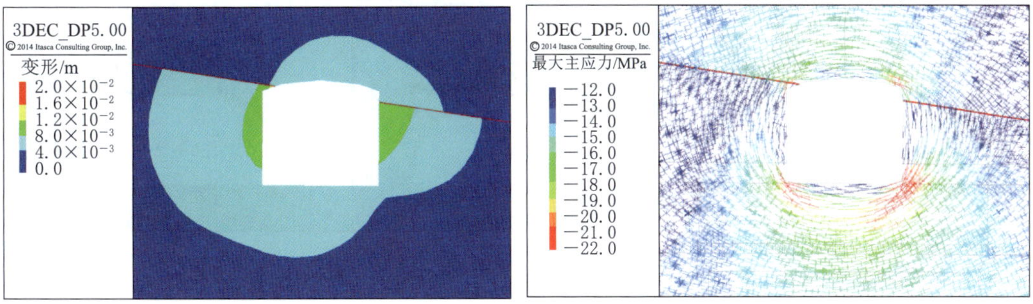

(d) 厂左0+01

图 3.4-6（二） 中导洞开挖过程中断层 f_{1-49} 影响段岩体变形及应力分布

2. *厂房第Ⅰ层开挖阶段*

厂房第Ⅰ层开挖后顶拱变形特征如图 3.4-7 所示。由于缓倾断层 f_{1-49} 性状较差，厂左 0+00～厂左 0+30 洞段顶拱围岩变形受断层 f_{1-49} 的影响，表现出了明显的非连续变形特征。其中，顶拱区域断层 f_{1-49} 下盘岩体的变形深度较深，最大变形位于断层 f_{1-49} 在厂顶出露部位，围岩变形量为 20～30mm。

3. *厂房后续开挖阶段*

地下厂房后续开挖过程中，顶拱的变形持续调整。厂房全部开挖完成后顶拱的变形特征如图 3.4-8 所示。顶拱部位最大变形仍位于断面 f_{1-49} 在厂顶出露部位，变形量增长至 30～40mm，顶拱区域断面 f_{1-49} 下盘岩体的变形深度较第Ⅰ层开挖有小幅度增长，说明后续开挖对该洞段的顶拱围岩变形稳定略有影响。

3.4.4.3 加固处理措施及效果

受不利缓倾断层 f_{1-49} 在厂房顶拱部位出露影响，断层 f_{1-49} 影响洞段的顶拱围岩开挖卸荷变形较大，并表现出较明显的非连续变形特征，后续开挖对该洞段的顶拱围岩变形稳定略有影响，断层 f_{1-49} 下盘岩体约 10～20m（沿顶拱轴线方向）为主要影响区，该部位有必要采取针对性的加强支护措施。

现场针对塌落型块体采用带垫板的普通砂浆锚杆，针对滑移型大型块体采用预应力锚索（20 根、$T=2000$kN）和带垫板锚杆的加强支护方案。具体补强加固措施包括：①在厂右 0+06～厂左 0+06 上游拱肩，调整该区域系统锚杆为垫板锚杆，同时要求在系统锚杆的基础上内插带垫板的普通砂浆锚杆，加强支护后，锚杆水平和垂直间距达 0.75m；

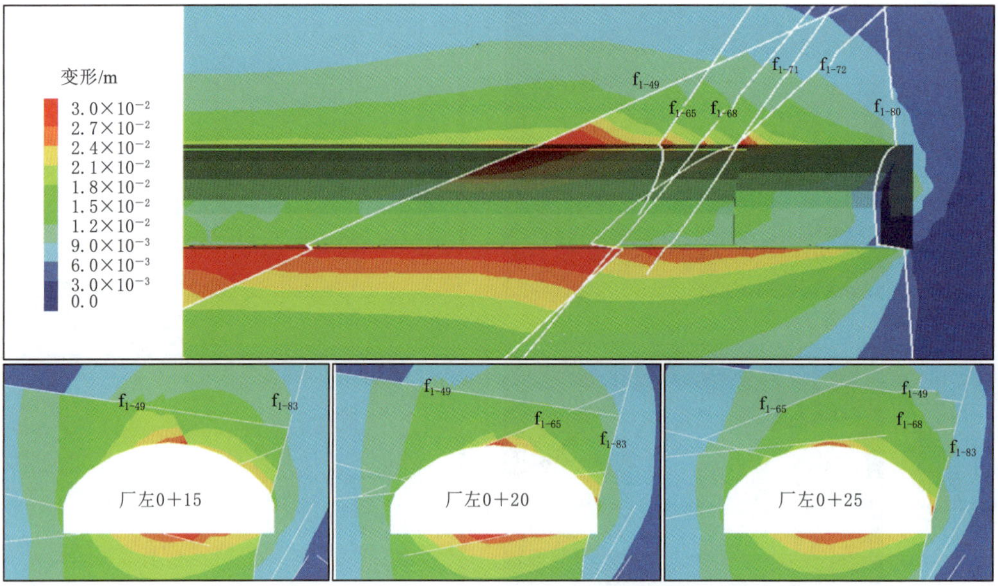

图 3.4-7　厂房第Ⅰ层开挖顶拱变形特征

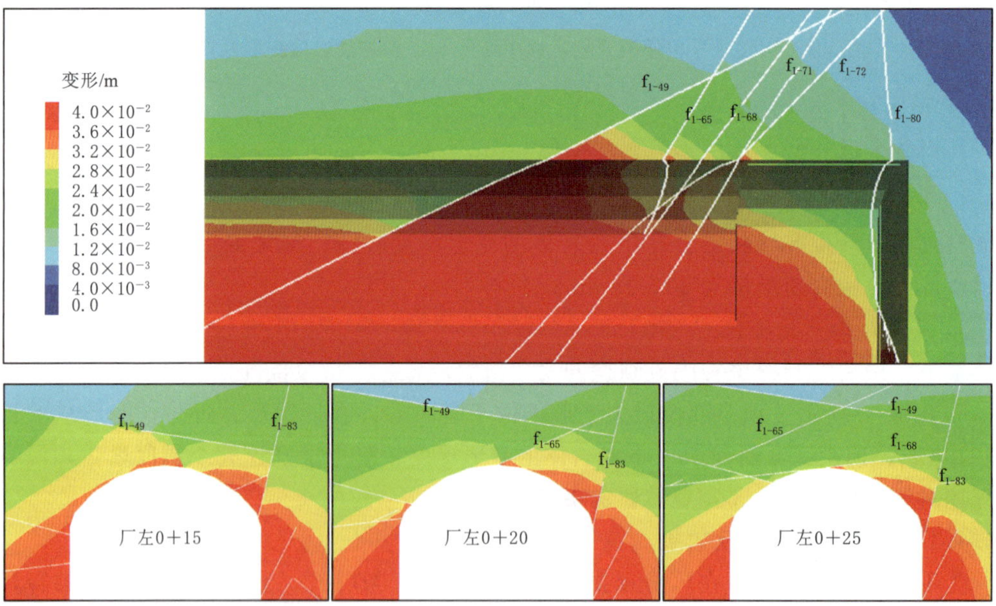

图 3.4-8　厂房开挖完成后顶拱变形特征

②在厂左 0+06～厂左 0+24 洞段顶拱增设 4 列 5 排锚索。

结合该洞段的开挖支护过程与现场揭示的工程地质条件，开展块体搜索和稳定分析，缓倾角断层 f_{1-49} 与其他结构面组合潜在块体模型如图 3.4-9 所示。各组合块体计算和安全评判标准均依据《水电站地下厂房设计规范》（NB/T 35090—2016）进行，顶拱不利块体安全系数及稳定情况见表 3.4-1。

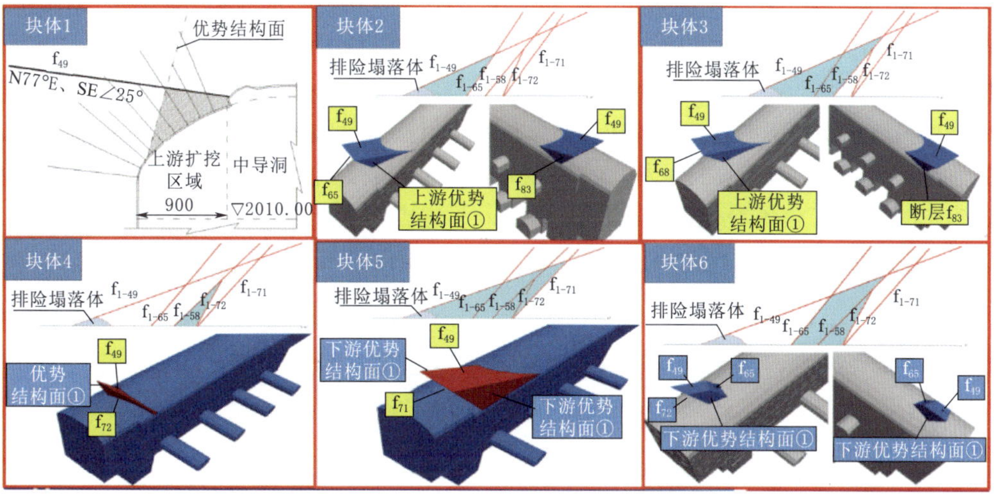

图 3.4-9 缓倾角断层 f_{1-49} 与其他结构面组合潜在块体模型

（高程单位：m，尺寸单位：cm）

表 3.4-1　　顶拱不利块体安全系数及稳定情况

不利块体		块体 1	块体 2	块体 3	块体 4	块体 5	块体 6	块体 7
块体类型		塌落型	滑移型	滑移型	滑移型	滑移型	滑移型	滑移型
安全系数	系统支护	1.35	0.84	1.17	1.30	1.01	2.17	1.23
	加强支护（加密锚杆）	2.74						
	加强支护（加密锚杆、20 根预应力锚索 $T=2000$kN）		5.9	3.87	2.14	2.24	2.17	14.11
	规范要求	2.0	1.8	1.8	1.8	1.8	1.8	1.8

从块体稳定分析成果来看，不利组合块体 1 为塌落型，在原系统支护条件下，不利组合块体稳定安全系数不满足规范要求，在系统锚杆基础上采取内插锚杆的措施，不利组合块体 1 安全系数满足规范要求。对于其他不利组合块体，在原系统支护条件下，块体安全系数均不满足规范要求；在采取加密锚杆和预应力锚索的支护措施后，顶拱不利组合块体安全系数满足规范要求。

加固方案实施后，块体范围内新增的锚索测力计和位移计均变化较小，地下厂房开挖完成后，锚索测力计和位移计均已收敛，针对性加强支护处理措施取得了较好的效果。

3.4.5 陡倾角结构面对高边墙影响及处置方案

3.4.5.1 地质条件及工程问题

主副厂房洞第Ⅲ层开挖过程中，在厂右 0+50～厂右 0+80（高程 2014～1995.8m）下游边墙部位，现场揭露岩性为花岗闪长岩，属块状或次块状结构，岩体较完整～完整性差，发育断层 f_{1-79}、f_{1-81}、f_{1-123} 以及挤压破碎带 J_{1-150}，均为岩块岩屑型，该洞段范围内节理中等发育，主要见两组优势结构面：①N15°～20°E、NW∠75°～80°，闭合，断续延伸，间距 0.5～2m；②N65°～75°W、SW∠65°～70°，闭合，面平直，断续延伸较长，围岩类别以Ⅲ$_1$ 类为主。

开挖揭露该洞段下游边墙岩体质量整体较好，但从变形监测成果来看，下游边墙变形明显偏大，且与上游边墙变形特征相比，变形量值和变形深度明显偏高，已经超过了基于反馈分析建立的变形安全预警值，主副厂房洞上、下游边墙变形监测情况统计如图 3.4-10、图 3.4-11 所示。

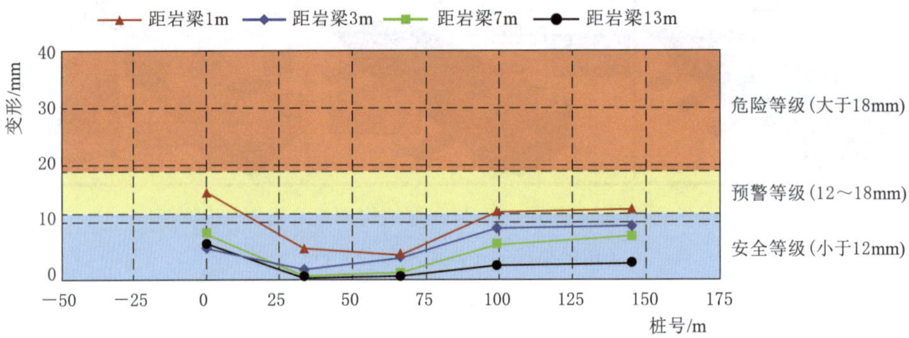

图 3.4-10　主副厂房洞上游边墙变形监测情况统计图

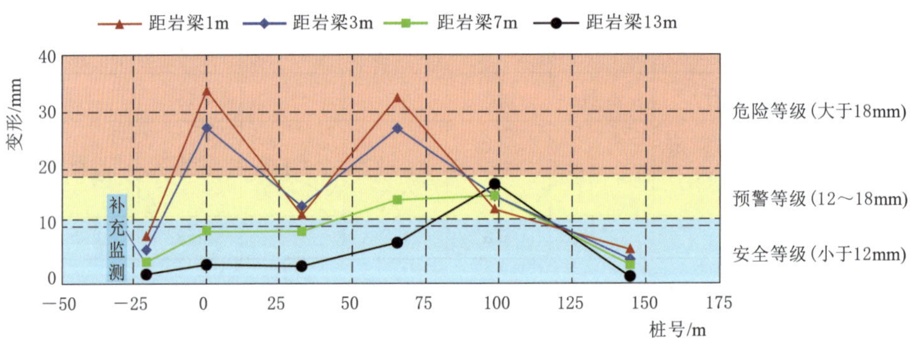

图 3.4-11　主副厂房洞下游边墙变形监测情况统计图

从地质条件和变形特征来看，该部位实测变形特征与常规Ⅲ$_1$ 类洞段围岩的开挖变形特征并不相符，其变形偏大的原因可能与该洞段发育的顺洞向陡倾不利结构面密切相关，包括已经开挖揭露的优势节理裂隙组（N15°～20°E、NW∠75°～80°）、顺洞向陡倾挤压破碎带 J_{1-150}、断层 f_{1-123} 等。

3.4.5.2　数值模拟分析

图 3.4-12 是厂房第Ⅲ层开挖过程中下游边墙的变形增量分布特征，表 3.4-2 给出了厂房第Ⅲ层开挖完成后数值计算结果与实测变形结果的对比情况。可知，无论是在变形量级、分布规律还是影响机制上，两者均具有较好的一致性，误差基本控制在 15%以内，表明目前建立的三维数值模型能够反映该洞段下游边墙实际的开挖响应特征。

根据图 3.4-12，厂房第Ⅲ层开挖期间该洞段的保护层及永久边墙存在一定的结构面松弛张裂问题。在开挖卸荷和不利结构面组合影响下，该洞段厂房下游边墙存在由表及里的松弛变形问题，变形监测成果也证明了该洞段存在深部变形特征。

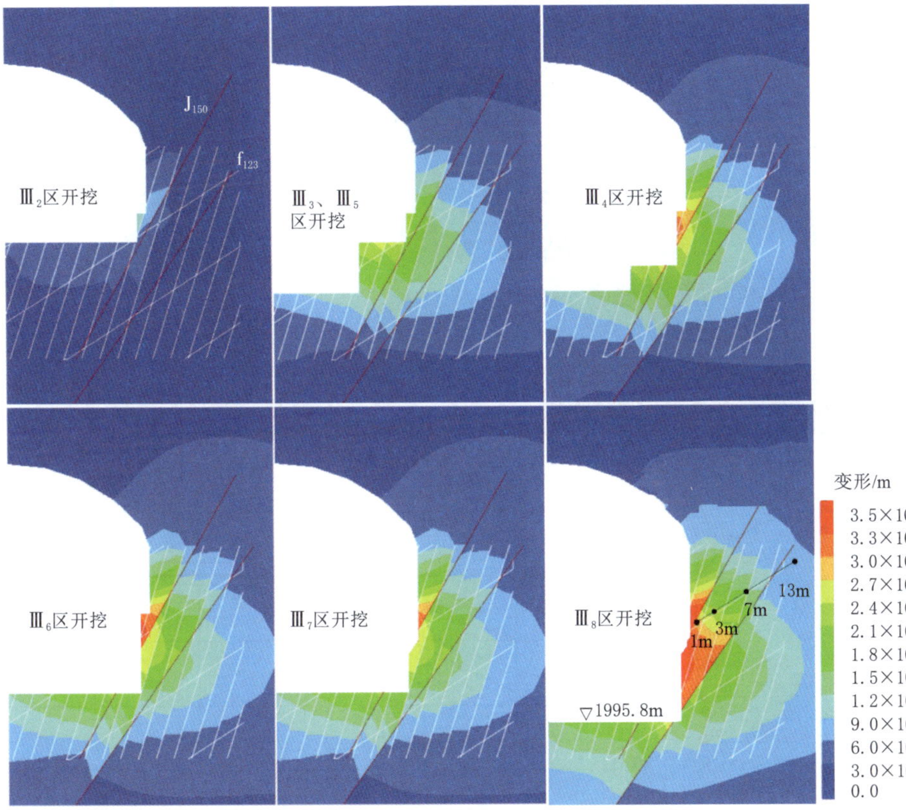

图 3.4-12　厂房厂右 0+66 洞段第Ⅲ层开挖过程中围岩变形增量

表 3.4-2　厂右 0+66 洞段下游边墙第Ⅲ层开挖实测变形增量与数值计算成果对比

项　目	测　点　深　度			
	1m	3m	7m	13m
实测值/mm	29.8	24.7	13.0	6.4
计算值/mm	28.4	23.0	14.6	6.5
误差/%	−4.7	−6.9	12.3	1.6

分析认为，厂右 0+66 邻近洞段下游边墙发育的顺洞向倾向洞内的陡倾角结构面是引起该洞段围岩变形偏大的地质原因，洞室开挖爆破和卸荷扰动引起的二次应力调整是变形增长的主要诱因。在支护强度偏弱、爆破控制偏差的情况下，顺洞向陡倾结构面易发生张开、滑移，并向深部扩展，在一定程度上加剧了该部位的变形增长，使得该监测变形表现出了一定的深部变形特征和时效变形现象。

图 3.4-13 中给出了后续开挖的变形增长预测，随着高边墙开挖的持续下卧，该部位的最终累计变形较大，存在一定的安全风险，建议采取适当的加强支护处理。

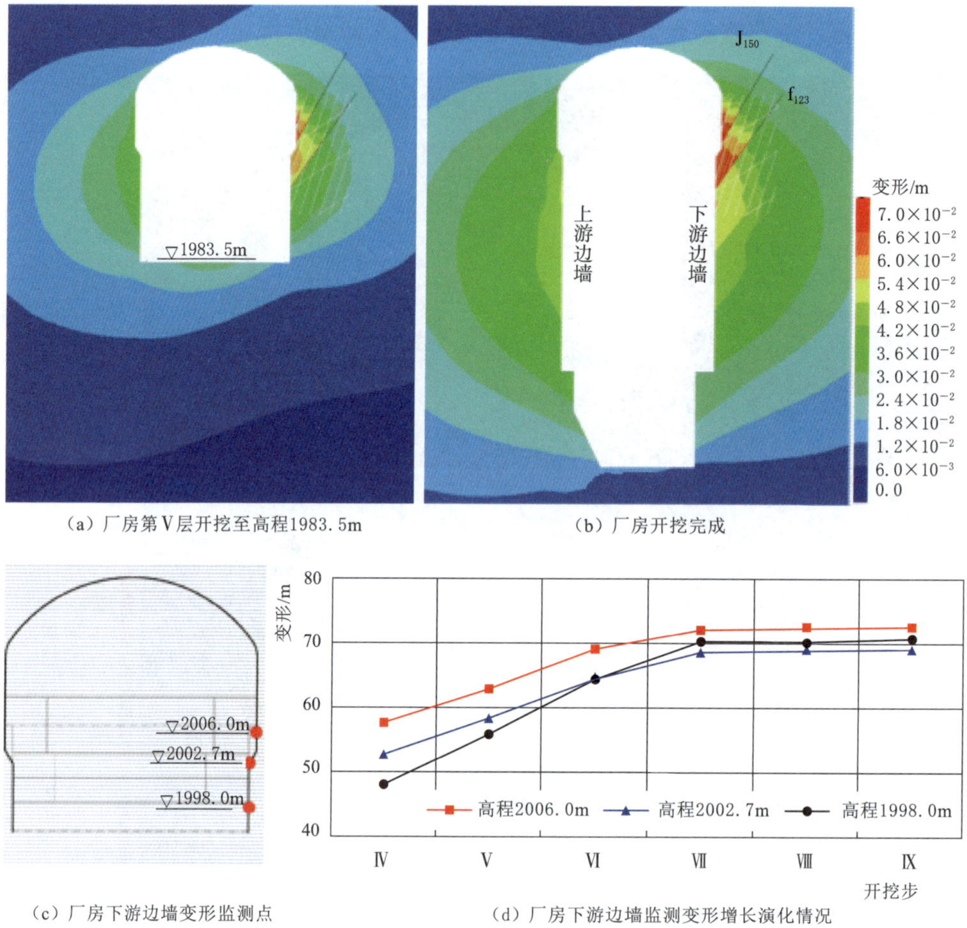

(a) 厂房第Ⅴ层开挖至高程1983.5m　(b) 厂房开挖完成

(c) 厂房下游边墙变形监测点　(d) 厂房下游边墙监测变形增长演化情况

图 3.4-13　厂房下游边墙厂右 0+66 洞段围岩变形增量数值分析

3.4.5.3　加固处理措施及效果

针对陡倾结构面影响区域边墙，采取如下加固措施：厂房厂右 0+50～厂右 0+80 下游边墙区域，在岩锚梁以下高程 2001.5 处增设一排预应力锚杆⌀32@1.5m、$L=9$m；调整原高程 1997.5m 处系统锚索至高程 1998.5m 处，同时将该锚索下倾 5°；在高程 2008.5m 处增设一排锚索（$T=2000$kN、锁定荷载采用 1600kN)。厂房厂右 0+50～厂右 0+80 洞段下游边墙加强支护示意如图 3.4-14 所示。

结合该洞段的开挖支护过程与现场揭示的工程地质条件，开展块体搜索和块体稳定分析。厂房下游边墙厂右 0+66 洞段潜在块体模型如图 3.4-15 所示，潜在块体分析结果见表 3.4-3。考虑加强支护措施后，各半定位块体稳定性可满足规范要求。

补强加固方案实施后，地下厂房第Ⅳ～Ⅴ层开挖引起该洞段下游边墙位移略有增长，且迅速收敛，变形量值与数值计算结果基本相当，符合预期。地下厂房开挖完成后，该洞段锚索测力计和位移计均可收敛。

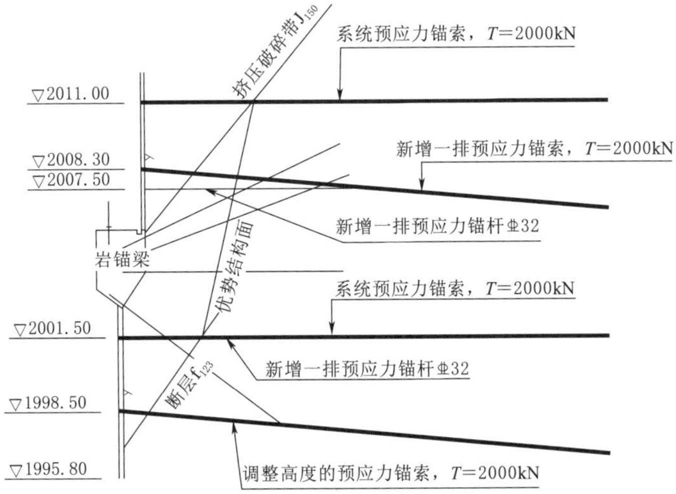

图 3.4-14　厂房厂右 0+50～厂右 0+80 洞段下游边墙加强支护示意图（单位：m）

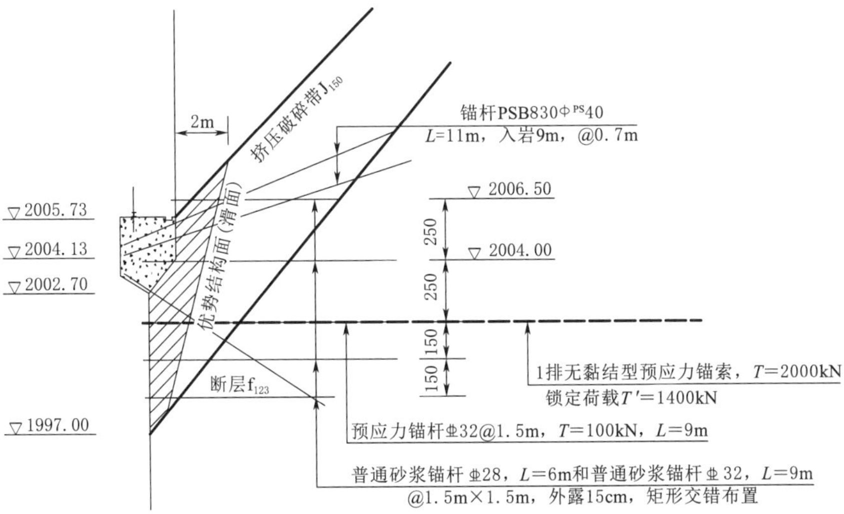

（a）块体1

图 3.4-15（一）　厂房下游边墙厂右 0+66 洞段潜在块体模型（高程单位：m，尺寸单位：cm）

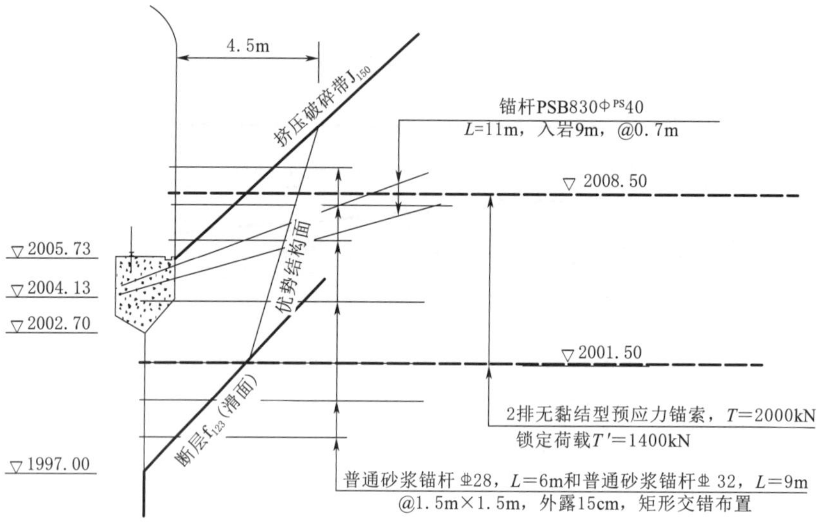

（b）块体2

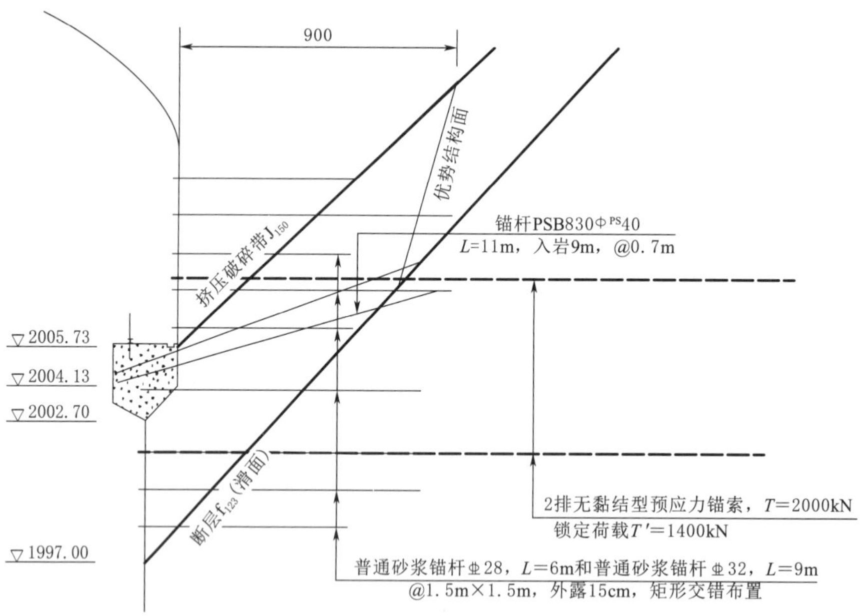

（c）块体3

图3.4-15（二）　厂房下游边墙厂右0+66洞段潜在块体模型
（高程单位：m，尺寸单位：cm）

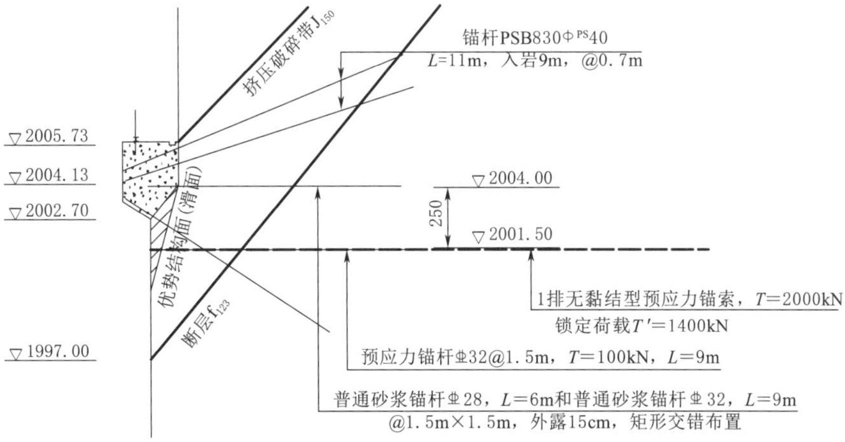

（d）块体4

图 3.4-15（三） 厂房下游边墙厂右 0+66 洞段潜在块体模型

（高程单位：m，尺寸单位：cm）

表 3.4-3　　厂房下游边墙厂右 0+66 洞段潜在块体分析结果

不利组合块体	滑面距离下游边墙距离/m	底滑动面	安全系数			其他安全裕度
			施工期	最大轮压	规范要求	
块体 1	2	优势结构面	3.90	1.49	1.32	高程 2001.5m 设预应力锚杆
块体 2	4.5	断层 f_{123}	2.82	1.84		高程 2001.5m 设预应力锚杆 高程 2008.5m 设预应力锚索
块体 3	9	断层 f_{124}	1.66	1.50		高程 2001.5m 设预应力锚杆 高程 2011.0m 设预应力锚索
块体 4	0	优势结构面	7.56	1.57		高程 2001.5m 设预应力锚杆

3.4.6 洞群效应问题及处置方案

3.4.6.1 工程问题

三大洞室中主变室开挖体量最小，主变室和母线洞在 2017 年 5 月基本开挖完成，但受邻近的主副厂房洞和尾调室开挖影响，特别是随着两侧高边墙逐渐形成，洞群效应影响开始显现。监测数据显示，自 2017 年 9 月开始，主变室上游边墙（厂右 0+66 洞段上游边墙高程 1997m 测点）变形速率显著加快，变形持续增长，变形深度较深，量值总体偏大，该时段主变室内并无开挖活动，变形增长主要是由两侧洞群开挖影响导致。

3.4.6.2 原因分析

主变室及 3 号母线洞开挖揭示厂右 0+66 上游边墙围岩质量整体较好（Ⅱ类），未揭露明显的软弱结构面，主要发育 NNE 向、NW 向、NEE 向、NWW 向 4 组优势节理，其中 NNE 向优势节理倾角较陡，倾向上游侧，与洞室轴向呈小角度，对边墙稳定相对不利。

图 3.4-16 为主变室厂右 0+66 洞段上游边墙监测设备布置示意图（红框内为多点位

移计)，该位移计采用五点式。该位移计最深点距离主变室上游边墙 33m，距离主副厂房洞下游边墙 12m。

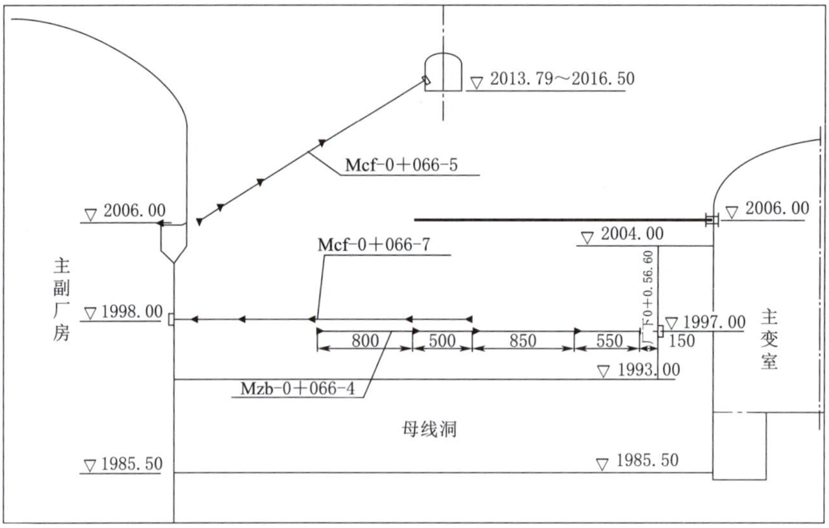

图 3.4-16　主变室厂右 0+66 洞段上游边墙监测设备布置示意图（高程单位：m，尺寸单位：cm）

图 3.4-17 为主变室厂右 0+66 洞段上游边墙高程 1997m 位移计实测变形过程线及变形演化的对应施工情况。变形增长规律显示，边墙变形受“洞群效应”影响相对明显。从变形增长时间来看，2017 年 9 月中旬之前，该测点变形基本处于收敛状态，2017 年 9 月下旬，随着邻近洞段厂房第Ⅴ层开挖施工，该测点变形速率明显加快，可以判断该测点变形增长与厂房开挖施工有较大的关联性。

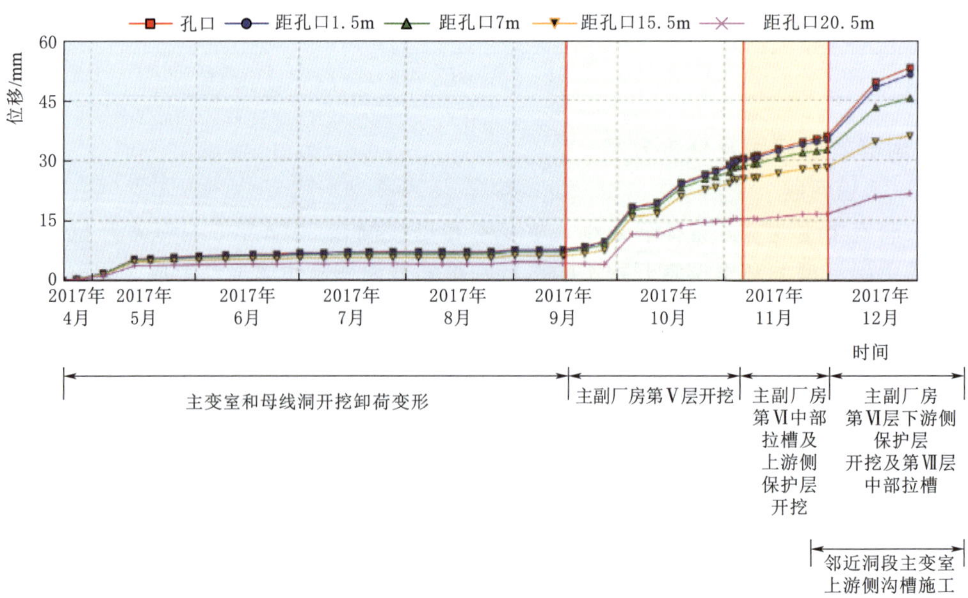

图 3.4-17　主变室厂右 0+66 洞段上游边墙变形监测时程曲线及变形演化的对应施工情况

根据多点位移计测点布置情况，按距主变室上游边墙的距离分为五段（0～1.5m、1.5～7m、7～15.5m、15.5～20.5m 和 20.5～28.5m）进行应变增量（厂房第Ⅴ层开挖以来的应变增量）统计，各区段围岩应变监测时程曲线及应变演化的对应施工情况如图 3.4－18 所示。由图可见，距主变室上游边墙 15.5～28.5m 区段围岩应变明显高于距主变室上游边强 0～15.5m 区段，表明该位移计深部测点主要发生了向厂房一侧的变形，数值分析同样表明，现阶段主变室该部位的变形矢量主要是朝向厂房一侧，主副厂房洞第Ⅴ层及后续开挖变形增量矢量图如图 3.4－19 所示。

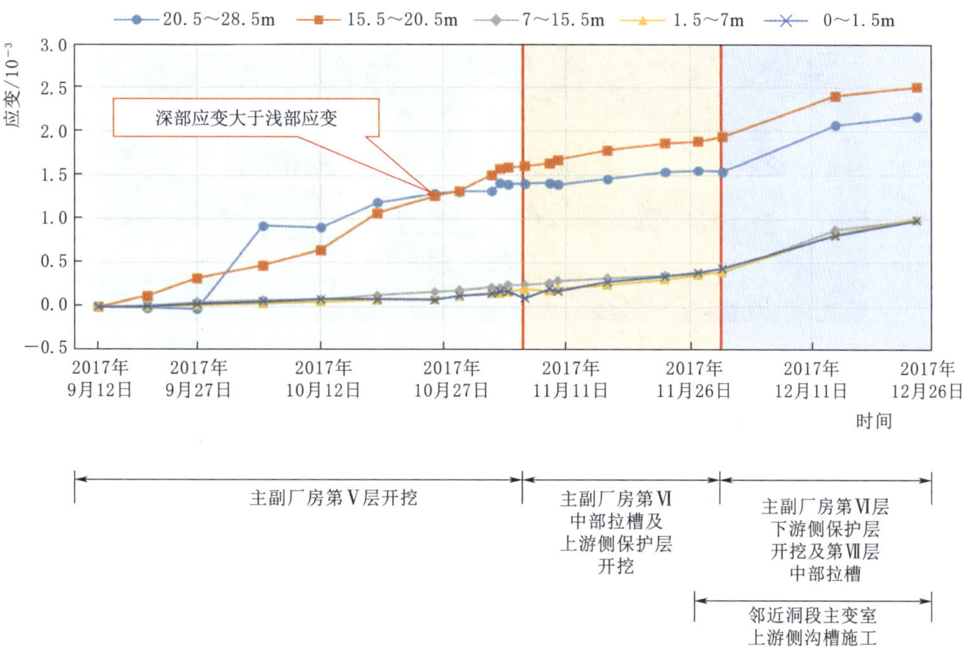

图 3.4－18 厂房第Ⅴ层及后续开挖引起的主变室厂右 0+66 洞段上游边墙应变监测时程曲线及应变演化的对应施工情况

从主变室上游边墙变形深度的分布特征来看（图 3.4－20），距厂房下游边墙 12～25m 深度范围内岩体均发生了相对较大幅度的变形增长。设计人员在厂房该洞段下游边墙采取了深层预应力锚索加强支护措施，该加强支护措施在厂房第Ⅳ层～第Ⅴ层开挖期间施作完成，从后续厂房第Ⅵ层、第Ⅶ层引起的岩柱变形增量情况来看（表 3.4－4），加强支护措施起到了一定的效果，由厂房开挖引起的岩柱内部变形增幅有明显降低。

分析表明，主变室厂右 0+66 洞段上游边墙高程 1997m 测点变形影响因素较多且相对复杂，厂房第Ⅴ层、第Ⅵ层、第Ⅶ层开挖应力释放导致厂房与主变室之间岩柱一定深度（距主变室上游侧 15.5～28.5m）围岩发生了向厂房方向的变形；而主变室上游侧沟槽开挖施工也同样引起了一定深度（距主变室上游侧 0～7m）围岩向主变室方向的变形，但此变形占比相对较小。

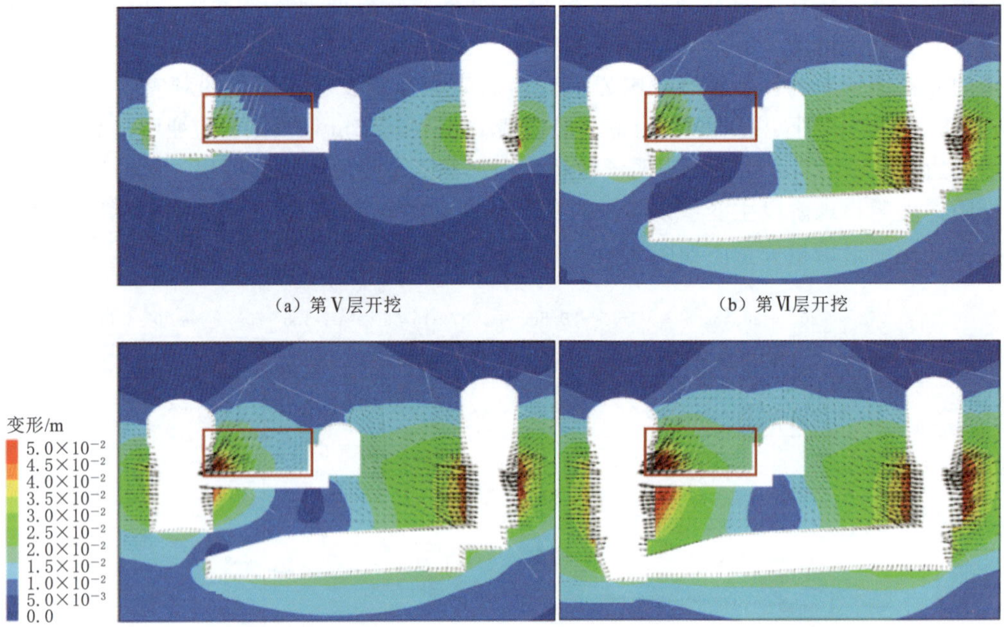

(a) 第Ⅴ层开挖　　(b) 第Ⅵ层开挖

(c) 第Ⅶ层开挖　　(d) 开挖完成

图 3.4-19　主副厂房洞第Ⅴ层及后续开挖变形增量矢量图（厂右 0+66）

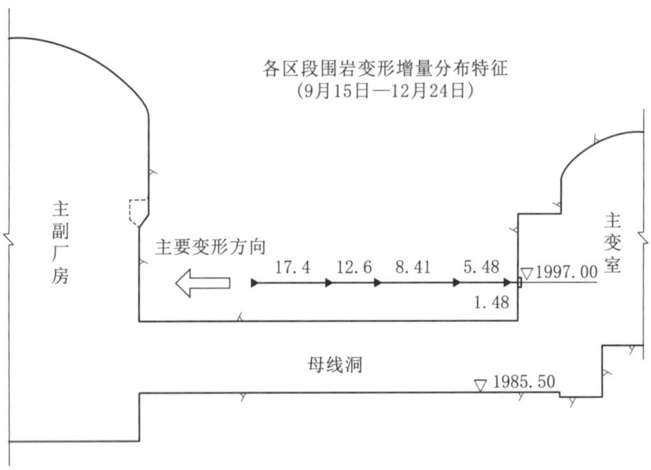

图 3.4-20　主变室厂右 0+66 洞段上游边墙各区段变形增量分布图

（高程单位：m，变形单位：mm）

表 3.4-4　　主变室厂右 0+66 洞段上游边墙各区段变形增量统计表

开挖阶段	各区段变形增量/mm				
	0～1.5m	1.5～7m	7～15.5m	15.5～20.5m	20.5～28.5m
厂房第Ⅴ层	0.25	0.98	2.02	7.38	11.3
厂房第Ⅵ、Ⅶ层中部拉槽及主变室上游侧沟槽	1.23	4.50	6.39	5.22	6.1

3.4.6.3 处置方案

对于洞群效应引起的围岩变形和稳定问题，首先在洞室群开挖支护过程中，要合理安排不同洞室之间、洞室内各层之间的开挖关系。例如，相邻洞室之间的开挖，要避免在同一高程附近同时开挖卸荷，否则会造成应力强烈释放和围岩较大变形破坏，以及附近的支护系统负荷增长过快。其次，可以采取深层预应力锚索对洞间岩柱进行加固处理，此洞段厂房下游边墙已采取了深层预应力锚索加强支护措施，并取得了一定的加固效果，该部位变形及稳定性总体可控。

3.5 本章小结

本章基于工程类比法确定了地下洞室群“以已建工程经验和工程类比为主，岩体力学数值分析为辅；以系统支护为主，局部加强支护为辅，系统与随机支护相结合”的支护设计原则，并拟定了系统支护形式和支护参数、支护时机等。进一步针对脆性岩体高应力破坏、围岩非连续变形与破坏、洞群效应等典型工程问题，基于“工程类比法、理论设计法、监控设计法和数值分析法”等多种手段，开展了动态优化设计，科学拟定了针对性的处理措施或者加强支护方案，并对渗控设计进行了简要介绍。现场工程实践表明，通过开展大量的施工期动态设计优化工作，使得洞室开挖支护方案更具合理性，围岩稳定与工程措施更具协调性，经济社会效益显著。

第4章　地下洞室群施工关键技术

4.1　概述

近年来，我国兴建了大批以复杂大型地下洞室群为标志性建筑物的大型水电站，将地下空间作为新型的国土资源加以开发利用。经济发展和社会进步对可再生能源需求的增长，极大地促进了水利水电工程建设的发展，随着龙滩、锦屏二级、向家坝、溪洛渡水电站建设计划的实施，一大批大型水电站的地下引水发电系统组成的大型复杂地下洞室群开始施工，其地下工程规模之大，施工难度之高，必将进一步推动我国地下工程施工技术的发展与创新。在复杂大型地下洞室群施工中，由于地质环境复杂、开挖扰动频繁、安全风险高、工作条件差，存在多工作面交叉协同作业难、通风施工通道综合效率待提高、复杂地质洞段施工难度大等诸多问题。本章为杨房沟水电站大型复杂地下洞室群施工关键技术的研究、实践与总结，以期为类似工程施工提供借鉴。杨房沟水电站地下洞室群面临的施工重难点如下：

（1）杨房沟水电站地下洞室群规模大，具有“高边墙、大跨度”等特点，各洞室布置密集，上、中、下各高程洞室交叉口较多，施工过程中洞室之间相互影响作用突出，洞群效应十分明显。

（2）施工中先后揭示局部片帮、缓倾角断层、蚀变岩体、顺洞向多组中陡倾角结构面等不利地质问题，以及局部变形量偏大、变形长期增长、喷层鼓胀开裂、支护受力超限等常见工程问题，围岩局部稳定与施工安全问题突出。

（3）三大洞室仅由少数几条交通洞与地面直接相通，整个大型地下洞室群的通风散烟存在通风距离长、供风工作面多、风压损失大及不同工作面风管分岔干扰等困难。

（4）开挖和支护工程量较大，施工强度高；支护类型较多，有普通砂浆锚杆、喷射混凝土、预应力锚杆、预应力锚索等；施工工艺复杂，技术难度大；且施工工作面较多，多工序交叉施工持续时间长，施工组织和过程控制难度加大，以及施工期的安全问题突出等。

基于上述特点，在杨房沟水电站地下洞室群施工全过程中，提出了“科学组织、精心施工、安全高效、严控质量、合理优化”的施工理念。施工中充分注重安全、高效，合理进行施工布置，在做好开挖方法“合理调控与时空优化并行，立体多层次、平面多工序”的基础上，形成一套开挖与支护“流水化、标准化、工厂化”作业。即充分采用大型挖装、成套台车等机械设备实施开挖支护，替代传统排架、小型土制台车等进行施工的方式。不仅满足开挖与支护在同一平面流水作业，而且按照相关技术要求采用精细化管理理念，建设标准化的现场作业面。

4.2 复杂洞室群安全优质高效施工技术

杨房沟水电站地下水电站是一个立体交错的复杂的地下洞室群，主要由主厂房洞、主变室、尾调室、尾水闸室等大型洞室和数条引水隧洞、尾水洞、母线洞、出线洞、通风洞、排水洞、交通洞等附属洞室组成（图 4.2-1）。地下洞室群主体布置在坝址左岸山体不到 0.5km^2 的区域内高度约 400m 的岩体中，共布置了体型各异、大小不等的近 40 条洞室，累计总长度超过 10km。这些洞室纵横交错，平、斜、竖相贯，组成复杂的大型地下洞室群。其中，三大主洞室布置紧凑，区域内洞室多、岩体挖空率高，设计断面大于 100m^2 的大跨度、大断面洞室达 19 条之多，高边墙、洞间岩柱稳定问题突出。

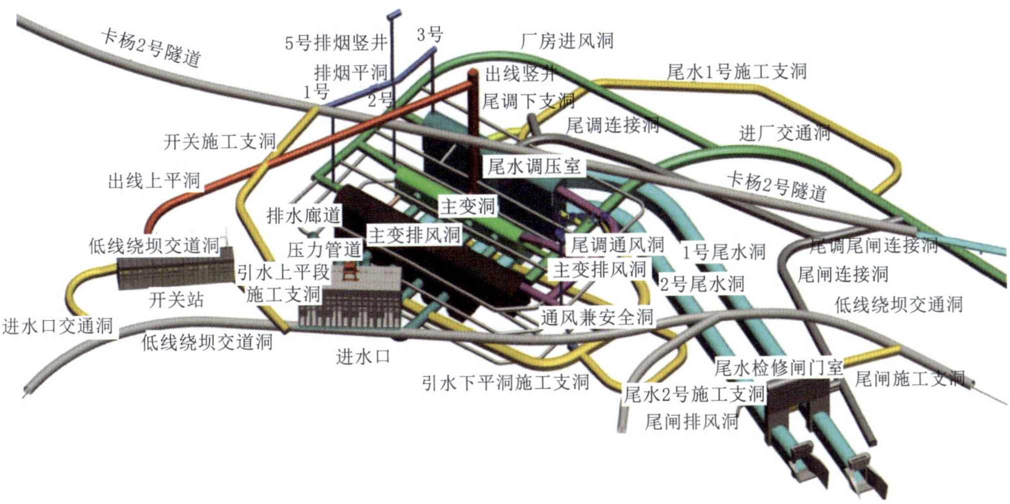

图 4.2-1 杨房沟水电站引水发电系统地下洞室群三维图

工程施工期间，多个工作面需要同步施工，特别是主厂房与引水隧洞、主厂房与母线洞、尾调室与尾水洞、尾水洞检修闸门室与尾水洞、出线竖井与主变室等部位的施工相互制约，施工干扰大，围岩变形及稳定问题相对突出，需要制定和采取严格周密的施工控制方法与技术。

4.2.1 地下工程施工管理与控制

4.2.1.1 精细化施工管理

（1）技术方案精细化。根据总体实施要求，制定合理的开挖分层、分区及施工程序；沿边墙顺洞室周圈作环向预裂措施；优化爆破参数。

（2）质量控制精细化。执行“一炮一总结”制度；加强爆破监测控制。

（3）施工组织精细化。成立 QC 领导小组和工作小组；挑选技术过硬的施工队伍；合理配置技术人员、质检人员、试验人员及测量人员。

（4）建立动态反馈分析机制。通过在三大洞室围岩中埋设的多种监测仪器，建立完整的洞室围岩稳定监测系统，在施工过程中建立完整的设计、科研、施工一体化的洞室群动态反馈分析机制，其主要工作内容包括：在施工前，对专项施工技术进行审查与把关；在施工过程中，实施监测，对异常情况及时分析判断，提出处理意见；对开挖、支护和监测成果进行验收评定，在开挖过程中，每完成一层或一段的开挖支护，均及时组织对开挖、支护进行评定，对安全监测数据和设计计算成果进行分析，对下一层开挖支护施工提出建议，在确定围岩安全稳定的情况下，才能进行下一步的施工。

4.2.1.2　施工质量与安全控制

1. 施工质量控制

严格按照招标文件和总承包项目经理部质量管理规范进行质量控制，坚决执行“三检制”，每级检验落实到位。

（1）现场爆破试验是保证开挖质量的前提。进行现场爆破试验，调整和优化爆破参数，确定在开挖区段内不同地质条件下的各项爆破参数，为开挖爆破设计提供最佳设计依据，以提高爆破效果，保证开挖质量；调整爆破有关参数，不断优化爆破设计，改进施工方法和安全措施；不断收集、整理试验所得的各项数据资料，以最优的爆破参数指导后续爆破设计，提高爆破开挖的施工进度、经济指标和安全指数。

（2）“新奥法”理论的应用。按“新奥法”理论进行隧洞施工，观测和掌握围岩的变形发展情况，选择合理的支护时机、判断支护的实际效果，充分利用岩石自身的承载能力。

（3）精确测量放样，保证设计开挖轮廓。使用质量优良的测量设备，确保各施工控制点布控准确无误。钻孔孔位应依据测量定出的中线、腰线及开挖轮廓线确定；周边孔应在断面轮廓线上开孔，沿轮廓线的调整范围和掏槽孔的孔位偏差不应大于 5cm，其他炮孔孔位的偏差不得大于 10cm；炮孔的孔底应落在爆破图规定的平面上。

（4）优化技术措施，提高作业人员的技能。严格按爆破设计进行钻孔、装药；孔深、孔斜控制在允许范围之内，炮孔经检查合格后，方可装药爆破。炮孔的装药、堵塞和引爆线路的连接，应由经考核合格的炮工负责，并严格按爆破图的规定进行。

2. 施工安全控制

（1）强化安全意识、制定全面合理的安全措施。建立健全隧洞施工安全管理制度、强化安全意识、制定全面合理的安全措施。加强施工安全管理，合理安排工序进度和关键工序的作业环节，组织均衡生产，及时解决生产中进度与安全的矛盾，统一指挥，避免忙乱中出差错，或因抢工程进度，忽视安全而发生事故；洞挖施工，必须遵守相关施工规范、安全技术规范、安全规程等。

（2）洞内作业安全管理。在洞内作业，尤其是地质不良地段，要采取机动灵活的应对措施，地质条件变化则作业方法相应变化。另外设立专职安全巡查员，主要职责是禁止作业期间闲杂人员或机械和车辆进入施工现场，观察判断事故发生的可能性，正确而安全有效地指导生产。隧洞施工现场内危险地段陡坡、深坑、危石等，应有防护设施或危险警告标志。

（3）机械设备安全措施。机械设备的布局要合理，且要装设安全防护装置，操作者要严格遵守安全操作规程，操作前要对设备进行全面的安全检查，机械设备严禁带故障运行。推土机、装载机和挖掘机作业，设专人指挥和导向。

(4) 洞内作业用电安全。对施工人员进行安全用电知识教育，定期检修电器设备；对电器外壳要进行防护性接地、保护性接零或绝缘；在潮湿洞内环境中，施工临时照明设备及手提工具，不得使用超过36V高电压作业。洞内、洞外变压器均要设置安全栅栏，并应设置提醒标志。

(5) 防高空坠落伤人事故发生。高空及吊装作业要严格按照操作规程标准化、正规化施工，设置安全防护网；所有进入隧洞内的人员，必须按规定佩戴安全帽，高空作业施工人员必须佩戴安全绳及安全带等劳动保护用品，遵章守纪、听从指挥；加强安全保卫工作，禁止闲杂人员进入隧洞施工现场。

(6) 通风、防尘和防有害气体安全措施。做好洞内通风工作，根据施工进度安排，确定合理的通风方式，确保洞内通风要求达到国家有关规定及招标文件要求。采用综合措施防止和降低粉尘危害，即"湿式凿岩标准化、机械通风正常化、喷雾洒水正规化、个人防护普遍化"。配备专门的尘毒检测设备，洞内空气质量未达到规定标准时，人员不得进入洞内施工。

(7) 爆破器材安全管理。爆破器材在运输、使用、存储过程中，要严格执行有关火工品的安全管理规定，炸药库、雷管库房除按规定设于远离住宅区外，还应安排专人看守。

(8) 加强围岩变形监测，发现险情，及时处理。隧洞开挖前的地质调查工作很难提供很准确的地质资料，在隧洞施工过程中，应通过目测与量测相结合的手段来监视围岩和支护的稳定性。监测内容包括：围岩的岩质和分布、节理裂隙发育程度和方向，接触面填充物的性质、状态，涌水量和涌水压力，隧洞顶部、侧部的稳定状态等。对于开挖后已支护地段，监测内容应包括：锚杆是否被拉断，喷射混凝土层是否有裂隙、剥离和剪切破坏，钢架有无压屈变形等。监测过程中，特别注意围岩危险较大的破坏状态和可能引起塌方事故的破坏状态。当围岩变形无明显减缓，或喷混凝土层产生较大剪切破坏时，立即停止开挖施工，及时采取辅助施工方法加固围岩。

4.2.2 地下厂房精细化开挖爆破技术

杨房沟水电站地下厂房爆破开挖施工过程中，成立了由工程建设各方相关技术人员共同组成的现场质量控制管理小组，在系统总结国内大型地下洞室开挖既有施工经验基础上，通过有针对性地对厂房结构布置方案、设计体型、围岩地质条件、施工通道布置等进行深入研究，制定了厂房精细化爆破开挖方案。结合地下厂房的结构布置特点、围岩地质条件、施工通道布置进行深入研究，总结提炼了"一炮一设计、一炮一总结、一炮一商会"的"三个一"爆破开挖施工工法，形成了顶拱边墙扩挖开口刻槽爆破开挖技术、端墙双向光面爆破技术、岩壁吊车梁精准施工技术等。厂房开挖期间，通过开展系列的现场生产性爆破试验，确定最优爆破参数，制定与之相配套的质量控制方法和管理标准，保证了爆破开挖施工质量优良和围岩结构安全稳定。

4.2.2.1 地下洞室开挖施工方法

大型水电工程大多处于高山峡谷之中，其地形地质条件都十分复杂。厂房洞室群大多建设在山体中，由于大型地下洞室群结构复杂，且各洞室之间相互影响，不同的洞室间距、开挖顺序和支护方式对地下洞室群围岩均有较大影响。选择合理的开挖顺序不但可以缩短地下洞室群的施工工期，而且有利于围岩的稳定和减少支护成本。

地下大型洞室主要有主厂房、主变室和尾调室，从上至下分层分区进行开挖，主厂房开挖施工方法可按表 4.2-1 选择，主变室和尾调室参照进行施工。

表 4.2-1　　地下大型洞室开挖施工方法

<table>
<tr><th>施工部位</th><th>施工分层</th><th>施工程序</th><th>施　工　方　法</th></tr>
<tr><td rowspan="8">主副厂房</td><td>第Ⅰ层</td><td>中导洞先行→两侧边墙扩挖</td><td>开挖：采用光面爆破法，利用 Y-28 手风钻造孔，楔形掏槽；周边孔间距按 10～12d 控制；掏槽孔及主爆孔采用连续装药，反向起爆。起爆顺序：掏槽孔→崩落孔→周边孔→底孔。主爆孔一般奇数段位跳段起爆。周边孔采用 42mm 孔径，间距为 50cm，ϕ25mm 药卷间隔装药，线密度为 154g/m；掏槽孔及主爆孔，采用 ϕ32mm 药卷连续装药。
支护：采用成套的大型机械设备进行及时施工，多臂凿岩台车进行锚杆支护造孔，湿喷台车进行喷射混凝土施工，锚索钻孔采用 KLEMN KR805-1 和 Atlas A66 型液压履带钻机</td></tr>
<tr><td>第Ⅱ层</td><td>中部拉槽→两侧扩挖</td><td>开挖：采用中部拉槽预裂爆破、两侧边墙光面爆破方法，利用履带钻机进行中部拉槽造孔，利用轻型潜孔钻进行两侧边墙造孔。中部拉槽预裂孔采用 90mm 孔径，间距为 150cm，ϕ70mm 药卷间隔装药，线密度为 290g/m；孔深 8m；两侧扩挖周边孔采用 76mm 孔径，间距为 80cm，宽度为 7m，线密度为 190g/m。
支护：同第Ⅰ层</td></tr>
<tr><td>第Ⅲ层</td><td>中部拉槽→两侧分区分层开挖</td><td>开挖：采用中部拉槽预裂爆破、两侧边墙分层分区薄层光面爆破方法，中部拉槽同第Ⅱ层；两侧保护层及岩台采用 Y-28 手风钻造竖直孔及斜面孔，配合样架进行精确实施，同时按照“采用均匀微量化装药”原则，运用双向光面爆破技术，岩台开挖竖向、斜向孔线密度分别为 59g/m、69g/m。
支护：基本采用第Ⅰ层支护方式；在岩壁吊车梁下拐点部位安装锁口锚杆和压条；在下游边墙地质不良部位，进行岩台直立面安装树脂锚杆</td></tr>
<tr><td>第Ⅳ、Ⅴ层</td><td>边墙先行预裂→中部拉槽→两侧扩挖</td><td>开挖：同第Ⅱ层。
支护：同第Ⅱ层</td></tr>
<tr><td>第Ⅵ、Ⅶ层</td><td>上游侧半幅开挖→边墙光爆→下游侧半幅开挖→边墙薄层分区光爆</td><td>开挖：同第Ⅱ层。
支护：同第Ⅱ层</td></tr>
<tr><td>第Ⅷ层</td><td>溜井先行→边墙薄层分区光爆</td><td>开挖：采用中部溜渣井先行贯通，四周预留保护层进行竖向井挖。利用履带钻机进行中部主爆孔造孔，利用轻型潜孔钻进行永久面边墙造孔。主爆孔采用 90mm 孔径，间距为 120～150cm，ϕ32mm 药卷装药，周边孔采用 76mm 孔径，间距为 70cm，ϕ32mm 药卷装药，线密度为 190g/m。
支护：同第Ⅱ层</td></tr>
<tr><td>第Ⅸ层</td><td>中导洞先行→边墙薄层分区光爆</td><td>开挖：利用尾水连接管作为施工通道先行进行中导洞的开挖，为上部开挖溜渣创造条件，待上部开挖完成后，进行两侧边墙保护层竖向开挖，开挖分层高度为 3m。利用 YT-28 手风钻钻孔，光面爆破。
支护：同第Ⅱ层</td></tr>
</table>

（1）地下大型洞室开挖主要应根据施工通道、结构布置特点、施工机械，合理进行分层、分区，实现“平面多工序、立体多层次”的施工状态，并选择最优的施工方法。

（2）岩壁吊车梁部位的开挖应采用控制爆破，钻孔时应设置样架，钻孔的孔位偏差为±20mm，钻孔角度偏斜为±3°。岩壁不应欠挖，超挖不大于0.2m。

（3）三大洞室高边墙的开挖应采用薄层（层厚6～8m）开挖，开挖下降高度应基本保持一致，开挖完成后及时进行对穿锚索的施工。

（4）大型洞室底板应预留保护层，保护层厚度为2.5m，紧邻保护层以上的台阶爆破及预裂爆破钻孔孔径不得大于90mm，保护层爆破钻孔孔径不大于50mm。紧邻保护层以上的台阶爆破及预裂爆破钻孔均不得钻入保护层岩体内。

（5）按照大型洞室开挖“先洞后墙”的原则，母线洞、压力管道、尾水洞等贯入大型洞室的平洞应超前爆破一个循环，并做好洞口环向预裂和锁口支护施工。

4.2.2.2　大跨度顶拱精细化爆破开挖

1. 顶拱开挖分区

厂房顶拱层开挖高程为2022.5～2010.0m，总高度为12.5m，分为四区进行开挖。Ⅰ-1区为中导洞（高程2022.5～2012.5m）开挖，断面尺寸为12m×10m（宽×高）；Ⅰ-2区为中导洞底板岩台开挖，断面尺寸为12m×2.5m（宽×高）；Ⅰ-3区、Ⅰ-4区为上下游侧扩挖（高程2021.514～2010m），扩挖宽度为9m。

2. 施工程序

（1）中导洞开口渐变段施工。

第1步：中导洞渐变段以厂房右端墙为起点，开挖断面沿用通风兼安全洞断面，水平推进开挖，开挖至厂右0+163.5（5个开挖循环，开挖长度为15m）时停止向前掘进，从掌子面反向进行两侧修边对称扩挖，扩挖后开挖断面尺寸由通风兼安全洞的8.8m×7m（宽×高）变为12m×7m（宽×高）。

第2步：渐变段开挖断面尺寸变为12m×7m（宽×高）后，水平循环推进45m，开挖至厂右0+118.5（16个开挖循环完成水平推进45m）时退出钻爆台车，停止向前掘进。

第3步：开始底板二次降底，降底开挖高度为2.5m，降底段桩号为厂右0+118.5～厂右0+178.5，开挖长度为60m，将整体断面尺寸扩挖成12m×10m（宽×高），扩挖厂右0+148.5～厂右0+178.5段时中部预留8m宽、10%斜坡的施工通道。

第4步：推台车至厂右0+148.5，完成12m×10m断面台车改造，同时完成顶拱Φ32、L=9m长锚杆施工。

（2）标准段及两侧扩挖施工。

第1步：完成过渡段开挖后，开始中导洞全断面开挖，主副厂房洞第Ⅰ层开挖支护主要采用“先完成中导洞超前开挖，后完成中部岩台扩挖，再进行两侧扩挖施工”的方式施工，支护滞后开挖工作面的距离应小于20m，当围岩破碎时，支护应紧跟工作面实施。

第2步：中导洞贯通后进行中导洞底板岩台的开挖施工，从安装场侧向副厂房侧单向开挖。

第3步：中导洞底板岩台开挖完成后，进行上下游侧扩挖施工，扩挖扩口采用刻槽工艺。上游侧从3号机组中心线处开始向两侧扩挖，下游侧从2号机组中心线处开始向两侧扩挖。前期利用通风兼安全洞作为施工通道，厂房进风洞开挖完成后，同时利用通风兼安全洞、厂房进风洞双通道进行施工。最后进行厂左侧临时施工通道的挖除施工。

（3）左右端墙施工。为确保左右端墙开挖质量，在两侧扩挖至左右端墙位置时，端墙面预留 2～4m 保护层，保护层开挖沿断面方向分层进行造孔钻爆，端墙面采用双向光面爆破，爆破孔间距为 50cm，确保端墙开挖面平整。

3. 生产性爆破开挖试验

为选取适宜的爆破参数，于 2016 年 4 月 20—30 日在厂房顶拱层中导洞厂右 0＋160～厂右 0＋134，分别按不同的周边孔间距、最小抵抗线、周边孔线装药量进行组合，共进行 8 次爆破试验。厂房中导洞爆破试验参数见表 4.2-2。

表 4.2-2　厂房中导洞爆破试验参数表

孔径/mm	孔距/cm	周边孔最小抵抗线/cm	孔深/m	线装药密度/(g/m)	测试时间/(年-月-日)
42	50	60	3.2	154	2016-4-21
42	45	60	3.2	154	2016-4-22
42	50	75	3.2	154	2016-4-23
42	45	75	3.2	154	2016-4-24
42	50	60	3.2	135	2016-4-25
42	45	60	3.2	135	2016-4-26
42	50	75	3.2	135	2016-4-27
42	45	75	3.2	135	2016-4-28

厂房第Ⅰ层中导洞通过爆破试验的 3 次爆破振动监测，共采集到 16 个有效数据，对每点的三分量速度进行矢量合成，可得到每点的振动最大合速度，相比于采用单分量速度进行拟合计算，采用合速度可减小岩石局部各向异性造成的偶然误差，进行回归计算得到的 K、α 值更趋合理。厂房第Ⅰ层中导洞爆破振动参数回归计算见表 4.2-3。

拟合计算结果为 $K=103.3$、$\alpha=1.46$。建议采用公式 $V=103.3\left(\frac{Q^{1/3}}{R}\right)^{1.46}$ 预测爆破最大质点振动速度。

通过爆破试验效果及效率评价，同时结合爆破质点振动监测成果及爆破松弛检测成果，总结认为厂房顶拱中导洞Ⅱ类、Ⅲ类围岩进尺为 3.0～3.2m，周边孔间距为 50cm，周边孔最小抵抗线为 75cm，周边孔线装药量为 154g/m 时效果最佳，施工参数现场实施时需结合揭示围岩情况，实行设计进尺、装药量及布孔形式动态调整及个性化装药。

现场实行“三个一”工法，每排炮出渣及排险后，由总承包质量部组织“爆破开挖技术质量攻关小组”成员对爆破效果进行现场检查评价，并会商提出下一排炮的改进措施。

4. 开挖顺序与支护进度控制

为确保围岩稳定、施工安全和工程进度，针对不同围岩质量洞段，明确支护时机，制定支护施作进度的具体要求见第 3 章第 3.4.2 小节；结合洞室所处工程地质特点，调整实际的分区开挖顺序，具体见第 3.2.2 小节。

表 4.2-3　　厂房第Ⅰ层中导洞爆破振动参数回归计算表

测试点编号	爆心距/m	最大单段药/kg	最大合速度/(cm/s)	拟合方法	拟合结果
J1	23	45.3	7.01	最小二乘法	$K=103.3$ $\alpha=1.46$ $\gamma=0.93$
	30	46	7.71		
J2	29	45.3	2.59		
	33	43.7	3.23		
	36	46	5.00		
J3	39	45.3	2.72		
	42	43.7	3.14		
J4	59	45.3	1.56		
	62	43.7	2.99		
	66	46	1.46		
J5	86	45.3	0.54		
	89	43.7	0.53		
	93	46	0.78		
J6	126	45.3	0.56		
	129	43.7	0.55		
	133	46	0.72		

5. 爆破开挖效果

图 4.2-2 为顶拱层光面爆破质量控制效果示意。地下厂房的顶拱层开挖，采用“中导先行、边幅分序、间隔开挖、逐步卸荷、预锚加固”的施工方案，最终的平均超挖量为 8.6cm，爆破残孔率达 95.5%。总体开挖施工效果良好。

图 4.2-2　厂房第Ⅰ层光面爆破质量控制效果

4.2.2.3 高边墙精细化爆破开挖控制技术

1. 开挖分层分区

厂房、主变室及尾调室均存在高边墙开挖问题。针对高边墙开挖，主要采取“平面多工序，立体多层次”的方式组织施工。其中，厂房第Ⅳ层～第Ⅶ层开挖为高边墙开挖，采用中部拉槽开挖、两侧保护层开挖的方式进行，综合考虑厂房施工通道及风水电布置、锚索支护布置情况，第Ⅳ层开挖高度为 4.7m，从安装间部位开口启动施工；第Ⅴ层开挖高度为 7.6m，从 4 号母线洞部位开口形成主要施工通道；第Ⅵ层开挖高度为 8.0m，从 2 号母线洞上游侧开口降 12%坡度至 2 号压力管道部位，形成第Ⅵ层开挖支护施工主要通道；第Ⅶ层开挖高度为 8.0m，从 1 号及 4 号压力管道部位开口形成出渣施工通道。主要采用梯段光面爆破的方式进行开挖，周边孔采用 100Y 进行钻孔，主爆孔采用液压钻机造孔，每循环进尺约为 10m。

2. 开挖施工程序

厂房第Ⅳ层～第Ⅶ层开挖主要利用进厂交通洞、母线洞、压力管道作为出渣施工通道，进厂交通洞及 1 号、4 号母线洞承担第Ⅳ层、第Ⅴ层出渣运输任务，压力管道主要承担第Ⅵ层、第Ⅶ层的出渣任务。采用梯段爆破方式开挖，每次爆破后采用 SY325C 反铲进行安全处理。

厂房第Ⅳ层开挖高度为 4.7m，第Ⅴ层开挖高度为 7.6m，均分为中部拉槽开挖、两侧保护层开挖。根据厂房岩壁梁浇筑进度情况，第Ⅳ层从厂房安装间往厂左方向开挖。待厂房第Ⅳ层开挖至 2 号母线洞部位时，从 4 号母线洞部位开口形成第Ⅴ层施工通道，并启动厂房第Ⅴ层下游侧开挖支护施工，待厂房第Ⅳ层开挖支护至 1 号母线洞后进行厂房上游侧第Ⅴ层开挖支护施工，第Ⅴ层后续开挖利用 1 号母线洞作为出渣施工通道。

厂房第Ⅵ层开挖高度为 8.0m，分为上下游进行半幅开挖，4 号母线洞、2 号压力管道下平段及副厂房 1 号施工支洞作为第Ⅵ层出渣通道。先从 4 号母线洞往厂右方向开挖形成 12%坡度的坡道，将厂房与 2 号压力管道之间贯通，往两侧开挖，优先将上游侧 2～4 号压力管道段开挖完成，再利用 4 号压力管道作为主要通道进行厂房下游侧第Ⅵ层开挖，同时利用副厂房 1 号施工支洞从厂左往厂右方向开挖。

第Ⅶ层开挖高度为 8.0m，由 1 号母线洞及 4 条压力管道作为施工通道，在完成第Ⅵ层 2～4 号压力管道上游侧开挖支护，并完成下游侧 3～4 号母线洞开挖支护后，从 4 号压力管道洞口部位启动第Ⅶ层上游侧开挖支护施工，同时利用 1 号压力管道进行第Ⅶ层及副厂房沟槽开挖施工。

厂房第Ⅳ层～第Ⅶ层永久边墙部位采用 100Y 潜孔钻机钻孔一次爆破成型，钻孔时搭设造孔定位样架，确保边墙开挖成型质量，中部主爆孔采用液压钻机梯段钻爆。

3. 施工工艺

梯段爆破开挖施工工艺如下：测量放线→主爆孔、周边孔钻孔→验收炮孔→主爆孔装药联线起爆→出渣排险→进入下一循环。

（1）测量放线。测量放线采用全站仪进行，由专业人员实施，放线过程要求放出各边墙钻孔孔位、主爆孔孔位。在洞内开挖放线过程中，必须首先对上排炮超欠挖情况进行检查，对于出现欠挖的部位，要先标出欠挖位置，处理后才可放边墙开挖线，同时，要将测量放线成果向现场管理人员进行交底。随洞室开挖面的推进，每隔 5m 在上下游两侧边墙 1.5m 高度位置标出桩号、高程标志，以便现场人员检查。开挖断面应及时测绘以备基础验收及喷混凝土使用，测量断面间距按 5m 布置。并将检测断面及时提供相关部门组织验收。在开挖过程中，要定期对所使用的控制点进行全面检查、复测，确保测量控制质量。洞内测量控制点埋设要牢固隐蔽，做好保护，防止机械设备破坏。

（2）钻孔作业。钻孔作业是保证开挖质量的关键环节，要求开挖队对钻孔人员进行分类，边墙保护层采用100Y潜孔钻机钻孔，中部梯段采用液压钻机钻孔。钻孔作业前要准备必需的孔向控制工具及保证钻工处于最佳作业位置的材料、工具，造孔前由当班技术员对造孔孔位、方向进行检查，无误后方能开钻。钻孔作业要严格按照测量定出的孔位进行。钻孔结束后由当班技术员对孔距、孔深、孔向进行检查，并经监理签字认可后方能装药；为了减少超挖，预裂孔的外偏角控制在设备所能达到的最小角度。中部梯段爆破孔孔位偏差不得大于10cm，钻孔作业要实行样架验收，以开孔证、终孔证进行控制。

（3）装药、联线、起爆。装药前用高压风冲扫炮孔，经检查合格后，方可装药爆破。装药前周边预裂孔的装药结构必须经过现场技术人员验收认可。炮孔的装药、堵塞和引爆线路联结，由考核合格的炮工严格按批准的钻爆设计进行，装药必须严格遵守爆破安全操作规程。预裂孔及主爆孔装药前应对爆破进行专项交底，并有专业炮工负责装药，周边孔必须按照爆破设计进行间隔装药。为确保爆破半孔率满足要求，预裂孔的药卷直径、间距、线装药密度等参数一经试验确定后不得随意更改，并在当班技术员检查后方准进行预裂孔装药。预裂主爆破孔装药要密实，堵塞良好，严格按照爆破设计图进行。用非电毫秒雷管联结起爆网络，最后由炮工和值班技术员复核检查，确认无误后撤离人员和设备，炮工负责引爆。另外，根据设计地质人员下发的地质预报中的围岩类别，针对不同类别的围岩进行装药，做到精细化装药。主要爆破设计参数包括：预裂孔孔距为1.0m，孔深6.5m，单孔药量为4.0～4.4kg，线装密度为615～677g/m，顶部堵塞长度为50cm。梯段爆破布孔布置如图4.2-3所示，装药参数统计见表4.2-4。

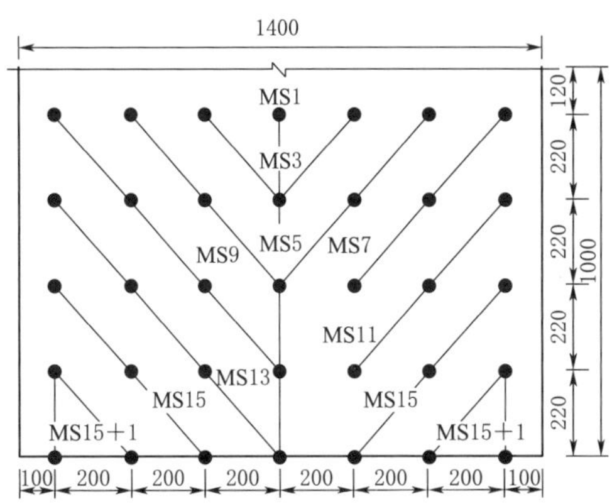

图4.2-3 梯段爆破布孔布置图（单位：cm）

表4.2-4 装药参数统计表

炮孔名称	钻孔参数					装药参数					
	雷管段位	孔径/mm	孔深/cm	最小低抗线/cm	孔数	药径/mm	装药长度/cm	堵塞长度/cm	线密度/(g/m)	单孔药量/kg	单响药量/kg
主爆孔	MS1	90	400		1	70	100	370		4.0	4.0
	MS3	90	400		3	70	150	340		6.0	18.0
	MS5	90	400		5	70	150	340		6.0	30.0
	MS7	90	400		3	70	150	340		6.0	18.0
	MS9	90	400		4	70	150	340		6.0	24.0
	MS11	90	400		3	70	150	340		6.0	18.0
	MS13	90	400		4	70	150	340		6.0	24.0
	MS15	90	400		6	70	150	340		6.0	36.0
	MS15+1	90	400		6	70	150	340		6.0	36.0
	合计				35						208.0

4. 爆破监测数据分析

三大洞室预裂拉槽爆破试验在距离爆破中心 15～30m 上下游边墙不同位置布置了 4 个监测点。根据《水利水电工程爆破安全监测规程》（DL/T 5333—2005）和《杨房沟水电站地下洞室群开挖及支护施工技术要求》的规定，允许爆破质点振动速度控制标准见表 4.2-5。

表 4.2-5　　允许爆破质点振动速度控制标准　　单位：cm/s

<table>
<tr><th colspan="2" rowspan="2">参　数</th><th colspan="4">混凝土龄期</th></tr>
<tr><th>0～3d</th><th>3～7d</th><th>7～28d</th><th>>28d</th></tr>
<tr><td rowspan="6">质点振动速度</td><td>混凝土</td><td>2～3</td><td>3～7</td><td>7～12</td><td>≤12</td></tr>
<tr><td>喷混凝土</td><td>1～2</td><td>2～5</td><td>5～10</td><td>≤10</td></tr>
<tr><td>锚索、锚杆</td><td>1～2</td><td>2～5</td><td>5～10</td><td>≤10</td></tr>
<tr><td>软弱破碎岩层</td><td colspan="4">≤5</td></tr>
<tr><td>精密控制仪器</td><td colspan="4">0.5</td></tr>
<tr><td>已开挖的地下洞室洞壁</td><td colspan="4">≤10.0</td></tr>
</table>

注　表中未明确地下洞室洞壁的爆破安全距离，即在限定的爆心距外控制标准生效。

三大洞室中部拉槽爆破作业爆破振动监测数据见表 4.2-6。爆破试验中各方向质点振动速度整体满足爆破振动控制要求，局部存在超过标准 10cm/s 的情况。

表 4.2-6　　爆破振动监测数据

<table>
<tr><th>部位</th><th>爆破次数
/方式</th><th>爆心距
/m</th><th>最大质点振动速度
/(cm/s)</th><th>最大单响药量
/kg</th><th>评价</th></tr>
<tr><td rowspan="9">主变室</td><td rowspan="4">第 1 次/预裂</td><td>17.9</td><td>11.67</td><td rowspan="4">45</td><td rowspan="4">平均未超限</td></tr>
<tr><td>17.9</td><td>10.03</td></tr>
<tr><td>17.9</td><td>7.16</td></tr>
<tr><td>17.9</td><td>7.26</td></tr>
<tr><td rowspan="3">第 5 次/预裂</td><td>24.3</td><td>8.73</td><td rowspan="3">48</td><td>未超限</td></tr>
<tr><td>24.3</td><td>6.45</td><td>未超限</td></tr>
<tr><td>32.5</td><td>4.45</td><td>未超限</td></tr>
<tr><td rowspan="2">保护层爆破</td><td>17.2</td><td>9.86</td><td rowspan="2">35</td><td>未超限</td></tr>
<tr><td>34.6</td><td>3.37</td><td>未超限</td></tr>
<tr><td rowspan="3">尾调室</td><td rowspan="3">预裂</td><td>24.3</td><td>8.73</td><td rowspan="3">40</td><td>未超限</td></tr>
<tr><td>24.3</td><td>6.45</td><td>未超限</td></tr>
<tr><td>32.5</td><td>4.45</td><td>未超限</td></tr>
<tr><td rowspan="3">主副厂房</td><td rowspan="3">粗预裂</td><td>26.7</td><td>6.71</td><td rowspan="3">48</td><td>未超限</td></tr>
<tr><td>31.0</td><td>3.64</td><td>未超限</td></tr>
<tr><td>36.4</td><td>5.51</td><td>未超限</td></tr>
</table>

5. 爆破开挖效果

大型洞室的高边墙开挖，以“先洞后墙、薄层开挖、预留保护、中部拉槽、随层支护、缺陷治理”为基本策略，改善了边墙开挖成型质量，有效控制了高边墙围岩的爆破损伤和松弛圈扩展。在各分层爆破开挖后，边墙围岩的平整度及残孔率均能满足质量要求，现场开挖效果如图 4.2-4 所示。

图 4.2-4　厂房高边墙开挖典型效果图

4.2.2.4　岩壁吊车梁高精度施工技术

1. 岩壁吊车梁层开挖分层分区

厂房第Ⅲ层为岩壁梁层，第Ⅱ层分层高度为 3.0m（高程 2010.00～2007.00m），第Ⅲ层分层高度为 11.2m（高程 2007.00～1995.80m）。岩壁梁以上开挖宽度为 30.0m，岩壁梁以下开挖宽度为 28.0m。岩壁梁布置于厂右 0+178.5～厂左 0+31.5 段，岩壁梁总长度为 210m；上拐点高程为 2004.128m，下拐点高程为 2002.70m，岩台开挖宽度为 1.0m。为保证岩台成型质量及后续岩壁梁浇筑需求，岩壁梁层共分 2 层 9 区进行开挖。

2. 施工程序及方法

（1）总体施工程序如下：$Ⅱ_1$ 区、$Ⅲ_1$ 区拉槽开挖→$Ⅱ_2$ 区、$Ⅲ_2$ 区保护层开挖→$Ⅲ_3$ 区、$Ⅲ_5$ 区、$Ⅲ_8$ 区拉槽开挖→$Ⅲ_4$ 区、$Ⅲ_6$ 区保护层开挖→$Ⅲ_7$ 区岩台开挖→$Ⅲ_9$ 区保护层开挖→开挖完成。

（2）中部拉槽区：槽宽 20m，一次拉槽深度为 6～8m，拉槽边线孔间距为 1m，100B 钻机钻孔预裂，爆破孔 D7 液压钻机钻孔爆破。

（3）边墙保护层：中部拉槽超前两侧保护层 30m，搭设保护层开挖样架，进行保护层开挖，保护层与拉槽区呈品字型，完成$Ⅱ_1$ 区、$Ⅱ_2$ 区、$Ⅲ_1$ 区、$Ⅲ_2$ 区开挖。其中，在完成$Ⅱ_2$ 区开挖后，应穿插完成中部$Ⅲ_3$ 区、$Ⅲ_5$ 区拉槽开挖。

（4）岩台保护层：$Ⅲ_5$ 区、$Ⅲ_6$ 区开挖完成后进行岩台保护层$Ⅲ_7$ 区施工。其中，$Ⅲ_7$ 区竖向爆破孔应在$Ⅲ_2$ 区钻孔时搭设，钻孔样架设置导向管钻孔同步完成，并采用安插套管进行保护。斜向光面爆破孔在$Ⅲ_5$ 区、$Ⅲ_6$ 区开挖完成后搭设钻孔样架，设置定位导向套管进行钻孔，双向光面爆破。

（5）$Ⅲ_8$ 区、$Ⅲ_9$ 区开挖滞后岩壁吊车梁岩台开挖 30m，成品字形向厂左方向开挖，完成$Ⅲ_3$ 区～$Ⅲ_9$ 区开挖支护施工。

3. 爆破试验及参数选定

厂房岩壁吊车梁开挖前先进行了岩台开挖爆破试验，按照 1∶1 的比例模拟岩壁吊车梁岩台爆破开挖，爆破试验分别按不同的孔距、装药量（竖向孔和斜向孔），共进行 3 组爆破试验，通过试验选取了岩台开挖最优的爆破参数。在爆破试验中，同时进行爆破振动测试，根据爆破试验设置 3 组监测点，最大的质点振动速度满足《爆破安全规程》（GB 6722）的规定。

施工钻爆采用自制样架钻孔导管，利用手风钻钻孔，分层分区开挖，岩台上、下拐点设计轮廓线位置以及岩台斜面位置均采用 YT28 手风钻光面爆破。根据不同的地质条件，光爆孔线装药密度按 60～80g/m 控制；光爆孔采用 1/8ϕ25 小药卷间隔装药。药卷加工采用工具刀进行，光爆孔装药全部绑在竹片上。装药前必须对所有钻孔按“平、直、齐”的要求进行认真检查验收并做好钻孔检查记录。岩壁梁岩台保护层钻爆参数见表 4.2-7。

表 4.2-7　岩壁梁岩台保护层钻爆参数表

炮孔名称	钻孔参数					装药参数					
	雷管段位	孔径/mm	孔深/cm	孔距/cm	孔数	药径/mm	装药长度/cm	堵塞长度/cm	线密度/(g/m)	单孔药量/kg	总装药量/kg
竖向周边孔	MS1	42	287	30	50	25	232	55	59	0.170	8.5
斜向周边孔	MS1	42	174	30	50	25	145	29	69	0.120	6.0
合计					100						14.5

4. 爆破参数优化

针对不同的围岩类别洞段进行多次爆破试验，通过试验取得不同围岩类别（Ⅱ类、Ⅲ类、Ⅳ类）爆破参数优化基准值，实施时通过爆破效果检查、爆破质点振动速度及爆前爆后围岩松弛深度检测进行评价，同时结合地质工程师对已揭露的洞段地质情况的素描成果，按照“三个一”工法（一炮一设计、一炮一总结、一炮一商会）对一次爆破的范围及装药参数提出调整建议。下面以厂房下游侧厂左 0+03～厂左 0+31.5 段进行简要说明，该洞段的围岩条件最为不利。

地质预报：2017 年 4 月 3 日经现场勘查，厂左 0+03～厂左 0+31.5 段（高程 2002.7～1998.8m）发育顺洞向断层 f_{83} 及其影响带和多条挤压破碎带，沿结构面多见蚀变现象，岩体完整性差～较破碎，属$Ⅲ_2$类围岩。

共同商会：针对地质工程师提交的围岩确认单及预报，2017 年 4 月 4 日，岩壁吊车梁技术质量攻关小组召开会议，并明确①厂左 0+33～厂左 0+03 段岩壁吊车梁下拐点以下 3 排系统锚杆调整为预应力锚杆并局部加密；②针对岩台增加一排玻璃纤维锚杆，入岩角度与岩台大角度相交，加密下拐点的锁口锚杆；③及时施做系统锚杆和锁口锚杆；④控制单响药量，降低周边孔线装药密度并采用个性化装药。

爆破设计优化：结合地质资料及会商意见，保证光爆孔间距不变的情况下，在基准爆破参数的基础上将线装药密度降低，并对局部掉块部位进行个性化装药，调整后$Ⅲ_2$类围岩岩台开挖爆破参数见表 4.2-8。

爆后总结评价：爆破完成后技术质量攻关小组进行现场评价，炮孔半孔率为 92%，平均超挖量较小，相邻两炮孔间岩面不平整度均小于 10cm，爆破效果达到预期。

表 4.2-8　$Ⅲ_2$ 类围岩岩台开挖爆破参数

炮孔名称	钻孔参数					装药参数					
	雷管段位	孔径/mm	孔深/cm	孔距/cm	孔数	药径/mm	装药长度/cm	堵塞长度/cm	线密度/(g/m)	单孔药量/kg	总装药量/kg
竖向周边孔	MS3	42	287	30	17	25	232	55	55	0.158	1.422
斜向周边孔	MS3	42	174	30	17	25	144	30	62	0.108	0.972
辅助孔	MS1	42	292	60	9	25	100	192		0.500	4.500
合计					43						6.894

5. 爆破开挖效果

岩壁吊车梁高的开挖实行全过程的标准化、精细化管理，采用"超前加固减振、保护层弱爆破、锁脚锚杆支护、双向精准爆破、动态优化设计"等一系列技术手段，以应对各类不良地质风险。图 4.2-5 为岩锚梁开挖施工过程与效果示意，整个岩台成型良好，轮廓清晰平整，超挖量普遍控制在 2cm 以内，上述精细施工技术确保了整个岩壁吊车梁的开挖效果良好。

图 4.2-5　岩锚梁开挖施工过程与效果

4.2.2.5　机坑精细化爆破开挖技术

1. 机坑开挖分层

机坑位于厂房开挖的第Ⅷ层～第Ⅸ层，开挖范围为高程 1967.50～1946.93m，开挖总高度为 20.57m。

2. 开挖施工方法

厂房第Ⅸ层开挖主要利用尾水扩散段、尾水洞 2 号施工支洞作为施工通道，采用"先中导洞开挖，后两侧扩挖"的方式施工。在机组段开挖时由于设计结构型式有中隔墙及隔墩且存在多临空面，底部挖空率较高，施工难度较大。为避免相邻基坑开挖相互影响，确保机组间隔墙的安全稳定及开挖成型质量，严格按照跳洞开挖的原则进行施工，1 号、3 号机组先开挖，2 号、4 号机组后开挖，减少爆破振动影响。坚持"短进尺、弱爆破、多循环、少扰动"的原则进行开挖施工。

第Ⅷ层分三序开挖，开挖高度为 9.01m，单个机坑总体分为 3 大区进行开挖。$Ⅷ_1$ 区为 ϕ3m 溜渣井开挖（与第Ⅸ层贯通），$Ⅷ_2$ 区为基坑部分扩挖，$Ⅷ_3$ 区为保护层开挖。为进一步提高开挖成型质量，其中 1 号机组段细化爆破分区累计达 24 区。

3. 保证开挖质量的主要措施

（1）始终坚持“先洞后墙、先锚后挖”原则，确保施工人员安全的同时提高开挖成型质量。在机坑之间的岩柱顶面保护层，设置沉头锚杆，在厂房机坑开挖之前完成，锚杆顶高程不高于 1964.10m。

（2）细化开挖分区，控制一次爆破规模，控制爆破单响，提高爆破质点振动速度控制标准，由规范允许的已开挖地下洞室洞壁振动速度小于等于 10cm/s 调整至小于等于 7cm/s。

（3）制定第Ⅷ层、第Ⅸ层开挖的变形控制标准，指导开挖与支护施工时机关系及爆破开挖的优化。

（4）采用样架进行周边光爆孔精准造孔，施工过程中严格执行样架验收流程，现场质检员及技术员在钻孔过程中按照“三步校杆法”，严格控制钻孔间距、孔向，加强巡视检查，发现偏差及时纠偏。

4. 爆破开挖效果

厂房机坑开挖采取“间隔分区分序、开挖支护协调并进、锁口加强支护、交叉段精细爆破”的综合开挖控制技术，其关键是在机坑岩柱顶面预留保护层，并设置沉头锚杆，有效解决多工作面施工干扰及岩柱稳定问题，总体施工效果良好。

4.2.3　快速衬砌施工技术

4.2.3.1　岩壁吊车梁浇筑

主厂房岩壁吊车梁位于主厂房第Ⅲ层，岩壁吊车梁断面为五边形，宽 2.0m、高 3.0m，岩台斜面与铅垂面的夹角为 35°，单侧长 210m，共计 420m，岩壁吊车梁顶部高程为 2005.70m，底部高程为 2002.70m，其中在岩壁吊车梁顶部高程 2005.70m 平面靠岩壁侧设置宽 20cm、深 13cm 的排水沟，水沟外侧设 13cm 厚二期混凝土。岩壁吊车梁下游侧厂右 0+168.05～厂右 0+153.95 段与进厂交通洞平交处 14.1m 长范围岩壁梁下部设 85cm 厚支撑墙柱与安装间底板高程 1991.10m 相连。

岩壁吊车梁混凝土共分两期进行浇筑，一期混凝土等级为 C30，二期混凝土等级为 CF30 钢纤维混凝土。主厂房岩壁吊车梁主体混凝土结构采用钢模台车进行浇筑。

1. 混凝土分段及施工程序

岩壁吊车梁混凝土在安装场与主机间、安装场与进厂交通洞交叉处、主机间各机组段之间设置结构缝，其中主机间按照各机组段 33m 的分段长度设置结构缝。在结构缝之间对岩壁梁混凝土进行分段浇筑，结合岩壁梁锚杆、支撑柱、接触线埋板及轨道一期埋板，岩壁吊车梁单仓长度按照 8.95～14.1m 进行控制。

厂房上、下游侧岩壁吊车梁总长 210m，均分为 19 仓浇筑。根据该工程实际情况，主厂房岩壁吊车梁混凝土在第Ⅱ层、第Ⅲ层开挖支护完成，且第Ⅳ层边墙完成预裂，岩梁 A、B、C 锚杆施工完毕并检测合格的条件下方可进行浇筑。根据岩壁梁开挖顺序，整体浇筑方向为厂右往厂左方向。上游侧配置 1 台钢筋台车和 2 台钢模台车，下游侧拟配置

1台钢筋台车和2台钢模台车。

施工工艺流程如下：台车轨道基础施工→钢筋台车就位→钢筋安装→钢模台车就位→预埋件及端头模板安装、校正→泵机等浇筑设施就位→验仓浇筑→等强、养护→钢模台车脱模、行走→下一循环。

2. *岩壁梁混凝土施工方法*

岩壁梁混凝土施工主要包括如下几个步骤。

（1）台车轨道基础施工。台车轨道基础下部设宽12m（9.2m）、厚29.1cm的石渣找平层，找平层上部设宽1m、厚15cm的C25混凝土通长基础。石渣找平层采用装载机整平压实后再进行上部C25混凝土浇筑施工，混凝土基础采用槽钢立模，两侧设置插筋进行槽钢固定。基础上部铺设P43轨道，轨道采用Φ14插筋固定，插筋间距1m，设置于轨道两侧。

（2）钢筋台车、钢模台车安装。台车安装位置上游侧选择在厂右0＋145.00～厂右0＋125.00段，下游侧选择在厂右0＋125.00～厂右0＋103.00段。整体安装顺序为上游侧钢筋台车→下游侧钢筋台车→上游侧1号钢模台车→下游侧1号钢模台车→上游侧2号钢模台车→下游侧2号钢模台车。钢筋台车安装现场作业如图4.2-6所示。

图4.2-6　钢筋台车安装现场作业图

（3）基岩面清理及验收。钢筋台车就位后，由测量人员先进行基岩面超欠挖检查，对局部欠挖地段利用人工配合风镐进行处理直至合格，人工清除岩壁梁混凝土浇筑范围内的浮石和堆积物等，并用高压风水枪冲洗岩面，保证岩面清洁湿润、无欠挖、无松动岩石后方能进行基础验收。对于先浇段的施工缝面，由人工利用电镐或錾子进行凿毛，使缝面表面无乳皮、微露粗砂即可。

（4）钢筋加工和安装。岩壁梁钢筋主要由环向主筋（C32）、水平分布筋（C25）以及水平箍筋（C20）等组成，环向主筋间距15cm，水平分布筋间距25cm，水平箍筋间距30cm，层距25cm。

钢筋在现场安装前，先由测量人员放出岩壁梁混凝土高程线及边线，利用系统锚杆和新增插筋焊接安装架立钢筋，然后对梁体其他钢筋进行正确的顺序安装。岩壁梁钢筋应严格按照该部位钢筋图进行布置，并将其与其他部位区分开。钢筋安装前现场技术员应认真对工人进行技术交底，防止出错。钢筋结构在有预埋件和管线穿过的部位，应统一考虑施工次序。

根据钢筋台车安装位置，上游侧厂右 0＋178.50～厂右 0＋125.40 段及下游侧厂右 0＋153.95～厂右 0＋103.60 段钢筋安装采用排架搭设施工平台的方法。施工平台采用 ϕ48mm 架管双排脚手架，脚手架搭设间排距为 1.5m，步距为 1.5m，最大搭设高度为 10m，顶部设置安装操作平台，平台上满铺竹架板，竹架板采用铁丝与架管绑扎牢固。

（5）模板安装。钢模台车行走速度须按设计要求控制，钢模台车行走就位后，由钢筋钢模台车运行班组作业人员操控液压系统将模板支撑到位，测量人员利用全站仪投放控制点校模、定位、加固。每次浇筑前对模板进行清理并涂刷脱模剂。

（6）混凝土浇筑。岩壁吊车梁混凝土由低线拌和系统拌制，拌和人员根据混凝土浇筑许可证和试验室开具的混凝土配料单拌制混凝土。岩壁吊车梁混凝土采用 HBT60 混凝土泵送料入仓，浇筑过程中控制混凝土铺料分层厚度为 50cm，混凝土上升速度不超过 50cm/h。混凝土浇筑必须保持连续性，对已开仓段必须一次性浇筑完成，不许出现冷缝。

人工平仓后采用插入式振捣器振捣，振捣标准为不显著下沉、不泛浆、周围无气泡冒出时停止。两台振捣器一前一后交叉两次梅花形插入振捣，快插慢拔，振捣器插入混凝土的间距不超过振捣器有效半径的 1.5 倍，距模板的距离不小于振捣器有效半径的 1/2 倍，尽量避免触动钢筋和预埋件，必要时辅以人工捣固密实。振捣宜按顺序垂直插入混凝土，如略有倾斜，倾斜方向应保持一致，以免漏振。单个位置的振捣时间以 15～30s 为宜，以混凝土不再下沉，不出现气泡，并开始泛浆为止，严禁过振、欠振。

当混凝土浇筑结束后及时组织人工进行收仓抹面（二期混凝土浇筑部位不需抹面，要进行凿毛）。抹面时严格对吊车梁顶面高程进行控制，要求吊车梁顶平整光滑、高程准确，并注意预埋件应露出混凝土面。

（7）脱模及混凝土养护。现浇混凝土结构承重模板拆模时所需混凝土强度见表 4.2－9。模板拆除时限除符合施工图纸的规定外，还应遵守下列规定。

1）不承重的侧面模板，混凝土强度能保证其表面和棱角不因拆除模板而受损。

2）承重模板，混凝土强度应符合表 4.2－9 的规定。

3）经计算和试验复核，混凝土结构的实际强度已能承受自重及其他实际荷载时，可提前拆模。

表 4.2－9　　现浇混凝土结构承重模板拆模时所需混凝土强度

结构类型	结构跨度/m	按设计的混凝土强度标准值的百分率计/%	结构类型	结构跨度/m	按设计的混凝土强度标准值的百分率计/%
板	≤2	≥50	梁、拱、壳	≤8	≥75
	>2，≤8	≥75		>8	≥100
	>8	≥100	悬臂构件		≥100

混凝土浇筑收仓后 12～18h 及时进行人工洒水养护，使其保持湿润状态，养护时间不少于 28d。岩壁梁顶部、侧面及下斜面均采用覆盖土工布进行养护。

（8）温度控制。根据《主厂房岩壁吊车梁施工技术要求》（H81J－5Z6－1－2），岩壁吊车梁混凝土浇筑温度应严格控制在 18℃以下。为保证岩壁梁混凝土各项温控指标满足设计要求，拟对岩壁梁采取如下温控手段。

1）优化混凝土配合比，尽量使用小坍落度混凝土。

2）混凝土原材料使用中热水泥，降低水化热。

3）尽量缩短运输时间，使混凝土快速入仓，并及时振捣密实。

4）控制浇筑层最大高度和间歇时间，合理安排施工程序及进度。

5）加强温控数据测量。

4.2.3.2 尾调室衬砌浇筑

1. 施工程序

（1）尾调室高程 1970.0m 以上混凝土浇筑分区分层。根据整体施工规划，根据尾调室高程 1970.0m 以上结构型式，将 1 号尾水调压井分为 5 个区进行施工，将 2 号尾水调压井分为 4 个区进行施工。其中，尾调室高程 1970.0m 以上门槽闸墩及排架柱顶部高程为 2018.5m，总高度为 48.5m，按照每层 3m 进行分层，闸墩区共分为 13 层进行浇筑。排架柱分层高度根据框梁结构尺寸调整分层，其他边墙衬砌顶面高程为 2009.5m，总高度为 39.5m，按照每层 3m 进行分层，边墙衬砌共分为 13 层进行浇筑。

（2）混凝土浇筑卸料施工方法。混凝土浇筑均采用 $12m^3$ 运输车进行运输。1 号尾调井右端墙混凝土浇筑计划在厂房上层汇水洞布置 ϕ219mm 溜管，向下接入右端墙施工工作面进行浇筑，1 号尾调井左侧端墙在尾调室中隔墙顶部布置 1 套 ϕ219mm 溜管，接入工作面进行边墙浇筑，尾调室上下游边墙及闸墩、排架柱混凝土采用 SY5420－THB－48 天泵浇筑，HBT60C 混凝土泵辅助入仓，人工平仓，ϕ70mm 及 ϕ100mm 振捣棒振捣密实。2 号尾调井左端墙混凝土浇筑计划在尾调通风洞布置 ϕ219mm 溜管，向下接入左端墙施工工作面进行浇筑，2 号尾调井右侧端墙在尾调室中隔墙顶部布置 1 套 ϕ219mm 溜管，接入工作面进行边墙浇筑，尾调室上下游边墙及闸墩、排架柱混凝土采用 SY5420－THB－48 天泵浇筑，HBT60C 混凝土泵辅助入仓，人工平仓，ϕ70mm 及 ϕ100mm 振捣棒振捣密实。

（3）尾调室高程 1970.0m 以上混凝土浇筑模板配置及施工规划。尾调室高程 1970.0m 以上门槽闸墩圆弧模板采用定型小钢模，闸墩其他部位采用 P6015、P3015、P1015 组合钢模板拼装，模板采用内置拉杆和锥形螺母加固。尾调室大面边墙采用 3m×3.3m 悬臂模板浇筑，边墙转角采用 P1015 阴角模板拼缝连接，局部不足 3m 模数部位采用 P6015 拼装浇筑。尾调室闸墩段及排架柱部位搭设脚手架作为施工平台及通道，采用 ϕ48mm 架管分别在 1 号、2 号尾调井下游边墙搭设一道之字形梯道，作为下游边墙施工人员上下工作面施工通道。

（4）尾调室高程 1970.0m 以上混凝土浇筑垂直运输方案。尾调室边墙及闸墩混凝土浇筑钢筋、模板垂直运输采用汽车吊转运。因尾调室闸墩及排架最大浇筑高度为 48.5m，25t 汽车吊无法全面覆盖，为满足上部材料运输要求，根据现场实际需求及汽车吊工作幅度范围，初步计划在高程 1991.0m 以下部分采用 25t 汽车吊进行垂直运输，高程 1991.0m 以上采用 75t 汽车吊进行垂直运输，确保尾调室上部混凝土施工顺利进行。

2. 施工工艺流程

混凝土施工工艺：基岩面清理→测量放线→垫层浇筑（根据情况确定）→插筋、架立筋施工→钢筋安装→预埋件施工→模板安装→仓号验收→混凝土浇筑→拆模、凿毛、养护→下一循环。

3. 混凝土浇筑

尾调室边墙主要选用悬臂模板，单块模板尺寸为 3.3m×3.0m，局部采用定型悬臂模板和小钢模组拼，2cm 厚木模板拼缝。闸门墩墩头部位采用半径 $R=50$cm 的定型圆弧模板拼装，其余直边部位采用普通钢模板和木模板的组合方式，二期混凝土插筋的部位采用木模板。门槽主要选用小钢模和木模板，其中有二期混凝土插筋的部位采用木模板。边墙转角模板选用小钢模和阴阳角模，模板支撑体系根据结构体形确定。组合模板固定主要采用架管对撑、模板后背围囹（架管或 C25mm 钢筋）及 A12mm 拉筋，布置间距不大于 70cm×150cm。模板严禁与硬物碰撞，撬棍敲打，任意抛掷和钢筋在板面拖拉。为了保证混凝土外观体形和便于拆模，所有模板均需涂刷脱模剂，每次涂刷之前均需把模板清理干净。涂刷时，严禁污染钢筋。脱模剂选用油类脱模剂。

4.2.3.3 引水隧洞衬砌浇筑

压力管道按单机单管竖井式布置，共 4 条。压力管道由上平段、上弯段、竖井段、下弯段、下平段组成，总长度为 209.954～266.819m。上下弯段长度均为 47.124m，衬砌厚度为 80cm，衬砌后半径为 5.2m；竖井段长度为 32.10m，衬砌厚度为 80cm，衬砌后半径为 5.2m。压力管道混凝土采用 C25W8F50 混凝土浇筑。

1. 施工方案

根据总体施工进度安排，单条压力管道混凝土施工按照结构设置形式纵向（沿纵轴线方向）共分进口渐变段、上平段、上弯段、竖井段、下弯段、下平段 6 段进行浇筑，以上弯段、下弯段及竖井段混凝土浇筑方法为例进行说明。

（1）压力管道下弯段。压力管道下弯段分两仓进行浇筑，其中高程 1972.36～1986.56m 采用全断面进行浇筑，模板主要采用 2×P3075＋P1075 组合钢模板拼装；高程 1972.36m 以下采用仰拱、边顶拱的顺序共分 2 层进行浇筑，仰拱浇筑范围为 90°，边顶拱浇筑范围为 270°。仰拱模板主要采用 2×P3015＋P1015 组合钢模板拼装，边顶拱模板主要采用 2×P3075＋P1075 组合钢模板拼装。堵头模板主要采用 2cm 厚木板进行拼装，模板固定主要采用 A12 拉杆、定位锥及后背架管（C25mm 钢筋）。钢筋统一在钢筋加工厂进行加工，20t 平板车运至现场安装。仰拱浇筑采用翻模施工工艺，混凝土浇筑时，先进行仰拱底部浇筑，待混凝土上升至模板面后改为由两侧进料，边进料、边振捣，两侧混凝土面匀速上升至收仓面，在混凝土浇筑过程中待模板脚处混凝土达到 0.1～0.3MPa 强度时（以混凝土在模板拆除后不发生变形为基本原则）拆除底脚模板，并采用人工及时对混凝土表面进行压实处理，消除混凝土表面缺陷。混凝土采用 9m^3 运输车进行运输，HBT60C 混凝土泵泵送、溜槽（桶）配合入仓，人工平仓，ϕ50mm 及 ϕ70mm 软轴振捣棒振捣密实。

（2）压力管道竖井段。压力管道竖井段按照全断面进行浇筑，标准段分仓高度为 6m。模板采用 2×P3015＋P1015 组合钢模板拼装，模板固定主要采用 A12 拉杆、定位锥及后背架管（C25mm 钢筋）。钢筋统一在钢筋加工厂进行加工，20t 平板车运至现场安装。混凝土采用 9m^3 运输车进行运输，HBT60C 混凝土泵泵送、溜槽（桶）配合入仓，人工平仓，ϕ50mm 及 ϕ70mm 软轴振捣棒振捣密实。

(3) 压力管道上弯段。压力管道上弯段分两仓进行浇筑，采用全断面进行浇筑，模板主要采用 2×P3075+P1075 组合钢模板拼装。堵头模板主要采用 2cm 厚木板进行拼装，模板固定主要采用 A12 拉杆、定位锥及后背架管（C25mm 钢筋）。钢筋统一在钢筋加工厂进行加工，20t 平板车运至现场安装。混凝土采用 $9m^3$ 运输车进行运输，HBT60C 混凝土泵泵送、溜槽（桶）配合入仓，人工平仓，ϕ50mm 及 ϕ70mm 软轴振捣棒振捣密实。

2. 施工工艺流程

(1) 底板混凝土施工工艺如下：基岩面清理→测量放线→垫层浇筑→插筋、架立筋施工→钢筋安装→预埋件施工→模板安装→仓号验收→混凝土浇筑→拆模、凿毛、养护→下一循环。

(2) 边顶拱混凝土施工工艺如下：测量放线→排架搭设→插筋、架立筋施工→钢筋安装→预埋件施工→模板安装→仓号验收→混凝土浇筑→拆模、凿毛、养护→下一循环。

3. 混凝土浇筑

混凝土浇筑前，先在基岩面或新老混凝土施工缝面铺设一层 2～3cm 厚的水泥砂浆，砂浆强度与混凝土强度相适应。仓内采用平铺法浇筑，浇筑时仓内人工使用 A70、A50 插入式软轴振捣器振捣密实，振捣时间以混凝土粗骨料不再显著下沉并开始泛浆为准，避免欠振或过振。振捣第一层混凝土时，振捣棒应距硬化混凝土面 5cm；振捣上层混凝土时，振捣棒头应插入下层混凝土 5～10cm。振捣器插入混凝土的间距不超过振捣器有效半径的 1.5 倍，振捣棒头离模板的距离不小于振捣棒有效作用半径的 1/2。振捣过程中应“快插慢拔”不得直接碰撞模板、钢筋及预埋件，保证钢筋和预埋件不产生位移，避免引起模板变形和爆模，必要时辅以人工及附着式振捣器捣固密实。

在混凝土浇筑过程中做好混凝土施工记录，整个施工过程安排专人值班，处理施工过程中的异常情况。在混凝土施工过程中，工区及作业队配合质检员进行各道工序的施工检查，施工中严格按照有关施工技术规范和质量要求精心组织施工，确保混凝土施工质量。

4.2.4 典型特殊不良地质条件下的洞室施工技术

西部水电工程大型地下洞室群建设中，受不良地质环境影响，常表现出应力型破坏、软岩大变形、块体坍塌破坏、围岩卸荷松弛、母线洞环向开裂等典型工程问题，加大了施工难度与安全风险。基于典型问题特殊处理的原则，建立针对各类典型特殊不良地质条件的洞室施工关键技术，有效解决复杂工程环境下的各类施工难题。典型特殊不良地质条件下的洞室施工关键技术如图 4.2-7 所示。

(1) 高应力条件下大跨度洞室顶拱开挖优化设计与喷层防裂技术。基于优化围岩分幅开挖“应力路径”的设计思想，提出顶拱“中导先行、边幅分序、间隔开挖、逐步卸荷、预锚加固”的综合施工技术。针对顶拱喷层开裂问题，提出“主动治理、被动防护”双重技术理念，并以抑制喷层开裂为主，以施作安全防护措施为辅，解决了工程安全性与经济性的平衡问题。

(2) 受顺洞向不利优势结构面影响下的岩壁吊车梁施工关键技术。厂区顺洞向陡倾角结构面发育，其开挖爆破振动作用机理受制于特殊岩体结构效应，与完整岩体开挖差异大。基于理论分析与现场实践，研究其破岩优势方向与开挖成型影响机制，提出了“超前加固减振、保护层弱爆破、锁脚锚杆支护、双向精准爆破、动态优化设计”的岩壁吊车梁

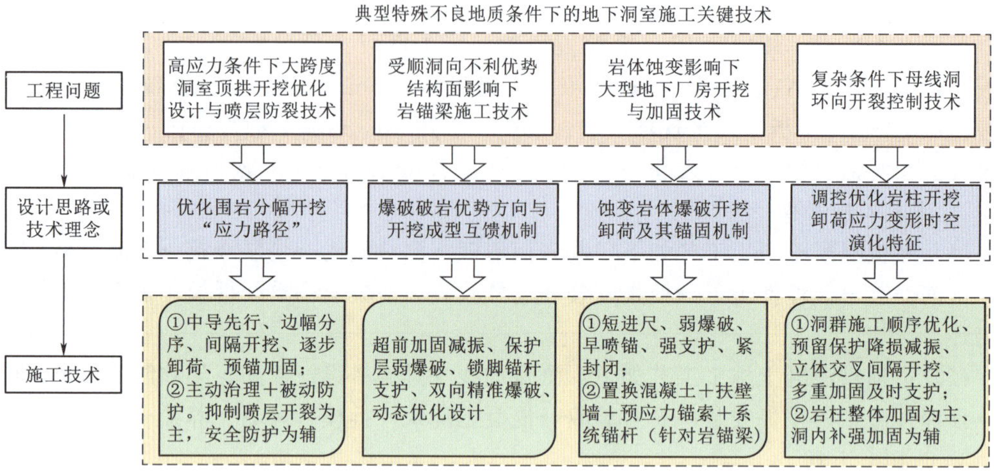

图 4.2－7　典型特殊不良地质条件下的洞室施工关键技术

（地下厂房、尾闸室）精细化控制爆破开挖技术，并制定了与之配套的质量控制标准和管理措施。

（3）岩体蚀变影响下大型地下厂房开挖与加固关键技术。厂房高边墙及岩壁吊车梁部位发育不良地质体——岩体蚀变带，其强度低、影响范围广、抗扰能力弱，导致开挖施工难度大、锚固效果差、变形机制复杂，严重影响围岩稳定、施工安全及工程进度。为保障安全快速施工，从控制扰动、限制变形、减少能耗等角度出发，提出“短进尺、弱爆破、早喷锚、强支护、紧封闭”的开挖加固技术。研发“置换混凝土＋扶壁墙＋预应力锚索＋系统锚杆”的组合加固结构，其兼具控制围岩变形及提升岩壁吊车梁承载力的优点，有效解决了复杂环境下岩壁吊车梁施工技术难题。

（4）复杂条件下母线洞环向开裂控制技术。西部水电工程地下洞室群建设一般面临高地应力环境，岩体结构发育，洞间岩柱受洞群效应影响发生侧向卸荷松弛，易导致母线洞内出现环向开裂现象。基于合理调控和优化岩柱开挖卸荷变形与应力时空演化特征的思路，提出“洞群施工顺序优化、预留保护降损减振、立体交叉间隔开挖、多重加固及时支护”的开挖控制技术，建立“岩柱整体加固为主、洞内补强加固为辅”的综合加固措施。其中洞间岩柱以系统锚杆、预应力锚索和深层对穿锚索等为主要加固手段，母线洞洞内则伺机实施洞口钢拱架支撑、底板斜向插筋、洞壁喷锚支护及洞身衬砌结构等。该技术方案的实施，成功解决了高地应力、顺洞向陡倾优势结构面发育等不利情况下母线洞环向开裂控制难题。

4.3　复杂洞室群多工序、多功能协同施工技术

施工期复杂大型地下洞室群的多工序、多功能协同施工，其核心理念是“规划先行、协同设计、集约优化”。通过合理安排开挖顺序、布置施工通道与通风排烟通道，解决洞室群建设过程中冗余建设、相互干扰、缺乏协同等造成的资源浪费和经济损失，以实现地下空

间资源和施工举措的高效集约利用，保障质量、工期、经济、环保综合最优化建造目标。

4.3.1 洞室群通风散烟高效节能控制技术

4.3.1.1 通风散烟问题

杨房沟水电站工程地下洞室群规模大、施工程序复杂，施工通风散烟、除尘的影响是连续性的，施工通风布置是否合理，将直接影响工程进度、质量、安全和施工人员的身心健康，必须予以足够的重视。

同时，三大洞室直接与地面相通的洞室仅有进厂交通洞、左岸低线交通洞等少数几条，并且进厂交通洞等主进风通道中风管布置长度超过 2.0km，因而，工程通风存在通风距离长、供风工作面多、风压损失大及不同工作面风管分岔干扰等困难。

为此，结合巷道式通风的原理，采用机械通风与自然通风相结合的方式，将进厂交通洞、尾水隧洞施工支洞、主厂房中下层开挖施工支洞、引水下平洞等施工支洞作为地下洞室群施工新鲜风的补风巷道，而排烟竖井、平洞可以作为污浊空气的排出通道，使整个系统风流流向有序，形成“下进上排”的通风系统。杨房沟水电站引水发电系统洞室群的通风平洞、竖井平面布置如图 4.3-1 所示。

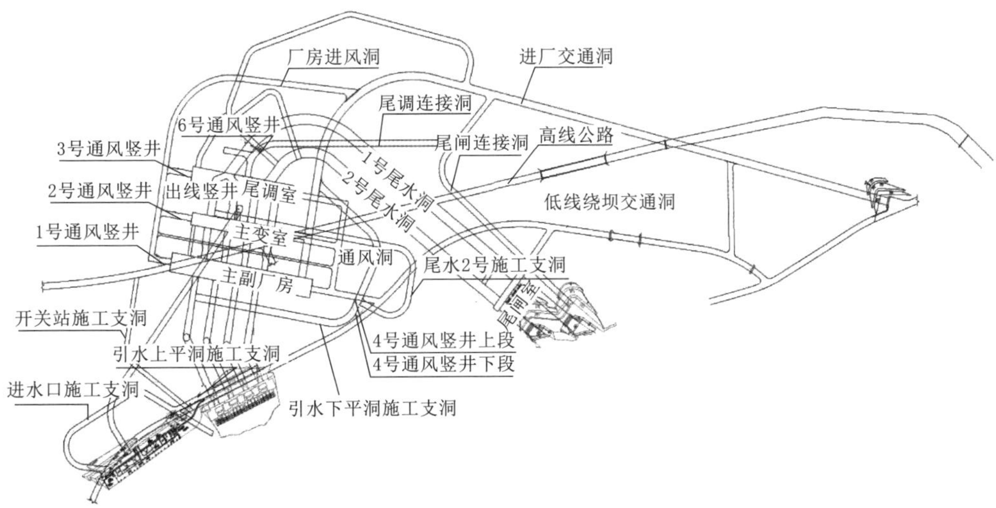

图 4.3-1 杨房沟水电站引水发电系统洞室群的通风平洞、竖井平面布置

4.3.1.2 通风量计算及风机特性

1. 通风量计算依据

根据地下洞室群的施工进度计划、施工部署及施工方案、施工资源（含机械设备及人员）配置及通风方式的安排，计算出满足施工人员、爆破散烟、柴油机械使用、洞内允许最小及最大风速等要求的所需风量。

依据《水工建筑物地下工程开挖施工技术规范》（DL/T 5099—2011）第 12.2 节对通风量的推荐值，确定所需风量的约束值如下。

（1）按洞内同时工作的最多人数计算，按照每人 3.0m^3/min 新鲜空气进行供给。

（2）按爆破 20min 内将工作面的有害气体排出或冲淡至容许浓度计算，每千克炸药爆破后可产生折合成 40L 的 CO 气体。

（3）洞内使用柴油机械时，可按 $4m^3/(kW \cdot min)$ 风量计算，并与同时工作的人员所需通风量相加。

（4）工作面附近的允许最小风速为 0.15m/s，洞室（含竖井、斜井）允许最大风速为 4m/s、运输与通风洞允许最大风速为 6m/s。

杨房沟水电站地下工程采用瑞典 SwedVent Technologies AB 公司的 SWEDFAN 风机。根据厂家建议并结合同类工程运行经验，在通风量的计算中，柔性通风管路取 100m 漏风率为 1.5%、阻力系数为 0.0180、风机效率为 80%。

2. 通风量计算

依据《水利水电工程施工组织设计手册》第 2 卷第 13 章第 2 节通风量计算的经验公式，各工作面所需风量的状态方程如下。

施工人员所需风量为

$$V_p(t)=60v_p m(t)K \tag{4.3-1}$$

式中：V_p 为每人所需新鲜空气量，取 $3.0m^3/min$；$m(t)$ 为同时工作的最多人数；K 为风量备用系数，取 1.1。

混合式通风状态下的爆破散烟所需压入风量为

$$V_{HY}(t)=7.8\sqrt[3]{Q(t)S(t)^2L_Y^2}/T \tag{4.3-2}$$

式中：$Q(t)$ 为同时爆破的炸药量，kg；$S(t)$ 为隧洞的断面积，m^2；L_Y 为压风管口至工作面距离，取 30m；T 为通风时间，取 30min。

混合式通风状态下的爆破散烟所需吸出风量为

$$V_{HX}(t)=1.25V_{HY}(t) \tag{4.3-3}$$

使用柴油机械所需通风量为

$$V_0(t)=60v_0(t)N(t) \tag{4.3-4}$$

式中：$V_0(t)$ 为单位功率需风量指标，取 $4m^3/(kW \cdot min)$；$N(t)$ 为同时在洞内工作的柴油机械总额定功率，kW。

保证洞内最小风速所需风量为

$$v_{min}(t)=v_{min}S(t) \tag{4.3-5}$$

式中：v_{min} 为洞内允许最小风速，取 0.15m/s。

保证洞内最大风速所需风量为

$$v_{max}(t)=v_{max}S(t) \tag{4.3-6}$$

式中：v_{max} 为洞内允许最大风速，取 4m/s 或 6m/s。

3. 风机特性及配置

根据掌子面需风量和风管的漏风系数，计算通风机风量，再由通风阻力加上风机出口处动压损失，计算风机全压。选择合适直径的风筒，风筒直径越大，通风阻力越小。最后由配风量和风机全压选择合适的风机机型。根据风机运行经验及该工程引水发电系统实际情况，共布置 8 台风机。洞外洞内的风机设备布置情况如图 4.3-2 所示。风机设备特性见表 4.3-1。

（a）洞外风机　　（b）洞内风机

图 4.3-2　洞外洞内的风机设备布置情况

表 4.3-1　风机设备特性一览表

风机名称	功率/kW	总风压/Pa	风机出口流量/(m^3/s)	作业面流量/(m^3/s)	通风方式
1号风机	400	5111	59.5	46.0	压入式
2号风机	320	3739	58.6	42.0	压入式
3号风机	110	1970	41.9	36.0	压入式
4号风机	132	2313	45.4	39.0	压入式
5号风机（4台）	75				抽出式

4.3.1.3　通风散烟总体规划设计

结合巷道式通风的原理，采用机械通风与自然通风相结合的方式，将进厂交通洞、尾水隧洞施工支洞、主厂房中下层开挖施工支洞、引水下平洞等施工支洞作为地下洞室群施工新鲜风的补风巷道，增设的排烟竖井、平洞可以作为污浊空气的排出通道，使整个系统风流流向有序，形成“下进上出”的通风系统。因此，为尽早形成引水发电系统群巷道通风的条件，必须尽早打通新增排烟竖井和尾调溜渣井，合理、有效地组织通风风流，改善厂房、主变室及母线洞、尾调室、尾水洞等通风条件较差的部位。施工通风应根据各部位的施工通道及施工程序的不同，分部位、分期进行规划。

针对该工程的洞室施工程序及施工进度安排，引水发电系统通风总体上分为三期布置（表 4.3-2）。

表 4.3-2　施工通风总体分期规划

分期	开始时间	终止时间	通风特点
一期	进厂交通洞开挖	通风竖井完全贯通且三大洞室的顶拱层开挖结束	压入式通风
二期	三大洞室顶拱层开挖完成	厂房第Ⅲ-6层、尾调室第Ⅲ层溜渣井开挖结束	主要为混合式通风
三期	厂房第Ⅲ-6层、尾调室第Ⅲ层溜渣井开挖结束	开挖施工完成	主要为混合式通风

一期通风阶段的主要任务是尽快贯通三大洞室顶拱层和新增通风竖井，以便形成通风循环系统。该阶段洞室之间互不关联，主要采用机械压入式通风的方式进行三大洞室上部施工通风，轴流风机从洞口取新鲜空气，废气沿线路逆向强排至洞外。该阶段同时开挖的洞室还有进厂交通洞、尾调及尾闸连接洞、厂房进风洞、尾水施工支洞、尾水洞、引水下平施工支洞。

二期通风阶段主要为厂房第Ⅱ层～第Ⅲ-6 层、主变室第Ⅱ层～第Ⅳ层（含母线洞、出线下平洞）、尾调室第Ⅱ层（含第Ⅲ层溜渣井）、尾水洞上层、引水隧洞的开挖阶段。三大洞室二期通风，由通风兼安全洞、主变排风洞、尾调排风洞正压送风，废气由新增竖井和排烟平洞由风机抽至左岸缆机平台交通洞后排入河谷。尾水洞仍从进厂交通洞、尾水施工支洞进行正压送风，废气沿线路逆向强排至洞外。引水下平段通风，从进厂交通洞、引水下平施工支洞送风，废气沿 4 号竖井排至洞外。

三期通风阶段主要进行厂房第Ⅳ层～第Ⅸ层（含第Ⅲ层剩余岩壁梁及其保护层区域）、尾调室第Ⅲ层～第Ⅵ层（除第Ⅲ层溜渣井）、尾水系统剩余部分、引水上平段及竖井段等开挖阶段。厂房第Ⅳ层～第Ⅶ层通风，通过进厂交通洞正压送风；尾调室第Ⅲ层～第Ⅵ层通风，通过进厂交通洞及尾调中支洞（由进厂交通洞旁生的支洞，通往尾调室）正压送风；尾水系统及厂房第Ⅷ层～第Ⅸ层通风，通过进厂交通洞及尾水施工支洞正压压入，废气沿尾调溜渣井进入尾调室。厂房及尾调室内的废气，由新增竖井和排烟平洞由风机抽至左岸缆机平台交通洞后排入河谷。引水上平段及竖井段通风，从洞口正压送风，废气沿线路逆向强排至洞外。

在实际施工阶段，为了便于组织地下工程的施工通风，在利用已有各种永久和临时通道的基础上，通过增设一些通风竖井、平洞，废气可排至左岸缆机平台交通洞中，最后排入河谷。增设的通风竖井与平洞的特性见表 4.3-3。

表 4.3-3　　增设通风竖井与平洞特性一览表

竖　井	起止位置	起止高程/m	排烟部位
1 号竖井（ϕ1.4m）	厂房进风兼交通洞至排烟平洞	2018.19～2109.21	主厂房
2 号竖井（ϕ1.4m）	主变上层施工支洞至排烟平洞	2010.55～2105.19	主变室
3 号竖井（ϕ1.4m）	尾调室至排烟平洞	2030.75～2100.87	尾调室及尾水流道
4 号竖井上段（ϕ1.4m）	通风兼安全洞至左岸上坝交通洞	2019.90～2102.00	三大洞室右侧上部独头开挖
4 号竖井下段（ϕ1.4m）	引水下平洞施工支洞至通风兼安全洞	1982.05～2015.35	尾水 2 号施工支洞及引水下平段
5 号竖井（ϕ2.0m）	排烟平洞至左岸缆机平台交通洞	2109.60～2171.30	三大洞室
6 号竖井（ϕ1.4m）	尾水 1 号施工支洞至尾调连接洞	2010.80～1963.50	尾水洞
排烟平洞	3 号排烟竖井顶部至 1 号排烟竖井顶部	2109.60～2100.87	排烟竖井

4.3.1.4　通风散烟成效

1. 成本控制方面

SWEDFAN 风机采用变频控制技术，在现场有条件实施风机运行动态管理，该风机开度在爆破散烟阶段按 100%运行，在手风钻钻孔阶段按 50%运行，在液压钻钻孔阶段按 75%运行。根据实际用风量对风机开度进行合理调节，可以达到节约电耗的良好效果。

在投标阶段，排烟竖井设计有 ϕ2.0m 的 1～4 号竖井；在施工期规划阶段，增加 ϕ2.0m 的 5 号竖井，同时将 1～4 号竖井直径调为 1.4m；实施施工阶段，根据实际通风情况，取消 2 号、5 号竖井，增加 ϕ1.4m 的 6 号竖井。以 ϕ1.4m 竖井 2870 元/m、ϕ2m 竖井 4800 元/m 的实际成本计算，较投标阶段节约 76 万元，较施工期规划阶段节约 34 万元。

2. 工程应用效果

针对施工通风散烟，综合工程经验与计算分析，提出“下进上排、主辅结合、循环有序、集中设置”（表 4.3-4）的施工通风散烟高效节能控制理念，实践了绿色环保施工理念。图 4.3-3 为地下洞室开挖过程中的通风散烟效果。

表 4.3-4　　施工通风散烟高效节能控制理念

设计理念	具体实施方案
下进上排	在中线系统洞外布置 4 台进口瑞典的 SWEDFAN 风机进行供风，洞内设置 1～6 号竖井进行排风
主辅结合	结合厂房进风洞、主变进风洞、通风兼安全洞、主变排风洞、尾调通风洞等永久洞室辅助通风
循环有序	根据开挖不同时期，结合洞室空气环境监测变化，实施动态调整风机运行状态，动态调节
集中设置	按照“四节能一环保”总体绿色施工理念，供风设备集中进行设置，节约施工能源

(a) 通风散烟效果A

(b) 通风散烟效果B

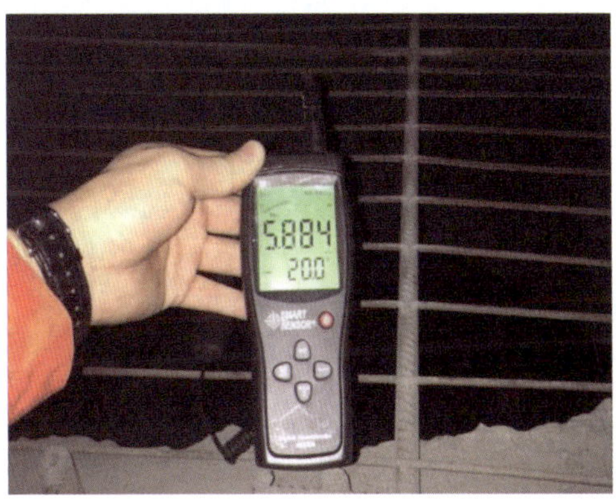

(c) PM2.5

图 4.3-3　地下洞室通风散烟效果

4.3.2　复杂施工通道的三维协同优化

4.3.2.1　施工通道设计原则

首部式地下厂房洞室群一般可分为引水系统（含进水口、压力管道上平段、压力管道竖井或斜井、压力管道下平段等）、厂房系统（含主副厂房、母线洞、主变室、出线平洞及出线井、开关站等）及尾水系统（含尾水连接管、尾调室、尾水洞、尾水检修闸门室、尾水出口等）。为避免三大系统施工相互干扰，满足各大系统施工的相互独立性，确保施工工期，同时满足高大洞室分层开挖支护，需设置施工支洞。施工支洞的合理布置可简化施工程序、加快施工进度、节约施工投资，是大型地下工程施工必须高度重视的环节，要综合考虑地下建筑物的布置、工程量、总进度、地形、地质、施工方法、施工安全、施工通风散烟及排水等影响因素，以求得最佳规划设计方案。该工程的施工通道规划设计主要原则如下。

（1）系统理清各部位施工程序，分析施工工期，确定施工支洞设置的必要性。

（2）在布置上综合考虑施工程序、施工强度、施工交通、施工安全、开挖爆破影响、均衡施工强度等因素。

（3）施工通道布置要充分考虑与周围洞室的关系，不破坏其他洞室的结构安全，不穿过防渗帷幕。

（4）满足引水、厂房、尾水三大系统施工的相对独立性，避免相互干扰，确保三大系统平行施工作业。

（5）满足高大洞室立体多层次、平面多工序的施工组织要求，以保证均衡、有序施工。

（6）结合枢纽布置情况，尽量利用永久洞室或由永久洞室派生，以减少支洞的开挖量和封堵量。

（7）按照洞线最短的原则，根据规范要求及现场实际，结合地质条件、水文条件以及与相邻洞室的关系，布置施工支洞洞轴线走向。

（8）同一高程上永久洞室较多的部位，施工支洞尽可能地连通各相邻洞室，以满足同一高程上的洞室间隔施工的要求。

（9）综合考虑通风散烟及排水布置。

在项目实施阶段，工程总承包部基于“顶层设计、空间均衡、协调交叉、一洞多用、经济合理”的施工通道三维协同优化技术，对可研阶段的施工通道开展了系统的设计优化。经反复推敲、比选论证后，现场合理优化 3 条、新增 4 条主要施工通道，降低了洞群施工干扰和安全风险，为地下洞室群提升开挖支护完成提供了有利条件。

4.3.2.2　施工通道需求情况

1. 引水系统

引水系统包括电站进水口、压力管道（一般有进口渐变段、上平段、竖井或斜井段、下平段组成），结合既有通道情况、地形地貌条件及施工工期，施工支洞主要有以下几种形式。

（1）电站进水口。当进水塔前有条件布置露天道路进入进水口平台，为开挖及混凝土浇筑提供通道时，直接布置明线道路作为进水口施工通道，如白鹤滩水电站左岸地下厂房、杨房沟水电站投标阶段（后续为解决与上游围堰的干扰问题调整为洞线方案）。当进水塔布置于陡峻的峡谷岸坡不具备明线道路布置条件，或者能够结合压力管道上平段施工支洞节约投资时，由绕坝公路派生施工支洞，设置进水口交通洞，解决进水口的开挖支护及混凝土施工问题。

（2）压力管道上平段、竖井或斜井段。当进水塔及压力管道工期均不紧张，在合同约定工期内能够统筹安排进水口与压力管道施工时，直接利用进水口（包括塔体下部预留通道）作为施工通道。如大岗山水电站、杨房沟水电站投标规划，但在实际施工中为满足独立施工条件、减少施工干扰，均未采用该方案。进水口通道设置为明线道路，利用进水口平台，从进水口平台至压力管道上平段设置一条压力管道上平段支洞，绕开进水塔结构物，连通压力管道上平段，如白鹤滩水电站。在引水上平洞之间设置连通支洞，以某一塔进水口作为对外通道。进水口通道设置为施工支洞，直接由进水口交通洞派生一条压力管道上平段施工支洞，如猴子岩、杨房沟水电站。

（3）压力管道下平段。为满足压力管道下平段、斜井或竖井段及厂房中下部施工，一般从进厂交通洞派生一条施工支洞到达压力管道下平段，作为压力管道下平段施工支洞。

2. 厂房系统

厂房系统（包括主副厂房、母线洞、主变室、出线平洞及出线井、开关站等）结合既有通道情况及施工工期，施工支洞主要有以下几种形式。

（1）主副厂房。与厂房相贯的洞室一般有厂房进风洞、进厂交通洞、母线洞、压力管道、尾水连接管（扩散段），自上而下分层开挖，尽量采用永久洞室作为分层施工通道，以杨房沟水电站为例，厂房总高度为75.57m，分9层进行开挖，总体分上、中、下三个部分，施工通道规划如下。

上部主要为厂房安装间底板以上，第Ⅰ层～第Ⅳ层，上部施工通道主要有通风兼安全洞、厂房进风洞及进厂交通洞，其中第Ⅰ层、第Ⅱ层利用布置于厂房左右端墙的通风兼安全洞及厂房进风洞，第Ⅲ层、第Ⅳ层主要利用厂房进风洞及进厂交通洞。厂房顶拱左右端墙分别设置有通风兼安全洞、厂房进风洞，施工时由于厂房进风洞洞线长（565.45m），通风兼安全洞贯入厂房顶拱时厂房进风洞正在施工，实际施工时第Ⅰ层主要使用通风兼安全洞。通常情况顶拱层均采用厂房一侧端墙的厂房进风洞进入施工，若考虑到厂房开挖支护工期紧张，需形成左右端墙双向通道，可通过进厂交通洞派生形成一条厂房上层施工支洞。

中部主要为第Ⅴ层、第Ⅵ层，中部施工通道主要有进厂交通洞、母线洞，其中第Ⅴ层主要使用进厂交通洞，第Ⅵ层主要使用母线洞。

下部主要为第Ⅶ层～第Ⅸ层，下部施工通道主要有压力管道、尾水连接管，其中第Ⅶ层、第Ⅷ层主要使用压力管道，第Ⅸ层主要使用尾水连接管。

地下厂房开挖过程中利用的主要施工通道统计见表4.3-5。

（2）主变室。上部施工若有永久洞室，应尽量利用，（如杨房沟水电站设计有主变排风洞，可直接施工），若上部设计未设置与之连通的永久洞室，则可由厂房进风洞派生一条主变顶层施工支洞（如猴子岩水电站）。下部施工主要为主变交通洞（杨房沟水电站设置为主变进风洞）。

表 4.3-5　　地下厂房开挖过程中利用的主要施工通道统计表

部位	施工分层	施工通道
上部	第Ⅰ层、第Ⅱ层	左侧：进厂交通洞→厂房进风洞； 右侧：左岸低线绕坝交通洞→通风兼安全洞
中部	第Ⅲ层、第Ⅳ层	进厂交通洞
	第Ⅴ层	进厂交通洞→母线洞
	第Ⅵ层	上游：进厂交通洞→引水下平洞施工支洞； 下游：进厂交通洞→主变进风洞→主变室→母线洞
下部	第Ⅶ层	进厂交通洞→引水下平洞施工支洞
	第Ⅷ层、第Ⅸ层	进厂交通洞→引水下平洞施工支洞→尾水 2 号施工支洞→尾水连接管→尾水扩散段

3. 尾水系统

尾水系统主要包括尾水连接管、尾调室、尾水洞、尾水检修闸门室及尾水出口。其施工支洞布置主要如下。

（1）尾水连接管。通常情况由压力管道下平段施工支洞派生一条支洞尾水连接管施工支洞，连通各条连接管，作为尾水连接管、厂房下部、尾调室下部开挖支护及混凝土施工通道。

（2）尾调室。根据水电站布置特点和具体地形、地质条件，尾调室的具体布置形式有简单圆筒式、阻抗式、双室式、溢流式、差动式、压气式。以杨房沟水电站尾调室为例，主要阐述长廊阻抗式尾调室支洞布置。

杨房沟水电站调压室开挖总长 161.10m，中间设置厚度为 14.60m 的岩柱隔墙。在隔墙顶高程 2009.50m 以下，调压室分为两室，即 1 号调压室和 2 号调压室；2009.50m 高程以上，两室连通，洞室总高度 79.75m，共分 8 层进行开挖。中隔墙以上（第Ⅰ层、第Ⅱ层）以尾调排风洞及厂房上层汇水洞为主要施工通道。其中顶拱层主要以尾调排风洞为通道。中隔墙顶高程至阻抗板顶面高程（第Ⅲ层～第Ⅵ层）主要以新增的尾调中支洞、1 号联系洞、2 号联系洞、尾调下支洞四条支洞为施工通道。阻抗板以下（第Ⅶ层、第Ⅷ层）以尾水洞、尾水连接管为施工通道。

一般尾调室可使用的永久洞室，主要有与尾调安装相连接的尾调交通洞，与底部岔管相连接的尾水连接管及尾水洞。中隔墙以上可利用尾调交通洞作为施工通道，阻抗板以下可利用尾水洞及尾水连接作为通道。阻抗板至中隔墙顶面高程的开挖采用在顶拱层设置施工桥机，竖井开挖的方式进行施工（如猴子岩、杨房沟水电站投标阶段），但是在实际施工中由于井挖施工风险高、施工进度缓慢，因此应尽可能利用既有通道派生施工支洞，解决尾调室的井挖问题，可将井挖调整为梯段开挖，以加快施工速度，保障施工安全，节约施工成本。

（3）尾水洞。尾水洞通常洞线长、断面大，施工通道布置应结合施工需要，同时应考虑通风散烟。支洞布置时按照开挖分层设置上下支洞，下支洞可由上支洞派生。若出口具备支洞布置条件，则为改善通风散烟条件应尽量布置支洞。

4.3.2.3　施工通道设计与优化

1. 施工通道洞轴线选择

（1）布置施工支洞应当尽量压缩支洞的长度以节约投资，但并不是洞越短越好。行车对路面纵坡有一定的要求，《水工建筑物地下工程开挖施工技术规范》(DL/T 5099) 规定采用无轨运输时坡度不宜大于9%，在实际规划时，可结合支洞的使用程度、洞线的长短及设备的性能进行择取，若支洞洞线较短且使用时间不长，可突破9%的要求，但必须满足设备的爬坡性能。

(2) 支洞开口选择应结合开口段的地质条件，尽可能避免在不利地质条件地段开口而引起开口成形困难，增加大量支护。同时洞线应尽可能避免近距离与断层结构平行。

(3) 支洞轴线与既有通道及主洞应结合设备的转弯通畅要求，以最优的夹角相交，减少交叉部位的开挖量与支护量。

(4) 考虑水道的水力梯度及帷幕线的影响。

(5) 与其他洞室交叉时，上、下洞室之间的岩体厚度宜不小于1倍洞径并加强支护；与其他洞室平行时，两洞室之间的岩体厚度宜不小于2～3倍洞径。

2. 施工通道断面选择

施工支洞洞型一般采用城门洞型，施工支洞断面选择时，首先应根据施工期担负的运输任务及施工高峰期运输强度的大小确定采用“双”车道还是“单”车道，再根据开挖支护及混凝土施工设备的尺寸选择施工支洞的断面尺寸。双车道施工支洞断面尺寸宜选择为8m×7m（宽×高），单车道宜选择为6m×5m（宽×高）。同时应考虑以下几点。

(1) 压力管道上平段施工支洞与各压力管道的连通洞，应结合压力管道的断面尺寸及开挖分层统筹考虑，若主洞断面较大，可先形成上层施工通道，待上层开挖支护完成后，支洞降底形成下层施工通道。

(2) 压力管道下平段施工支洞断面尺寸应结合下平段压力钢管运输、安装进行考虑。

(3) 尾水连接管施工支洞断面选择应结合尾水连接管的开挖分层及各层的开挖通道规划进行考虑。若各层开挖均只能利用施工支洞，则应先形成上层施工通道，待上层开挖支护完成后，支洞降底形成下层施工通道；若上层开挖可利用尾水洞，则只考虑形成下层施工通道，以作为下层开挖及后续混凝土施工通道。

(4) 主洞间的连通洞若只考虑下层开挖及后续混凝土浇筑施工，可结合主洞尺寸选用单车道。

3. 施工通道布置与优化

在充分利用既有施工通道和考虑将设计洞室兼作施工通道的基础上，共规划大小施工支洞15条。相比可研阶段方案，考虑实际施工需求累计优化进水口施工支洞、引水上平段施工支洞、副厂房1号和2号施工支洞共计3条，新增尾调中支洞、尾调下支洞、1号和2号联系洞、尾水3号施工支洞共计4条。引水发电系统施工支洞通道特性见表4.3-6。

(1) 进水口施工支洞及引水上平段施工支洞。根据整体工期要求及进水口边坡开挖进展情况，进水口边坡不具备布置施工通道的条件。结合原进水口交通洞及进水口施工道路，从低线绕坝交通洞布设进水口施工支洞及压力管道上平段施工支洞，满足进水塔及压力管道上平段施工通道，使得压力管道上平段按期进行开挖施工，并减少后续压力管道混凝土与进水塔混凝土施工交叉干扰造成的安全问题，节约压力管道施工工期约3个月。

表 4.3-6　　引水发电系统施工通道特性表

序号	通道名称	断面尺寸/(m×m)	通道长度/m	承担施工内容	备注
1	引水下平洞施工支洞	10.7×7.5	409.449	引水下平洞开挖支护、混凝土施工；竖井开挖支护、钢衬及混凝土施工	
2	进水口施工支洞	8.0×7.0	362.87	压力管道上平段、竖井段及进水口边坡开挖支护、混凝土施工	优化
3	引水上平段施工支洞	8.0×7.0	150.86	压力管道上平段、竖井段开挖支护、混凝土施工	优化
4	尾水 1 号施工支洞	8.0×7.0	634.14	尾水隧洞开挖支护	
5	尾水 2 号施工支洞	8.5×7.0	369.67	尾水连接管开挖支护、混凝土施工；竖井开挖支护；尾水隧洞开挖支护、混凝土施工；尾调室下部开挖支护	
6	尾水 3 号施工支洞	8.0×7.0	170.754	尾水隧洞开挖支护、混凝土施工	新增
7	主变顶层连接洞	8.5×7.0	55.05	主变室开挖支护	
8	尾水闸门室施工支洞	8.0×7.0	65.7	尾水闸门室开挖支护	
9	尾调中支洞	6.0×5.0	29.3	尾调室开挖支护、混凝土施工	新增
10	尾调下支洞	8.0×7.0	112.79	尾调室开挖支护、混凝土施工	新增
11	1 号、2 号联系洞	4.7×5.5	14.6	尾调室开挖支护	新增
12	下层排水廊道施工支洞	3×3.2	74.3	下层排水廊道开挖支护、混凝土施工	
13	副厂房 1 号、2 号施工支洞	4×5	82.8	副厂房开挖支护施工	优化
14	开关站施工支洞	6.5×6.0	248.10	开关站、进水口、出线上平洞开挖支护、混凝土施工	
15	尾水洞连通洞	8.0×7.0	32	尾水洞混凝土施工	

(2) 尾调中支洞、尾调下支洞、1 号和 2 号联系洞。尾调中支洞、尾调下支洞、1 号和 2 号联系洞为尾调室新增施工支洞，尾调室总长 161.10m，其中高程 2008.5～1969.0m (39.5m) 段为石方井挖。根据现场实际情况，在尾调室厂右端墙高程 1991.50m、下游侧端墙高程 1969.00m 及中隔墙中部新增尾调中支洞、尾调下支洞及中隔墙连通洞 4 条支洞 (178.2m)。将石方井挖调整为石方洞挖，减少开挖期安全风险，降低开挖施工难度，并为后期混凝土施工创造有利条件。调整开挖方量为 13.2 万 m^3。

(3) 副厂房 1 号和 2 号施工支洞。原副厂房施工支洞起点位于引水下平洞施工支洞的终点，终点位于副厂房高程 1968.1m 平台，主要作为副厂房开挖出渣施工通道。根据现场情况，结合主变室及中层排水廊道施工，优化调整副厂房施工支洞，优化后起点位于主变室厂左端墙，终点位于副厂房高程 1968.1m 平台。优化后该通道可作为后续副厂房混凝土施工通道，且引水下平洞施工支洞可以提前进行封堵施工。节约施工工期约

2.5 个月。

（4）尾水 3 号施工支洞。受尾水出口顶部危岩体治理影响，尾水洞出口段无法进行开挖，造成尾水洞下部无法开挖施工，从尾水 1 号施工支洞派生一条尾水 3 号施工支洞至尾水洞底板开挖工作面，以确保尾水洞开挖施工按期完成。

4.4 复杂交叉洞、大跨岔洞的开挖支护设计

引水发电系统各洞室（井）之间平面上相互贯通，空间纵横交错，平、竖相接，复杂交叉洞、大跨岔洞的施工安全及围岩稳定问题相对突出，通过建立针对性开挖支护设计与实施原则，采取“间隔分区分序、先小洞后大洞、开挖支护协调并进、交叉段精细爆破、锁口加强支护”的施工程序，有效解决了邻洞开挖扰动效应带来的施工干扰及围岩稳定问题。

4.4.1 三大洞室相关交叉部位

4.4.1.1 厂房相关交叉部位

（1）厂房与压力管道。厂房上游边墙蜗壳层布置 4 条压力管道，压力管道下平段中心高程为 1973.5m，进厂段开挖支护洞径 D 为 1080cm，中心间距为 33m，洞间岩柱厚度为 21m。

（2）厂房与母线洞及电缆交通洞。厂房下游边墙于中间层布置母线洞，母线洞底板高程 1986.00m，全长 45.0m，断面采用圆拱直墙的城门洞型布置。沿长度分成两个断面尺寸，靠主厂房侧长度 15.0m 范围内，净宽 7.8m、净高 6.5m；靠主变室侧长度 25.0m 范围内，净宽 9.8m、净高 6.5m；中间设 5.0m 长的渐变段。在靠近副厂房的 1 号机下游侧布置通往主变室的电缆交通洞。

（3）厂房与尾水管。尾水管层主要布置尾水管结构。4 条尾水管平行布置，方位角为 N95°E，垂直于厂房轴线，中心线间距为 33m，相邻隧洞之间最小岩体厚度为 18.6m，最大断面尺寸为 12.0m×15.0m 的城门洞形，尾水管底板开挖高程为 1946.93m。

（4）厂房与厂房进风洞、排风洞、进厂交通洞及排水廊道。

4.4.1.2 主变室相关交叉部位

（1）主变室与母线洞及电缆交通洞。主变室与母线洞大断面连接，母线洞在靠近主变洞上游侧 4.5m 范围内，为方便母线与主变连接，母线洞局部扩挖，顶高程为 2004.00m。

（2）主变室与出线下平洞。出线竖井布置于主变室下游侧，与主变室间通过出线下平洞相连。出线下平洞净断面尺寸为 4.85m×13.6m（宽×高）。

（3）主变室与尾水连接管。尾水连接管位于主变室底部，上、下洞室岩层厚度为 24.2m。

（4）主变室与主变进风洞、主变排风洞及主变施工支洞。

4.4.1.3 尾调室相关交叉部位

（1）尾调室与尾水连接管及尾水洞。尾水连接管与尾水洞采用尾调室内交汇的连接方式，即 4 条尾水连接管平行布置，在尾调室底部相邻 2 条尾水连接管以 Y 形岔管形式合二为一，交汇形成两条尾水洞。

（2）尾调室与尾调排风洞、尾调通气洞、尾调施工支洞及排水廊道。

4.4.2　交叉洞口开挖支护技术

4.4.2.1　隧洞平交口的开挖

（1）平交口开挖按照“先导洞，后扩挖”的施工程序，严格执行“短进尺、多循环、弱爆破、早封闭、勤量测”的施工原则。

（2）平交口在开挖前，先做好隧洞周边的锁口支护。

（3）平交口开挖后，系统支护应紧跟开挖作业面，根据开挖揭示的地质条件，采用长锚杆、钢筋网喷混凝土、钢支撑、混凝土衬砌等方式加强支护，加强支护范围要大于平交口应力影响区域。

（4）平交口开挖支护严格按照监理批准的施工措施组织施工，开挖前必须对作业人员做好技术交底。

（5）平交口施工严格执行光面控制爆破技术，控制爆破单响药量，爆破质点振动速度满足规范的要求。

（6）在平交口设置施工期临时监测断面，施工过程中加强施工期的安全监测。并根据监测数据分析成果指导开挖和支护。

4.4.2.2　隧洞立体交叉部位的开挖

（1）对洞室立体交叉部位严格执行“先小洞、后大洞”的开挖原则。

（2）在两洞立体交叉段或洞室层叠段应上、下层错开时段开挖，如不能错开时段开挖则错距不小于 30m 开挖，下层洞室开挖按“短进尺、弱爆破、多循环”原则施工，且撤离两洞的施工人员。

（3）当立体交叉的隧洞间岩体厚度小于大洞室直径（或其他最大尺寸）的 1 倍时，对洞室爆破进行严格控制，采用光面爆破或预裂爆破等控制爆破技术，严格控制单响药量，爆破质点振动速度满足规范的要求。

（4）在隧洞交叉处采取加强锚杆、安装钢拱架、加强衬砌等措施。

（5）立体交叉处的隧洞开挖支护严格按照监理批准的施工措施组织施工，开挖前必须对作业人员做好技术交底。

（6）在立体交叉处设置施工期临时监测断面，施工过程中加强施工期的安全监测，并根据监测数据分析成果指导开挖和支护。

4.4.2.3　洞室高边墙的开洞

（1）高边墙开洞严格遵循“先洞后墙”的开挖顺序，压力管道、母线洞及尾水管在主厂房开挖到相应部位之前，提前贯入厂房 3m，并做好锁口支护。

（2）沿边墙顺洞室周圈作环向预裂的施工方法，最大限度地保证了边墙下挖后相交部位的体型。

（3）高边墙开挖采用预裂爆破，预裂爆破参数需经试验确定，严格控制梯段爆破一次起爆药量，爆破参数根据围岩情况进行动态调整，爆破质点振动速度满足规范文件要求。

（4）开挖方式采用“深孔预裂，薄层开挖”，开挖后初喷混凝土施工紧跟掌子面，系统锚喷支护工作面滞后于开挖工作面的距离应不大于 20m，预应力锚索滞后于开挖工作面的距离应不大于 30m，在下一层开挖之前，必须完成锚杆、锚索及喷混凝土等支护措施。

（5）压力管道、母线洞、尾水管及尾水连接管平行布置，按奇偶号洞分两序开挖。

（6）及时安装永久监测仪器，加强监测及数据反馈，根据施工开挖期所揭露的实际地质条件和围岩监测及反馈分析成果及时调整围岩支护参数，贯彻动态设计原则。

4.4.3 典型交叉洞支护设计与施工

4.4.3.1 平洞交叉口

与三大洞室平交的施工洞室均为三大洞室上部的交通及通气洞，除进厂交通洞接厂房安装间、尾调交通洞接尾调室岩柱隔墙外，其他洞室均与大洞室端墙相接，断面尺寸一般为 8.5m×7m。平交洞段（平交口 30m 范围）开挖主要采用 Boomer l3D/Boomer l2D 多臂钻钻孔，YT28 手风钻辅助，设计边线光面爆破。Ⅱ类、Ⅲ类围岩采用全断面开挖，正常循环进尺为 2～3m；Ⅳ类、Ⅴ类围岩采用“先导洞，后扩挖”的施工程序分部开挖，循环进尺为 1.5～2m；侧式装载机装渣，25t 自卸汽车运输；支护紧跟掌子面并在进入相应洞室施工前完成平交段的系统支护，做好洞口的环向锁口。Ⅱ类、Ⅲ类围岩洞段距平交洞口 0.5m 处设置两排Φ 25、$L=4.5$m 的锁口锚杆，Ⅳ类、Ⅴ类围岩洞段设置 I20 工字钢，纵向间距为 1m。

4.4.3.2 压力管道与主厂房交叉口

1. 支护设计

结合地质分析，支护设计总体按照Ⅲ类围岩进行初步设计，顶拱 180°范围内布置普通砂浆锚杆Φ 25/Φ 28，$L=4.5/6$m、@1.5m×1.5m，梅花型长短交错布置，顶拱 180°范围内挂网Φ 6.5@15m×15cm，喷 C25 混凝土 10cm。在厂房侧 0.5m 设置两环径向锁口锚杆，锚杆Φ 28，$L=6$m、@1m×1m。厂房上游高边墙下挖到压力管道相应高程后在交叉口设置两排环向锁口锚杆，锁口锚杆Φ 32，$L=9$m、@1m×1m，外扩角为 10°。

实施期间根据揭露情况进行地质复核，结合安全监测数据分析，实施动态反馈分析。若揭示的地质条件较差，交叉部位岩体较破碎，厂房上游高边墙变形大，则对压力管道距厂房上游边墙 10m 范围进行加强支护。加强支护形式参照压力管道下平段Ⅳ类围岩支护形式，初喷 CF30 钢纤维混凝土 7cm，系统挂网Φ 6.5@15cm×15cm，设置 I22 型钢拱架@1m，复喷 C25 混凝土 8cm，同时对出露的局部不稳定块体设置随机锚筋束（3Φ 32、$L=12$m/3，Φ 28、$L=9$m）。

2. 施工程序及方法

按照“先洞后墙”的施工原则，在厂房开挖第Ⅲ层期间，从 1～4 号压力管道下平段进入厂房第Ⅴ层、第Ⅵ层 3m，按间隔、跳洞开挖的顺序，先行施工 1 号、3 号压力管道，后进行 2 号、4 号压力管道施工，依次完成开挖并做好厂房侧的径向锁口支护及环向预裂。

开挖遵循“短进尺、弱爆破、多循环”的施工原则，沿边墙顺洞室周圈采用环向预裂的施工方法，分上下半洞开挖，上半洞Ⅱ类、Ⅲ类围岩钻孔以 Boomer l2D 二臂钻钻孔为主，手风钻造孔为辅，中部楔形掏槽以全断面法施工，单循环进尺 2.5～3.0m；Ⅳ类、Ⅴ类围岩以 Boomer l2D 二臂钻钻孔为主，手风钻造孔为辅，短台阶法开挖，循环进尺为

1.5～2.0m；石渣采用ZL－50C（3.0m^3）侧卸式装载机或CAT320（1.0m^3）液压反铲挖装，25t自卸汽车出渣。下半洞采用全断面开挖，毫秒雷管分段起爆，台炮平推，周边环向预裂，手风钻造孔，爆破石渣采用ZL50C侧卸式装载机配合CAT320反铲挖装，25t自卸汽车出渣。

4.4.3.3　母线洞与主厂房交叉口

1. 支护设计

结合地质条件分析，母线洞洞身系统设置砂浆锚杆⏀28，$L=6$m、@1.5m×1.5m，外露60cm，喷素混凝土，厚度10cm。对于局部不稳定块体采用锚杆加密及挂网喷混凝土进行加强。同时在靠厂房侧0.5m处设置两排径向锁口锚杆⏀28，$L=7$m、@1m×1m；待厂房下卧揭露洞口后，在厂房边墙设置环向锁口锚杆⏀32，$L=9$m、@1m×1m，外扩角为100°。上述支护方案需要根据实际开挖揭示的围岩地质条件进行动态调整和优化。

实施期，如果揭露的地质条件较预期发生较大变化，下游高边墙变形较大，母线洞周边岩体塑性破坏问题突出，则将母线洞距厂房下游边墙15m范围内进行加强支护，初喷CF30钢纤维混凝土7cm，系统挂网Φ6.5@15cm×15cm，设置I22型钢拱架@1m，复喷C25混凝土25cm，开挖之后先进行加强支护（喷混凝土、挂钢筋网、锚杆、钢支撑等），以保证洞身安全。

2. 施工程序及方法

主变室开挖完成后进行母线洞开挖，母线洞按间隔、跳洞开挖的顺序依次完成开挖并做好厂房侧的径向锁口支护及环向预裂，实现“先洞后高边墙”的开挖目标，该方法既有利于厂房下一部的快速施工，又有利于厂房高边墙的安全稳定及岩壁吊车梁施工。

开挖以Boomer l3D多臂钻为主、YT28手风钻为辅进行钻孔，沿边墙顺洞室周圈作环向预裂，全断面开挖中部楔形掏槽，Ⅱ类、Ⅲ类围岩单循环进尺为2.0～2.5m，Ⅳ类、Ⅴ类围岩循环进尺为1.5～2.0m；采用ZL－50C（3.0m^3）侧卸式装载机或CAT330C（1.6m^3）液压反铲挖装25t自卸汽车出渣，及时做好母线洞及厂房侧锁口支护施工。

4.4.3.4　尾水管与主厂房交叉口

1. 支护设计

结合地质分析，尾水管系统支护布置普通砂浆锚杆⏀28，$L=6$m、@1.5m×1.5m，喷C25混凝土10cm，随机挂网，在厂房侧0.5m处设置三环径向锁口锚杆⏀32，$L=9$m、@1.5m×1.5m，倾角为600°。厂房下游高边墙下挖到尾水管相应高程后，在交叉口岩埂下口设置两排环向锁口锚杆⏀32，$L=7$m、@1m×1m，外扩角为50°，岩埂上口设置两排竖向锁口锚杆⏀28，$L=4.5$m、@1m×1m，外扩角为100°。

实施期按照动态设计原则，如果断层揭露，节理裂隙较为发育，开挖卸荷问题突出，发生岩体拉裂、撕裂甚至垮塌，对于轻微的、小规模的围岩变形破坏情况，则采取局部加强的方式，如加强密系统锚杆、采用系统挂网；若出现较大规模的垮塌，变形问题突出，则对尾水管距厂房下游边墙10m范围内进行加强支护，初喷CF30钢纤维混凝土7cm，系统挂网Φ6.5@15cm×15cm，设置I22型钢拱架@1m，复喷C25混凝土25cm。

2. 施工程序及方法

尾水管及尾水连接管与母线洞上、下立体交叉，最小间距约 24.2m，按照立体交叉洞段施工时尽可能错开时段开挖的原则，加快主变室施工速度，在主变开挖支护完成后，迅速组织进行母线洞的开挖支护。在进度安排上，尾水管及连接管开挖支护在母线洞开挖支护完成后进行施工。

在厂房第Ⅲ层、第Ⅳ层开挖与支护期间，1～4 号尾水管及尾水连接管开挖与支护基本完成后，从下尾水洞 2 号施工支洞经 1～4 号尾水管进入厂房底部，提前进行厂房第Ⅷ类、第Ⅸ层开挖及支护。

4 条尾水连接管及扩散段采用跳洞开挖原则，先施工 1 号和 3 号尾水连接管，后施工 2 号和 4 号尾水连接管，若相邻洞室确需同时进行开挖时，其作业面间隔距离需试验确定，并且不小于 30m。

尾水管第Ⅰ层Ⅱ类、Ⅲ类围岩采用分区开挖，中部导洞为Ⅰ1 区，两侧扩挖为Ⅰ2 区。Ⅰ1 区超前Ⅰ2 区开挖。钻爆循环进尺为 2.5～3.0m。采用 Boomer 353E 三臂钻水平钻孔爆破，石渣采用 WA470－3（$3.9m^3$）装载机挖装，25t 自卸汽车出渣。Ⅳ类、Ⅴ类围岩岩石洞段分区同Ⅱ类、Ⅲ类围岩，中导洞开挖之前先施工超前小导洞，小导洞超前 10～15m，再扩挖形成中部导洞，其余施工程序同Ⅱ类、Ⅲ类围岩开挖程序。扩挖完成后及时完成永久支护，下一开挖循环在永久支护完成后开始，也可根据施工需要采取超前支护。钻爆、出渣方式同Ⅱ类、Ⅲ类围岩。尾水管第Ⅱ层开挖周边结构线采用 100Y 潜孔钻孔，预裂爆破。液压钻中部分区梯段爆破，梯段高度为 6m，梯段长度为 8.0～10.0m，边墙预裂超前梯段爆破区 10m 以上。石渣采用 WA470－3（$3.9m^3$）装载机或 CAT330 液压反铲挖装，25t 自卸汽车运输。

厂房下卧时，高边墙开挖采用预裂爆破，预裂爆破参数需经试验确定。严格控制梯段爆破一次起爆药量，爆破参数根据围岩情况进行动态调整，爆破质点振动速度满足规范文件要求。开挖方式采用"深孔预裂，薄层开挖"，开挖后初喷混凝土施工紧跟掌子面，系统锚喷支护工作面滞后于开挖工作面的距离应不大于 20m，预应力锚索滞后于开挖工作面的距离应不大于 30m。在下一层开挖之前，必须完成锚杆、锚索及喷混凝土等支护措施，对于尾水管与厂房边墙（高程 1964.1m）岩台，开挖施工时采用预留保护层的方式，手风钻钻孔，小药量爆破。

4.4.3.5 尾水洞及尾水连接管与尾调室

1. 支护设计

结合地质分析，岔口系统支护布置普通砂浆锚杆Φ28，$L=6m$、@1.5m×1.5m，入岩 5m/5.85m，梅花型交叉间隔布置，挂网Φ6.5@15cm×15cm，喷 C30 混凝土 15cm，尾调室与尾水连接管、尾水洞交叉口，在尾调室侧设置两排环向锁口锚杆Φ28，$L=6m$、@1.0m×1.0m。

如果实施期揭露的地质条件变化较大，围岩稳定性差，则采取加强处理措施，对四岔口 10m 范围内进行加强支护，初喷 CF30 钢纤维混凝土 7cm，系统挂网Φ6.5@15cm×15cm，设置 I22 型钢拱架@1m，复喷 C25 混凝土 25cm。如有必要，还可在交叉口尾调室侧增设锚筋束，3Φ32、$L=9m$。

2. 施工程序及方法

先进行尾水连接管和尾水隧洞的施工，尾调室在贯通前其底部采用小断面导洞通道，各岔口的尾水连接管、尾水隧洞系统支护应已完成。

尾调室贯通时，为防止贯通部位瞬间应力集中释放，对“四岔口”造成恶性应力破坏，在开挖到了高程 1965m 时，后续开挖采取分区、分序贯通的方法，使应力分区释放，预留岩层厚度不应小于底部导洞的洞径。在岔口区开挖前，调压室的上部浅表层应支护完成，且深层支护滞后掌子面高度不超过 8m。

每层开挖完成后，及时喷射混凝土；在下一层爆破出渣之前，完成锚杆、锚索及二次喷混凝土等支护措施。

四岔口第Ⅰ层在进行尾水洞第Ⅰ层（尾水洞 1 号支洞上游侧洞段）施工时先行施工中部导洞，Ⅱ类、Ⅲ类围岩河段钻爆循环进尺为 2.5～3.0m，Ⅳ类、Ⅴ类围岩洞段钻爆循环进尺为 1.5～2.0m。钻孔采用 Boomer 353E 三臂钻水平钻孔爆破，出渣采用 WA470-3（3.9m^3）装载机挖装，25t 自卸汽车运输。四岔口第Ⅰ层两侧扩挖及第Ⅱ层（含保护层），在开挖到 1965m 高程时，采取分区、分序贯通的方法进行开挖支护。两侧扩挖采用 Boomer 353E 三臂钻水平钻孔爆破，第Ⅱ层（含保护层）开挖支护周边结构线采用 100Y 潜孔钻孔，预裂爆破。液压钻中部分区梯段爆破，梯段高度为 6m，梯段长度为 8.0～10.0m，边墙预裂超前梯段爆破区 10m 以上。出渣采用 WA470-3（3.9m^3）装载机或 CAT330 液压反铲挖装，25t 自卸汽车运输。

4.5　地下洞室群施工成效

杨房沟水电站地下洞室群属于典型的大跨度、高边墙地下洞室，工程区地质条件复杂，第一主应力方向与厂房轴线方向大角度相交，洞室岩体开挖卸荷变形明显。根据地下洞室群的结构特点、地质条件及施工影响因素，通过制定科学的开挖支护和施工方案，合理地安排开挖顺序、布置施工通道与通风排烟通道。在开挖过程中采用控制爆破、安全监测、动态设计等技术措施，使开挖施工质量得到有效保证、结构安全稳定得到有效控制，合理实现了围岩安全稳定与施工质量、进度及环保等关键要素之间的平衡，提高了整体施工质量和设计效率。相比国内同等规模地下工程，杨房沟水电站地下洞室群的施工方法、工艺水平、施工质量、围岩变形控制水平均处于行业先进水平，得到了水电水利规划设计总院、国家可再生能源发电工程质量监督总站、相关行业协会以及其他流域水电开发公司的一致好评，社会效益十分显著。具体表现在以下方面。

1. 工期

杨房沟水电站地下厂房于 2016 年 4 月开工，于 2018 年 6 月全部完工，其中岩壁吊车梁混凝土浇筑期间有 3 个月未进行爆破开挖，开挖支护施工直线工期为 23 个月。相比合同要求的“2018 年 12 月底”的节点目标提前 6 个月，对比国内同等规模大型水电站地下厂房工期，施工水平处于相对领先地位，获得“部级样板工程”荣誉。

2. 变形控制

围岩变形监测共布置 64 套多点位移计，累计变形测值在 −3.41～70mm 之间，小于

30mm 的测点占比 73.44%，大于 50mm 的测点占比 6.25%。最大变形发生在 1 号机组段监测断面下游边墙岩壁吊车梁上部，该部位在爆破开挖前通过排水廊道预埋了多点位移计，实现了爆破开挖全过程变形量监测。

爆破开挖施工期间，围岩变形主要发生在监测断面及附近岩体开挖期间，变形曲线总体符合硬岩台阶状特征。截至 2019 年 6 月，经过一年时间的持续监测，数据表明各部位监测变形已基本收敛。类比国内同等规模水电站地下厂房（表 4.5-1），杨房沟水电站厂房变形控制属于中等偏上水平。

表 4.5-1　国内大型水电站地下厂房开挖支护工期及施工期围岩变形统计对比

水电站名称	结构尺寸（长×宽×高）/(m×m×m)	工期/月	围岩变形测值量级分布比例/%					最大值/mm	最大值部位
			<10mm	10～30mm	<30mm	30～50mm	>50mm		
向家坝	255.4×33.4×85.5	33	—	—	—	—	—	—	—
小湾	298.1×30.6×79.18	29	—	—	—	—	—	107	上游边墙
拉西瓦	311.8×30×73.8	41	52	27	79	9	12	63	下游边墙
二滩	280.29×30.7×65.38	27	8	35	43	19	38	126	下游边墙
官地	243.44×31.10×76.80	26	61	35	96	2	2	61	上游边墙
锦屏一级	276.99×27×68.8	33	45	31	76	11	13	93	下游边墙
锦屏二级	352.44×28.3×72.2	31	65	13	78	11	11	98	上游边墙
杨房沟	230×30×75.57	23	36	38	74	20	6	73	下游边墙
猴子岩	219.5 ×29.2 ×68.7	30	24	38	62	21	17	156	下游边墙
长河坝	228.8×30.8 ×73.35	31	—	—	—	—	—	125	上游边墙
大岗山	226.58×30.8×74.6	—	37	50	87	13	0	47	上游边墙
瀑布沟	294.1×30.7×70.175	25	43	40	83	12	5	105	岩壁吊车梁

注　表中数据均为公开发布，“—”表示未查阅到相关数据。

3. 开挖质量

地下厂房开挖成型良好，质量优良，开挖完成形象面貌如图 4.5-1、图 4.5-2 所示。厂房总开挖量为 36.5 万 m^3，总超挖量为 7461m^3，超挖率为 2%，其中地质超挖量为 1284m^3，扣除地质超挖量后平均超挖 11.9cm。开挖面平均半孔率为 93%，整体平均平整度为 6.7cm，平整度检测合格率为 96%。通过岩壁吊车梁精细施工技术，实现岩壁吊车梁精准开挖，岩台开挖平均半孔率为 96%，整体平均平整度为 4.6cm，平均超挖 7.3cm。

4. 社会效益

形成一套大型地下洞室群精细化爆破开挖关键技术，编制形成了多项工法、规范、专利等，同时，在杨房沟水电站百万千瓦级大型地下洞室群工程爆破开挖施工过程中，不仅在精细化施工质量控制、施工技术管理方面进行了大量改革和创新，而且在水电工程建设大数据智慧管理现代化应用方面进行了全面、全过程实践，经提炼总结形成了大型地下洞

图 4.5-1　地下厂房开挖完成形象面貌

图 4.5-2　主变室与尾调室开挖完成形象面貌

室群安全、优质、高效施工成套技术，实现了复杂地质条件下大跨度、高边墙地下洞室群的安全优质高效环保施工，为同类大型水电站地下洞室群爆破开挖与施工管理提供了可复制和借鉴的良好经验。

4.6　本章小结

地下洞室群施工技术在杨房沟水电站得到了创新性的应用和发展。面对地质环境的复杂性和施工过程中的高安全风险，本章提出了一系列科学施工理念和精细化管理措施，确保了施工的安全性、高效性和质量控制。

针对地下洞室群施工中的难点，如高边墙、大跨度结构特点和洞室间的相互影响，提出了施工前的周密策划和施工过程中的严格控制。通过采用大型机械设备和流水化、标准化、工厂化的作业方式，提高了施工效率并减少了对传统施工方法的依赖。在施工管理方面，详细介绍了技术方案的精细化、质量控制的严格执行、施工组织的合理安排以及动态反馈分析机制的建立。这些措施共同构成了一个全面的施工质量与安全控制体系，有效应对了施工中的各种挑战。特别地，对地下厂房的精细化开挖爆破技术进行了深入讨论。通过现场质量控制管理小组的成立和“三个一”工法的实施，实现了爆破开挖施工的精细化管理，确保了施工质量和围岩结构的安全稳定。在施工方法上，提出了分层分区开挖、控制爆破、预裂减振等技术，并针对不同围岩类别进行爆破参数优化。这些方法的应用，提高了开挖质量，有效控制了围岩的爆破损伤和松弛圈扩展。

通过这些关键技术实施，杨房沟水电站地下洞室群施工在工期、变形控制、开挖质量等方面均达到了行业先进水平。工期提前完成，围岩变形得到了有效控制，开挖质量优良，这些都得益于施工过程中的精细化管理和技术创新。

第5章　地下洞室群安全监测与围岩稳定反馈分析

5.1　概述

20世纪90年代之后，随着数值方法在岩土工程分析领域的迅猛发展和工程实践深化，大型地下洞室的施工期监测反馈分析技术被广泛应用，建立在快速反馈分析基础上的动态设计成为了地下工程围岩开挖支护设计的发展方向。该方法以工程现场的多元量测数据（包括地质、施工、设计和监检测等全方位数据）作为基础信息，反推或复核实际地层初始应力、岩体力学参数及破坏模式等，进而调整和优化工程设计与施工，被称为联系理论与工程的桥梁。

由于我国西部大型水电工程地下洞室群建设的规模大、地质条件复杂，在工程全面开挖之前，不同工程部位所处的地质条件、岩体结构、地应力特征及地下水状况不易全面掌握。因此前期设计的爆破开挖方案、支护锚固方案、安全监测方案等均可能存在诸多局限性，其中的许多工程问题需要在实际施工过程中充分融合工程类比法、现场监控法、理论计算法与数值分析法等多种分析手段，建立多种方法相互渗透、补充、校正的动态设计和综合监测反馈分析体系，使整个施工过程得以不断地调整和优化，保证安全、高效、经济地完成地下洞室群的施工建设。

杨房沟水电站地下洞室群的规模巨大，工程地质条件复杂，其施工安全与围岩稳定风险相对突出。在工程施工期，工程总承包项目部专门组建了“围岩稳定动态快速施工设计与安全监测反馈分析小组”，基于三维离散元方法，充分依据施工信息和安全监测数据开展快速智能动态反馈分析工作，涵盖开挖全过程中洞室围岩的整体与局部稳定性分析、开挖方案优化设计、支护参数调整优化、分级预警指标的建立与动态修正等，对洞室群围岩稳定性进行合理评价，实现地下洞室群建设的信息化、动态化施工设计，从而确保了工程建设的安全稳定。

5.2　复杂地下洞室群快速智能反馈分析方法

5.2.1　岩体结构特征与适用性数值方法

5.2.1.1　岩体结构与非连续分析方法

岩体是经历过变形、遭受过破坏，具有一定岩石的成分和结构（节理、断层和裂隙等），并赋存于一定地质环境中的地质体。岩体材料与完整岩块的本质区别在于岩体中有大量的节理裂隙，而这些节理裂隙网络是造成岩体非连续性、非均匀性、各向异性及尺寸效应的根源。已有的岩体力学研究成果表明，岩体变形由岩体材料变形（岩块变形）和岩体结构变形（节理、裂隙和断层的张开、闭合、错动与开裂等）两部分组成，其中岩体结构变形量一般大于岩体材料的变形量。由于岩体结构面作为薄弱环节，在岩体的力学性质中一般起着决定性的控制作用，可以说，岩体结构对岩体的力学性质、变形特性及破坏规律都有重要影响。因此，在处理复杂岩体力学工程问题时，对岩体结构面的研究显得非常重要且十分具有意义，不考虑或不能合理考虑岩体结构面的力学行为，就很难正确认识和解决岩体工程问题。

岩体结构面特征在岩体力学和岩体工程分析领域的重要性，使得其通常会直接决定等效连续分析方法（FEM/FLAC）和块体离散元方法（UDEC/3DEC）的适用性和合理性。图 5.2-1 中给出了典型节理岩体与对应的适用性分析方法的概念图（Nick Barton，1998），对于岩体质量指标 Q 值在 0.1～100（岩体质量中等～岩体质量良好）的岩体工程，块体离散元法是较适用的数值模拟分析方法。

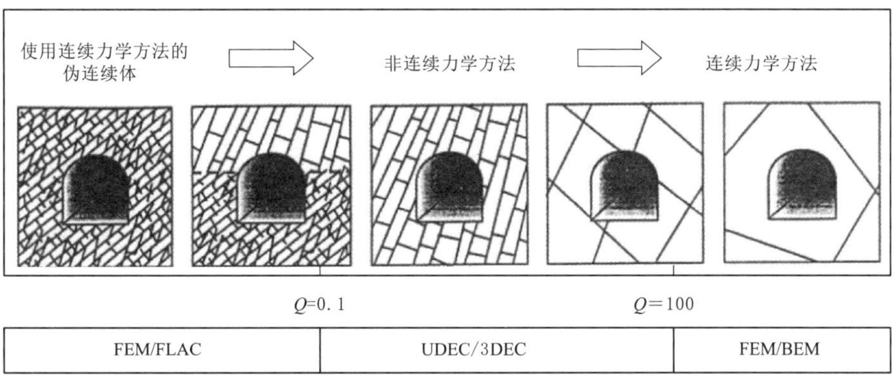

图 5.2-1　典型节理岩体与适用性分析方法概念图（Nick Barton，1998）

图 5.2-2 为岩体典型非连续特征（Wyllie，1999）与 3DEC 概念模型的对比情况。3DEC 是一款以块体离散元法作为基本理论，用以描述离散介质力学行为的计算分析程序。显然，块体离散元作为一种非连续力学方法，可再现岩体中结构面产生的非连续变形、甚至完全脱离的行为，同时也可以模拟岩块的连续变形特征。

5.2.1.2　块体离散元分析方法与特点

离散元的概念最早由 Peter Cundall 在 1971 年提出，它是一种非连续力学方法，提出离散元法的最初意图是在二维空间描述节理岩体的力学行为，Cundall 等人于 1980 年开始将这一方法延伸到研究颗粒状物质的微破裂、破裂发展和颗粒流动问题。

与连续力学方法相比，块体离散元法同时描述连续体的连续力学行为和接触的非连续力学行为。以岩体为例，它是把岩体处理成岩块（连续体）和结构面（接触）两个基本对象，其中的接触（结构面）是连续体（岩块）的边界，这样每个连续体在力学求解过程中可以被处理成独立对象，即离散的概念，而连续体之间的力学关系通过结构面（接触）的非力学行为实现。从这个角度讲，块体离散元法并不是理论上的创新，理论上可以引用现成的连续介质和非连续介质理论，块体离散元法主要体现在方法上的创新，即采用什么方

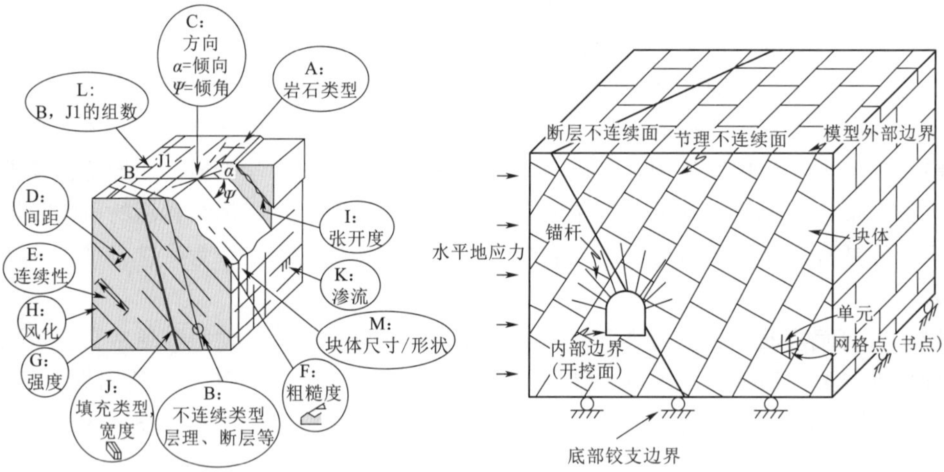

（a）岩体的典型非连续特征　　　　（b）3DEC概念模型

图 5.2-2　岩体典型非连续特征与 3DEC 概念模型（Wyllie，1999；3DEC Manual）

式描述由接触和连续体构成的系统。

UDEC/3DEC 中结构面切割形成的块体为连续体，其采用了与 FLAC 完全相同的求解方法，事实上，FLAC 是把 UDEC/3DEC 中对块体的求解方法单独拿出来，针对连续体问题开发和发展起来的一款程序。

一些连续力学方法中也可以处理一些非连续面，比如有限元中的节理单元和 FLAC 中的 Interface（界面），后者实际采用了块体离散元法，但包含了节理单元和界面单元的这些连续介质力学方法仍然与离散元法存在质的差别，离散元的定义中体现了这种差别。

通常所说的块体离散元法实际包含两层意义，分别对应于英文中的“discrete”和“distinct”，二者之间存在一定的差别。能同时采用连续和非连续力学行为的很多方法都可以称为 Discrete 方法，而 Distinct 被定义成一种计算机程序，只有当这种程序具备以下要求时才称为 Distinct 方法：①允许离散块体发生有限位移和转动，包括完全脱离；②计算过程中可以自动识别接触。

后者是区分 Distinct 方法和 Discrete 方法的重要标志，它包括了离散块体之间接触关系的变化及其带来的力学关系的差别，比如，当一个块体脱离某个块体与另一个块体发生接触时，程序能正确描述这一过程中该块体受力条件的变化。

离散元是一种方法，与有限元一致，体现这一方法的载体是计算机程序，所以，离散元的诞生和发展伴随着离散元程序的出现和丰富完善，即这些程序的发展历史反过来反映了离散元的发展历程。利用离散元法来实现数值计算时需要解决的一个重要问题是接触，即岩体中的结构面，离散元中把这些接触处理成块体的边界，这就是说，在计算过程中每个块体都是独立的，块体内部单元的力学响应取决于这些边界所受的荷载条件。与离散元的这一特点相比，传统有限元主要是对离散元法的内部块体进行连续力学计算，由于边坡工程等的岩体变形过程中，块体的接触关系和受力状态在不断发生变化，而离散元的提出主要是针对岩体内部块体边界（结构面）力学条件（接触方式和受力状态）的变化，因此对这类问题更具有适应性。

鉴于离散元的上述基本特点和开发意图，Peter Cundall 在 1971 年提出离散元法的概念时的主要工作集中在如何描述离散体的几何形态、判断和描述接触状态及其变化等方面，并有效地解决了其中的一些问题，使得离散元方法实现了计算机程序化，成为解决实际工程问题的有效手段。从某个角度讲，离散元的力学理论并不复杂，甚至缺乏基础理论上的创新，这表现在块体沿用了传统连续力学介质理论，接触也直接引用了直观的非连续力学理论，如牛顿第二定律、运动方程等，Peter Cundall 的突出贡献在于把这些成熟理论方法化，解决了计算机程序化过程中的很多问题。这些问题表现在接触形态描述、计算中的接触判断、数据存储技术等若干环节。

平面离散元程序 UDEC 中采用角点圆弧化的凸多边形来描述结构面，即块体形态由这些封闭的凸多边形来表示。角点圆弧化的目的是避免计算过程中在尖端出现数值上的应力异常，影响计算结果。块体的凹形边界则由与之相接触的另一接触块体的凸形边来定义，这决定了建模过程中需要使用凸形来定义凹形。

显然，平面离散元中边界的接触方式有边—边接触、边—点接触、和点—点接触。接触方法的不同决定了块体边界上受力状态和传递方式的差别，因此也要求在计算过程中不断判断和更新块体接触状态，并根据这些接触状态判断块体之间的荷载传递方式，为接触选择对应的本构关系和强度准则。这一特点和要求体现了 UDEC 与任何有限元程序的差别，即 UDEC 中多出了一整套为接触设计的内容，与有限元计算相似的块体连续力学计算成为确定接触关系和接触受力状态以后的延续，成为解决问题时一个相对简单的部分。

复杂模型内部的接触非常多，如果按传统的搜索方法，在计算过程中先关注和进行相应的力学计算确定接触荷载状态，然后再把这种荷载作为块体的边界条件进行块体的连续力学计算，整个计算过程可能会因非常冗长而缺乏现实可行性。为此，Peter Cundall 基于数学网格和拓扑理论为 UDEC 设计了接触搜索和接触方式状态判别方法，考虑了不同类型问题的求解需要。同时块体的连续力学计算舍弃了传统有限元解大型线性方程组的矩阵求解方式，采用有限差分方法逼近算法，并解决了其中若干环节的问题（该解法于 20 世纪 90 年代被开发成为针对连续体问题的 FLAC 和 FLAC3D 程序），极大程度地提高了计算效率和稳定性。

在确定了接触方式以后，即可以选用现成的界面力学关系式来描述接触的力学行为，其中最基本的描述关系式包括切向和法向荷载—位移关系和强度关系，接触上的法向荷载等于法向刚度和法向位移之积，法向应力超过了抗拉强度时即发生张拉破坏，此时块体可能处于力学上的不平衡状态。对于这种情形，UDEC 和 3DEC 中通过牛顿第二定律将其转化成运动方程进行求解，因此可以模拟结构面的张开和块体的完全脱离及脱离以后的运动。当无厚度的结构面受压时，UDEC 和 3DEC 允许块体在发生重叠的情况下进行法向位移计算和法向荷载计算，同时使得有厚度结构面的张开和压缩行为能够不通过模拟结构面厚度实现，解决了很多程序在这种情况下可能遇到的单元奇异问题。接触的切向方向上的力学行为也可以通过类似的方式实现，且 UDEC 和 3DEC 中提供了大量的结构面强度准则，可以反映结构面起伏、剪切过程中强度变化等复杂状况下的力学行为。

三维离散元程序 3DEC 中块体为任意多边形封闭组成的凸形块体，与 UDEC 类似，具有凹边的块体由与之接触的凸边实现。三维离散元程序 3DEC 中块体之间的接触方式更多，包括面—面、面—边、面—点、边—边、边—点和点—点 6 种方式，接触方式的多样化使得计算过程中的判断更加耗费时间，接触的力学关系，即块体边界荷载作用方式也更复杂。如果计算过程中按传统的思路对一个块体逐一地进行搜索，则消耗的时间肯定难以接受，这就要求程序设计中采用更有效的搜索方式。Peter Cundall 因此为 3DEC 专门设计了一些行之有效的接触关系搜索和判断方法，比如为模型设置数学网格进行分区搜索，在接触之间设置一个中间面，根据两个相互接触的块体落在中间面上的角点数目来判断接触关系，极大程度地节省了计算时间。

上面的叙述非常简单地介绍了离散元和离散元程序 UDEC 及 3DEC 的基本特点，解释了国内很多机构和研究人员对 UDEC 和 3DEC 程序及其使用的离散元方法认识上的误区，明确了如下内容。

（1）从力学理论上讲，离散元并没有创新和突出之处，与有限元一样，离散元只是传统力学理论基础上的一种计算机求解方法，因此不存在力学理论完善性和成熟性方面的问题。

（2）可以认为离散元中的块体完全等同于有限元中的连续介质，但块体的边界条件由接触决定，因此离散元程序中需要有效地解决对接触的描述和计算求解等一系列方法学上的问题。

现实中的主要问题是如何把离散元法的基本原理转化成有效的计算机程序，正因为如此，现实中对离散元的异议和疑虑主要是来自程序和开发程序过程中的方法，而并非离散元理论。所以，不同的研究人在采用不同的具体方法进行程序开发后，或者用户在接触不同的离散元程序以后可以得出不同的认识。从应用的角度看，讨论离散元是否合适的意义远不如讨论具体程序具有现实意义。事实上，有限元领域也是如此，就连续体问题而言，现实中我们讨论的并不是有限元的好坏，而是哪款有限元程序的优劣。

就目前世界上的离散元程序产品质量和功能而言，UDEC 和 3DEC 无疑占据领先地位，其中的 3DEC 是目前世界上唯一在岩土工程界广泛应用的大型商业化三维离散元软件产品。实践表明，3DEC 特别适合于离散介质在荷载（力荷载、流体、温度等）作用下静、动态响应问题的分析，如介质运动、大变形或破坏行为和破坏过程研究。已广泛用于岩土工程、地质工程、地震工程、建筑与结构工程、军事工程等行业，是岩体变形、破坏等力学分析非常实用的工具之一。

5.2.1.3　三维裂隙网络的快速构建

目前传统的节理网络模拟技术遵循的一般是概率统计理论和蒙特卡洛随机模拟原理，虽然复杂三维节理裂隙网络的生成理论上可行，但这种模拟方法在工程中的实用性往往受到很大限制。一方面原因在于一些节理参数的分布形式可能非常复杂，很难寻找到满足精度要求的数学表达式来描述其分布特征，即统计分布特征与样本会存在严重的误差。另一方面，针对具体工程，由于基于概率统计的岩体结构几何形态的不确定性导致了最终岩体力学行为的不确定性，从而使定量化岩体力学问题分析的可信度不高，不能直接用于生产实践，仅适用于对工程问题做总体性的分析评价和潜在的风险评估。比如，少数研究者基于结构面网络模型可以确定某岩质边坡潜在的破坏面或可动块体，但节理网络模拟法所建立的岩体结构面与实际结构面并不是一一对应的，这种“不确定性”使得类似的工程应用效果欠佳。显然，上述方法也很难解决复杂地质环境下地下洞室在实际施工过程中的局部洞段开挖稳定问题，尤其是洞段沿线围岩条件变化较大、工程问题较突出的情况。

针对上述工程应用性较差的问题，在具体的大型地下洞室开挖实践中，就需要建立更精细化和准确性更高的数值模型，实现从整体或全局性评价到能够针对性评价局部或细部工程问题的转变。实际上，大型洞室一般采用分期分序开挖，大量的结构面信息会在开挖面逐步揭露，岩体结构特征也将逐步清晰，有助于循序渐进地把握和解决各类潜在工程问题。目前，国内水电工程地质勘察工作做得非常细致，各类资料的收集也很充分详细，包括现场破坏特征、岩石类型、性质、岩体结构面等，但总的利用率相对不高或者不够深入。如何将大量的工程地质编录成果转化成合理的可供数值分析使用的基本条件是需要思考的问题。

在 3DEC 模型中生成节理需要的一些关键参数，如倾向、倾角、位置、连通率等，都可以对应于节理地质编录过程中的一个采样参数。这就使得有可能把已开挖面的大量结构面信息（可通过手工地质素描或采用数码摄像技术进行采集）直接移植到数值模型之中，完成“可见”岩体结构的重构工作。此时的节理模型，从性质上就不再是一个“不确定性的随机模型”，而是一个“确定性模型”，具有现实的工程意义（由于上述确定性的结构面信息来源主要来自地质素描，因此地质素描的精度也关系到数值计算的准确性）。而且，由于 3DEC 模型可对每一条节理赋以不同的力学参数值，这对节理裂隙网络模型的进一步精细化十分有利，节理参数的多元化使得模型更贴合工程实际。相对于基于概率统计和随机理论的三维随机节理裂隙网络（DFN），“确定性模型”除了能够回答工程问题的性质和统计量特征等以外，还可以明确指出问题出现在什么位置，但其缺点是不能充分考虑未在开挖面露头的结构面，总体上存在低估围岩稳定风险的可能。另外，由于大型洞室开挖需要关注后续开挖的影响，对下一步开挖围岩变形及稳定性进行分析预测是数值反馈分析的重要工作内容，这将涉及对未开挖部位结构面信息的取得问题，比较可行的做法是在这些“不可见”区域采用概率统计方法生成随机节理裂隙网络，或利用结构面在小区域内分布具有延续性的特点进行概化。

在实施过程中，一般会遇到监测布置相对滞后、监测数据总量偏少的现实情况，这就需要紧密结合现场实际开挖情况，充分利用开挖揭露的各类信息，尤其注重对地质现场素描成果的应用与转换（在实际操作中应结合工程判断，识别出主要不利的优势结构面组合，突出真正对工程影响大的结构面），据此建立完善的数值分析模型。此外，还需根据现场开挖揭示出来的工程现象，结合相关的监测与检测成果，完成模型的验证和参数修正工作。

5.2.1.4 三维离散元方法的适用性

连续数值方法与非连续数值方法在应用层面的差别，体现在前者仅适合模拟有限的非连续面，一般为数十条；而非连续数值方法，如离散元，适合模拟大量的结构面，可以模拟数千乃至上万条，因而离散元等非连续方法更适用于模拟展布大量非连续结构面的地下工程岩体。长期大量的工程实践经验表明，采用 3DEC 模拟技术作为主要数值计算程序，开展水电工程复杂工程地质条件下大型地下洞室群的施工期动态反馈分析工作，具有如下应用优势。

(1) 3DEC 程序具备直接模拟不同级别的结构面的能力，能够将施工地质编录成果直观纳入模型，以充分反映各类岩体结构面导致的岩体非连续、各向异性特征，现实体现岩体结构控制理论精髓。

(2) 可十分方便地根据现场开挖揭示出来的工程现象及监测与检测成果对模型进行验证和参数修正工作。通过建立更精细化和准确性高的数值模型，实现从整体或全局性评价到能够针对性评价局部或细部工程问题的转变，最终做到针对复杂岩土工程问题，能从定性分析向半定量、定量分析的方向转变。这也是动态反馈分析工作中所关注的核心问题。基于洞室围岩特征与三维离散元方法的契合，利用三维离散元程序可以解决复杂大型地下工程的诸多岩石力学问题，尤其是在施工期快速高效动态反馈分析方面极具优势。

1) 复杂地下洞室三维地质模型和数值仿真模型的快速建立。

2) 岩体结构面裂隙网络的构建。

3) 岩体力学参数与本构模型的研究。

4) 监测、检测成果的三维可视化与动态分析。

5) 厂区地应力特征研究、裂隙渗流场研究。

6) 洞室群布局与洞群效应问题研究。

7) 洞室开挖支护方案优化研究。

8) 高应力导致的围岩片帮、破裂问题与控制方法。

9) 顶拱、边墙等部位喷层开裂风险预测与控制。

10) 围岩深层变形问题与控制。

11) 围岩变形时间效应问题研究。

12) 厂房高边墙松弛问题与检测数据分析。

13) 围岩系统支护安全性评价、高边墙预应力锚索锁定吨位分析。

14) 软弱岩体中大型洞室支护设计。

15) 随机块体、定位与半定位块体的稳定性问题。

16) 不利地质条件（高应力、软弱断层或错动带、蚀变带、软岩段、节理密集带等）导致围岩稳定问题与处理方案。

17) 地下厂房岩锚梁开挖成型与稳定性评价。

18) 施工期预警预报或围岩安全管理标准研究。

19) 其他诸如爆破、地震影响等。

5.2.2　动态反馈分析技术与现场实施

5.2.2.1　动态反馈分析技术

杨房沟水电站地下洞室群的动态反馈分析与闭环设计工作需要结合工程的具体特点，从基础的地质资料分析、监测数据分析、基于三维离散元模型的数值验证和预测等多个方面工作入手，全面把握地下洞室群开挖过程中的围岩稳定问题和控制性影响因素，并为工程总承包项目部制定合理的工程处置措施提供专业技术支撑。动态智能反馈分析与闭环设计的技术路线如图 5.2-3 所示。这一技术路线是以服务地下洞室群建设为核心，注重监测反馈分析的及时性和全面性，并随着洞室开挖进展不间断同步实施的动态研究过程。

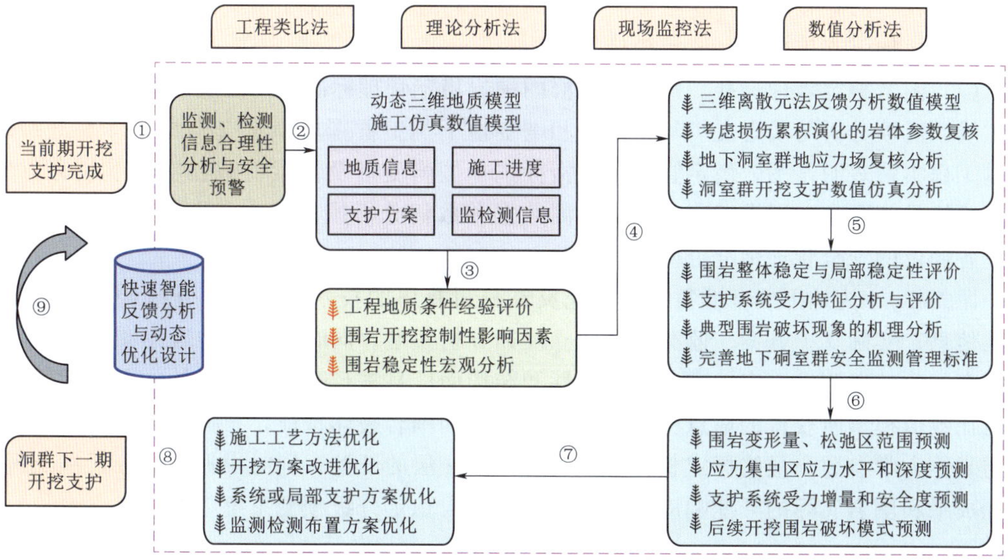

图 5.2-3 大型洞室群动态智能反馈分析与闭环设计流程

技术方案整合了岩石力学的最新研究成果、三维复杂地质建模、采用离散元二维及三维数值分析等手段，以现场监测、检测数据为根本，结合地质条件、施工信息、支护设计等，形成了一个完整的监测反馈工作流程。其基本的思路是在前期大量基础研究基础上，建立数值反馈分析模型，采用合理的岩体本构、岩体参数和地应力场特征，形成一个由②→③→④→⑤→⑥→⑦→⑧→⑨→②构成的地下洞室群快速监测反馈分析流程。动态反馈分析与闭环设计的重点包括如下内容。

(1) 多源信息的获取和分析。收集地质资料、监测信息，对监测数据的合理性进行宏观分析，找出施工和其他条件变化导致的监检测数据异常断面，整体把握监测数据所解释的围岩变形和稳定特征；分析监测仪器所在断面位置处的地质条件和结构面等可能对监测成果的影响程度和范围，分析当前开挖步导致的围岩响应特征（变形大小、应力状态、松弛区深度、支护系统受力等），在此基础上对地下洞室群开挖过程中的潜在围岩稳定问题进行宏观评价并分析控制性影响因素。

(2) 数值分析及参数反演。在建立的数值计算模型中考虑实际的支护手段和施工方案等，分析该层开挖过程中数值模型所揭示的围岩变形及稳定特征、松弛区深度、支护系统受力特征等，并与现场实际的围岩开挖监测响应特征进行对比。在此过程中可能需要对地应力以及岩体力学参数进行多次调整或修正，最终目标是使数值分析所获得的相关成果与现场实际围岩变形破坏特征以及监检测数据所揭示的规律一致。在分析方法或研发投入上要耗时少，能快速开展分析并给出客观的结论意见，以适应现场快速施工的要求。

(3) 预测后续开挖响应。根据反演获得的地应力以及围岩力学参数、围岩开挖影响特征，对开挖支护方案、监测布置方案以及局部加强支护措施等进行综合评价；结合现场施工条件，提出有利于围岩稳定的开挖施工顺序，并对相关开挖顺序进行优化；针对优化后的开挖施工顺序，对锚杆、锚索间距等围岩支护参数进行调整优化；通过不同开挖和支护方案的比较，对存在局部围岩稳定问题的洞段进行爆破开挖及加强支护设计，提出具体的开挖方案、加强支护措施、监控措施等。

（4）围岩稳定管理标准。地下洞室群的围岩稳定管理标准是动态反馈分析与闭环设计的主线，反馈分析与动态支护均是依据和围绕地下洞室群围岩稳定安全管理标准进行的。大量工程实践表明，围岩稳定管理标准指标选择围岩变形及锚索荷载在实施上较为方便，同时具体量值要参考同类工程、现场实测数据和数值分析成果综合考虑，每个开挖阶段，洞室各部位的安全管理标准也应区别对待。

图 5.2-4 为地下洞室群每一层开挖反馈分析具体的技术路线。充分结合现场实际的地质信息、实际支护方案、监测方案建立反馈分析模型，同时在模型中考虑布置与实际监测方案一致的监测点、支护方案以及岩性和结构面信息进行开挖支护分析。通过后处理模块对比数值模型所获得的信息与现场监检测信息和围岩破坏特征，根据对比情况调整地应力与岩体力学参数，最终标定相关参数，预测下一层的开挖。同时根据数值分析以及现场监测成果和围岩实际的开挖响应，建立并更新围岩稳定分级预警系统。

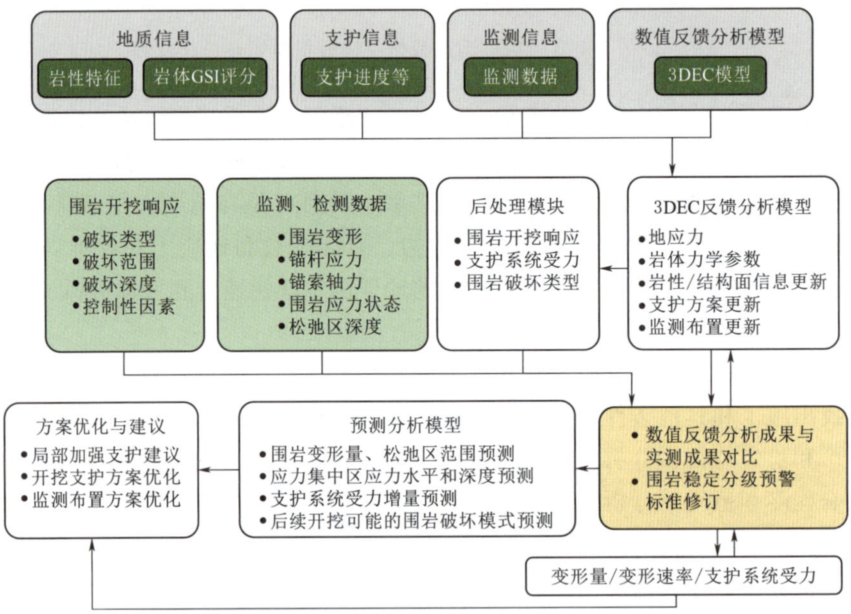

图 5.2-4　地下洞室群每一层开挖反馈分析技术路线

5.2.2.2　实施方案

大型地下洞室群是一个复杂的系统工程，其复杂地质条件无法或很难事先准确预测。因此，特别需要从全局角度出发，将洞室群围岩稳定性反馈分析和动态设计放在一个完整的体系内考虑，并通过必要的制度建设确保目标的有力执行。杨房沟水电站工程是国内第一个大型水电站的设计施工一体化 EPC 总承包项目，与常规项目相比，其洞室群施工期科研工作有条件也应当与地质、设计、施工、监测和质量控制更为紧密地结合。因此，在工程建设之初，工程总承包项目部即开始研究和探索如何通过科学的多方协作和有效组织与管理，使施工期的动态设计与监测反馈分析工作形成常态化和体系化的特色运作机制，更好地服务于地下工程开挖实践。

在实际工作中，现场通过成立“围岩稳定动态快速施工设计与安全监测反馈分析小组”，利用快速动态反馈分析手段，把动态优化调整的围岩变形管理标准作为核心联系载体。通过现场定期技术交流讨论会等方式，建立了地质、监测、设计、科研、施工的现场联合设计团队，相互密切配合，全程跟踪现场开挖过程中的围岩响应特征，把岩石力学的科研成果快速及时地应用到工程实践中，保证复杂大型洞室群的工程建设进度与工程安全风险控制，实现反馈分析与设计优化的高效执行力和科学性。

项目执行过程中的监测反馈分析成果主要提交形式如下。

（1）工作简报：强调及时性，对现场巡视过程中或监测、检测数据分析中所揭示的问题进行快速响应，并提出合理的处理方案。

（2）专题报告：针对工程建设过程中所遇到的复杂问题开展专门研究，并根据分析成果提出相应的建议。

（3）阶段性成果报告：服务工程建设期间的相关咨询评审会议，系统地整理阶段性成果，作为专题咨询会的会议材料。

5.2.2.3 实践情况

在工程实施阶段，杨房沟水电站地下洞室群围岩动态智能反馈分析紧密结合现场实际施工进度与揭示地质条件展开，通过系统和实时开展地下洞室群的开挖响应特征分析、洞群整体与局部稳定性分析、分层开挖过程中围岩工程地质特征分析、监测检测数据统计分析、开挖与支护设计动态调整与优化分析等工作，累计完成 11 期阶段性专题研究报告（表 5.2-1）和 40 份动态反馈分析简报（表 5.2-2）。相关成果对地下工程安全高效开挖施工提供了有力的技术支持，已在地下洞室群施工期的动态设计中得到了良好的应用和体现，并有力支撑了现场组织的 1 次顶拱专项验收会、4 次阶段性专家咨询审查会和多次专题讨论会。其中，4 次阶段性专家咨询审查会分别针对地下洞室群开挖至厂房第Ⅲ层（2017 年 6 月）、第Ⅴ层（2017 年 11 月）、第Ⅶ层（2018 年 3 月）及开挖支护完成（2018 年 10 月）展开。

表 5.2-1　　专题研究报告及成果应用情况

期数	专题研究报告	成果应用
1	尾水洞检修闸门室围岩开挖响应及岩壁吊车梁稳定性分析	在岩锚梁岩台部位施加 2 排锁口锚杆
2	地下洞室群第Ⅰ期监测反馈分析专题研究	厂房洞室群开挖围岩稳定性与潜在工程问题阶段性分析评价（第Ⅰ期）
3	地下洞室群第Ⅱ期监测反馈分析专题研究	厂房洞室群开挖围岩稳定性与潜在工程问题阶段性分析评价（第Ⅱ期）
4	地下厂房下游边墙岩体蚀变—节理密集带开挖响应特征及岩锚梁稳定性分析	岩体蚀变影响条件下厂房下游边墙岩壁吊车梁部位开挖支护方案及岩锚梁方案的调整与论证分析
5	地下洞室群第Ⅲ期监测反馈分析专题研究	厂房洞室群开挖围岩稳定性与潜在工程问题阶段性分析评价（第Ⅲ期）
6	尾调室第Ⅳ层开挖围岩响应特征与稳定性分析	尾调室第Ⅳ层开挖完成围岩稳定性与潜在工程问题分析评价

续表

期数	专题研究报告	成　果　应　用
7	地下厂房第Ⅳ层开挖围岩响应特征与稳定性分析	地下厂房第Ⅳ层开挖完成围岩稳定性与潜在工程问题分析评价
8	地下洞室群第Ⅳ期监测反馈分析专题研究	厂房洞室群开挖围岩稳定性与潜在工程问题阶段性分析评价（第Ⅳ期）
9	地下厂房第Ⅵ层开挖围岩响应特征与稳定性分析	地下厂房第Ⅵ层开挖完成围岩稳定性与潜在工程问题分析评价
10	地下洞室群第Ⅴ期监测反馈分析专题研究	厂房洞室群开挖围岩稳定性与潜在工程问题阶段性分析评价（第Ⅴ期）
11	杨房沟水电站地下洞室群施工期动态监测反馈分析与围岩稳定性评价总结报告	结题报告

表 5.2-2　动态反馈分析简报及成果应用情况

期数	动态反馈分析简报	成　果　应　用
1	厂房支护进度要求	调整支护进度要求，支护滞后工作面的距离应小于20m，围岩破碎段支护应紧跟工作面
2	地下厂房中导洞开挖响应分析与变形预警标准	应用于现场监测预警
3	地下厂房中导洞片帮破坏特征与支护建议	将厂房上游拱肩部位原设计普通砂浆锚杆调整为带垫板锚杆，并内插一排普通砂浆锚杆
4	地下洞室群锚索锁定吨位	确定锚索按设计荷载的70%进行锁定
5	尾调室联系洞方案论证	优化施工通道布置方案，方便施工组织安排
6	地下洞室群锚索锁定吨位（更新）	基于最新三维模型，确定锚索按设计荷载的70%进行初始锁定
7	地下厂房断层 f_{49} 影响洞段塌方分析及支护建议	针对厂房断层 f_{49} 影响洞段，采取弱爆破短进尺掘进形式，降低开挖对围岩的扰动，加密锚杆支护，并增加4排预应力锚索支护
8	地下厂房断层 f_{49} 下盘围岩稳定分析（厂左0+00～厂左0+30洞段）	针对厂房断层 f_{49} 影响洞段，采取弱爆破短进尺掘进形式，降低开挖对围岩的扰动，加密锚杆支护，并增加4排预应力锚索支护
9	尾水管检修闸门室左侧端墙邻近部位洞群稳定分析	对尾闸连接洞、尾闸回车洞和施工支洞（下）相交形成的四岔洞口进行内插锚杆加强支护
10	主变室右侧端墙邻近部位洞群稳定分析	优化进厂交通洞与主变排风洞立体交叉段洞间岩柱支护方案
11	地下洞室群排水廊道开挖顺序影响分析	优化排水廊道开挖顺序，更好地满足施工组织安排
12	施工期地下洞室群锚索锁定吨位反馈分析（厂房洞室群第Ⅰ层开挖）	确定锚索按设计荷载的70%进行锁定
13	地下洞室群边墙第Ⅰ排系统锚索支护时机影响分析	调整第Ⅰ排系统锚索的施作时机，以更好地满足现场施工进度安排
14	地下厂房厂右0+120～厂右0+160洞段围岩稳定分析（断层 f_{19} 影响洞段）	针对厂房断层 f_{19} 影响洞段进行了预应力锚杆和普通砂浆锚杆加强支护
15	地下厂房顶拱潜在工程问题分析与局部加强支护建议	针对厂房断层 f_{49} 影响洞段上下游拱肩部位增加预应力锚索支护

续表

期数	动态反馈分析简报	成果应用
16	尾调室第Ⅲ层开挖围岩稳定分析	针对尾调缓倾断层 f_{3-2}、f_{3-13} 进行锁边加强支护
17	尾调室中隔墩围岩稳定分析	论证现场中隔墩开挖支护设计方案
18	地下厂房岩壁吊车梁稳定性分析	复核地下厂房岩壁吊车梁稳定性
19	地下洞室群开挖围岩松弛圈深度分析预测	阶段性复核地下洞室群开挖响应特征及围岩稳定性
20	地下厂房厂右 0+66 下游边墙变形监测分析	现场进行针对性补强加固并持续加强观测
21	地下洞室群母线洞衬砌施作时机分析	论证母线洞开挖支护方案和衬砌施作时机
22	地下厂房顶拱喷层开裂风险评估复核	评估后续开挖中地下厂房顶拱喷层开裂风险
23	主变室顶拱喷层开裂风险评估复核	评估后续开挖中主变室顶拱喷层开裂风险
24	地下厂房第Ⅲ层开挖围岩变形响应特征分析及厂右 0+66 下游边墙变形监测复核	复核厂右 0+66 洞段下游边墙加强支护方案与后续开挖注意事项
25	尾水岔管开挖响应特征与洞群效应分析	建议调整尾调室第Ⅴ层、第Ⅵ层开挖施工方案。需重点关注现场施工安全
26	地下厂房厂左 0+38 顶拱监测变形异常分析	初步评价地下厂房厂左 0+38 洞段顶拱围岩稳定性，后续安全监测持续跟踪
27	尾调室中隔墩围岩开挖响应特征分析及后续潜在风险评估	对尾调室中隔墩部分预应力对穿锚索设计吨位进行调整，由 1000kN 提高到 1500kN，并按 60％张拉锁定
28	尾调室边墙锚杆应力偏大或超限问题分析	对尾调室上游边墙高程 2006～2012m、厂右 0+57.75～厂右 0+114.75 范围内进行加强锚杆支护
29	地下厂房岩壁吊车梁增设扶壁墙方案加固效果分析	论证扶壁墙结构的受力及配筋合理性
30	主变室边墙监测变形偏大问题分析及处理建议	提出采用预应力锚杆加强支护处理建议
31	尾调室厂右 0+00 上游边墙监测变形偏大问题分析及处理建议	提出采用预应力锚索加强支护建议
32	地下洞室群锚索荷载超限问题及其控制标准讨论	提出锚索超限控制标准供讨论
33	地下洞室群母线洞裂缝成因机制分析与工程措施建议	论证母线洞底板以下预应力锚索加强支护方案
34	尾调室边墙上部锚索荷载偏大问题分析	阶段性论证该部位围岩稳定性
35	地下厂房岩壁吊车梁稳定性阶段评价	阶段性评价岩壁吊车梁实施效果
36	地下厂房第Ⅷ层、第Ⅸ层开挖变形监测分析及稳定性评价	考虑围岩的变形松弛损伤效应，提出针对厂房下游边墙的安全变形管理标准
37	尾调室中隔墩施工期和运行期稳定性分析评价	分析尾调室中隔墩在水位变动下的变形及稳定性
38	地下洞室群块体稳定问题分析复核	针对洞室群随机块体、定位/半定位块体进行综合分析评估
39	尾调室中隔墩施工期和运行期稳定性综合分析评价（补充）	补充运行期其他不利工况，并进行围岩参数敏感性分析
40	运行期尾调室衬砌锚筋稳定性分析	针对运行期不利工况，分析评价衬砌锚筋的稳定性

5.3　围岩安全监测检测数据分析

安全监测和检测是了解地下工程围岩潜在问题与工程危害程度最直接、通常也是最可靠的手段，其有利于潜在问题的早期发现和对潜在问题危害程度的诊断。针对复杂地质条件下的围岩开挖响应方式，常规的监测、检测技术，如多点位移计、收敛观测、锚杆应力计、松动圈测试等手段可以及时反映围岩稳定状态的信息，为制定工程加固和相关处理措施提供最直接的参考依据。依托和整合海量监测、检测数据，结合施工过程与开挖地质信息开展实时分析，可以全面掌握洞室围岩开挖响应特征，及时发现各监测异常部位，并宏观分析判断其控制性影响因素和围岩稳定性状况，也可以为数值模拟分析、监测方案调整提供依据。

5.3.1　安全监测设计目的

地下工程安全监测设计目的主要体现在以下几个方面：

（1）监控工程安全。工程安全包括施工安全和运行安全，地下工程则主要侧重于施工期的安全监测。在施工期，监控地下洞室在建设过程中可能发生的安全问题，如开挖爆破、开挖程序等施工过程对工程安全可能造成的不利影响；在运行期，监控地下洞室在长期运行中，因性态变异，如水库蓄水后围岩力学参数变化而发生的异常迹象，以便及时采取措施避免重大事故发生，保证地下洞室的正常运行。

（2）指导施工。施工期间的监测，主要反映了施工质量和施工条件，据此评价所采用的施工技术的适用性、优越性，并提出改进的措施。如地下洞室开挖需要监测围岩变形和支护结构的受力，以改进施工工艺、调整支护参数、优化支护设计。

（3）检验设计与科学研究。通过对长期积累的监测资料的分析计算和进一步的研究，检验设计边界条件、参数选择、计算方法、计算模型的合理性，检验新的施工技术、工艺。为工程设计积累经验，为科研工作提供依据，并将这些工程经验和科研成果应用到新建工程的设计、施工中，从而降低工程造价、缩短工期，发挥更大的经济和社会效益。

5.3.2　安全监测设计原则

安全监测设计应根据地下洞室的地质条件、洞室布置及规模、开挖支护等基本资料，了解其隐含的风险，找出其薄弱环节和威胁地下洞室安全状态的控制因素和部位后，综合考虑，统筹安排，并在地下洞室群开挖过程中，根据围岩稳定管控需要，对监测设计进行动态调整和动态设计。

安全监测项目布置的总原则是目的明确、突出重点；控制关键、兼顾全局；统一规划、分项实施。用较少的测点、合适的仪器，获得关键的地下洞室的开挖响应和运行信息。具体为如下内容。

（1）全局性原则。对监测系统的设计要有总体方案，从全局出发，既要控制关键，又要兼顾全局。应按安全控制的重要性，分为关键监测部位、重要监测部位和一般监测部位 3 个层次。对关键和重要监测部位应适当地重复和平行布置，对一般监测部位应顾及地下洞室的整体性，一般采用围岩变形测点和支护锚杆及锚索受力测点控制地下洞室的围岩稳定。此外，有相关因素的监测仪器布置要相互配合，以便综合分析。

(2) 针对性原则。根据工程特点，有针对性地对断层、蚀变带等出露部位进行监测或检测，设置相应的监测仪器。根据地下洞室地质特点、计算分析成果，在影响地下洞室围岩稳定或能灵敏反映地下洞室支护效果或稳定状态的部位布置测点。对运行后已稳定的部位可适当减少监测频次和监测项目。

(3) 统一性原则。对各部位不同时期的监测项目的选定应从施工到运行的全过程考虑，监测项目相互兼顾，做到一个项目多种用途，统一规划，分步实施。

(4) 并重原则。现场巡视检查是仪器设备监测的重要补充。一些异常现象无法通过仪器单点监测的方法发现，需要通过巡视检查才可及时发现，如新增裂缝和渗漏点等，因此应遵循巡视检查和仪器监测并重的原则。

(5) 动态设计原则。在施工期间，根据地下洞室实际揭露的地质条件和围岩开挖响应，对监测布置可做适当调整，针对超出预判或新出现的局部围岩稳定问题新增合适的监测手段；针对地下洞室施工期间进行的补强加固措施，也应布置相应的监测，监控加强支护受力和围岩稳定状况。监测布置和设计，应适应施工期地下洞室动态支护过程，以及开挖揭示的实际地质条件和实际围岩开挖响应特征，也应坚持动态设计原则，与施工期的实际支护和围岩状态相匹配。

5.3.3 安全监测布置概况

安全监测布置包括系统监测布置和随机监测布置两种情况。系统监测布置需在开挖前基本确定，主要为把握围岩整体力学行为变化、动态设计及参数反演提供依据。随机监测布置主要是为了满足安全监测的需要而进行的有针对性的监测布置，而且大部分是在施工期根据实际情况进行的动态监测设计。

地下洞室群三大洞室均布置了安全监测断面，各监测断面布置了多点位移计、锚杆应力计、锚索测力计等常规监测仪器，用于了解地下洞室施工期以及运行期间围岩的稳定情况。其中，主副厂房共布置了 5 个监测断面，即厂右 0+145、厂右 0+99、厂右 0+66、厂右 0+33、厂左（右）0+00。施工期根据现场开挖揭露的地质情况，在厂房厂左 0+11 顶拱、厂左 0+38 顶拱和厂左 0+19 下游边墙高程 2009m 及高程 1998m 分别补增了一套多点位移计，用以监测洞室不利地质条件洞段围岩的变形特征。主变室布置 2 个监测断面，即厂右 0+66 和厂右 0+33。尾调室共布置 4 个监测断面，即厂右 0+99、厂右 0+66、厂右 0+33 和厂左（右）0+00。图 5.3-1、图 5.3-2 给出了地下洞室群常规安全监测断面布置概况。

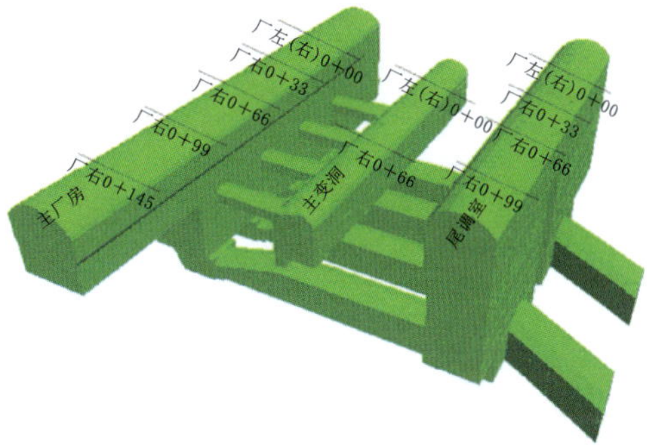

图 5.3-1 地下洞室群监测断面布置概况

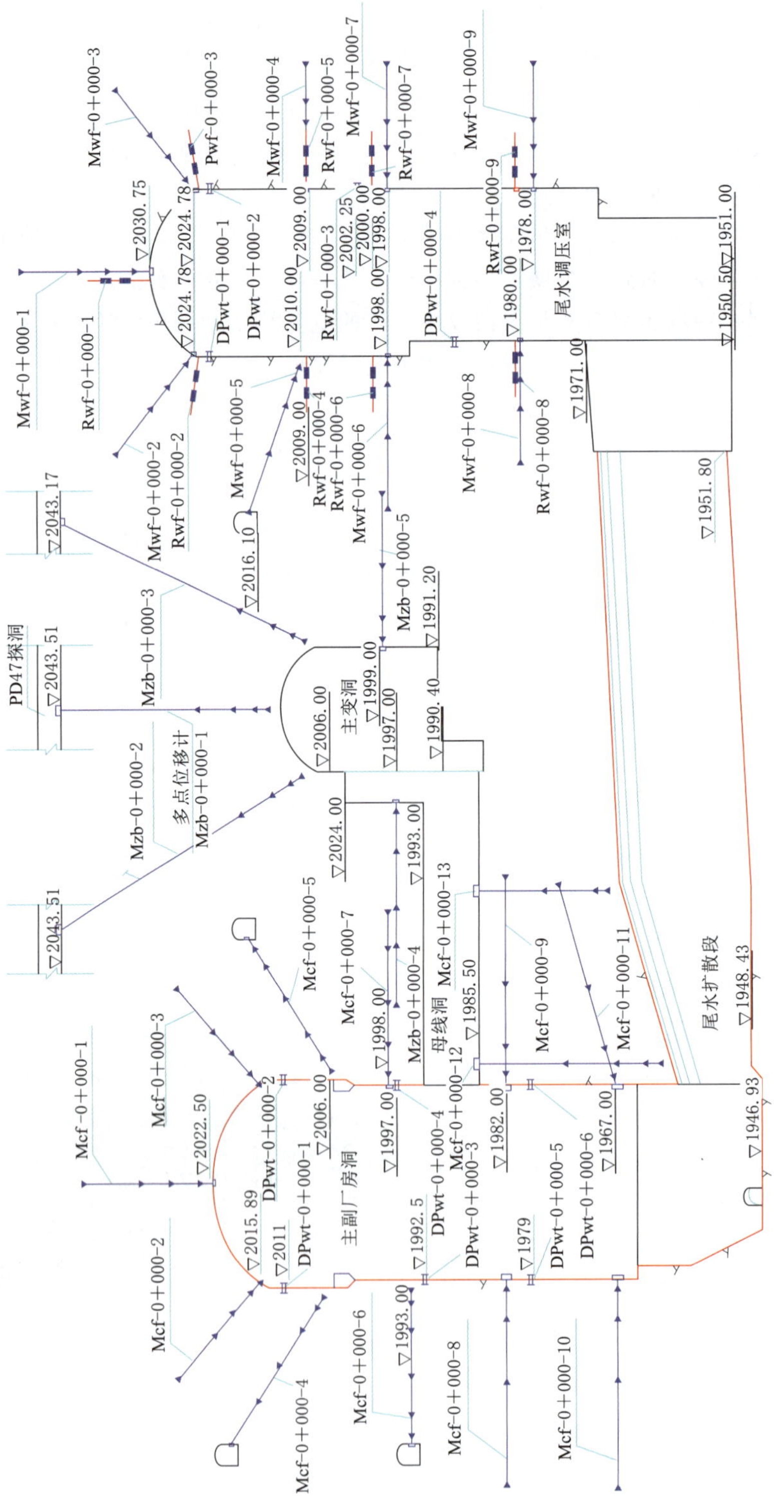

图 5.3-2 地下洞室群典型监测断面仪器布置情况(单位:m)

5.3.4 主副厂房监测检测数据分析

5.3.4.1 变形监测

随着主副厂房开挖完成，所有监测断面顶拱及边墙变形均趋于收敛。

(1) 主副厂房多点位移计累计变形在－3.49（Mcf－0＋033－2）～69.79mm（Mcf－0＋000－5）之间，53.12%以上围岩变形都小于20mm，大于50mm的围岩变形仅占6.25%，围岩变形位移分布比例见表5.3－1。

表5.3－1　地下厂房围岩位移分布比例表

围岩位移区间/mm	数量/套	比例/%	围岩位移区间/mm	数量/套	比例/%
<10	21	32.81	40～50	3	4.69
10～20	13	20.31	>50	4	6.25
20～30	10	15.63	合计	64	100
30～40	13	20.31			

(2) 厂房顶拱及上下游拱肩变形一般在10mm以内，最大累计变形为37.51mm，位于厂左（右）0＋00断面上游拱肩。边墙变形一般在40mm以内，下游边墙变形整体高于上游，实测最大变形为69.79mm，位于厂左（右）0＋00断面下游高程2006m。

(3) 从各监测断面变形分布特征来看，围岩变形较大区域主要位于边墙中上部，即岩壁吊车梁上下区域。

(4) 从变形增长的时间分布特征及其与开挖支护的关系来看，各测点变形增长与开挖具有明显关联性，测点变形随开挖过程呈现“台阶状、跳跃状”上升趋势，随着系统支护施作、开挖作业的完成，大部分测点监测位移速率能够快速收敛，典型测点围岩变形时序过程线如图5.3－3所示。

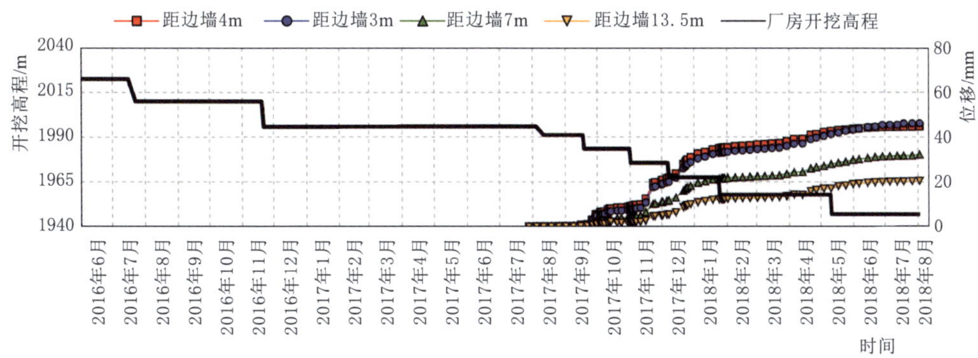

图5.3－3　主副厂房典型测点围岩变形时序过程线

5.3.4.2 支护结构监测

1. 锚杆应力监测数据分析

厂房共安装锚杆应力计51组99支，应力值在100MPa以内的有66支，占65.98%；应力值为100～200MPa的有19支，占19.59%；应力值为200～300MPa的有6支，占6.19%；应力值为300～400MPa的有3支，占3.09%；应力值大于400MPa的有5支，占 5.15%。Rcf－0＋145－1、Rcf－0＋033－1、Rcf－0＋066－11、Rcf－0＋000－9、Rcf－0＋099－11 测值大于 400MPa。地下厂房锚杆应力分布统计如图 5.3－4 所示。

2. 锚索测力计监测数据分析

图 5.3－5 为地下厂房锚索受力分布统计情况。地下厂房共安装锚索测力计 30 台，设计荷载均为 2000kN，锁定荷载一般为 70%。锚索荷载为 1247.7～2366.7kN，其中 66.7%的锚索测力计测值为 1400～1800kN，有 4 台锚索测力计荷载已超过设计荷载，占比为 13.33%，超限锚索主要分布在下游边墙高程 1997m。

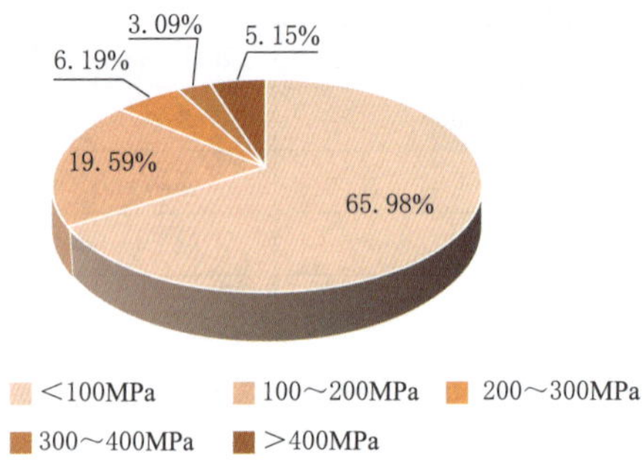

图 5.3－4　地下厂房锚杆应力分布统计

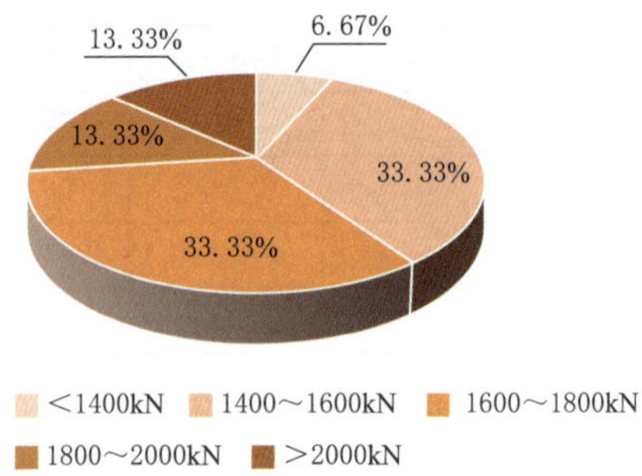

图 5.3－5　地下厂房锚索受力分布统计

5.3.4.3　松弛声波测试

主副厂房洞共布置了 5 个声波测试断面，主副厂房洞声波检测断面钻孔布置如图 5.3－6 所示，主副厂房洞钻孔声波测试结果见表 5.3－2。

表 5.3－2　主副厂房洞钻孔声波测试结果

部位		松弛深度			
		最大值/m	最小值/m	平均值/m	统计个数/m
拱顶	上游拱肩	2.0	0.7	1.6	5
	拱顶中心	1.4	0.7	1.1	5
	下游拱肩	1.8	0.9	1.4	5
第Ⅱ层边墙	上游边墙	1.8	0.6	1.0	4
	下游边墙	2.6	1.8	2.1	4
第Ⅳ层边墙	上游边墙	1.0	0.8	0.9	2
	下游边墙	3.4	1.6	2.5	4
第Ⅵ层边墙	上游边墙	1.6	0.8	1.2	4
	下游边墙	3.5	1.8	2.5	4
第Ⅷ层边墙	上游边墙	1.2	0.6	0.9	3
	下游边墙	3.2	1.2	2.1	3

第Ⅰ层开挖完成后（2016 年 11 月）进行了顶拱松动圈测试，声波测试结果显示，厂房顶拱松弛深度为 0.7～2.0m，平均松弛深度为 1.6m，上游拱肩平均松弛深度最大，下游拱肩次之，顶拱最小；松弛区岩体平均波速为 4165m/s，非松弛区岩体平均波速为

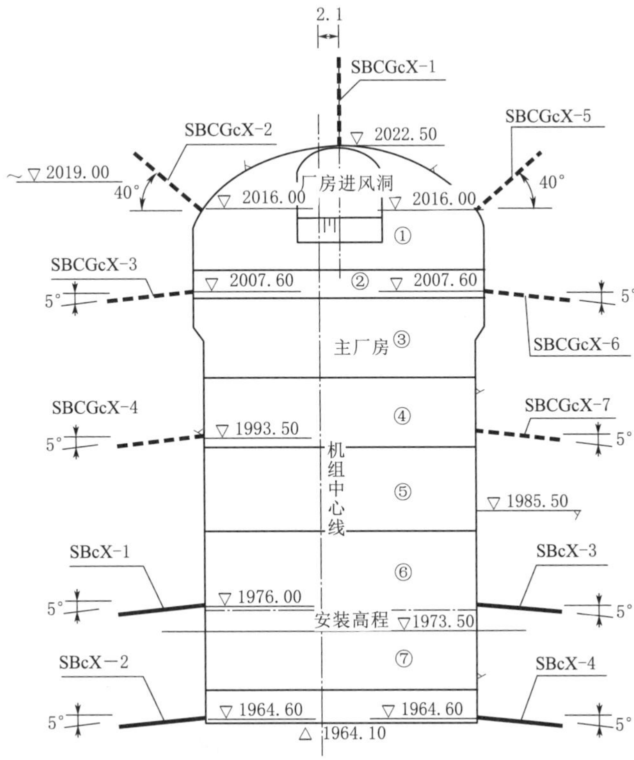

图 5.3－6 主副厂房洞声波检测断面钻孔布置图（单位：m）

5150m/s。

第Ⅱ层开挖完成后（2016 年 12 月）首次进行了边墙高程 2008m 松动圈测试，后经过 3 次历时测试，统计最终的松弛数据。声波测试结果显示，上游边墙高程 2008m 松弛深度为 0.6～1.8m，平均松弛深度为 1.0m，下游边墙高程 2008m 松弛深度为 1.8～2.6m，平均松弛深度为 2.1m，下游边墙松弛深度大；松弛区岩体平均波速为 4042m/s，非松弛区岩体平均波速为 4892m/s。

第Ⅳ层开挖完成后（2017 年 7 月）进行了边墙高程 1993m 松动圈测试，后经过 3 次历时测试，统计最终的松弛数据。声波测试结果显示，上游边墙高程 1993m 松弛深度为 0.8～1.0m，平均松弛深度为 0.9m，下游边墙高程 1993m 松弛深度为 1.6～3.4m，平均松弛深度为 2.5m，下游边墙松弛深度大；松弛区岩体平均波速为 3964m/s，非松弛区岩体平均波速为 5100m/s。

第Ⅵ层开挖完成后（2017 年 12 月）进行了边墙高程 1976m 松动圈测试，声波测试结果显示，上游边墙高程 1976m 松弛深度为 0.8～1.6m，平均松弛深度为 1.2m，下游边墙高程 1976m 松弛深度为 1.8～3.5m，平均松弛深度为 2.5m，下游边墙松弛深度大；松弛区岩体平均波速为 3788m/s，非松弛区岩体平均波速为 5172m/s。

第Ⅷ层开挖完成后（2018 年 6 月）进行了边墙高程 1964.6m 松动圈测试，声波测试结果显示，上游边墙高程 1964.6m 松弛深度为 0.6～1.2m，平均松弛深度为 0.9m，下游边墙高程 1964.6m 松弛深度为 1.2～3.2m，平均松弛深度为 2.1m，下游边墙松弛深度大；松弛区岩体平均波速为 3426m/s，非松弛区岩体平均波速为 5094m/s。

为评价母线洞环形裂缝的影响，在母线洞下方岩体进行声波检测，靠厂房下游边墙 4 个测点的松弛深度为 9.2～10.0m，松弛区平均波速为 4119m/s，非松弛区平均波速为 5189m/s，与母线洞的环形开裂深度基本一致。

5.3.5 主变室监测检测数据分析

5.3.5.1 变形监测数据分析

主变室顶拱、上下游拱肩和上下游边墙累计变形为－0.59（Mzb－0＋000－2）～68.31mm（上游边墙高程 1997m，Mzb－0＋066－4），有 5 套多点位移计围岩变形小于 10mm，围岩变形大于 50mm 的有 2 套。厂左（右）0＋00 断面围岩累计位移最大测点为下游边墙高程 1999m 的 Mzb－0＋000－5，孔口测值为 54.84mm，厂右 0＋66 断面同部位多点位移计测值为 37.19mm，也相对较大；厂右 0＋066 断面围岩累计位移最大测点为上游边墙高程 1997m 的 Mzb－0＋066－4，孔口测值为 68.31mm。主变室上下游边墙均为洞间岩柱，从典型测点围岩变形时序过程线来看（图 5.3－7），围岩变形不仅受到主变室自身开挖卸荷影响，同时洞群效应也会对围岩变形产生影响，并可能占据较大的比例。

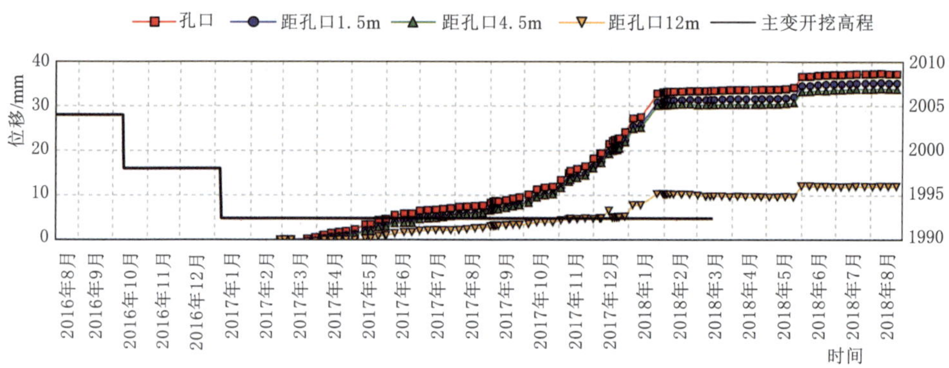

图 5.3－7 主变室边墙典型测点围岩变形时序过程线

5.3.5.2 支护结构监测

1. 锚杆应力监测数据分析

主变室共有锚杆应力计 10 支，锚杆应力为 33.19～368.68MPa，有 5 支锚杆应力计测值小于 100MPa，仅 1 支锚杆应力计测值略微超出其设计强度（360MPa）。主变室围岩锚杆应力分布比例见表 5.3－3。

表 5.3－3 主变室围岩锚杆应力分布比例表

锚杆应力/MPa	数量/支	比例/%	锚杆应力/MPa	数量/支	比例/%
＜100	5	50	200～400	2	20
100～200	3	30	合计	10	100

2. 锚索测力计监测数据分析

主变室锚索测力计共 4 台，设计荷载均为 2000kN，锁定锚索荷载为 1403.55～1447.66kN，当前锚索荷载为 1504.81～1831.38kN。

5.3.5.3 松弛声波测试

主变室共布置了4个声波测试断面，主变室声波检测断面钻孔布置如图5.3-8所示，主变室各层钻孔声波测试结果见表5.3-4。

声波测试结果显示，主变室顶拱松弛深度为0.8～2.0m，平均松弛深度为1.3m，上游拱肩平均松弛深度最大，下游拱肩次之，顶拱最小；松弛区岩体平均波速为4189m/s，非松弛区岩体平均波速为5233m/s。

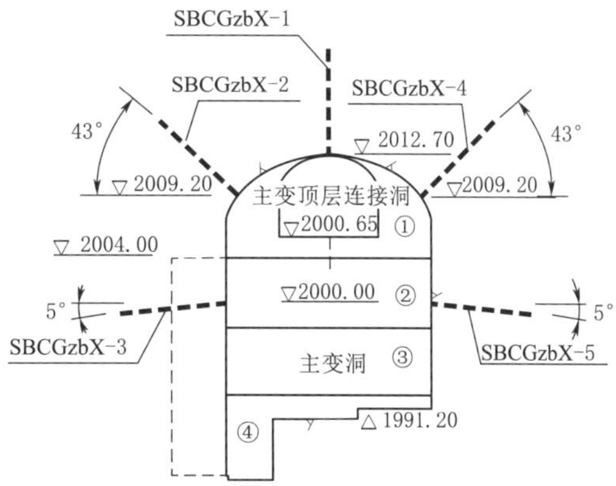

图5.3-8 主变室声波检测断面钻孔布置图（单位：m）

表5.3-4 主变室各层钻孔声波测试结果

部位		松弛深度			
		最大值/m	最小值/m	平均值/m	统计个数
拱顶	上游拱肩	2.0	1.0	1.5	4
	拱顶中心	1.5	0.8	1.2	4
	下游拱肩	2.0	0.9	1.3	4
第Ⅱ层	上游边墙	1.6	0.6	1.1	6
	下游边墙	3.9	0.8	1.9	8
第Ⅲ层	下游边墙	3.0	0.8	2.2	7

第Ⅱ层开挖完成后进行了边墙高程2000m松动圈测试，声波测试结果显示，上游边墙高程2000m松弛深度为0.6～1.6m，平均松弛深度为1.1m，下游边墙高程2000m松弛深度为0.8～3.9m，平均松弛深度为1.9m，下游松弛深度较上游深；松弛区岩体平均波速为3997m/s，非松弛区岩体平均波速为5174m/s。

主变室开挖完成后，在下游边墙高程1994m新增了一排声波检测点，结果显示，下游边墙高程1994m松弛深度为0.8～3.0m，平均松弛深度为2.2m；松弛区岩体平均波速为3459m/s，非松弛区岩体平均波速为5219m/s。

5.3.6 尾调室监测检测数据分析

5.3.6.1 变形监测数据分析

尾调室顶拱、上下游拱肩、上下游边墙多点位移计累计变形为－0.46～62.75mm（Mwt－0＋000－5，上游边墙高程2010m），53.57%的多点变位计围岩变形测值小于20mm；围岩变形测值大于50mm的多点变位计为1套，占3.57%。尾调室围岩位移分布比例见表5.3-5，尾调室典型测点围岩变形时序过程线如图5.3-9所示。

5.3.6.2 支护结构监测

1. 锚杆应力监测数据分析

尾调室累计埋设34组（68支）锚杆应力计，分布在顶拱至高程1980m之间，锚杆应

表 5.3-5　　尾调室围岩位移分布比例表

围岩位移区间/mm	数量/套	比例/%	围岩位移区间/mm	数量/套	比例/%
<10	10	35.71	40～50	0	0.00
10～20	5	17.86	>50	1	3.57
20～30	8	28.57	合计	28	100.00
30～40	4	14.28			

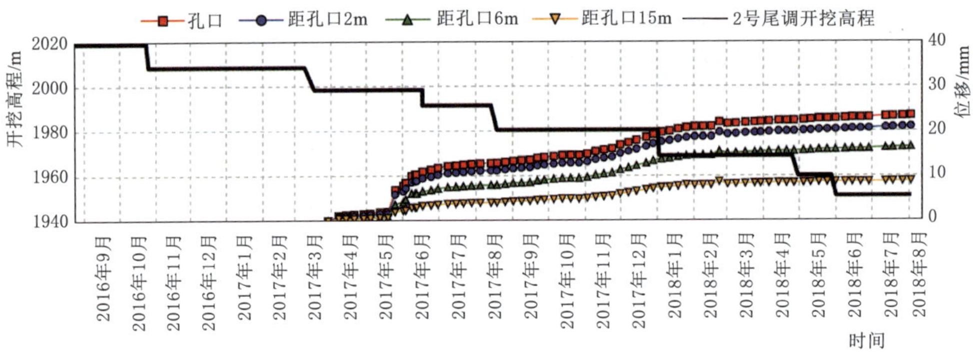

图 5.3-9　尾调室典型测点围岩变形时序过程线

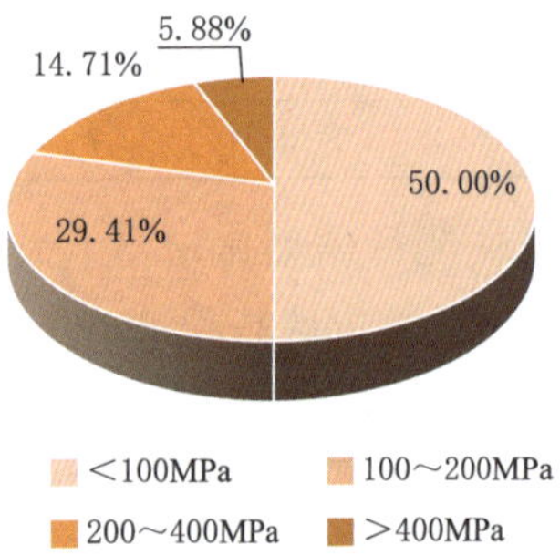

图 5.3-10　尾调室锚杆应力分布统计

力为－6.48～437.02MPa，有 52.94%的测点锚杆应力测值小于 100MPa，有 4 个测点锚杆应力测值超过了 400MPa。尾调室锚杆应力分布统计如图 5.3-10 所示。

超过 400MPa 的 4 个锚杆应力计，其中 3 个位于高程 2009m，其测值较大的主要原因为尾调室第Ⅱ层、第Ⅲ层的分界高程为 2008.5m，第Ⅲ层开挖爆破面距离高程 2009m 仅 0.5m，在爆破的作用下，锚杆初始应力比较大（一般大于 200MPa），目前高程 2009m 测值较大的锚杆应力计测值均已基本平稳。

2. 锚索测力计监测数据分析

尾调室共安装锚索测力计 17 台，其中 3 台位于中隔墩，除中隔墩为 1 台 1000kN 和 2 台 1500kN 锚索测力计外，其余尾调室锚索测力计设计荷载均为 2000kN。锚索荷载为 1172.3～2282.9kN，有 4 台锚索测力计超设计荷载，其中 2 台位于厂右 0+00、厂右 0+66 断面上游边墙高程 2022.5m 处，2 台位于中隔墩。尾调室典型锚索轴力时程曲线如图 5.3-11、图 5.3-12 所示。尾调室锚索受力分布统计如图 5.3-13 所示。

5.3.6.3　松弛声波测试

尾调室共布置了 4 个声波测试断面，尾调室声波检测断面钻孔布置如图 5.3-14 所示，尾调室各层/部位钻孔声波测试成果统计见表 5.3-6。

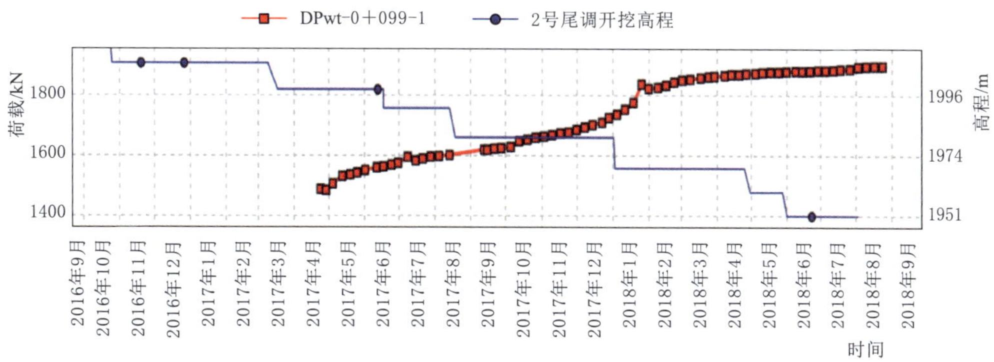

图 5.3-11 尾调室典型锚索轴力时程曲线（正常锚索）

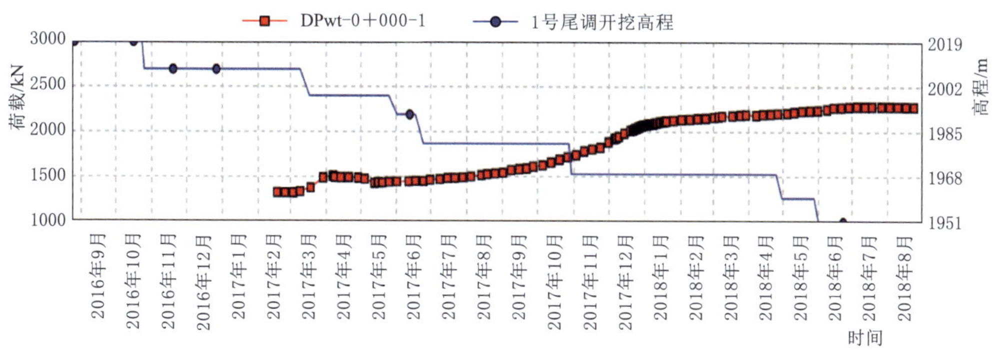

图 5.3-12 尾调室典型锚索轴力时程曲线（超限锚索）

表 5.3-6　　　尾调室各层/部位钻孔声波测试结果

层/部位		松弛深度			
		最大值/m	最小值/m	平均值/m	统计个数
拱顶	上游拱肩	2.1	0.7	1.3	4
	拱顶中心	2.0	1.0	1.3	4
	下游拱肩	2.3	0.5	1.4	4
第Ⅱ层	上游边墙	2.0	1.0	1.4	4
	下游边墙	2.2	0.5	1.1	4
第Ⅲ层	下游边墙	1.2	1.0	1.1	4
中隔墩		4.6	2.2	3.7	3

声波测试结果显示，尾调室顶拱松弛深度为 0.5～2.3m，平均松弛深度为 1.32m，上游拱肩、顶拱中心、下游拱肩松弛深度基本相当；松弛区岩体平均波速为 4405m/s，非松弛区岩体平均波速为 5173m/s。

第Ⅱ层开挖完成后进行了边墙高程 2014m 松动圈测试，声波测试结果显示，边墙高程 2014m 松弛深度为 0.5～2.2m，其中上游边墙平均松弛深度为 1.4m，下游边墙平均松弛深度为 1.1m；松弛区岩体平均波速为 4148m/s，非松弛区岩体平均波速为 5099m/s。

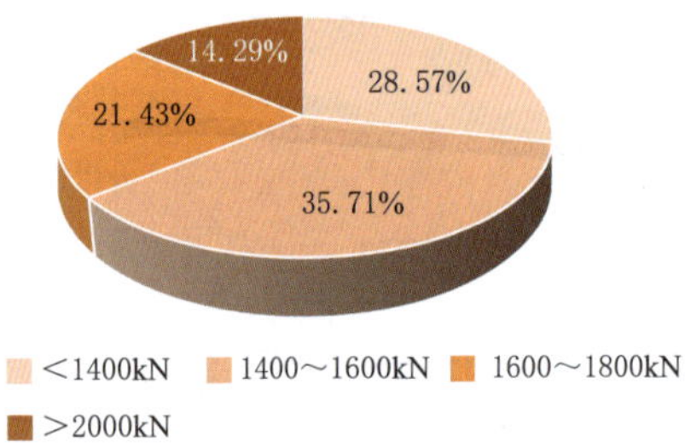

图 5.3-13　尾调室锚索受力分布统计

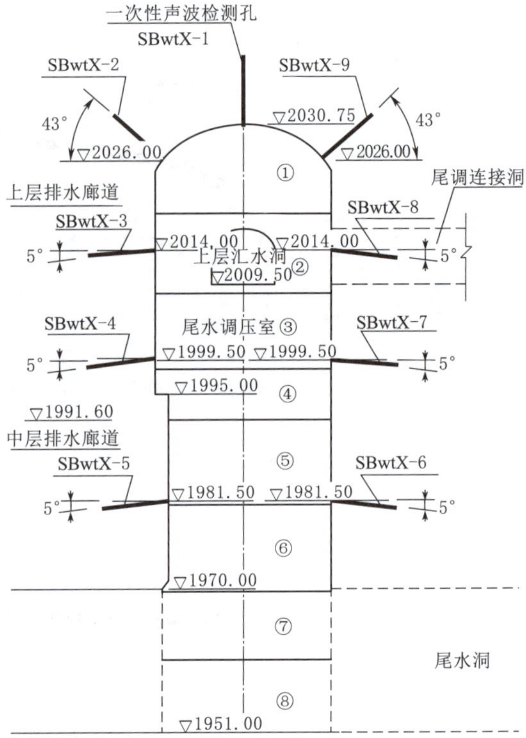

图 5.3-14　尾调室声波检测断面钻孔布置图（单位：m）

第Ⅲ层开挖完成后进行了边墙高程 1999m 松动圈测试，声波测试结果显示，边墙高程 1999m 松弛深度为 1.0～1.2m，平均松弛深度为 1.1m；松弛区岩体平均波速为 3852m/s，非松弛区岩体平均波速为 5000m/s。

中隔墩部位松动圈测试位置，分别位于高程 1999m、高程 1978m 和高程 1971m，松弛深度范围为 2.2～4.6m，平均松弛深度为 3.7m；松弛区岩体平均波速为 3703m/s，非松弛区岩体平均波速为 4607m/s。

5.3.7　研究结论

对杨房沟水电站地下洞室群施工期的监测检测数据进行汇总分析，为洞室开挖响应特征及整体稳定性分析提供基础资料。

(1) 从监测数据来看，主副厂房顶拱变形一般在 10mm 以内，边墙变形一般在 40mm 以内，变形量大于 40mm 的多点位移计占比不到 11%。围岩变形较大区域主要位于边墙中上部，岩锚梁上下区域，施工期洞室最大变形为 69.79mm，位于厂左（右）0+00 断面下游高程 2006m，主要受控于局部洞段发育的顺洞向陡倾结构面和岩体蚀变等不利地质条件。在洞室开挖期间，围岩变形历时曲线大多呈台阶状，随着邻近部位厂房下部开挖，围岩变形增长明显，开挖工作面远离监测断面时变形逐渐趋于稳定，符合一般规律。主副厂房锚杆应力一般不大，大部分锚杆应力计测值在 200MPa 以内，占比约 86%，个别测点锚杆应力计超设计强度，占比约 5%。主副厂房锚索荷载为 1247.7～2366.7kN，其中66.7%的锚索测力计测值为1400～1800kN，有4台锚索测力计荷载超过设计荷载，占比为13.33%，超限锚索主要分布在下游边墙高程1997m。

(2) 主变室顶拱、上下游拱肩和上下游边墙累计变形为−0.59 (Mzb-0+000-2)～68.31mm (上游边墙高程1997m，Mzb-0+066-4)，上下游边墙均为洞间岩柱，受洞群效应影响明显，边墙最大变形达68.31mm，洞室开挖完成后可收敛。主变室支护受力水平整体不高，锚杆应力一般在200MPa以内，仅1支锚杆应力计超出其设计强度，锚索荷载在1504.81～1831.38kN之间，无超限情况。

(3) 尾调室洞周围岩最大变形为62.75mm (Mwt-0+000-5，上游边墙高程2010m)，一般部位变形为0～30mm，锚杆应力一般在200MPa以内，个别锚杆应力超出其设计强度，占5.88%，在合理范围内。边墙部位锚索荷载为1172.3～2282.9kN，有2台锚索测力计超出设计荷载，位于厂右0+00、厂右0+66断面上游边墙高程2020m，已采取了针对性加强支护处理。中隔墩由于受力条件相对不利，卸荷松弛问题突出，变形量值也相对偏大，最大变形达到38.3mm，最大锚索荷载为1717.3kN (设计荷载为1500kN)。

(4) 主副厂房岩体爆破松弛卸荷深度一般在浅表部位，顶拱松弛深度一般为0.7～2.0m，上游边墙松弛深度一般为0.6～1.8m，下游边墙松弛深度整体高于上游侧，一般为1.2～3.5m，局部区域，包含岩体蚀变影响区域和1～4号母线洞正下方，受地质条件和多个洞室开挖卸荷影响，松弛深度相对偏大，最大接近10m；主变室物探测试成果表明，主变室岩体爆破松弛卸荷深度位于浅表部位，除个别孔松弛卸荷深度超过3.0m外，一般为0.6～2.0m之间。尾调室物探测试成果表明，洞室围岩爆破卸荷松弛深度多位于浅部，卸荷松弛深度一般为0.5～2.3m，而中隔墩卸荷松弛深度相对偏大，平均深度为3.7m。

(5) 整体上，杨房沟水电站三大洞室围岩变形及支护受力水平均不高，符合对类似工程的一般认识，局部存在的变形量值偏大、支护受力超限、松弛深度偏深等问题，主要是受局部不利地质条件控制的，在采取针对性的加强支护措施后，变形及支护受力均得到了一定程度的控制，表明地下洞室群围岩处于稳定状态。

5.4 围岩初始应力场与岩体参数复核分析

5.4.1 围岩高应力破坏风险分析与地应力复核

根据既往工程经验，片帮破坏发生的条件主要由地应力和岩石抗压强度控制，出现片帮破坏时，地应力与岩石抗压强度的比值一般超过0.15。图5.4-1为Martin等总结的地下工程围岩破坏模式的概念图，在中高等地应力水平下 ($0.15<\sigma_1/\sigma_c$)，完整岩体会出现片帮破坏等应力型破坏问题；块状岩体的应力型片状破坏会明显地受到结构面的影响，但总体上破坏位置与地应力特征存在关联性。显然，上述工程经验可用于验证现场工程人员对杨房沟水电站地下洞室群的初始地应力水平以及花岗闪长岩强度的认识是否合理。表5.4-1给出了一些典型水电站地下洞室应力控制型破坏统计情况，也可以为杨房沟水电站地下洞室围岩应力型破坏问题的预测及评价提供参考借鉴。

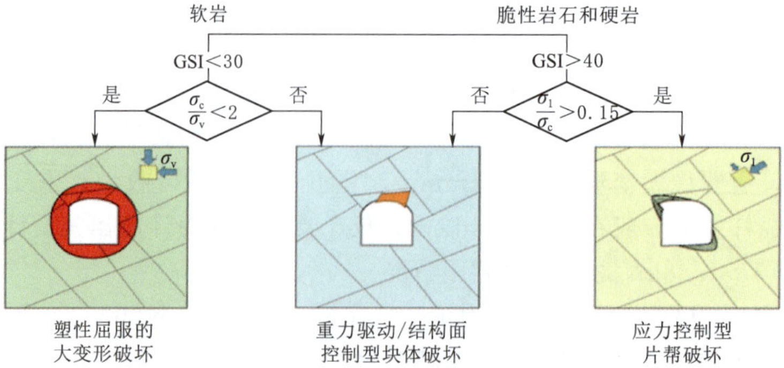

图 5.4-1 基于岩体质量和地应力条件的地下工程围岩破坏模式（Martin，2003）

表 5.4-1 典型水电站地下洞室应力型破坏统计

水电站名称	厂房洞室尺寸/(m×m×m)	岩性	实测地应力/MPa		变形模量/GPa	岩石抗压强度/MPa		应力强度比 σ_1/σ_c		应力型破坏程度
			最大	最小		干	湿	分布范围	平均值	
瀑布沟	294.1×30.7×70.1	花岗岩	21～27	—	8～20	80～200		0.09～0.33	0.21	轻微局部中等
溪洛渡	439.7×31.9×77.6	斑状玄武岩	15～21	4～7.6	17～36	200～300		0.05～0.11	0.08	无
官地	243.5×31.1×76.3	斑状玄武岩	25～35	4～11	10～20	—	115～225	0.1～0.3	0.20	轻微
二滩	280.3×30.7×65.38	正长岩、辉长岩	18～26	—	—	150～216	100～180	0.10～0.26	0.18	轻微局部中等
锦屏一级	277×29.2×68.83	大理岩	20～35	4～12	—	—	60～75	0.27～0.58	0.43	轻微局部中等
锦屏二级	252.4×28.3×72.2	大理岩	10～23	5～14.3	7～14	80～90	65～80	0.11～0.35	0.23	轻微局部中等
大岗山	226.6×30.8×74.6	花岗岩	11～19	3～4.6	8～21	80		0.14～0.24	0.19	轻微
龙滩	388.5×30.3×76.4	砂岩泥板岩	12～13	0.5～4.7	16～22	砂岩130	泥板岩40～80	0.09～0.22	0.15	无
小湾	298.1×30.6×82	片麻岩	16～27	7～10	10～25	130～170	90～135	0.09～0.3	0.20	轻微
向家坝	245×33×85.5	砂岩	8～12	—	12～20	130	75～80	0.06～0.16	0.11	无
猴子岩	219.5×29.2×68.7	灰岩	21～36	6～22	5～16	—	60～100	0.21～0.6	0.41	轻微局部中等
拉西瓦	342×31.5×74.16	花岗岩	20～30	—	8～20	157	110	0.13～0.27	0.20	轻微局部中等

续表

水电站名称	厂房洞室尺寸/(m×m×m)	岩性	实测地应力/MPa		变形模量/GPa	岩石抗压强度/MPa		应力强度比 σ_1/σ_c		应力型破坏程度
			最大	最小		干	湿	分布范围	平均值	
白鹤滩	453×31×88.7	玄武岩	13～26	—	14～20	90～100		0.12～0.29	0.20	轻微局部中等
杨房沟	230×30×75.57	花岗闪长岩	12～15.52	6～8	9～19	80～100		0.12～0.19	0.16	轻微

杨房沟水电站左岸厂区实测地应力最大值为15.52MPa，地应力回归分析显示最大主应力 σ_1 为12～14MPa，属中等地应力水平条件，花岗闪长岩饱和抗压强度为80～100MPa，因此可以认为左岸厂区的大主应力与岩石抗压强度之比普遍在0.12～0.19之间，并未普遍超过一般片帮破坏的阈值（$0.15<\sigma_1/\sigma_c$），通过经验判据推断部分洞段可能具备产生应力控制型破坏的条件（图5.4-1），具体而言，该比值范围表明洞室开挖中的片帮破坏并不会是普遍现象，且破坏程度相对轻微。

针对开挖过程中潜在的高应力破坏风险，根据岩石工程界广泛采用的经验标准，脆性岩石在应力集中水平达单轴抗压强度的0.3～0.4倍时，即进入了微裂隙萌生扩展的阶段，并定义为岩石的启裂强度（Martin等）。例如白鹤滩水电站右岸地下厂房洞室群将 $\sigma_1-\sigma_3>0.33$UCS作为脆性岩石具备产生应力型微裂纹的条件，当洞室开挖导致的应力集中大于40MPa时，即意味着可能导致脆性完整岩体破裂扩展与不同形式的围岩应力控制型破坏，工程实践表明该判据是合适的。

在杨房沟水电站地下洞室群开挖中，根据上述经验和现场工程实践认识，可将洞室开挖导致围岩应力集中达到24MPa（0.3UCS～0.4UCS）作为初步判定发生围岩（花岗闪长岩）破裂或应力控制型破坏（片帮）的阈值，具体如下：①当洞室开挖导致的围岩应力集中程度大于24MPa时，该部位浅层围岩将存在应力控制型破坏风险，杨房沟水电站地下厂房开挖顶拱围岩应力集中程度为20～26MPa，可达到围岩破裂或应力控制型破坏的阈值；②当围岩应力集中程度低于24MPa时，应力控制型破坏风险很小；③洞室开挖后的应力集中程度越高，该部位围岩发生应力控制型破坏的程度将越强。通过拟定该岩体应力控制型破坏经验判据，可为制定和优化洞室开挖支护设计方案，在一定程度上限制围岩的应力控制型片帮破坏提供参考依据。

地下洞室群中导洞开挖过程中出现的应力控制型破坏特征论证了前期对厂区初始地应力特征判断的准确性。在厂房洞室群第Ⅰ层中导洞开挖和扩挖阶段，针对不同围岩条件、不同洞室中的应力控制型片帮破坏出现的位置、程度等特征及其差异性开展了跟踪统计对比分析。图5.4-2是厂房洞室群中导洞开挖顶拱应力控制型破坏分布特征，片帮破坏发生部位与顶拱应力集中区相对应，破坏程度较轻微，发展深度多在数厘米，一般小于20cm，其中地下厂房和主变室顶拱的应力控制型破坏分布范围和程度上基本相当，尾调室顶拱的应力控制型破坏问题相对不明显。

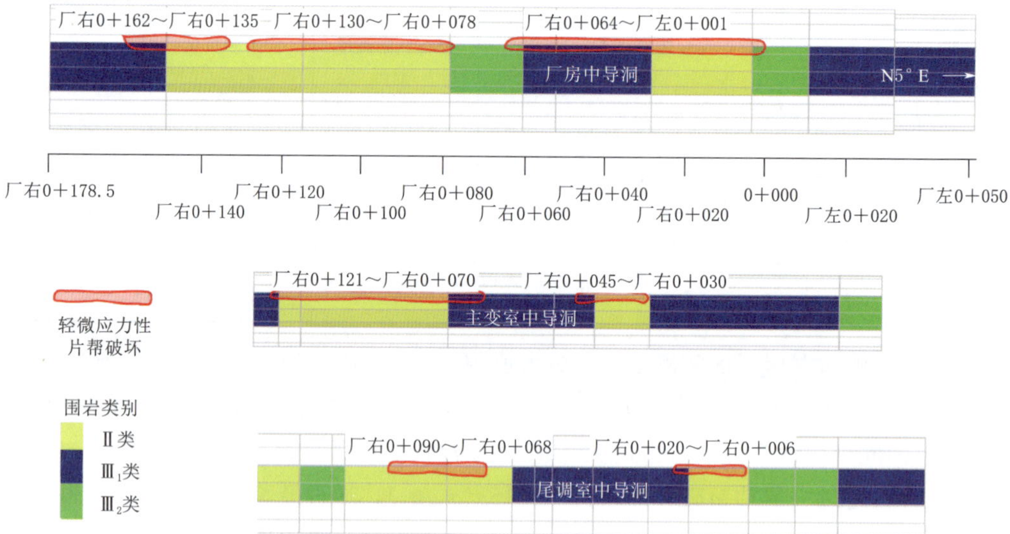

图 5.4-2　厂房洞室群中导洞开挖顶拱应力控制型破坏分布特征

图 5.4-3 为地下厂房在第Ⅰ层开挖完成后最大主应力分布特征，中导洞扩挖引起了围岩应力重分布。扩挖后，顶拱体型平顺化，整体受力更为均匀，拱效应开始显现。顶拱应力集中区仍位于上游侧拱肩部位，但应力集中程度较中导洞开挖时有所减弱，应力集中程度普遍低于 24MPa。根据现场开挖施工情况，在三大洞室第Ⅰ层扩挖过程中顶拱部位均未发生明显的应力控制型片帮破坏现象，比中导洞开挖阶段的围岩高应力破坏要减弱很多。

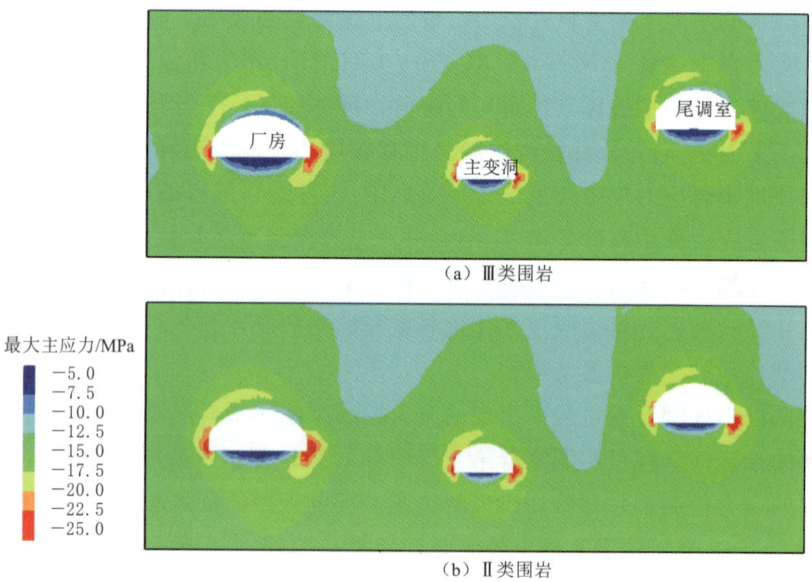

图 5.4-3　三大洞室第Ⅰ层开挖完成后应力分布特征

中导洞扩挖后，两侧拱脚部位出现明显应力集中，量值可达到 20～24MPa。在现场实际开挖过程中也可以看到应力集中导致两侧拱脚的岩体出现一些轻微的破裂和松弛（图 5.4-4、图 5.4-5）。考虑到两侧拱脚（座）是洞室顶拱发挥拱效应的关键承载部位之一，因此，现场针对这些位置提出了及时施作系统支护的要求。

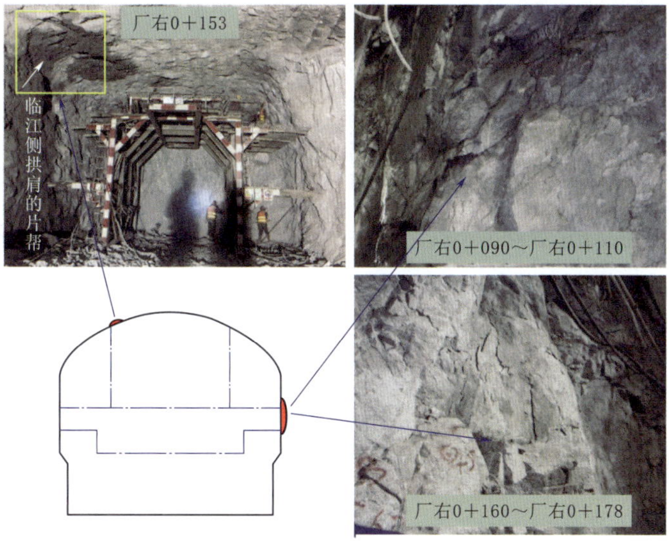

图 5.4-4　主副厂房顶拱及边墙围岩应力型破坏特征

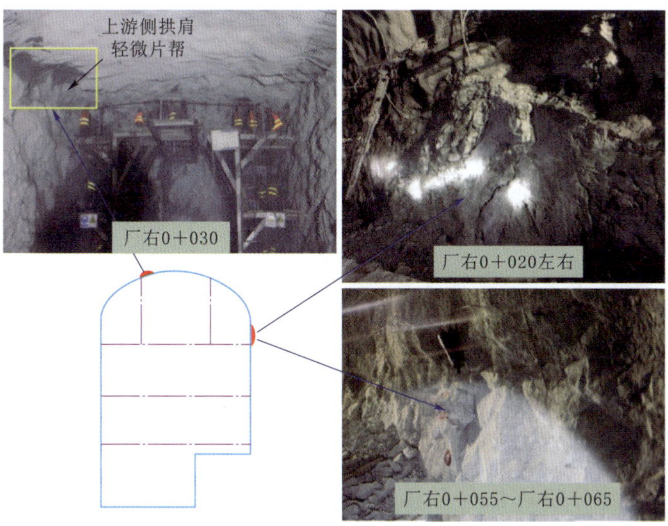

图 5.4-5　主变室顶拱及边墙围岩应力型破坏特征

此外，现场开挖中也存在结构面—高应力组合型破坏现象，但不普遍。图 5.4-6 是地下厂房厂左 0+020 附近下游侧拱脚部位因结构面（f_{1-83}）—应力组合导致的围岩破裂照片，该部位断层 f_{1-83} 顺洞向陡倾发育，第Ⅰ层扩挖全断面形成后该拱脚部位为应力集中区，现场出现轻微张裂破坏。图 5.4-7 是主变室厂右 0+100 附近下游侧拱脚部位因结构面—应力组合导致的围岩破裂照片，与主变室第Ⅰ层扩挖全断面形成过程中拱脚部位出现的应力集中密切相关。现场进行了针对性加强支护。

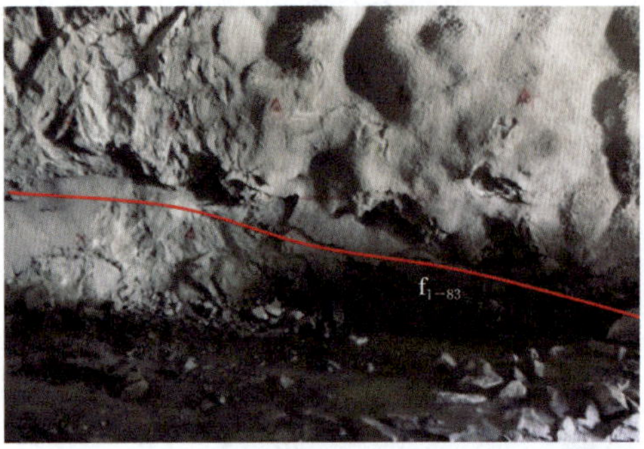

图 5.4-6　地下厂房厂左 0+020 附近下游侧拱脚结构面—应力组合型破坏

图 5.4-7　主变室厂右 0+100 附近下游侧拱脚结构面—应力组合型破坏

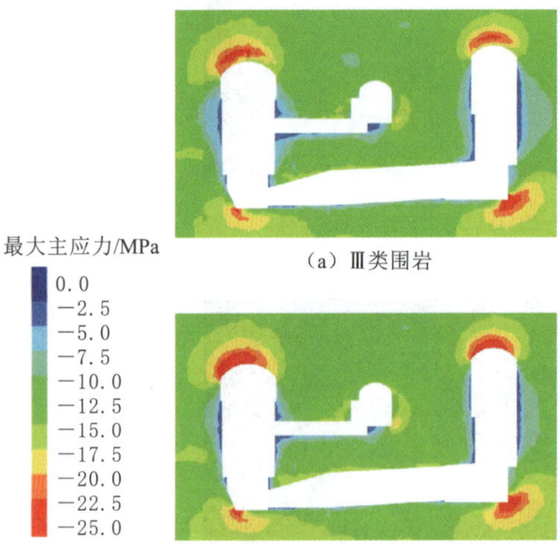

图 5.4-8　地下洞室群开挖完成后应力分布特征

图 5.4-8 为地下洞室群开挖完成后的应力分布特征，主副厂房和尾调室顶拱围岩在洞室下卧开挖影响下，上游侧拱肩～顶拱围岩的应力集中程度相对于第Ⅰ层有所加强，应力集中区的范围也有所扩大，量值可达到 22～26MPa，但总体应力量值水平仍不高，这是导致顶拱局部喷层开裂的主要内因之一。

根据以上分析，杨房沟水电站地下洞室群三大洞室第一层中导洞开挖、扩挖及后续下卧开挖阶段的围岩或喷层应力控制型破坏情况（应力性破坏分布范围和程度）与数值分析成果基本具有一致性，主洞室开挖未见普遍的围岩应力破坏现象，局部存在顶拱喷层开裂问题，并以地下厂房的顶拱喷层开裂略突出。这也表明了当前对地下洞室群初始地应力场、岩体强度等基础性资料的认识是基本准确的，据此拟定的围岩应力控制型破坏判据具有一定的适用性。

5.4.2　岩体参数综合分析评估与数值复核

5.4.2.1　岩体参数的综合评估方法

任何形式的岩体工程分析，如地基基础、边坡和地下洞室开挖等，都需要对岩体的强度和变形等特性进行可靠的估计。开展行之有效的岩体力学参数评估或研究工作，是工程稳定性分析与设计优化不可缺少的重要组成部分，其取值的准确与否将直接影响到工程的安全性和经济性。但由于岩体具有非均质、非连续和各向异性等特点，准确把握围岩的基本参数往往是非常困难的。

现场大尺度岩体的强度不像完整岩石和单一结构面的强度那样便于获取，一般地，随着研究对象尺寸的增大，其强度将明显减小。如何获得可靠的岩体力学参数，一直是岩土工程领域的重要课题。目前主要有试验法、经验分析法、数值法及地球物理方法等。在获取岩体力学参数的诸多方法中，获得岩体力学参数最直接、最准确的方法是大型现场原位试验法，但由于这种试验代价大，且还存在着一些尚待解决的技术问题，因此其应用受到限制。

综合室内或现场试验、现场调研、同类工程经验或参考各类规程规范取值，是水电工程中普遍接受的岩体力学参数取值分析思路和方法。另外，还可根据不同开挖阶段揭露的地质情况、开挖响应特征及监测检测数据成果，对围岩力学参数进行跟踪复核及调整修正，以满足工程研究尺度的计算分析精度，即施工期动态监测反馈分析。

基于上述认识，图 5.4-9 梳理了目前岩体参数的综合评估方法，并重点指出了岩体声波波速与岩体质量、岩体参数之间的关联性，依托现场采集的大量岩体声波检测数据，可以动态开展施工期围岩力学参数的定量分析研究。借助于岩体声波波速 V_p 作为岩体质量评价具有的全面表征性和全过程可测性，现场可快速、多期次的对施工期洞室围岩质量进行精细化描述，并对岩体力学参数指标进行定量化评估。此外，该评估体系还可以与数值模拟技术有机结合，基于动态监测反馈分析对现场应用的可行性和准确性进行校核分析。

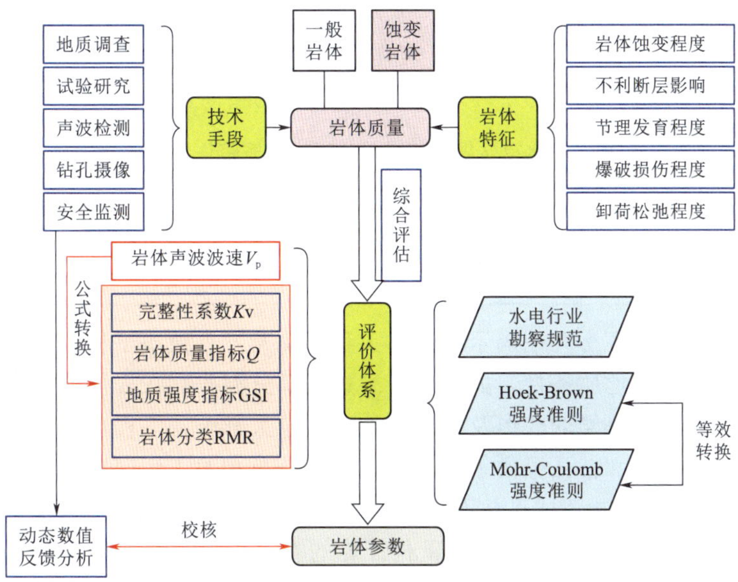

图 5.4-9 岩体声波波速（V_p）与岩体质量、岩体参数相关性分析方法

5.4.2.2 基于岩体声波波速（V_p）的围岩岩体质量评价

声波测试检测技术，特别是单孔声波测试技术，在我国地下洞室围岩检测中被广为采用，具有简便、快捷、适用性强等特点，能够反映岩体完整性，表征岩块性质和岩体结构面性状，同时它与一些岩体的力学参数指标之间也有较好的相关性。岩体声波测试技术是工程地质定量化研究的有效手段之一，近几十年来该项技术已成功应用于各类岩体工程实践中。

围岩波速取决于裂隙密度、张开度、岩石的密度和力学性质。在地下洞室开挖中，岩体声波速度能在一定程度上反映岩体的开挖卸荷松弛影响范围和程度，也能在一定程度上间接的反映不同部位、不同岩体条件下的物理力学性质差异。相关实践经验表明，岩体声波测试技术是工程地质定量化研究的有效手段之一，工程人员可利用岩体声波波速 V_p 作为岩体质量分类的重要参考指标，并据此进一步建立岩体主要物理力学指标与岩体波速的相关性计算公式。

比如，N. Barton 通过大量岩石工程数据的统计和总结，提出了工程岩体声波波速 V_p（km/s）与岩体质量指标 Q 之间的关系：

$$Q=10^{V_p-3.5} \tag{5.4-1}$$

另外，岩体完整性也可根据岩体声波波速（V_p）进行计算拟定，岩体的完整性和岩体弹性波波速相关，同种岩性的岩体波速越高，其完整程度也越好。根据《水力发电工程地质勘察规范》（GB 50287—2006），岩体的完整性依据完整性系数 K_v 来判断。岩体完整性系数 K_v 的计算公式为

$$K_v=\left(\frac{V_p}{V_{pr}}\right)^2 \tag{5.4-2}$$

式中：V_p 为实测岩体声波波速，m/s；V_{pr} 为新鲜完整岩块的声波波速，m/s。

根据前期可研阶段测试成果，杨房沟水电站坝区花岗闪长岩新鲜完整岩块的声波速度 V_{pr} 取值为 6250m/s。依据声波速度进行岩体完整性分类的结果详见表 5.4-2。根据完整性系数 K_v 将岩体的完整程度划分为完整、较完整、完整性差、较破碎、破碎 5 个等级。

表 5.4-2　　杨房沟水电站坝区花岗闪长岩岩体完整性分类表

K_v	$1\geqslant K_v>0.75$	$0.75\geqslant K_v>0.55$	$0.55\geqslant K_v>0.35$	$0.35\geqslant K_v>0.15$	$K_v\leqslant 0.15$
V_p/(m/s)	$6250\geqslant V_p>5413$	$5413\geqslant V_p>4635$	$4635\geqslant V_p>3698$	$3698\geqslant V_p>2421$	$V_p\leqslant 2421$
岩体评价	完整	较完整	完整性差	较破碎	破碎

杨房沟水电站地下厂房开挖揭示的具体工程环境及不良地质工程问题，会使施工中面临各类复杂多变的围岩地质条件，如厂房下游边墙部分洞段存在岩体蚀变、节理密集发育现象，对边墙围岩和岩锚梁的变形及稳定性均存在较大影响，工程现场施工过程中针对性开展了大量的声波检测和钻孔摄像工作，为进一步分析相关工程问题提供了基础性研究资料。考虑到这些现场声波检测成果并不能直接运用于洞室围岩开挖变形及稳定性数值模拟分析中，如何合理利用、转换为可参与定量化计算的基本数据指标，则需进一步深入细化研究，包括进行合理有效的岩体质量分类分区、评估并拟定相应的综合岩体物理力学参数等。

表 5.4-2 中显示，完整、较完整岩体对应的声波波速 V_p 大于 4635m/s，完整性差、较破碎、破碎岩体对应的声波波速 V_p 小于 4635m/s。显然，工程中重点关注的主要研究对象，包括断层影响带、蚀变带、节理密集带等不良围岩条件，对应于岩体完整性差、较破碎、破碎等级，声波波速 V_p 一般小于 4635m/s，在现场声波测试中均应归属于“中低声波波速”的范畴。

为使围岩岩体质量分区更具针对性，便于开展具有代表性的定量化数值模拟分析工作，在前期分析的基础上重新拟定了基于声波波速 V_p 的岩体质量分区的判定准则。以波

速4500m/s为界限，分为两大波速区段（表5.4-3）：将V_p≥4500m/s定义为“中高波速带”，一般可对应洞室开挖常规洞段的完整或较完整岩体条件；将V_p<4500m/s定为“中低波速带”，其岩体条件类似于厂房下游边墙揭露的断层影响带、岩体蚀变或节理密集发育影响洞段。

表5.4-3　厂房边墙声波检测洞段基于声波波速V_p的岩体质量分区

<table>
<tr><td rowspan="4">原评价体系</td><td>岩体评价</td><td>完整、较完整</td><td colspan="2">完整性差、较破碎、破碎</td></tr>
<tr><td>K_v</td><td>K_v>0.55</td><td colspan="2">K_v≤0.55</td></tr>
<tr><td>V_p/(m/s)</td><td>V_p>4635</td><td colspan="2">V_p≤4635</td></tr>
<tr><td>围岩类别</td><td>Ⅱ～Ⅲ</td><td colspan="2">Ⅲ～Ⅳ～Ⅴ</td></tr>
<tr><td rowspan="5">调整后的评价体系</td><td rowspan="2">岩体质量分区</td><td rowspan="2">中高波速带</td><td colspan="2">中低波速带</td></tr>
<tr><td>中波速带</td><td>低波速带</td></tr>
<tr><td>V_p/(m/s)</td><td>V_p≥4500</td><td>4500>V_p≥3000</td><td>3000>V_p≥2000</td></tr>
<tr><td>K_v</td><td>K_v≥0.52</td><td>0.52>K_v≥0.23</td><td>0.23>K_v≥0.10</td></tr>
<tr><td>围岩类别</td><td>Ⅱ～$Ⅲ_1$</td><td>$Ⅲ_1$～$Ⅲ_2$</td><td>$Ⅲ_2$～Ⅳ</td></tr>
</table>

考虑到岩体的蚀变程度、节理发育程度等均可具有较大差异性，可将该“中低波速带”区段进一步细分，将波速低于3000m/s的围岩条件定义为“低波速带”，这一区段在现场声波测试中的分布范围较有限，主要位于厂房下游边墙断层f_{83}影响带，其空间分布范围界线已根据现场声波测试成果划定。

另外，洞室开挖中围岩受爆破损伤、施工扰动、卸荷松弛等综合影响，尤其高边墙形成后，各主洞室边墙围岩浅层岩体的声波波速也基本处于“中低波速带”（V_p<4500m/s），构成了地下洞室的围岩松动圈。

如前所述，岩体声波波速V_p作为能够反映岩体质量的综合指标之一，既能较客观地反映地质条件多样性对岩体强度的影响，又能较好地体现岩体力学特性的空间差异性特征。其与岩体质量指标Q、地质强度指标GSI、岩体地质力学分类RMR等均具有对应关系，在一定程度上也可用于围岩岩体质量分区或分类。可见，基于声波波速V_p对围岩岩体质量进行分区，将不单单包含岩体蚀变的影响，而是可以涵盖断层、岩体蚀变、节理发育、开挖松弛损伤等因素对岩体质量的综合影响。其中断层、岩体蚀变和节理发育等影响因素作为围岩本身特性，是岩体波速偏低的根本原因，而开挖松弛损伤则主要由开挖爆破损伤和卸荷应力松弛所致。

依据现场各典型洞段开挖中揭露的实际工程地质条件和围岩变形破坏情况，结合相关监测、检测和试验成果以及前期地质勘探研究基础，可初步构建岩体声波波速V_p与围岩岩体质量的相互关系。为便于后续开展定量化数值模拟分析工作，表5.4-4给出了基于声波波速V_p的地下厂房声波检测区岩体质量分区与相应岩体特征，相比表5.4-3更为具体化。表5.4-4中根据厂房下游边墙开挖揭露的岩体蚀变、节理密集发育影响洞段的声波检测成果和现场开挖揭露地质情况，结合岩体的蚀变程度、节理发育程度、松弛损伤程度等典型围岩特征，按岩体声波波速V_p，从宏观上进行经验划分，选取了平均声波波速5000m/s、4500m/s、4000m/s、3500m/s、2500m/s等为代表值，并描述了与之相匹配的典型岩体特征，以体现该洞段岩体质量在空间分布上的差异性。

表 5.4-4　基于声波波速 V_p 的厂房下游边墙岩体质量分区与相应岩体特征

平均声波波速 V_p/(m/s)	围岩类别		岩体完整性评价		岩体特征
			完整性系数	完整性	
5000	Ⅱ		0.64	完整～较完整	强度高、无蚀变
4500	$Ⅲ_1$		0.52	较完整～完整性差	强度较高、轻微蚀变
4000	$Ⅲ_2$	$Ⅲ_{2a}$	0.41	完整性差	节理较发育、轻微蚀变或轻微损伤
3500		$Ⅲ_{2b}$	0.31	完整性差～较破碎	节理发育、轻微蚀变或中等损伤
2500	Ⅳ		0.16	较破碎	节理密集发育、中等蚀变或严重损伤松弛

5.4.2.3　基于 Hoek-Brown 经验体系的岩体参数评估

岩体工程实践表明，目前岩体力学参数的准确获取仍比较困难，寻求能被众多工程普遍接受的方法，已成为近年来人们关注的另一个目标和趋势。我国水电工程在前期设计阶段一般是由地质专业提出岩体参数建议值，然后各研究单位根据这些岩体参数（通常是基于 Mohr-Coulomb 强度准则）开展相关的分析工作，对于岩体力学特征比较复杂的情况，研究单位可以结合自己的认识，开展本构模型和岩体参数的深入研究。

当前，国际上多采用 Hoek-Brown 强度准则评估岩体参数。Hoek-Brown 强度准则以室内岩石力学试验为基准，并能综合考虑岩体中节理裂隙、地下水和尺寸效应的影响，是发展最为完善的评估岩体力学参数的方法之一。

Hoek、Brown 于 1980 年提出经验强度准则，该准则综合考虑了岩体结构、岩块强度、应力状态等多种因素的影响，由该准则所估算的岩体力学参数可为最终确定岩体力学参数提供重要依据。1992 年，Hoek 针对 1980 年提出的经验强度准则的不足，提出了狭义 Hoek-Brown 强度准则的修正形式，称为广义 Hoek-Brown 强度准则。2002 年，Hoek 等人又深化了广义 Hoek-Brown 强度准则，引入岩体扰动参数 D，表征开挖爆破、卸荷松弛等对岩体的扰动影响。广义 Hoek-Brown 强度准则表达式为

$$\sigma_1=\sigma_3+\sigma_{ci}\left(m_b\frac{\sigma_3}{\sigma_{ci}}+s\right)^a \tag{5.4-3}$$

式中：m_b 为经验参数 m_i 的相关值；s、a 为与岩体特征有关的常数；σ_{ci} 为岩石（块）单轴抗压强度。

多年来，Hoek-Brown 强度准则从理论和实践上都得到了丰富的研究与发展。该准则在岩体工程各领域得到了广泛的推广应用，诸如大型边坡、深埋长大隧洞、复杂地基基础、矿山开采等，解决了一系列的实际工程问题。同时，许多学者也针对该理论开展了大量的研究工作，目前已形成了较为完善的体系。

在工程实践中，Hoek-Brown 强度准则与 Mohr-Coulomb 强度准则一样都被广泛接受。其中，用 Hoek-Brown 强度准则预测岩体力学参数时，关键是确定地质强度指标 GSI（Geological Strength Index）、岩石（块）的单轴抗压强度 UCS（或 σ_{ci}）和 m_i、岩体扰动参数 D 等。另外，也可将 Hoek-Brown 强度准则中的非线性参数 m、s 与 Mohr-Coulomb 强度准则的参数 c、Φ 联系起来，建立相关的经验公式，用以推算等效的 Mohr-

Coulomb 强度准则中的黏聚力和摩擦角等参数。为便于分析计算，E. Hoek 等建立了一整套完善的岩体参数取值工作方法，转化过程已经程序化（如 RocLab、RocData），且被不同行业的数千个工程所应用和验证。

Hoek - Brown 强度准则中，岩体 GSI 的确定十分关键。GSI 方法体系是 E. Hoek 多年来和世界各地与之合作的地质工作者共同研究发展起来的一种方法，这种岩体质量分类系统的特点是系统性强，从岩体工程地质调查到岩体强度指标、岩体强度准则、岩体工程设计准则（边坡坡度、地下工程跨度、加固原则），一整套过程都遵循连贯的思想并具备一套成熟的工作方法，特别适用于风化岩体及非均质岩体。

图 5.4 - 10 为概化的岩体尺度的 Hoek - Brown 强度包络线与 GSI 取值简表（Hoek，2002；Eberhardt，2012）。虽然岩体的 GSI 取值一定程度上很难定量化，且主观性强，有时也与实际存在一定偏差，但一般而言，这种偏差在工程尺度是可以接受的。另外，一些研究人员也建立了 GSI 与更广泛地被接受了的 RMR 指标之间的关系，现实中人们通常取 GSI 与 RMR 相同（很多情况下也可以取 GSI＝RMR－5），帮助工程人员采用更多途径获取岩体的 GSI 值。

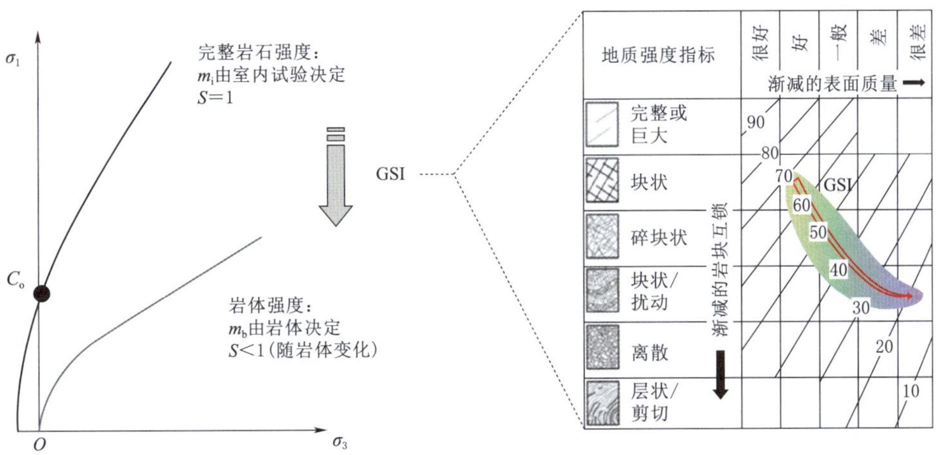

图 5.4 - 10　岩体尺度的 Hoek - Brown 强度包络线与 GSI 取值（Hoek，2002；Eberhardt，2012）

Hoek - Brown 强度准则中的 m_i 为岩质参数，一般经试验获得。在没有三轴试验资料可用的条件下，Hoek 也给出了不同类型岩石（块）m_i 的经验取值表，见表 5.4 - 5。应当注意，该表中 m_i 值为完整岩块的材料常数，但当岩体破坏是沿软弱结构面发生时，该表将不适合。

根据以上理论方法，以厂房下游边墙岩体蚀变影响带为例，采用基于 Hoek - Brown 强度准则的 RocData 软件（操作界面如图 5.4 - 11 所示）对厂区研究部位的岩体宏观力学参数进行分析。具体操作流程简述如下：

(1) 单轴压缩强度 σ_{ci} 采用室内试验得到的完整岩块的试验平均值。边墙蚀变岩则根据不同的蚀变影响程度视情况选择大值平均值、平均值和小值平均值。厂房下游边墙蚀变岩的室内单轴压缩强度 UCS 平均可达到约 40MPa（表 2.3 - 1）。

表 5.4-5 由岩石类型所决定的 Hoek-Brown 常量 m_i

岩石类型	分类	小类	不同质地岩石及 m_i 取值			
			粗糙的	中等的	精细的	非常粗细的
沉积岩	碎屑		砾岩 21±3 角砾岩 19±5	砂岩 17±4	粉砂岩 7±2 硬砂岩 18±3	黏土岩 4±2 页岩 6±2 泥灰岩 7±2
	非碎屑	碳酸盐	结晶灰岩 12±3	粉晶灰岩 10±2	微晶灰岩 9±2	白云岩 9±3
		蒸发岩		石膏 8±2	硬石膏 12±2	
		有机物				白垩 7±2
变质岩	非片理化		大理岩 9±3	角页岩 19±4 变质砂岩 19±3	石英岩 20±3	
	轻微片理化		混合岩 29±3	闪岩 26±6	片麻岩 28±5	
	片理化			片岩 12±3	千枚岩 7±3	板岩 7±4
火成岩	深成类	浅色	花岗岩 32±3 花岗闪长岩 29±3	闪长岩 25±5		
		深色	辉长岩 27±3 苏长岩 20±5	粗粒玄武岩 16±5		
	半深成类		斑岩 20±5		辉绿岩 15±5	橄榄绿 25±5
	火山类	熔岩		流纹岩 25±5 安山岩 25±5	英安岩 25±3 玄武岩 25±5	黑曜岩 19±3
		火山碎屑	集块岩 19±3	角砾岩 19±5	凝灰岩 13±5	

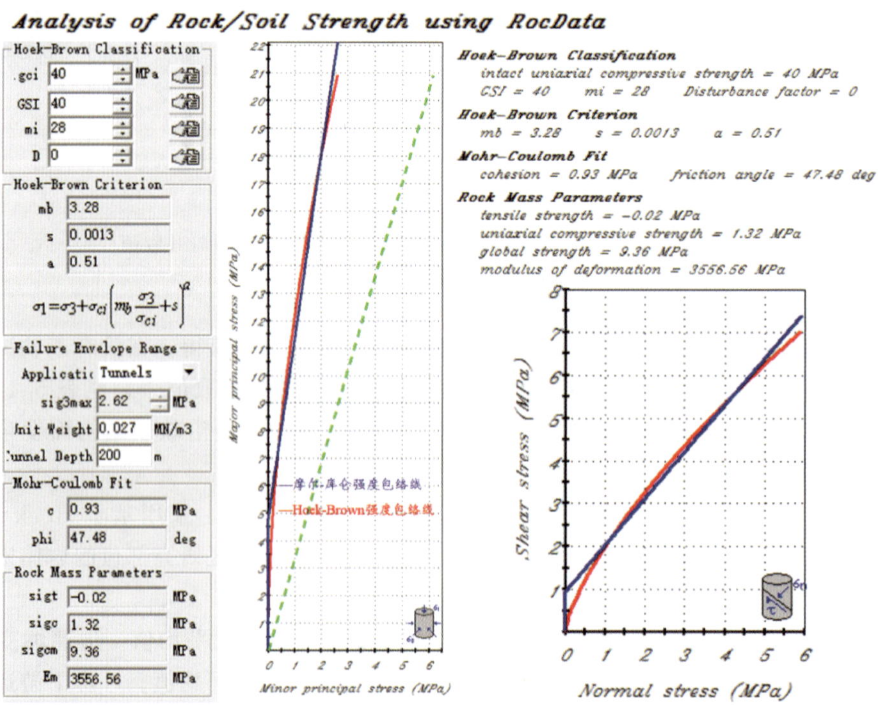

图 5.4-11 RocData 软件操作界面

（2）地质强度指标 GSI 通过经验确定（图 5.4-10）。

（3）岩质参数 m_i 根据 Hoek-Brown 准则中提供的经验值确定，并根据不同的风化或蚀变影响程度在其范围内选择（表 5.4-5）。

（4）厂房岩锚梁部位边墙开挖要求严格控制爆破，其扰动程度一般较小，并且目前拟定的相关参数也均是对应洞室围岩开挖后的实际情况，可假定扰动参数 $D=0$。岩体的等效重度取 $\gamma_d=26.5\text{kN/m}^3$。

（5）针对岩体蚀变、节理发育、松弛损伤导致的中低波速岩体（$V_p<4500\text{m/s}$），UCS 取值区间为 30～50MPa，GSI 取值区间为 20～50，具体需根据岩体的蚀变程度、节理发育程度、松弛损伤程度等特征综合拟定。

上述流程简单介绍了 Hoek-Brown 岩体参数取值的基本工作思路，由于现实操作中部分初始参量涉及工程人员的经验判断，会一定程度上影响最终获得的岩体参数指标的可靠性和合理性，还需要根据多方面的资料综合甄别判断和修正。另外，岩体参数往往和本构模型是联系在一起的，我国水电行业普遍采用 Mohr-Coulomb 本构模型，可将 Hoek-Brown 岩体参数转换为与 Mohr-Coulomb 本构模型相匹配的岩体强度参数指标，即岩体的黏聚力和摩擦角，参与后续数值模拟计算分析。

表 5.4-6 给出了基于 Hoek-Brown 强度准则的经验岩体力学参数取值，可以与基于声波波速围岩质量分类相对应，表中包括了典型声波波速 V_p 为 5000m/s、4500m/s、4000m/s、3500m/s、2500m/s 对应的综合岩体力学参数建议值。其中，中低波速带 V_p 为 4000m/s、3500m/s、2500m/s 分别代表了不同的“岩体蚀变程度、节理发育程度或松弛损伤程度”下的围岩波速情况，具体的：V_p 为 4000m/s 的岩体摩擦系数为 1.15～1.28，黏聚力为 1.00～1.18MPa；V_p 为 3500m/s 的岩体摩擦系数为 0.97～1.08，黏聚力为 0.77～0.92MPa；V_p 为 2500m/s 的岩体摩擦系数为 0.78～0.88，黏聚力为 0.55～0.69MPa。

工程可研阶段的地质建议参数值与基于声波波速岩体质量分类和 Hoek-Brown 强度准则拟定的岩体力学参数建议值（表 5.4-6）对比，二者对应的不同围岩条件下的岩体变形模量和强度值差异并不大，基本具有一致性。可见，针对厂房下游边墙岩体蚀变影响区段，在工程试验资料相对有限的情况下，采用上述经验岩体力学参数快速评价方法是较为可行和可靠的手段，可作为地下厂房岩体参数综合取值的主要参考依据之一。

表 5.4-6　　基于 Hoek-Brown 强度准则的经验岩体力学参数取值

围岩类别	岩体特征	平均声波波速 V_p /(m/s)	岩石单轴抗压强度 UCS /MPa	地质强度指标 GSI	岩质参数 m_i	扰动参数 D	变形模量 E/GPa	摩擦系数 f	黏聚力 c/MPa
Ⅱ	完整～较完整，强度高	5000	80	55～65	30	0	11.93～21.21	1.53～1.66	1.58～1.98
Ⅲ$_1$	较完整，局部完整性差，强度较高	4500	60	45～55	29	0	5.80～10.33	1.28～1.41	1.18～1.40

续表

围岩类别		岩体特征	平均声波波速 V_p /(m/s)	岩石单轴抗压强度 UCS /MPa	地质强度指标 GSI	岩质参数 m_i	扰动参数 D	变形模量 E/GPa	摩擦系数 f	黏聚力 c/MPa
Ⅲ$_2$	Ⅲ$_{2a}$	节理较发育、轻微蚀变或轻微损伤	4000	50	40～50	28	0	3.98～7.07	1.15～1.28	1.00～1.18
	Ⅲ$_{2b}$	节理发育、轻微蚀变或中等损伤	3500	40	30～40	27	0	2.00～3.56	0.97～1.08	0.77～0.92
Ⅳ		节理密集发育、中等蚀变或严重损伤松弛	2500	30	20～30	26	0	0.97～1.73	0.78～0.88	0.55～0.69

5.4.2.4　岩体参数的综合取值

通常情况下，由于围岩岩体条件复杂多样，表现出非均质性、非连续性、各向异性和尺寸效应等特征，岩体力学参数一般取为范围值更为合理，但这样将很难直接用于数值模拟计算中。为方便开展具体化、定量化的计算分析，在实际计算中一般仅会采用一组或少量几组相对可靠并具代表性的岩体力学参数值，必要时可对关键部位的岩体参数进行敏感性分析。

在杨房沟水电站地下工程开挖实施和动态监测反馈分析实践过程中，依据项目可研阶段地质专业提供的岩体力学参数取值，并结合现场开挖揭露的实际地质情况、同类工程经验、声波波速岩体质量分类情况和 Hoek - Brown 强度准则的岩体力学参数建议值等多个角度，综合拟定了表 5.4 - 7 中所列的岩体力学参数综合建议值，并将其作为三维数值计算中采用的主要初始参数。由于该表格为便于后续定量化计算，仅给定了各类围岩条件下单一的岩体力学参数代表值，实际应用时可根据现场开挖揭露地质情况差异、监检测数据变化等进一步调整和修正相关主要参数指标。

表 5.4 - 7　　岩体物理力学参数取值表（综合建议值）

围岩类别		岩体特征	平均声波波速 V_p /(m/s)	变形模量 E/GPa	泊松比	摩擦系数 f	黏聚力 c/MPa	典型分布部位
Ⅱ		完整～较完整，强度高	5000	18	0.23	1.4	1.30	常规洞段
Ⅲ$_1$		较完整，局部完整性差，强度较高	4500	13	0.26	1.2	1.15	常规洞段
Ⅲ$_2$	Ⅲ$_{2a}$	节理较发育、轻微蚀变或轻微损伤	4000	9	0.27	1.0	1.00	如：厂房下游边墙厂右 0＋20～厂右 0＋47 洞段（节理密集带）
	Ⅲ$_{2b}$	节理发育、轻微蚀变或中等损伤	3500	4	0.28	0.8	0.70	如：厂房下游边墙厂右 0＋05～厂左 0＋35 洞段（节理密集带与蚀变）
Ⅳ		节理密集发育、中等蚀变或严重损伤松弛	2500	2	0.30	0.6	0.45	如：厂房下游边墙断层 f_{1-83} 下盘低波速带围岩

5.4.2.5 岩体参数的数值反演复核

根据现场围岩开挖响应特征和典型监测情况，开展监测数值反馈分析与复核工作是通行的岩体参数定量化分析方法。一般来说监测仪器的埋设都有一定滞后性，因而无法获得整个洞室开挖过程中围岩的变形特征，但可以通过对比某些开挖阶段的围岩变形增量，对围岩的参数取值进行复核分析。

基于地下厂房第Ⅲ层开挖情况，分别建立边墙Ⅱ类围岩洞段、边墙$Ⅲ_1$类围岩洞段及岩体蚀变影响洞段（$Ⅲ_{2a}$类和$Ⅲ_{2b}$类）的数值反馈分析模型，对比数值计算成果与实际监测情况，复核典型洞段的围岩岩体力学参数。

1. Ⅱ类围岩洞段岩体参数复核

采用表5.4-7岩体力学参数综合建议值，计算得到Ⅱ类围岩条件下厂房第Ⅲ层开挖过程中的变形响应特征（累计总变形量），如图5.4-12所示。与典型监测点（边墙高程2006m）数据进行对比分析（表5.4-8），边墙不同深度测点变形增量基本一致。

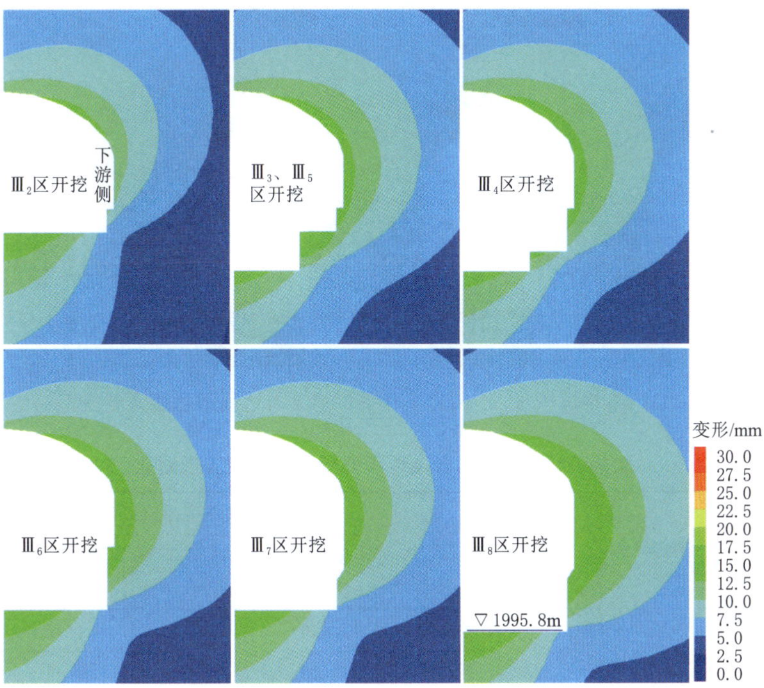

图5.4-12 常规洞段Ⅱ类围岩条件下厂房第Ⅲ层开挖变形响应特征

表5.4-8 常规洞段Ⅱ类围岩条件下开挖边墙监测变形对比

洞段分类	岩性	围岩类别	监测部位		典型变形特征代表值/mm			
					距岩壁吊车梁1m	距岩壁吊车梁3m	距岩壁吊车梁7m	距岩壁吊车梁15m
常规洞段	花岗闪长岩	Ⅱ	实测	上游侧	5～12	4～10	3～6	1～2
				下游侧	6～14	6～12	4～8	1～3
			计算	上游侧	10.3	8.8	5.8	2.9
				下游侧	12.2	10.3	7.7	3.8

2. $Ⅲ_1$ 类围岩洞段岩体参数复核

采用表 5.4-7 岩体力学参数综合建议值，计算得到 $Ⅲ_1$ 类围岩地下厂房第Ⅲ层开挖过程中的变形响应特征（累计总变形量），如图 5.4-13 所示。与典型监测点（边墙高程 2006m）数据进行对比分析（表 5.4-9），边墙不同深度测点变形增量基本一致。

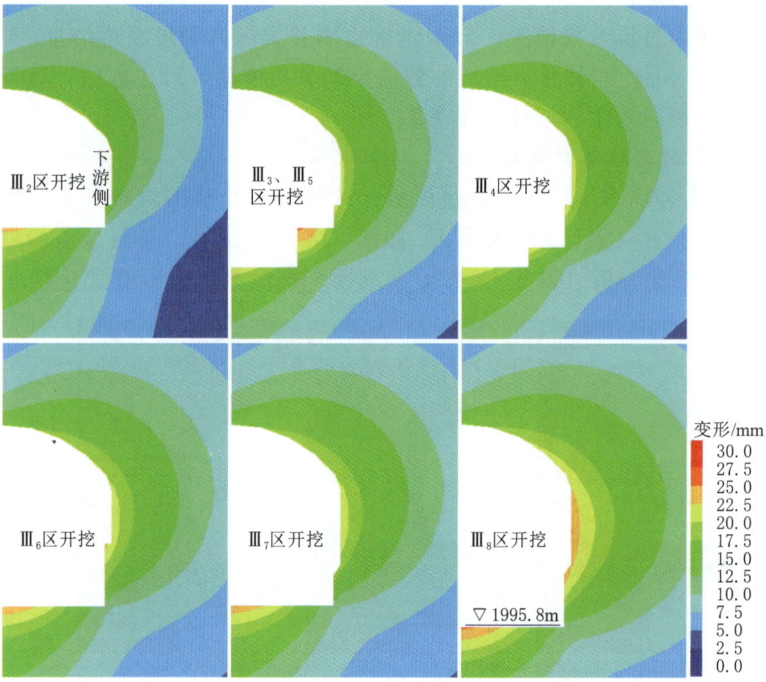

图 5.4-13　常规洞段 $Ⅲ_1$ 类围岩条件下厂房下游边墙第Ⅲ层开挖变形响应

表 5.4-9　常规洞段 $Ⅲ_1$ 类围岩条件下开挖边墙监测变形对比

洞段分类	岩性	围岩类别	监测部位		典型变形特征代表值/mm			
					距岩壁吊车梁 1m	距岩壁吊车梁 3m	距岩壁吊车梁 7m	距岩壁吊车梁 15m
常规洞段	花岗闪长岩	$Ⅲ_1$	实测	上游侧	12～16	10～14	4～7	2～4
				下游侧	14～18	12～16	6～9	2～4
			计算	上游侧	14.4	12.7	9.0	5.5
				下游侧	16.0	13.9	10.8	6.1

3. $Ⅲ_{2a}$ 类围岩洞段岩体参数复核（厂右 0+20～厂右 0+47）

采用表 5.4-7 岩体力学参数综合建议值，计算得到 $Ⅲ_{2a}$ 类围岩条件下厂房第Ⅲ层开挖过程中的变形响应特征（累计总变形量），如图 5.4-14 所示，并与典型监测点（边墙高程 2006m）数据进行对比分析（表 5.4-10），边墙不同深度测点变形增量基本一致。

4. $Ⅲ_{2b}$ 类围岩洞段岩体参数复核（厂右 0+05～厂左 0+35）

采用表 5.4-7 岩体力学参数综合建议值，计算得到 $Ⅲ_{2b}$ 类围岩条件下厂房第Ⅲ层开挖过程中的变形响应特征（累计总变形量），如图5.4-15所示，并与典型监测点（边墙高程2006m）数据进行对比分析（表5.4-11），边墙不同深度测点变形增量基本一致。

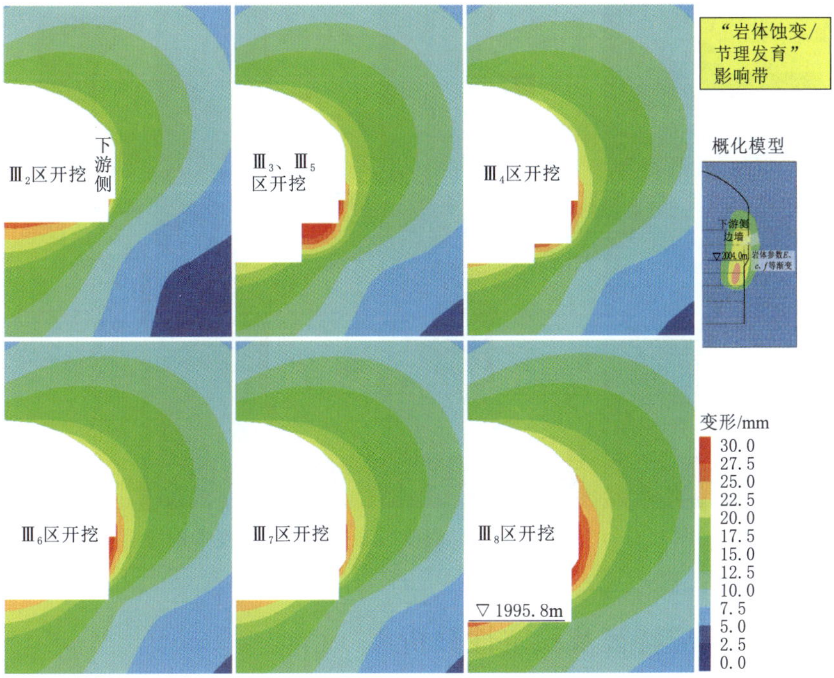

图5.4-14　Ⅲ$_{2a}$类围岩洞段边墙第Ⅲ层开挖变形响应

表5.4-10　Ⅲ$_{2a}$类围岩洞段开挖边墙监测变形对比

岩性	围岩类别	监测部位		典型变形特征代表值/mm			
				距岩壁吊车梁1m	距岩壁吊车梁3m	距岩壁吊车梁7m	距岩壁吊车梁15m
花岗闪长岩	Ⅲ$_{2a}$	实测	下游侧	—	15.2	10.0	3.3
		计算	下游侧	17.5	14.5	7.7	5.8

表5.4-11　Ⅲ$_{2b}$类围岩洞段开挖边墙监测变形对比

岩性	围岩类别	监测部位		典型变形特征代表值/mm			
				距岩壁吊车梁1m	距岩壁吊车梁3m	距岩壁吊车梁7m	距岩壁吊车梁15m
花岗闪长岩	Ⅲ$_{2b}$	实测	下游侧	29.4	21.7	7.4	2.7
		计算	下游侧	24.3	18.2	8.2	5.1

综上所述，采用表5.4-7中各类围岩力学参数计算得到的地下厂房第Ⅲ层开挖变形增量，与现场实际监测变形增量具有较好的一致性，基本满足在“工程尺度”上的计算精度要求，表明该数值模型中岩体力学参数取值具有较好的代表性和可靠性，可为该工程的深化研究提供基础参数。

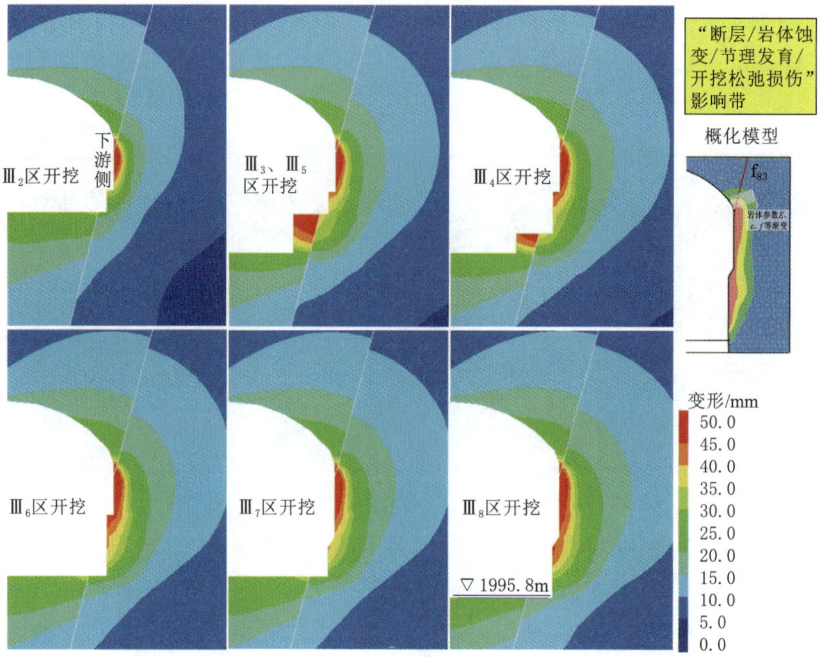

图 5.4－15　Ⅲ$_{2b}$ 类围岩洞段边墙第Ⅲ层开挖变形响应

5.5　围岩开挖响应特征及稳定性分析

5.5.1　三维数值计算模型构建

5.5.1.1　三维数值计算模型

图 5.5－1 为左岸地下洞室群的三维数值计算模型，包含了地下洞室群的主要洞室，如主副厂房洞、主变室、母线洞、尾调室、尾水洞、出线竖井及部分排水廊道等。三维数值计算模型充分覆盖三大洞室及其开挖影响区，模型的坐标系 y 轴与厂房洞轴线重合。地下洞室群主要支护形式包括普通砂浆锚杆、预应力锚杆、预应力锚索和喷混凝土等，在数值计算中分别采用了 Cable 杆单元对主要支护系统加以模拟（图 5.5－2）。

在地下洞室群开挖过程中，现场地质工程师对开挖面揭露的各类结构面进行了详细的地质编录和描述，从开挖揭露情况来看，工程区域发育的结构面多为中、陡倾角结构面，少量缓倾角断层在顶拱部位出露，如断层 f_{1-49}、f_{3-2}、f_{3-13}，揭露性状相对较差，对顶拱开挖成型和围岩稳定有一定影响。部分结构面（f_{1-83}、J_{1-145}、J_{1-164}、J_{1-158}、f_{3-36} 等）与洞室轴线呈小角度相交，与优势结构面组合后对边墙的稳定较为不利。数值模拟分析中对部分延伸较长、性状较差、影响较大的结构面进行直接模拟，对于延伸较短、性状较好、影响较小的结构面，将在岩体力学参数取值时综合考虑。三维模型中地下洞室群主要岩体结构面空间分布情况如图 5.5－3 所示。

5.5.1.2　岩体与结构面本构模型

1. 岩体本构模型与参数

岩体本构模型采用 3DEC 中的 Mohr－Coulomb 弹塑性本构模型（图 5.5－4），不考

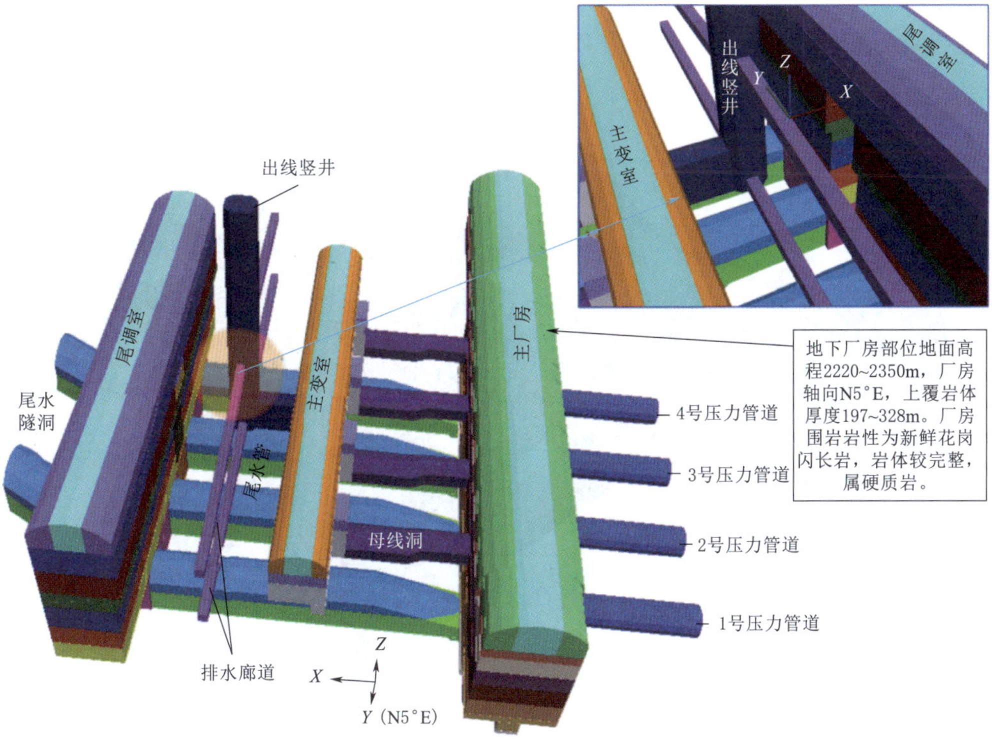

图 5.5-1 杨房沟水电站左岸地下洞室群三维数值计算模型

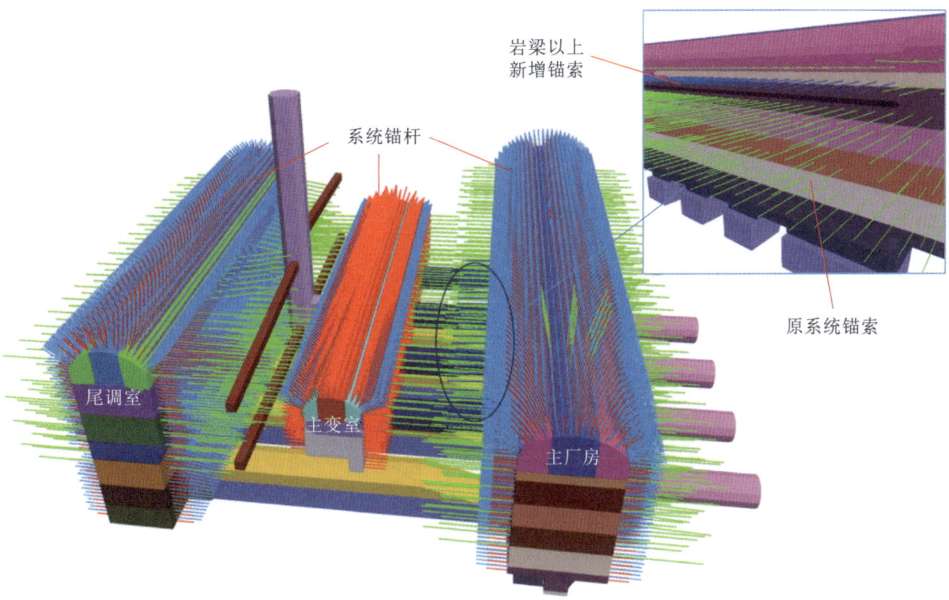

图 5.5-2 杨房沟水电站地下洞室群支护系统模拟

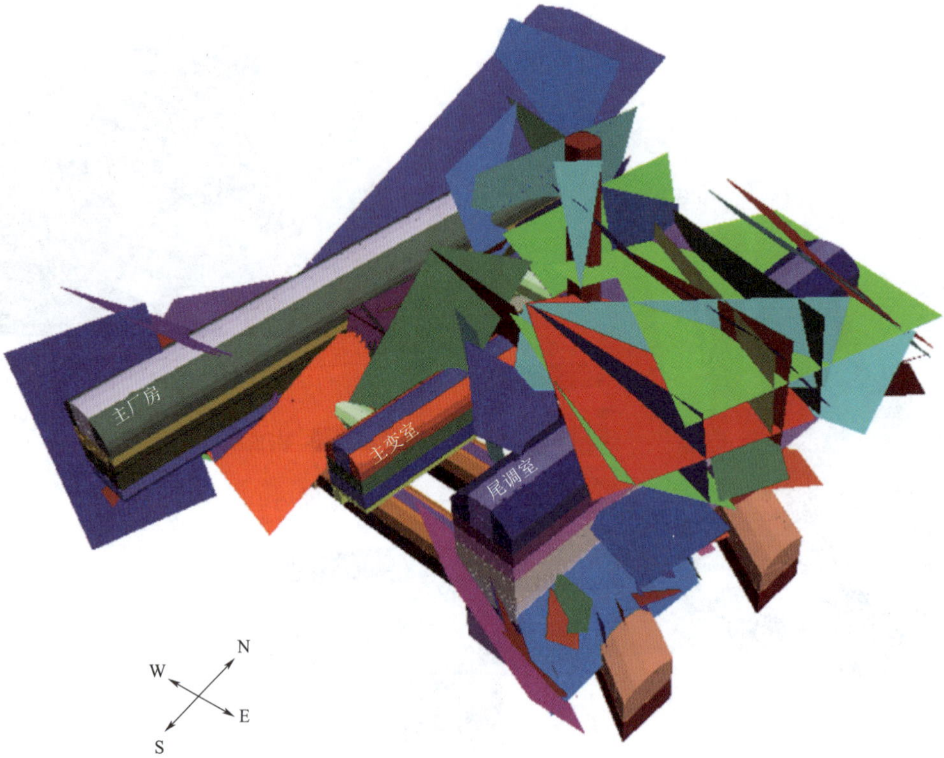

图 5.5－3　地下洞室群主要岩体结构面空间分布情况

虑岩体发生塑性屈服后的强度降低特性。图 5.5－5 为 Mohr－Coulomb 屈服准则包络线，该准则是传统 Mohr－Coulomb 剪切屈服准则与拉伸屈服准则相结合的复合屈服准则，剪切屈服准则和抗拉屈服准则分别为

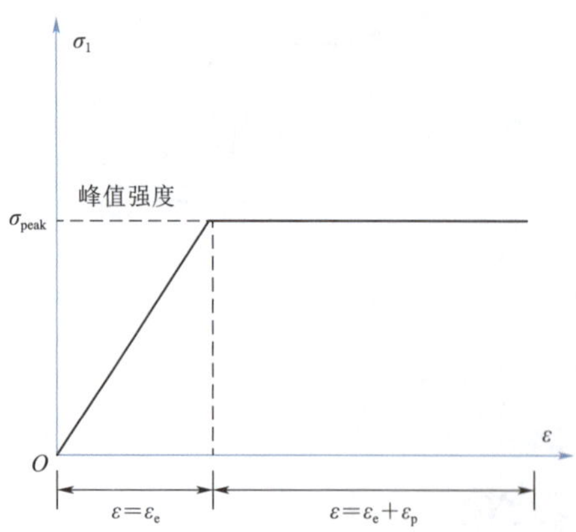

图 5.5－4　岩体理想弹塑性本构模型

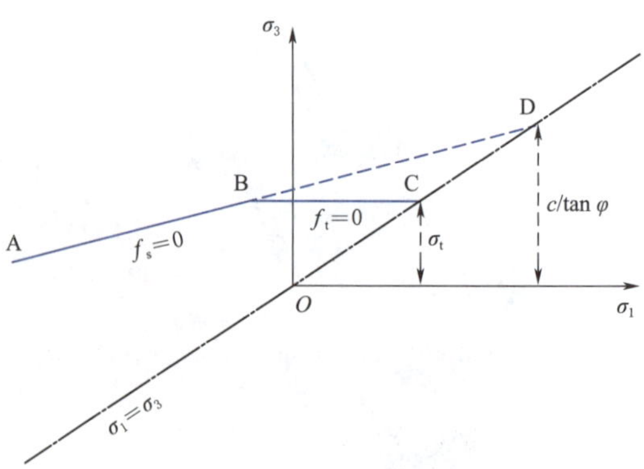

图 5.5－5　3DEC 中的 Mohr－Coulomb 屈服准则包络线

$$f_s=\sigma_3-\sigma_1 N_\varphi+2c\sqrt{N_\varphi} \tag{5.5-1}$$

$$f_t=\sigma_t-\sigma_1 \tag{5.5-2}$$

$$N_\varphi=(1-\sin\varphi)/(1+\sin\varphi) \tag{5.5-3}$$

式中：σ_1、σ_3 分别为最大、最小主应力；φ 为内摩擦角；c 为黏聚力；σ_t 为岩石抗拉强度；N_φ 为与内摩擦角有关的参数。

三维数值计算模型中岩体物理力学参数主要基于工程可研阶段的地质建议值和施工期监测反馈分析成果，并结合实际开挖揭示围岩条件、声波检测等综合拟定。

2. 结构面本构模型与参数

地下工程的数值分析中对于不连续结构面的模拟基本上采用软弱夹层（实体单元）和接触分析（无厚度单元）两种分析方法。两种方法各有优缺点，且存在“变形等效”的基础，因此对变形计算结果的影响不大。其中无厚度节理单元方法反映的变形特征和破坏形态更为直观，能够较好地描述结构面的张开、压缩、剪切滑移等基本现象。在本次研究中，针对结构面的模拟将选用接触面模型，接触面的破坏准则基于库仑剪切强度准则。结构面力学参数建议值见表 2.1－3。3DEC 中的接触面本构模型如图 5.5－6 所示。

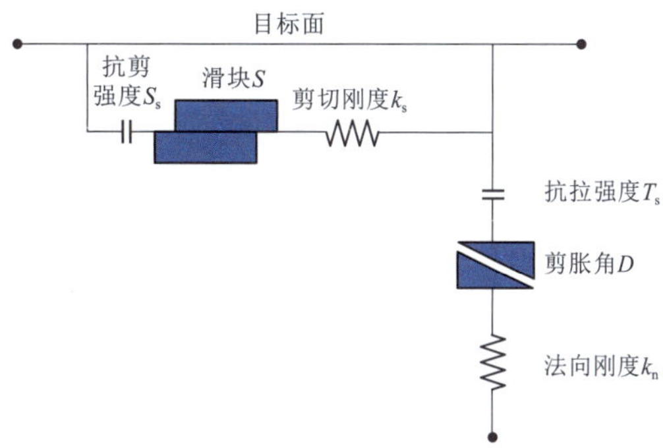

图 5.5－6　3DEC 中的接触面本构模型

库仑剪切强度准则满足：

$$F_{smax}=cA+\tan\varphi F_n \qquad (5.5-4)$$

式中：c 为接触面的黏聚力；φ 为接触面的摩擦角；F_{smax} 为最大剪切力；F_n 为法向力。

5.5.2 围岩开挖变形特征

厂房洞室群开挖规模巨大，三大洞室开挖完成后，群洞效应显现，主副厂房和尾调室高边墙中部均存在较明显的围岩变形和松弛问题，各洞室洞间岩柱的变形问题相对明显。图 5.5－7～图 5.5－10 给出了开挖完成后三大洞室和典型断面围岩变形特征（围岩计算变形量为整个洞室群开挖的累计变形量，与实测变形量对比时应注意二者的差异），具体如下。

1. 地下厂房

（1）厂房整体开挖完后，顶拱及拱肩部位累计变形一般为 15～25mm，以卸荷回弹变形为主；其中缓倾断层 f_{1-49} 影响洞段的顶拱变形较大，该断层对顶拱变形及稳定存在较不利影响，累计最大变形可达到 20～35mm，表现出一定的卸荷松弛变形现象。

（2）厂房开挖完成后高边墙高度达 66m，边墙围岩的开挖卸荷变形响应较明显。厂房上游边墙累计变形一般为 35～60mm，洞室中部高程 1990～1975m 附近的围岩变形偏大。厂房下游边墙的整体变形量要大于上游侧，累计变形一般为 40～70mm。在下游边墙岩体蚀变和节理密集带影响部位，围岩累计变形可达到 60～75mm。下游边墙顺洞向中陡倾角不利结构面（f_{1-123}、J_{1-145}、J_{1-158}、J_{1-164}、J_{1-254} 等）发育，加之受地下厂房、主变室、母线洞、尾水管等洞群效应影响，边墙变形问题相对突出，局部区域的最大变形可达 70～80mm。

（3）总体来看，在地下厂房系统支护和对局部变形较大区域的针对性补强加固工作全面完成后，洞室处于整体稳定状态。

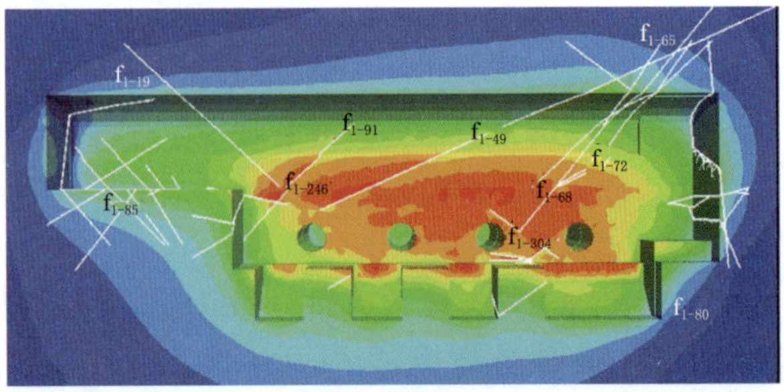

（a）上游侧

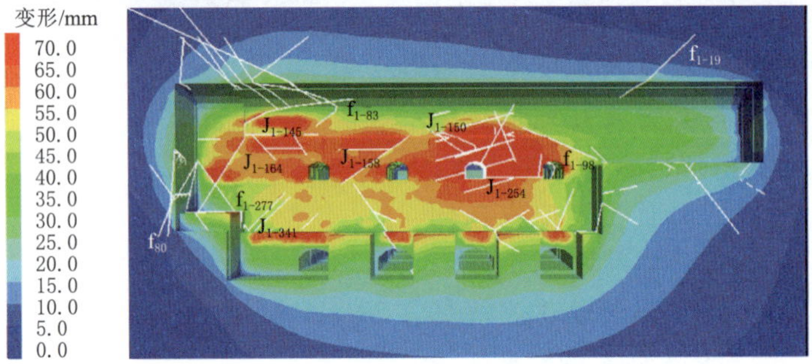

（b）下游侧

图 5.5-7 洞室群开挖完成后地下厂房围岩变形特征

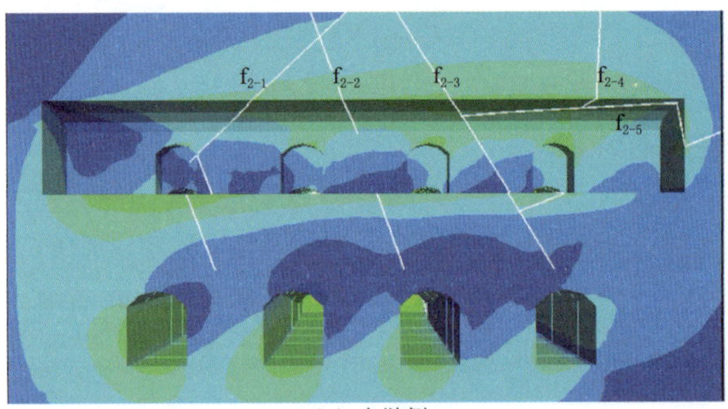

（a）上游侧

（b）下游侧

图 5.5-8 洞室群开挖完成后主变室围岩变形特征

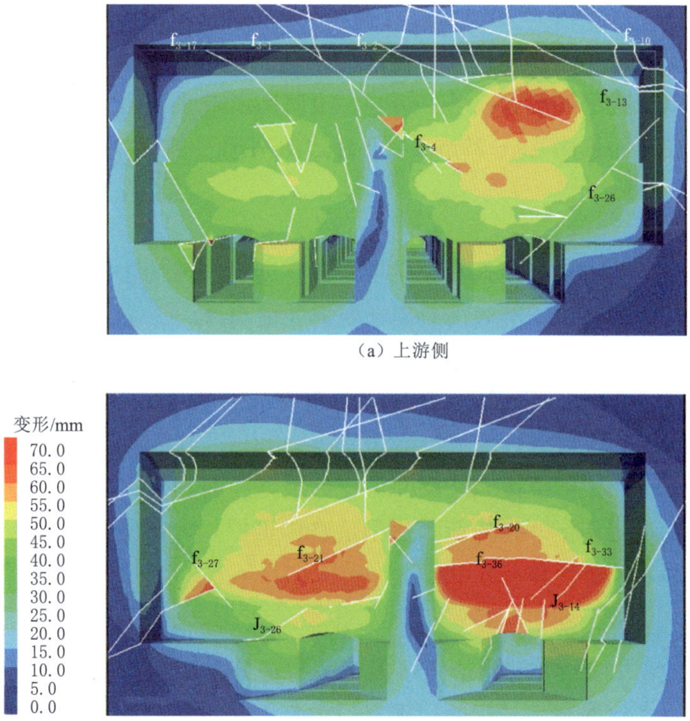

(a) 上游侧

(b) 下游侧

图 5.5-9 洞室群开挖完成后尾调室围岩变形特征

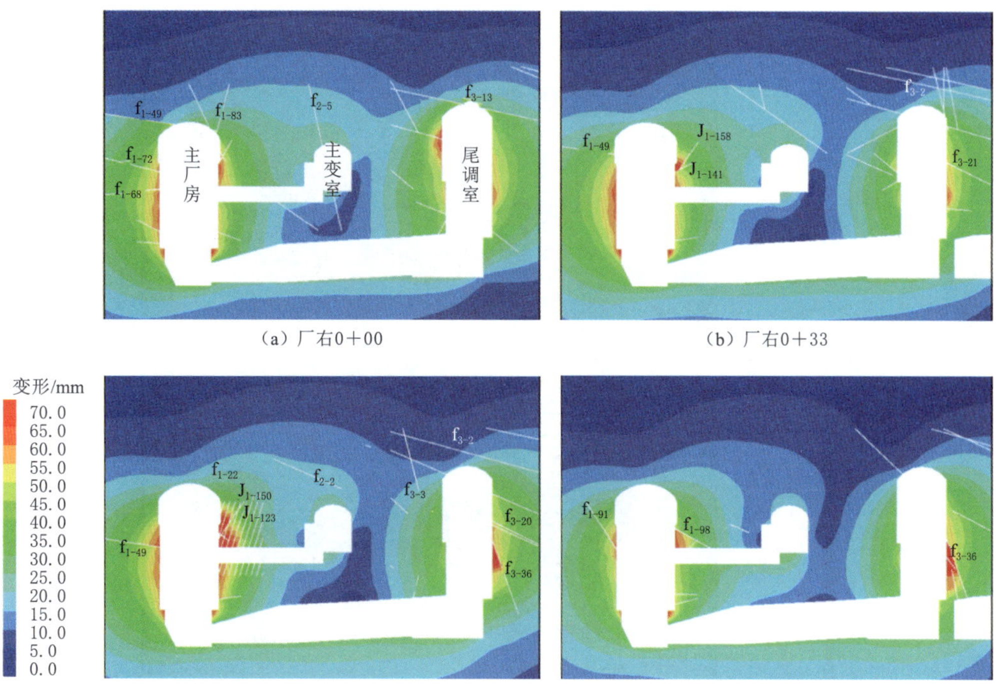

(a) 厂右0+00

(b) 厂右0+33

(c) 厂右0+66

(d) 厂右0+99

图 5.5-10 洞室群开挖完成后典型断面围岩变形特征

2. 主变室

主变室规模相对较小，且顶拱和边墙区域未见明显不利断层发育，围岩整体变形量值低于地下厂房，累计变形一般为 15～28mm。边墙高度较小，边墙围岩整体变形量也相对较小，上游边墙变形一般为 10～25mm，下游边墙变形一般为 5～24mm。主变室的整体稳定性较好。

3. 尾调室

（1）尾调室开挖完成后，尾调室顶拱围岩累计变形一般为 15～25mm，上游侧拱肩累计变形一般为 15～25mm，下游侧拱肩累计变形一般为 20～35mm。

（2）尾调室开挖高度较大，高边墙变形问题相对明显，开挖完成后上游边墙累计变形一般为 35～55mm，其中厂右 0＋00 区域（高程 2002～2018m 附近）累计变形较大，可达到 55～65mm。下游边墙累计变形一般为 45～65mm，其中断层 f_{3-36} 下盘浅部岩体最大变形可达 60～75mm，该部位边墙浅层围岩变形松弛问题相对突出。

（3）总体来看，尾调室开挖卸荷变形量值整体可控，局部变形偏大部位已施作针对性加强支护，洞室围岩处于整体稳定状态。

5.5.3　围岩开挖应力特征

图 5.5－11～图 5.5－18 分别给出了地下洞室群开挖完成后三大洞室围岩最大、最小主应力分布特征。受河谷应力场影响，围岩应力集中区主要分布在各洞室的顶拱靠上游侧拱肩部位，厂房和尾调室顶拱应力集中程度相对明显。同时厂房和尾调室的边墙开挖高度较高，边墙围岩应力松弛深度相对较深。主要洞室应力特征分述如下。

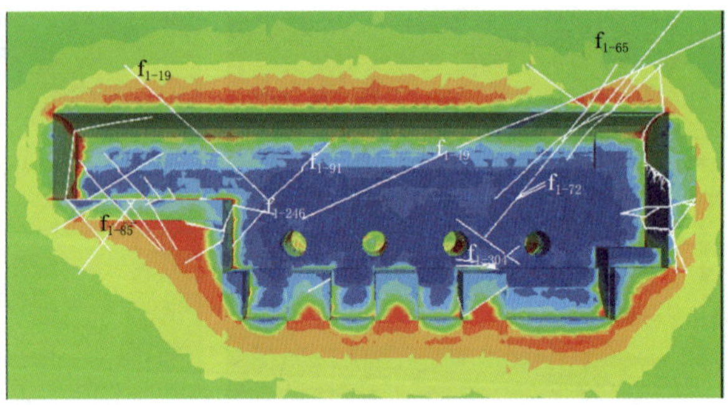

（a）上游侧

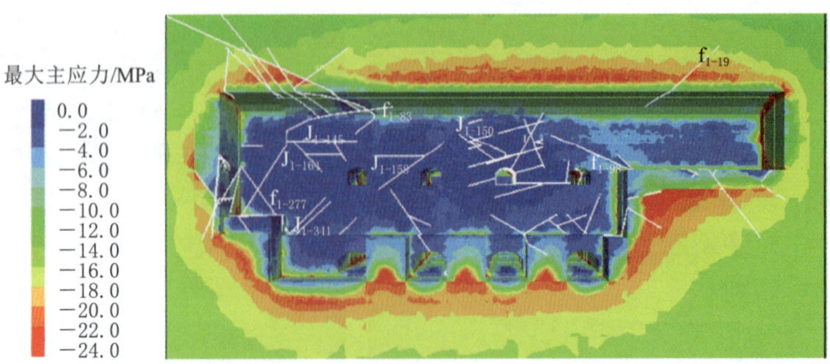

（b）下游侧

图 5.5－11　洞室群开挖完成后地下厂房围岩最大主应力分布特征

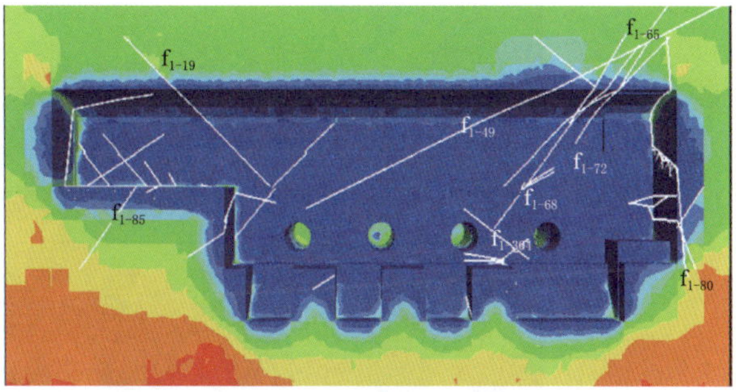

(a) 上游侧

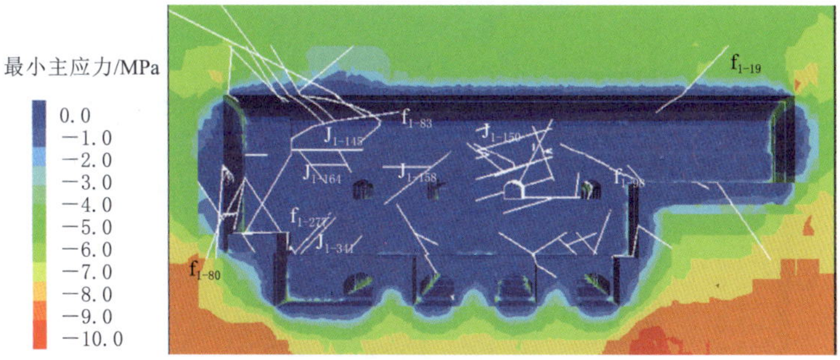

(b) 下游侧

图 5.5-12　洞室群开挖完成后地下厂房围岩最小主应力分布特征

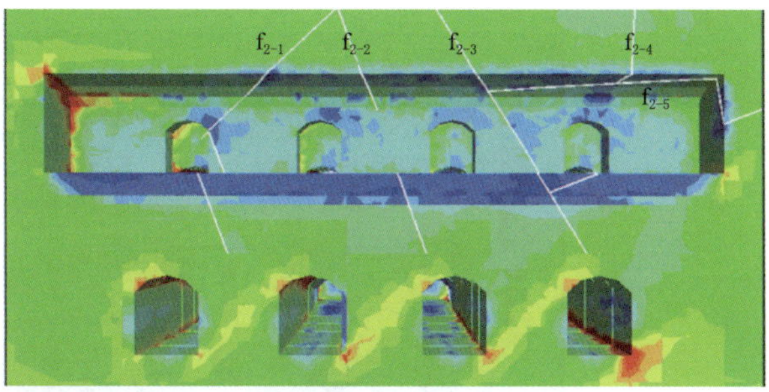

(a) 上游侧

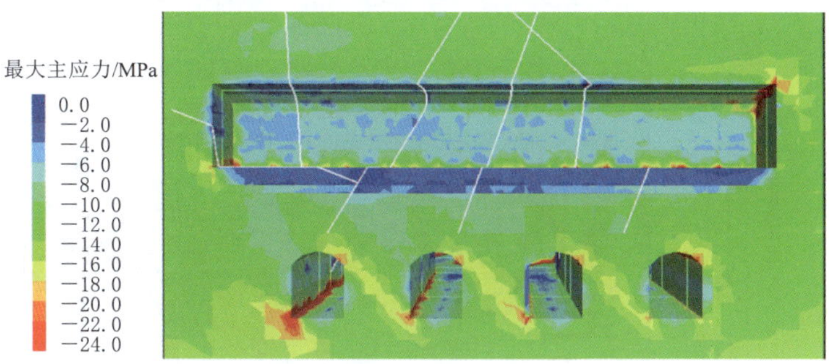

(b) 下游侧

图 5.5-13　洞室群开挖完成后主变室围岩最大主应力分布特征

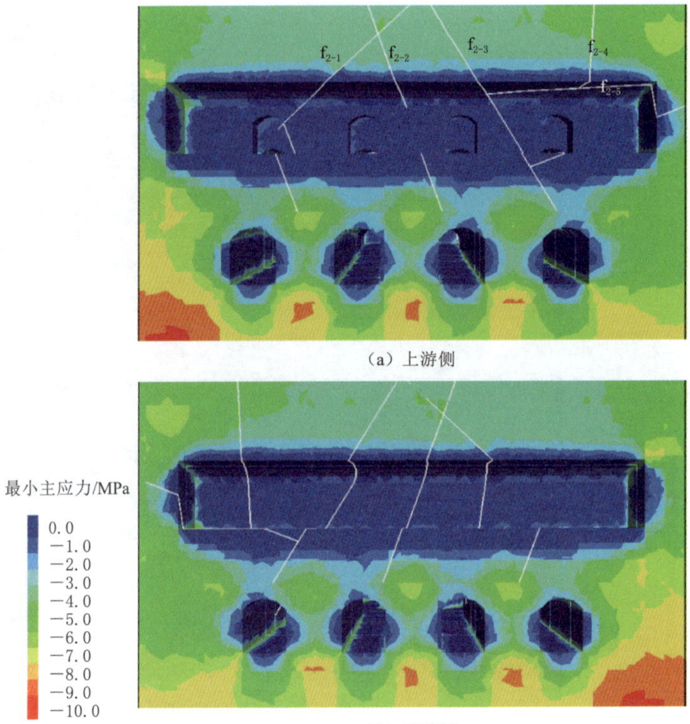

（a）上游侧

（b）下游侧

图 5.5-14　洞室群开挖完成后主变室围岩最小主应力分布特征

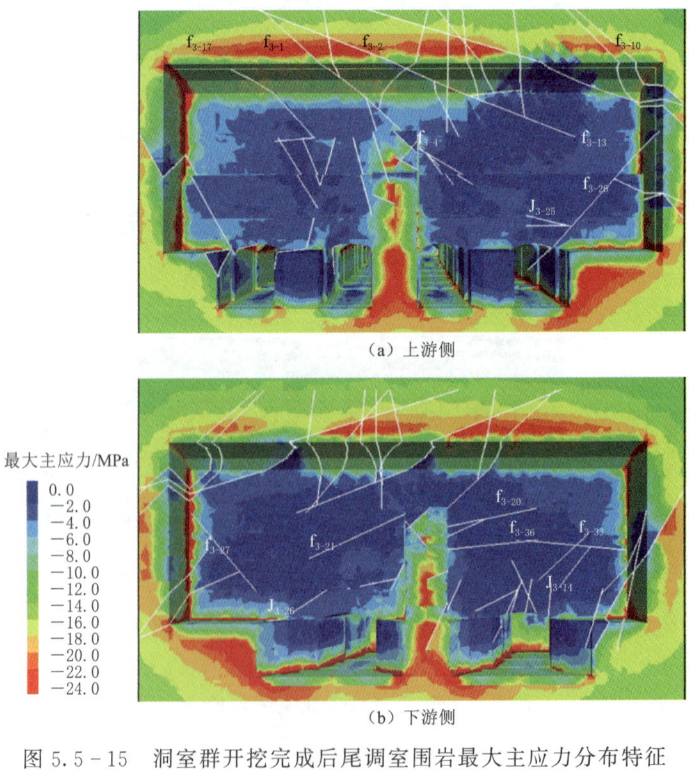

（a）上游侧

（b）下游侧

图 5.5-15　洞室群开挖完成后尾调室围岩最大主应力分布特征

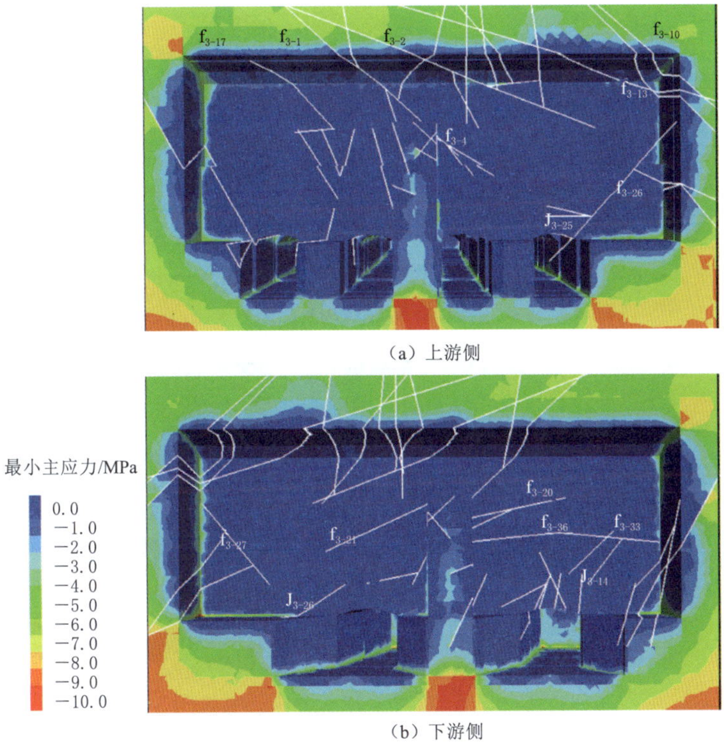

图 5.5－16　洞室群开挖完成后尾调室围岩最小主应力分布特征

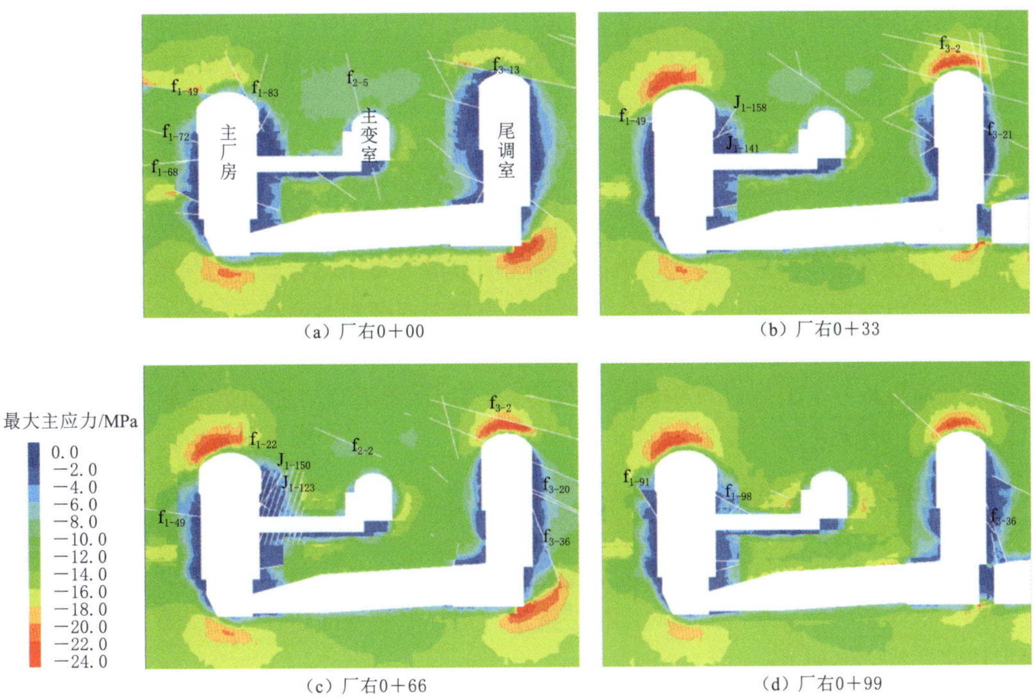

图 5.5－17　洞室群开挖完成后典型断面最大主应力分布特征

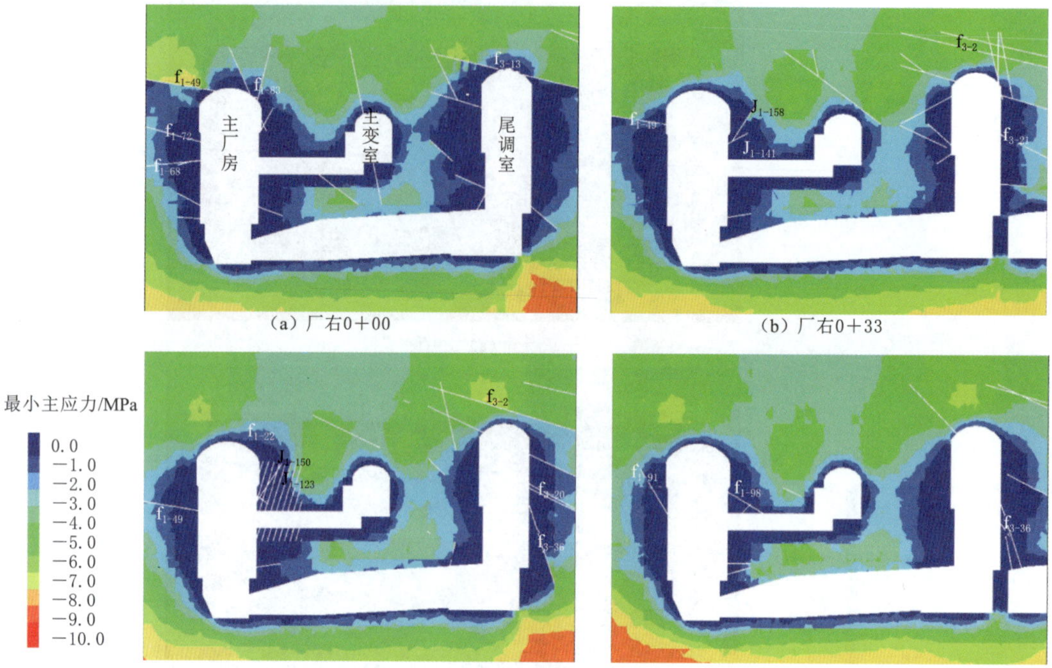

(a) 厂右0+00　(b) 厂右0+33　(c) 厂右0+66　(d) 厂右0+99

图 5.5-18　洞室群开挖完成后典型断面最小主应力分布特征

(1) 地下厂房。从最大主应力特征看，受河谷应力场特征影响，厂房洞室围岩应力集中区主要分布在顶拱靠上游侧拱肩部位，地下厂房顶拱应力集中水平整体不高，最大主应力一般为 20～26MPa。从最小主应力分布特征看，地下厂房顶拱应力松弛深度一般为 1～2m，断层 f_{1-49} 影响洞段应力松弛深度较大，一般为 2～4m。另外，由于厂房边墙开挖高度较高，高边墙应力松弛较明显，边墙应力松弛深度一般为 3～6m，受顺洞向陡倾不利结构面（如 f_{1-83}、f_{1-123}、J_{1-145}、J_{1-158}、J_{1-164} 等）影响，下游边墙应力松弛深度普遍较大，局部洞段可达到 4～10m。

(2) 主变室受洞群效应影响，顶拱应力无明显应力集中，边墙应力松弛程度也相对较弱，局部（母线洞扩大段）受开挖体型影响应力松弛问题相对明显。

(3) 尾调室的应力场分布特征与地下厂房相似，最大主应力一般为 20～26MPa。边墙则表现为典型的高边墙应力松弛，一般为 4～8m，在不利结构面影响部位表现相对突出，边墙应力松弛深度一般为 6～10m。

5.5.4　围岩塑性区特征

图 5.5-19 和图 5.5-20 给出了三大洞室整体开挖完成后典型断面的塑性区分布特征。总的来看，洞室顶拱围岩塑性区深度相对较小，高边墙的塑性区较深，并与边墙高度直接相关，部分洞段受结构面影响塑性区深度较深，但洞室间塑性区并无贯通现象，整体稳定性较好，具体如下：

(1) 地下厂房：厂房洞室顶拱围岩塑性区深度相对较小，高边墙的塑性区较深，部分洞段受结构面影响塑性区深度较深。具体地，厂房顶拱一般洞段顶拱塑性区深度为 2～

(a) 主厂房

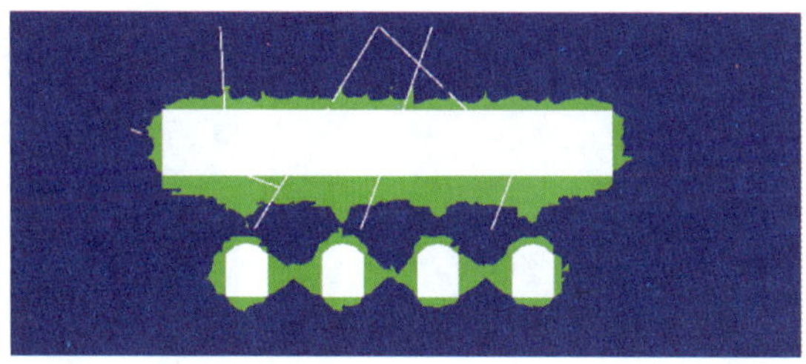

(b) 主变室

(c) 尾调室

图 5.5-19 洞室群开挖完成后三大洞室轴线剖面塑性区分布特征

3m，其中断层 $f_{1\text{-}49}$ 影响洞段塑性区深度一般为 4～5m。厂房上游边墙塑性区深度一般为 6～9m，厂房下游边墙塑性区深度普遍较大，一般为 6～10m，受顺洞向陡倾不利结构面影响，局部洞段可达到 8～13m。

（2）主变室：顶拱塑性区深度基本在 2m 以内，边墙塑性区深度为 3～6m。

（3）尾调室：尾调室顶拱围岩塑性区深度为 1.5～3m，由于高边墙形成，边墙中部区域塑性区深度一般为 7～10m，局部受不利结构面影响洞段可达到 10～12m。尾调室中隔墩部位存在塑性区贯通现象，其整体安全裕度偏低。

5.5.5 支护结构受力特征

通过数值反馈分析手段，分析地下洞室群开挖后的支护系统受力特征，进而评价系统支护的安全性和可靠性。由于全长黏结埋设方式的锚杆沿其长度方向上的受力不均，且与围岩相互作用机制复杂，因此很难通过监控手段获得其最大应力。出于实际分析的需要，为与常规锚杆应力监测数据或相关工程经验作对比，可仅对锚杆典型部位（对应锚杆应力

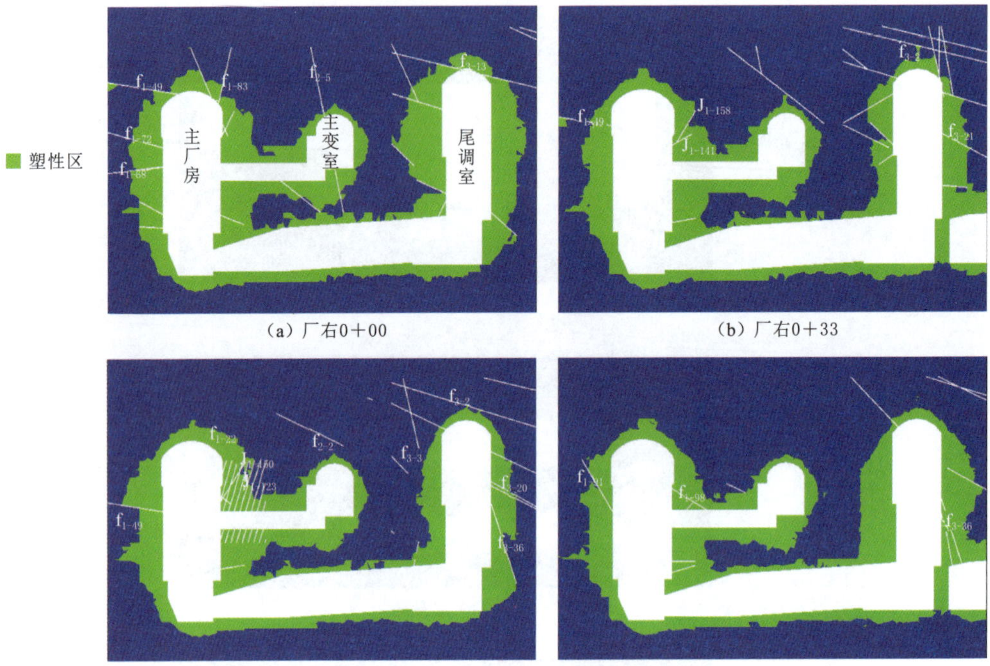

(a) 厂右0+00　(b) 厂右0+33

(c) 厂右0+66　(d) 厂右0+99

图 5.5-20　洞室群开挖完成后典型断面塑性区分布特征

计的安装位置）进行受力统计。比如对于 6m 长的锚杆，可分别统计距孔口 1.5m 和 3.5m 处的锚杆受力情况；对于 9m 长的锚杆，可分别统计距孔口 2m 和 6m 处的锚杆受力情况。

图 5.5-21～图 5.5-23 给出了开挖完成后厂房系统支护锚杆受力统计，厂房顶拱的普通砂浆锚杆应力基本在 0～200MPa，拱肩的预应力锚杆应力基本在 100～250MPa。上游边墙的锚杆应力大部分在 0～200MPa，少量的锚杆应力超出其设计强度（360MPa），整体超限率较低，一般在 6%以内。下游边墙由于受顺洞向陡倾不利结构面（f_{1-123}、J_{1-145}、J_{1-158}、J_{1-164} 等）影响，边墙锚杆的应力水平较上游侧整体偏高，锚杆应力一般为 0～300MPa，局部锚杆应力超出其设计强度，整体超限率一般在 10%以内。

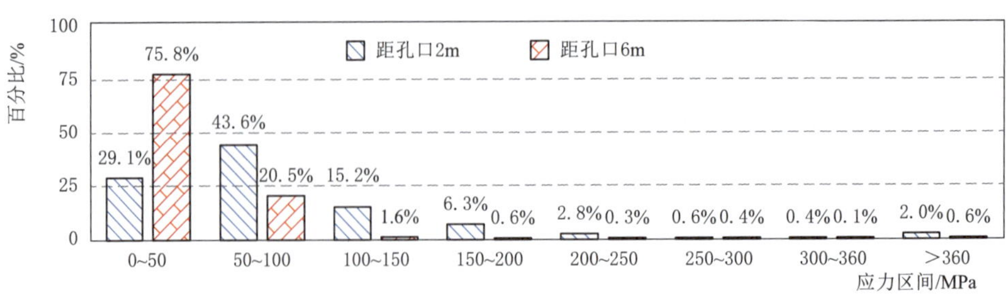

(a) 普通砂浆锚杆(9m)

图 5.5-21（一）　开挖完成后厂房顶拱系统支护锚杆受力统计

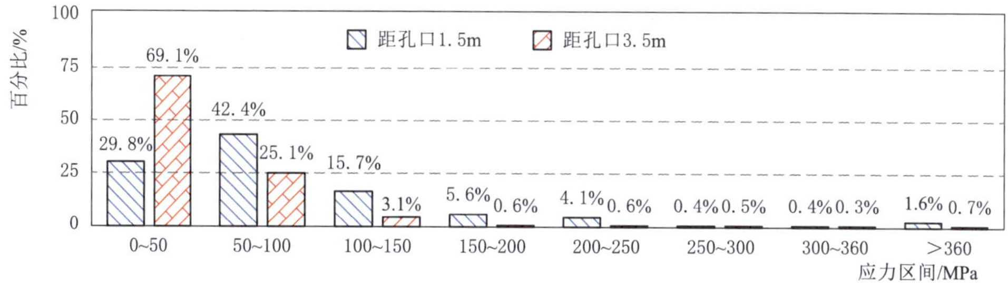

（b）普通砂浆锚杆(6m)

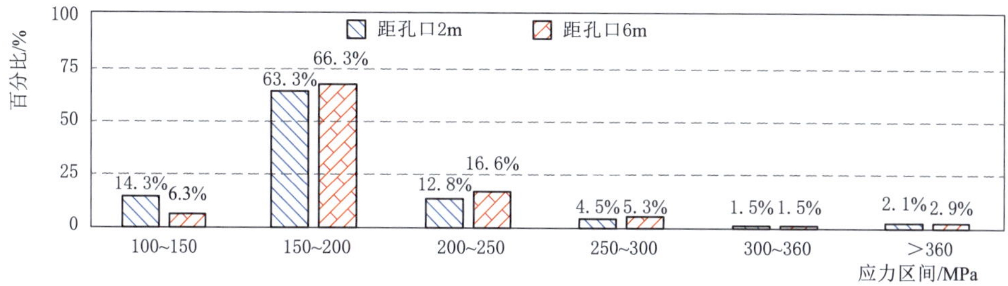

（c）拱肩预应力锚杆(9m)

图 5.5-21（二） 开挖完成后厂房顶拱系统支护锚杆受力统计

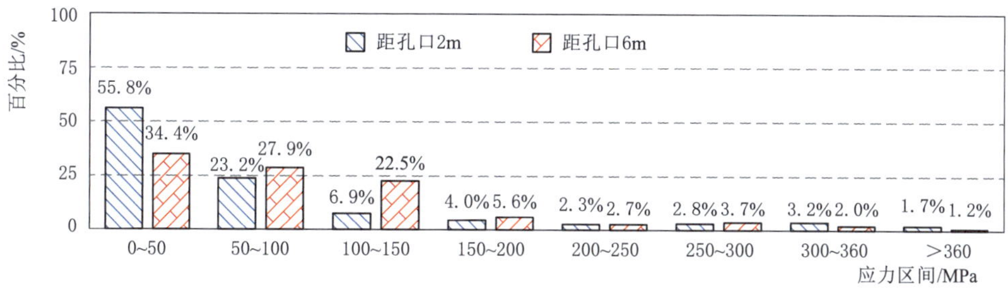

（a）普通砂浆锚杆(9m)

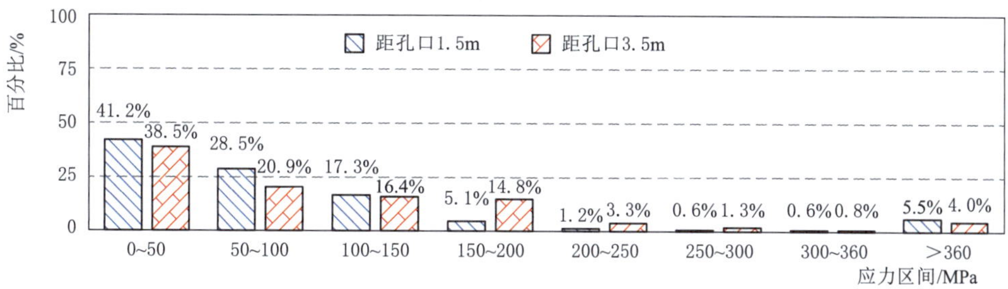

（b）普通砂浆锚杆(6m)

图 5.5-22 开挖完成后厂房上游边墙系统支护锚杆受力统计

图 5.5-24 为开挖完成后厂房边墙锚索受力统计，洞室开挖完成后，地下厂房上游边墙锚索荷载不高，基本在 1800kN 以内，下游边墙锚索荷载较上游侧略高，受局部结构面影响区域（厂右 0+66 附近）锚索荷载超过 2000kN，超限率达到 8%。

图 5.5-25～图 5.5-27 给出了开挖完成后主变室系统支护锚杆受力统计，由图可见，主变室顶拱的普通砂浆锚杆应力基本在 0～150MPa，拱肩的预应力锚杆应力基本在 100～

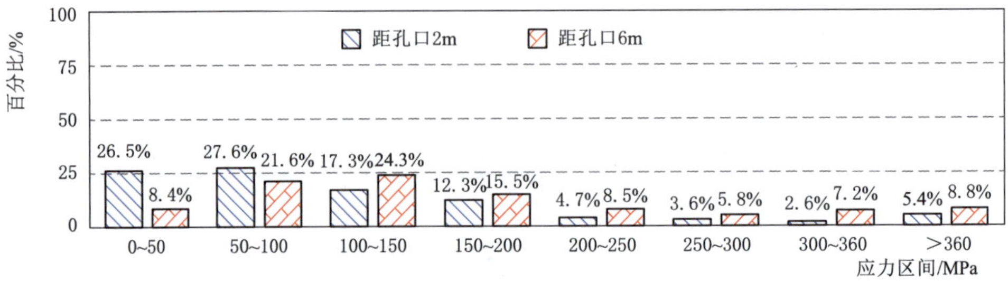

（a）普通砂浆锚杆(9m)

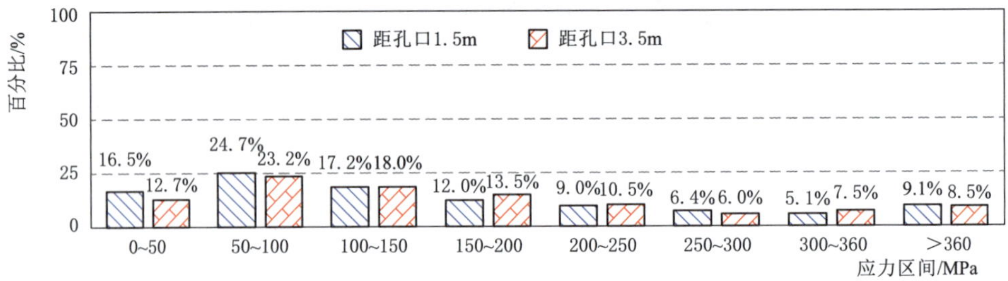

（b）普通砂浆锚杆(6m)

图 5.5－23　开挖完成后地下厂房下游边墙系统支护锚杆受力统计

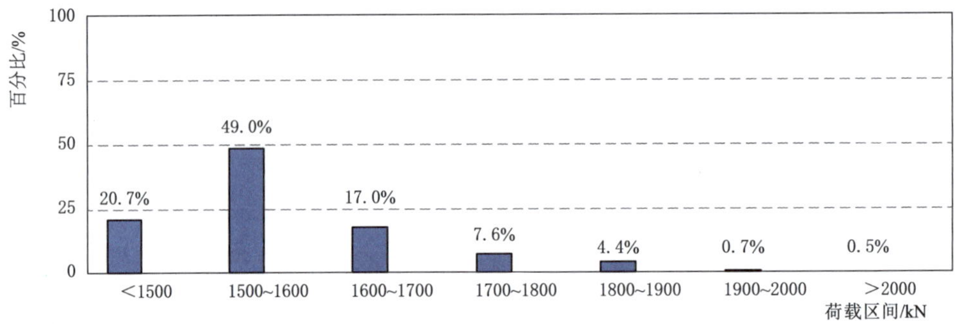

（a）上游侧边墙

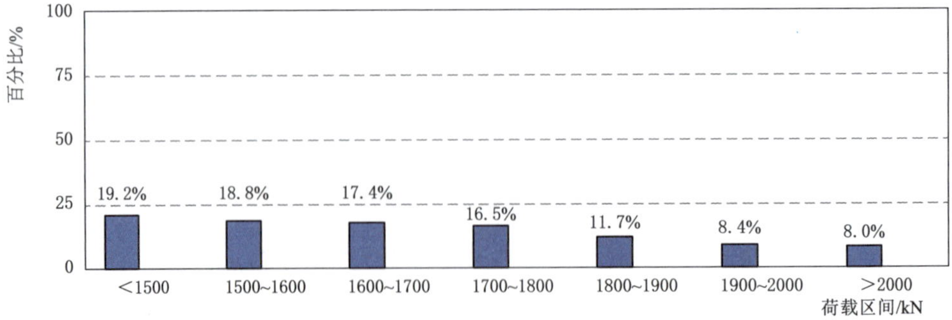

（b）下游侧边墙

图 5.5－24　开挖完成后厂房边墙锚索受力统计

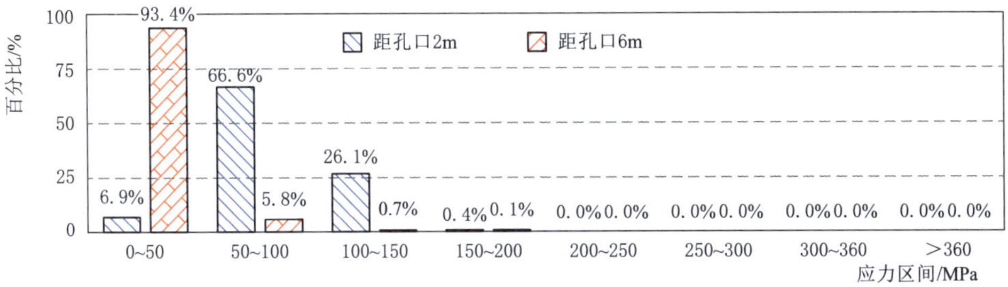

(a) 普通砂浆锚杆(7m)

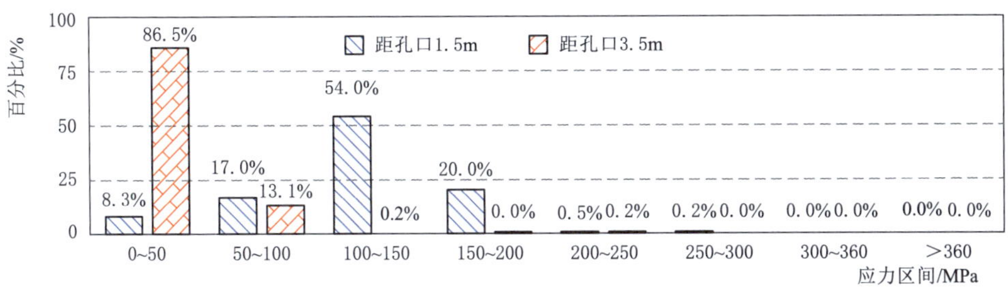

(b) 普通砂浆锚杆(5m)

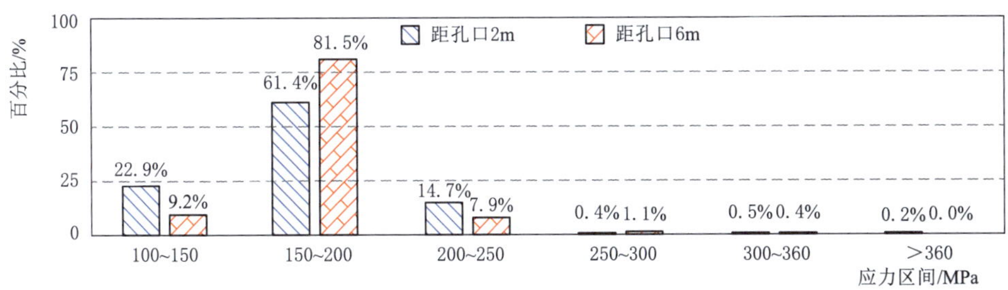

(c) 拱肩预应力锚杆(8m)

图 5.5-25 开挖完成后主变室顶拱系统支护锚杆受力统计

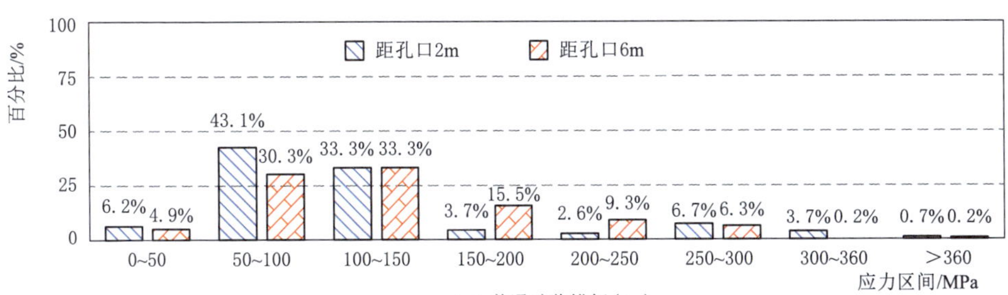

(a) 普通砂浆锚杆(7m)

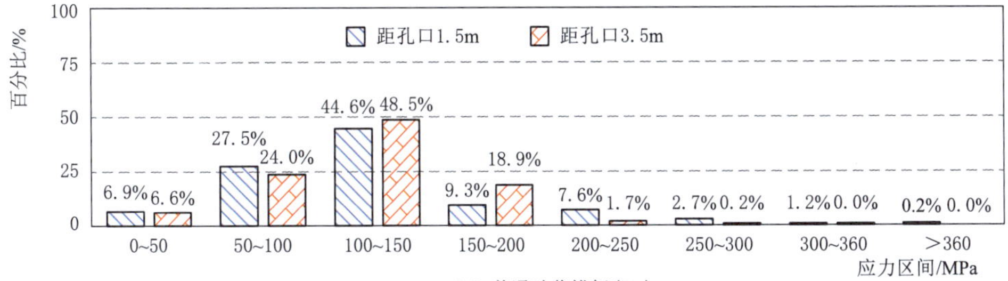

(b) 普通砂浆锚杆(5m)

图 5.5-26 开挖完成后主变室上游边墙系统支护锚杆受力统计

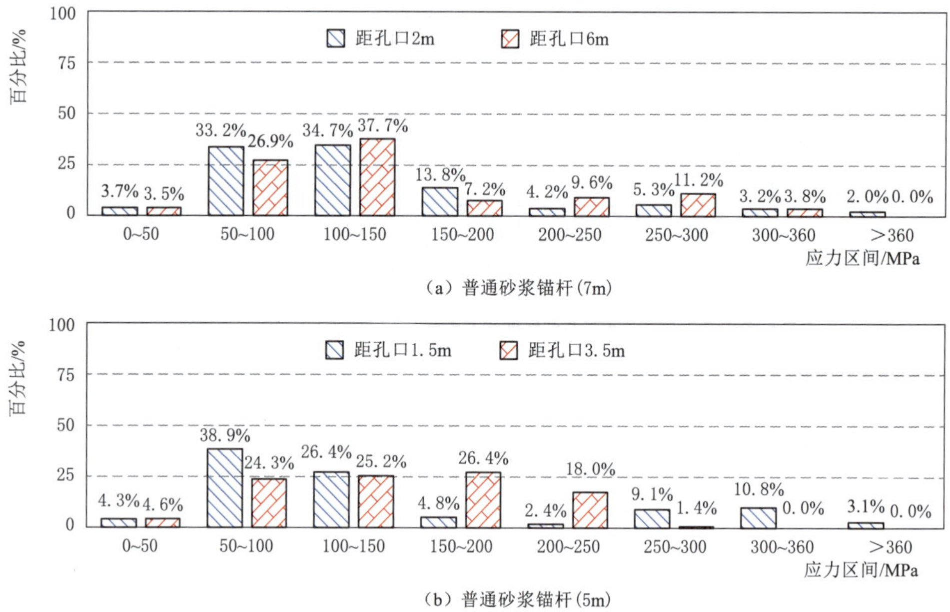

图 5.5-27　开挖完成后主变室下游边墙系统支护锚杆受力统计

250MPa；上游边墙的锚杆应力基本在 0～250MPa，极少量锚杆存在超限；下游边墙的锚杆应力多集中在 50～300MPa，部分锚杆超限，整体超限率在 3%以内。整体来看，主变室锚杆支护系统受力水平均在合理范围。

图 5.5-28 为开挖完成后主变室边墙锚索受力统计，主变室上游边墙锚索荷载基本为 1500～1700kN，下游侧锚索荷载基本为 1500～1800kN，主变室的锚索支护系统受力水平也均在正常范围。

图 5.5-29～图 5.5-31 给出了开挖完成后尾调室系统支护锚杆受力统计，尾调室顶拱的普通砂浆锚杆应力基本为 0～200MPa，拱肩的预应力锚杆应力基本为 100～250MPa，上下游边墙的锚杆应力水平比较接近，大部分为 0～250MPa，局部锚杆存在超限，超限率不高，整体在 8%以内。

图 5.5-32 为开挖完成后尾调室边墙锚索受力统计，尾调室上游边墙的锚索荷载大部分在 1800kN 以内，局部洞段（厂右 0+00 附近）存在少量锚索超限问题；下游边墙锚索荷载大部分在 1800kN 以内，局部受结构面影响洞段的少量锚索存在超限问题。

5.5.6　围岩稳定性综合评价

采用数值反馈分析方法，对地下洞室群开挖围岩响应特征及稳定性进行分析，主要认识如下。

1. 地下厂房

(1) 厂房整体开挖完后，顶拱及拱肩部位累计变形一般在 15～25mm，以卸荷回弹变形为主。其中缓倾断层 f_{1-49} 影响洞段的顶拱变形较大，累计最大变形可达到 20～35mm；边墙围岩的开挖卸荷松弛变形问题较突出，厂房上游边墙累计变形一般为 35～60mm，厂房下游边墙的整体累计变形一般为 40～70mm，下游边墙岩体蚀变或节理密集带影响部位

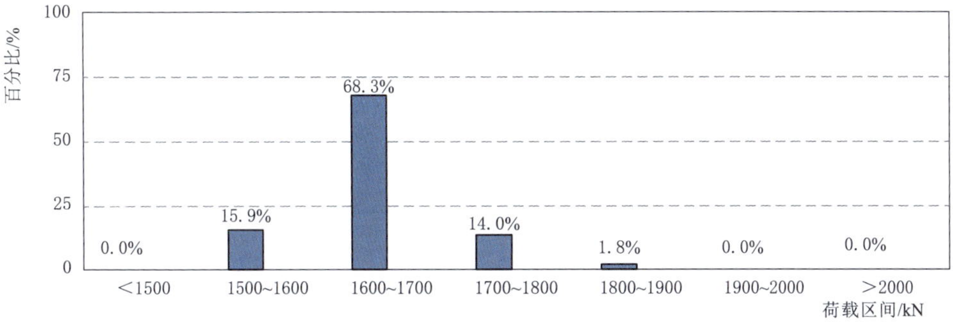

（a）上游侧边墙

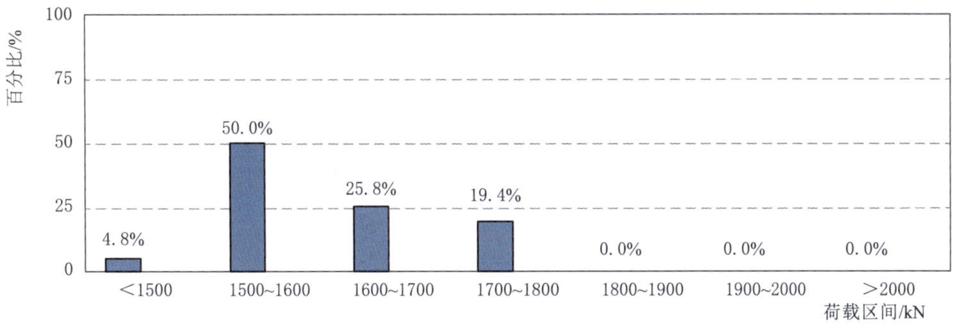

（b）下游侧边墙

图 5.5-28 开挖完成后主变室边墙锚索受力统计

累计变形量可达到 60～75mm。在下游边墙中部区域，围岩顺洞向中陡倾角不利结构面（f_{1-123}、J_{1-145}、J_{1-158}、J_{1-164}、J_{1-254} 等）发育，加之受地下厂房、主变室、母线洞、尾水管等洞群效应影响，变形问题相对突出，局部区域的最大变形可达 70～80mm。

（2）受河谷应力场特征影响，厂房洞室围岩应力集中区主要分布在顶拱靠上游侧拱肩部位，地下厂房顶拱应力集中水平整体不高，最大主应力一般为 20～26MPa；地下厂房顶拱应力松弛深度一般为 1～2m，断层 f_{1-49} 影响洞段应力松弛深度一般在 2～4m；厂房高边墙应力松弛较明显，边墙应力松弛深度一般为 3～6m，局部洞段可达到 4～10m。

（3）厂房顶拱一般洞段顶拱塑性区深度为 2～3m，其中断层 f_{1-49} 影响洞段塑性区深度一般为 4～5m；厂房上游边墙塑性区深度一般为 6～9m，厂房下游边墙塑性区深度普遍较大，一般为 6～10m，受顺洞向陡倾不利结构面影响，局部洞段可达到 8～13m。

2. 主变室

（1）主变室规模相对较小，围岩条件相对较好，围岩整体变形量值低于地下厂房，顶拱累计变形一般为 15～28mm，上游边墙变形一般为 10～25mm，下游边墙变形一般为 5～24mm。

（2）主变室顶拱应力无明显应力集中，边墙应力松弛程度也相对较弱，局部（母线洞扩大段）受开挖体型影响应力松弛问题相对明显。

（3）顶拱塑性区深度基本在 2m 以内，边墙塑性区深度为 3～6m。

3. 尾调室

（1）尾调室开挖完成后，尾调室顶拱围岩累计变形一般为 15～25mm，上游侧拱肩累

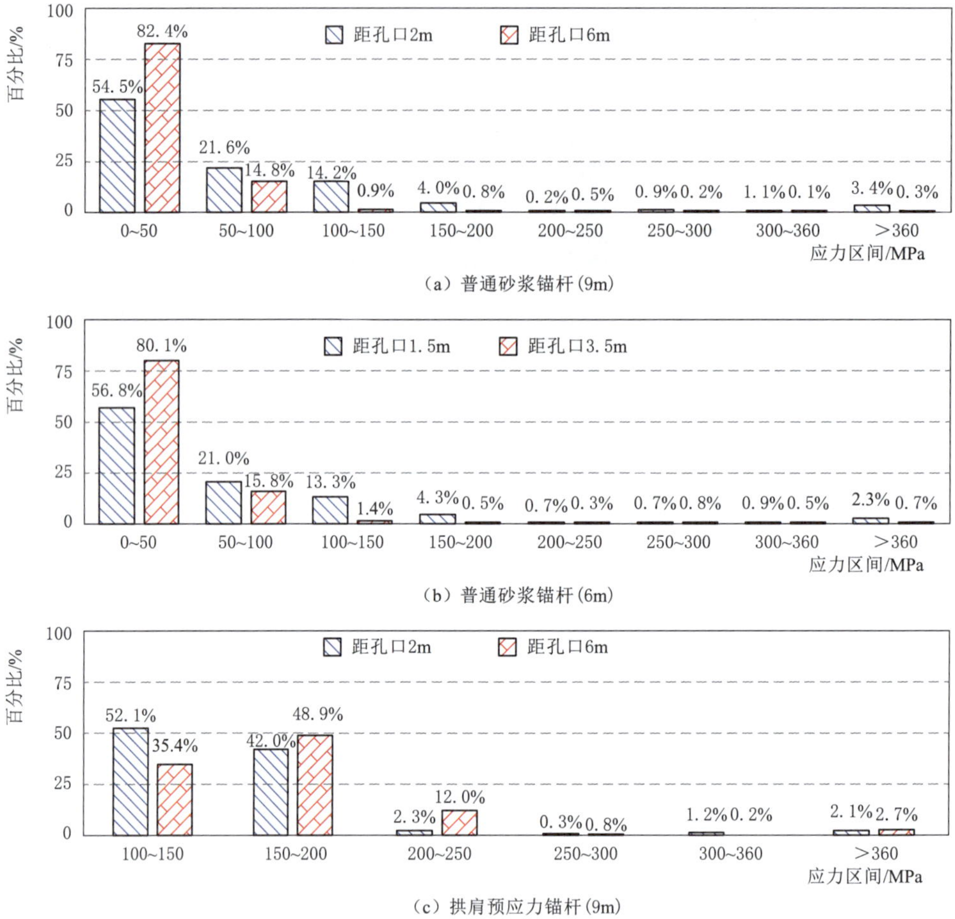

图 5.5－29　开挖完成后尾调室顶拱系统支护锚杆受力统计

计变形一般为 15～25mm，下游侧拱肩累计变形一般为 20～35mm；上游边墙累计变形一般为 35～55mm，其中厂右 0＋00 区域（高程 2002～2018m 附近）累计变形较大，可达到 55～65mm。下游边墙累计变形一般为 45～65mm，其中断层 f_{3-36} 下盘浅部岩体最大变形可达 60～75mm，该部位边墙浅层围岩松弛问题相对突出。

（2）尾调室的应力场分布特征与地下厂房相似，最大主应力一般为 20～26MPa。高边墙应力松弛深度一般为 4～8m，在不利结构面影响部位表现相对突出，边墙应力松弛深度一般为 6～10m。

（3）尾调室顶拱围岩塑性区深度为 1.5～3m，边墙中部区域塑性区深度一般为 7～10m，局部受不利结构面影响洞段可达到 10～12m；尾调室中隔墩部位存在塑性区贯通现象，其整体安全裕度相对偏低。

4. 地下洞室群支护系统受力特征

厂房洞室群开挖完成后的系统支护受力水平均在合理预测范围之内，与同类工程经验支护结构受力分布规律和现场监测情况基本具有一致性，系统锚杆应力、锚索轴力的超限率总体可控，表明了洞室具备一定的整体稳定性。洞室开挖过程中在地下厂房和尾调室中

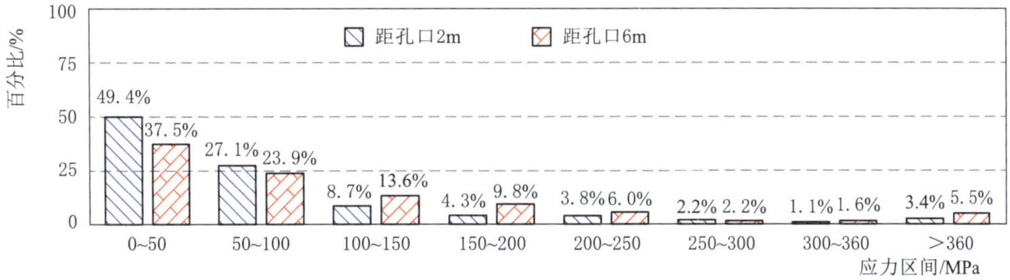

（a）普通砂浆锚杆(9m)

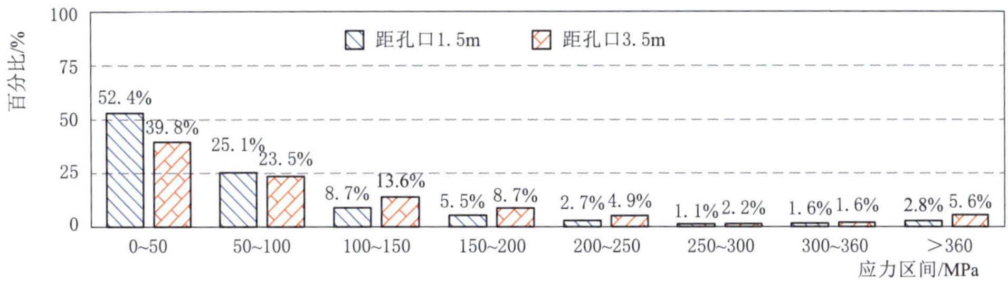

（b）普通砂浆锚杆(6m)

图 5.5-30　开挖完成后尾调室上游边墙系统支护锚杆受力统计

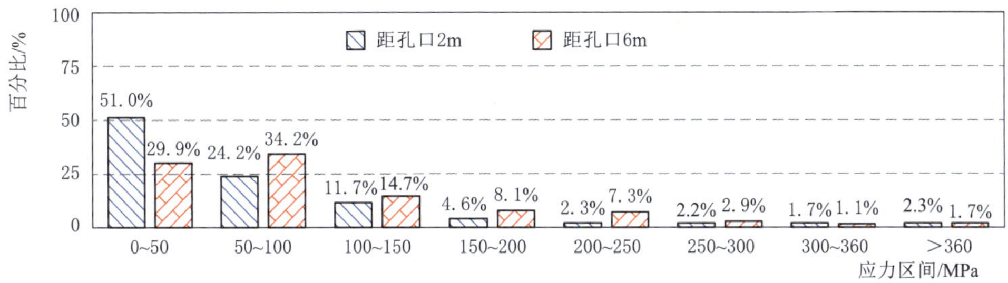

（a）普通砂浆锚杆(9m)

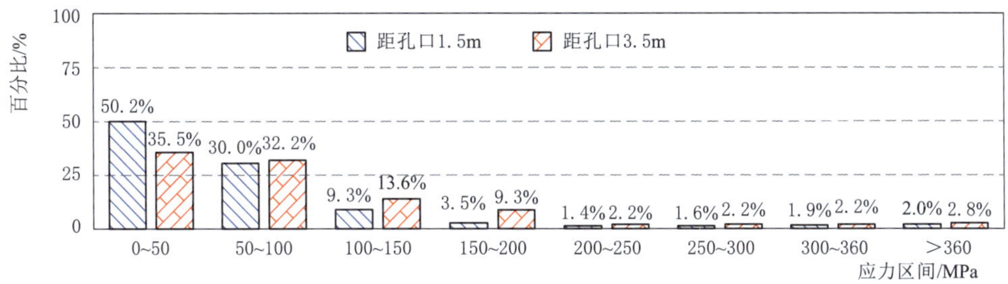

（b）普通砂浆锚杆(6m)

图 5.5-31　开挖完成后尾调室下游边墙系统支护锚杆受力统计

存在局部锚索和锚杆超限现象，多为局部不利地质条件或爆破开挖卸荷影响所致，现场通过对这些潜在风险部位及时采取针对性加强支护处理措施，有效提升了洞室围岩的安全裕度。

总体而言，杨房沟水电站地下洞室群开挖规模巨大，三大洞室开挖完成后，群洞效应

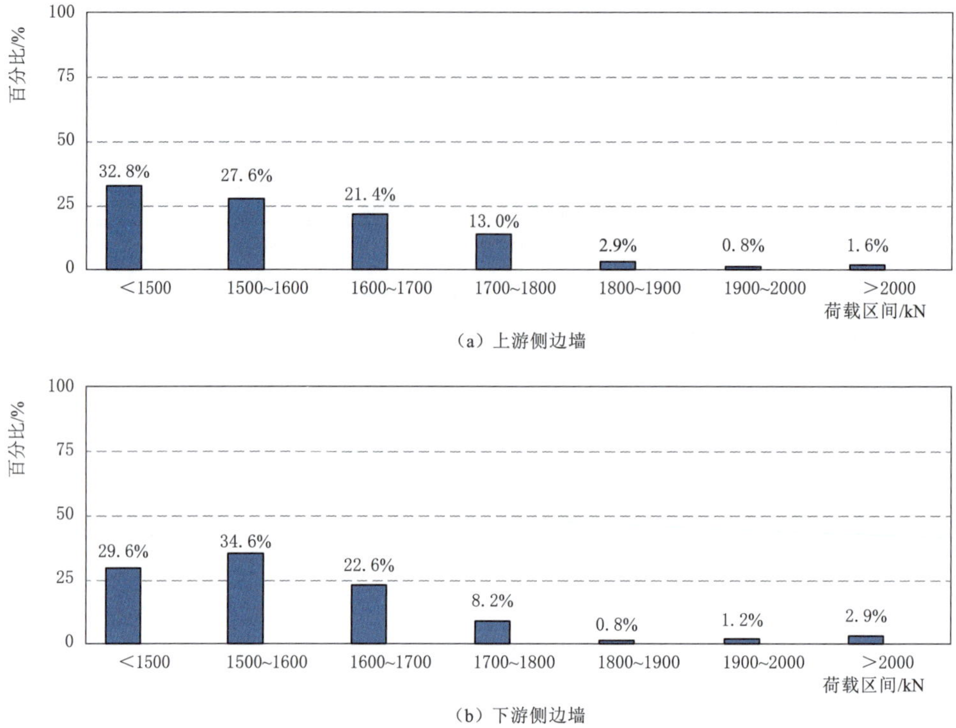

图 5.5-32　开挖完成后尾调室边墙锚索受力统计

显现，高边墙部位围岩开挖卸荷变形响应相对明显。类比同类工程经验，地下洞室群围岩累计变形量总体不大，围岩开挖二次应力水平属中等，围岩的塑性区深度整体可控，主要洞室之间的岩柱塑性区均未见贯通，支护整体受力基本在设计范围内，地下洞室群围岩处于整体稳定状态。当然，各洞室开挖施工过程中均存在一些局部工程问题，现场通过开展实时动态设计和监测反馈分析工作，及时调整和优化开挖支护方案，或采取针对性补强加固措施，有效提升了洞室围岩的整体和局部稳定性，这一内容将在第 6 章详细介绍。

5.6　施工期围岩安全管理标准研究与实践

5.6.1　同类地下工程围岩安全监测数据统计分析

5.6.1.1　顶拱变形特征

地下工程围岩的变形破坏特征受到围岩条件、开挖施工方案、支护方案等因素的综合影响。大型水电站地下厂房开挖跨度大、延伸较长，不同洞段的围岩地质条件可能存在较大的差异，这将导致地下厂房开挖过程中表现出多种变形破坏模式，不同洞段围岩变形特征存在明显差异，尤其当顶拱发育缓倾断层、缓倾层间错动带、节理密集带等不利岩体结构时，工程人员应分析其影响顶拱围岩变形及稳定的力学机制和潜在工程风险，并提出针对性处理措施。

表 5.6-1 中统计了我国西部部分与杨房沟水电站地下厂房工程地质条件类似或相近

的已建典型水电站厂房工程条件情况，各工程地下厂房洞室尺寸、岩性、实测地应力、岩体变形模量、岩块抗压强度等主要参数指标见表中所列，图 5.6-1～图 5.6-3 分别给出了典型工程地下厂房不同监测断面顶拱、拱肩部位的变形特征，可作为杨房沟水电站地下洞室群开挖变形响应特征分析和稳定性评价的参考依据。在类比这些数据时，需要注意多点位移计的实际埋设时机。地下洞室群顶拱的多点位移计一般为即埋式，这类监测数据不能代表全断面开挖的累计变形增量；而预埋多点位移计需结合原有的勘探平洞、排水廊道或锚固洞布置，受施工条件限制较多。

表 5.6-1　我国西部典型水电站厂房工程条件情况统计

水电站名称	厂房洞室尺寸/(m×m×m)	岩性	实测地应力/MPa		变形模量/GPa	抗压强度/MPa	
			最大	最小		干	湿
瀑布沟	294.1×26.8×70.1	花岗岩	21.1～27.3	—	8	100	
溪洛渡	439.7×31.9×77.6	斑状玄武岩	14.79～21.06	4.05～7.59	17～36	200～300	
官地	243.5×31.1×76.3	斑状玄武岩	25～35.2	3.9～10.9	10～20	—	115～225
锦屏二级	352.4×28.3×72.2	大理岩	10.1～22.9	4.9～14.3	7～14	80～90	65～80
大岗山	226.6×30.8×74.6	花岗岩	11.37～19.28	2.9～4.58	8～21	80	
龙滩	388.5×30.3×76.4	砂岩 泥板岩	12～13	0.44～4.68	16～22	砂岩 130 泥板岩 40～80	
小湾	298.1×30.6×82	黑云花岗片麻岩和角闪斜长片麻岩	16～26.7	6.9～10.1	10～25	130～170	90～135
向家坝	245×33×85.5	砂岩	8.2～12.2	—	12～20	130	75～80
杨房沟	230×30×75.57	花岗闪长岩	12～15	6～8	9～19	Ⅱ类 80～100 Ⅲ类 60～80	

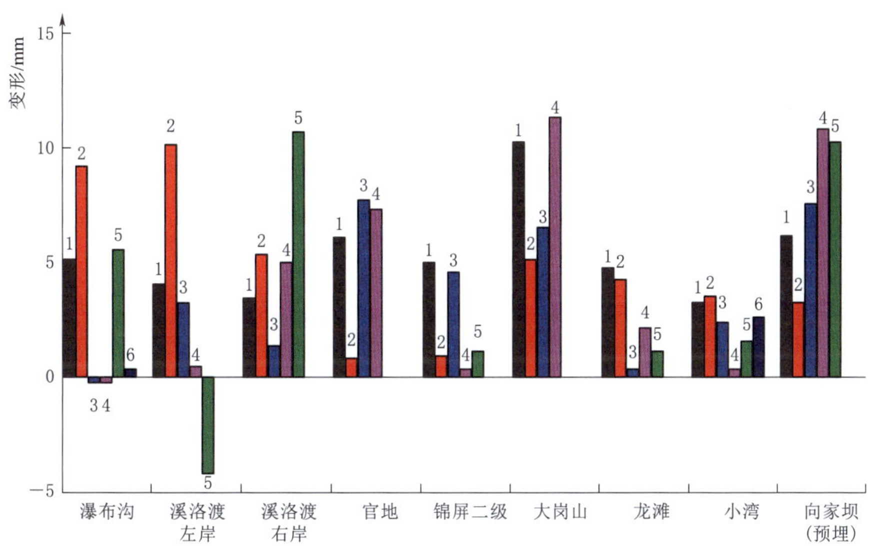

图 5.6-1　典型工程地下厂房不同监测断面顶拱变形特征

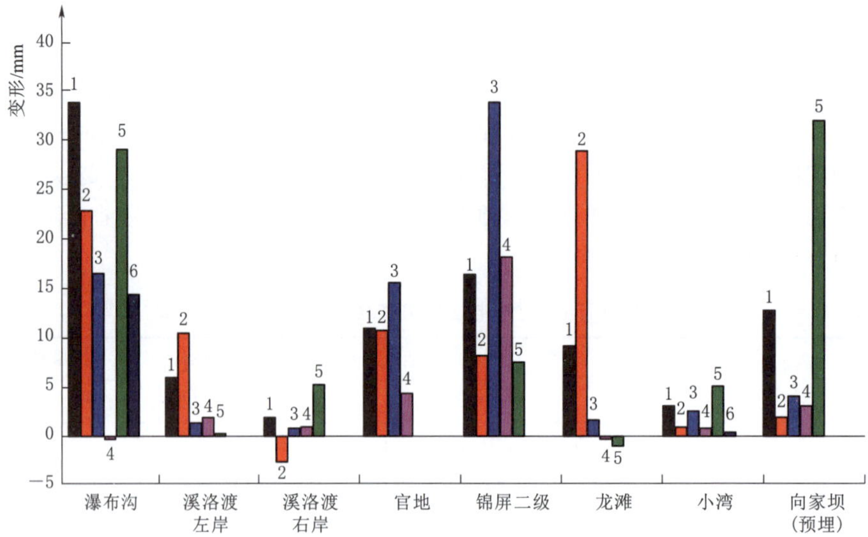

图 5.6-2　典型工程地下厂房不同监测断面上游侧拱肩变形特征

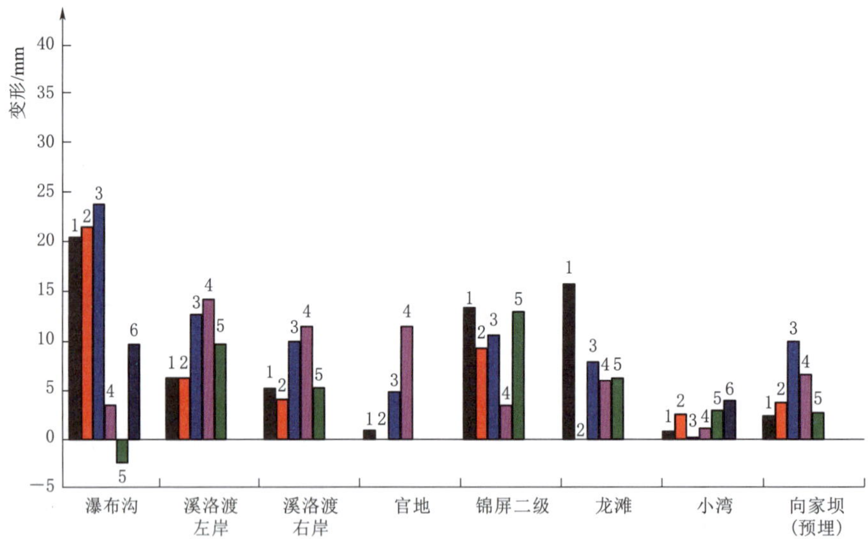

图 5.6-3　典型工程地下厂房不同监测断面下游侧拱肩变形特征

对上述典型中高地应力硬岩条件下水电站地下厂房顶拱围岩变形特征展开系统分析，可以得到如下认识。

（1）据常规经验，地下厂房顶拱围岩变形主要发生在顶拱层（一般为洞室第Ⅰ层）开挖期间，之后随着洞室开挖高程下降，拱效应显现，顶拱变形问题将逐步趋缓。洞室第Ⅰ层开挖时，正顶拱部位的变形一般约占洞室开挖完成后总变形量的 80%以上。在分析相关变形监测数据时，应密切关注多点位移计的具体安装和监测时机，注意仪器即埋或预埋的区别。工程中多采用即埋方式，该监测变形数据存在部分丢失，这一丢失变形数据在进行数值反馈分析和围岩稳定性评价时应予以考虑。

(2) 统计表明，中高地应力硬岩条件下，厂房正顶拱部位的变形一般在 4～10mm，通常不超过 12mm；厂房拱肩部位的变形一般在 10～20mm，通常不超过 35mm。在一般情况下，应力水平越高，整体变形量将越大，并且这种与应力相关的变形具有时间效应；此外，存在不利地质条件洞段，变形相对较大。

(3) 厂房顶拱围岩变形特征主要受邻近部位的爆破扰动和围岩开挖卸荷影响，并与系统支护强度和施作时机关系密切。另外，洞室分层分幅下挖、洞群效应也将是顶拱围岩监测变形变化的主要影响因素。

(4) 在围岩完整性好、均一的洞段，围岩变形随深度的增加，将表现出一定的连续性和由表及里的渐变性，该部位多点位移计的监测位移值在沿深度方向上将呈现出均匀减小的规律性变形特征。此外，在厂房顶拱围岩完整洞段，监测的变形量值通常很小，有时难以采用变形指标进行围岩稳定性评价或预警，比如对于围岩高应力破坏问题，一般需从应力的角度进行分析。

(5) 围岩中软弱结构面、岩性显著差异分界面或松弛破裂区等的存在可能导致围岩变形的不连续性，其中以岩体中广泛分布的结构面对围岩变形的影响最为常见。通常，结构面都会对岩体变形造成一定影响，但并非所有的结构面都会导致围岩产生大变形，结构面对围岩变形及稳定的影响特征与其性状、空间位置和具体的开挖支护措施等因素有关。多点位移计监测成果一般较容易体现岩体的非连续或不均匀的变形特征。

(6) 部分中高应力条件下地下洞室开挖可能会表现出较明显的围岩时效变形和围岩破裂时间效应特征。一般在低岩石强度应力比条件和结构面发育部位，围岩的时效变形特征会更为明显。

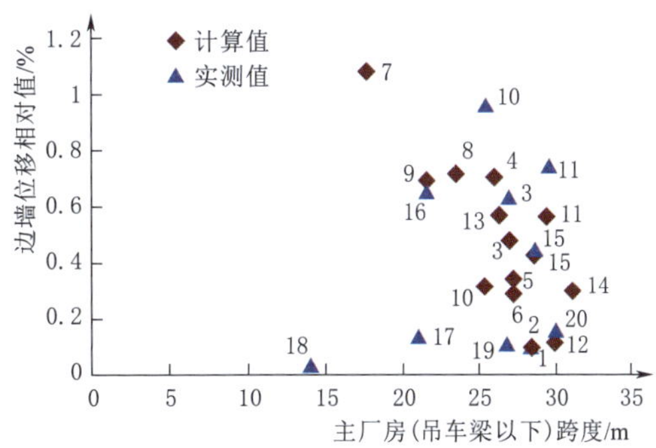

图 5.6-4 国内部分已建和在建地下厂房边墙计算位移相对值

1—溪洛渡左岸；2—溪洛渡右岸；3—瀑布沟；4—锦屏一级；5—长河坝；6—大岗山；7—色尔古；8—大发；9—仁宗海；10—二滩；11—小湾；12—三峡；13—小浪底；14—向家坝；15—龙滩；16—琅琊山；17—广州抽水蓄能；18—渔子溪一级；19—大朝山；20—拉西瓦

5.6.1.2 边墙变形特征

对于大跨度、高边墙地下工程或洞室群，《水电站地下厂房设计规范》（NB/T 35090—2016）中有如下说明：考虑到水电站地下厂房跨度大、边墙高的特点，应根据向洞内收敛位移、收敛比、收敛速率、洞室跨度、高跨比等指标，进行综合分析评判和工程类比进行修正。图 5.6-4 为国内部分已建和在建地下厂房边墙计算位移相对值，表 5.6-2 为国内部分已建和在建地下厂房实测围岩变形，其高跨比一般大于 2.0，跨度大于 20m。可以看出，部分大中型地下厂房计算和实测周边位移相对值为 0.3%～0.8%。

5.6.1.3 锚杆应力一般特征

与围岩位移监测数据相比，锚杆应力监测多代表局部某一点应力特征，其涵盖的监测范围相对多点位移计要小很多。传统锚杆应力计的读数受到围岩变形机理和仪器埋设技术的影响，锚杆应力计读数变化通常是传感器所在部位围岩变形的结果，理想情况下，锚杆应力计所在部位围岩变形方向与锚杆轴向方向一致，这样锚杆应力监测结果就可以与该部位多点位移计的监测成果具有一致性。

表 5.6－2　　国内部分已建和在建地下厂房实测围岩变形

工程名称	地下厂房跨度/m		洞室高度/m	顶拱位移/mm	上游边墙位移/mm	下游边墙位移/mm
	吊车梁以上	吊车梁以下				
二滩	30.70	25.50	65.38	13.98	118.19	125.37
小湾	30.60	29.50	78	3.57～31.63	115.18	101.40
琅琊山	—	21.50	46.20	6.44	112.50	25
龙滩	30.30	28.50	74.60	10	84.95	41.35
瀑布沟	30.70	26.80	70.10	25～40	64.03	103.96
广州抽水蓄能	21		44.54	1.74	9.4	16
渔子溪一级	14		33.30	1.60～3.20	—	4.06
大朝山	26.40	24.90	67.30	1.95	14.37	26.94
溪洛渡（左岸）	31.90	28.40	77.6	14.20	30.71	47.21
溪洛渡（右岸）	31.90	28.40	77.6	11.58	33.40	22.80
官地	31.10	29.00	76.3	15.60	66.47（即埋）	27.28
长河坝	30.80	27.30	73.30	8.00	125.80（即埋）	113.30（即埋）
猴子岩	29.20	—	68.70	48.05	105.28	156.60（即埋）
大岗山	30.8	—	74.6	11.29	47.87	24.82
锦屏一级	28.90	25.90	68.80	33.45	58.17（即埋）	92.90（预埋）
锦屏一级（主变室）	19.30		32.70	41.49（预埋）	69.40（即埋）	234.04（预埋）

在中高地应力硬岩条件下，由于地质结构的空间变异性，地下厂房全长黏结埋设方式的锚杆应力分布规律性一般较差，无论对同一锚杆上的不同测点还是不同位置的锚杆而言，均很难寻求一致的变化规律。很多时候一些测点的监测结果是准确的，但当这些测点附近发育断层、层间错动带、节理裂隙等岩体结构面时，锚杆应力计传感器读数将会明显受到邻近结构面的影响，这些测值更多反映的是局部围岩变形或应力特征。显然，由于岩体中广泛存在不连续结构面且具有不确定性的特点，单一锚杆应力计监测值所指示的工程问题通常具有其局限性，工程人员需客观地看待局部锚杆应力偏大或超限问题，并分析其发生的可能原因。

1. 锚杆应力统计特征

对我国西部水电站工程大量中高地应力硬岩大型地下洞室工程实例的锚杆应力监测成果进行统计，有如下几个特征。

（1）锚杆中的最大应力可以发生在锚杆上的任何部位，一般靠近开挖面或位于围岩浅部的杆体出现最大应力的概率大。大量统计资料表明，地下厂房顶拱普通砂浆锚杆应力一般在 100MPa 以下，边墙系统锚杆受力一般比顶拱部位略高一些；锚杆应力在 100～

200MPa 的较少，超过 200MPa 以上的很少；在多点式锚杆应力测值中，应力量值偏大的测点一般位于围岩浅部。对于围岩整体稳定性较好的地下厂房开挖，顶拱锚杆应力大部分小于 50MPa，锚杆具有较高的整体安全裕度，锚杆受力很少有超过设计荷载的情况或者超设计荷载的比例非常小。

（2）与围岩变形特征具有一致性。锚杆应力计的应力增长主要受邻近洞段的爆破开挖扰动作用影响。部分中高应力条件下洞室围岩时效变形和破裂特征较显著时，也会导致锚杆应力增长表现出时间效应特征。

（3）洞室的系统锚杆整体受力特征受到围岩应力水平、岩体结构、围岩时效变形或破裂特征、洞室开挖规模及系统支护时机等的综合影响，在高地应力水平条件下或围岩有明显时效变形和破裂特征时，均会导致洞室整体锚杆应力量值偏高。相关工程经验表明，在高应力条件下，锚杆应力计对微裂隙张开以及岩体破裂等围岩响应的反应比多点位移计更加敏感，锚杆邻近部位出现岩体破裂以及微裂隙张开时，锚杆应力增量一般较大，直观表现为围岩浅部的锚杆应力一般偏大，个别情况下会出现锚杆应力计读数异常或超量程。

（4）在完整岩体洞段，会遇到邻近洞段爆破开挖引起单一锚杆应力计受力明显增长的情况，这可以由局部存在的隐伏结构面影响导致。如厂房洞室顶拱部位发育缓倾裂隙的情况，尽管这些结构面延伸长度可能不大，或者没有在开挖面上揭露，但可以较明显影响到该部位锚杆应力测值，甚至可使与其交切位置的锚杆应力计传感器读数出现异常或超限。经验表明，隐伏结构面的存在，可导致锚杆杆体较深部位的应力出现显著增长。在分析具体部位的锚杆受力特征时，不能抛开该锚杆应力计局部的围岩地质条件，应重点关注仪器安装部位的岩体结构特征。

（5）从影响锚杆受力机制上看，在高应力条件下硬岩地下洞室开挖时，部分锚杆应力计的显著增长很可能主要反映了该部位围岩高应力破裂程度的影响或者结构面非连续变形机制的影响，有时是二者的综合影响。

2. 锚杆应力增长原因分析

另外，针对中高应力条件下地下厂房顶拱围岩锚杆应力计出现显著增长的情况，可区别性地分为浅层或深层两种情况进行针对性分析。有如下特征：

（1）当锚杆应力计布置在厂房顶拱围岩浅部区域，尤其在围岩松弛深度以内时，一般锚杆应力计读数会普遍偏大，个别断面锚杆会存在超限问题，这可能与浅层围岩破裂、微裂隙或结构面影响相关，在多种因素综合作用时锚杆应力增长幅度会加剧。

（2）当锚杆应力计在厂房顶拱围岩的埋设深度较深时，受围岩破裂松弛影响较小，此时锚杆应力显著增长的主要可能因素为不利结构面影响。上述分析表明结构面的存在会增加锚杆应力测值，甚至导致锚杆应力在与其交切位置的传感器读数出现异常。

（3）在围岩相对完整、节理裂隙相对不发育洞段，也会遇到受邻近洞段爆破开挖引起单一锚杆应力计受力明显增长的情况，这可以由局部存在的隐伏结构面影响导致。考虑到隐伏结构面对围岩稳定的影响一般局限在浅表围岩，一般不会对顶拱围岩的整体稳定性产生决定性的影响，相关监测成果一般不能代表该洞段整体系统锚杆受力特性，现场一般可根据情况针对性地进行局部补强支护，并以浅层支护为主。

（4）考虑到隐伏结构面的发育情况较难确定，现场可通过钻孔电视摄像或声波松动圈测试等手段进行进一步复核这些锚杆应力计部位的围岩情况。

5.6.2　施工期围岩变形管理标准研究与实践

5.6.2.1　洞室分层开挖变形管理标准制定思路

大型地下洞室群工程监测量主要有位移、锚索荷载、锚杆应力 3 类。考虑时空分布因素，可得到的评价指标包括：分层开挖变形增量、累计变形、变形速率、特定位移分布比例、锚索荷载值、锚索荷载变化速率、锚杆应力值、锚杆应力变化速率、锚索（杆）荷载超限率等。根据工程经验，在选择相应监测值作为围岩稳定评价主控指标时，一般需具备容易快速获取和容易量化的特点。分层开挖变形增量、累计变形和变形速率在洞室开挖期间方便及时获取，也便于对围岩进行分阶段分区域部位的稳定评价，可操作性强，可作为围岩稳定快速评价的主控指标。现行国家标准《岩土锚杆与喷射混凝土支护工程技术规范》（GB 50086—2015）中也以变形作为主要控制量，当实测的位移值超出安全范围时即视为围岩不稳定。但是在特定的工程地质条件下，规范中给出的这一标准会缺乏具体针对性。在工程实践中，有必要结合不同的工程特征给出合理适用的稳定判据或标准，使得现场施工和设计人员能通过监测围岩的变形情况，最有效和直接地对围岩的稳定性做出快速分析评价，以便及时调整和优化开挖爆破和支护参数，控制围岩合理变形，以保证工程安全，避免风险损失。

基于上述认识，综合工程类比、数值反馈分析、变形实时监测成果，通过多次现场反馈后进行合理修正，提出杨房沟水电站地下洞室分层开挖过程中的围岩变形管理标准（图 5.6－5）。该标准以变形增量、累计变形和变形速率作为主要控制指标，将围岩稳定管理级别分为安全、预警和危险共三个等级。

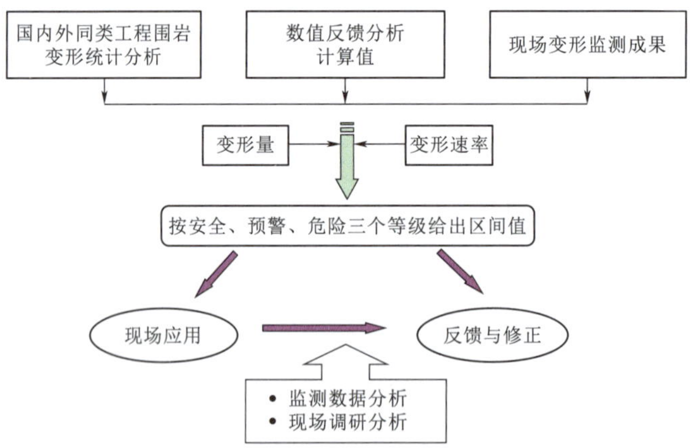

图 5.6－5　围岩变形管理标准制定方法

根据以上思路体系，制定了杨房沟水电站地下洞室开挖围岩的变形管理标准，表 5.6－3 为地下厂房第Ⅵ层开挖围岩变形管理标准建议值。实际工程中，现场针对地下洞室群每一层开挖均会提出相应的开挖变形管理标准（包括地下厂房、主变室、尾调室等三大洞室），为围岩变形响应和稳定性评价提供及时有效的预警作用，并根据上一层变形管理标准的实践效果和洞室围岩实际表现出的力学行为，不断地修正完善。同时，为方便工程现场人员快速辨识和可量化操作，围岩变形监控指标的拟定主要考虑典型工程部位（如厂顶、拱肩、边墙）和不同围岩地质条件的影响。

表 5.6-3　　　　地下厂房第Ⅵ层开挖围岩变形管理标准建议值

工程对象描述				安全等级			预警等级			危险等级		
开挖阶段	地质条件		监测部位	变形增量/mm	累计变形/mm	变形速率/(mm/d)	变形增量/mm	累计变形/mm	变形速率/(mm/d)	变形增量/mm	累计变形/mm	变形速率/(mm/d)
地下厂房第Ⅵ层	常规洞段	Ⅱ类围岩	顶拱	＜1		＜0.1	1～2		0.1～0.2	＞2		＞0.2
			拱肩	＜2		＜0.1	2～4		0.1～0.2	＞4		＞0.2
			边墙（高程2006m）	＜5	＜28	＜0.3	5～10	28～45	0.3～0.8	＞10	＞45	＞0.8
			边墙（高程1998m）	＜7	＜24	＜0.5	7～14	24～40	0.5～1.2	＞14	＞40	＞1.2
		Ⅲ类围岩	顶拱	＜2		＜0.1	2～4		0.1～0.3	＞4		＞0.3
			拱肩	＜3		＜0.2	3～5		0.2～0.4	＞5		＞0.4
			边墙（高程2006m）	＜8	＜40	＜0.5	8～15	40～60	0.5～1.0	＞15	＞60	＞1.0
			边墙（高程1998m）	＜10	＜32	＜0.7	10～20	32～50	0.7～1.5	＞20	＞50	＞1.5
	特殊洞段（蚀变、节理密集发育洞段）		边墙（高程2006m）	＜10	＜50	＜0.6	10～18	50～70	0.6～1.5	＞18	＞70	＞1.5
			边墙（高程1998m）	＜12	＜38	＜1.0	12～24	38～55	1.0～1.8	＞24	＞55	＞1.8
预警指标应用建议				围岩整体稳定			加密观测频次，科研单位进行分析，给出意见			存在风险，现场放缓开挖进度，科研单位开展分析并提交简报，评估风险、给出建议		

在围岩变形管理标准中，考虑采用了 3 个控制指标：变形增量、累计变形和变形速率，一般需根据具体情况结合 3 个指标共同对围岩稳定特征进行综合分析判断，相应的变形管理标准使用说明见表 5.6-4。

5.6.2.2　变形管理标准建立与实践

围岩稳定变形管理标准在杨房沟水电站地下洞室开挖施工过程中起到了重要的作用，由于该标准不仅给出了各层开挖不同等级的变形控制标准，还给出了具体的使用说明和工程响应建议，因此具有很强的可操作性。项目实施过程中，紧跟洞室群开挖施工进度，随层累计提交了 9 期变形预警管理标准，确保了人员及设备安全，避免了二次高排架支护的工期延误和经济损失。

表 5.6-4　　洞室围岩变形管理标准使用说明简表

分项	说　明
使用说明	(1) 围岩变形管理标准主要目的是为厂房洞群整体稳定性而制定的。 (2) 管理标准的变形速率不计开挖瞬间导致的围岩变形释放，即一般根据开挖过程中4～7d内或连续多天的变形速率进行统计平均。 (3) 施工期“远离掌子面”或“停挖期间”的监测变形速率建议按各级预警值的1/3控制（连续多天变形速率的统计平均）。该指标主要用来判断各监测点在施工期的收敛特征，且需根据现场实际施工开挖速度和具体工程部位合理调整。 (4) 为了确保洞室与人员安全，以及给围岩加固预留一定的反应时间，围岩变形预警标准中的数值偏于保守。因此，实际监测中局部位置围岩变形值大于标准给出的预警值时，并不完全意味着围岩即刻会出现失稳破坏。 (5) 表中拟定的“定量”指标可作为工程预警的主要参考，实际应用时还需结合现场巡视、监（检）测数据、工程经验类比、数值分析等多重信息或手段，开展多因素、多指标的综合分析评判
预警指标应用建议	(1) 监测数据处于“安全等级”时，围岩整体处于稳定状态。 (2) 监测数据达到“预警等级”时，建议现场引起重视，加密观测频次，科研单位开展分析，给出目前状态的评价和建议，项目部考虑是否需采取相应工程调控措施。 (3) 监测数据达到“危险等级”时，可能存在工程风险，科研单位提交简报，详细分析潜在原因并给出相应的工程对策；现场应放缓开挖进度，并优先完成相应部位的支护工作

在变形管理标准的实践过程中，现场设计和施工人员根据安全监测成果实时对照变形管理标准，及时发现问题并采取工程调控措施，并最终保证了洞室的整体安全稳定。图5.6-6～图5.6-16为地下厂房各层开挖过程中实测变形沿厂房轴线分布特征，大部分测点分层开挖变形可控制在安全等级，部分测点在洞室开挖期间变形达到了预警等级，而很少有测点变形达到危险等级。针对施工期局部围岩变形达到预警等级情况，现场及时开展动态反馈分析工作，分析原因、给出处理措施，从后续洞室开挖监测情况来看，相应的处理措施均取得了较好的控制效果。例如，在厂房第Ⅲ层开挖过程中，厂房厂右0+00下游边墙区域围岩变形达34.93mm（据2017年5月15日监测资料），其变形增量超出了厂房第Ⅲ层开挖围岩变形管理标准的安全上限，表明该处围岩具有潜在不稳定倾向，从现场实际开挖情况来看，该区域结构面较发育，沿结构面岩体存在明显蚀变现象，边墙开挖成型较差，浅层岩体松弛破裂特征明显，与围岩稳定指标基本一致。

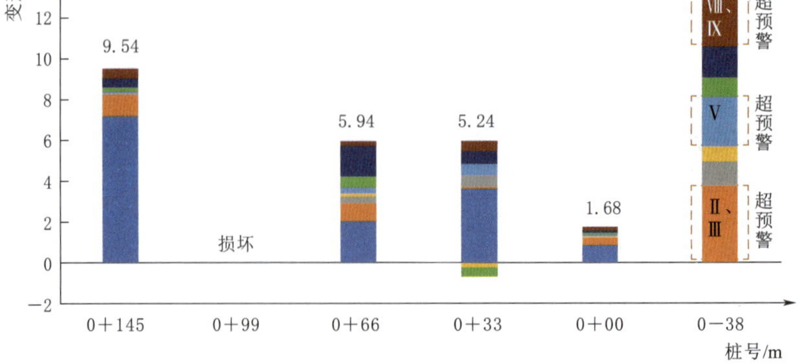

图5.6-6　厂房顶拱实测变形沿厂房轴线分布特征

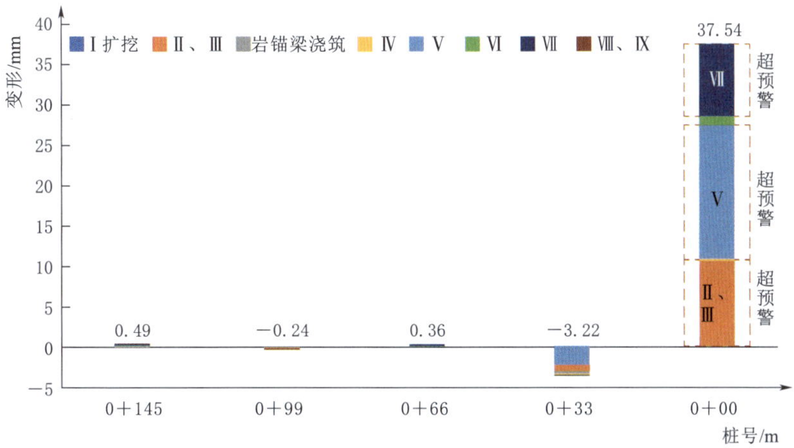

图 5.6-7　厂房上游拱肩实测变形沿厂房轴线分布特征

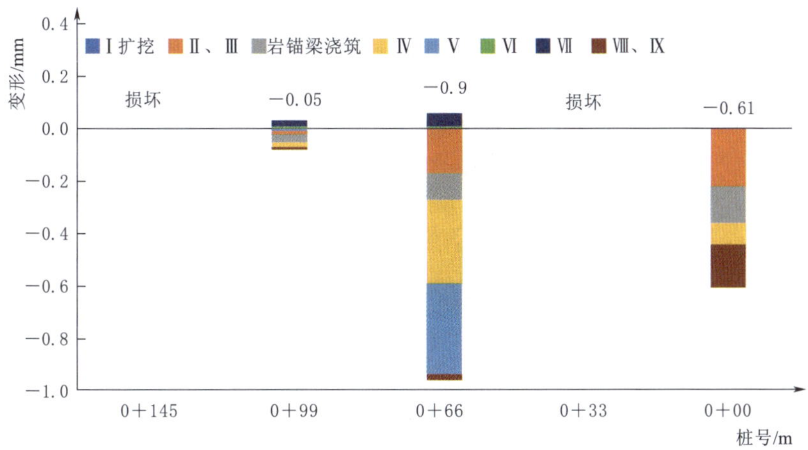

图 5.6-8　厂房下游拱肩实测变形沿厂房轴线分布特征

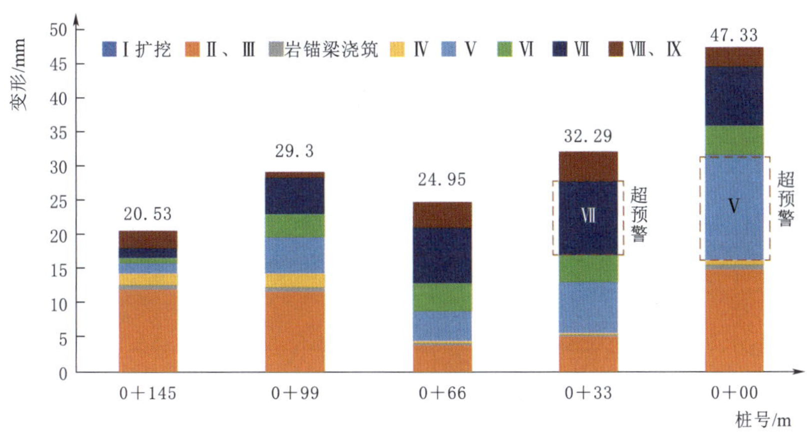

图 5.6-9　厂房上游边墙（高程 2006m）实测变形沿厂房轴线分布特征

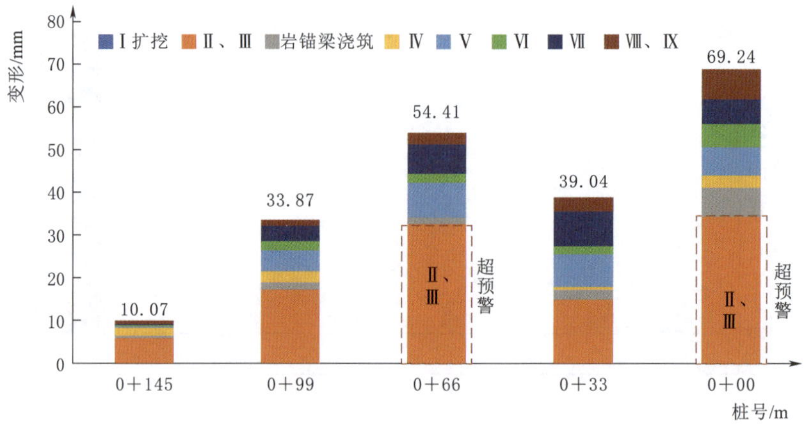

图5.6-10 厂房下游边墙（高程2006m）实测变形沿厂房轴线分布特征

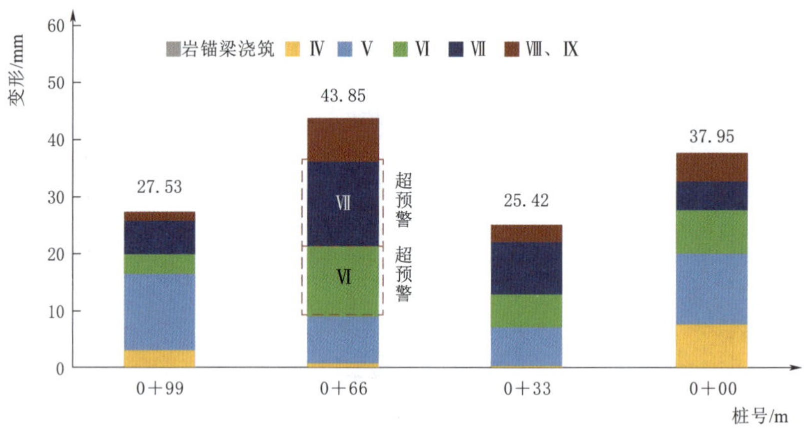

图5.6-11 厂房上游边墙（高程1995m）实测变形沿厂房轴线分布特征

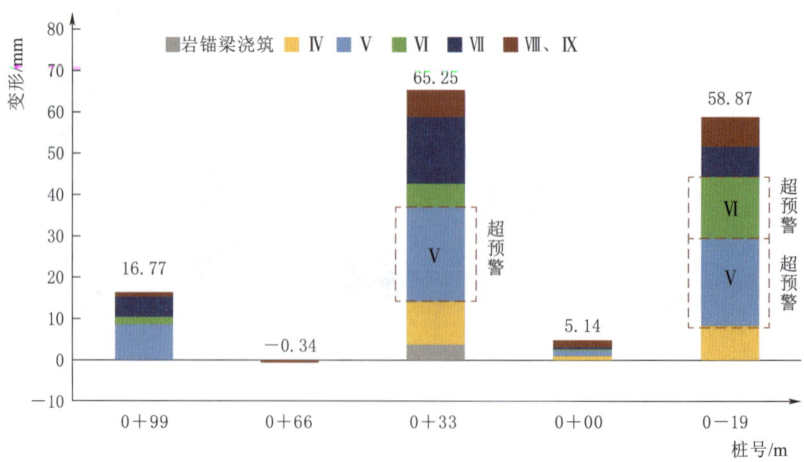

图5.6-12 厂房下游边墙（高程1998m）实测变形沿厂房轴线分布特征

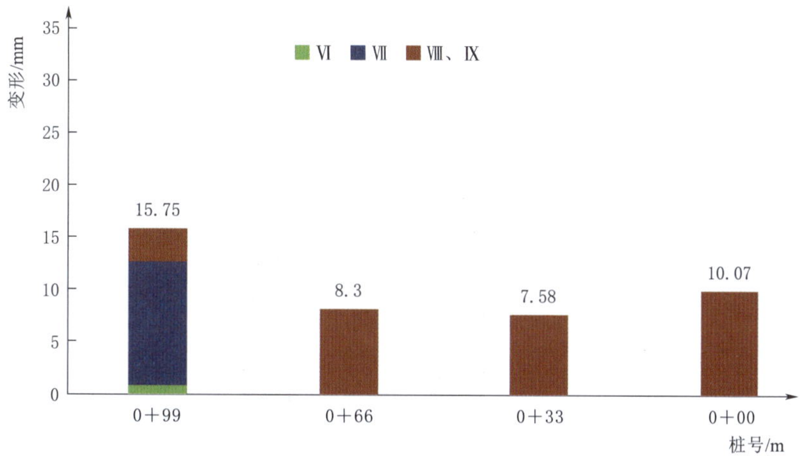

图 5.6-13 厂房上游边墙（高程 1982m）实测变形沿厂房轴线分布特征

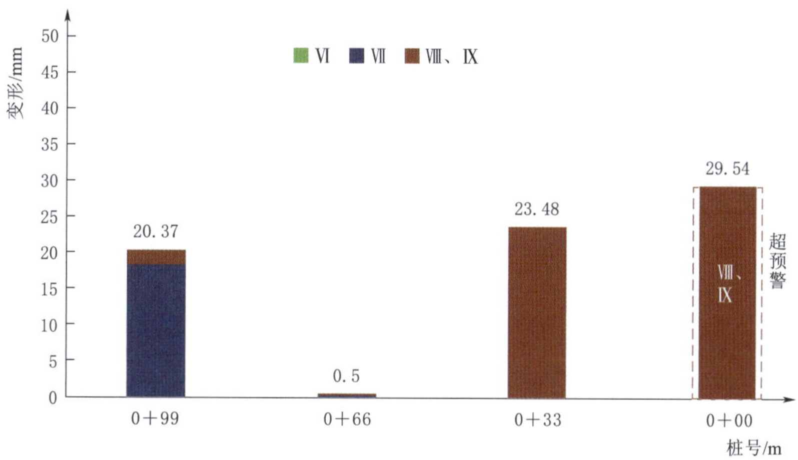

图 5.6-14 厂房下游边墙（高程 1982m）实测变形沿厂房轴线分布特征

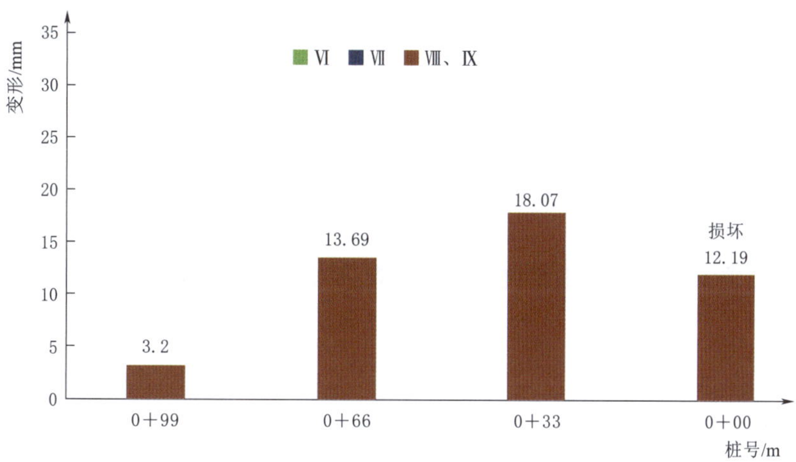

图 5.6-15 厂房上游边墙（高程 1967m）实测变形沿厂房轴线分布特征

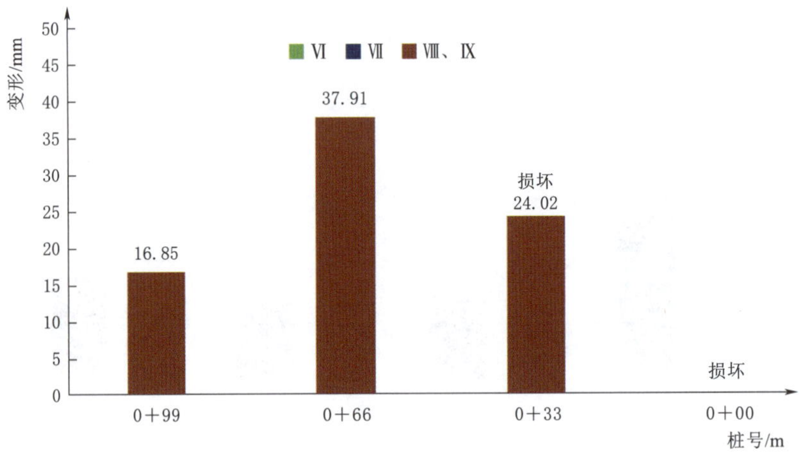

图 5.6-16　厂房下游边墙（高程 1967m）实测变形沿厂房轴线分布特征

5.7　本章小结

杨房沟水电站地下洞室群施工期快速智能动态反馈分析工作紧密跟踪现场施工进度，历时近三年，其间综合现场调研、理论分析、数值计算和同类工程类比分析等多手段开展了系统性研究工作，实时动态评价了各阶段围岩的稳定性和支护结构的安全性，建立了以围岩变形增量、累计变形、变形速率为主要控制指标的分层开挖变形管理标准。取得的主要成果包括以下几个方面。

（1）建立了具有代表性和时效性的地下洞室群复杂三维地质模型与施工仿真数值模型，充分涵盖各开挖阶段的地质信息、施工信息和监测反馈分析成果，以帮助参建各方更好地及时进行地下洞室群围岩稳定方面的决策。相关成果作为地下洞室群阶段性专家咨询评审会的重要支撑材料。

（2）建立了杨房沟水电站地下厂房的“围岩变形管理标准”与“围岩稳定分级预警系统”，随层累计提交 9 期变形预警管理标准，指导了地下洞室群的安全施工，实现了施工过程安全危险源的分级动态管控，帮助参建各方科学地管控地下洞室群建设。

（3）通过定期的动态反馈分析工作，优化地下洞室群的施工顺序和支护设计，在确保围岩稳定的基础上，以优化支护设计的形式节约工程投资，实现经济效益，保障工程的安全性。

（4）制定了具有针对性、兼顾施工和运行期围岩与支护系统安全的围岩支护体系与施工技术要求，突出科研成果向设计方案和施工措施的生产性转化。

第6章　地下洞室群若干典型岩石力学问题与工程对策

6.1　概述

地下工程建设中围岩稳定的潜在问题主要取决于两个方面的因素，即岩体基本条件和工程条件，前者包括地应力水平、围岩质量、结构面发育程度三个基本因素，后者包括设计建筑物规模、布置形式、施工工艺等。杨房沟水电站地下厂房洞室群位于中等地应力区，岩石强度较高，但水平大主应力方向与洞室轴线呈大角度相交，一定程度上加剧了顶拱的应力集中和高边墙的卸荷变形，同时边墙普遍发育顺洞向陡倾角优势结构面，也加剧了高边墙的不利开挖卸荷变形。因此，在地下洞室群开挖过程中，局部洞段出现了围岩表层剥落、掉块、坍塌与喷层开裂等现象，监测检测成果也揭示部分区域的围岩变形、锚杆锚索应力、围岩松弛深度及范围偏大，地下洞室群施工期各洞室典型工程问题示意如图6.1-1所示。

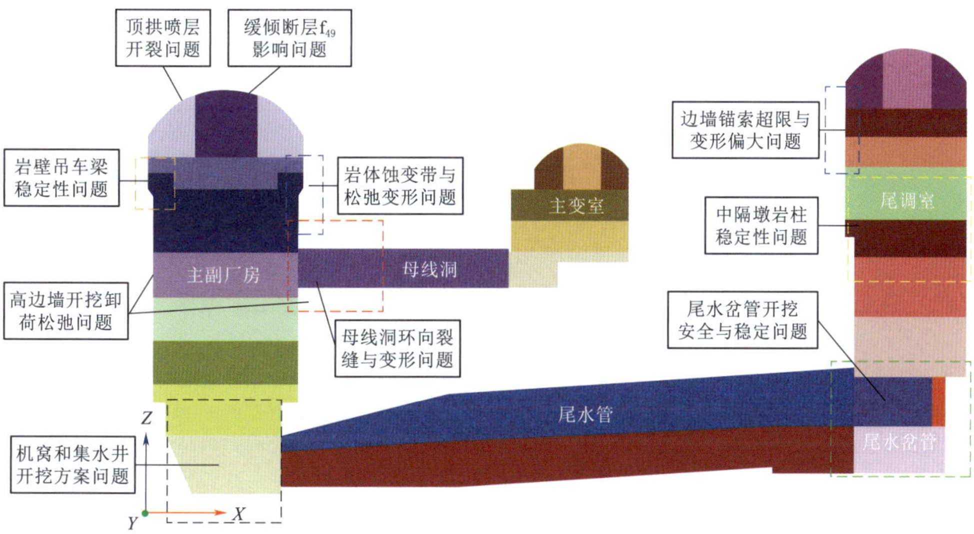

图6.1-1　地下洞室群施工期各洞室典型工程问题示意图

针对地下洞室群施工过程中遇到的各类复杂工程问题（表6.1-1），现场及时开展了动态设计与反馈分析工作，从现场调研、理论分析、数值模拟等多角度，分析了各类典型工程问题产生的原因机制，并提出相应的处理措施和建议，为洞室的及时支护优化设计与安全控制提供了科学依据，保障了施工安全与围岩稳定。本章将对其中的几个典型岩石力学问题与工程对策进行深入的分析论述。

表 6.1－1　　杨房沟水电站地下洞室群施工期主要工程问题统计

工程部位	工程问题	主要现象描述与原因分析	主要工程措施
地下厂房	顶拱喷层开裂	厂房第Ⅲ层开挖后出现喷层开裂，频次低，零星分布于上游侧拱肩、喷层搭接部位、断层 f_{1-49} 迹线等，主要受地应力条件、地质构造、施工因素影响	挂主动网全覆盖或针对性加强支护，定期排查、清除明显开裂或脱落喷层，确保施工安全
	断层 f_{1-49} 影响	断层 f_{1-49} 为缓倾断层，性状较差，与其他结构面组合容易形成不稳定块体，导致断层出露部位下盘岩体发生坍塌破坏	对断层下盘采取深层预应力锚索和锚杆加强支护，共增设了 20 根锚索
	厂右 0＋145 顶拱锚杆应力超限	主要是受断层 f_{1-19} 影响导致	内插普通锚杆和预应力锚杆加强支护，新增锚杆应力计
	下游边墙岩体蚀变、节理密集带	主副厂房第Ⅲ层开挖过程中，揭露下游边墙厂右 0＋33～厂右 0＋47 洞段、厂右 0＋05～厂左 0＋35 洞段，节理裂隙密集发育，岩体存在不同程度的蚀变现象，边墙开挖卸荷松弛问题相对明显，围岩变形持续增长，超出预期	现场主要采取了控制开挖爆破，预应力锚杆、预应力锚索、附壁墙等加强支护处理，在边墙高程 2013m、高程 2008.3m 分别增加一排锚索
	厂左 0＋38 顶拱监测变形偏大	厂房该测点变形持续增长，量值偏大	加强观测
	厂右 0＋66 下游边墙高程 2006m 监测变形偏大	该测点在厂房第Ⅲ层开挖过程中变形偏大，超出安全预警值，可能与该洞段发育的顺洞向陡倾不利结构面密切相关	深层预应力锚索加强支护，在边墙高程 2008.3m 增加一排锚索
	厂右 0＋00 上游拱肩部位开挖变形突增	厂房第Ⅴ层和第Ⅶ层开挖期间该测点变形存在明显突增，增量分别达到 15mm、9mm，变形深度较深，推测主要是该部位发育的相对不利的岩体结构（断层 f_{1-49}、中陡倾角优势结构面发育等）以及洞室下部开挖调整导致的	加强观测，并在临近部位补充了钻孔声波检测
	厂左 0＋19 下游边墙高程 1998m 第Ⅴ层开挖监测变形偏大	主副厂房第Ⅴ层开挖过程中，该测点变形增量接近 20mm，略超过变形管理标准（16mm），分析认为主要是受该测点处发育的不良地质条件影响导致（受断层 f_{1-83} 影响，沿结构面岩体存在蚀变现象，围岩承载能力偏低）	严格控制爆破（弱爆破、短进尺、加强监测），及时跟进系统支护，并在高程 1995.5m 增加一排锚索
	机窝开挖隔墩的卸荷松弛问题	局部发育不利优势结构面，围岩条件偏差，导致开挖成型一般；机窝隔墩受力状态较差，存在塑性区贯通现象，该部位岩体松弛问题相对明显	现场采取顶面预留保护层开挖、超前长锚杆支护，严格控制爆破施工，设计要求充分保证支护的系统性、及时性和支护质量
	局部锚索超限问题	厂房共有 4 根锚索受力超设计荷载	加强观测

续表

工程部位	工程问题	主要现象描述与原因分析	主要工程措施
主变室	顶拱喷层开裂	主要受地应力条件、地质构造、施工因素影响	定期排查、清除明显开裂或脱落喷层
	厂右0+66上游边墙高程1997m变形偏大	该测点变形在厂房第Ⅴ层开挖以来持续增长、量值偏大，当前累计变形达到65mm，该洞段发育顺洞向不利优势结构面，加之受洞群效应影响明显，爆破开挖扰动较突出，同时母线洞的存在在一定程度上削弱了该洞间岩柱自身的整体承载能力	严格控制厂房开挖爆破，加强监测，及时跟进系统支护，并在厂房下游边墙高程1995.5m增加一排锚索
	厂右0+00下游边墙高程1999m变形偏大	该测点变形增长主要是受尾调室持续下卧的洞群效应影响导致	在主变室厂右0+15～厂左0+15洞段下游边墙高程1999.25及高程1997.75m，各增设一排预应力锚杆
	母线洞裂缝	水平裂缝：其主要成因偏向于应力性开裂，为围岩二次应力集中导致的喷层破裂问题。 环向开裂：厂区地应力偏高（属中等应力）和洞室空间交叉结构体型是母线洞环向裂缝形成的主要原因，而下游边墙发育的顺洞向陡倾优势结构面为环向开裂提供了内部条件，加剧了环向裂缝的开展	在厂房下游边墙高程1989.5m、高程1983.5m、高程1976m各增设一排预应力锚索，其中高程1983.5m为对穿锚索
尾调室	顶拱喷层开裂	主要受地应力条件、地质构造、施工因素影响，频次很低	定期排查、清除明显开裂或脱落喷层
	中隔墩高程2005m锚索超限与喷层开裂	主要是由岩柱双向卸荷、高边墙挤压中隔墩发生鼓胀变形导致	将中隔墩中间2～3列锚索设计荷载由1000kN提高到1500kN
	边墙高程2009m锚杆应力偏大或超限	主要是受地质条件和爆破开挖扰动影响导致	内插预应力锚杆加强支护，并增设锚杆应力监测仪器
	厂右0+00上游边墙高程2010m变形偏大、高程2022.5m锚索超限	主要是受局部顺洞向结构面发育、高边墙效应，以及洞室开挖应力应变调整影响导致	在厂左0+21～厂右0+21范围高程2015.75m增加一排与排水廊道对穿的预应力锚索
	厂右0+66上游边墙高程2022.5m锚索超限	主要是受局部地质条件、高边墙效应，以及洞室开挖应力应变调整影响导致	加强观测
其他工程问题	洞室块体稳定问题	地下洞室群不存在大的定位块体，由优势结构面组合形成的小块体，在开挖过程中及时进行了清除或锚固；厂房顶拱断层 f_{1-49} 与其他结构面可组合形成半定位块体，已采取预应力锚索加强支护	逐一排查，针对性处理
	不利地质条件洞段岩壁吊车梁稳定性	下游边墙厂右0+33～厂右0+47洞段、厂右0+05～厂左0+35洞段岩壁吊车梁高程，节理裂隙密集发育，岩体存在不同程度的蚀变现象，对岩壁吊车梁稳定不利	针对不良地质洞段，现场采取了扶壁墙加强支护处理

续表

工程部位	工程问题	主要现象描述与原因分析	主要工程措施
其他工程问题	围岩时间效应	监测数据来看，围岩变形增长主要发生在洞室开挖期间，随着开挖面的远离，除极少数测点外，变形一般能够较快收敛，可见杨房沟水电站地下洞室围岩时间效应变形特征并不明显	无
	局部边墙松弛深度偏大	声波检测成果表明，母线洞正下方及母线洞洞间岩柱松弛深度偏大，一般可以达到 8～10m，为局部问题	深层预应力锚索加强支护
	尾水洞检修闸门室岩壁吊车梁开裂	尾闸室第Ⅲ层开挖过程中，现场排查发现岩壁吊车梁表面存在大量裂缝，裂缝宽度基本在 0.2mm 以内，未发现贯穿性裂缝	在两侧边墙高程 2019.76m、高程 2013.76m 分别增设一排预应力锚索，控制爆破；施工期加强岩壁吊车梁混凝土开裂排查；在洞室开挖裂缝停止发展后，涂刷改性环氧砂浆进行表面封闭

6.2　地下洞室顶拱喷层开裂成因机制与防护设计

6.2.1　地下洞室顶拱喷层开裂问题

喷射混凝土在岩土工程中应用广泛，是一种具有一定支承抗力，又具有良好柔性的支护结构。喷射混凝土能及时与围岩黏结，兼有支撑、加固围岩和填充围岩张开裂隙及表面凹坑等作用，可迅速提供表面支护力，在与锚杆、钢筋网等形成系统支护后，能有效限制围岩变形和松弛发展。

在地下洞室开挖过程中，特别是一些西部中高地应力硬岩条件下水电站地下厂房等大型洞室，喷射混凝土开裂现象比较常见。一般而言，从裂缝形态上来看，顶拱喷层裂缝既有张拉型裂缝，又有剪切型裂缝，有时表现为复合型裂缝。其中，喷层在受高应力集中影响时，会出现剪切型裂缝，破裂面一般呈“刀刃状”。而当喷层承受变形过大、喷层太薄或喷层强度偏低时，会出现喷层鼓胀开裂，破裂面多呈“锯齿状”，表现为张性开裂。另外，施工原因也会导致喷层出现温度裂缝、干缩裂缝、施工裂缝等。显然，喷层裂缝形态的多样性，表现出顶拱喷层开裂机制的复杂性。

由于西部岩体工程本身非常复杂，喷层开裂、脱落的原因一般也是多方面的，主要与围岩岩性、地质构造、地应力特征、施工条件等因素有关。大量工程实践中，比较常见、需要重点关注的原因主要为应力控制性喷层开裂破坏和结构面控制性喷层开裂破坏两类，有时表现为结构面—高应力组合型破坏。另外，施工质量控制有时也需关注，比如围岩开挖爆破控制差、系统支护不及时或支护质量不达标（如喷层厚度、强度不达标，与系统支护或围岩的衔接不好，受到围岩渗水、施工扰动影响等），也会在一定程度上加大洞室喷层开裂风险。

6.2.2 地下洞室顶拱喷层开裂预防及处理对策

针对地下洞室顶拱喷层开裂问题，局部喷层开裂一般不会对整体围岩稳定造成明显影响，但当地应力量值偏高时，喷层开裂可能会具有普遍性，若顶拱出现整体性、普遍性的围岩破裂问题时应重点关注和深入分析。一般而言，高应力条件下顶拱围岩的应力控制型破坏一般很难避免，是洞室开挖卸荷围岩应力调整的正常现象，但若在系统支护完成后仍发生喷层持续开裂、脱落问题，则间接表明了当前的系统支护强度和支护及时性可能不足，这时则需要采取一定的补强支护措施，以保证洞室顶拱在施工期和运行期的围岩稳定。

由于高应力条件下地下洞室顶拱喷层开裂影响机制十分复杂，且其发生的时机多具有滞后性，因此一般很难及时把握其发生和演化机制。为了制定合理可行的预防对策，需对洞室顶拱潜在喷层开裂风险进行深入分析，重点包括预测地下洞室下卧开挖对顶拱喷层变形及受力的影响。目前，结合大量类似工程经验，采用动态数值反馈分析方法，可针对性地对地下洞室顶拱喷层开裂风险高低、喷层裂缝的潜在发生部位及程度进行预判，便于提前开展有针对性的开挖和支护方案优化工作。

地下洞室顶拱围岩高应力集中区和不利软弱结构面出露部位一般是顶拱喷层开裂的主要潜在风险区。故在实际施工过程中，应根据地下洞室现场开挖实际揭露的地质信息和监测数据情况，综合工程经验和数值反馈分析，合理评估这些典型部位的喷层开裂风险，并据此拟定针对性的控制爆破、施工顺序优化及补强加固方案。

从具体施工和支护角度，针对喷层开裂风险较高的部位，应坚持弱爆破、短进尺、及时支护的原则，从而帮助减少对保留岩体的爆破松弛损伤和围岩应力性破裂扩展。需注重支护的系统性和及时性，使喷层、钢筋网、锚杆或锚索等联合支护成为体系，提高支护结构的整体支护力，使喷层均匀受力。当围岩高应力性破坏问题较为突出时，为避免后续下卧中顶拱喷层出现较普遍的开裂、脱落问题，可采用系统预应力锚杆或锚索进行针对性支护。

另外，选择合理的喷层厚度和喷层强度也十分关键。对于中高地应力区地下洞室，应保证初喷和复喷混凝土厚度，适当提高喷混凝土层强度等级，以增加喷层的抗拉、抗剪能力，有效降低喷层开裂风险。一般而言，素混凝土更容易开裂，而钢纤维混凝土能较明显改善混凝土的抗裂性、延性、韧性和抗冲击性能，使得混凝土与岩石有很好的变形适应性，因此在围岩和喷层面临较高的高应力破坏风险时，更建议采用钢纤维喷层混凝土。

6.2.3 地下厂房顶拱喷层开裂现象

在杨房沟水电站地下厂房开挖过程中，针对顶拱喷层开裂脱落情况展开了系统排查，表 6.2-1 为地下厂房顶拱喷层脱落情况统计总表，图 6.2-1 为地下厂房顶拱上游侧拱肩典型的喷层开裂、脱落情况，图 6.2-2 为地下厂房顶拱混凝土喷层开裂脱落细部近照(表面轻撬后)。

表 6.2-1　　地下厂房顶拱喷层脱落情况统计总表

排查时间	编号	脱落位置	网片是否外露	围岩类别	主要结构面	是否有块体问题	加强支护措施
厂房第Ⅱ层～第Ⅴ层开挖时段	1	厂右 0+80	否	Ⅱ	优势节理	无	内插 6m 带垫板锚杆
	2	厂右 0+10	否	$Ⅲ_1$	f_{1-49}	存在	针对性加强支护
	3	厂右 0+90	否	Ⅱ	优势节理	无	内插 6m 带垫板锚杆
	4	厂左 0+31	否	$Ⅲ_1$	f_{1-71}、f_{1-72}	无	内插 9m 带垫板锚杆
	5-1	厂右 0+15～厂右 0+18.5	否	$Ⅲ_1$	优势节理	无	
	5-2	厂右 0+18.5～厂右 0+22	否	$Ⅲ_1$	优势节理	无	内插 6m 带垫板锚杆
	5-3	厂右 0+23～厂右 0+27.5	否	Ⅱ～$Ⅲ_1$	优势节理	无	内插 6m/9m 带垫板锚杆
	5-4	厂右 0+29～厂右 0+32	否	$Ⅲ_1$	优势节理	无	
厂房第Ⅸ层开挖后	6	厂右 0+92～厂右 0+93	否	Ⅱ	优势节理	无	
	7	厂右 0+69～厂右 0+70	否	$Ⅲ_1$	优势节理	无	
	8	厂右 0+65～厂右 0+67	否	$Ⅲ_1$	f_{1-82}	无	
	9	厂右 0+65.5～厂右 0+67	否	$Ⅲ_2$	优势节理	无	加密带垫板锚杆
	10	厂右 0+48～厂右 0+58	否	$Ⅲ_1$	优势节理	无	
	11	厂右 0+51～厂右 0+56	否	$Ⅲ_1$	f_{1-40}	无	内插 6m 带垫板锚杆
	12	厂右 0+33～厂右 0+40	否	$Ⅲ_1$	优势节理	无	
	13	厂右 0+31～厂右 0+32	否	$Ⅲ_1$	优势节理	无	锚杆增加垫板
	14	厂右 0+96～厂右 0+103	否	Ⅱ	优势节理	无	
	15	厂左 0+11	否	$Ⅲ_2$	优势节理	无	
	16	厂左 0+11	否	$Ⅲ_2$	优势节理	无	
	17	厂左 0+13～厂左 0+18	否	$Ⅲ_1$	优势节理	存在	锚索、锚杆增加垫板
	18	厂左 0+21	否	$Ⅲ_1$	f_{1-65}	存在	内插 9m 带垫板锚杆
	19	厂左 0+21～厂左 0+30	否	$Ⅲ_1$	f_{1-65}、f_{1-68}、f_{1-71}、f_{1-72}	存在	加密 9m 带垫板锚杆@1m×1m
	20	厂左 0+27	否	$Ⅲ_1$	f_{1-71}	无	
	21	厂左 0+38	否	$Ⅲ_1$	优势节理	无	内插 9m 带垫板锚杆
	22	厂左 0+40	否	$Ⅲ_1$	优势节理	无	
	23	厂左 0+47	否	$Ⅲ_1$	优势节理	无	
	24	厂右 0+147	否	Ⅱ	优势节理	无	
	25	厂右 0+137	否	Ⅱ	优势节理	无	
	26	厂右 0+134	否	Ⅱ	优势节理	无	
	27	厂右 0+118～厂右 0+121	否	Ⅱ	优势节理	无	
	28	厂右 0+15～厂右 0+17.5	否	Ⅱ	优势节理	无	
	29	厂左 0+29.5～厂左 0+32	局部	$Ⅲ_1$	f_{1-71}、f_{1-72}	无	
	30	厂右 0+17～厂右 0+18.	否	Ⅱ	优势节理	无	

续表

排查时间	编号	脱落位置	网片是否外露	围岩类别	主要结构面	是否有块体问题	加强支护措施
厂房第Ⅸ层开挖后	31	厂右 0+21.5～厂右 0+22	否	Ⅱ	优势节理	无	
	32	厂右 0+42～厂右 0+48	局部	$Ⅲ_1$	优势节理	无	内插带垫板锚杆
	33	厂右 0+108～厂右 0+111	局部	Ⅱ	优势节理	无	
	34	厂右 0+57～厂右 0+59	否	$Ⅲ_1$	优势节理	无	
	35	厂右 0+78～厂右 0+80.5	否	Ⅱ	优势节理	无	
	L1	厂左 0+02～厂左 0+06.5	局部	$Ⅲ_2$	f_{1-49} 下盘	厂 1-6	增加 9m 带垫板锚杆
	L2	厂右 0+13～厂右 0+18.5	局部	$Ⅲ_1$	优势节理	无	增加 6m 带垫板锚杆
	L3	厂右 0+62.5～厂右 0+63	否	$Ⅲ_2$	优势节理	无	
	L4	厂右 0+41	否	$Ⅲ_1$	优势节理	无	
	L5	厂左 0+19～厂左 0+22.5	局部	$Ⅲ_1$	f_{1-65}	厂 1-6	锚索增加垫板
	L6	厂左 0+19.5～厂左 0+20	局部	$Ⅲ_1$	f_{1-49} 下盘	厂 1-6	锚杆增加垫板
	L7	厂右 0+105～厂右 0+108	否	Ⅱ	优势节理	无	加密 6m 锚杆
	L8	厂左 0+19.5～厂左 0+20.5	否	$Ⅲ_1$	优势节理	厂 1-6	锚杆增加垫板
	L9	厂左 0+19.5～厂左 0+20	否	$Ⅲ_1$	优势节理	厂 1-6	锚杆增加垫板
	L10	厂右 0+30～厂右 0+32.5	局部	$Ⅲ_1$	优势节理	无	锚杆增加垫板
	L11	厂右 0+81.5～厂右 0+93.5	局部	Ⅱ～Ⅲ	优势节理	无	部分内插 6m 锚杆
	L12	厂右 0+73～厂右 0+82	局部	Ⅱ～Ⅲ	优势节理	无	部分内插 6m 锚杆
	L13	厂右 0+50～厂右 0+59	局部	$Ⅲ_1$	优势节理	无	
	L14	厂左 0+5.5～厂左 0+11	否	$Ⅲ_2$	f_{1-49} 下盘	厂 1-6	加密锚索、9m 锚杆
	L15	厂右 0+02	否	$Ⅲ_1$	f_{1-49} 下盘	厂 1-5	内插 9m 带垫板锚杆
	L16	厂右 0+00～厂右 0+02	否	$Ⅲ_2$	f_{1-49} 下盘	无	
	L17	厂右 0+01～厂右 0+4	局部	$Ⅲ_2$	f_{1-49} 下盘	厂 1-6	内插 9m 带垫板锚杆
	L18	厂右 0+00.5～厂右 0+02	局部	$Ⅲ_2$	f_{1-49} 下盘	厂 1-6	内插 9m 带垫板锚杆
	L19	厂右 0+02～厂右 0+03.5	否	$Ⅲ_2$	f_{1-49} 下盘	厂 1-5	内插 9m 带垫板锚杆
	L20	厂右 0+43	否	$Ⅲ_1$	优势节理	无	增加 6m 锚杆

对喷层开裂形态及产生原因进行深入分析可知：①在厂房下卧过程中，顶拱围岩应力持续调整，陆续有喷层脱空掉落至主动防护网，但厂房顶拱的应力调整并未导致挂网和喷混凝土出现系统性破坏现象；②喷层开裂由顶拱应力集中、复喷层胶结较差等综合因素导致，大部分喷层开裂现象位于顶拱上游侧；③脱落喷层均为复喷层，少见钢筋网片裸露，初喷层均未出现明显裂缝。

6.2.4 地下厂房顶拱喷层开裂原因

施工期针对地下厂房顶拱多次喷层开裂、脱落问题开展综合调查分析，认为喷层开裂主要受三个方面因素的控制，可分为不利地质结构面控制型、地应力控制型、施工因素控制型。

图 6.2-1　地下厂房顶拱上游侧拱肩典型的喷层开裂、脱落情况

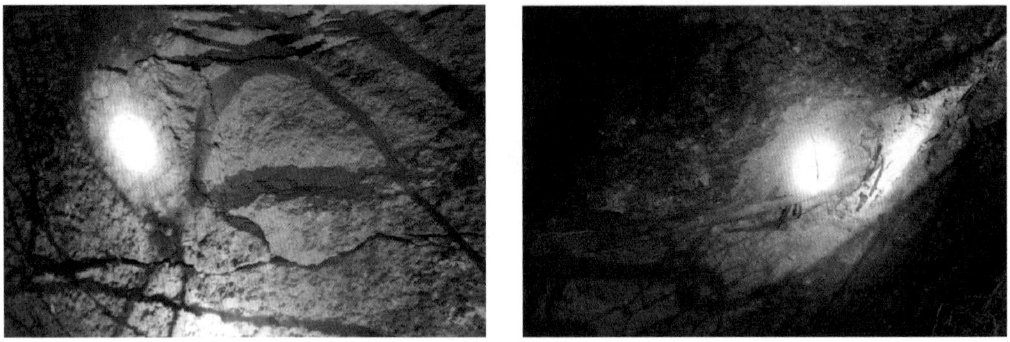

(a) 未露钢筋网　　(b) 局部露钢筋网

图 6.2-2　地下厂房顶拱混凝土喷层开裂脱落细部近照（表面轻撬后）

1. 不利地质结构面控制型

地下洞室顶拱发育不利岩体结构面，如缓倾软弱断层、错动带时，一般会导致较大的开挖变形和明显的非连续变形特征，尤其在洞室后续下卧中，不利结构面影响洞段顶拱的围岩变形将持续增长，结构面的差异变形特征也会进一步加剧，这会对喷层变形及受力产生较大不利影响。经验表明，顶拱发育的不利岩体结构面是造成喷层开裂的重要原因之一，这种类型的喷层开裂一般沿结构面发生、发展。如 2017 年 3 月 23 日出现在厂房厂右 0+10 上游拱肩的喷层开裂、剥落现象（图 6.2-3～图 6.2-5），该喷层开裂、剥落主要是受缓倾断层 f_{1-49} 控制，厂房下部开挖扰动和开裂部位的渗水浸蚀则是主要的诱因。在实际工程中，针对这些不利结构面影响的部位，在施工时可适当加强系统支护的强度，并注意支护的及时性，以减轻后续非协调变形增长对喷层局部受力的不利影响程度。

2. 地应力控制型

高地应力条件地下洞室开挖后，顶拱一般存在应力集中区，若应力集中的水平偏高，在局部或系统支护强度不足时，混凝土喷层将会与围岩应力性破裂或片帮破坏特征一样，出现剪切型裂缝，破裂面一般呈“刀刃状”，这在锦屏一级、猴子岩、白鹤滩等高地应力

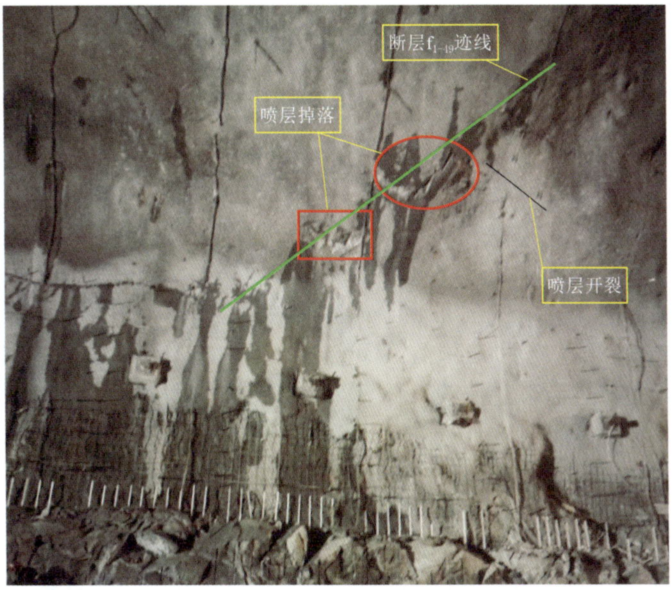

图 6.2-3 厂右 0+10 上游侧拱肩混凝土喷层局部开裂、脱落

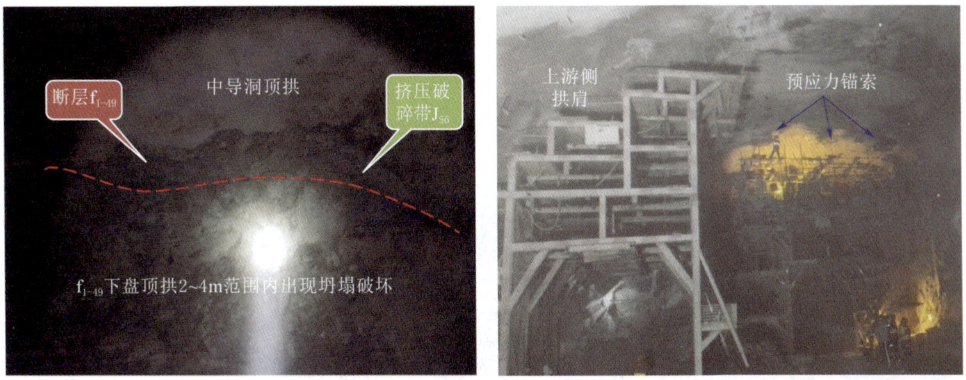

(a) 厂房中导洞开挖断层f_{1-49}影响洞段开挖面貌　　(b) 厂房上游侧扩挖断层f_{1-49}影响带现场开挖支护情况

图 6.2-4 断层 f_{1-49} 影响洞段第Ⅰ层开挖中围岩地质条件、破坏情况、变形特征

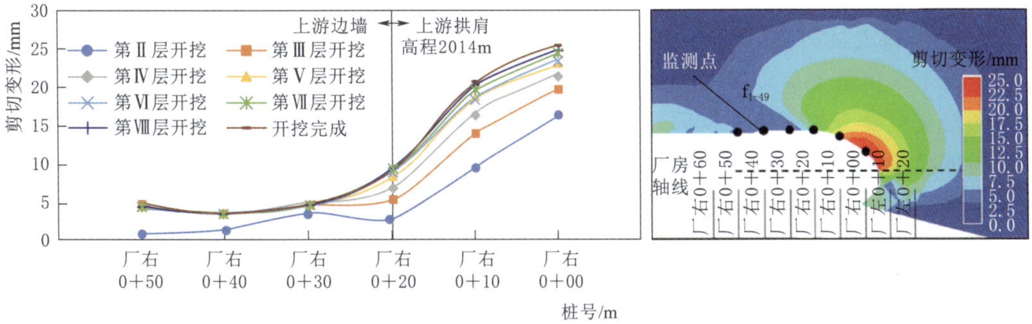

图 6.2-5 地下厂房开挖过程中断层 f_{1-49} 两侧岩体剪切错动变形（监测点沿开挖迹线布置）

工程地下洞室中均有出现。这类喷层裂缝一般有两个典型特征，一是连续性出现，二是具有时效性。由于厂房区的地应力场一般具有一定的分布规律，使得洞室顶拱应力集中区可能偏向某侧拱肩，这将导致顶拱喷层开裂的部位具有一致性，且多连续性出现。另外，随着大型洞室的持续下卧，顶拱围岩应力也将逐步调整，进而导致顶拱喷层的开裂、剥落现象表现出一定的时间效应特征。

杨房沟水电站地下厂房受河谷地应力场影响，应力集中区主要位于靠上游侧拱肩，数值分析结果显示，受洞室分层开挖影响，洞室应力调整显著，并且随着洞室下卧，主副厂房顶拱的应力集中程度和范围均呈逐渐增长趋势，洞室开挖完成后顶拱应力集中程度一般在 20～26MPa，局部洞段应力集中程度可能达到围岩破裂或应力控制型破坏的阈值(0.3UCS～0.4UCS)，进而引起浅表岩体发生鼓胀变形，导致浅部喷层的受力持续增加，引发喷层应力性开裂现象，地下厂房厂右 0＋10～厂右 0＋30 洞段顶拱靠上游侧喷层开裂、脱落如图 6.2－6 所示。

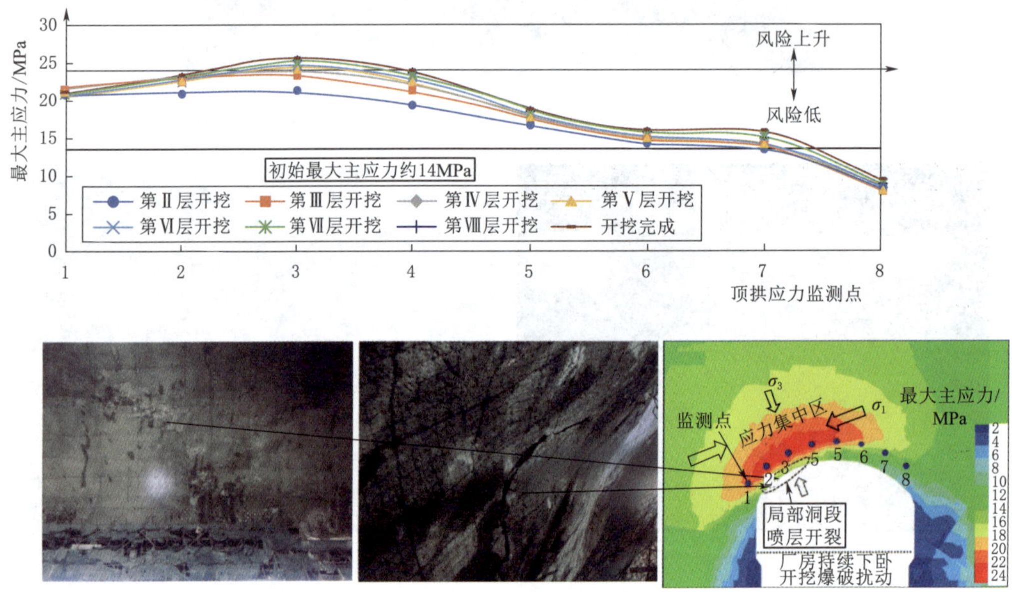

图 6.2－6　地下厂房厂右 0＋10～厂右 0＋30 洞段顶拱靠上游侧喷层开裂、脱落

3. 施工因素控制型

受地下厂房第Ⅰ层分区分幅开挖影响，在厂房中导洞和上下半幅扩挖的交接部位，存在局部新老混凝土的衔接不良问题，相当于第三次复喷，且由于前后的间隔时间长，导致了该局部喷层之间的黏结性能相对较差，可能会形成不利于顶拱喷层整体性的薄弱环节。现场实践表明，这些交接部位受洞室下卧开挖顶拱围岩应力调整以及爆破振动的扰动影响，局部喷层的开裂、脱落风险相对偏大，厂右 0＋80 洞段中导洞和上游扩挖交接部位如图 6.2－7。

显然，地下洞室喷层开裂、剥落并不完全是由单一因素影响所致，根据现场施工期喷层破坏特征调查统计结果（表 6.2－1），大部分的喷层开裂、脱落部位未见钢筋网，脱落体主要为复喷层素混凝土，这主要是因为初喷层与复喷层、喷层与围岩结合面黏结强度相

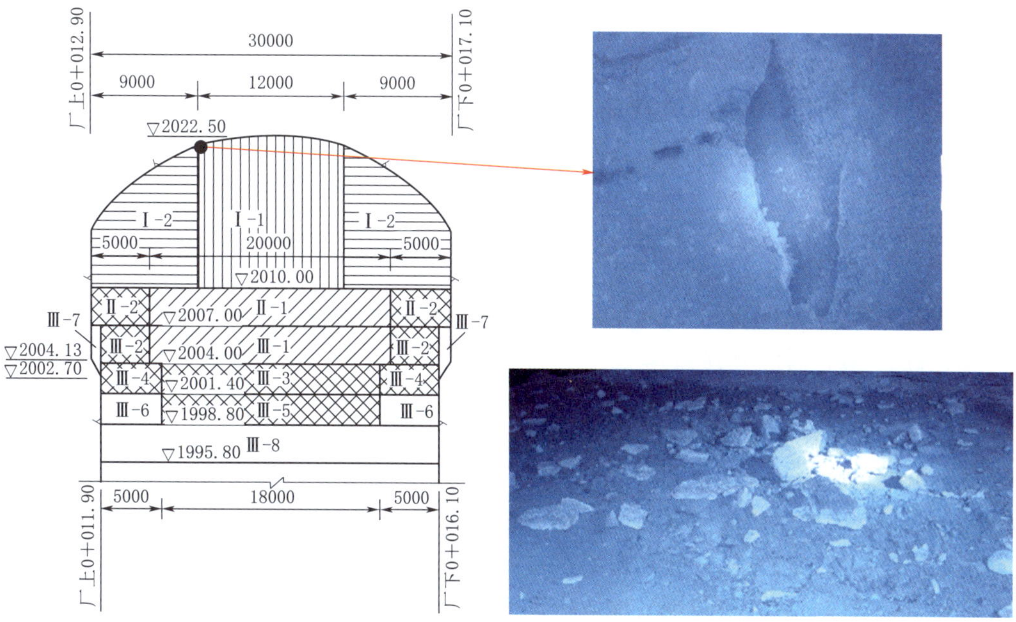

图 6.2-7 厂右 0+80 洞段中导洞和上游扩挖交接部位
（高程单位：m，尺寸单位：mm）

对较差，特别是当局部有渗水时，结合面的黏结强度会进一步降低。

综上所述，杨房沟水电站地下厂房开挖中顶拱存在局部喷层开裂脱落问题，主要是由地应力特征、不利地质构造、施工条件等因素综合导致的。其中，厂区自身的地应力格局和厂房洞室规模体型下的开挖二次应力调整和爆破扰动是其主要控制因素。从程度上看，顶拱局部喷层开裂、剥落并不会对厂房洞室顶拱围岩整体稳定产生本质影响，施工期众多的顶拱变形、支护受力监测成果也表明了该顶拱围岩的整体稳定性相对较好。

6.2.5 顶拱喷层开裂处理措施与效果

杨房沟水电站地下洞室群开挖过程中存在混凝土喷层开裂脱落问题，且多集中在三大洞室顶拱部位，其中地下厂房喷层开裂问题相对突出，主变室和尾调室仅存在局部零星的喷层开裂。综合分析认为，地下厂房上游侧顶拱喷层脱落受多种因素影响，具有一定的随机性和不确定性，考虑到地下厂房顶拱出现的喷层开裂脱落会给下部施工开挖带来很大的安全隐患，因此在工程现场积极采取了开挖顺序优化、针对性加固和安全防护措施，并以抑制喷层开裂为主，安全防护为辅。其中安全防护措施主要包括：针对顶拱采用了全覆盖的主动防护网进行防护，并定期巡查、清除网中脱落喷层，为地下厂房顺利下卧开挖提供安全保障。在厂房开挖完成后，现场又采取多项措施来确保顶拱喷层及围岩的永久运行安全，包括：①利用桥机施工平台，清除主动网中的脱落喷层，并对厂房顶拱已开裂区沿裂缝轻凿，将已脱空的喷层进行剥离清除；②对局部暴露的钢筋网区域采取封闭措施（局部喷锚），防止钢筋网的长期腐蚀；③相关顶拱喷层脱落区域处理措施均应在机组安装前完成，彻底消除相关安全隐患。

对顶拱主动防护网内的脱落喷层进行全面清理，经现场系统排查和分析，顶拱喷层开裂脱落大部分位于顶拱上游侧，脱落喷层均为复喷层脱落，上游侧局部存在钢筋网裸露情况，但钢筋网以内的喷层（初喷层）并未出现破坏。可见，厂房顶拱的持续性应力调整并未导致顶拱喷层及围岩出现系统性的损伤破坏。结合地质条件、安全监测和反馈分析成果，厂房顶拱围岩和喷层均处于稳定状态。

6.3 岩壁吊车梁稳定性分析与程序化设计

岩壁吊车梁又称岩锚梁，是利用一定数量的深孔锚杆和岩壁台座把混凝土梁体牢牢地锚固在岩石上，由锚杆和钢筋混凝土联合构成壁式受力结构，梁体承受的全部荷载及其自重通过锚杆及岩壁台座传递到岩体内。岩壁吊车梁的结构特点及其在地下厂房施工期和运行期的重要作用使得其设计和施工备受重视。

岩壁吊车梁所承受的荷载不仅仅包括运行期的吊车轮压荷载，也包括施工期洞室开挖卸荷作用。根据实际工程监测资料，岩壁吊车梁锚杆在承受吊车荷载前可能已承受较大量值的围岩释放应力，即开挖导致的岩壁吊车梁锚杆围岩释放应力往往超过轮压荷载导致的应力。围岩释放应力的大小与围岩地质构造、初始地应力场、洞室规模、岩壁吊车梁自重及开挖与支护等情况有关。

我国西部大量水电工程地下厂房建设中由于地应力高、地质条件复杂，围岩开挖释放应力偏大，在建设过程中出现了吊车梁体裂缝、围岩与混凝土结构非协调变形等问题，进而影响到岩壁吊车梁的承载能力及稳定性。在高应力围岩卸荷条件下如何对地下厂房岩壁吊车梁进行合理的设计与稳定性评估，保障吊车梁施工期和运行期正常工作，是工程技术人员必须进行深入分析研究的问题。岩壁吊车梁设计工作综合了结构体型设计、开挖支护方案设计和后期运行稳定性评价等多个方面。通常来看，岩壁吊车梁设计和稳定性评价工作主要按如下思路开展。

（1）通过工程经验类比、刚体极限平衡法、力矢量平衡法、弹性地基梁法等初步拟定，有时辅以结构模型试验，确定基本体型和锚杆参数等。

（2）通过数值计算方法，分析厂房开挖施工中和施加轮压荷载时岩梁结构的变形和应力、支护锚杆受力及岩壁座抗滑稳定性等方面特征，并据此进行岩梁结构稳定性的校核和优化。其中包括两个关键内容，一是需深入论证岩壁吊车梁层的开挖支护方案，通过合理分幅分区和精细化爆破开挖设计，确保岩壁吊车梁开挖成型良好和岩台承载能力达标；二是合理选定岩壁吊车梁的浇筑时机。

（3）在地下厂房洞室开挖全过程中，应根据安全监测检测情况、现场裂缝排查及荷载试验成果，对岩壁吊车梁的安全稳定性进行综合分析评价。

6.3.1 岩壁吊车梁基本情况概述

6.3.1.1 岩壁吊车梁结构体型及轮压荷载

地下厂房岩壁吊车梁结构布置如图 6.3-1 所示，主要由钢筋混凝土梁座、上部两排斜拉锚杆、下部的受压锚杆及一排系统锚杆组合而成，具体的岩壁吊车梁结构体型和尺寸标准见图中标示。其中，上部两排岩壁吊车梁锚杆 A 和 B，设计直径为 40mm，排距为 0.7m，入岩深度约为 9.0m。第一排受拉锚杆插入点距岩壁交界顶部 0.28m，锚杆轴线与水平向夹角为25°；第二排受拉锚杆距离顶排0.5m，锚杆轴线与水平向夹角为20°。下部锚杆C为受压锚杆，设计直径为32mm，排距为0.7m，入岩深度约为9.0m，与交界面底部垂直相距0.1m。吊车梁采用C30混凝土，弹性模量为30GPa，泊松比为0.167，密度为2500kg/m^3。岩壁吊车梁受拉锚杆A和B采用PSB830螺纹钢筋，其强度设计值f_y为685MPa，受压锚杆C采用HRB400螺纹钢，其强度设计值f_y为360MPa。

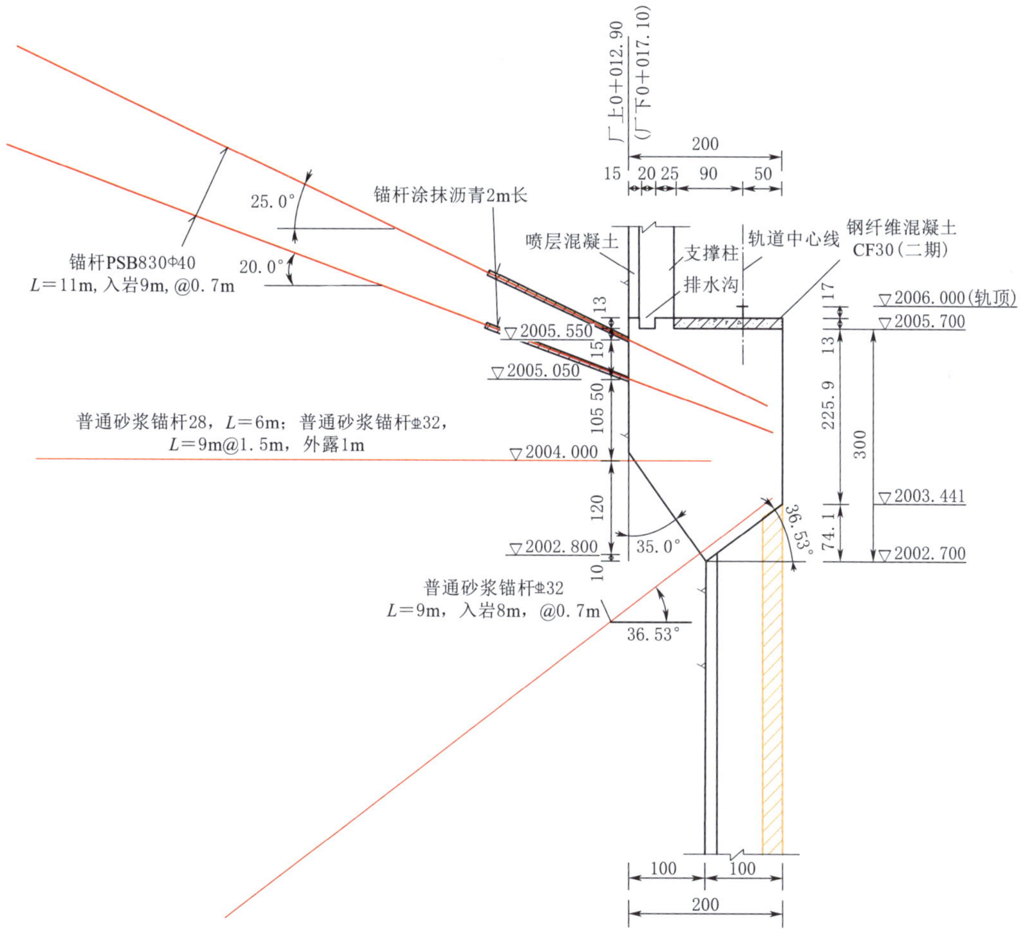

图6.3-1 岩壁吊车梁结构布置图（高程单位：m，尺寸单位：cm）

杨房沟水电站地下厂房选用两台700t和150t单小车桥机，桥机跨度为27m，轮压荷载简化受力分布如图6.3-2所示。吊车梁轮距L_1为0.75m，L_2为1.512m，C_1为1.5m（轨道中心线至上部岩壁边缘的水平距离），运行期间桥机施加于岩壁吊车梁上的最大垂直轮压P_{max}为850kN。

6.3.1.2 岩壁吊车梁开挖顺序及浇筑时机

地下厂房第Ⅱ层、第Ⅲ层为岩壁吊车梁层，开挖支护设计建议的基本顺序如图6.3-3所示。第Ⅱ层、第Ⅲ层开挖高度为14.2m，采用中部拉槽，两侧预留保护层，中部拉槽超前两侧保护层30～60m，品字型掘进方式进行开挖，中部拉槽分2层开挖，两侧保护层分5层开挖，具体开挖顺序为$Ⅱ_1$、$Ⅲ_1$→$Ⅱ_2$→$Ⅲ_2$→$Ⅲ_3$、$Ⅲ_5$、$Ⅲ_8$→$Ⅲ_4$→$Ⅲ_6$→$Ⅲ_7$→$Ⅲ_9$。

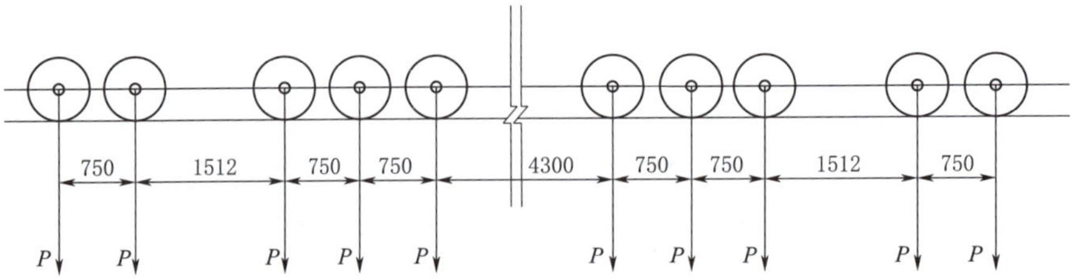

图 6.3-2　轮压荷载简化受力分布图（单位：mm）

岩壁吊车梁混凝土的浇筑时机，拟定为第Ⅲ层开挖完成、第Ⅳ层边墙预裂爆破后。另外，第Ⅳ层预裂爆破应在岩壁吊车梁锚杆（A、B、C 锚杆）施工前完成，预裂深度不小于 6m，且必须保证预裂效果，其预裂缝应连续贯通。待 A、B、C 锚杆施工完毕并检测合格后才能开始岩壁吊车梁混凝土的浇筑。岩壁吊车梁混凝土浇筑 28d 后方可进行第Ⅳ层开挖。

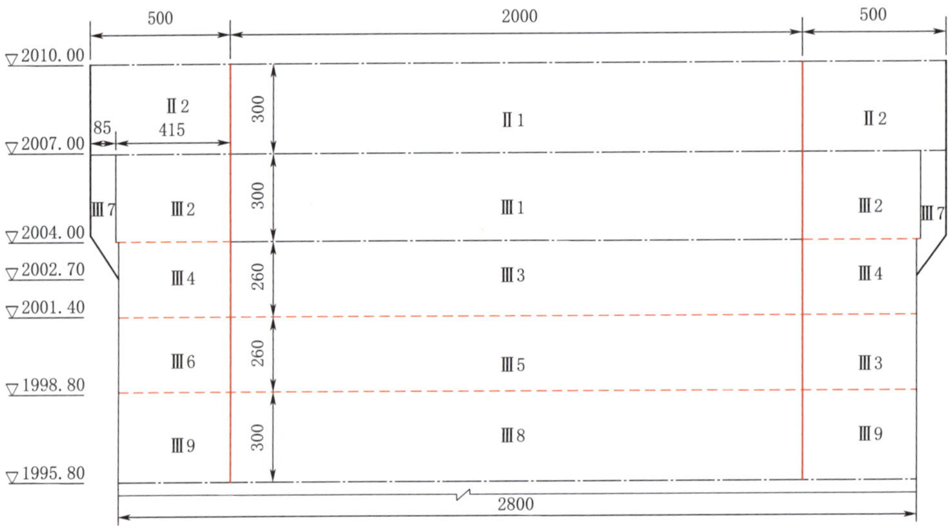

图 6.3-3　地下厂房Ⅱ、Ⅲ层开挖顺序示意图（高程单位：m，尺寸单位：cm）

6.3.1.3　岩壁吊车梁监测布置

随着地下厂房持续向下开挖，受围岩卸荷变形影响，岩壁吊车梁的应力和变形逐步变化。为及时掌握岩壁吊车梁在洞室后续开挖和运行期的变化，评价岩壁吊车梁的安全性，对岩壁吊车梁进行系统监测。主要监测设备有锚杆应力计、测缝计、压应力计和岩梁钢筋计。岩壁吊车梁主要靠锚杆锚固，以锚杆应力监测为监测重点，岩壁吊车梁与岩壁结合面的缝隙开合度和压力大小能直接地反应岩壁吊车梁的工作状况，同时辅以变形监测，了解相应部位吊车梁和岩体变形特征。地下厂房岩壁吊车梁典型的监测布置示意如图 6.3-4～图 6.3-6 所示。

6.3.1.4　岩壁吊车梁岩台开挖成型情况

1. 上游侧岩壁吊车梁岩台开挖情况

厂房上游侧边墙围岩以Ⅱ类为主，局部$Ⅲ_1$类，岩壁吊车梁岩台开挖成型整体较好，

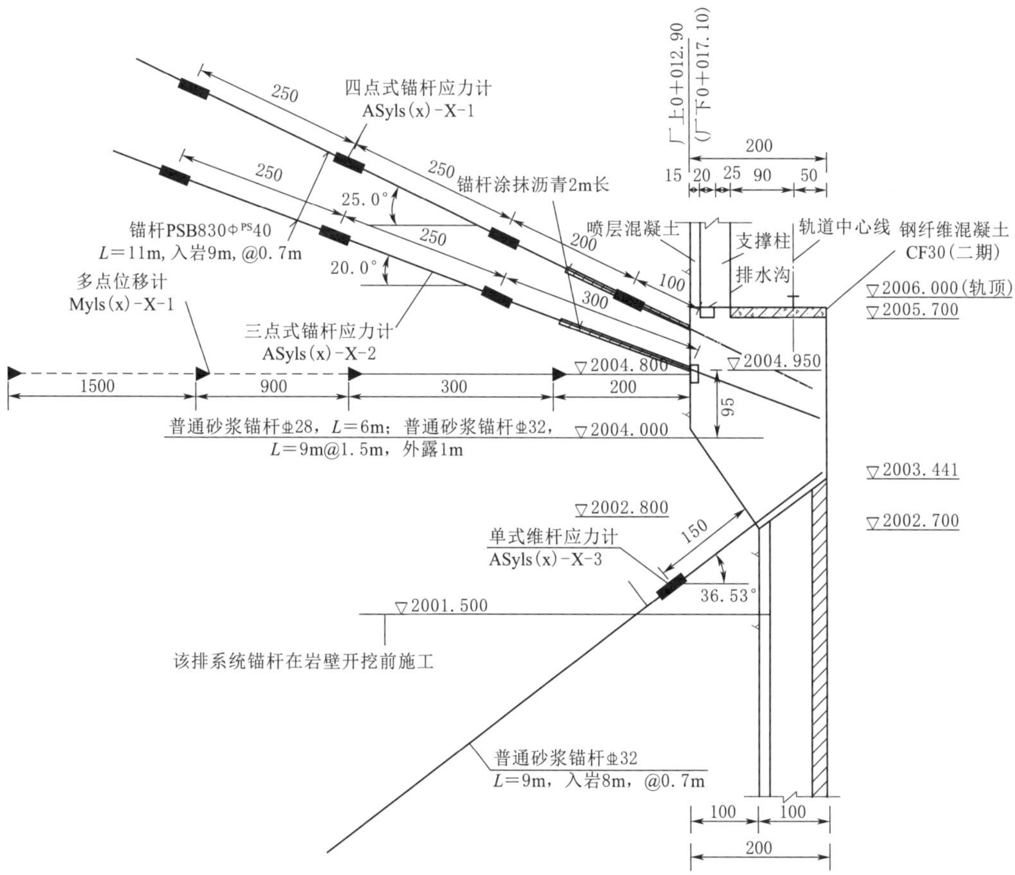

图 6.3-4　地下厂房岩壁吊车梁多点位移计/锚杆应力计监测布置示意图
（高程单位：m，尺寸单位：cm）

其中 98%以上洞段能形成完整岩台面，仅局部出现岩台下拐点缺失。上游侧岩壁吊车梁岩台典型开挖成型情况如图 6.3-7 和图 6.3-8 所示。

2. 下游侧岩壁吊车梁岩台开挖情况

厂房下游侧边墙岩体质量较上游侧偏差，围岩类别以Ⅲ$_1$类为主，局部Ⅲ$_2$类，受岩体蚀变、节理密集带、顺洞向陡倾结构面等不利地质条件影响，局部洞段岩台开挖成型相对较差，半孔率不高，整体开挖成型不如上游侧，其中 92%以上洞段能形成完整岩台面。主要开挖缺陷特征表现为岩台下拐点缺失、岩台局部存在结构光面、岩台底部缺失等。下游侧岩壁吊车梁岩台典型开挖成型情况如图 6.3-9～图 6.3-11 所示。

6.3.1.5　岩壁吊车梁承载基础的控制标准

《地下厂房岩壁吊车梁设计规范》（Q/CHECC 003—2008）中针对地下厂房岩壁吊车梁的适宜性问题有如下说明。

一般来说，凡是能满足地下厂房布置条件，开挖后洞室经锚喷支护成型稳定的地下厂房，均可以考虑采用岩壁吊车梁。但一般认为，岩壁吊车梁适用于整体围岩类别为Ⅰ类、Ⅱ类、Ⅲ类地下厂房中。目前国内已施工的岩壁吊车梁都处于安全运行状态，还没有出现

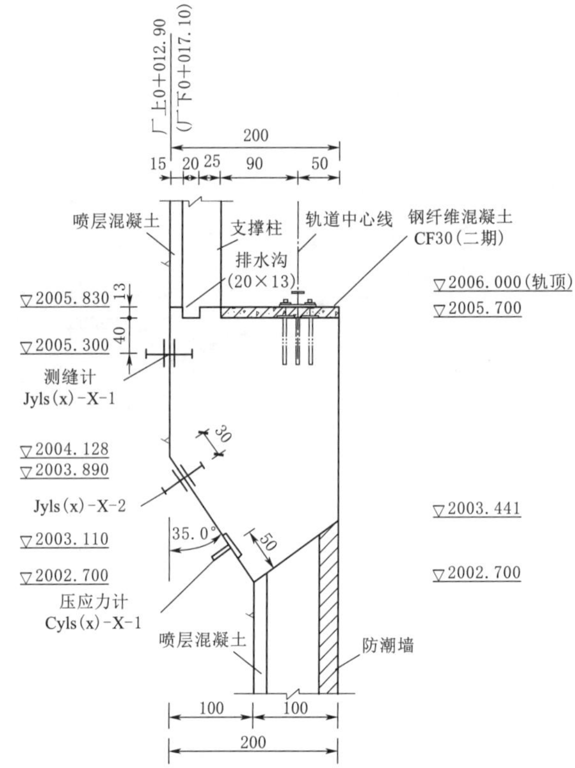

图 6.3-5　地下厂房岩壁吊车梁测缝计/压应力计监测布置示意图
（高程单位：m，尺寸单位：cm）

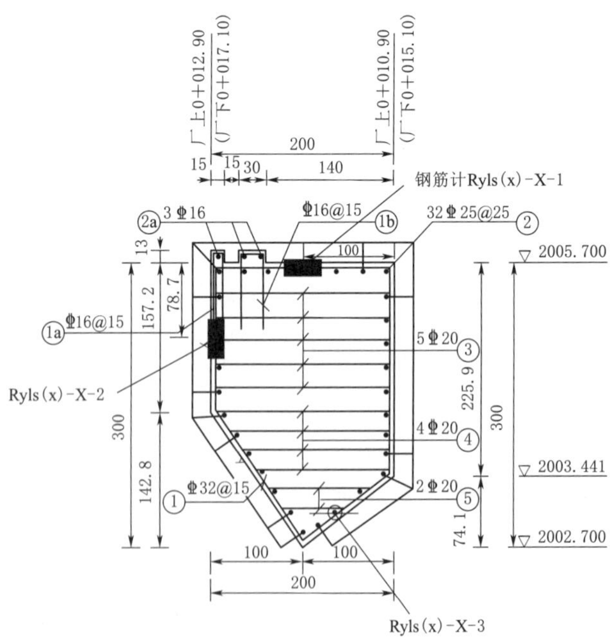

图 6.3-6　地下厂房岩壁吊车梁钢筋计监测布置示意图
（高程单位：m，尺寸单位：cm）

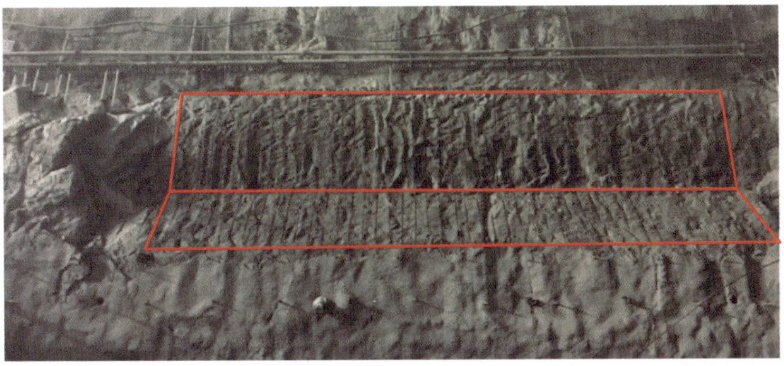

图 6.3-7 上游侧岩壁吊车梁岩台典型开挖成型情况
（厂右 0+120～厂右 0+135）

图 6.3-8 上游侧岩壁吊车梁岩台典型开挖成型情况
（厂右 0+65～厂右 0+75）

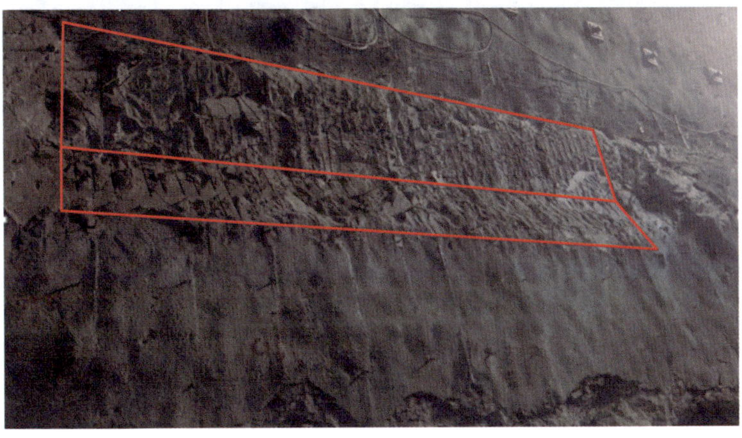

图 6.3-9 下游侧岩壁吊车梁岩台典型开挖成型情况
（厂右 0+138～厂右 0+153）

图 6.3-10　下游侧岩壁吊车梁岩台典型开挖成型情况
（厂右 0+66 邻近洞段）

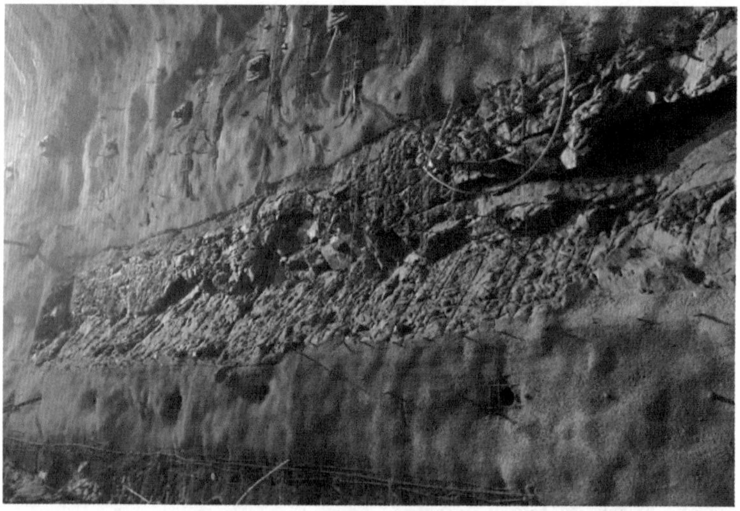

图 6.3-11　下游侧岩壁吊车梁岩台典型开挖成型情况
（厂左 0+00～厂左 0+30）

岩壁吊车梁失事的报道。对于地下厂房局部Ⅳ类或Ⅴ类围岩，经采取必要的工程措施或进行缺陷处理后也可采用岩壁吊车梁。处理的措施一般包括：①固结灌浆；②混凝土塞；③用混凝土代替松动圈围岩，将吊车梁锚固在混凝土的外侧；④扩大支承岩壁吊车梁的岩壁结合面，并相应加大吊车梁尺寸；⑤在缺陷两侧施打深锚杆，使受力传递至两侧。

在杨房沟水电站地下厂房下游边墙开挖揭露的受断层、岩体蚀变或节理密集发育等影响的不良的地质条件洞段，从现场开展的声波检测和钻孔摄像工作看，浅层岩体的声波波速基本处于“中低波速带”（V_p＜4500m/s），尤其在厂右 0+05～厂左 0+35 洞段永久边墙围岩“中低波速带”的发育深度相对偏大（深度一般为5m以内，深入永久边墙约2～4m）。厂房边墙的不良地质洞段在预留保护层开挖和下卧开挖过程中，岩壁吊车梁岩台或岩壁的成型问题突出或岩壁吊车梁部位围岩松弛损伤程度较大，导致围岩承载能力降低等问题不可忽视。岩体综合质量偏差，一方面会对边墙开挖变形及稳定造成较不利影响，另一方面也会影响到岩壁吊车梁的长期稳定性。因此，合理拟定这些不良地质洞段岩壁吊车梁承载基础的岩体质量控制标准并提出针对性的处理措施是非常关键的。

根据地下厂房第Ⅲ层岩壁吊车梁现场实际开挖情况，尤其针对下游边墙不良地质洞段的开挖特征，基于大量声波检测和试验成果，参考相关技术规范和同类工程经验，并结合数值计算对比分析，从宏观角度提出了表6.3-1中所列的岩体综合质量与岩壁吊车梁承载基础适宜性的经验控制标准。该表给定了在不同岩体质量情况下岩壁吊车梁设计的工程应对措施和处理原则，可作为杨房沟水电站地下厂房岩壁吊车梁的具体施作方案的参考。为进一步方便现场应用，需要明确或定量指标参数，可将岩台部位（保留岩体2～3m深度范围）的岩体平均声波波速V_p作为岩壁吊车梁岩台承载基础的重要判定指标之一。具体对杨房沟水电站地下厂房岩壁吊车梁而言：

表6.3-1 岩体综合质量（平均声波波速V_p）与岩壁吊车梁承载基础适宜性的经验控制标准

<table>
<tr><th colspan="2">围岩类别</th><th>岩体特征</th><th>平均声波波速V_p/(m/s)</th><th>岩石单轴抗压强度UCS/MPa</th><th>变形模量E/GPa</th><th>典型分布部位</th><th>作为岩壁吊车梁承载基础的适宜性</th></tr>
<tr><td colspan="2">Ⅱ</td><td>完整～较完整，强度高</td><td>5000</td><td>80</td><td>20</td><td>常规洞段</td><td>条件良好</td></tr>
<tr><td colspan="2">$Ⅲ_1$</td><td>较完整，局部完整性差，强度较高</td><td>4500</td><td>60</td><td>13</td><td>常规洞段</td><td>条件较好，需局部处理</td></tr>
<tr><td rowspan="2">$Ⅲ_2$</td><td>$Ⅲ_{2a}$</td><td>节理较发育、轻微蚀变或轻微损伤</td><td>4000</td><td>50</td><td>9</td><td>下游边墙厂右0+20～厂右0+47洞段（节理+蚀变）</td><td>条件一般，需局部处理</td></tr>
<tr><td>$Ⅲ_{2b}$</td><td>节理发育、轻微蚀变或中等损伤</td><td>3500</td><td>40</td><td>4</td><td>下游边墙厂右0+05～厂左0+35洞段（节理+蚀变）</td><td>条件一般，建议进行系统性补强加固处理</td></tr>
<tr><td colspan="2">Ⅳ</td><td>节理密集发育、中等蚀变或严重损伤松弛</td><td>2500</td><td>30</td><td>2</td><td>厂房下游边墙断层f_{1-83}下盘低波速带围岩</td><td>条件较差，建议混凝土置换或专门加固处理</td></tr>
</table>

（1）当岩台部位的岩体平均声波波速达到4500m/s以上，对应Ⅱ～$Ⅲ_1$类围岩条件时，认为其作为岩壁吊车梁承载基础的适宜性条件较好，一般不需处理。

（2）当岩台部位的岩体平均波速在4000m/s左右，对应$Ⅲ_{2a}$类围岩条件时，认为其作为岩壁吊车梁承载基础的适宜性条件一般，需局部处理。

（3）当岩台部位的岩体平均波速在3500m/s左右，对应$Ⅲ_{2b}$类围岩条件时，认为其作为岩壁吊车梁承载基础的适宜性条件一般，建议进行整体性补强加固处理，如加大系统锚杆支护强度或采取增设附壁墙方式等，以有效改善岩台基座的岩体受力状态，提高其承载力和安全裕度。

（4）当岩台部位的岩体平均波速在 2500～3000m/s，对应Ⅳ类围岩条件时，认为其作为岩壁吊车梁承载基础的适宜性条件较差，建议采用混凝土置换或专门加固处理，并需对处理方案进一步复核。

（5）当岩台部位的岩体平均波速低于 2500m/s，对应Ⅴ类围岩条件时，预计其岩台开挖很难成型，不能作为岩台承载基础。

工程实践表明，上述方案策略有效指导了地下厂房各典型区段的岩壁吊车梁开挖支护方案设计，确保了岩壁吊车梁安全运行稳定，安全监测及桥机静动试验证明该方法可行。当然，具体的岩壁吊车梁设计方案，还需结合现场岩壁吊车梁岩台的具体开挖成型情况、不利岩体结构面分布情况等综合拟定。

6.3.2　岩壁吊车梁监测成果分析

6.3.2.1　岩壁吊车梁部位围岩变形特征

图 6.3-12、图 6.3-13 给出了岩壁吊车梁部位（高程 2004.8m）围岩实测变形沿厂房轴线的分布特征。由图可见，受主副厂房第Ⅳ层～第Ⅸ层开挖影响，岩壁吊车梁部位围岩变形一般在 30mm 以内，最大变形约为 40mm，位于上游侧厂右 0+66 位置；从变形的空间分布特征来看，岩壁吊车梁部位边墙变形具有明显不均匀性，洞室端部约束效应影响，一般靠近洞室中间部位围岩变形量值较大；从实测变形曲线来看，岩壁吊车梁部位围岩变形与厂房下部开挖过程呈现良好的关联性，监测变形多呈现台阶状增长，当开挖工作面远离监测断面时，围岩变形均可趋于收敛，显示了边墙围岩较好的稳定特征。

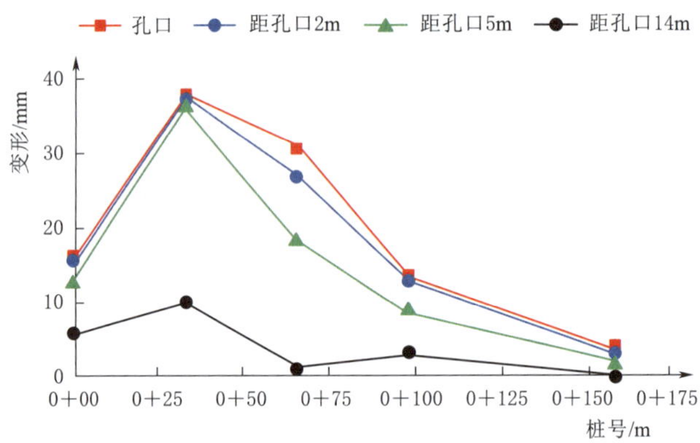

图 6.3-12　上游侧岩壁吊车梁部位（高程 2004.8m）围岩实测变形沿厂房轴线分布特征

6.3.2.2　岩壁吊车梁锚杆应力

针对岩壁吊车梁锚杆应力特征进行统计分析，沿厂房轴线方向锚杆应力分布特征如图 6.3-14、图 6.3-15 所示，有如下认识：

（1）岩壁吊车梁锚杆应力普遍在 200MPa 以内，占所有测点的 87%左右；应力在 200～400MPa 的有 7 个测点，占 10%左右；应力超过 400MPa 的仅有 2 个测点，均位于上游侧厂右 0+66 断面，其中受拉锚杆 A 最大应力为 440MPa（5.5m 测点），受拉锚杆 B 最大应力为 433MPa（3m 测点），未超过其设计强度（受拉锚杆 A 和 B 采用 PSB830 螺纹

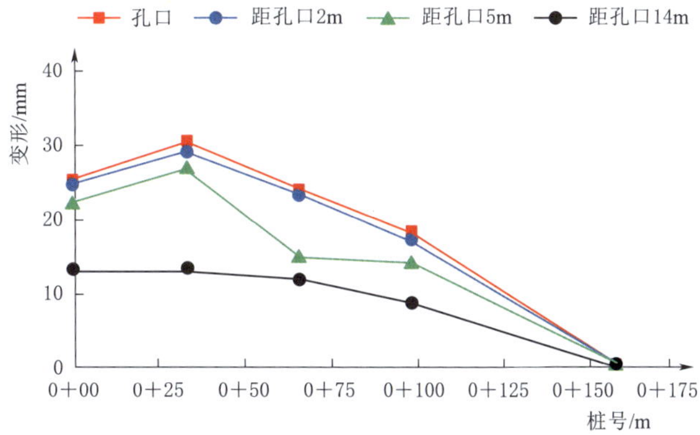

图 6.3-13 下游侧岩壁吊车梁部位（高程 2004.8m）围岩实测变形沿厂房轴线分布特征

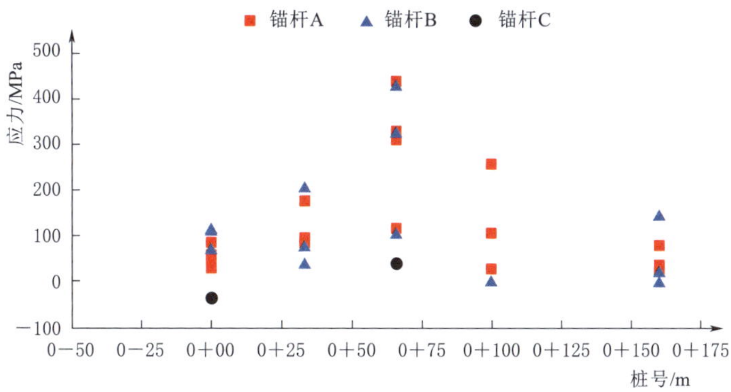

图 6.3-14 上游侧岩壁吊车梁锚杆应力沿厂房轴线分布特征

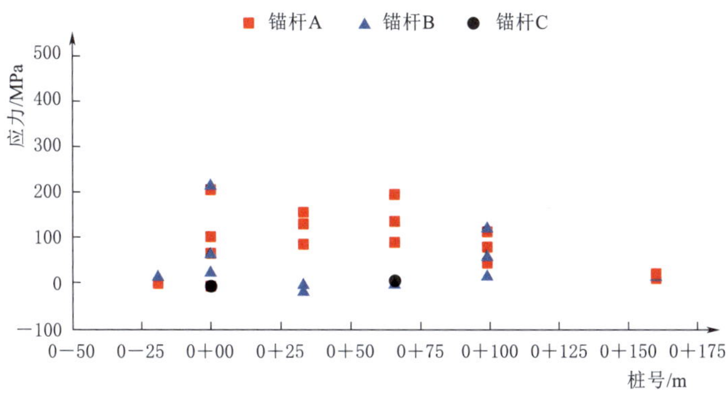

图 6.3-15 下游侧岩壁吊车梁锚杆应力沿厂房轴线分布特征

钢筋，其强度设计值 f_y 为 685MPa，受压锚杆 C 采用 HRB400 螺纹钢，其强度设计值 f_y 为 360MPa）。该部位锚杆应力偏大可能是受到局部不利岩体结构面影响导致，锚杆应力增长主要由主副厂房第Ⅳ层～第Ⅶ层开挖扰动导致，至 2017 年 12 月底基本趋于稳定，与该部位变形特征具有一致性。地下厂房岩壁吊车梁锚杆应力分段统计见表 6.3-2。

表 6.3-2　　地下厂房岩壁吊车梁锚杆应力分段统计

部位	锚杆应力占比/%				
	＜100MPa	100～200MPa	200～400MPa	400～685MPa	＞685MPa
上游＋下游	67.61	19.72	9.86	2.81	0.00
上游	56.25	21.88	15.62	6.25	0.00
下游	76.92	17.95	5.13	0.00	0.00

（2）统计显示，岩壁吊车梁受拉锚杆 A、B 基本呈拉应力状态，部分受压锚杆 C 受压至小幅拉应力状态，应力普遍较小。同一剖面的受拉锚杆 A、B 应力水平普遍大于受压锚杆 C。从上下游对比看，上游、下游岩壁吊车梁锚杆应力总体规律基本相当，上游侧略高。

（3）引入基于实际监测的锚杆安全系数概念，即锚杆抗拉强度标准值与锚杆实测应力（最大应力值）的比值，表 6.3-3 给出了现阶段受拉锚杆的安全系数计算结果，安全系数普遍在 3.0 以上，最小安全系数为 1.88。根据《地下厂房岩壁吊车梁设计规范》（NB/T 35079—2016），建议岩壁吊车梁锚杆的安全系数应大于 1.5。总体上杨房沟水电站地下厂房岩壁吊车梁的锚杆受力均满足规范要求，并具备较高的安全裕度。

表 6.3-3　　地下厂房岩壁吊车梁受拉锚杆安全系数

部位		最大应力/MPa	安全系数 K
桩号/m	锚杆		
厂右 0+160	上游侧锚杆 A	80.96	10.25
	上游侧锚杆 B	151.15	5.49
	下游侧锚杆 A	25.55	32.49
	下游侧锚杆 B	24.34	34.10
厂右 0+99	上游侧锚杆 A	262.24	3.17
	上游侧锚杆 B	0.29	—
	下游侧锚杆 A	110.63	7.50
	下游侧锚杆 B	123.72	6.71
厂右 0+66	上游侧锚杆 A	440.41	1.88
	上游侧锚杆 B	432.9	1.92
	下游侧锚杆 A	195.11	4.25
	下游侧锚杆 B	0.12	—
厂右 0+33	上游侧锚杆 A	177.19	4.68
	上游侧锚杆 B	212.26	3.91
	下游侧锚杆 A	155.07	5.35
	下游侧锚杆 B	0.05	—
厂右 0+00	上游侧锚杆 A	86.68	9.58
	上游侧锚杆 B	113.41	7.32
	下游侧锚杆 A	206.52	4.02
	下游侧锚杆 B	219.58	3.78
厂左 0+19	下游侧锚杆 A	6.22	133.44
	下游侧锚杆 B	25.18	32.96

6.3.2.3 岩壁吊车梁开合度监测

岩壁吊车梁和围岩之间缝隙的开合度沿厂房轴线分布特征如图 6.3-16、图 6.3-17 所示。上游侧吊车梁与围岩间开合度在 0～0.22mm，开合度最大部位位于厂右 0+33 断面；下游侧吊车梁与围岩间开合度在－0.36～0.16mm，开合度最大部位同样位于厂右 0+33 断面；从开合度变化情况看，各测点变化幅度均较小，并处于收敛状态。相比同类工程经验，杨房沟水电站地下厂房岩壁吊车梁和围岩之间缝隙的开合度偏小。

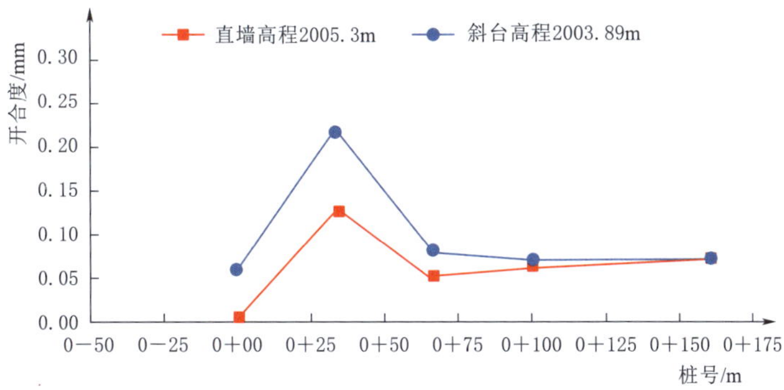

图 6.3-16　上游侧岩壁吊车梁和围岩之间开合度沿厂房轴线分布特征

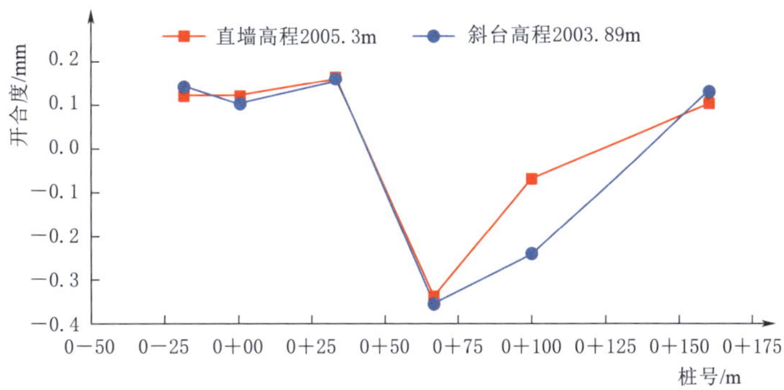

图 6.3-17　下游侧岩壁吊车梁和围岩之间开合度沿厂房轴线分布特征

6.3.2.4 岩壁吊车梁压应力监测

图 6.3-18 是岩壁吊车梁岩台部位压应力测值沿厂房轴线分布特征，压应力一般在－0.88～1.09MPa，大部分测点压应力测值小于 0，仅 2 个测点压应力值大于 0，位于上游侧右厂 0+160 断面和厂右 0+00 断面，测值分别为 1.09MPa 和 0.10MPa。

6.3.2.5 岩壁吊车梁钢筋应力监测

岩壁吊车梁钢筋计测值沿厂房轴线分布特征如图 6.3-19 所示。岩壁吊车梁钢筋实测应力在－45.05～45.72MPa 之间，量值普遍偏低，表明岩壁吊车梁内配筋受力较小，结构稳定性较好。

6.3.2.6 岩壁吊车梁裂缝开展情况

表 6.3-4 给出了岩壁吊车梁裂缝排查统计情况，地下厂房岩壁吊车梁局部裂缝形态如图 6.3-20 所示，可知：

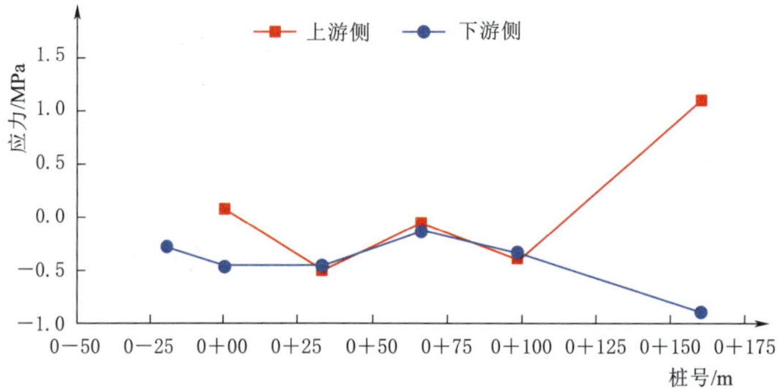

图 6.3-18　岩壁吊车梁压应力测值沿厂房轴线分布特征

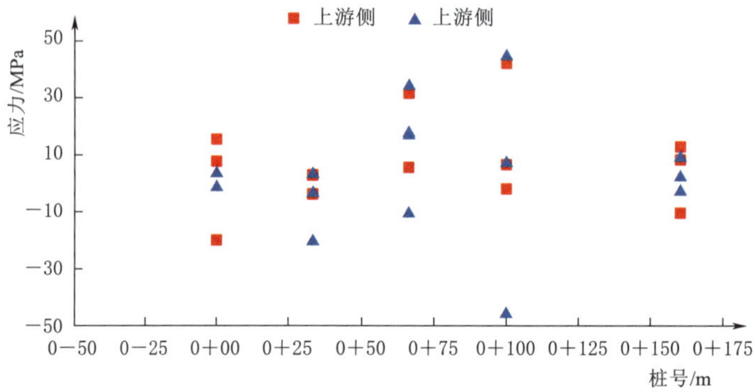

图 6.3-19　岩壁吊车梁钢筋计测值沿厂房轴线分布特征

表 6.3-4　岩壁吊车梁裂缝排查统计情况

部　　位	延伸长度/cm	宽度/mm	排查日期
上游侧厂右 0+105 左右	20	小于 0.1	2017-12-28
上游侧厂右 0+105 左右	22	小于 0.1	2017-12-28
上游侧厂右 0+102 左右	20	小于 0.1	2017-12-28
上游侧厂右 0+97 左右	20	小于 0.1	2017-12-28
上游侧厂右 0+70 左右	20	小于 0.1	2017-12-28
上游侧厂右 0+66 左右	160	小于 0.1	2017-12-28
上游侧厂右 0+60 左右	40	小于 0.1	2017-12-28
上游侧厂右 0+43 左右	160	小于 0.1	2017-12-28
上游侧厂右 0+35 左右	200	小于 0.1	2017-12-28
上游侧厂右 0+29 左右	200	小于 0.1	2017-12-28
上游侧厂右 0+29 左右	50	小于 0.1	2017-12-28
上游侧厂右 0+27 左右	20	小于 0.1	2017-12-28
上游侧厂右 0+25 左右	200	小于 0.1	2017-12-28
下游侧厂右 0+94 左右	15	小于 0.1	2018-1-16
下游侧厂右 0+60 左右	15	小于 0.1	2018-1-16

图 6.3-20 地下厂房岩壁吊车梁局部裂缝形态

(1) 上游侧岩壁吊车梁共发育 13 条裂缝，多为横向裂缝，延伸长度在 20～200cm 不等，裂缝宽度均小于 0.1mm；下游侧岩壁吊车梁共发育 2 条裂缝，延伸长度在 15cm 左右，裂缝宽度小于 0.1mm。

(2) 上游侧岩壁吊车梁裂缝主要分布于厂房中部厂右 0+25～厂右 0+70 洞段，其他区域的裂缝延伸均不长，从该高程的围岩变形监测情况来看，该区域也是围岩变形增长相对较大区域。

(3) 岩壁吊车梁部位围岩变形空间分布特征显示（图 6.3-12、图 6.3-13），上游侧岩壁吊车梁部位的围岩变形不均匀性相比下游侧要更明显，其中厂右 0+66、厂右 0+33 两个测点变形分别达到 24.2mm、32.5mm，明显高于其他测点。

综合监测数据及裂缝分布特征认为，局部围岩变形的不均匀性是导致岩梁出现局部横向开裂的主要原因，从裂缝开展宽度较小，未形成贯穿性裂缝看，不会对岩壁吊车梁稳定性和工作性能产生明显不利影响。

6.3.3 岩壁吊车梁稳定性分析程序化（刚体法）

岩壁吊车梁的稳定计算较为复杂，按照规范要求，需进行多种组合工况计算，包含标准工况、超挖工况、岩壁角误差工况、锚杆误差工况等多种组合。同时，对于特殊地段的岩壁吊车梁设计，需补充有限差分计算及成果，存在计算量大、标准化程度低、校核困难、效率低下等相关问题。为解决以上问题，项目组组织专业技术人员进行了 QC 攻关，通过参数化模型和标准化命令流编制通用程序，实现了高效率、高质量的智慧设计程序。

岩壁吊车梁计算分析可分为标准断面计算分析和加强断面计算分析两种型式，对于标准断面采用国家能源局发布的《地下厂房岩壁吊车梁设计规范》（NB/T 35079—2016）中刚体极限平衡法，对于加强断面（扶壁墙+预应力锚索）应采用双滑面刚体极限平衡法，同时应进行有限元法的复核计算。

6.3.3.1 标准断面岩壁吊车梁程序设计

标准断面岩壁吊车梁程序计算公式采用国家能源局发布的《地下厂房岩壁吊车梁设计规范》（NB/T 35079—2016）中的刚体极限平衡法，对岩壁吊车梁体型尺寸、混凝土/岩抗剪断参数、轮压参数等进行参数化，受篇幅限制，本节仅介绍岩壁吊车梁体型尺寸参数和相关计算公式。岩壁吊车梁智慧设计软件界面如图 6.3-21～图 6.3-24 所示。

图 6.3-21　岩壁吊车梁智慧设计软件界面（一）

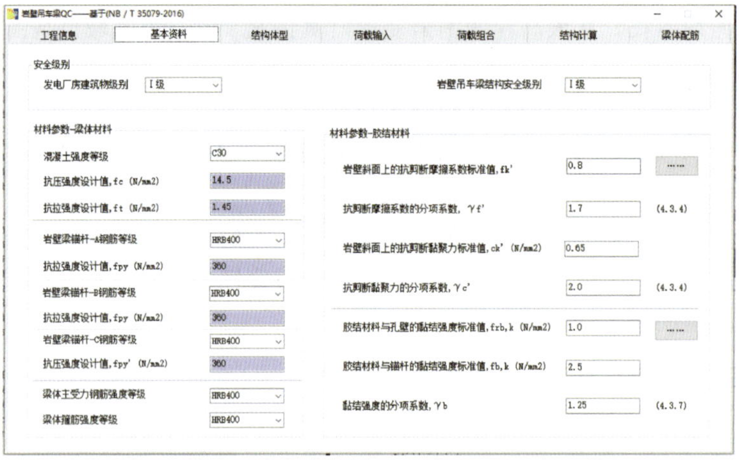

图 6.3-22　岩壁吊车梁智慧设计软件界面（二）

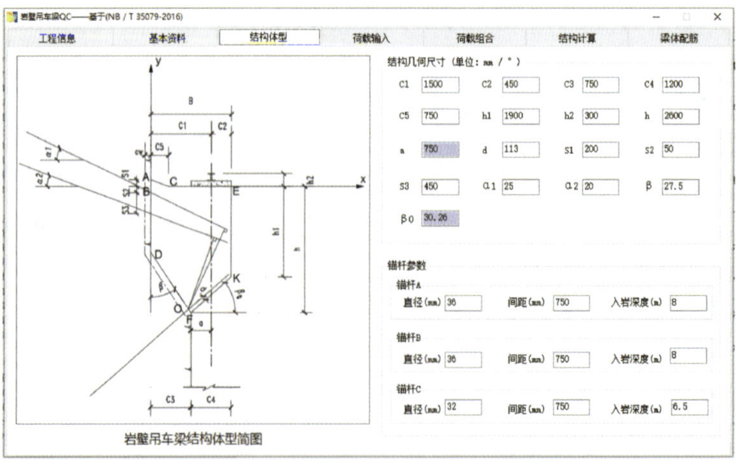

图 6.3-23　岩壁吊车梁智慧设计软件界面（三）

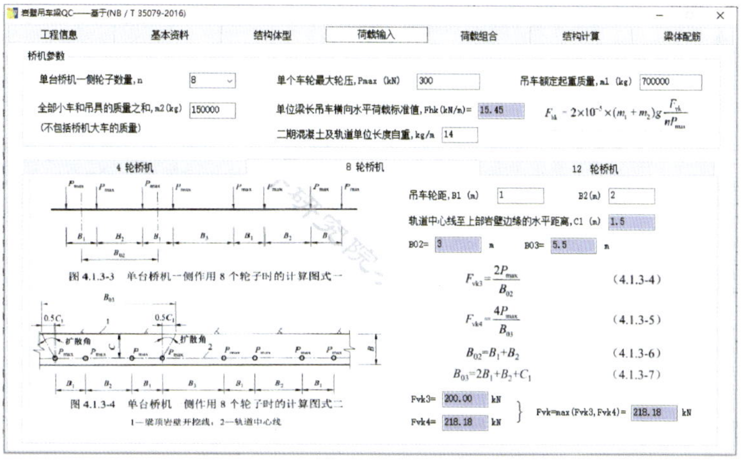

图 6.3-24 岩壁吊车梁智慧设计软件界面（四）

岩壁吊车梁智慧设计软件实现了标准断面的全自动岩壁吊车梁稳定计算、锚杆长度验算、结构配筋计算及参数敏感性分析计算等，同时利用 VB.NET 调用 Office 软件实现一键生成标准化计算书，确保了设计工作的高效率和高质量，可推广应用于同类工程。

6.3.3.2 加强断面（扶壁墙＋预应力锚索）岩壁吊车梁程序设计

针对标准断面的岩壁吊车梁，规范给出经典的单滑面抗剪断强度公式进行计算。而加强断面（扶壁墙＋预应力锚索）的岩壁吊车梁属于双滑面滑动模式，稳定性计算方法相对复杂，规范并未给出明确的计算方法。参考重力坝坝基深层抗滑稳定计算（双滑面，等 K 法），考虑采用扶壁墙与岩壁吊车梁在结构上位移协调、内力平衡的特点，增设扶壁墙的岩壁吊车梁抗滑稳定分析（图 6.3-25）。

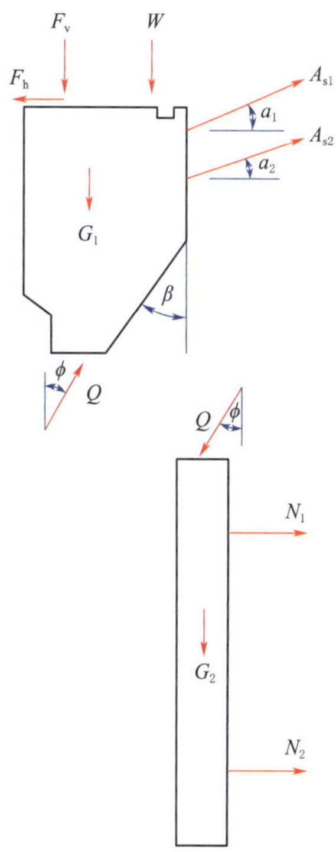

图 6.3-25 岩壁吊车梁（增设扶壁墙）抗滑稳定分析示意剖面图

按照《地下厂房岩壁吊车梁设计规范》（NB/T 35079—2016），抗滑稳定安全系数大于 1.0 即满足规范要求。针对厂房下游边墙厂左 0+31.5～厂右 0+05 洞段带附壁墙的岩锚梁，通过等 K 法求解岩锚梁和扶壁墙之间的内力，从而获得岩锚梁加强后的抗滑稳定安全系数为 1.68，满足规范要求。

对于复杂结构体型，需同步开展数值法的复核计算。依托有限差分软件 FLAC3D 平台，利用 FISH 语言具备的参数化编程功能，实现了自动建立岩壁吊车梁模型、自动建立受拉和受压锚杆、自动建立锚索并施加预应力、自动施加桥机荷载、自动计算至收敛、自动输出接触面和梁体的应力位移云图、自动判断最危险断面并计算抗滑稳定安全系数等一系列标准化分析计算流程。某典型算例的自动输出成果如图 6.3-26 所示。

图 6.3-26　某典型算例自动输出成果图

6.3.4　岩壁吊车梁稳定性数值复核分析

对施工期地下厂房岩壁吊车梁响应特征进行数值计算分析，岩壁吊车梁锚杆应力特征如图 6.3-27 所示，典型洞段岩壁吊车梁部位的围岩变形和锚杆受力统计对比见表 6.3-5。数值计算表明：岩壁吊车梁部位围岩变形一般在 15～30mm，洞室中间部位及局部不利地质条件洞段的变形增量略大；岩壁吊车梁受拉锚杆 A、B 的应力水平整体不高，一般在 250MPa 以内，受压锚杆 C 的应力水平一般在 50MPa 以内；受不利结构面影响，少量受拉锚杆的应力可达到 400MPa 以上，但未见超出其设计抗拉强度（685MPa）的情况。总体上，数值分析得到的岩壁吊车梁部位围岩变形量值及岩壁吊车梁受拉锚杆应力特征，与相关监测成果基本一致。

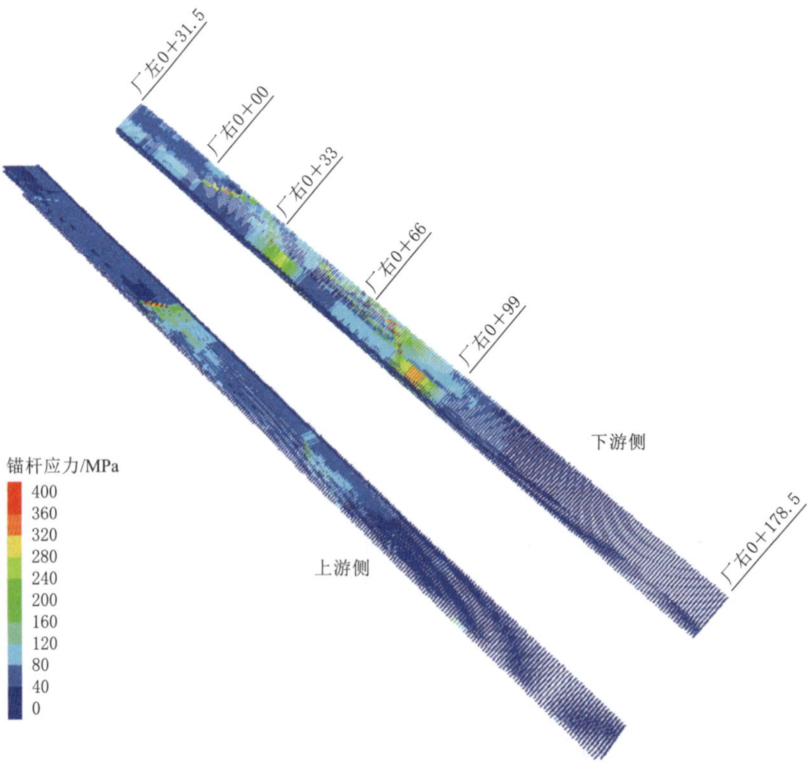

图 6.3-27　地下厂房岩壁吊车梁锚杆应力特征

表 6.3-5 施工期典型洞段岩壁吊车梁部位围岩变形及锚杆受力统计对比

洞段分类	岩性	监测部位（对应多点位移计安装部位）	变形增量/mm	受拉锚杆应力/MPa（一般值）
常规洞段（Ⅱ类围岩）	花岗闪长岩	高程 2004.8m	15～20	50～100
常规洞段（Ⅲ类围岩）			20～30	100～250
厂右 0+66 顺洞向不利结构面影响洞段			20～26	100～180
厂右 0+20～厂右 0+47 蚀变影响洞段			22～30	150～250
厂右 0+05～厂左 0+35 蚀变影响洞段			18～25	140～200

6.3.5 研究结论

综合岩壁吊车梁监测数据与计算分析成果，对岩壁吊车梁开裂问题及安全性进行综合分析评价，主要认识如下：

（1）岩壁吊车梁裂缝以横向裂缝为主，多出现在厂房上游侧中间部位，主要是由于围岩不均匀性变形导致的。裂缝宽度普遍较小，也未形成明显贯穿性裂缝，一般不会影响到岩壁吊车梁的整体稳定性和正常工作性能。

（2）岩壁吊车梁部位围岩变形量值均在允许范围内，与数值分析预测结果比较接近。

（3）岩壁吊车梁实测锚杆应力基本在 250MPa 以内，最大为 440MPa，均能满足规范要求的 1.5 的安全系数，且绝大部分锚杆具备较高的安全裕度。

（4）岩壁吊车梁和围岩之间缝隙的开合度较小，最大仅为 0.22mm，岩壁吊车梁压应力和钢筋应力量值同样较小。

（5）岩壁吊车梁处于整体稳定状态，安全性较好。

6.4 地下厂房岩体蚀变带的影响机制与稳定控制

工程上对岩体蚀变的地质成因研究较成熟，但在具体实践方面，如何快速有效获取蚀变岩体的空间分布、物理力学参数、变形机制等均是亟待解决的难题，尤其大型地下厂房受岩体蚀变带影响方面的研究很少，且缺乏系统性。

6.4.1 岩体蚀变问题简述

在杨房沟水电站主副厂房第Ⅲ层开挖过程中，厂右 0+05～厂左 0+35 调段下游边墙开挖揭露断层 f_{1-83}（N10°～20°E、NW∠75°～85°）及其影响带，节理裂隙密集发育，洞段岩体存在不同程度的蚀变现象，在断层影响带附近的蚀变程度较强，表层岩体较破碎，如图 6.4-1～图 6.4-4 所示。

从现场开挖揭露的岩体蚀变分布范围看，其主要分布在断层影响带及邻近的节理密集带等部位。由于岩体蚀变一般伴随节理裂隙发育，其较差的物理力学性能往往控制着工程

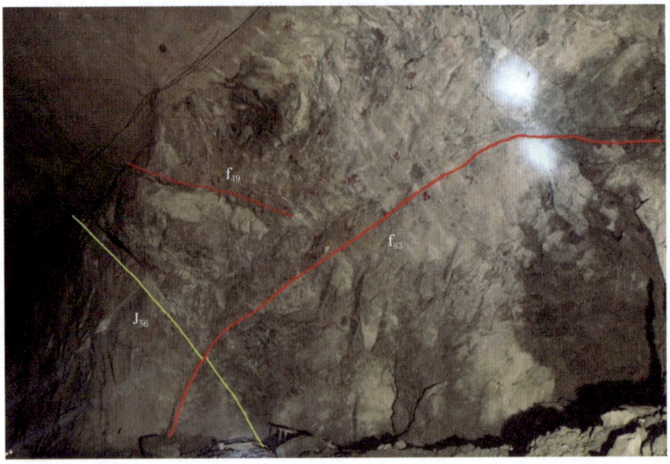

图 6.4-1　厂房厂右 0+10～厂左 0+02 下游侧顶拱揭露断层 f_{1-83}

图 6.4-2　厂房下游边墙厂左 0+31～厂左 0+33 揭露断层 f_{1-83} 面见擦痕

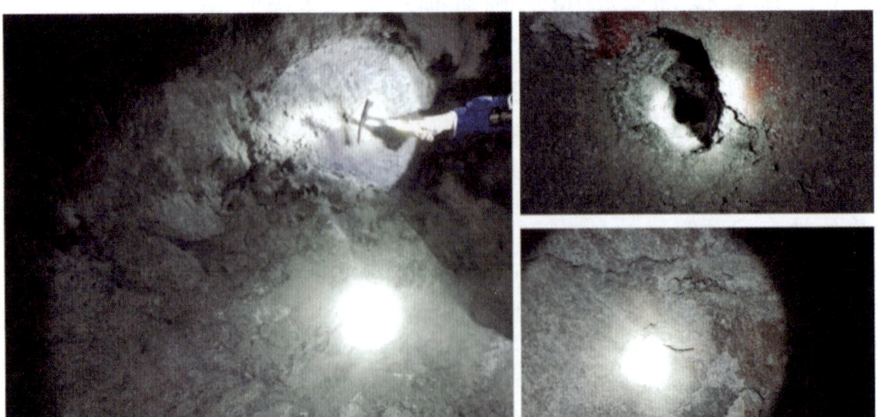

图 6.4-3　厂房厂右 0+05～厂左 0+35 洞段岩体蚀变现象

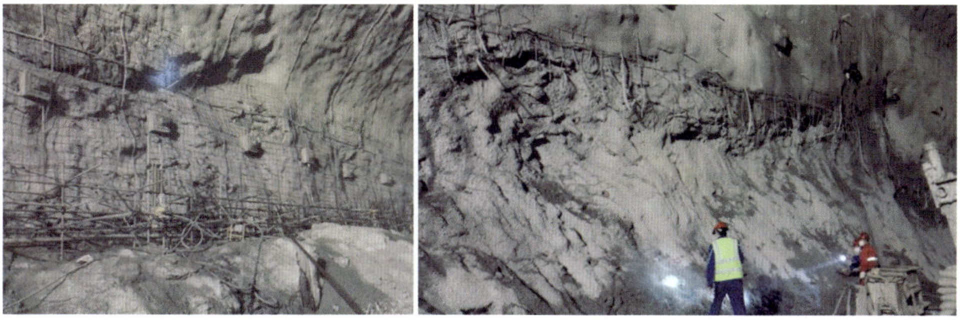

图 6.4-4 厂房Ⅲ$_3$、Ⅲ$_5$ 区中部拉槽完成后保护层成型情况
（厂右 0+05～厂左 0+35）

的安全与稳定，尤其还涉及岩壁吊车梁等关键工程部位，因此有必要对此展开深入分析研究，为工程采取积极主动的防护措施和合理的施工技术方案提供重要参考，以加快施工进度、保障施工安全、确保工程永久运行稳定可靠。

6.4.2 研究内容与分析方法

基本工作思路和研究路线遵循“现场调查（S）→试验检测（D）→特征分析（A）→体系构建（S）→模型修正（M）→综合评价（A）→应用推广（P）”。通过对现场基础资料的系统整理与深入分析，概化为具有代表性的数值计算模型，而后采用工程地质评价和数值模拟计算相结合的方式对其产生的影响进行定性和定量的分析评价，为设计施工提供参考依据。

（1）依托现场开挖现象、地质素描成果、监测数据及现场大量声波检测成果等综合信息，结合可研阶段的地质勘探成果，对岩体蚀变带的力学性质和变形机理进行系统整理与深入分析，形成基于声波波速 V_p（作为岩体质量综合评价指标）与工程经验法估算岩体力学参数的分析思路，进而实现对洞室围岩的精细化描述、质量评价及力学参数的选取与确定。

（2）根据围岩质量空间演化特征及力学参数评价体系，构建地下厂房下游边墙岩体蚀变洞段的数值概化模型，并基于现场监测数据和开挖揭示现象对该模型进行校核和修正。

（3）基于校核后的代表性数值模型，对厂房岩体蚀变带洞段的围岩开挖响应展开计算分析，获得变形场、应力场和塑性区等典型指标，评估各阶段的围岩稳定性，并预测后续开挖面临的潜在工程问题，提出适宜的安全监测预警标准。分析岩壁吊车梁在施工期和运行期的稳定性，为岩壁吊车梁设计施工方案的调整和优化提供参考依据。

（4）基于安全监测和计算分析，针对岩体蚀变影响洞段厂房高边墙开挖卸荷松弛及稳定问题，提出针对性的开挖支护方案；针对岩壁吊车梁开挖成型差或承载力偏低等问题，拟定补强加固处理措施。最终通过工程实践验证此研究方法体系的可行性和合理性。

6.4.3 岩体声波物探检测及分析

岩体蚀变影响带在厂房边墙深部的实际分布特征无法直接观察，需借助辅助手段探测其空间分布范围。现场采取了声波检测、钻孔摄像等一系列补充勘探工作，掌握了岩体蚀变随断层 f_{83} 及节理密集带的发育规律和空间分布特征，为该洞段围岩稳定数值分析及工程处理措施制定提供了重要基础资料。

6.4.3.1　声波测试钻孔布置

针对地下厂房第Ⅲ层下游边墙开挖揭露的岩体蚀变、节理密集发育问题，现场安全监测项目部对该区域先后布置了 22 个补充勘测钻孔（表 6.4-1）进行声波测试和孔内摄像，图 6.4-5 给出了厂房下游边墙典型断面蚀变带声波测试钻孔布置情况。一方面期望通过单孔声波测试，确定钻孔岩体声波波度，评价孔壁岩体的完整性；另一方面，借助钻孔电视摄像技术，用以描述孔壁岩体地质现象，确定主要节理、蚀变带位置和性状。

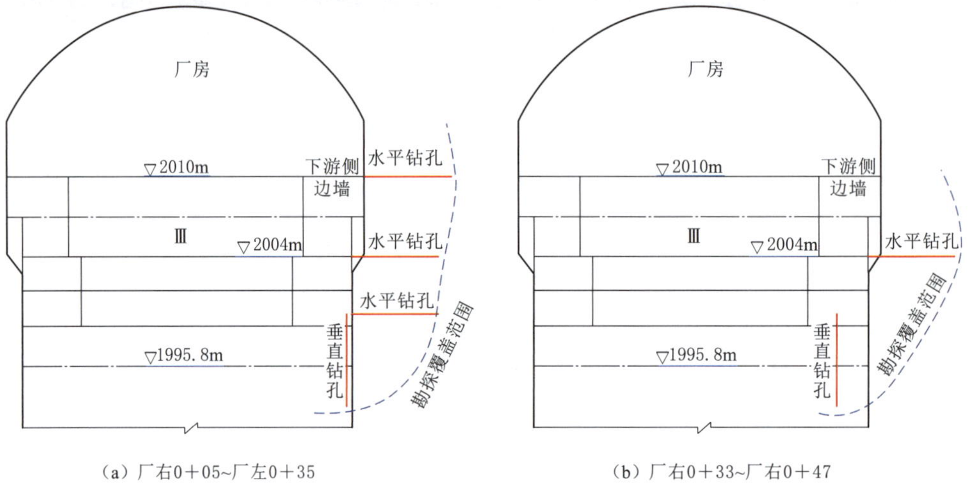

图 6.4-5　厂房下游边墙典型断面蚀变带声波测试钻孔布置

表 6.4-1　主副厂房下游边墙补充勘测钻孔统计表

钻孔号	桩号	位置	孔口高程/m	钻孔孔深/m	声波测试长度/m	电视观察深度/m	备注
孔 1	厂右 0+33	水平孔（厂下 13.3m）	2005.0	9.0			施工后塌孔
孔 2	厂右 0+38	水平孔（厂下 16.25m）	2005.0	9.0	8.8	9.0	
孔 3	厂右 0+43	水平孔（厂下 16.25m）	2005.0	9.0	8.8	8.7	
孔 4	厂右 0+50	水平孔（厂下 16.25m）	2005.0	9.0	8.8	9.0	
孔 5	厂右 0+33	垂直孔（厂下 15.6m）	2000.0	8.0			未施工
孔 6	厂右 0+38	垂直孔（厂下 13.3m）	2000.0	8.0	7.2	7.0	
孔 7	厂右 0+43	垂直孔（厂下 14.3m）	2000.0	8.0	7.8	7.9	
孔 8	厂右 0+50	垂直孔（厂下 14.3m）	2000.0	8.0	7.2	7.4	
孔 9	厂左 0+28	水平孔（厂下 17.1m）	2010.5	9.0	9.0	9.0	
孔 10	厂左 0+23.5	水平孔（厂下 17.1m）	2010.0	9.0	5.6	5.9	5.9m 堵孔
孔 11	厂左 0+28	垂直孔（厂下 15.2m）	2007.0	8.0	8.0	8.0	
孔 12	厂右 0+29	垂直孔（厂下 12.6m）	2000.0	8.0	7.2	6.9	
孔 13	厂右 0+53	水平孔（厂下 16.85m）	2004.0	9.0	7.8	8.7	
孔 14	厂左 0+30.3	水平孔（厂下 15.8m）	2004.3	9.0	8.8	8.9	

续表

钻孔号	桩号	位置	孔口高程/m	钻孔孔深/m	声波测试长度/m	电视观察深度/m	备注
孔 15	厂左 0+17.5	水平孔（厂下 16.3m）	2003.9	9.0	8.0	8.5	
孔 16	厂左 0+5.8	水平孔（厂下 16.2m）	2003.8	9.0	8.8	8.9	
孔 17	厂左 0+30.3	垂直孔（厂下 16.1m）	1999.8	7.0	7.0	7.2	
孔 18	厂左 0+17.5	垂直孔（厂下 15.3m）	2003.1	9.0	8.8	8.5	
孔 19	厂左 0+5.8	垂直孔（厂下 16.1m）	1999.7	7.0	6.4	6.7	
孔 20	厂左 0+5	水平孔（厂下 16.1m）	2000.0	9.0	9.0	9.0	
孔 21	厂左 0+16.5	水平孔（厂下 16.1m）	2000.0	9.0	9.0	6.0	
孔 22	厂左 0+30	水平孔（厂下 16.1m）	2000.6	9.0	9.0	6.0	

6.4.3.2 声波检测成果分析

图 6.4-6 和图 6.4-7 展示了厂房下游边墙声波测试水平孔 9 和水平孔 14 的典型声波波速分布及钻孔图像。根据现场大量声波检测成果，绘制厂房厂右 0+05～厂左 0+35 洞段岩体蚀变带的声波波速分布图，图 6.4-8～图 6.4-10 分别为下游边墙高程 2010m、高程 2004m、高程 2000m 的围岩声波波速分布特征，图 6.4-11 为下游侧底板高程 1999.8m 以下围岩声波波速分布特征。根据现场开挖揭露情况和物探成果，该蚀变岩体的工程地质特征如下。

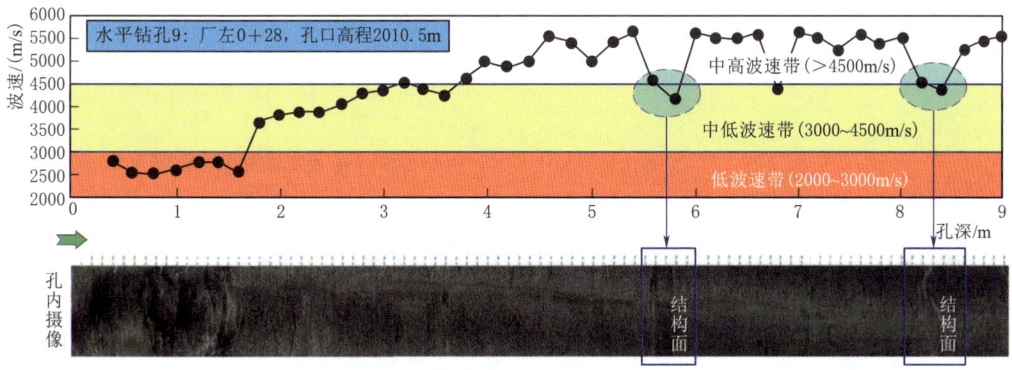

图 6.4-6 厂房下游边墙声波测试典型声波波速分布及钻孔图像（水平孔 9）

（1）洞段节理裂隙较发育，岩体蚀变现象较明显，影响范围相对较广。蚀变岩分布具有较大的随机性和不均匀性，一般沿岩体结构面发育。

（2）水平检测孔的声波测试和钻孔摄像成果表明：

1）此洞段下游侧永久边墙高程 2014～2006m，断层 f_{1-83} 下盘围岩存在声波波速在 2500～3000m/s 的“低波速带”，分布深度一般在 1～2m；边墙围岩声波波速 V_p 小于 4500m/s 的深度一般小于 4m。

2）此洞段边墙高程 2004m 围岩声波波速基本在 3000m/s 以上，永久边墙围岩（岩壁吊车梁设计边线）声波波速基本在 3500m/s 以上，较深部岩体声波波速普遍可达到 4500m/s 以上；声波波速低于 4500m/s 分布深度一般在 3～5m，深入永久边墙 2～4m；

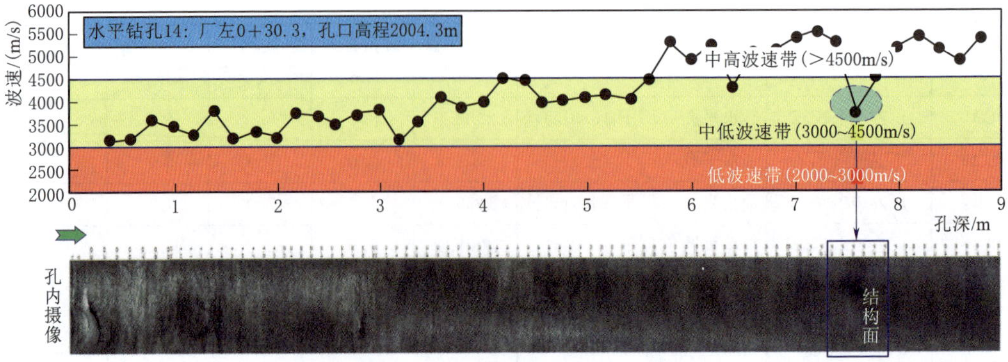

图 6.4-7　厂房下游边墙声波测试典型声波波速分布及钻孔图像（水平孔 14）

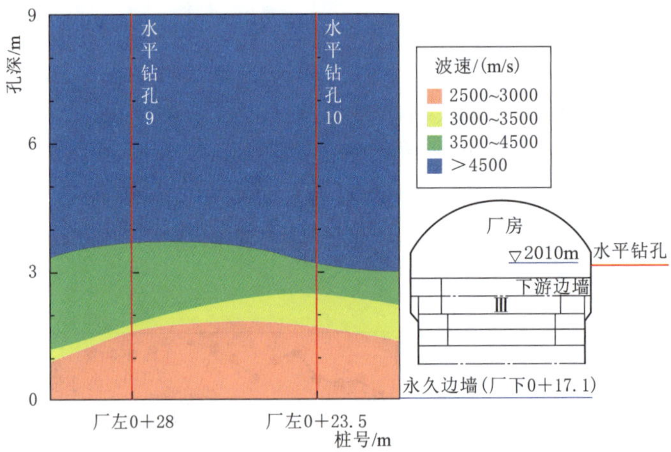

图 6.4-8　下游边墙高程 2010m 的围岩声波波速分布特征

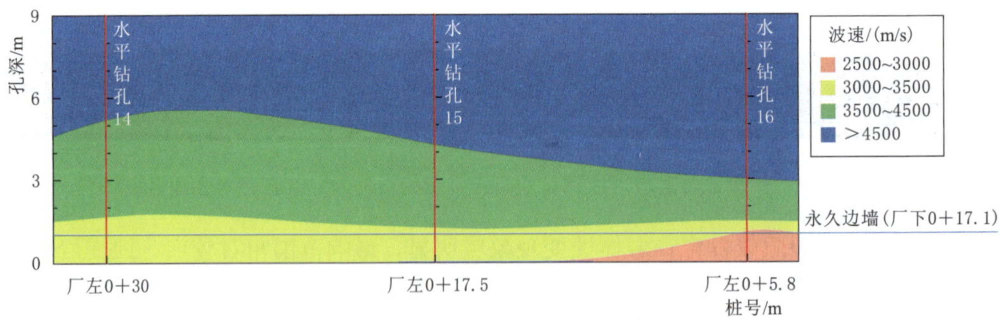

图 6.4-9　下游边墙高程 2004m 围岩声波波速分布特征

该成果是在岩壁吊车梁保护层（$Ⅲ_4$、$Ⅲ_6$ 区）开挖前测试获得的，后续随岩壁吊车梁保护层开挖，受爆破振动及卸荷影响，该高程下游边墙浅层岩体可能进一步松弛，声波波速进一步降低。

3）此洞段下游边墙高程 2000m 围岩存在声波波速为 2800～3000m/s 的“低波速带”，分布深度一般在 1.8～2.5m，声波波速低于 4500m/s 的围岩分布深度一般在 4～5m。

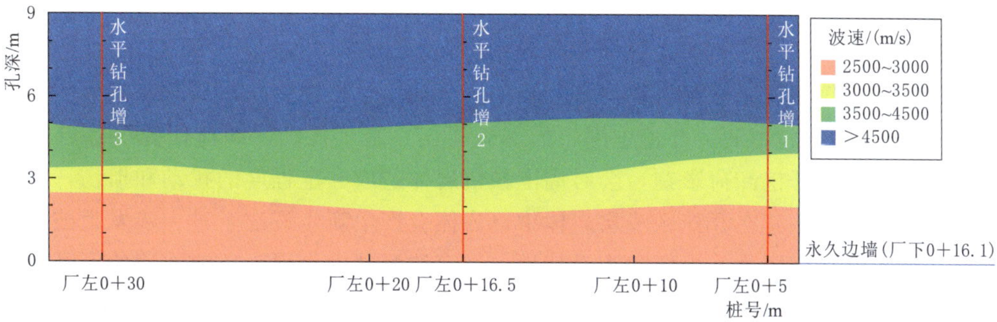

图 6.4-10 下游边墙高程 2000m 围岩声波波速分布特征

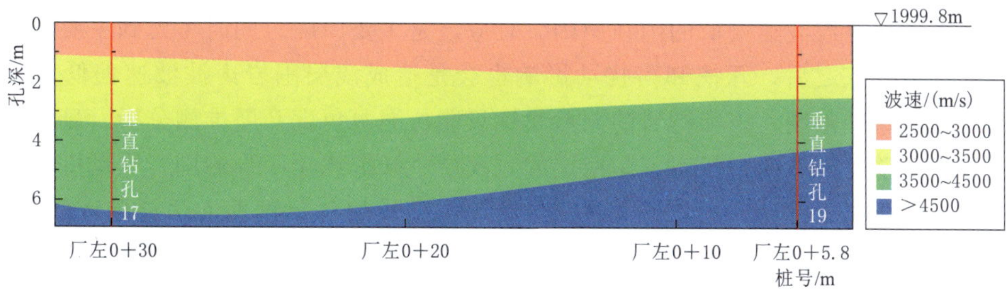

图 6.4-11 下游侧底板 1998.8m 高程以下围岩声波波速分布特征

4）水平钻孔内揭示的结构面多为 NW 向中倾角节理，局部存在破碎带，是造成钻孔深部岩体声波波速偏低的主要原因。

（3）垂直检测孔成果表明，此洞段边墙高程 1999.8m 以下岩体质量整体较差，两个垂直孔中岩体声波波速低于 4500m/s 的分布深度可达到 5～6m，岩体蚀变带在竖直方向可达到高程 1994m。

（4）钻孔声波波速随孔深的变化趋势具有一定规律：①靠近洞室边墙处声波波速一般最低，往里声波波速曲线呈波状上升趋势；②在部分测试段节理裂隙较发育，会造成该段声波波速起伏较多、稳定性差，平均声波波速值一般也会有较大幅度下降。

（5）多数测点揭示开挖面浅部岩体受爆破开挖影响相对明显，围岩卸荷损伤和松弛问题相对突出，其声波检测曲线在临近孔口测试段表现为波速低、衰减快、降幅大的特点。因此，相关检测成果实际上为"断层、岩体蚀变、节理发育、开挖松弛损伤"等不利因素的综合效应表现。

6.4.4 围岩质量分布的空间演化特征

6.4.4.1 围岩"中低波速带"（V_p<4500m/s）的形成原因

声波检测结果显示厂房下游边墙浅层围岩多属于"中低波速带"（V_p<4500m/s），围岩质量较差，尤其在岩体蚀变洞段（厂右 0+05～厂左 0+35），其形成原因包括"内因"和"外因"两个方面：

（1）"内因"影响由岩体天然赋存的工程地质环境决定，主要包括岩性、岩体蚀变和节理裂隙发育情况等自身性质，以及地应力场、地下水等外界环境因素。岩体受风化、卸荷作用影响，岩体声波波速会明显降低，断层、节理破碎带、蚀变带或其影响带的岩体声波波速也会相应较低。相关试验数据和现场勘查情况表明，蚀变花岗闪长岩的声波波速、变形模量、强度等相比未蚀变岩体均有明显的降低或劣化，蚀变作用弱化了岩体质量。

（2）"外因"则是由洞室开挖中围岩的爆破损伤、施工扰动、卸荷松弛等综合影响导致。岩体受爆破、开挖卸荷影响，会对周围预留岩体造成一定程度的扰动和损伤，使其岩体质量发生改变。尤其在开挖区浅层岩体中，岩体会产生新生裂纹，进一步发生破裂、节理裂隙张开扩展等，弱化了岩体的力学特性，在声波测试中表现为声波波速的下降。因此钻孔声波法也常用来检测开挖对岩体质量的扰动影响程度，通过爆前爆后的岩体声波波速差异来间接反映岩体质量的变化。

在杨房沟水电站地下厂房下游边墙受断层 f_{83}、岩体蚀变或节理密集发育等影响洞段，不良地质条件是声波波速偏低的内在原因，且应该是主要原因。同时考虑到主要声波测试结果均在围岩开挖之后，开挖卸荷扰动影响也会是造成浅层围岩声波波速偏低的原因之一。由于现场条件限制，该类围岩的天然属性只能从溯源角度开展推测分析。显然，该洞段在未开挖之前的天然应力状态下是稳定的，浅层"开挖扰动区"的围岩质量可能要明显好于开挖后，受施工扰动和边界条件改变导致浅层围岩的各项物理力学指标降低或劣化，围岩表现出了较明显的变形和松弛特征。另外，从现实角度出发，由于该洞段的围岩岩体质量偏差，在同等爆破开挖条件下，受到的扰动损伤也相对剧烈。

6.4.4.2　围岩"中低波速带"的演化特征与模型概化

地下厂房下游边墙岩体蚀变洞段的岩体质量分布具有时空差异性，随着洞室开挖过程调整明显，分析时需要充分考虑天然地质成因与爆破开挖扰动的影响。对围岩"中低波速带"演化特征的研究，有助于理解该洞段的岩体质量分布特征与调整机制。

1. 地下洞室开挖围岩基本响应特征

为便于分析岩体蚀变洞段围岩"中低波速带"的时空演化特征，先简要介绍地下洞室开挖的围岩基本响应特征，其中涵盖了围岩松弛损伤区的形成。图 6.4-12、图 6.4-13 分别给出了深埋地下工程脆性岩体条件下，隧洞开挖后的 EDZ 分布概念图、围岩参数变化特征。隧洞开挖后的 EDZ 可以大致分为两个大的分区：开挖扰动区（excavation disturbed zone)，开挖扰动区主要受到隧洞开挖后的应力扰动，但岩体的参数基本没有发生变化；开挖损伤区（excavation damaged zone)，由于开挖导致爆破损伤和应力重分布，从而影响岩体力学性质的变化，其中也包括围岩岩体声波波速的改变。通常情况下，洞室开挖后其浅层岩体的声波波速指标存在一定程度的降低。

在《水工建筑物岩石基础开挖工程施工技术规范》（DL/T 5389—2007）中，可用钻孔声波法来检测开挖对岩体质量的扰动影响程度。根据开挖前后的围岩波速变化率，将爆破开挖影响和岩体开挖质量分为影响甚微、影响轻微和有影响 3 个级别。若洞室围岩测试部位开挖前、后的声波波速分别为 V_{p1} 和 V_{p2}，则其波速变化率 η 为

$$\eta = 1 - V_{p2}/V_{p1}, \quad 0 \leqslant \eta \leqslant 1 \tag{6.4-1}$$

其中，当 $0 \leqslant \eta < 0.1$ 时，认为开挖对岩体质量扰动影响甚微；当 $0.1 \leqslant \eta \leqslant 0.15$ 时，认为开挖对岩体质量扰动影响轻微；当 $0.15 < \eta \leqslant 1$ 时，认为开挖对岩体质量扰动有影响。

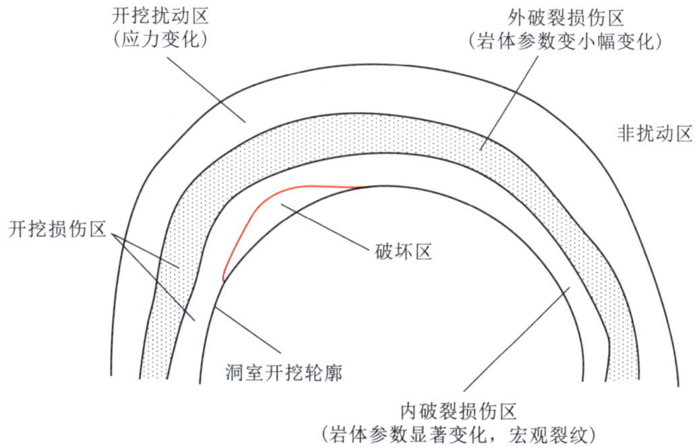

图 6.4-12 脆性岩体条件下隧洞开挖后的 EDZ 分布概念图

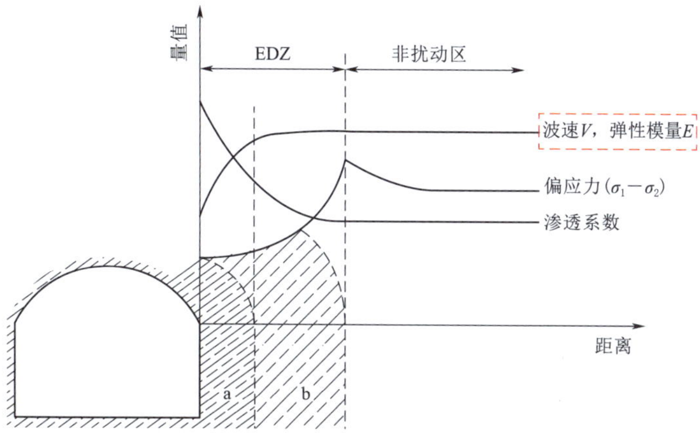

图 6.4-13 脆性岩体条件下隧洞开挖后围岩参数变化特征

2. 基于检测成果的围岩“中低波速带”的分布特征

图 6.4-14 给出了厂房第Ⅲ层开挖阶段，根据声波测试结果拟合绘制的厂房下游边墙岩体蚀变洞段典型断面实测围岩声波波速分布特征，此洞段的围岩质量受到了“断层 f_{83}、节理密集、岩体蚀变、开挖扰动”等综合影响。图中显示，该典型剖面下游边墙围岩“中低波速带”($V_p<4500$m/s) 的深度一般小于 5m，深入永久边墙 2～4m。下游侧永久边墙高程 2014～2006m，受断层 f_{83} 影响，岩壁吊车梁设计边线以内存在“低波速带”($V_p<3000$m/s)，分布深度一般在 1～2m。由于相关声波检测数据是在厂房第Ⅲ层开挖过程中分多次取得，因此该图并不能全面表现洞室第Ⅲ层开挖后围岩声波波速的最终分布规律，但仍然具有一定的代表性。

3. 天然未扰动状态下的围岩“中低波速带”分布范围推测

岩体蚀变洞段受断层 f_{83}、节理密集发育等综合影响，其天然状态下的岩体声波波速相应较低。基于工程区蚀变岩的地质成因机制，结合该洞段的大量声波检测成果进行反推，图 6.4-15 给出了天然未扰动状态下岩体蚀变洞段的围岩声波波速分布特征，其中代

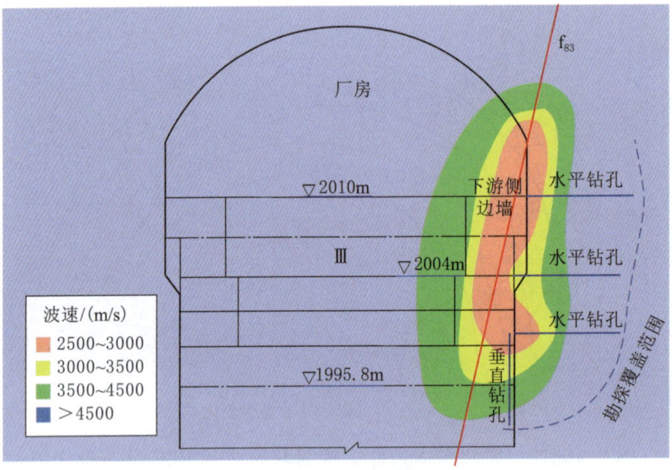

图 6.4-14　厂房下游边墙岩体蚀变洞段典型断面实测围岩声波波速分布特征

表蚀变岩体的“中低波速带”主要沿断层 f_{83} 发育。图中显示，在边墙永久开挖面部位的围岩声波波速一般在 3000～3500m/s，高于现场测试获得的受开挖扰动影响后的岩体声波波速，即开挖过程对其浅层岩体的声波波速降幅一般在 300～500m/s，对应的开挖损伤导致的波速变化率 η 为 0.1～0.2，符合常规的工程认识。

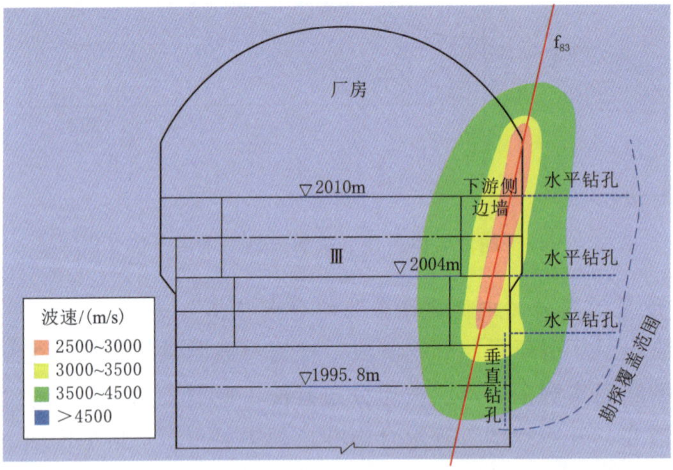

图 6.4-15　天然未扰动状态下岩体蚀变洞段围岩声波波速分布特征

4. 围岩“中低波速带”的演化特征与模型概化

围岩岩体质量的开挖全过程实时定量评价一般很难，因此通常的做法是，通过分析洞室现场开挖揭示地质信息及监测检测成果，总体把握其在开挖各阶段的主控因素，以探索和预测洞室开挖中岩体质量或岩体声波波速的演化发展规律，并分阶段地开展正反分析来调整和修正地质概化模型。基于前述认识，图 6.4-16 分别给出了岩体蚀变洞段典型剖面开挖前后，围岩“中低波速带”（V_p<4500m/s）的分布演化特征概念图。该图描述了洞室开挖前后的岩体波速分布对比情况，在开挖爆破损伤、施工扰动、卸荷松弛等综合影响

下，蚀变岩体与浅层围岩的岩体质量或声波波速指标均存在明显的降低现象。图 6.4-16(b) 显示，随着洞室持续向下开挖后，围岩“中低波速带”(V_p<4500m/s) 深入永久边墙 2～4m，浅层分布 1～2m 深度的“低波速带”(V_p<3000m/s)，包括岩壁吊车梁的岩台部位。因充分吸纳了蚀变岩体的地质成因与现场开挖响应特征等分析手段，该模型能基本真实反映洞室开挖中围岩岩体声波波速的分布演化特征，也为后续客观评价围岩稳定性提供了基础资料。在实际施工过程中，根据现场揭示的更多信息资料，持续对该模型进行动态调整和复核分析，实现了在施工期针对该不良地质洞段围岩质量演化过程的精细描述。

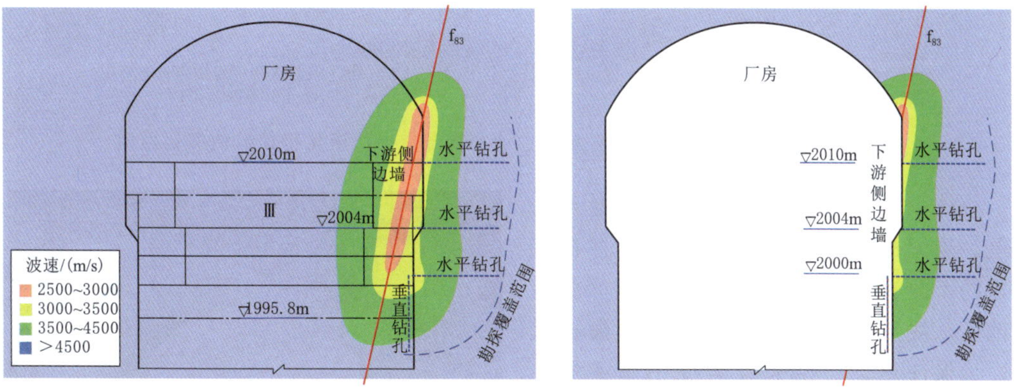

(a) 天然状态下的围岩声波波速分布情况（根据测试成果和工程经验反推获得）

(b) 厂房开挖后保留围岩的声波波速分布情况（综合分析预测获得）

图 6.4-16 岩体蚀变洞段典型断面开挖前后围岩“中低波速带”的分布演化特征概念图

6.4.5 数值反馈分析

6.4.5.1 数值模型概化

厂房边墙岩体蚀变洞段的大量声波检测成果和开挖揭露地质情况表明，不利断层、岩体蚀变及节理裂隙发育等影响因素作为围岩本身特性，是岩体声波波速偏低的根本原因，而开挖松弛损伤则主要由开挖爆破损伤和卸荷应力松弛导致，也明显降低了围岩的声波波速。因此，综合该洞段的岩体蚀变程度、结构面发育特征、松弛损伤情况等，对岩体质量进行分区，图 6.4-17 为地下厂房岩体蚀变洞段边墙围岩开挖损伤演化特征的数值概化模型，其下游边墙受蚀变岩体的影响相对突出。在计算中考虑了围岩爆破开挖损伤和卸荷松弛对综合岩体质量的不利影响，相应的岩体参数将随着洞室的逐步下挖进行适当折减，参数折减的主要依据是现场大量声波检测数据的横纵向对比与岩石力学相关理论。

6.4.5.2 数值计算分析

数值分析结果表明，厂房下游边墙岩体蚀变洞段受“断层 f_{1-83}、岩体蚀变、节理发育、开挖松弛损伤”综合影响，其整体变形较大，高程 2008～2014m 区域浅层岩体累计变形可达到 50mm 以上，第Ⅲ层开挖完成后，岩壁吊车梁区域围岩累计变形达到约 40mm。下游侧拱座和下游边墙区域的围岩均表现出了明显的应力松弛特征，第Ⅲ层开挖完成后，下游边墙应力松弛深度一般在 5～6m，边墙围岩应力松弛深度整体偏大。第Ⅲ层开挖完成围岩变形特征和应力分布特征图 6.4-18、图 6.4-19 所示。

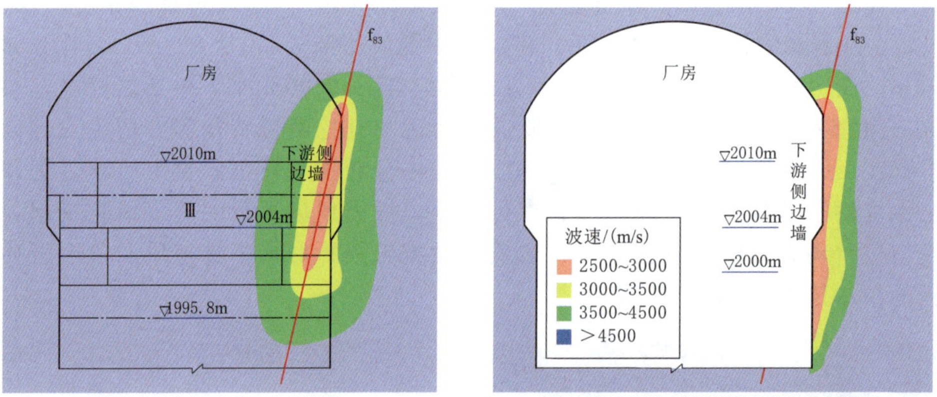

(a) 天然状态下的围岩质量分布情况（根据测试成果和工程经验反推获得）　　(b) 厂房开挖后保留围岩质量分布情况（综合分析预测获得）

图 6.4-17　地下厂房岩体蚀变洞段边墙围岩开挖损伤演化特征数值概化模型

总体上，边墙岩体蚀变洞段围岩条件较差，岩壁吊车梁部位的浅层岩体存在较明显的不良变形和松弛特征，围岩承载能力偏低，浅层岩体存在一定的变形失稳风险，为保证该部位围岩及岩壁吊车梁的整体稳定性，需针对性采取精细化爆破开挖技术和补强加固措施。

6.4.6　工程处理对策

针对岩体蚀变带节理裂隙发育、强度低、易软化等特点，从确保工程安全角度，现场采取合理的控制爆破开挖技术和系统性加强支护措施非常关键，具体如下：

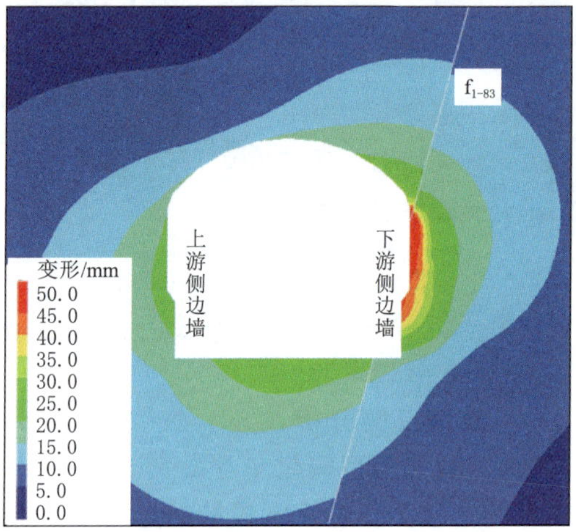

图 6.4-18　第Ⅲ层开挖完成围岩变形特征（厂右 0+05～厂左 0+35）

（1）鉴于岩壁吊车梁部位对开挖控制要求高，现场应严格控制爆破施工（超前支护、弱爆破、短进尺、加强安全监测等），并根据现场开挖情况及时动态调整爆破及支护参数，做到“开挖一区、支护一区”的精细化施工，充分保证支护的层次性、系统性、及时性和支护质量，尽量减少施工爆破对保留岩体的扰动和松弛损伤，确保边墙和吊车梁岩壁开挖成型质量，以充分维持和发挥围岩的自承能力。

（2）考虑该洞段岩壁吊车梁的上部边墙（高程 2014～2006m）同样存在岩体蚀变导致的持续性开挖卸荷松弛问题，为确保洞室后续开挖稳定性及永久运行安全，建议针对性采取“钢筋肋＋预应力锚杆”和“钢筋混凝土板＋锚索”的联合加强支护措施，以控制表层蚀变岩体松弛破裂的进一步发展，相关加强支护措施应及时施作完成。

（3）考虑到岩壁吊车梁的岩台部位整体承载能力相对偏低，需多方位增强该部位的系统支护强度（图 6.4-20）。现场综合采用系统预应力锚杆加强支护（对岩梁下拐点以下边墙采取系统预应力锚杆和锚索加强支护）、局部混凝土置换及增设扶壁墙等措施，以有

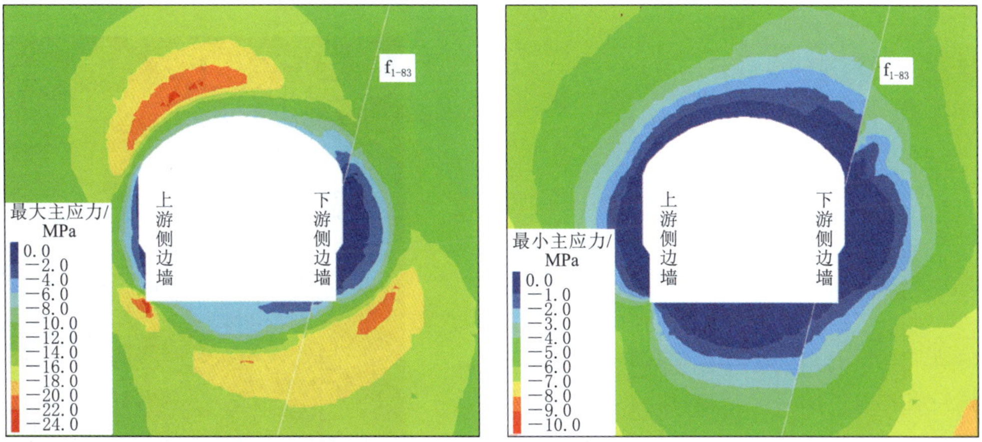

图 6.4-19 第Ⅲ层开挖完成围岩应力分布特征（厂右 0+05～厂左 0+35）

效改善岩壁吊车梁部位岩台基座的岩体受力状态，降低该洞段边墙围岩开挖变形松弛问题风险，提高其承载力和安全裕度。

其中，增设扶壁墙方案的具体措施包括：①岩壁吊车梁下方增加扶壁墙结构；②墙体与岩壁之间布置 3 排插筋Φ 32@1.4m×1.4m，L=9m，外露 0.9m；③高程 2004.35m 增设 1 排普通砂浆锚杆Φ 32@0.7m（L=9m，外露 1.4m），上仰 15°；④将原设计高程为 1997m 的预应力锚索调整至高程 1998.5m，与高程 2001.5m 的锚索共同将扶壁墙固定在岩壁上，锚索长度均采用 20m。

6.4.7 加固效果评价

6.4.7.1 岩壁开挖成型效果

研究洞段受岩体蚀变、节理密集带、顺洞向陡倾结构面等不利地质条件影响，岩体质量整体较差，厂房第Ⅲ层（岩壁吊车梁层）中间抽槽开挖后，预留保护层的松弛破裂现象较普遍。之后，随着预留保护层开挖完成，该洞段永久边墙的半孔率不高，局部岩台开挖成型相对偏差，开挖成型总体一般，但岩壁吊车梁的斜岩台基本保留完整，下拐点未见明显缺失，通过适当加固后可以作为岩壁吊车梁的承载基础。现场开挖情况如图 6.4-21、图 6.4-22 所示。

6.4.7.2 增设扶壁墙效果

岩壁吊车梁数值计算模型如图 6.4-23 所示。根据岩壁吊车梁增设扶壁墙加固方案，建立如图 6.4-23（b）所示数值计算模型，对扶壁墙加固方案的加固效果进行分析，并以如图 6.4-23（a）所示的原设计方案（无扶壁墙）作为对比方案。

通过数值计算获得运行期轮压荷载作用下，岩壁吊车梁的受力及变形特征，并与原设计方案（无扶壁墙）进行对比，从而了解扶壁墙对运行期岩壁吊车梁稳定性的控制效果。

1. 岩壁吊车梁变形特征

图 6.4-24 给出了运行期仅考虑轮压荷载作用下引起的岩壁吊车梁变形增量，运行期轮压荷载引起的岩壁吊车梁变形增量远小于施工期洞室开挖引起的变形增量，从两种方案岩壁吊车梁变形特征来看，与原设计方案（无扶壁墙）相比，增设扶壁墙后，岩壁吊车梁

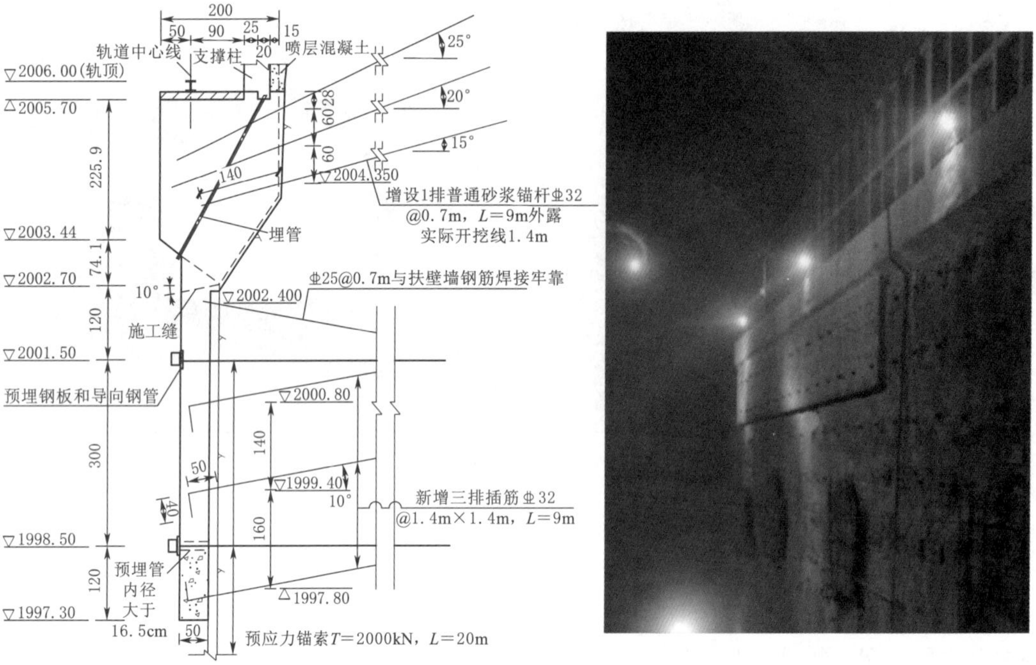

(a) 补强加固措施　　(b) 现场实施效果图

图 6.4－20　岩体蚀变区岩壁吊车梁补强加固措施及现场实施效果图

图 6.4－21　岩体蚀变洞段下游岩壁吊车梁保护层（Ⅲ$_4$、Ⅲ$_6$）开挖情况

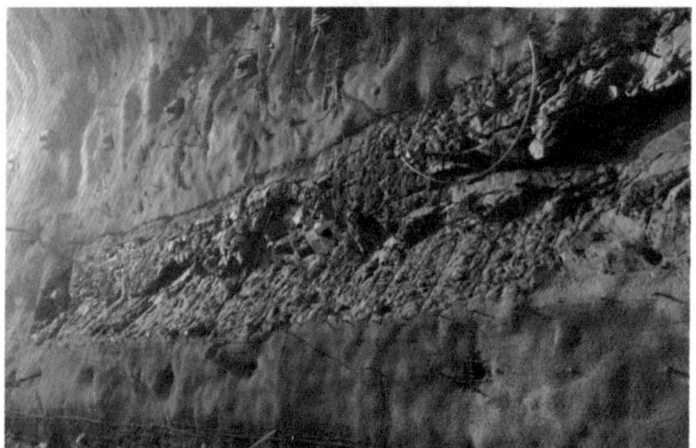

图 6.4－22　岩体蚀变洞段的岩壁开挖成型情况

最大变形增量由 1.4mm 降低到 0.8mm 左右，降低了约 40%，可见，增设扶壁墙对轮压荷载作用下岩壁吊车梁变形有较好的控制作用。从岩台部位围岩变形特征来看，原设计方案（无扶壁墙）岩台挤压变形相对明显，增设扶壁墙后能够将一部分荷载向深部转移，可一定程度上改善岩台部位围岩受力情况，对该洞段岩台及岩壁吊车梁稳定相对有利。

2. 岩壁吊车梁应力特征

图 6.4－25、图 6.4－26 分别给出了原设计方案（无扶壁墙）与扶壁墙加固方案运行期轮压荷载作用下岩壁吊车梁的应力特征。无扶壁墙情况下岩壁吊车梁下拐点部位应力水平较高，最大压应力在 1.4MPa 左右。与无扶壁墙相比，增设扶壁墙后岩壁吊车梁的受力

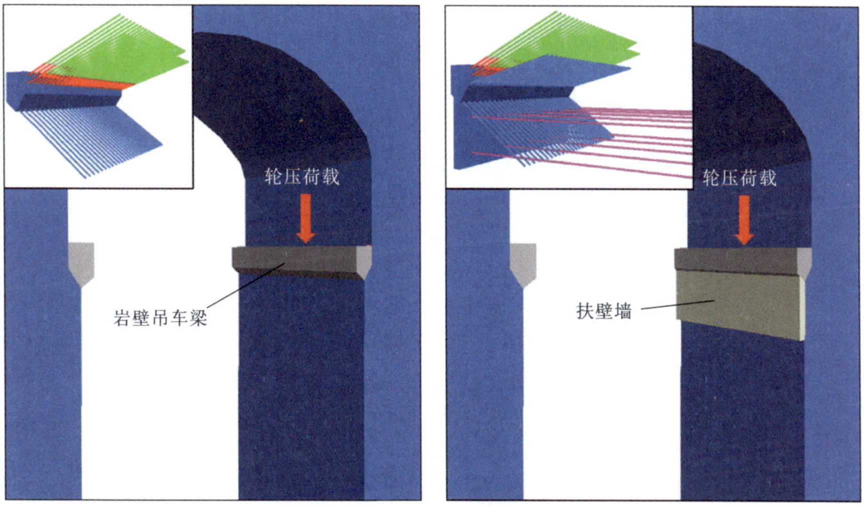

(a) 原设计方案(无扶壁墙)　　(b) 扶壁墙加固方案

图 6.4-23　岩壁吊车梁数值计算模型

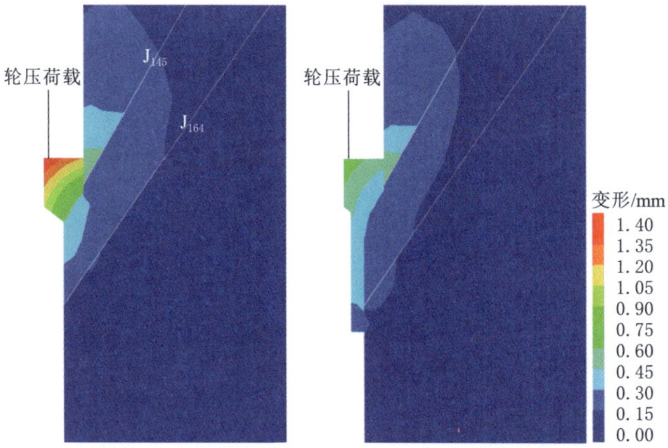

(a) 原设计方案(无扶壁墙)　　(b) 扶壁墙加固方案

图 6.4-24　轮压荷载作用下岩壁吊车梁变形增量

状态得到一定程度改善，岩壁吊车梁下拐点部位压应力降低明显。但扶壁墙结构自身的应力状态相对复杂，外侧（临空侧）处于受压状态，最大压应力在 2.5MPa 左右，而内侧处于受拉状态，最大拉应力在 1.0MPa 左右，小于 C30 混凝土抗拉强度设计值（f_t = 1.43MPa）。

从受力特征来看，运行期轮压荷载作用下，岩壁吊车梁及扶壁墙均满足结构承载能力要求，但扶壁墙自身局部存在相对偏大的拉应力，其安全裕度不高，考虑到该部位结构体型和地质条件均十分复杂，不排除存在局部混凝土开裂的风险，但应不会影响岩壁吊车梁的整体稳定和正常运行。

图 6.4-27 分别给出了岩壁吊车梁与围岩接触面法向应力特征（受压为正），对比有无扶壁墙情况下接触面法向应力可知，增设扶壁墙能够明显地改善岩壁吊车梁与岩台接触

(a) 最大主应力　　(b) 最小主应力

图 6.4-25 原设计方案（无扶壁墙）运行期轮压荷载作用下岩壁吊车梁应力特征

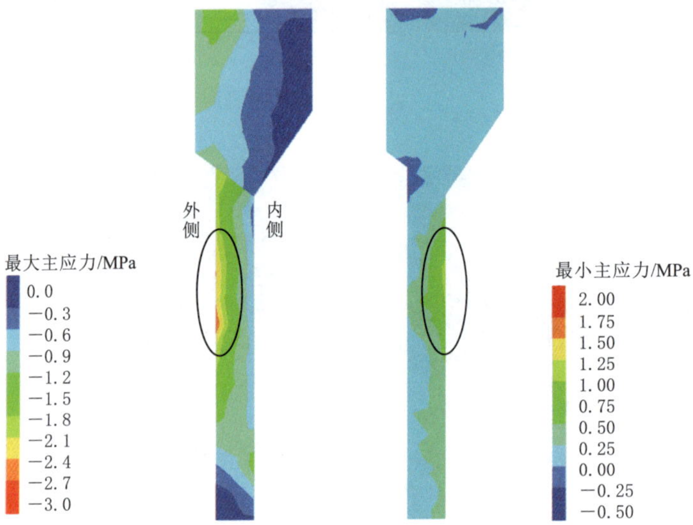

(a) 最大主应力　　(b) 最小主应力

图 6.4-26 扶壁墙加固方案运行期轮压荷载作用下岩壁吊车梁应力特征

面上的应力状态。施工期应力释放与运行期轮压荷载叠加作用下，原设计方案的岩台接触面最大法向应力达到 1.6MPa 左右，主要位于岩台下部靠近下拐点区域，该洞段岩体受不利地质条件及开挖爆破损伤影响，承载能力相对偏低，存在一定挤压破坏风险。而增设扶壁墙后，接触面上的法向应力显著降低，一般小于 0.4MPa，有利于岩壁吊车梁结构的整体稳定。

3. *岩壁吊车梁锚杆受力特征*

施加轮压荷载后，岩壁吊车梁锚杆应力较开挖完成后有一定幅度增加，应力增量对比如图 6.4-28 所示，单根锚杆轴向应力最大增量分布在吊车梁与岩壁交接处，受拉锚杆增加的较为明显，其中原设计方案（无扶壁墙）下受拉锚杆应力增量可达到 90MPa，而增设扶壁墙后，受拉锚杆应力增量有较大幅度的降低，一般在 40MPa 左右，两种方案下受压锚杆变化均不大。

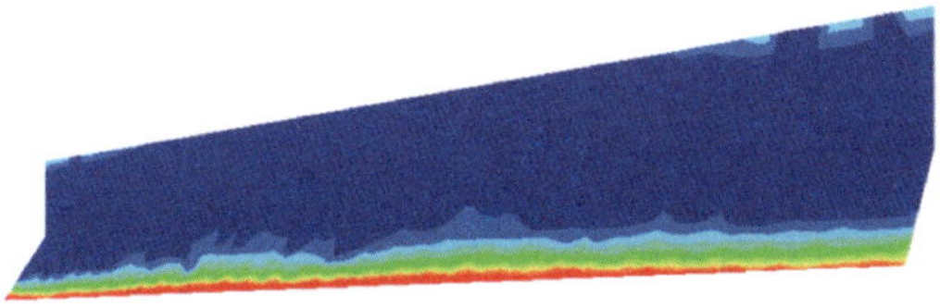

（a）原设计方案(无扶壁墙)

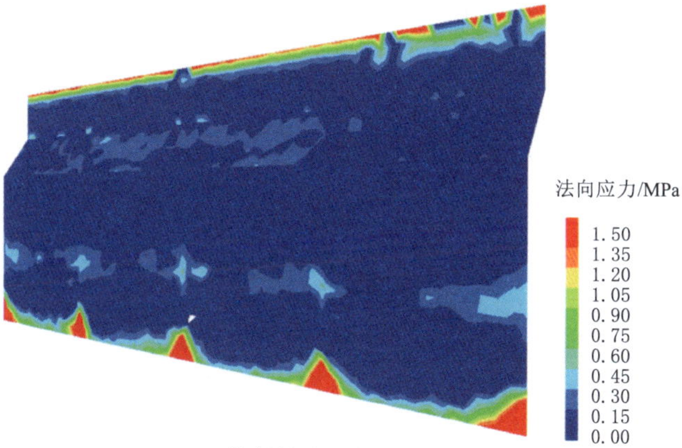

（b）扶壁墙加固方案

图 6.4-27 运行期轮压荷载作用下岩壁吊车梁与围岩接触面法向应力特征

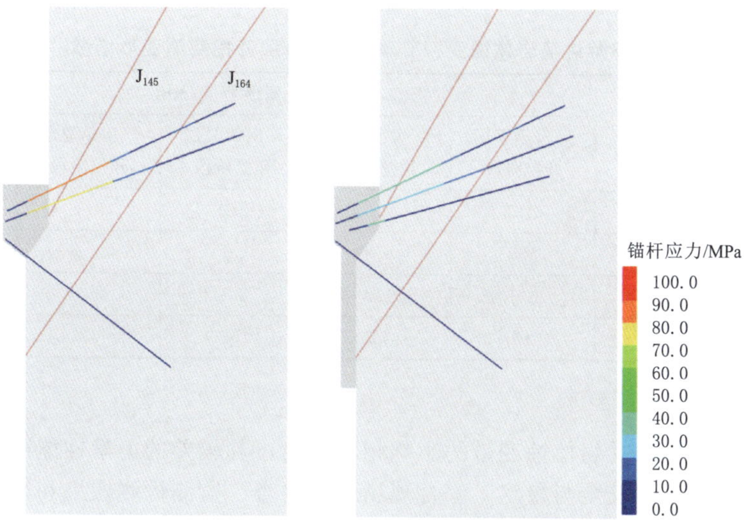

（a）原设计方案(无扶壁墙)　　（b）扶壁墙加固方案

图 6.4-28 运行期轮压荷载作用下岩梁锚杆应力增量对比

整体上看，增设扶壁墙主要对运行期轮压荷载作用下岩壁吊车梁锚杆受力有一定影响，受拉锚杆应力增量有较大幅度的降低，提高了岩壁吊车梁锚杆的安全裕度。

综上分析，相对于原设计方案（无扶壁墙），蚀变岩体影响区域岩壁吊车梁在采用扶壁墙加固方案处理后具有较明显的优势，对该不良地质条件洞段岩壁吊车梁结构的整体安全稳定较有利。显然，在该洞段采用扶壁墙加固方案是合理的，这与同类工程实践经验具有一致性。

6.4.7.3 安全监测与预警

地下厂房开挖完成后，岩壁吊车梁以上部位的围岩最大累计变形为70mm（预埋式多点位移计，厂左0+19下游边墙高程1998m），围岩变形已趋于稳定，实测时程曲线如图6.4-29所示；此外，在整个厂房后续开挖（第Ⅳ层～第Ⅸ层）过程中，该部位各分层开挖变形增长和累计变形增量均基本控制在安全预警指标以内，见表6.4-2。该预警指标根据开挖揭示地质条件、工程类比、数值反馈分析、实时监测等综合拟定，并在施工过程中进行动态修正。可见采取上述加强支护措施后，该洞段的围岩变形及松弛问题得到了有效控制，表明该针对性开挖支护方案取得了较好的工程效果。

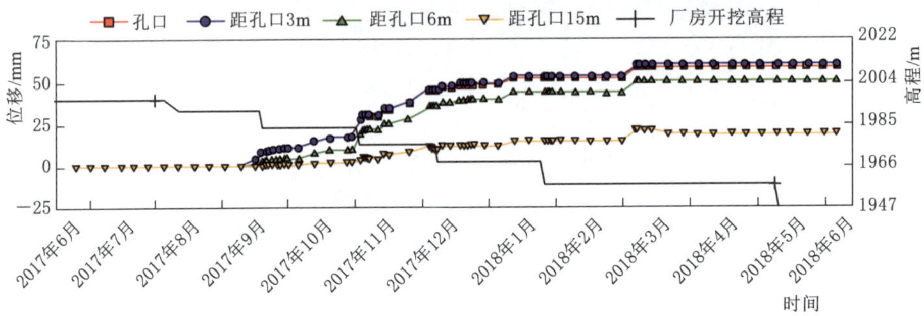

图6.4-29 厂房厂左0+19下游边墙实测变形时程曲线

表6.4-2 厂房下游边墙岩体蚀变、节理密集带分层开挖实测变形增量

多点位移计编号	高程/m	变形增量/mm				
		厂房第Ⅳ层开挖阶段	厂房第Ⅴ层开挖阶段	厂房第Ⅵ层开挖阶段	厂房第Ⅶ层开挖阶段	厂房第Ⅷ层、第Ⅸ层开挖阶段
厂右0+33-5	2006	0.68	7.5	2.0	8.1	3.2
厂右0+00-5	2006	5.5	6.3	4.7	3.9	7.5
厂左0+19-1	2009	0.7	4.2	3.1	2.7	1.2
安全预警指标		10	12	10	12	8

6.4.8 研究结论

地下厂房下游边墙受岩体蚀变带的影响相对突出，其较差的力学性能严重制约了高边墙围岩及岩壁吊车梁的安全与稳定。综合现场地质调查、监测检测成果和数值反馈模拟分析等手段，对地下厂房岩体蚀变带所导致的工程稳定问题进行了深入分析研究，主要结论如下。

（1）通过系统分析岩体蚀变影响洞段围岩的宏观地质条件、监测变形特征、声波检测资料及岩石力学试验，提出了基于岩体声波波速的岩体质量分区、岩体力学参数综合评估方法，查明了该不良地质体的围岩质量空间分区及演化特征。该方法可以快速、动态、定量地将检测结果与数值模拟技术有机结合，为代表性数值模型的建立提供支撑依据。

（2）施工期开展动态监测反馈分析，建立了可靠的数值模型，对岩体蚀变带的不利影响开展定量分析评价，并提出了施工期安全预警标准，及时评估各开挖阶段围岩稳定性和潜在工程风险，为工程设计优化提供了技术支撑。

（3）针对岩体蚀变带对厂房高边墙及岩壁吊车梁稳定性的不利影响，综合采取了控制爆破开挖技术和系统性加强支护措施，其中“增设扶壁墙＋预应力锚索”的联合加固措施较好解决了局部洞段岩台松弛及承载力偏低的问题，相关数值分析及安全监测均表明上述工程对策合理可靠。

（4）地下厂房岩体蚀变带的工程特性及影响机制复杂，结合现场地质调查、试验研究、物探检测及安全监测，开展数值反馈分析与动态设计，对保障工程安全性和经济性具有重要意义。该研究方法可为同类工程问题研究提供重要参考。

6.5　母线洞裂缝成因机制分析与控制

6.5.1　母线洞裂缝问题

母线洞作为地下厂房与主变室的衔接通道，布置于厂房、主变室两大洞室间的岩柱之中。受洞群开挖扰动效应影响，洞间岩柱的应力状态和变形响应特征十分复杂，尤其是两大洞室的高边墙围岩松弛变形问题，将会明显影响到母线洞交叉洞口的围岩稳定。

根据以往的工程实践经验，在西部大型水电工程地下厂房洞室群建设中，母线洞的环向开裂现象相对普遍，并随着地下厂房规模的增大表现得更加突出。比如，在规模较小的十三陵抽水蓄能电站及广州抽水蓄能电站、大朝山水电站地下厂房中，母线洞距厂房下游边墙 2～4m 范围内出现过 2～3 条环向裂缝；在规模较大的龙滩、二滩、拉西瓦、锦屏二级、长河坝、猴子岩以及白鹤滩水电站中，母线洞距离下游边墙 8～15m 范围也出现了多条环向裂缝，裂缝宽度可达 10～20mm，甚至更宽。

其中，拉西瓦水电站大型地下厂房洞室群规模大、地应力高，当主厂房第Ⅶ层开挖完成时，母线洞上游约 10m 范围的混凝土喷层中产生了多条环向裂缝，最大缝宽达 15mm。在二滩水电站地下厂房洞室群开挖施工期间，母线洞的环向裂缝也较多见，比较典型的是在 2 号、4 号母线洞内的边墙或底板均产生了规模比较大的垂直张开裂缝，属于在完整岩体内产生的劈裂破坏，最大张开宽度达 3～5cm，距厂房边墙一般为 5～7m，最大深度为 9m。在长河坝水电站地下厂房 1～4 号母线洞，厂房持续下挖期间均出现了多条环向裂缝，其中 4 号母线洞底板距下游边墙 6m 处裂缝宽度达到 3～4cm，同时 4 号母线洞底板下部高程 1470m 的多点位移计变形速率收敛性差。在猴子岩水电站地下厂房洞室群，其环向裂缝主要发生在 2 号母线洞、6 号母线洞、副厂房联系洞、出线下平洞等洞室部位，裂缝范围距厂房或主变室边墙一般为 6～10m，最大距离约 15m。

分析认为，地下厂房母线洞的环向开裂问题较为常规，一般不会明显影响洞室岩柱的承载能力，但如果母线洞的环向开裂问题十分突出，如环向开裂范围大、裂缝宽、变形难收敛、支护荷载严重超限等，则可能会影响洞室岩柱的长期稳定性和安全储备，这时需要及时开展原因分析并适时研究补强加固处理措施。

6.5.2　母线洞开裂现象

杨房沟水电站主变室和母线洞于 2017 年 4 月开挖支护完成，在地下洞室群开挖过程中，4 条母线洞内均出现不同程度裂缝，尤其各母线洞内在靠主副厂房洞一侧约 10m 区域，逐步出现了多条延伸较长的环向裂缝，并有贯通趋势，最大裂缝宽度可达 10mm，环向裂缝如图 6.5-1、图 6.5-2 所示。现场 1～4 号母线洞顶拱和左右边墙裂缝素描如图 6.5-3～图 6.5-6 所示。根据现场调查跟踪和地质素描的洞壁裂缝成果，有如下认识：

图 6.5-1　环向裂缝（10mm 宽，发育在母线洞边墙距离厂房下游边墙 5m 处）

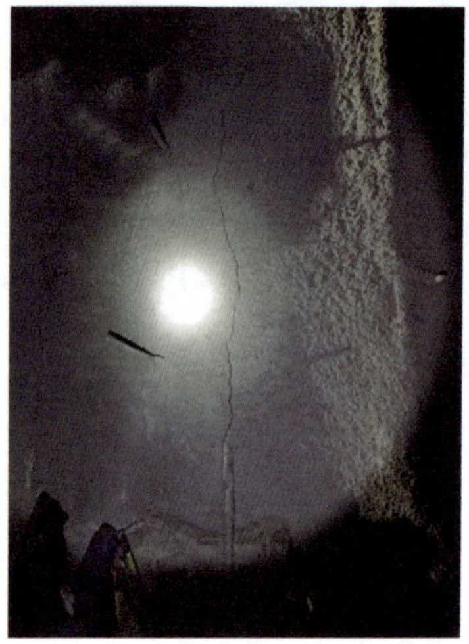

图 6.5-2　环向裂缝（3～4mm 宽，距离厂房下游边墙 8m）

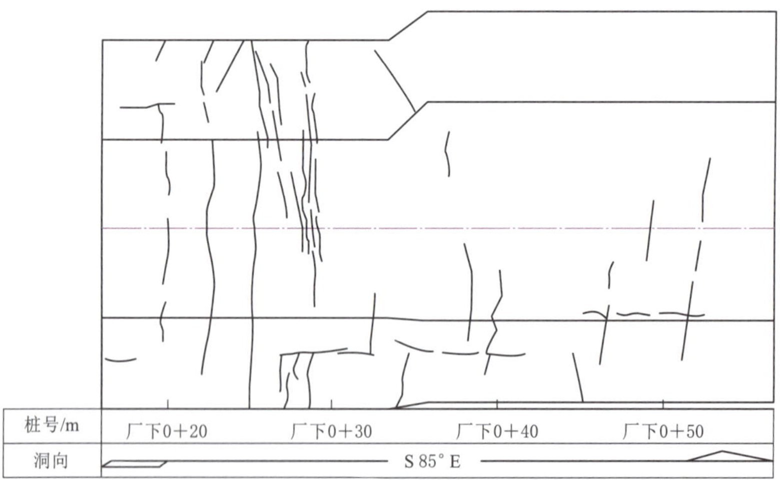

图 6.5-3　1 号母线洞顶拱和左右边墙裂缝素描图

（1）母线洞内裂缝分两种类型，第一种为环向裂缝，裂缝在母线洞边墙近似铅直方向开展；第二种为母线洞拱肩部位的水平裂缝。

（2）靠厂房一侧的环向裂缝比靠主变室一侧发育，且裂缝开展宽度也相对较宽，靠厂房一侧的环向裂缝平均宽度约 3mm，靠主变室一侧的环向裂缝平均宽度约 0.5mm。

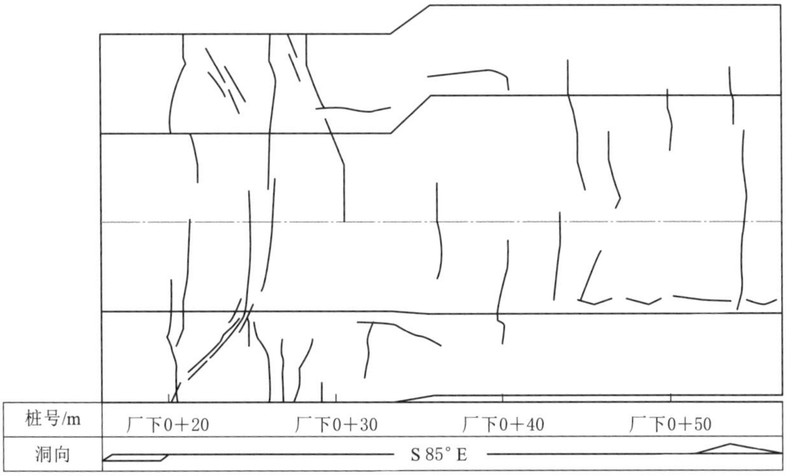

图 6.5-4　2 号母线洞顶拱和左右边墙裂缝素描图

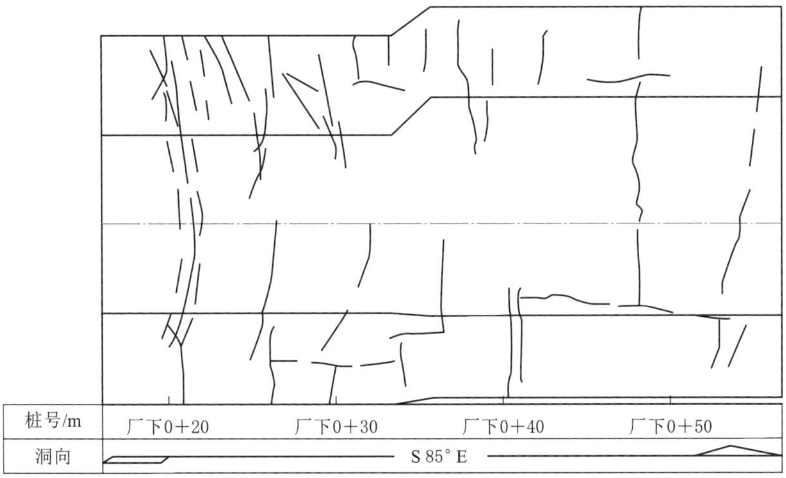

图 6.5-5　3 号母线洞顶拱和左右边墙裂缝素描图

(3) 靠厂房一侧的环向裂缝主要分布在距离厂房下游边墙 10m 区域内，其中靠近厂房下游边墙 5m 区域均存在一条宽 8～10mm 的环向贯通性裂缝，该位置顶拱的环向裂缝开展宽度较边墙窄。

(4) 边墙的环向裂缝开展宽度明显大于顶拱的环向裂缝开展深度，且越往顶拱处延伸，裂缝宽度越小。推测贯穿裂缝可能是从母线洞底板产生，然后逐步延伸到边墙顶拱。

(5) 水平裂缝主要分布在右侧拱肩（顺水流方向）位置。

(6) 环向裂缝断口多呈现锯齿状，破坏模式表现为拉裂破坏。

(7) 水平裂缝断口多呈现刀刃状，破坏模式表现为应力性破坏。

在 2 号、3 号、4 号母线洞底板清理后进行地质素描，各母线洞底板裂缝素描分别如图 6.5-7～图 6.5-9 所示（图中未展示未松弛张开的节理）。三条母线洞发育的微张裂缝主要集中于厂下 0+16.1～厂下 0+25 范围内（距离厂房下游边墙 0～9m），极少的裂缝

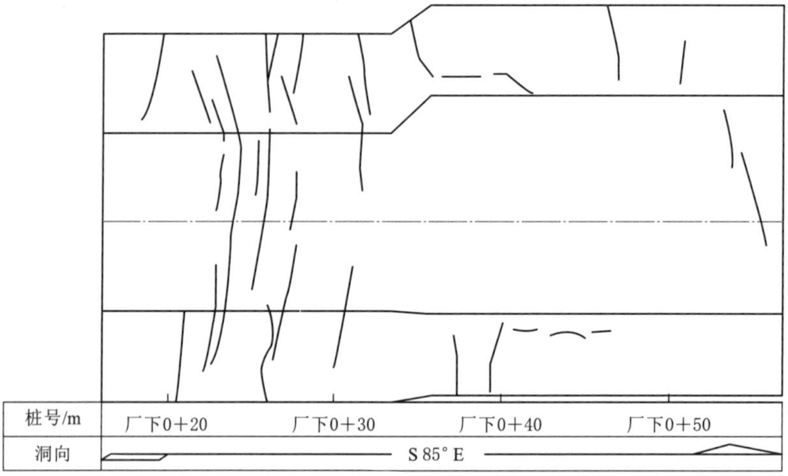

图 6.5－6　4 号母线洞顶拱和左右边墙裂缝素描图

距离下游边墙约 13m。这些裂缝多呈微张状态，宽度一般 0.5～2mm，裂缝主要沿切洞向节理（NNE）发展，并多为断续延伸。1 号母线洞情况与 2 号、3 号母线洞类似，仅在距离厂房下游边墙 2～3.5m 处见 1 条张裂隙，产状为 N20°E、NW∠85°，张开 5～8mm，长约 5m，未向两侧边墙延伸。

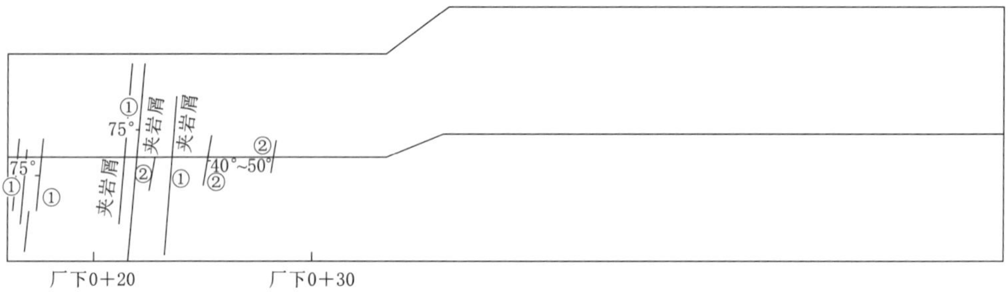

图 6.5－7　2 号母线洞底板裂缝素描图

①—N10°～30°E、NW∠75°局部夹岩屑，微张～闭合，宽度 0.5～2mm；

②—N15°E、SE∠40°～50°微张～闭合，宽度 0.5～2mm

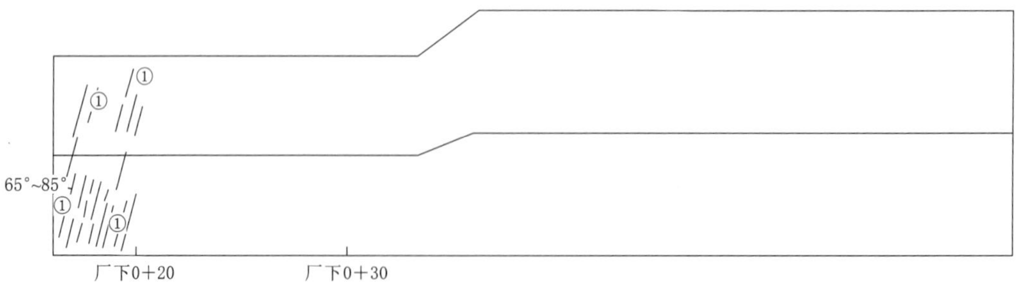

图 6.5－8　3 号母线洞底板裂缝素描图

①—N20°～30°E、NW∠65°～85°，微张～闭合，宽度 0.5～2mm

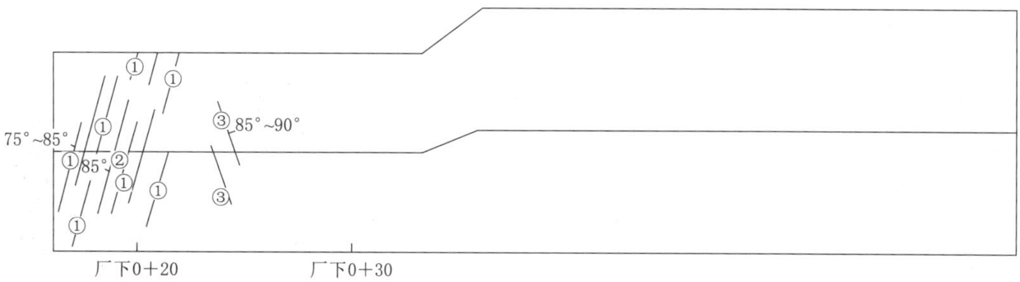

图 6.5-9 4号母线洞底板裂缝素描图

①—N10°～20°E、NW∠70°～90°微张～闭合，宽度 0.5～2mm；②—N20°E、NW∠85°张开约 8mm，长约 5m；③—N55°W、NE∠85°～90°微张～闭合，宽度 0.5～2mm

为进一步查明表层喷层裂缝与岩体裂缝之间的相关性，现场选取典型部位沿喷层裂缝凿开后进行细部观察，现场照片如图 6.5-10～图 6.5-12 所示，沿裂缝凿开喷层的位置分别位于距厂房下游边墙 5m、10m、15m 处。从现场典型喷层裂缝的开凿情况来看，在距离厂房下游边墙 5m、10m 和 15m 处的喷层裂缝，凿开后并未发现对应的岩体宏观开裂。特别是距离厂房下游边墙 5m 处，喷层裂缝宽达 10mm，但是凿开后没有发现裂缝。这表明喷层和围岩二者的变形存在一定的非协调性，喷层混凝土的宏观开裂并不能代表该部位岩体发生了显著松弛破坏。

图 6.5-10 距离厂房下游边墙 5m 处沿喷层裂缝凿开后的照片

6.5.3 母线洞开裂成因

1. 母线洞喷层水平裂缝成因

地下厂房与主变室之间的岩柱内布置多条母线洞，整体挖空率较高，诸多洞室开挖卸荷引起的二次应力场调整并叠加，导致岩柱内应力状态较复杂，图 6.5-13 给出了厂下 0+38 剖面（位于母线洞中部）最大主应力分布特征。由图可见，受河谷偏压地应力特征影响，岩柱内的应力集中区域主要位于母线洞右侧拱肩（从厂房向主变方向看）及左侧边墙墙脚，最大主应力一般在 24～30MPa，存在一定的应力性破坏风险。其中，3 号、4 号母线洞的围岩应力集中程度略偏强，现场表现出了较明显的应力性喷层混凝土破裂现象。

图 6.5 - 11　距离厂房下游边墙 10m 处沿喷层裂缝凿开后的照片

图 6.5 - 12　距离厂房下游边墙 15m 处沿喷层裂缝凿开后的照片

分析认为，母线洞中部靠主变室侧洞段出现的喷层水平裂缝，其主要成因偏向于应力性开裂。实际上，这在母线洞开挖初期就有所表现（相应部位出现了轻微应力性片帮破坏）。随着厂房的持续下卧，洞间岩柱应力的持续调整，该部位也进一步显现出了围岩二次应力集中导致的喷层破裂现象，这应与母线洞环向喷层裂缝的形成过程区别对待。

2. 母线洞环向开裂成因

母线洞环向裂缝主要是由厂区地应力偏高（属中等应力）、洞室结构体型（厂房和主变室之间的岩柱受力机制复杂，加之受 4 条母线洞的影响，是地下洞室中的薄弱环节）决定的，而下游边墙发育的顺洞向陡倾优势结构面则为岩柱的侧向开挖卸荷变形提供了内部条件，这些陡倾结构面在厂房持续下卧卸荷过程中将逐步发生法向张开、追踪扩展甚至局部贯通现象，并会加剧母线洞环向开裂的程度和影响深度。

图 6.5 - 14 显示了厂房下游边墙（母线洞区域）不同开挖阶段的变形矢量图（以 3 号母线洞轴线剖面为例），图 6.5 - 15 和图 6.5 - 16 分别给出了母线洞顶拱和底板的水平位移变化过程线。从母线洞顶拱及底板沿线围岩变形分布特征看，靠近厂房下游边墙的变形问题相对突出，靠厂房侧的顺洞向陡倾优势结构面存在较明显的法向张开变形，其主要影响区在距厂房下游边墙 10～15m 范围内。母线洞与厂房下游边墙交叉部位母线洞顶拱变形和应力释放主要发生在厂房第Ⅴ层～第Ⅶ层开挖期间（变形释放量占总变形的 65%～70%，水平变形增量可达到 30～50mm），而母线洞底板变形和应力释放主要发生在厂房第Ⅵ层～第Ⅶ层开挖期间（变形释放量占总变形的 70%左右，水平变形增量可达到 20～40mm），影响深度一般可以达到 10～15m。从现场母线洞环向裂缝的演化过程及空间分布特征看，环向裂缝主要发生在厂房第Ⅴ层～第Ⅶ层开挖期间，主要分布于距厂房下游边墙 10～12m 范围以内，这与数值分析结果基本一致。

洞室群开挖过程中岩柱的特殊应力响应机制是导致母线洞部位出现张拉型环向裂缝的

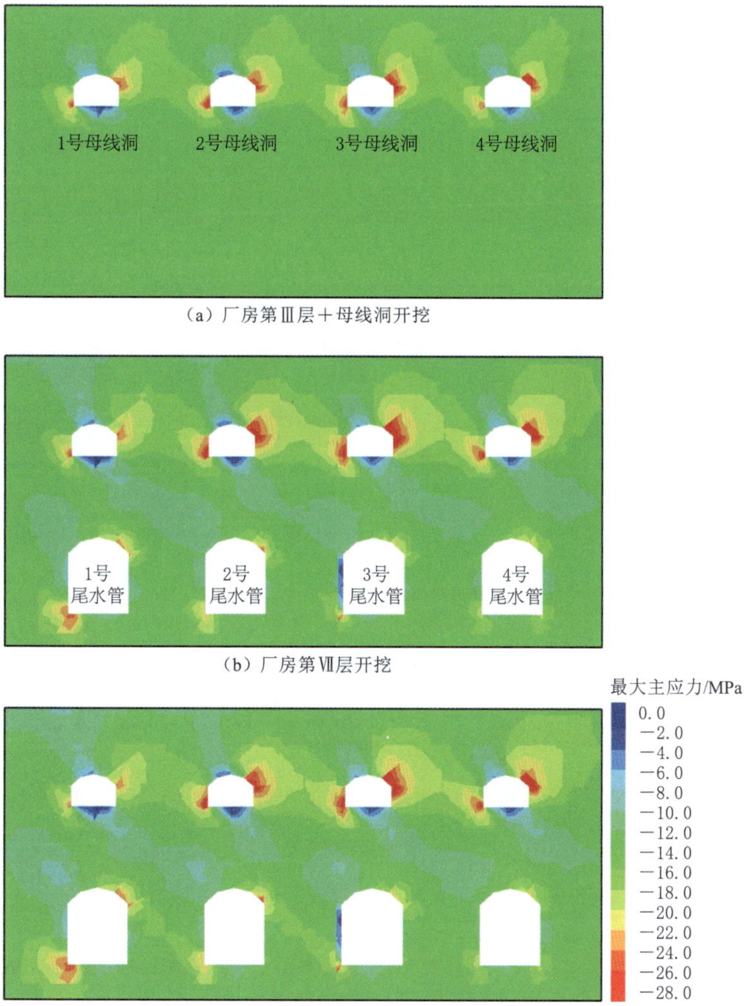

(a) 厂房第Ⅲ层＋母线洞开挖

(b) 厂房第Ⅶ层开挖

(c) 厂房开挖完成

图 6.5－13　厂下 0＋38 剖面（母线洞中部）最大主应力分布特征

主要原因之一。在地下厂房边墙持续下卧的侧向开挖卸荷作用下，厂房和主变室之间岩柱的受力状态逐步由三向压缩应力状态调整为整体双向压缩状态（竖向加载、侧向卸荷），形成沿母线洞轴线方向的广义拉伸应力状态。当竖向应力集中达到一定量值，岩柱浅部岩体就会逐步产生压致拉裂破坏，而岩柱内发育的顺洞向陡倾优势结构面进一步降低了该类破坏发生的应力阈值。显然，由于杨房沟水电站厂区水平大主应力方向近似垂直于厂房轴向，增大了厂房边墙侧向开挖的卸荷作用和水平变形量值，这也是母线洞靠厂房侧表现出较明显环向开裂现象的影响因素之一。

图 6.5－17、图 6.5－18 分别给出了地下厂房开挖过程中母线洞轴线剖面上的围岩最大、最小主应力随开挖响应特征。图 6.5－19、图 6.5－20 分别给出了地下厂房开挖过程中母线洞洞间中岩柱轴线剖面上的围岩最大、最小主应力随开挖响应特征。图 6.5－21 给出了母线洞围岩水平向应力（σ_{XX}）监测点的布置情况，图 6.5－22、图 6.5－23 分别给出

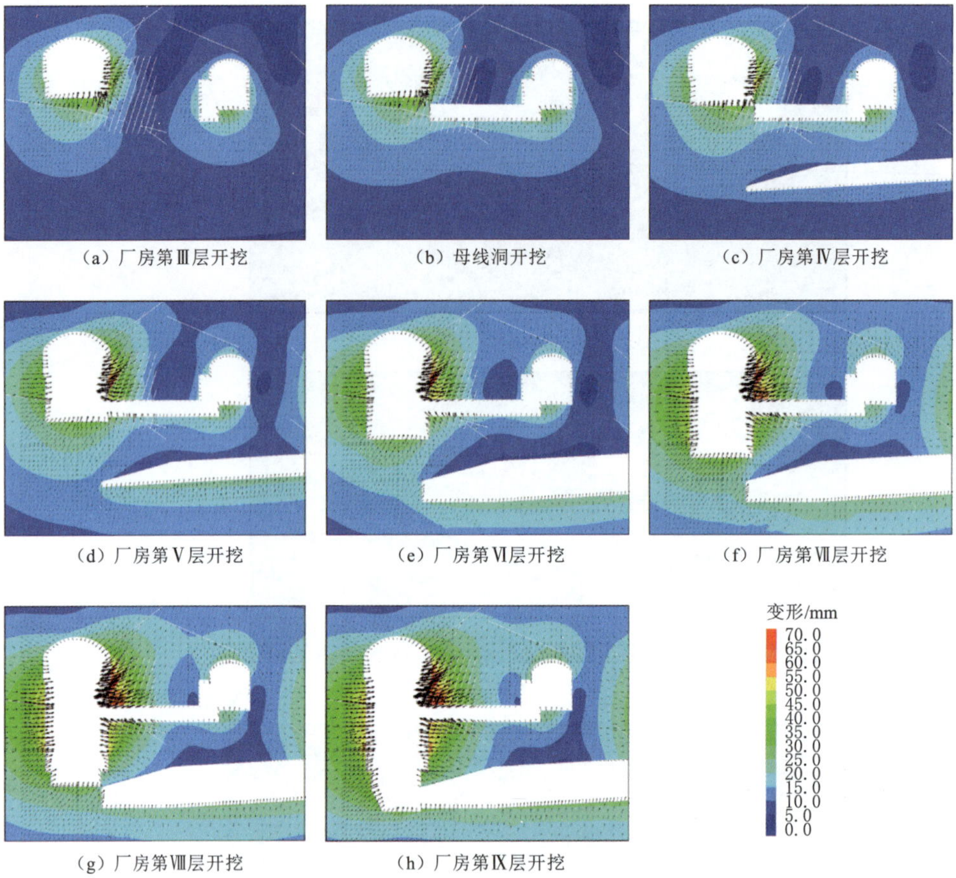

图 6.5-14　厂房下游边墙（母线洞区域）变形矢量图

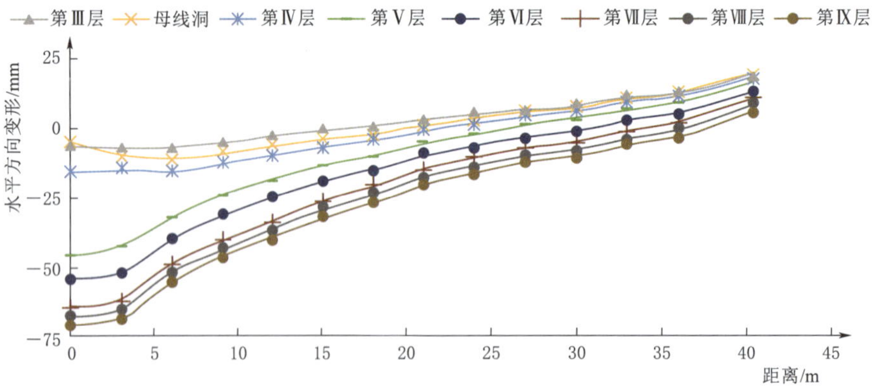

图 6.5-15　母线洞顶拱水平位移变化过程线

了地下厂房开挖过程中母线洞围岩距厂房下游边墙不同深度（5m、10m）处的水平向应力（σ_{XX}）随开挖变化情况。依据最小主应力分布特征，边墙围岩表现出相对明显的应力松弛，且随着洞室持续下卧，高边墙效应显现，边墙应力松弛程度及范围逐步增大，厂房边墙浅部一定深度范围内围岩处于受拉状态。

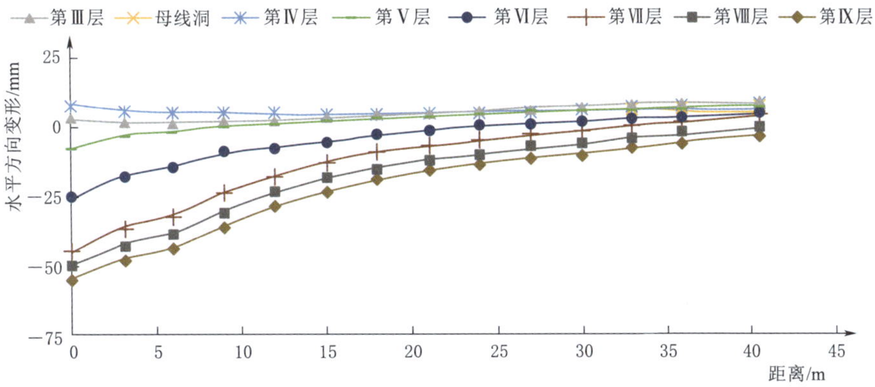

图 6.5-16 母线洞底板水平位移变化过程线

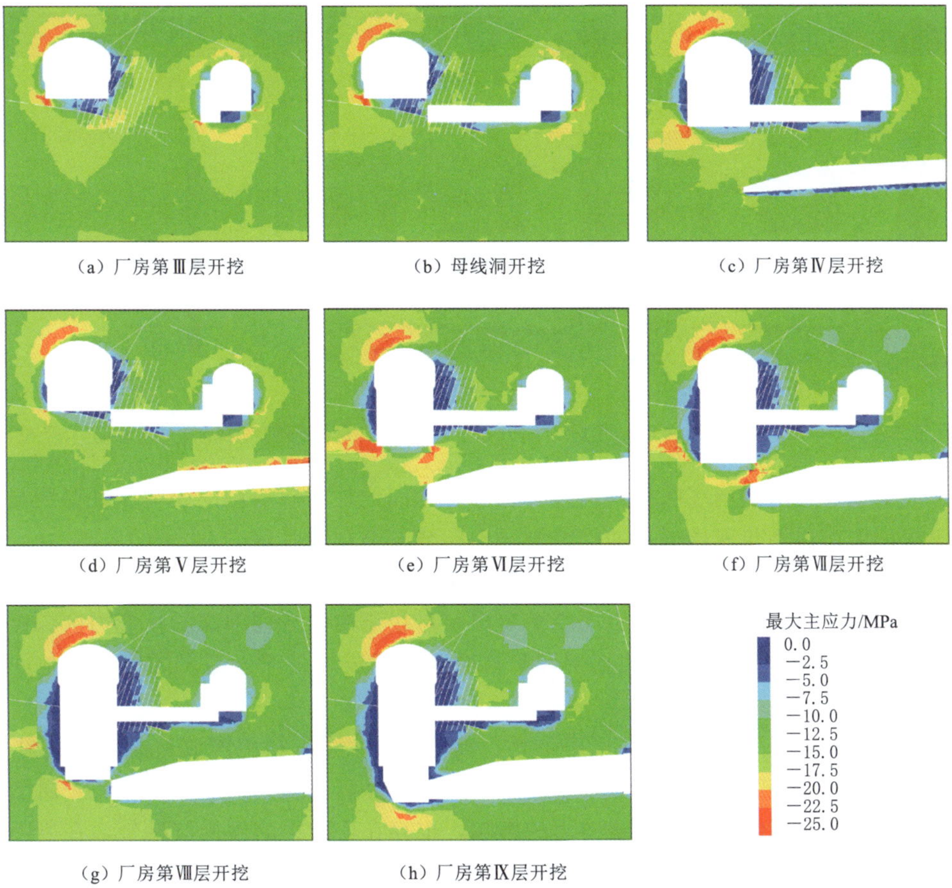

图 6.5-17 厂房洞室群围岩最大主应力随开挖响应特征（母线洞轴线剖面）

在厂房第Ⅴ层～第Ⅶ层开挖期间，母线洞邻近部位围岩的应力松弛区或拉应力区均出现了较明显的扩大，此阶段厂房下游边墙（母线洞交叉洞口部位）围岩应力松弛深度一般可达到 8～15m，拉应力区分布范围一般在 5～10m。另外，由于厂房一侧的开挖卸荷量

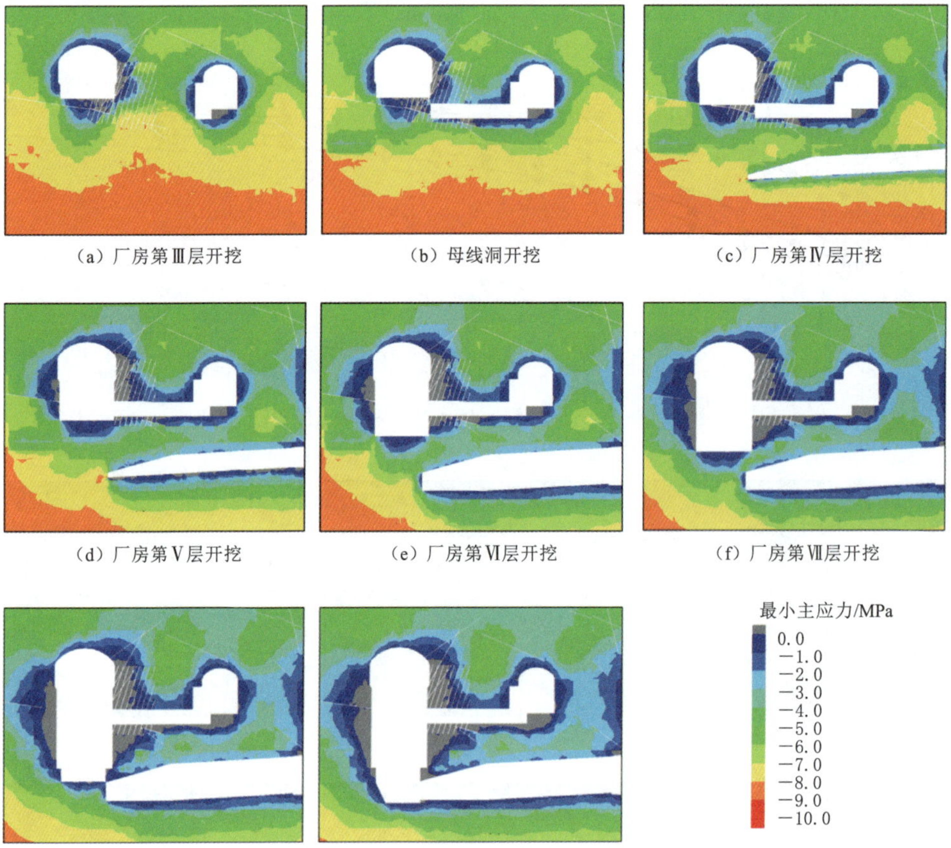

(a) 厂房第Ⅲ层开挖　(b) 母线洞开挖　(c) 厂房第Ⅳ层开挖

(d) 厂房第Ⅴ层开挖　(e) 厂房第Ⅵ层开挖　(f) 厂房第Ⅶ层开挖

(g) 厂房第Ⅷ层开挖　(h) 厂房第Ⅸ层开挖

图 6.5-18　厂房洞室群围岩最小主应力随开挖响应特征（母线洞轴线剖面）（灰色表示受拉）

远大于主变室，且两侧洞室底板高程差异较大，洞间岩柱靠厂房侧的松弛深度要明显大于靠主变室一侧。这均与现场揭示的母线洞环向裂缝开裂现象一致。

对比图 6.5-22 和图 6.5-23 可知，在母线洞邻近部位（母线洞顶拱、底板等）的围岩松弛问题相对母线洞洞间岩柱中部要更突出，母线洞洞间岩柱中部的拉应力区深度一般小于 6m。之后，随着厂房后续第Ⅷ层和第Ⅸ层开挖完成，该部位围岩的应力松弛问题和拉应力区范围增长不再明显。

现场针对母线洞开裂问题，在厂房下游边墙开展了大量的松弛声波检测工作。图 6.5-24 为根据相关检测孔声波成果绘制的地下厂房下游边墙松弛区声波检测结果立面图。其中部分钻孔的较深部位因受岩体结构面的影响，也存在连续性的偏低波速带，在判断围岩的松弛深度时，也将其纳入了松弛区范围，期望能够更充分反映该部位围岩的松弛损伤特征。

分析认为，厂房下游边墙围岩松弛区具有较明显的空间分区分异特征，并与母线洞位置具有密切关联性。其中母线洞洞间岩柱中间部位（高程 1993m、高程 1976m）的松弛深度一般在 1.6～4.6m，远离母线洞部位（高程 2007m、高程 1967m）的岩体松弛深度也基本在 1.0～5.0m。这些部位虽受高边墙开挖卸荷影响，但深部的声波波速或岩体质

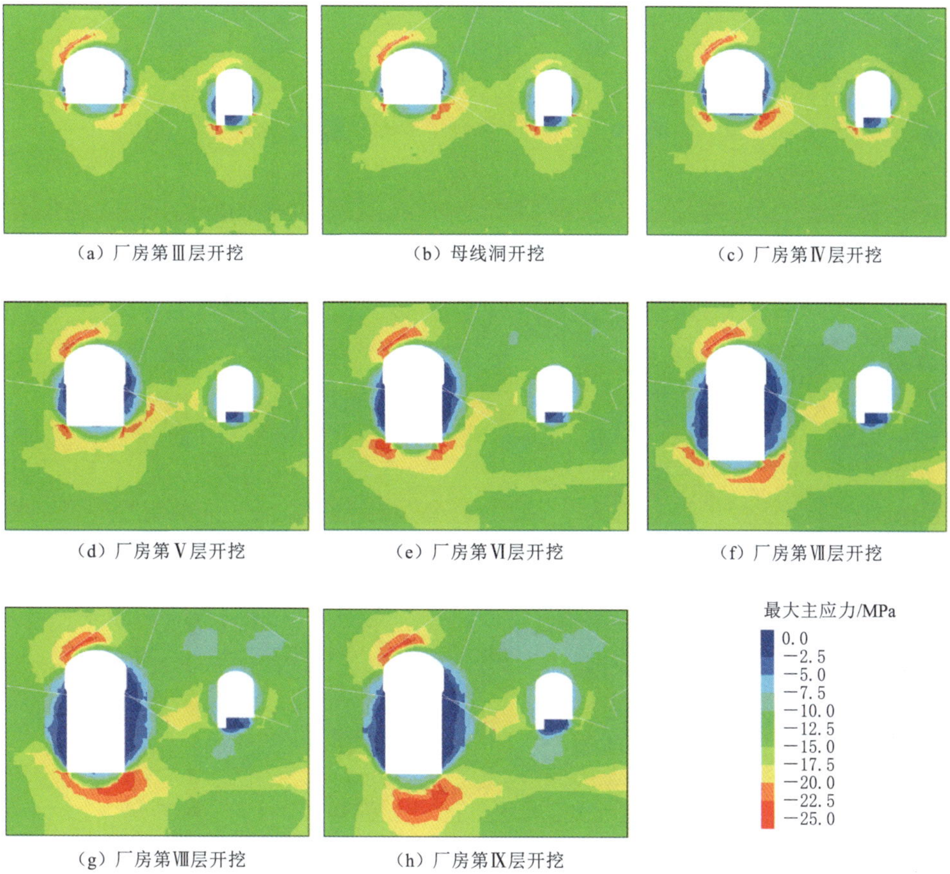

图 6.5-19 厂房洞室群围岩最大主应力随开挖响应特征（母线洞洞间中岩柱轴线剖面）

量仍相对较好，未见明显松弛迹象，表明相应的系统支护起到了良好加固效果。而母线洞底板以下部位（高程 1978.5m）的松弛深度普遍偏深，可达到 9～10m，超出系统锚杆支护深度。显然，该部位与上部母线洞底板的开裂现象有着直接相关性，受母线洞空间位置和厂房开挖卸荷影响，出现了较强烈的开挖卸荷松弛损伤，围岩声波波速发生了明显降低。

6.5.4 母线洞开裂控制

根据安全监测与反馈分析成果，现场及时采取了针对性的加强支护处理，主要的加强支护方案包括：①在高程 1989.5m（母线洞边墙中部）增设一排预应力锚索，$T=2000$kN，$L=25$m；②在高程 1983.5m 增设一排预应力对穿锚索，$T=2000$kN；③在高程 1976m 增设一排预应力锚索，$T=2000$kN，$L=35$m、40m，间隔布置；④针对母线洞底板（距离厂房 0～20m 区域）增设倾向下游系统锚杆⌀ 28@1.5m，$L=4.5$m，倾角 60°。

6.5.5 研究结论

1. 母线洞环向裂缝成因机制

厂区地应力偏高和洞室空间交叉结构体型是母线洞环向裂缝形成的主要原因。环向裂

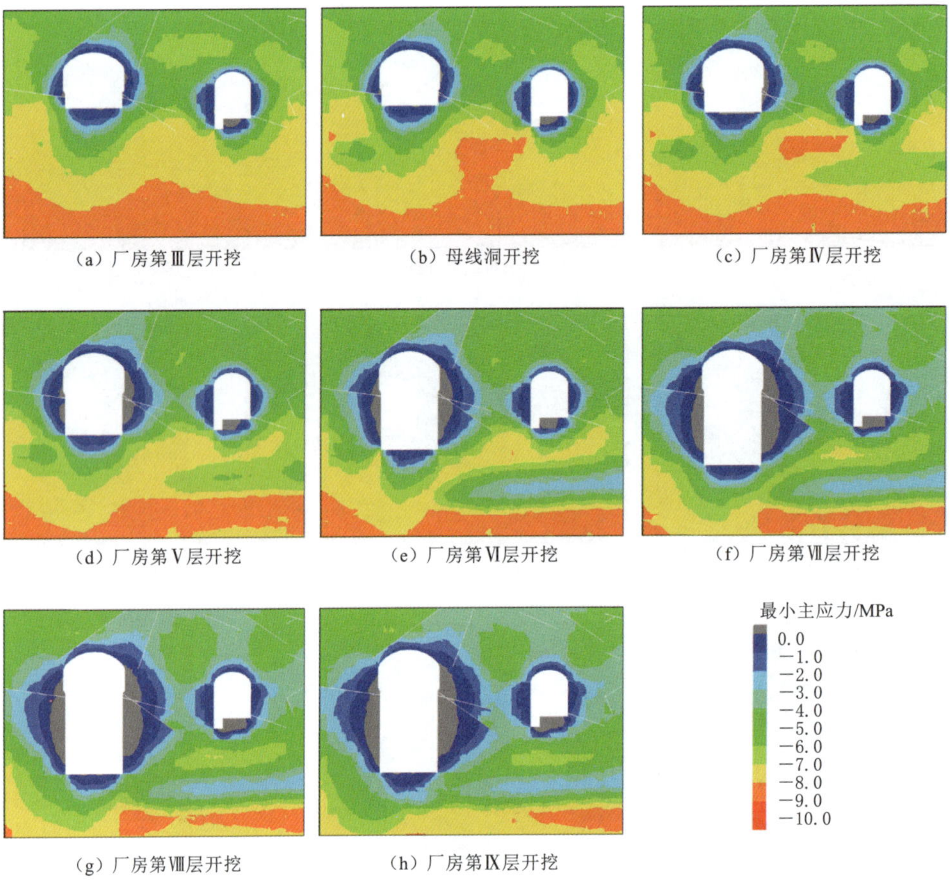

图 6.5-20　厂房洞室群围岩最小主应力随开挖响应特征
（母线洞洞间中岩柱轴线剖面）（灰色表示受拉）

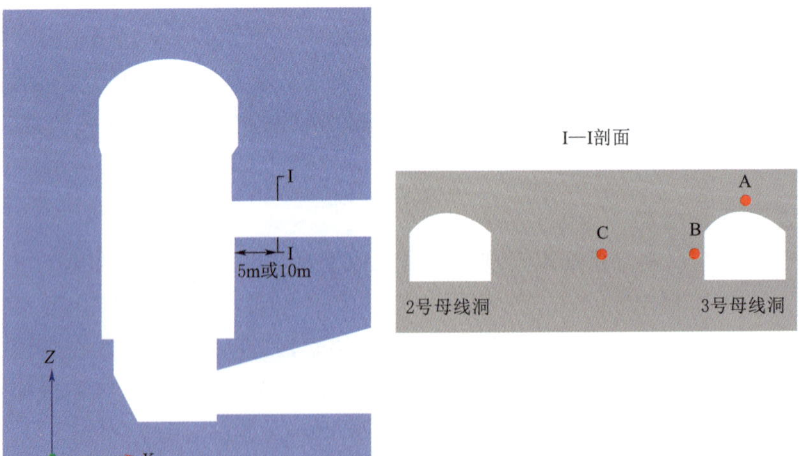

图 6.5-21　母线洞围岩水平向应力（σ_{XX}）监测点布置情况

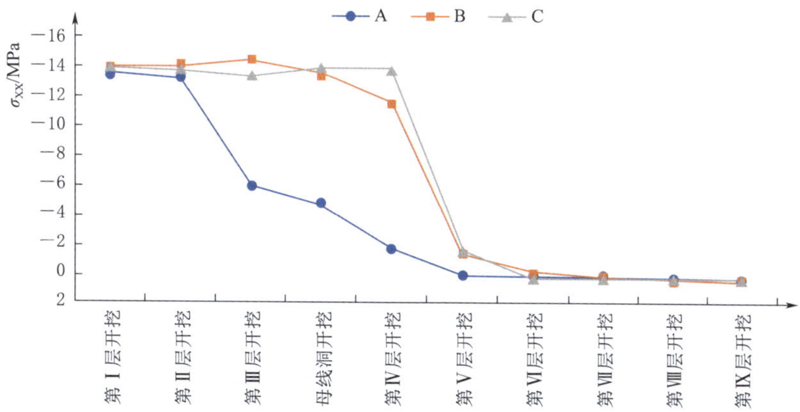

图 6.5-22 母线洞围岩水平向应力（σ_{XX}）随开挖变化情况（距厂房下游边墙 5m）

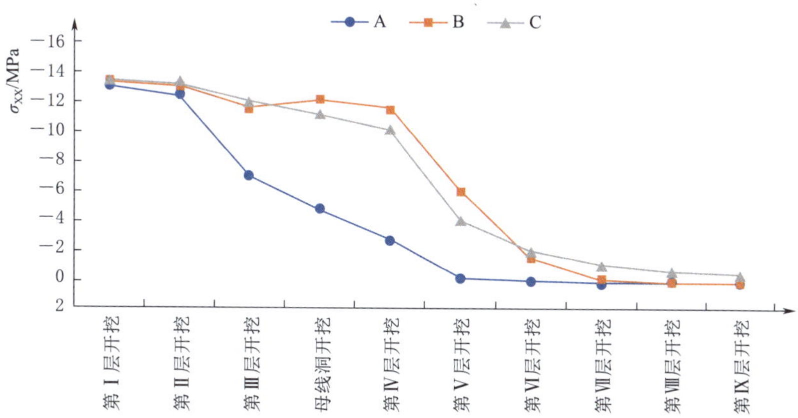

图 6.5-23 母线洞围岩水平向应力（σ_{XX}）随开挖变化情况（距厂房下游边墙 10m）

缝主要形成于厂房第Ⅴ层～第Ⅶ层开挖期间，受开挖卸荷影响，母线洞与厂房下游边墙的交叉部位一定深度围岩产生了明显地向厂房侧的变形和应力释放，浅层岩体处于受拉应力状态，导致了较多环向张拉裂缝的产生，而厂房下游边墙发育的顺洞向陡倾优势结构面也在一定程度上加剧了环向裂缝的开展。

2. 监测、检测数据分析

（1）厂房下游边墙绝大部分变形监测值在安全预警范围内并具备收敛特征，下游边墙靠近母线洞区域的绝大部分锚索受力也小于设计荷载。综合判断厂房下游边墙采取的深层预应力锚索等一系列加强支护措施对该部位围岩变形及稳定性起到了较好的控制作用，洞室围岩稳定整体可控。

（2）厂房下游边墙松弛声波检测成果表明，围岩松弛区具有较明显的空间分区分异特征，并与母线洞位置具有关联性。下游边墙围岩整体松弛深度一般在 1～5m 内，其中母线洞洞间岩柱中间（高程 1976m、高程 1993m）的岩体松弛深度一般在 1.6～4.6m，远离母线洞部位（高程 1967m）的岩体松弛深度在 1.0～5.0m。而母线洞底板以下部位的松弛深度普遍偏深，可达到 9～10m，与上部母线洞环向开裂直接相关，因超出了系统锚

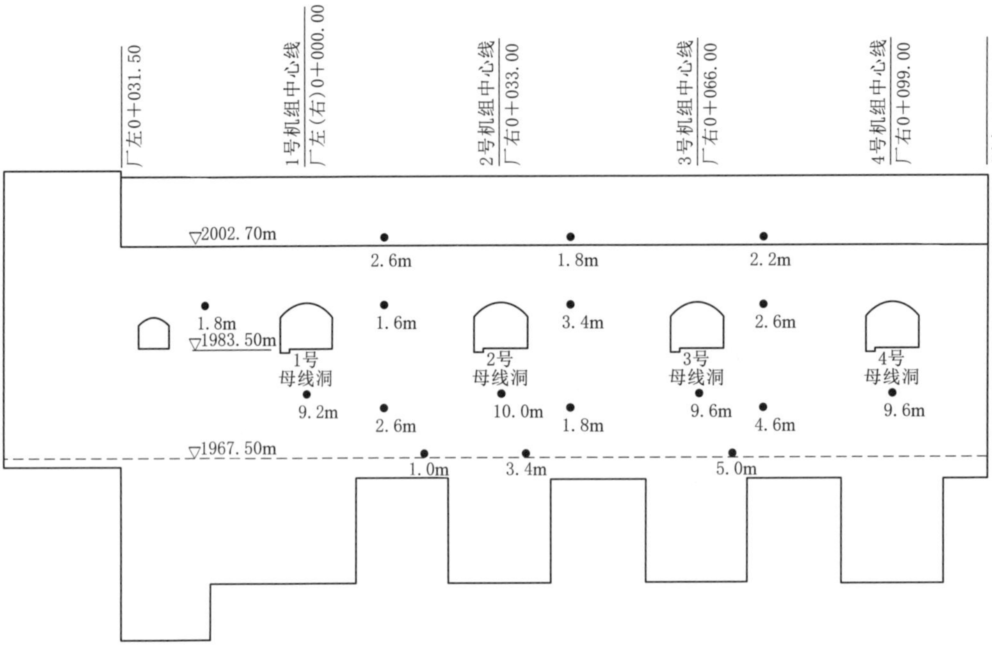

图 6.5-24　地下厂房下游边墙松弛区声波检测结果立面图（第Ⅶ层开挖完成）

杆支护深度，采取系统的预应力锚索进行补强加固是必要的。

3. 母线洞环向裂缝控制措施与建议

(1) 母线洞附近的高边墙围岩变形受爆破开挖影响明显，开挖过程中应严格控制开挖进尺、减小爆破对岩体损伤、及时跟进系统支护。

(2) 开挖过程中应加密观测频次，动态复核该部位的围岩稳定性和系统支护安全性，为开挖支护方案的调整和优化提供参考依据。

(3) 为避免母线洞衬砌发生开裂，不建议过早施作永久衬砌。

(4) 母线洞底板以下的围岩松弛问题突出，一方面在母线洞洞内开展补强加固，如设置斜向插筋、局部喷锚支护；另一方面，在厂房边墙适当增设预应力锚索加固，以增加岩柱的安全裕度。

6.6　尾调室中隔墩围岩稳定性分析

6.6.1　中隔墩设计案例类比

长廊型尾调室结构在水电工程中被普遍采用，但常常会因这一结构体型导致边墙的应力松弛和高边墙大变形问题相对突出，从而对调压室围岩的整体稳定性不利。中隔墩的设置能够对两侧边墙提供较强的支撑作用，对洞室围岩稳定性十分有利，但对地下式引水发电系统而言，通常各构筑物的空间布置是相对紧凑的，中隔墩的实际有效厚度受多种因素的制约，一般在 15m 左右。当尾调室的规模较大，厂区地应力水平较高时，其自身的稳定性就需要引起重视。

表6.6-1为部分我国已建和在建的设置有中隔墩的大型长廊型尾调室，统计了各长廊型尾调室的尺寸、实测地应力、岩块抗压强度等参数。通过对比，这些尾调室规模均较大，调压室高度均超过了70m，工程区域的地应力水平均在10MPa以上，杨房沟水电站尾调室中隔墩的设计厚度为14.6m，与其他几个工程基本相当，表明该设计方案具有一定的可行性。

表6.6-1　我国部分长廊型尾调室统计

水电站名称	尾调室尺寸/(m×m×m)	中隔墩厚度/m	岩性	覆盖层厚度/m	实测地应力/MPa		抗压强度/MPa	
					最大	最小	干	湿
溪洛渡	317×25×95	16.0 岩埂	斑状玄武岩	340～480	14～21	4～7.6	200～300	—
大岗山	129.7×22.5×75	15.0 岩埂	花岗岩	390～520	11～19	3～4.6	80	
长河坝	162.0×22.5×76	15.0 岩埂	花岗岩	285～480	16～32	—	80～120	
大朝山	217.4×22.4×73	10.0（混凝土浇筑）	玄武岩	60～220	13～17	—	—	Ⅲ类 60～100
杨房沟	171.5×24×82	14.6	花岗闪长岩	380～480	12～15	6～8	60～100	

6.6.2 中隔墩施工期稳定性

6.6.2.1 现场开挖揭示情况

尾调室中隔墩作为大型长廊型调压室两侧高边墙的重要支撑结构，对高边墙围岩应力松弛及变形问题具有较好的限制作用，但中隔墩开挖形成后，因三面卸荷（顶面、两侧面）、两面受压，应力状态将十分不利，容易诱发岩体卸荷松弛、塑性区贯通、局部破坏等问题。因此，在尾调室中隔墩实际开挖中，因受不利应力状态和局部结构面的影响，加之部分梯段爆破控制偏差，中隔墩顶部开口线部位的围岩超挖问题突出，存在岩体振裂、松动、滑移、坍塌等现象，中隔墩右端墙、左端墙开挖面貌如图6.6-1、图6.6-2所示。

图6.6-1　中隔墩右端墙开挖面貌

图6.6-2　中隔墩左端墙开挖面貌

图6.6-3给出了尾调室第Ⅶ层开挖期间中隔墩声波检测成果，测试部位浅层约2m岩体的平均波速约为3000m/s，属于Ⅳ类围岩；2～4.5m岩体平均波速约为4000m/s，基本属于$Ⅲ_2$类围岩；4.5m以外岩体平均声波波速在4500m/s左右，属$Ⅲ_1$类围岩。岩体

声波波速揭示了中隔墩围岩的松弛现象较突出，受持续的开挖扰动和应力调整影响，中隔墩浅层 2m 范围内的岩体质量存在明显的降低。

尾调室中隔墩作为两侧高边墙的中间支撑岩柱，在多侧开挖爆破扰动作用下，中隔墩围岩的综合岩体质量也将随着开挖卸荷逐步降低，围岩质量由原状的整体$Ⅲ_1$类、局部$Ⅲ_2$类降低为现状的整体$Ⅲ_2$类、局部$Ⅲ_1$类及浅部Ⅳ类，岩柱的卸荷松弛变形问题相对突出。图 6.6－4 给出了中隔墩围岩岩体质量受开挖卸荷损伤的演化模型。

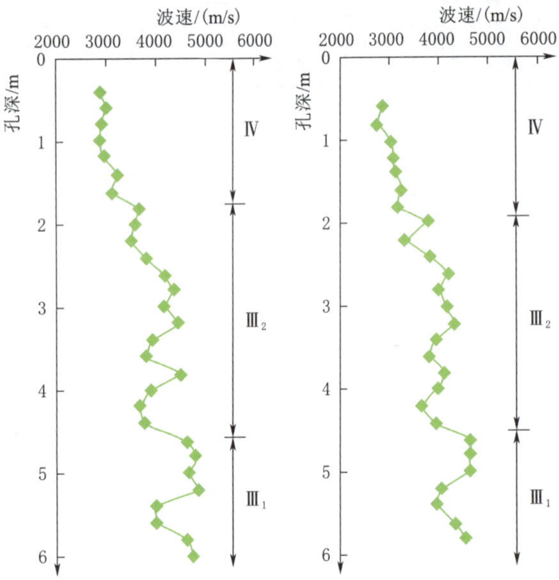

（a）左端墙高程1978m　　（b）右端墙高程1971m

图 6.6－3　尾调室中隔墩声波检测成果（2018 年 4 月 14 日）

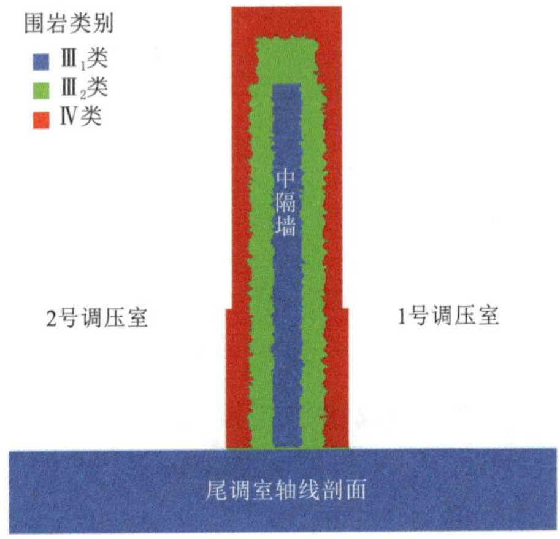

图 6.6－4　中隔墩围岩岩体质量损伤演化模型

6.6.2.2　开挖响应数值分析

开挖完成时尾调室中隔墩变形特征如图 6.6－5 所示，局部喷层开裂如图 6.6－6 所示，典型断面（中隔墩中心线）应力分布特征如图 6.6－7 所示，轴线剖面塑性区分布特征如图 6.6－8 所示。数值分析表明，受多向卸荷以及两侧高边墙挤压作用，中隔墩上部岩体松弛变形问题较突出，特别是在局部不利结构面（f_{3-1}、f_{3-4}、J_{3-3} 等）影响部位，最大累计变形超过 60mm，局部存在挤压鼓胀变形导致的喷层开裂现象。从应力分布特征来看，中隔墩下部岩体应力集中程度较高，最大主应力一般可达到 30～35MPa，存在一定的应力性破坏风险。另外，中隔墩岩柱塑性区存在贯通现象，岩柱稳定性问题较为突出，应进一步分析其安全裕度。

中隔墩的稳定性问题相对突出，现场针对性设置了对穿预应力锚索，锚索设计荷载普遍为 1500kN，靠边缘的部分锚索设计荷载为 1000kN。考虑到中隔墩的双侧卸荷变形较大，对穿锚索荷载的后期增长将较为突出，因此锁定荷载不宜太高，现场按设计荷载的 60%锁定。

图 6.6－9 给出了尾调室中隔墩预应力对穿锚索受力特征，在尾调室开挖完成后，该

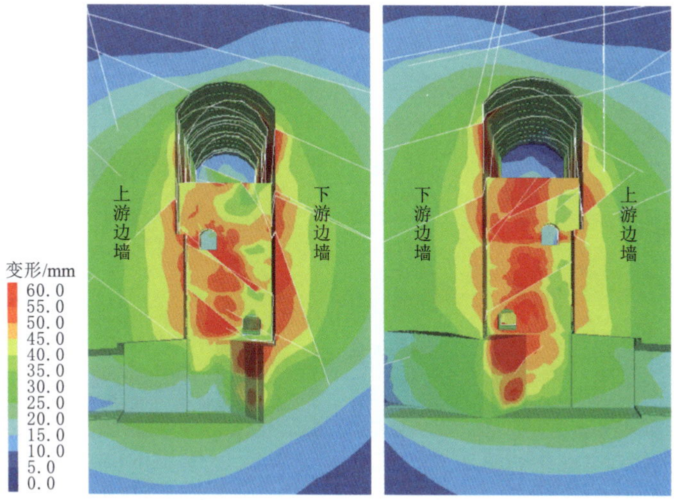

(a) 中隔墩右端墙　　(b) 中隔墩左端墙

图 6.6-5　开挖完成尾调室中隔墩变形特征

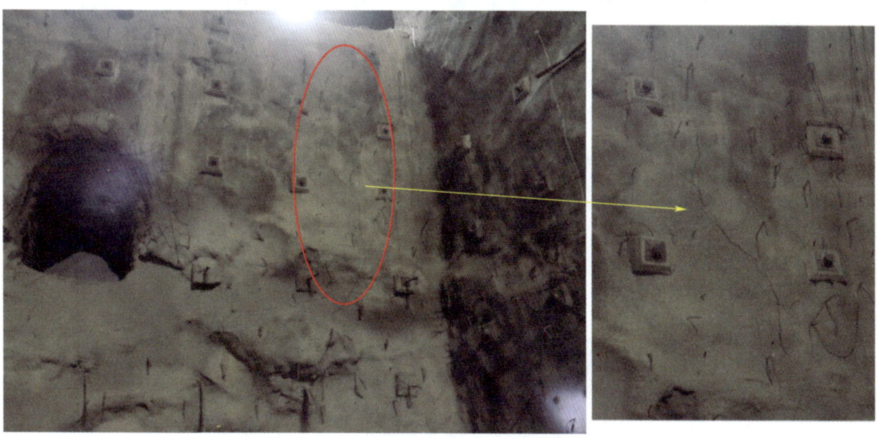

图 6.6-6　尾调室中隔墩局部喷层开裂

部位的锚索荷载一般在 1500kN 以内，个别锚索荷载可达到 1500～1700kN，略超过锚索设计荷载，主要位于中隔墩的中部区域。这与现场实测的锚索荷载分布规律较一致，也间接反映了相关数值计算成果的可靠性。

6.6.2.3　安全监测数据分析

图 6.6-10、图 6.6-11 为尾调室中隔墩典型高程的多点位移计变形时程曲线，从实测变形情况看，中隔墩上部围岩变形量值相对较大，且在尾调室分层开挖期间各测点均呈现持续性的明显增长态势。随着尾调室开挖完成，各测点的变形速率逐步趋于收敛，变形增长主要是受洞室开挖卸荷影响导致，高程 2005m 测点累计变形约 38mm，高程 1991m 测点累计变形约 28mm。

图 6.6-12～图 6.6-14 为尾调室中隔墩典型高程的锚索测力计过程线，与变形特征一致，锚索受力也随着尾调室的下卧存在持续的明显增长现象，其中高程 2005m、高程

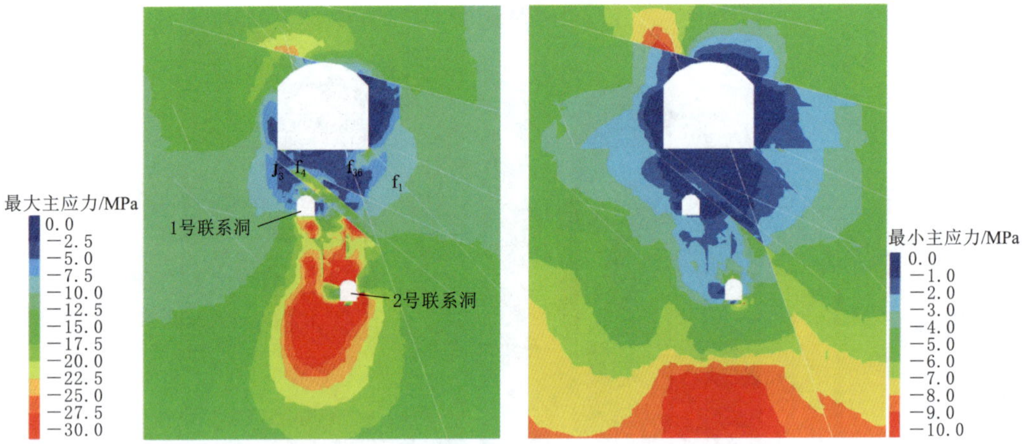

(a) 最大主应力　　(b) 最小主应力

图 6.6-7　开挖完成尾调室典型断面（中隔墩中心线）应力分布特征

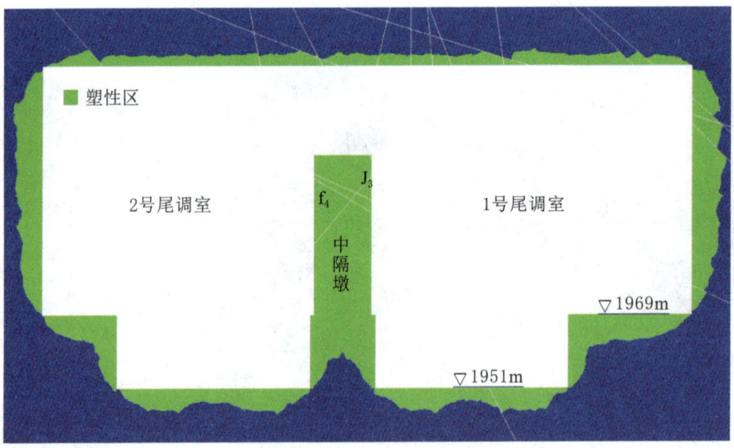

图 6.6-8　开挖完成尾调室轴线剖面塑性区分布特征

1991m 测点锚索受力超出其设计荷载，分别达到 1154kN、1700kN，高程 1978m 测点锚索荷载为 1369kN，各测点在洞室开挖完成后趋于收敛。

中隔墩围岩的监测变形、支护受力具有受开挖响应影响敏感、变形量偏大、收敛时间略长等典型特征，说明了该部位围岩的卸荷变形问题较尾调室高边墙更为突出，中隔墩的整体安全裕度较尾调室边墙低。尾调室开挖完成后，中隔墩的变形及支护受力逐步趋于收敛，围岩处于整体变形稳定状态。

6.6.2.4　中隔墩安全裕度评价

1. 中隔墩安全裕度分析方法

在长廊形尾调室中，中隔墩作为中间支撑岩柱，将主要受到两侧高边墙大变形的挤压作用，其承受的荷载与两侧洞室的开挖规模、地应力水平、岩体结构等密切相关。当尾调室规模较大且中隔墩的有效厚度较薄时，中隔墩岩体将很可能发生挤压破坏，其自身安全裕度较低的问题将会凸显。因此，合理有效地评价其整体安全裕度十分关键。

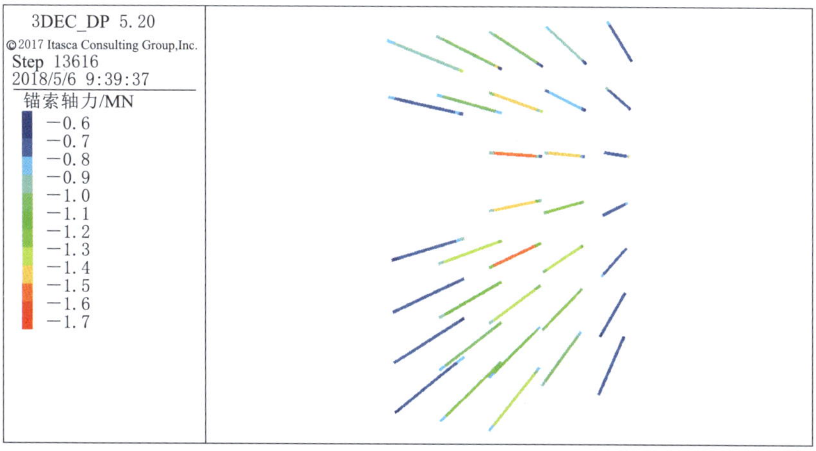

图 6.6-9　尾调室中隔墩预应力对穿锚索受力特征

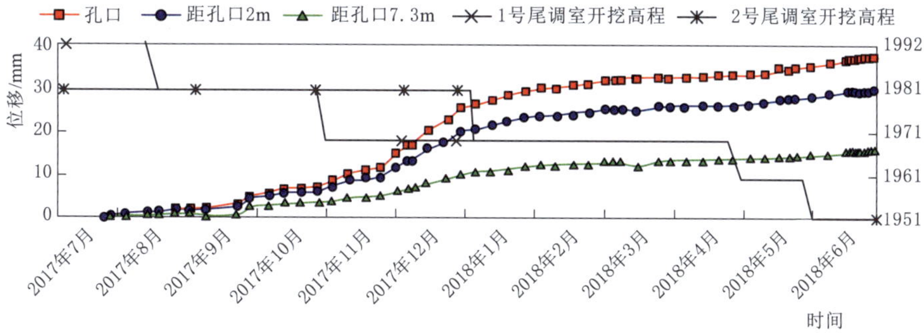

图 6.6-10　尾调室中隔墩 2005m 高程多点位移计变形时程曲线

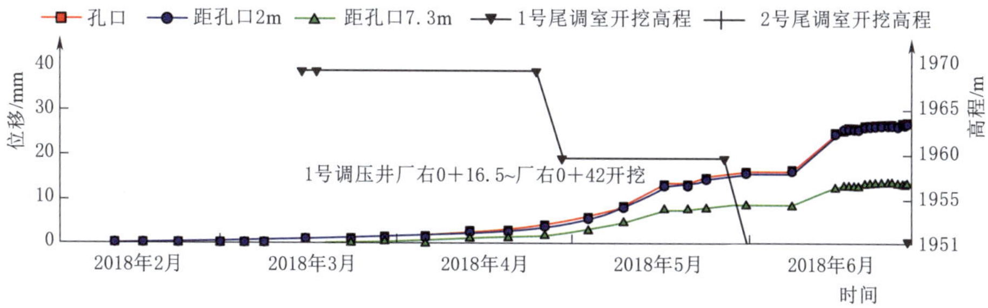

图 6.6-11　尾调室中隔墩 1991m 高程多点位移计变形时程曲线

从数值计算角度，在对地下工程邻洞间距设计或岩柱设计时，需要洞室群形成后，岩柱仍保持一定的弹性厚度，并以此作为工程稳定性评价的直观指标之一。比如在评价引水发电系统三大洞室的合理洞间距时，需要保证各洞室之间的岩柱不出现塑性区贯通现象。但在采用数值方法分析大型长廊式调压室围岩开挖稳定性时，根据以往的计算经验，中隔墩通常会存在岩柱塑性区贯通的现象，但很多工程实践却表明该方案是可行的。显然，这类岩柱的塑性区贯通现象不一定导致总体承载力的丧失，也不一定会引起施工期围岩的整体失稳，但可能会影响到岩柱的长期稳定和安全储备。因此，如何深入评价尾调室中隔墩

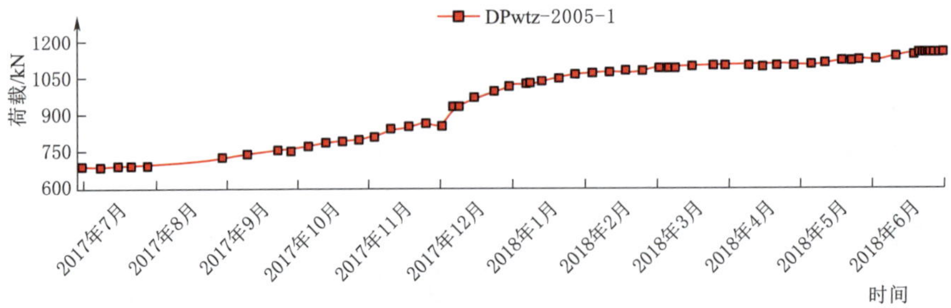

图 6.6－12　尾调室中隔墩 2005m 高程锚索测力计过程线

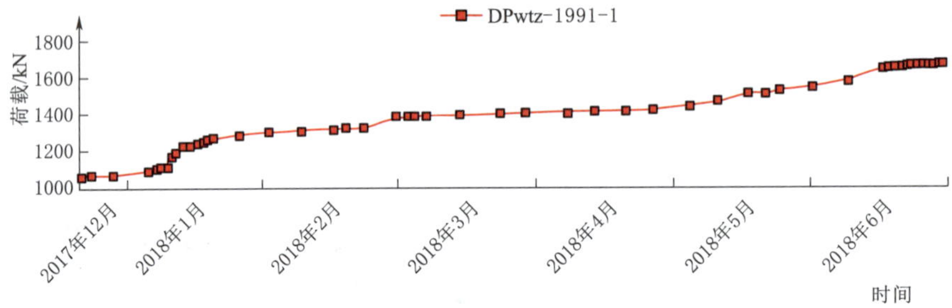

图 6.6－13　尾调室中隔墩 1991m 高程锚索测力计过程线

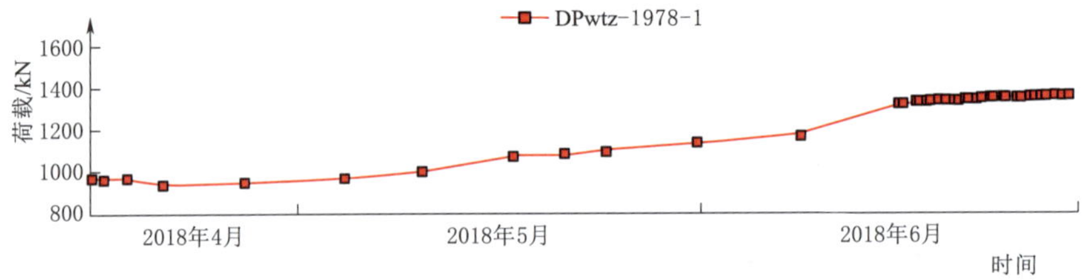

图 6.6－14　尾调室中隔墩 1978m 高程锚索测力计过程线

具备的安全裕度是需要深入思考的问题，并不能仅将塑性区贯通作为单一的评价指标。下面通过介绍边坡岩土体发生整体性失稳的极限状态的判别方法，为探索中隔墩安全裕度的问题提供一定的参考和启发。

在边坡工程中，岩土体极限状态是指岩土体发生整体性失稳破坏的状态。此时，整个滑面达到极限平衡状态，并且坡体不能继续承载；同时，滑面上的应变与位移发生突变，岩土体沿滑面快速滑动直至滑落、坍塌。然而，人们至今仍对岩土体的整体失稳破坏没有统一的认识。一般认为，若边坡整个滑面上都达到极限平衡状态，就判定为整体失稳破坏，因而可以把滑面的塑性区贯通作为整体失稳的判据。不过，也有研究学者认为，即使滑面上各点都达到了极限应力状态，但由于边界条件的约束，岩土体没有足够的位移，仍不会发生宏观的滑动破坏。按此观点，把滑面上各点都达到极限平衡作为整体破坏的条件不够全面，滑面上塑性区贯通只是破坏的必要条件，而非充分条件，它表征着渐进破坏的开始。因此，认为只有整个滑面上各点的应变也都达到极限应变才会发生滑动更为合理。显然，这一观点更符合整体失稳破坏的实际情况。

边坡失稳，即滑体由稳定静止状态变为运动状态，滑面节点位移和塑性应变将产生突变，此时位移和塑性应变将持续发展，直到滑体滑出。在数值分析中，可将计算是否收敛作为边坡失稳的判据。对于理想弹塑性材料构成的边坡，数值方法通过强度折减使边坡达到极限破坏状态，滑动面上的位移和塑性应变将产生突变，且此位移和塑性应变的大小不再是一个定值，程序无法从数值方程组中找到一个既能满足静力平衡又能满足应力—应变关系和强度准则的解，此时，不管是从力的收敛标准，还是从位移的收敛标准来判断数值计算都不收敛。此判据认为，在边坡破坏之前计算收敛，在边坡破坏之后计算不收敛，用以表征滑面上岩土体无限流动，因此可把静力平衡方程组是否有解，数值计算是否收敛作为边坡破坏的依据。

与此类似，对地下洞群的中间岩柱或中隔墙而言，要确定其真实的安全裕度，也需先要找到能够衡量其岩体极限状态的定量化指标。参考边坡岩体极限状态的几个主要判断指标，可认为塑性区贯通只是岩柱失稳的必要条件，而非充分条件，它只是表征了围岩渐进破坏的开启。而围岩变形量值的累积及其发展趋势，更易反映岩柱的稳定演化特征。通常，地下工程中围岩失稳是由稳定静止状态变为运动状态的过程，在潜在失稳破坏区，围岩变形和塑性应变将会产生明显的突变，率先导致围岩的屈服贯通，进而引起掉块、剪切错动、大变形等一系列宏观破坏现象，故该变形突变的拐点可作为围岩失稳的临界判据之一。

当前，对地下工程岩体整体失稳判据并没有统一的标准，工程师更多地依赖工程经验进行此类问题的评判。因此，对杨房沟水电站调压室中隔墩的整体安全性分析，也仅是通过对比研究洞室开挖过程中中隔墩自身和邻近围岩的变形量及发展趋势，半定量地评价中隔墩岩柱的安全性。

2. 中隔墩安全裕度评价

采用强度折减法，对中隔墩岩柱的整体安全裕度开展进一步分析评价。通过对中隔墩岩体强度参数进行折减，如弱化中隔墩岩体的变形模量和强度（同步折减岩体变形模量 E、摩擦系数 f、黏聚力 c），分析不同岩体损伤程度下的围岩变形及稳定性特征，并以此评价中隔墩岩柱的整体安全裕度。具体计算方案如下。

方案 A：作为基本方案，中隔墩岩体参数折减系数为 1.0。

方案 B：中隔墩岩体参数折减系数为 0.9，对应安全系数为 1.11。

方案 C：中隔墩岩体参数折减系数为 0.8，对应安全系数为 1.25。

方案 D：中隔墩岩体参数折减系数为 0.7，对应安全系数为 1.43。

图 6.6-15 给出了不同折减系数下中隔墩围岩变形特征，图 6.6-16 给出了变形监测点布置情况，表 6.6-2 是不同折减系数下中隔墩变形统计及对比情况。随着中隔墩岩体参数持续折减，中隔墩围岩变形有了较明显的增长，当折减系数为 0.7 时，中隔墩围岩变形增长达到 20%以上（10～20mm）；尾调室边墙受中隔墩参数折减影响相对较小，变形增长幅度一般在 4%以内（小于 2mm），紧靠中隔墩区域（测点 5、测点 6、测点 15、测点 16）的边墙变形增长相对明显，最大增幅在 10%左右（小于 4mm），远离中隔墩区域边墙变形增长幅度逐渐减小。总体来看，中隔墩岩体折减后其自身的卸荷松弛变形问题进一步发展，在折减系数为 0.7 时（对应安全系数为 1.43）并未发生整体性变形失稳现

象，且对尾调室上下游侧高边墙的扰动变形影响相对不明显，可以认为此条件下的中隔墩仍具备一定的稳定性。

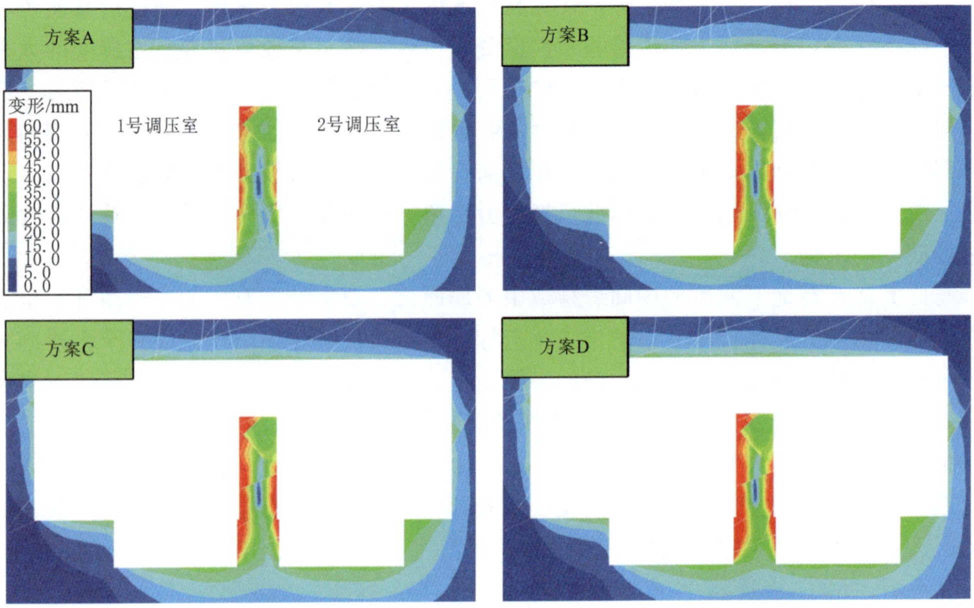

图 6.6-15　不同折减系数下中隔墩围岩变形特征

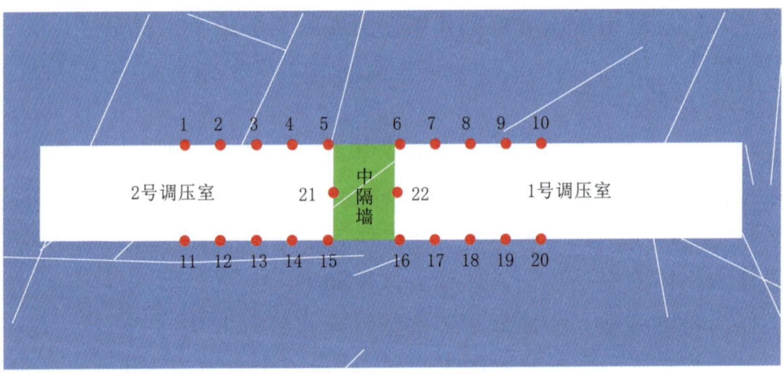

图 6.6-16　尾调室中隔墩区域的变形监测点布置情况

综合来看，尾调室中隔墩受多侧开挖卸荷影响变形问题相对明显，出现了塑性区的贯通现象，但其对两侧高边墙围岩的支撑作用不容忽视，对邻近部位边墙的变形控制作用明显，有效提升了尾调室的整体安全裕度；在实际施工中通过采取开挖爆破控制、系统锚杆+预应力锚索的喷锚支护加固等措施，有效提升了中隔墩岩柱的围岩完整性和整体稳定性，中隔墩围岩具备一定的整体安全裕度。

6.6.3　中隔墩运行期稳定性

运行期尾调室洞内的水位频繁变动将会影响中隔墩的稳定，分析中隔墩运行期的稳定性，可主要考虑以下四种不利运行工况。

表 6.6-2　　不同折减系数下中隔墩变形统计及对比情况

位置	监测点编号	方案A（基本方案）	方案B（折减系数为0.9）		方案C（折减系数为0.8）		方案D（折减系数为0.7）	
		变形量/mm	变形量/mm	增量百分比/%	变形量/mm	增量百分比/%	变形量/mm	增量百分比/%
上游边墙	1	51.97	52.02	0.09	52.13	0.30	52.18	0.41
	2	53.21	53.37	0.29	53.58	0.68	53.68	0.88
	3	56.15	56.46	0.55	56.80	1.17	56.98	1.48
	4	56.04	56.69	1.15	57.32	2.28	57.70	2.96
	5	44.77	46.30	3.42	47.57	6.26	48.43	8.16
	6	41.76	43.56	4.31	44.93	7.59	45.81	9.70
	7	49.81	50.55	1.49	51.14	2.68	51.48	3.37
	8	52.96	53.29	0.62	53.58	1.17	53.73	1.45
	9	56.12	56.29	0.32	56.47	0.63	56.55	0.78
	10	55.12	55.19	0.13	55.29	0.31	55.34	0.40
下游边墙	11	65.52	66.69	1.78	66.70	66.63	1.79	1.69
	12	70.13	71.49	1.93	71.55	71.51	2.01	1.96
	13	69.66	70.90	1.78	71.18	71.28	2.19	2.33
	14	69.03	70.41	2.00	71.15	71.58	3.08	3.70
	15	44.32	46.51	4.94	48.49	49.93	9.40	12.64
	16	41.91	43.78	4.46	45.39	46.54	8.31	11.06
	17	55.80	56.66	1.55	57.47	57.97	3.00	3.89
	18	54.24	54.61	0.67	54.96	55.16	1.32	1.68
	19	52.35	52.54	0.37	52.73	52.84	0.73	0.93
	20	49.37	49.44	0.15	49.52	49.56	0.31	0.39
中隔墩	21	50.21	54.78	9.11	58.75	17.00	61.68	22.84
	22	56.99	61.51	7.95	65.64	15.19	68.92	20.93

工况一：1号调压室放空，2号调压室水位为高程1993m。

工况二：1号调压室水位为高程1989.2m，2号调压室水位为高程1994.5m。

工况三：2号调压室放空，1号调压室水位为高程1993m。

工况四：2号调压室水位为高程1989.2m，1号调压室水位为高程1994.5m。

将开挖期的围岩变形清零，计算得到运行期四种工况下中隔墩变形特征，如图6.6-17～图6.6-20所示。计算显示工况一和工况三的中隔墩变形增长幅度相对较大，但一般也在1.0mm以内，最大不超过1.5mm。工况二和工况四的中隔墩变形增量一般在0.6mm以内。运行期不利水力压差荷载作用对中隔墩岩柱的影响较小。

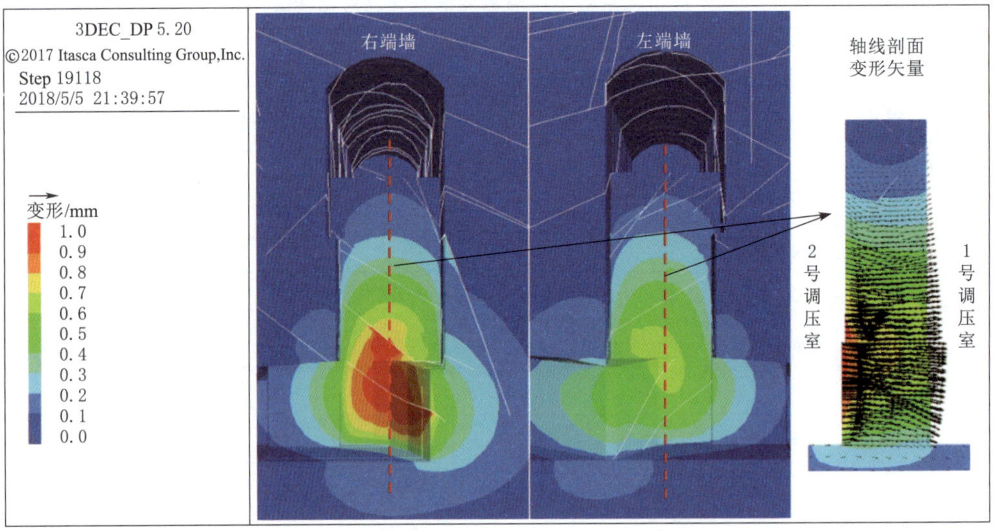

图 6.6－17　运行期工况一条件下中隔墩变形特征

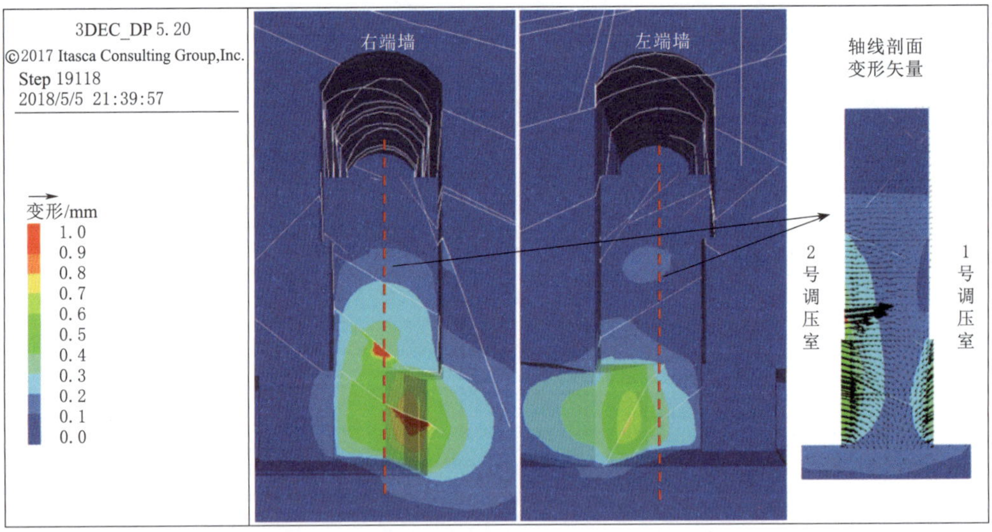

图 6.6－18　运行期工况二条件下中隔墩变形特征

图 6.6－21 为中隔墩应力监测点布置情况，图 6.6－22～图 6.6－27 给出了运行期各种工况下典型高程测线中隔墩最大、最小主应力分布。各种工况对中隔墩应力场影响程度均很小，围岩的最大主应力和最小主应力均无明显变化。

6.6.4　研究结论

1. 中隔墩施工期稳定性

（1）受多向卸荷和开挖扰动影响，尾调室中隔墩岩体质量存在较明显的降低，围岩松弛变形问题相对突出，出现了塑性区贯通现象，锚索荷载存在超限风险，围岩的整体稳定性相对偏低。

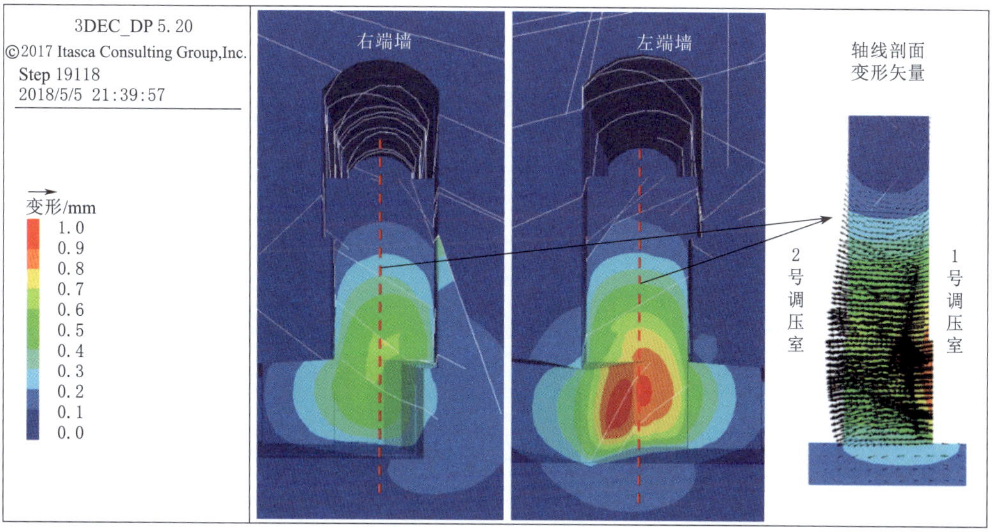

图 6.6-19 运行期工况三条件下中隔墩变形特征

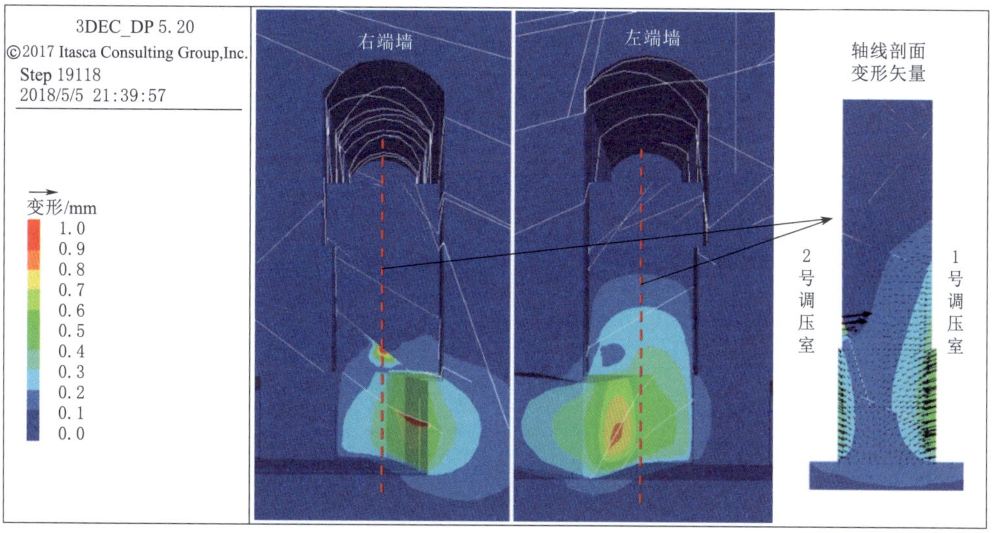

图 6.6-20 运行期工况四条件下中隔墩变形特征

(2) 基于强度折减法分析中隔墩的安全性，当折减系数为 0.7 时（对应安全系数为 1.43）并未发生整体性的变形失稳现象，且对尾调室高边墙的扰动变形影响较不明显，可认为此状态下中隔墩仍具备一定的整体安全裕度，即中隔墩的整体安全系数高于 1.43。

2. 中隔墩运行期稳定性

运行期最不利工况下，中隔墩围岩变形增量一般在 1.0mm 以内，最大变形增量不超过 1.5mm，且对中隔墩围岩应力状态的影响也很小。总体上看，运行期不利水力压差荷载作用对中隔墩岩柱的变形及稳定影响很小。

综合监测数据、地质条件、数值计算分析成果，尾调室中隔墩围岩处于整体稳定状态，并且在施工期和运行期均具备一定的承载能力和整体安全裕度。

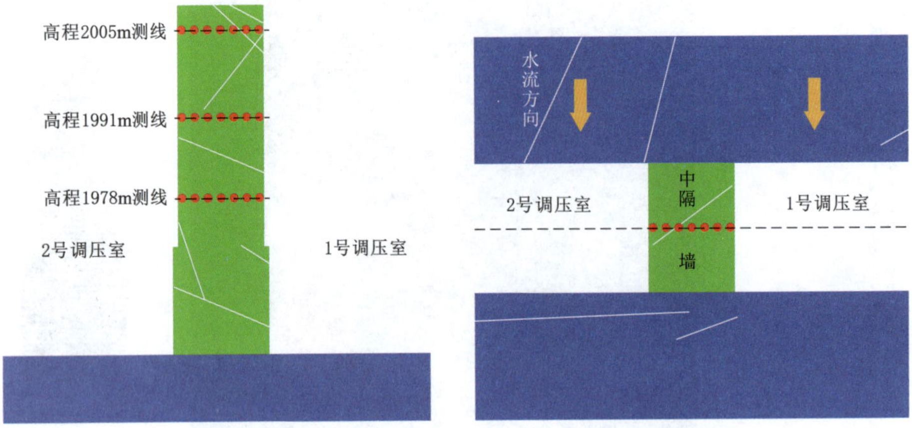

(a) 尾调室中轴线剖面图　　(b) 尾调室高程1991m平切图

图 6.6-21　中隔墩应力监测点布置情况

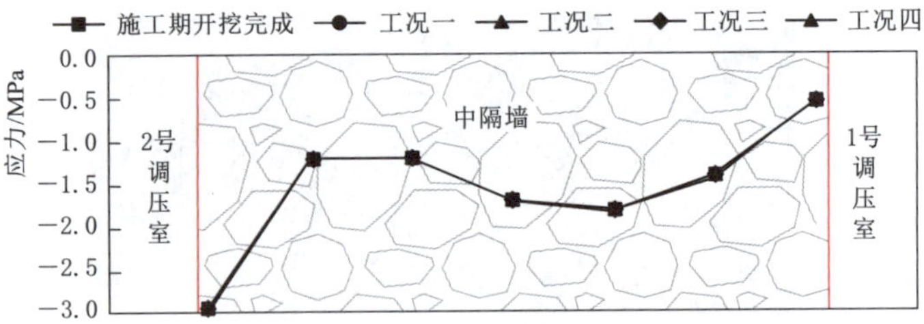

图 6.6-22　高程 2005m 测线最大主应力分布

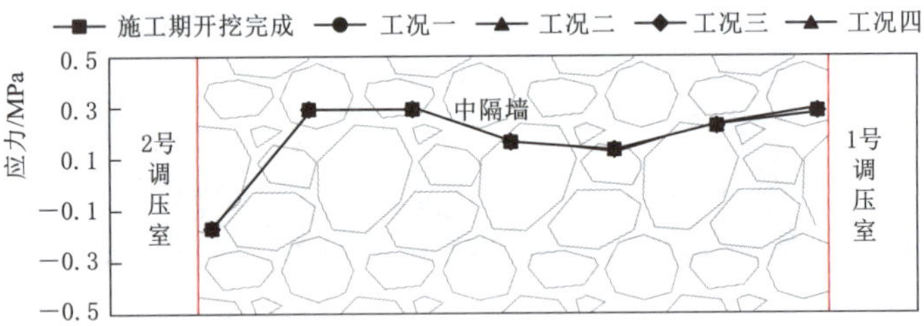

图 6.6-23　高程 2005m 测线最小主应力分布

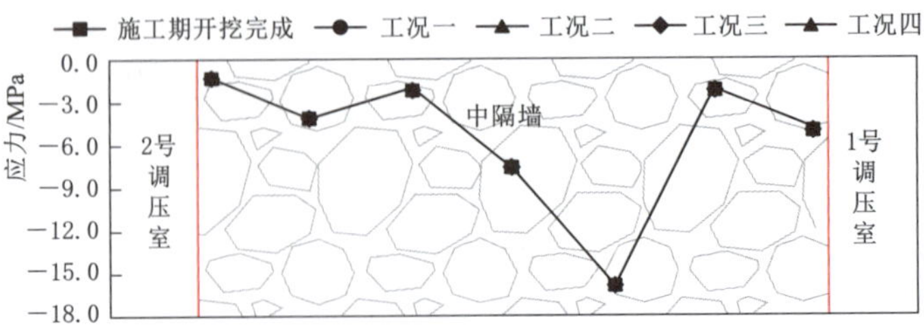

图 6.6-24　高程 1991m 测线最大主应力分布

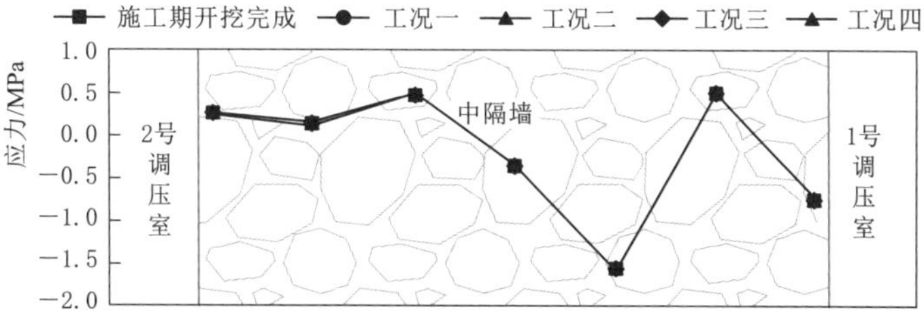

图 6.6-25 高程 1991m 测线最小主应力分布

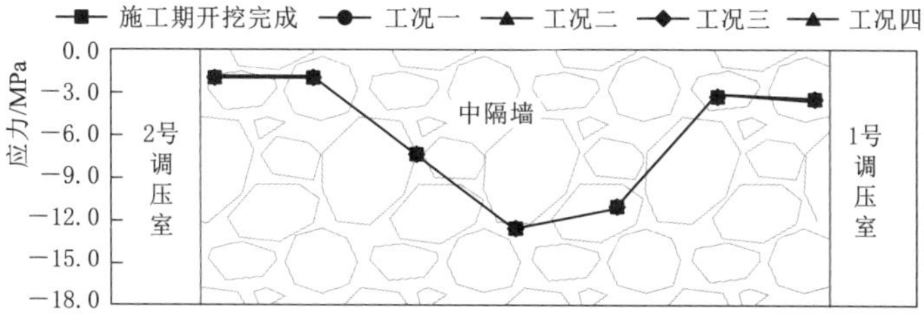

图 6.6-26 高程 1978m 测线最大主应力分布

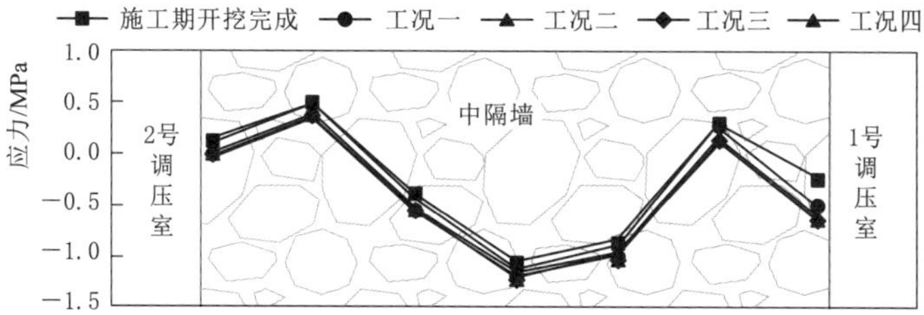

图 6.6-27 高程 1978m 测线最小主应力分布

6.7 地下洞室群块体稳定性分析

杨房沟水电站地下洞室群围岩岩性为花岗闪长岩，厂区顺洞向小断层、挤压破碎带、陡倾优势节理等不利结构面较发育，对边墙变形及稳定较为不利。大量工程实践表明，在诸如花岗闪长岩这类坚硬岩体条件下的工程建设，无论是边坡还是洞室都会遇到大量的块体稳定问题。可以预见，局部块体失稳是地下工程围岩破坏的一种重要形式，尤其是坚硬岩体中的大型地下洞室开挖，块体稳定问题是影响洞室稳定、施工安全的关键环节。因此，深入开展洞室围岩的不利结构面组合、关键块体失稳模式及稳定性研究十分重要，将有利于洞室系统支护形式的确定。

杨房沟水电站地下洞室群三大洞室开挖完成后，有必要针对地下洞室群的块体稳定问题展开系统性分析复核工作，主要包括以下两个方面：

（1）厂区随机块体稳定性分析复核：根据地下洞室群现场开挖揭示的优势结构面统计信息，对厂区的随机块体稳定问题进行分析。此项工作将作为洞室系统支护体系的可靠性和合理性复核的重要参考指标之一。

（2）厂区典型定位或半定位块体稳定性复核：跟踪分析现场开挖揭示主要Ⅳ级结构面

（如断层 f_{1-49}、断层 f_{1-83} 等）的不利影响，考虑其与优势结构面组合后可能形成较不利的定位或半定位块体，影响工程施工安全和局部围岩稳定性，这类块体需要在实际施工过程中重点关注。此项分析将作为地下洞室群开挖完成后围岩稳定验收评价的重要支撑。

6.7.1 地下洞室块体分类、分析方法与控制标准

6.7.1.1 块体分类

块体稳定问题是硬岩条件下大跨度地下洞室开挖中需要重点关注的问题之一，块体稳定一般由结构面控制，岩体结构面，如断层、层面、节理等的强度往往显著低于岩块，在重力或其他外力作用下结构面上的应力超过其强度时，将产生失稳破坏。

岩体工程开挖之前，通过块体理论可以预测分析不同开挖面上的可能失稳块体及关键块体的类型、几何特征和稳定性状况，但此时块体是不定位（结构面位置均未知）或半定位（构成块体的某一结构面位置已知，如特定的断层）的。岩体开挖后，可通过调查实际出露结构面性状及位置，分析块体的几何特征及稳定性，此时块体是可定位的。另外，由于岩体中节理的发育具有随机性的特点，通过对节理的产状、间距、长度等进行统计分析，可获得随机分布信息，按一定规则组合后可形成大量的随机块体。因此，块体可分为定位块体、半定位块体以及随机块体。

另一方面，块体稳定问题也可依据其失稳风险或安全性的不同，分为失稳块体、松动块体、潜在块体。

失稳块体：多发生在洞室开挖施工过程中，比如厂房顶拱或边墙均出现了局部块体破坏问题（多为楔形体）。理论上，这些块体一般由确定性结构面组合切割而成，安全系数小于 1，在爆破开挖扰动影响下，最终发生块体失稳破坏。通常，这些不稳定块体一般会造成工程超挖，对顶拱拱圈和边墙围岩的完整性和承载力均有不利影响，且存在一定的施工安全隐患。工程人员可根据现场揭露地质信息对潜在失稳块体进行风险评估和超前预报，必要时可进行针对性的超前支护。

松动块体：这类块体的安全系数基本处于临界状态（略大于 1），一般需由现场施工人员和地质工程师进行辨识。若洞室顶拱或高边墙部位的松动块体清理不彻底或支护不到位，后续会存在较大的失稳掉块或滑塌风险。现场可针对顶拱和高边墙部位的松动薄层、小型块体先予以清除后再实施系统喷锚支护，保证施工安全和围岩稳定。

潜在块体：指安全裕度不高或不能满足规范要求的块体。根据块体规模，可分为浅层小型潜在块体和深层大型潜在块体。这类块体一般不会在施工过程中发生失稳破坏，但需要设计人员搜索识别并进行针对性的加强支护，以满足规范规定安全系数的基本要求。

6.7.1.2 块体稳定分析方法

在非定位块体或随机块体分析中，通过对优势节理的产状、间距、长度等分区域分部位进行统计分析，按一定规则组合形成随机块体，以确定块体几何形态特征，并根据各优势节理的统计平均迹长拟定潜在组合块体的一般尺度规模。基于上述确定的地下洞室块体具体空间几何形态特征，分析块体的破坏模式，并结合各块体边界的力学参数，开展块体稳定性及所需的锚固力的分析计算工作。

在定位或半定位块体分析中，通过调查实际结构面出露情况，并主要关注延伸较长、性状较差、交切关系不利的结构面，分析关键组合块体的实际形态和出露部位，进行稳定性分析与支护设计校核。

从工程经验角度，现场设计人员和地质工程师一般可以通过分析块体的空间几何形态，直观地筛选出需要在工程支护中予以考虑的关键块体，经验性地给出是否需要进行加强支护的建议。筛选方法如下：若块体的形态显得尖长，即组合块体中某些结构面的交棱线接近平行，则岩块受到镶嵌和咬合作用，一般不易失稳；若尖长的块体与临空面紧贴（某一交棱线与临空面产状相近），其壁后延伸不大，块体体积较小，则该类块体在洞室开挖后可能自行脱落，采取一般喷锚支护措施即可保证该类块体的稳定。故而，分析块体稳定时对上述类型块体的设计方案可以快速决策。

从现场实践角度，在杨房沟水电站地下洞室群第Ⅰ层开挖过程中，顶拱部位出现了一些局部小型块体失稳破坏现象，块体深度一般小于 0.5m，规模一般不大于 $1m^3$，通过及时排险加固，工程现场未发生因块体失稳导致的安全事故。另外，还有一些由不利结构面组合切割形成的浅层潜在块体，分布于围岩松动区或损伤区内，在无支护下的安全裕度偏低，一般也难以完全辨识，这类块体具有一定的随机性和不确定性。在实际工程建设过程中，其应对措施是进行系统性喷锚支护，如顶拱围岩在系统支护完成后可形成一定厚度的锚固区或承载圈，可有效解决顶拱浅层块体稳定问题。当然，解决上述风险的关键是要保证系统支护的及时性、可靠性和合理性。

从计算分析角度，当前块体分析方法一般基于关键块体理论，采用刚体极限平衡方法进行分析计算。通用的计算程序为 E. Hoek 等开发的 Unwedge 程序，该程序被设计成一种快速的、互动的、简单的开发工具，可用于分析地下块体的几何特征及其稳定性。然而，该程序本身具有较多的局限性，比如块体只能由三组结构面组成，在应用上受到较大的限制。本文主要用其进行随机块体和简单块体的稳定性分析。对于超过三个面组合的复杂的块体，可首先采用 CAD 或 3DEC 实现空间块体几何分布的三维可视化，得到组合切割块体的几何参数（如块体体积、面积、空间点坐标等），再利用三维刚体极限平衡法进行稳定性计算和锚固设计分析。另外，由于块体计算涉及大量岩体结构面的空间交切关系，而三维块体离散元方法可以模拟大量结构面的分布特征，也可通过采用强度折减法，搜索不同安全系数条件下潜在块体的分布特征。因此，也可利用三维块体离散元方法来计算分析地下洞室的块体稳定性和锚固方案。

6.7.1.3 块体安全控制标准

参考《水电站地下厂房设计规范》（NB/T 35090—2016），给出杨房沟水电站地下洞室群块体安全系数控制标准（表 6.7-1）。

表 6.7-1 杨房沟水电站地下洞室群块体安全系数控制标准

失稳模式	组合形式	安全标准	稳定性计算思路	说明
滑移型块体	定位块体	1.80	区分为单面滑动块体和双面滑动块体进行计算	①不考虑地应力的有利影响；②挂网喷层作为强度储备；③各类结构面参数取地质建议值低值；④大型非定位块体的不完全切割边界应考虑其连通率
	半定位块体			
	随机块体			
悬吊型块体	定位块体	2.00	按悬吊式理论计算	
	半定位块体			
	随机块体			
临时块体		1.50		

6.7.2 洞室群随机块体分析

6.7.2.1 地下厂房随机块体分析

1. 顶拱

地下厂房顶拱尺寸为 230m×30m（长×宽），桩号为厂右 0+178.5～厂左 0+51.5，高程为 2013.95～2022.5m，岩性为花岗闪长岩，呈微风化～新鲜。

地下厂房顶拱岩体发育 3 组优势节理：①N15°～20°E、NW∠75°～80°节理；②N85°E、NW∠40°～45°节理；③N65°～75°W、SW∠65°～70°节理。与洞轴线的夹角分别为 15°、80°、75°。地下厂房顶拱优势节理发育情况与参数取值见表 6.7-2。地下厂房顶拱优势节理的赤平投影图如图 6.7-1 所示。地下厂房顶拱随机块体分析见表 6.7-3。

表 6.7-2　　地下厂房顶拱优势节理发育情况与参数取值

优势节理	产　状	迹长/m	f'	c/MPa
①	N15°～20°E、NW∠75°～80°	8～12	0.6	0.15
②	N85°E、NW∠40°～45°	8～12	0.6	0.15
③	N65°～75°W、SW∠65°～70°	8～12	0.6	0.15

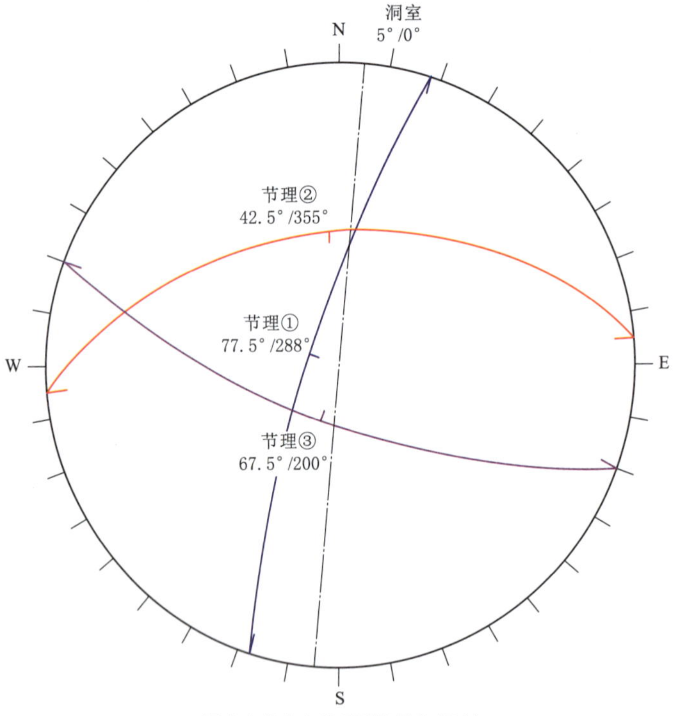

(图中度数代表节理面的倾角/倾向)

图 6.7-1　地下厂房顶拱优势节理的赤平投影图（下半球）

2. 上游边墙

上游边墙走向为 N5°E，全长 230m，桩号为厂右 0+178.5～厂左 0+51.5，高程为 2013.95～1967.5m（厂右 0+178.5～厂右 0+115、高程 1991.1m 为安装间平台），岩性为花岗闪长岩，呈微风化～新鲜。

表 6.7-3　　地下厂房顶拱随机块体分析

<table>
<tr><th>随机块体图</th><th>项　　目</th><th>参　　数</th></tr>
<tr><td rowspan="8">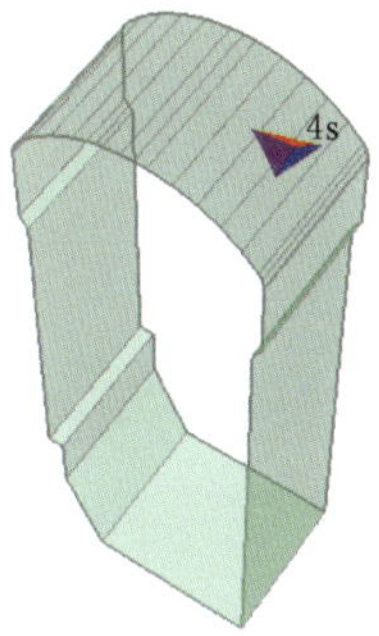
</td><td>块体编号</td><td>ZCF1</td></tr>
<tr><td>优势节理组合</td><td>①+②+③</td></tr>
<tr><td>体积/m^3</td><td>21.24</td></tr>
<tr><td>失稳模式</td><td>沿节理①滑动</td></tr>
<tr><td>滑动力/阻滑力</td><td>0.55MN/2.20MN</td></tr>
<tr><td>安全系数 K_c</td><td>4.01</td></tr>
<tr><td>参数敏感性分析 K_c'（$f'=0.50$，$c=0.10$MPa）</td><td>2.69</td></tr>
<tr><td>稳定性评价</td><td>满足规范中大于 1.80 的要求</td></tr>
<tr><td rowspan="7">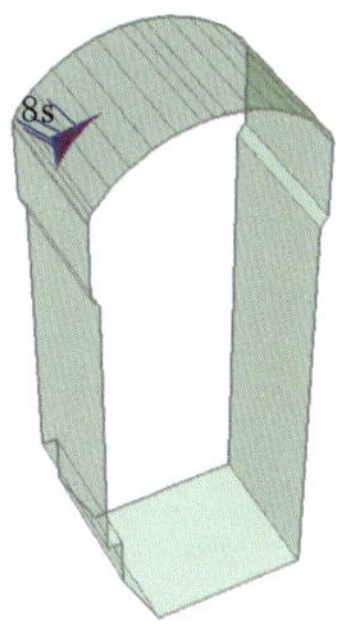
</td><td>块体编号</td><td>ZCF2</td></tr>
<tr><td>优势节理组合</td><td>①+②+③</td></tr>
<tr><td>体积/m^3</td><td>6.03</td></tr>
<tr><td>失稳模式</td><td>悬吊型</td></tr>
<tr><td>滑动力/阻滑力（支护）</td><td>0.16MN/0.33MN</td></tr>
<tr><td>支护前后 K_c</td><td>0/2.04</td></tr>
<tr><td>稳定性评价</td><td>满足规范中大于 2.00 的要求</td></tr>
</table>

上游边墙节理轻度～中等发育，主要有以下 4 组的优势节理：①N85°E、NW∠40°～55°节理，闭合，面平直粗糙，断续延伸，间距 0.5～3m；②N65°～75°W、SW∠65°～70°节理，闭合，面平直，局部面附钙质，断续延伸较长，平行发育，间距 0.8～2m；③N15°～20°E、NW∠75°～80°节理，闭合，面平直，断续延伸；④EW、S∠40°～50°节理，闭合，面平直粗糙，断续延伸。地下厂房上游边墙优势节理发育情况与参数取值见表 6.7-4。地下厂房上游边墙优势节理的赤平投影如图 6.7-2 所示。地下厂房上游边墙随机块体分析见表 6.7-5。

表 6.7-4　　地下厂房上游边墙优势节理发育情况与参数取值

优势节理	产　　状	迹长/m	f'	c/MPa
①	N85°E、NW∠40°～55°	8～12	0.6	0.15
②	N65°～75°W、SW∠65°～70°	10～15	0.6	0.15
③	N15°～20°E、NW∠75°～80°	8～10	0.6	0.15
④	EW、S∠40°～50°	8～10	0.6	0.15

3. 下游边墙

下游边墙走向为 N5°E，全长 230m，桩号为厂右 0+178.5～厂左 0+51.5，高程为 2013.95～1967.50m（厂右 0+178.5～厂右 0+115、高程 1991.1m 为安装间平台），岩性为花岗闪长岩，呈微风化～新鲜，断层影响带呈弱风化。

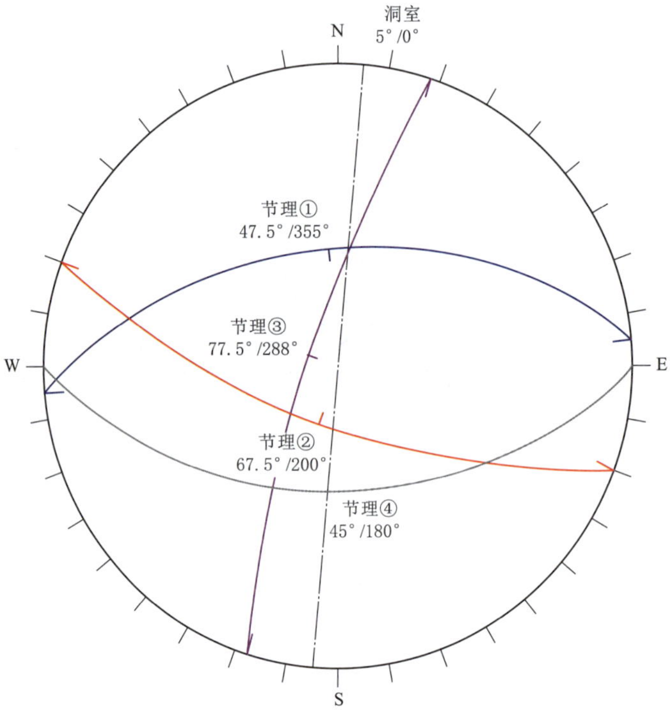

(图中度数代表节理面的倾角/倾向)

图 6.7-2 地下厂房上游边墙优势节理的赤平投影图（下半球）

表 6.7-5　　　　地下厂房上游边墙随机块体分析

随机块体图	项　　目	参　　数
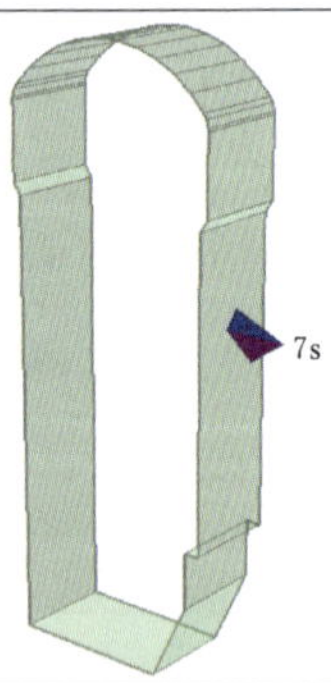	块体编号	ZCF3
	优势节理组合	①+②+④
	体积/m^3	28.32
	失稳模式	沿节理②和④滑动
	滑动力/阻滑力	0.36MN/10.35MN
	安全系数 K_c	28.80
	参数敏感性分析 $K_c'(f'=0.50，c=0.10\text{MPa})$	19.82
	稳定性评价	满足规范中大于 1.80 的要求
	块体编号	ZCF4
	优势节理组合	②+③+④
	体积/m^3	9.97
	失稳模式	沿节理②和④滑动
	滑动力/阻滑力	0.13MN/3.86MN
	安全系数 K_c	30.52
	参数敏感性分析 $K_c'(f'=0.50，c=0.10\text{MPa})$	20.91
	稳定性评价	满足规范中大于 1.80 的要求

下游边墙节理中等发育～较发育，主要有以下 5 组优势节理：①N15°～20°E、NW∠75°～80° 节理，闭合～微张，面平直，断续延伸，间距 0.4～2m；②N65°～75°W、SW∠65°～70° 节理，闭合，面平直，局部面附钙质，断续延伸较长，平行发育，间距 0.8～2m；③N85°E、NW∠40°～55°节理，闭合，面平直粗糙，断续延伸，间距 0.5～3m；④N30°～40°E、NW∠40°～50°，微张～闭合，局部夹岩屑，面起伏粗糙，断续延伸较长；⑤N0°～20°E、NW∠30°～45°节理，微张～闭合，面稍扭，延伸长。地下厂房下游边墙优势节理发育情况与参数取值见表 6.7-6。地下厂房下游边墙优势节理的赤平投影如图 6.7-3 所示。地下厂房下游边墙随机块体分析见表 6.7-7。

表 6.7-6　　地下厂房下游边墙优势节理发育情况与参数取值

优势节理	产　　状	迹长/m	f'	c/MPa
①	N15°～20°E、NW∠75°～80°	8～12	0.6	0.15
②	N65°～75°W、SW∠65°～70°	10～15	0.6	0.15
③	N85°E、NW∠40°～55°	8～12	0.6	0.15
④	N30°～40°E、NW∠40°～50°	10～15	0.6	0.15
⑤	N0°～20°E、NW∠30°～45°	12～18	0.6	0.15

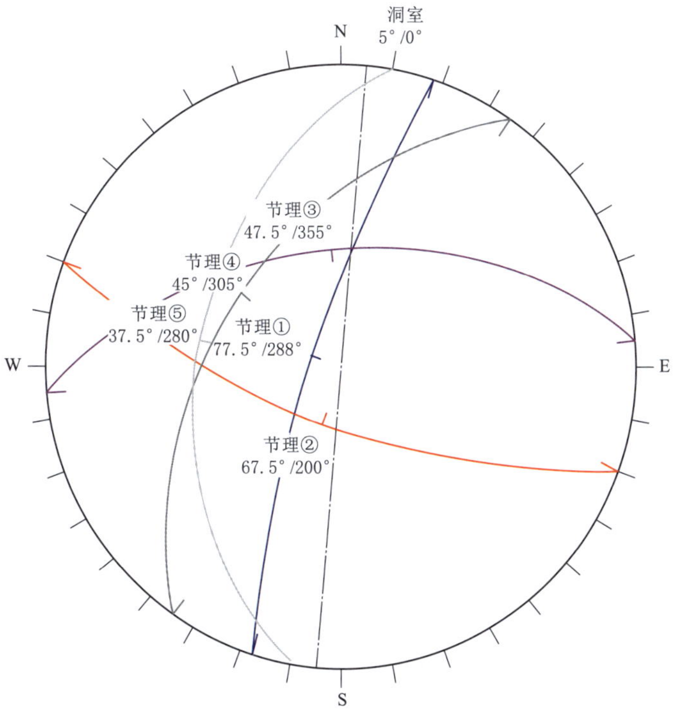

(图中度数代表节理面的倾角/倾向)

图 6.7-3　地下厂房下游边墙优势节理的赤平投影图（下半球）

表 6.7-7 地下厂房下游边墙随机块体分析

随机块体图	项 目	参 数
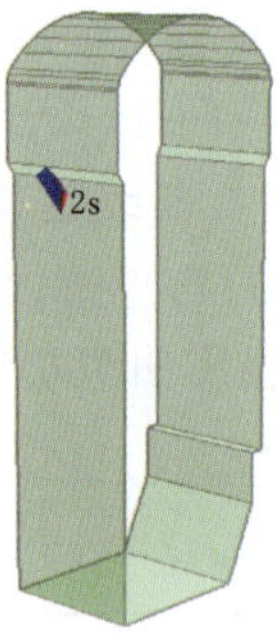	块体编号	ZCF5
	优势节理组合	①+②+③
	体积/m^3	6.22
	失稳模式	沿节理①和②滑动
	滑动力/阻滑力	0.15MN/2.83MN
	安全系数 K_c	18.87
	参数敏感性分析 K_c'（$f'=0.50$，$c=0.10$MPa）	12.62
	稳定性评价	满足规范大于 1.80 的要求
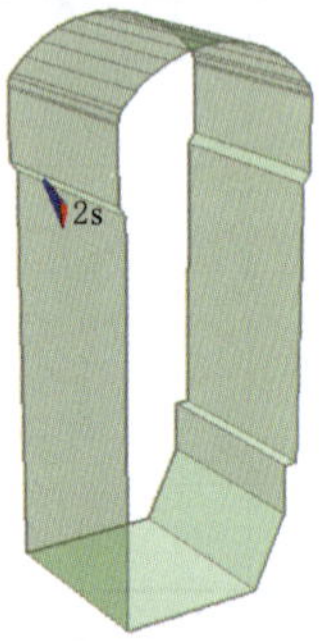	块体编号	ZCF6
	优势节理组合	①+②+④
	体积/m^3	8.48
	失稳模式	沿节理①和②滑动
	滑动力/阻滑力	0.2MN/3.78MN
	安全系数 K_c	18.52
	参数敏感性分析 K_c'（$f'=0.50$，$c=0.10$MPa）	12.43
	稳定性评价	满足规范大于 1.80 的要求
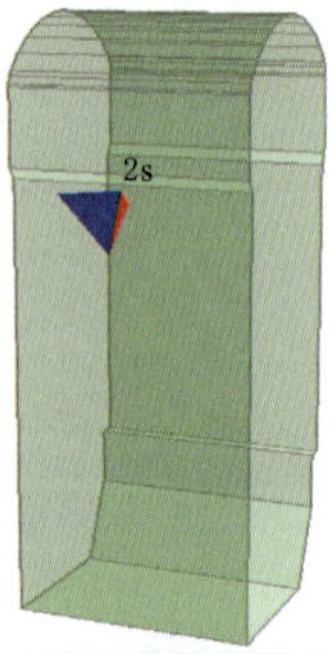	块体编号	ZCF7
	优势节理组合	①+②+⑤
	体积/m^3	28.19
	失稳模式	沿节理①和②滑动
	滑动力/阻滑力	0.68MN/7.97MN
	安全系数 K_c	11.75
	参数敏感性分析 K_c'（$f'=0.50$，$c=0.10$MPa）	7.89
	稳定性评价	满足规范大于 1.80 的要求
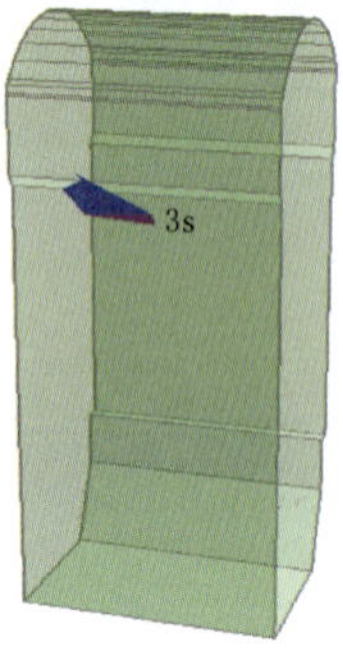	块体编号	ZCF8
	优势节理组合	①+④+⑤
	体积/m^3	23.74
	失稳模式	沿节理④和⑤滑动
	滑动力/阻滑力	0.37MN/6.24MN
	安全系数 K_c	16.84
	参数敏感性分析 K_c'（$f'=0.50$，$c=0.10$MPa）	11.56
	稳定性评价	满足规范大于 1.80 的要求

6.7.2.2 主变室随机块体分析

1. 顶拱

主变室顶拱尺寸为 156m×18m（长×宽），桩号为厂右 0+126.8～厂左 0+29.2，高程为 2012.700～2007.135m，岩性为花岗闪长岩，呈微风化～新鲜状，岩质坚硬。

顶拱岩体发育 3 组优势节理：①N20°～30°E、NW∠75°节理；②EW、S∠45°节理；③N55°W、NE∠50°节理。与洞轴线的夹角分别为 20°、85°、60°。主变室顶拱优势节理发育情况与参数取值见表 6.7-8。主变室顶拱优势节理的赤平投影如图 6.7-4 所示。主变室顶拱随机块体分析见表 6.7-9。

表 6.7-8　主变室顶拱优势节理发育情况与参数取值

优势节理	产　状	迹长/m	f'	c/MPa
①	N20°～30°E、NW∠75°	8～12	0.6	0.15
②	EW、S∠45°	8～10	0.6	0.15
③	N55°W、NE∠50°	6～10	0.6	0.15

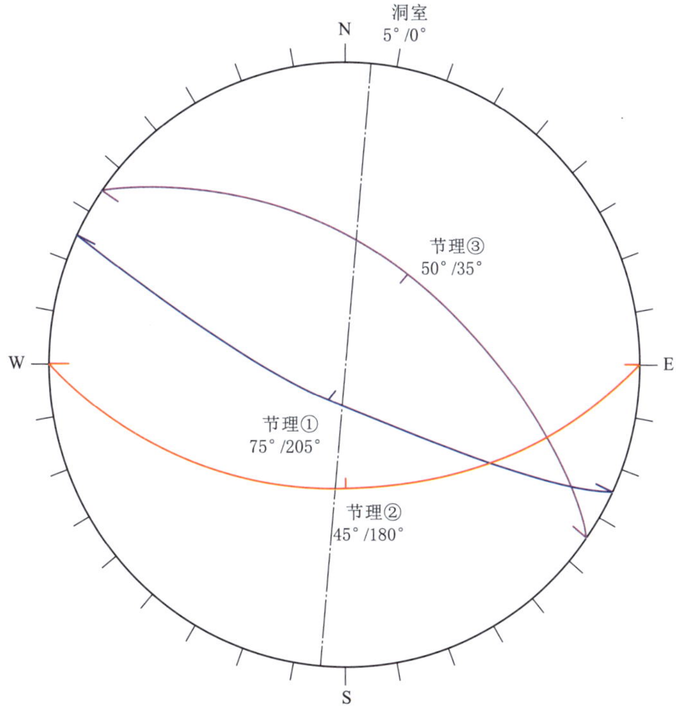

（图中度数代表节理面的倾角/倾向）

图 6.7-4 主变室顶拱优势节理的赤平投影图（下半球）

表 6.7-9　主变室顶拱随机块体分析

随机块体图	项　目	参　数
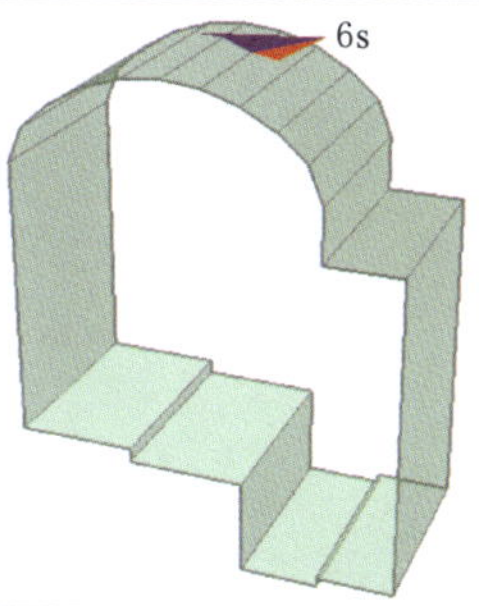	块体编号	ZBD1
	优势节理组合	①+②+③
	体积/m^3	1.61
	失稳模式	沿节理①和②滑动
	滑动力/阻滑力	0.02MN/1.37MN
	安全系数 K_c	66.26
	参数敏感性分析 K_c'(f'=0.50，c=0.10MPa)	44.33
	稳定性评价	满足规范大于 1.80 的要求

2. 上游边墙

上游边墙走向为 N5°E，第Ⅰ层～第Ⅲ层全长 156m，桩号为厂右 0+126.8～厂左 0+29.2，高程为 2007.135～1992.4m，岩性为花岗闪长岩，呈微风化～新鲜。

上游边墙节理轻度～中等发育，主要有以下 4 组优势节理：①N20°～30°E、NW∠75°～85°节理，闭合，面平直粗糙，延伸长；②N85°W、⊥节理，闭合，面平直粗糙，断续延伸；③EW、S∠45°节理，闭合，面平直粗糙，延伸长，间距 0.5～1m；④N55°W、NE∠40°～50°节理，闭合，面平直粗糙，延伸长。主变室上游边墙优势节理发育情况与参数取值见表 6.7-10。主变室上游边墙优势节理的赤平投影如图 6.7-5 所示。主变室上游边墙随机块体分析见表 6.7-11。

表 6.7-10　主变室上游边墙优势节理发育情况与参数取值

优势节理	产　状	迹长/m	f'	c/MPa
①	N20°～30°E、NW∠75°～85°	12～18	0.6	0.15
②	N85°W、⊥	8～12	0.6	0.15
③	EW、S∠45°	12～18	0.6	0.15
④	N55°W、NE∠40°～50°	12～18	0.6	0.15

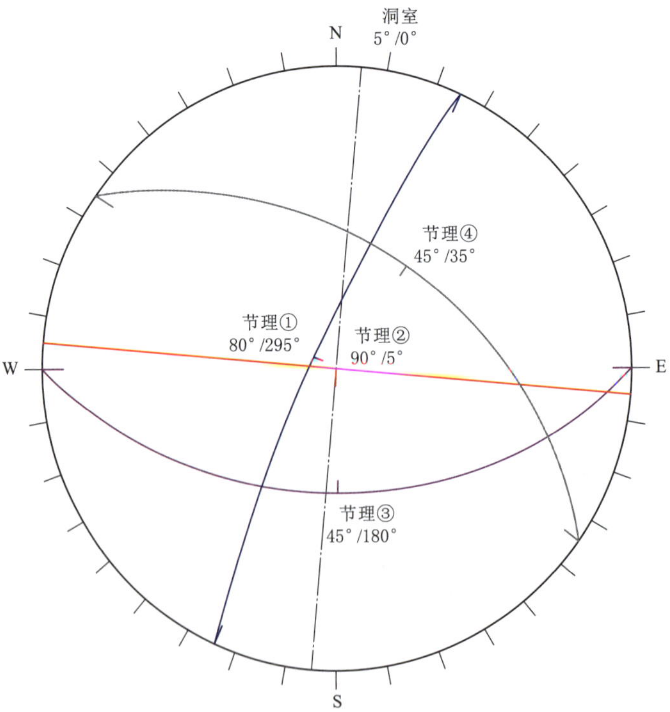

(图中度数代表节理面的倾角/倾向)

图 6.7-5　主变室上游边墙优势节理的赤平投影图（下半球）

表 6.7-11　　主变室上游边墙随机块体分析

随机块体图	项　　目	参　　数
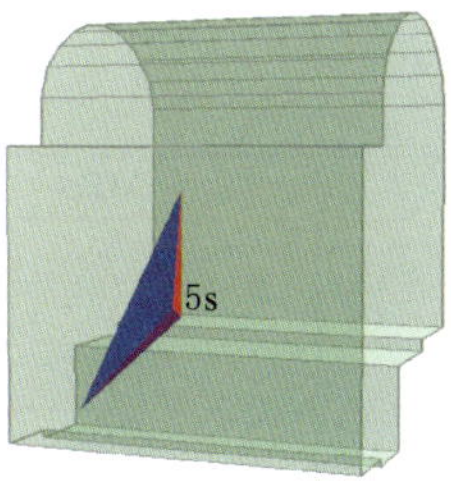	块体编号	ZBD2
	优势节理组合	①+②+④
	体积/m^3	10.70
	失稳模式	沿节理④滑动
	滑动力/阻滑力	0.20MN/1.04MN
	安全系数 K_c	5.18
	参数敏感性分析 K_c'($f'=0.50$，$c=0.10$MPa)	3.57
	稳定性评价	满足规范大于 1.80 的要求
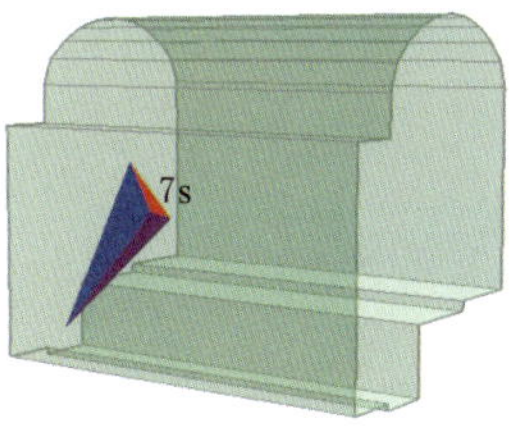	块体编号	ZBD3
	优势节理组合	①+③+④
	体积/m^3	25.56
	失稳模式	沿节理④滑动
	滑动力/阻滑力	0.48MN/2.49MN
	安全系数 K_c	5.20
	参数敏感性分析 K_c'($f'=0.50$，$c=0.10$MPa)	3.56
	稳定性评价	满足规范大于 1.80 的要求
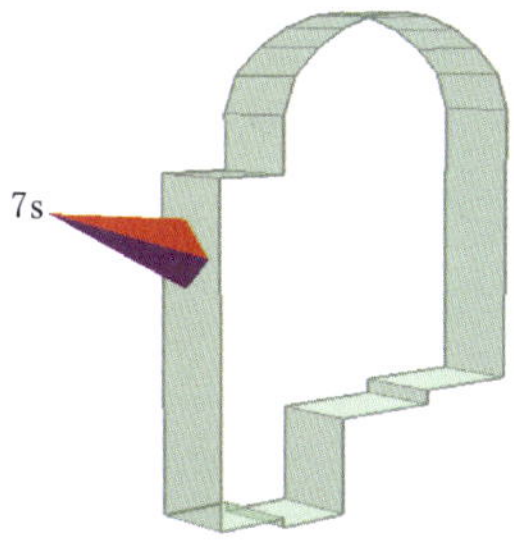	块体编号	ZBD4
	优势节理组合	②+③+④
	体积/m^3	10.92
	失稳模式	沿节理②和④滑动
	滑动力/阻滑力	0.13MN/4.68MN
	安全系数 K_c	36.14
	参数敏感性分析 K_c'($f'=0.50$，$c=0.10$MPa)	24.50
	稳定性评价	满足规范大于 1.80 的要求

3. 下游边墙

下游边墙走向为 N5°E，第Ⅰ层～第Ⅲ层全长 156m，桩号为厂右 0+126.8～厂左 0+29.2，高程为 2007.135～1992.4m，岩性为花岗闪长岩，呈微风化～新鲜。

下游边墙节理轻度～中等发育，主要有以下 4 组优势节理：①N20°～30°E、NW∠75°～85°节理，闭合，面平直粗糙，延伸长；②N85°W、⊥节理，闭合，面平直粗糙，断续延伸；③N80°W、SW∠40°～45°节理，闭合，面平直粗糙，延伸长；④N80°～85°W、NE∠50°～55°节理，闭合，面平直粗糙，延伸长。主变室下游边墙优势节理发育情况与参数取值见表 6.7-12。主变室下游边墙优势节理的赤平投影如图 6.7-6 所示。主变室下游边墙随机块体分析见表 6.7-13。

6.7.2.3　尾调室随机块体分析

1. 顶拱

尾调室顶拱尺寸为 166.1m×24m（长×宽），桩号为厂右 0+126.3～厂左 0+39.8，高程为 2030.75～2024.50m，岩性为花岗闪长岩，呈微风化～新鲜状，岩质坚硬。

表 6.7-12　　主变室下游边墙优势节理发育情况与参数取值

优势节理	产　状	迹长/m	f'	c/MPa
①	N20°～30°E、NW∠75°～85°	12～18	0.6	0.15
②	N85°W、⊥	8～12	0.6	0.15
③	N80°W、SW∠40°～45°	12～18	0.6	0.15
④	N80°～85°W、NE∠50°～55°	12～18	0.6	0.15

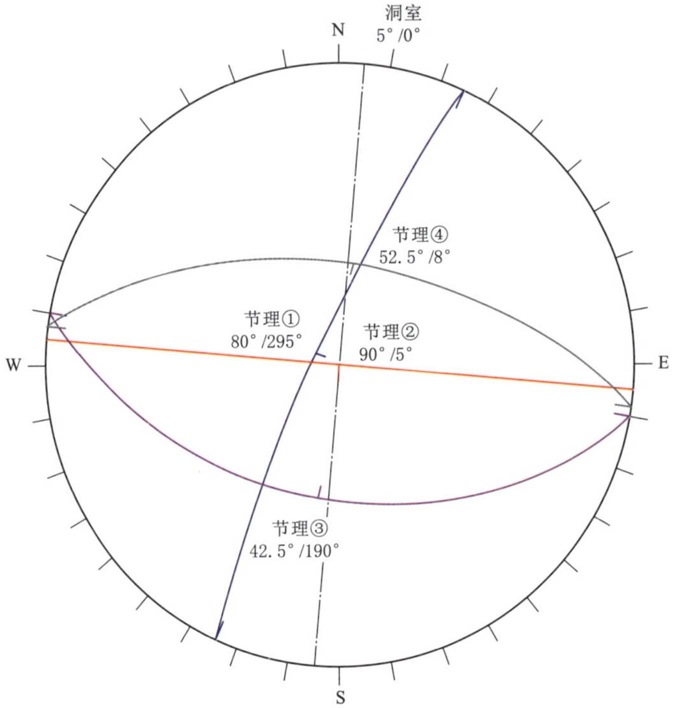

(图中度数代表节理面的倾角/倾向)

图 6.7-6　主变室下游边墙优势节理的赤平投影图（下半球）

表 6.7-13　　主变室下游边墙随机块体分析

随机块体图	项　目	参　数
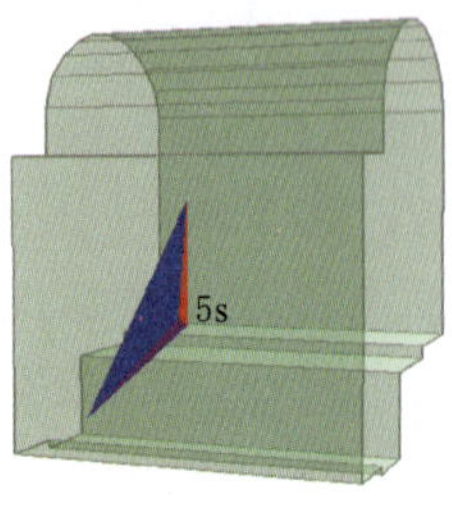	块体编号	ZBD5
	优势节理组合	①+②+④
	体积/m^3	4.08
	失稳模式	沿节理①和②滑动
	滑动力/阻滑力	0.11MN/2.70MN
	安全系数 K_c	25.35
	参数敏感性分析 K'_c（f'=0.50，c=0.10MPa）	16.93
	稳定性评价	满足规范大于 1.80 的要求

续表

随机块体图	项　目	参　数
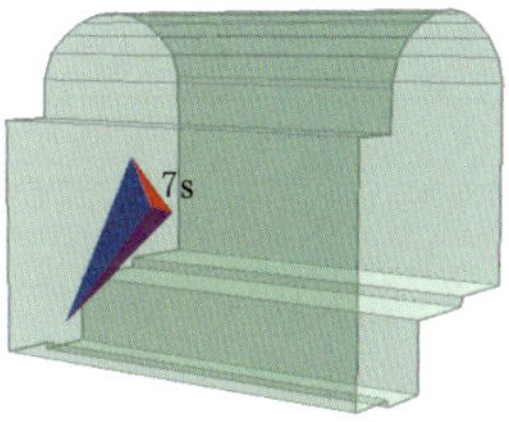	块体编号	ZBD6
	优势节理组合	①+③+④
	体积/m^3	6.73
	失稳模式	沿节理①和③滑动
	滑动力/阻滑力	0.11MN/3.40MN
	安全系数 K_c	29.61
	参数敏感性分析 K_c'($f'=0.50$，$c=0.10$MPa)	19.89
	稳定性评价	满足规范大于 1.80 的要求

尾调室顶拱发育 3 组优势节理：①N20°～25°E、NW∠75°～85°节理；②N75°～90°W、SW∠30°～40°节理；③N60°～90°W、NE∠45°～55°节理。与洞轴线的夹角分别为 15°、80°、70°。尾调室顶拱优势节理发育情况与参数取值见表 6.7－14。尾调室顶拱优势节理的赤平投影如图 6.7－7 所示。尾调室顶拱随机块体分析见表 6.7－15。

表 6.7－14　　尾调室顶拱优势节理发育情况与参数取值

优势节理	产　状	迹长/m	f'	c/MPa
①	N20°～25°E、NW∠75°～85°	8～12	0.6	0.15
②	N75°～90°W、SW∠30°～40°	8～12	0.6	0.15
③	N60°～90°W、NE∠45°～55°	8～12	0.6	0.15

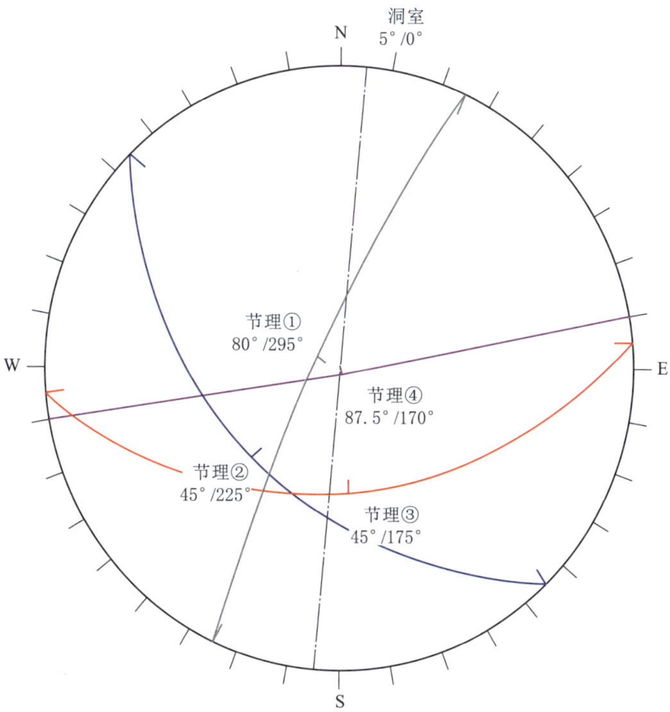

(图中度数代表节理面的倾角/倾向)

图 6.7－7　尾调室顶拱优势节理的赤平投影图（下半球）

表 6.7-15　　　　　　　　　　尾调室顶拱随机块体分析

随机块体图	项　　目	参　　数
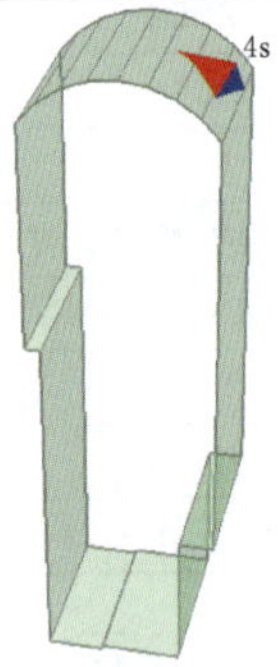	块体编号	WTS1
	优势节理组合	①+②+③
	体积/m^3	27.75
	失稳模式	沿节理①滑动
	滑动力/阻滑力	0.72MN/2.54MN
	安全系数 K_c	3.51
	参数敏感性分析 K_c'(f'=0.50，c=0.10MPa)	2.36
	稳定性评价	满足规范大于 1.80 的要求
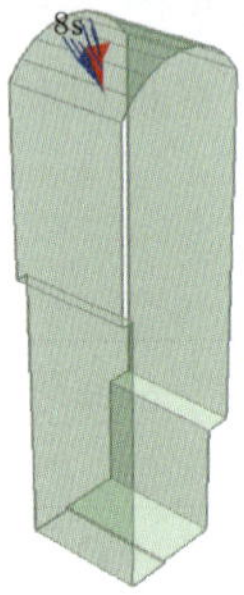	块体编号	WTS2
	优势节理组合	①+②+③
	体积/m^3	10.15
	失稳模式	悬吊型
	滑动力/阻滑力（支护）	0.27MN/1.08MN
	支护前后 K_c	0/4.02
	稳定性评价	满足规范大于 2.00 的要求

2. 上游边墙

上游边墙走向为 N5°E，全长 166.1m，桩号为厂右 0+126.3～厂左 0+39.8，高程为 2024.5～1986m（厂右 0+42.2～厂右 0+56.8、高程 2008.5m 以下为中隔墩），岩性为花岗闪长岩，呈微风化～新鲜。

上游边墙节理轻度～中等发育，主要有以下 4 组优势节理：①N15°～20°E、NW（SE）∠75°～90°节理，闭合，面平直，断续延伸，与洞向夹角 10°～15°；②N80°W、SW∠35°～50°节理，闭合，面平直粗糙，延伸较长，与洞向夹角约 85°；③N60°W、NE∠50°～55°节理，闭合，面平直粗糙，延伸较长，与洞向夹角约 65°；④N80°W、SW∠75°～85°节理，闭合，面平直粗糙，延伸较长，与洞向夹角约 85°。尾调室上游边墙优势节理发育情况与参数取值见表 6.7-16。尾调室上游边墙优势节理的赤平投影如图 6.7-8 所示。尾调室上游边墙随机块体分析见表 6.7-17。

表 6.7-16　　　　　　尾调室上游边墙优势节理发育情况与参数取值

优势节理	产　　状	迹长/m	f'	c/MPa
①	N15°～20°E、NW（SE）∠75°～90°	8～12	0.6	0.15
②	N80°W、SW∠35°～50°	10～15	0.6	0.15
③	N60°W、NE∠50°～55°	10～15	0.6	0.15
④	N80°W、SW∠75°～85°	10～15	0.6	0.15

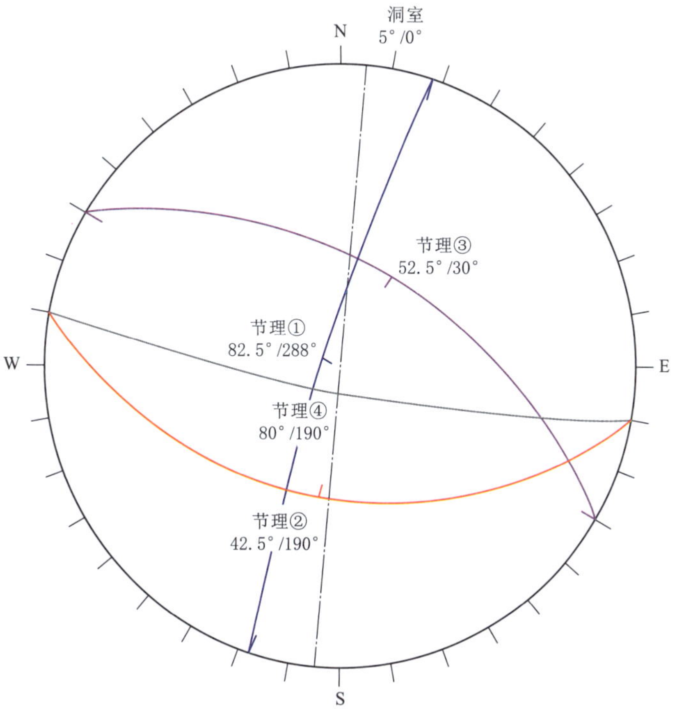

（图中度数代表节理面的倾角/倾向）

图 6.7-8 尾调室上游边墙优势节理的赤平投影图（下半球）

表 6.7-17 **尾调室上游边墙随机块体分析**

随机块体图	项　目	参　数
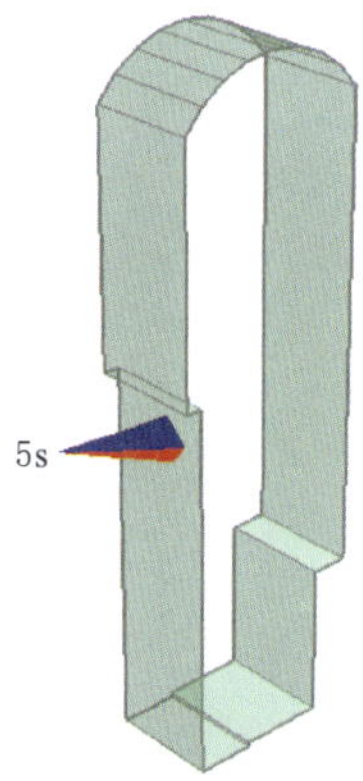	块体编号	WTS3
	优势节理组合	②+③+④
	体积/m^3	31.10
	失稳模式	沿节理③和④滑动
	滑动力/阻滑力	0.28MN/10.32MN
	安全系数 K_c	36.45
	参数敏感性分析 K_c'(f'=0.50，c=0.10MPa)	24.92
	稳定性评价	满足规范大于 1.80 的要求

3. 下游边墙

下游边墙走向为 N5°E，全长 166.1m，桩号为厂右 0+126.3～厂左 0+39.8，高程为 2024.5～1986m（厂右 0+42.2～厂右 0+56.8、高程 2008.5m 以下为中隔墩），岩性为花岗闪长岩，呈微风化～新鲜。

下游边墙节理轻度～中等发育，主要有以下 4 组优势节理：①N15°～20°E、NW（SE）∠75°～90°节理，闭合～微张，面平直，延伸长，与洞向夹角 10°～15°；②N80°～90°W、SW∠35°～50°节理，闭合，面平直粗糙，延伸长，与洞向夹角约 80°；③N50°～60°W、NE∠35°～40°节理，闭合，面平直粗糙，断续延伸长，与洞向夹角约 65°；④N60°～80°W、SW/NE∠75°～90°节理，闭合，面平直光滑，延伸较长，与洞向夹角约 85°。尾调室下游边墙优势节理发育情况与参数取值见表 6.7-18。尾调室下游边墙优势节理的赤平投影如图 6.7-9 所示。尾调室下游边墙随机块体分析见表 6.7-19。

表 6.7-18　　尾调室下游边墙优势节理发育情况与参数取值

优势节理	产　　状	迹长/m	f'	c/MPa
①	N15°～20°E、NW（SE）∠75°～90°	8～12	0.6	0.15
②	N80°～90°W、SW∠35°～50°	10～15	0.6	0.15
③	N50°～60°W、NE∠35°～40°	10～15	0.6	0.15
④	N60°～80°W、SW/NE∠75°～90°	10～15	0.6	0.15

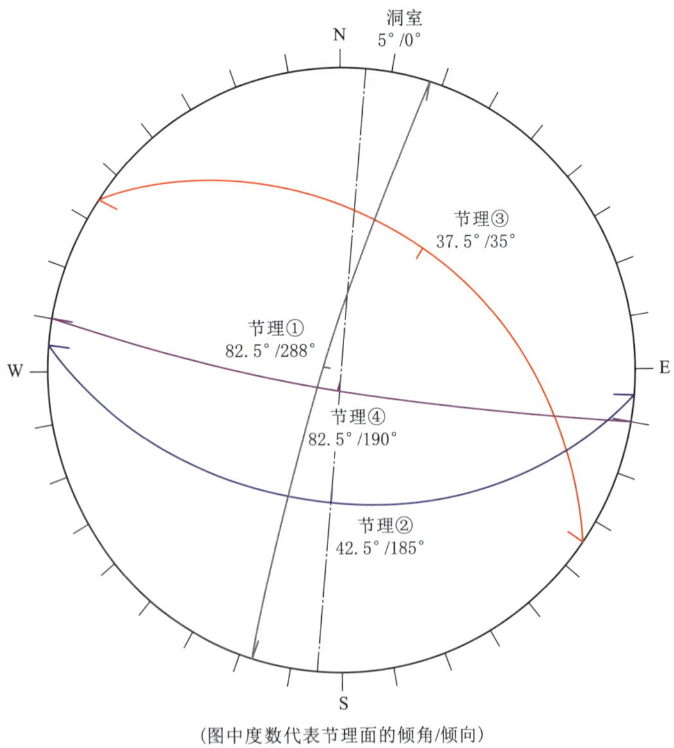

（图中度数代表节理面的倾角/倾向）

图 6.7-9　尾调室下游边墙优势节理的赤平投影图（下半球）

表 6.7-19　　尾调室下游边墙随机块体分析

随机块体图	项　目	参　数
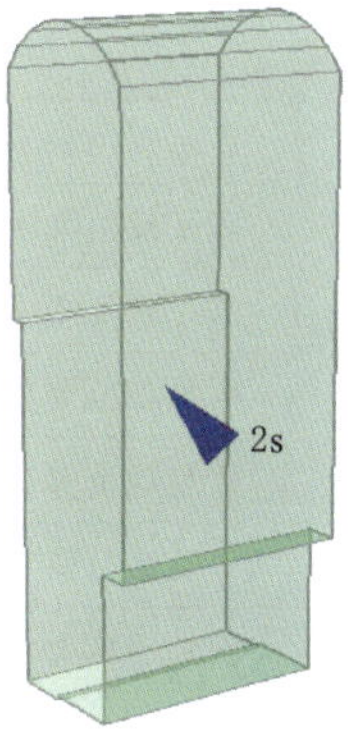	块体编号	WTS4
	优势节理组合	①+②+③
	体积/m^3	13.59
	失稳模式	沿节理①和②滑动
	滑动力/阻滑力	0.24MN/5.21MN
	安全系数 K_c	22.15
	参数敏感性分析 K_c'($f'=0.50$，$c=0.10$MPa)	14.91
	稳定性评价	满足规范大于 1.80 的要求

6.7.2.4　三大洞室随机块体稳定性汇总

通过对三大洞室随机块体稳定性展开分析，表 6.7-20 给出了地下厂房洞室群典型随机块体稳定性情况，有如下认识：

(1) 在考虑系统支护的情况下，各洞室随机块体稳定性均能满足规范要求。

(2) 顶拱坠落型块体无支护下的安全系数为 0，块体体积一般不大（6～10m^3），在系统支护情况下安全系数有明显提升；单面滑动模式的随机块体安全系数一般在 3～10，双面滑动模式的随机块体安全系数普遍要偏高一些，一般可达到 10 以上，少数在 6～10。

(3) 从计算分析角度，顶拱坠落型块体的安全系数一般是偏低（考虑地应力、拱效应等），而分布于围岩松弛区内体型偏小、偏薄的滑移型块体因易受到爆破开挖扰动影响，计算安全系数一般会略偏高，可考虑开展参数敏感性分析工作。

(4) 从工程经验角度，现场设计人员和地质工程师一般会通过分析块体的空间几何形态，直观地筛选出需要在工程支护中予以考虑的关键块体，并快速决策是否需要进行加强支护，尤其对坠落型和尖长状、薄层状块体，一般会给予较强且及时的针对性支护。

表 6.7-20　　地下厂房洞室群典型随机块体稳定性一览表

块体编号	体积/m^3	失稳模式	安全系数 K_c ($f'=0.60$，$c=0.15$MPa)	参数敏感性 K_c' ($f'=0.50$，$c=0.10$MPa)	规范要求	稳定性评价
ZCF1	21.24	单面滑动	4.01	2.69	>1.80	满足规范要求
ZCF2	6.03	悬吊型	2.04（支护前加 0）		>2.00	系统支护后满足规范要求
ZCF3	28.32	双面滑动	28.80	19.82	>1.80	满足规范要求
ZCF4	9.97	双面滑动	30.52	20.91	>1.80	满足规范要求
ZCF5	6.22	双面滑动	18.87	12.62	>1.80	满足规范要求
ZCF6	8.48	双面滑动	18.52	12.43	>1.80	满足规范要求
ZCF7	28.19	双面滑动	11.75	7.89	>1.80	满足规范要求
ZCF8	23.74	双面滑动	16.84	11.56	>1.80	满足规范要求

续表

块体编号	体积/m^3	失稳模式	安全系数 K_c（$f'=0.60$，$c=0.15$MPa）	参数敏感性 K_c'（$f'=0.50$，$c=0.10$MPa）	规范要求	稳定性评价
ZCF9	24.97	单面滑动	5.04	3.44	>1.80	满足规范要求
ZCF10	1.28	单面滑动	7.15	4.80	>1.80	满足规范要求
ZCF11	1.26	单面滑动	12.25	8.20	>1.80	满足规范要求
ZBD1	1.61	双面滑动	66.26	44.33	>1.80	满足规范要求
ZBD2	10.70	单面滑动	5.18	3.57	>1.80	满足规范要求
ZBD3	25.56	单面滑动	5.20	3.56	>1.80	满足规范要求
ZBD4	10.92	双面滑动	36.14	24.50	>1.80	满足规范要求
ZBD5	4.08	双面滑动	25.35	16.93	>1.80	满足规范要求
ZBD6	6.73	双面滑动	29.61	19.89	>1.80	满足规范要求
ZBD7	31.76	单面滑动	5.82	3.95	>1.80	满足规范要求
ZBD8	120.8	双面滑动	15.77	11.13	>1.80	满足规范要求
ZBD9	45.29	双面滑动	11.45	7.73	>1.80	满足规范要求
ZBD10	58.93	双面滑动	5.62	3.82	>1.80	满足规范要求
WTS1	27.75	单面滑动	3.51	2.36	>1.80	满足规范要求
WTS2	10.15	悬吊型	4.02（支护前为 0）		>2.00	系统支护后满足规范要求
WTS3	31.10	双面滑动	36.45	24.92	>1.80	满足规范要求
WTS4	13.59	双面滑动	22.15	14.91	>1.80	满足规范要求
WTS5	47.66	单面滑动	6.31	4.34	>1.80	满足规范要求
WTS6	4.92	双面滑动	9.95	6.81	>1.80	满足规范要求
WTS7	14.17	双面滑动	6.78	4.65	>1.80	满足规范要求
WTS8	93.69	双面滑动	27.40	19.33	>1.80	满足规范要求
WTS9	62.79	双面滑动	31.14	21.83	>1.80	满足规范要求

6.7.3　洞室群典型定位或半定位块体分析

在厂房洞室群开挖施工过程中，通过及时对地下洞室群开挖揭示的确定性地质结构面（断层、挤压破碎带等）和优势节理进行组合分析，可以得到洞室关键部位需要关注的定位块体和半定位块体空间信息，接着可针对这些块体（主要潜在不利块体）进行稳定性分析评价。实际上，此部分工作需始终贯穿于整个洞室群开挖施工全过程。

6.7.3.1　地下厂房定位或半定位块体分析

1. 顶拱

地下厂房顶拱共揭露 10 条断层，宽度为 1～5cm，延伸长度一般为 40～100m，除断层 f_{1-49} 为岩屑夹泥型外，其余为岩块岩屑型。顶拱少量发育的中缓倾角结构面，与其他结构面切割可形成不利组合块体，存在局部块体稳定问题。经分析，顶拱发育典型不利组合块体 6 个，块体发育特征见表 6.7-21。图 6.7-10 为地下厂房顶拱由不利断层 f_{1-49} 主控的典型半定位块体。

表 6.7-21　　地下厂房顶拱典型块体发育特征表

块体编号	所在位置	构成边界	
		主控结构面	切割结构面
厂 1-1	厂右 0+133～厂右 0+141、高程 2022～2022.5m	f_{1-19}：N85°E、NW∠40°～45°	(9)：N15°E、SE∠70°； (17)：N68°W、SW∠85°～90°； (109)：N5°～10°E、NW∠60°～70°
厂 1-2	厂右 0+65～厂右 0+75、高程 2022～2022.5m	L_{1-36}：N50°～55°E、SE∠30°	(20)：N85°E、NW∠40°～55°； (24)：N15°～20°E、NW∠75°～80°
厂 1-3	厂右 0+49～厂右 0+59、高程 2022～2022.5m	f_{1-40}：N55°W、SW∠50°～60°	(20)：N85°E、NW∠40～55°； (24)：N15°～20°E、NW∠75°～80°； (43)：N30°W、⊥
厂 1-4	厂右 0+40～厂右 0+42、高程 2022～2022.5m	(45)：N45°E、SE∠25°	(25)：N15°～20°E、NW∠75°～80°； (26)：N65°～75°W、SW∠65°～70°
厂 1-5	厂右 0+02～厂右 0+08、高程 2022～2022.5m	(51)：N30°～40°E、SE∠40°～50°	(24)：N15°～20°E、NW∠75°～80°； (26)：N65°～75°W、SW∠65°～70°； (50)：N80°W、NE∠70°
厂 1-6	厂右 0+13～厂左 0+25、高程 2014～2022.5m	f_{1-49}：N75°～80°E、SE∠25°	(24)：N15°～20°E、NW∠75°～80°； f_{1-68}：N80°W、SW∠50°； f_{1-83}：N10°～20°E、NW∠75°～85°

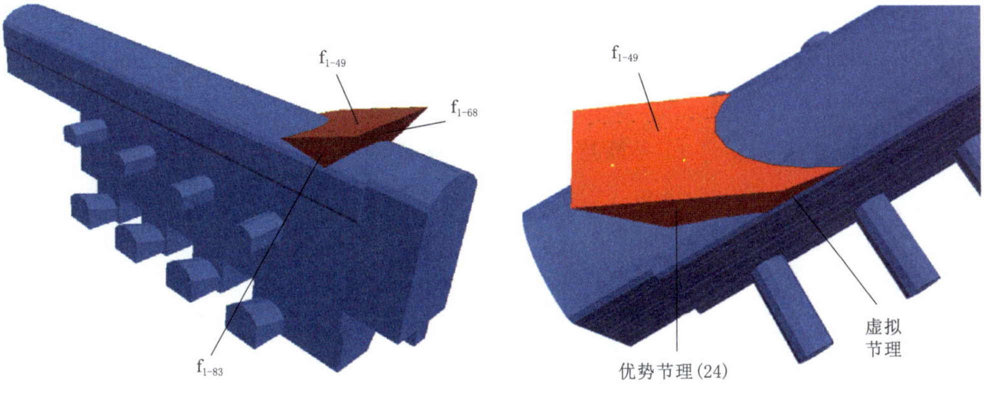

(a) 侧视图　　(b) 俯视图

图 6.7-10　地下厂房顶拱典型半定位块体（厂 1-6）

2. 上游边墙

地下厂房上游边墙发育 19 条小断层和 13 条挤压带。断层宽度 1～5cm，延伸长度一般为 30～60m。挤压破碎带宽度为 1～3cm，延伸长度为 7～15m。经分析，地下厂房上游边墙典型不利组合块体 4 个，典型块体发育特征见表 6.7-22，各块体横剖面见图 6.7-11。

表 6.7-22　　地下厂房上游边墙典型块体发育特征表

块体编号	所在位置	构成边界	
		主控结构面	切割结构面
厂 1-7	厂右 0+159～厂右 0+169、高程 1995～2004m	f_{1-90}：N40°～45°E、SE∠35°～50°	(23)：N80°E、SE∠40°～50°； (24)：N15°～20°E、NW∠75°～80°
厂 1-8	厂右 0+156.5～厂右 0+151.5、高程 1999～2006.5m	f_{1-90}：N40°～45°E、SE∠35°～50°	(16)：N80°E、NW∠80°； (20)：N85°E、NW∠40°～55°
厂 1-9	厂右 0+147～厂右 0+151.5、高程 2000.5～2014m	f_{1-90}：N40°～45°E、SE∠35°～50°	(16)：N80°E、NW∠80°； (25)：N75°W、SW∠80°
厂 1-10	厂右 0+134～厂右 0+138.5、高程 2006～2012m	f_{1-90}：N40°～45°E、SE∠35°～50°	(16)：N80°E、NW∠80°； (20)：N85°E、NW∠40°～55°
厂 1-11	厂右 0+81～厂右 0+94、高程 1998～20015m	f_{1-91}：N35°E、SE∠60°	(20)：N85°E、NW∠40°～55°； (26)：N65°～75°W、SW∠65°～70°

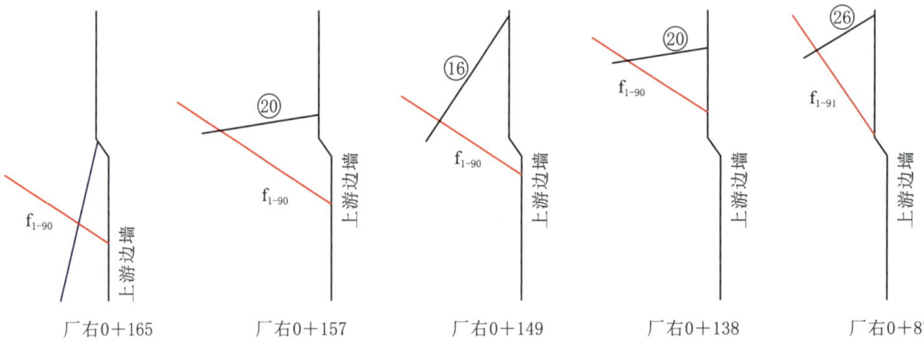

图 6.7-11　地下厂房上游边墙各块体横剖面图

3. 下游边墙

地下厂房下游边墙发育 11 条断层和 48 条挤压带，宽度一般为 1～3cm，个别宽 5～8cm，延伸长度一般为 20～100m。经分析，下游边墙发育的 4 个典型块体发育特征见表 6.7-23，各块体典型剖面见图 6.7-12。

表 6.7-23　　地下厂房下游边墙典型块体发育特征表

块体编号	所在位置	构成边界	
		主控结构面	切割结构面
厂 1-15	厂右 0+87～厂右 0+95、高程 1985～1995m	J_{1-254}：N0°～10°E、NW∠40°～50°	J_{1-253}：N40°E、NW∠85°； (26)：N65°～75°W、SW∠65°～70°； (53)：N35°～45°E、NW∠40°
厂 1-17	厂右 0+69～厂右 0+78、高程 1996～2002m	f_{1-123}：N15°～20°E、NW∠55°	(26)：N65°～75°W、SW∠65°～70°； (132)：SN、W∠10°～15°
厂 1-18	厂右 0+49～厂右 0+66、高程 1977～1986m	J_{1-329}：N15°E、NW∠40°	(261)：SN、W∠10°； (324)：N50°～55°E、NW∠45°； (325)：N50°W、SW∠35°～45°

续表

块体编号	所在位置	构成边界	
		主控结构面	切割结构面
厂 1-21	厂左 0+22～厂左 0+29、高程 1979～1984m	(338)：N5°E、NW∠50°	J_{1-310}：N60°E、NW∠55°；(210)：N5°～15°E、SE∠85°～90°；(281)：N0°～5°E、NW∠85°～90°

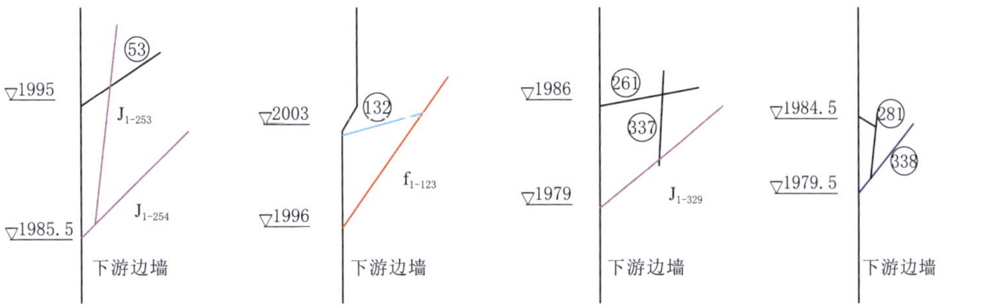

(a) 厂1-15　(b) 厂1-17　(c) 厂1-18　(d) 厂1-21

图 6.7-12　地下厂房下游边墙典型块体横剖面图（单位：m）

4. 稳定性计算分析

表 6.7-24 给出了地下厂房典型块体的稳定性，总体上，地下厂房典型块体的整体稳定性较好，部分块体在无支护情况下稳定性稍差，但在系统支护后都能满足规范要求。其中，缓倾断层 f_{1-49} 在顶拱出露，组合形成了体型较大的块体“厂 1-6”，通过对该洞段进行针对性加强支护后（包括深层支护和浅层支护），已满足该部位整体和局部围岩稳定性要求。针对块体“厂 1-6”，同步采用基于 3DEC 程序的强度折减法进行计算分析，其在偏高水平地应力形成的有利拱效应下，块体无支护情况的安全系数 Fos>5，相比刚体极限平衡法计算结果要高很多，这其实与“偏高的水平应力（或侧压力系数）环境一般有利于硬岩地下洞室顶拱的成拱效应和围岩稳定性”的经验认识是相符的。

表 6.7-24　　地下厂房典型块体稳定性表

块体编号	体积 /m³	失稳模式	滑动力 /kN	阻滑力 /kN	计算是否考虑支护	安全系数	规范要求安全系数	稳定性评价
厂 1-1	53	悬吊	1426	5677	支护	3.98	>2.0	系统支护后满足规范要求
厂 1-2	18	悬吊	499	322	支护	5.69	>2.0	系统支护后满足规范要求
厂 1-3	50	悬吊	1363	4542	支护	3.33	>2.0	系统支护后满足规范要求
厂 1-4	9	悬吊	249	2271	支护	9.10	>2.0	系统支护后满足规范要求
厂 1-5	21	悬吊	561	2839	支护	5.06	>2.0	系统支护后满足规范要求
厂 1-6	2245	滑移	46430	118400	支护	2.55	>1.8	系统支护后满足规范要求
厂 1-7	540	滑移	7940	21020	无支护	2.53	>1.8	满足规范要求
厂 1-8	120	滑移	1768	5604	无支护	3.17	>1.8	满足规范要求
厂 1-9	110	滑移	1611	3519	无支护	2.19	>1.8	满足规范要求

续表

块体编号	体积/m^3	失稳模式	滑动力/kN	阻滑力/kN	计算是否考虑支护	安全系数	规范要求安全系数	稳定性评价
厂 1-10	66	滑移	972	3828	无支护	3.94	>1.8	满足规范要求
厂 1-11	70	滑移	1610	3920	无支护	2.44	>1.8	满足规范要求
厂 1-15	80	滑移	1524	4332	支护	2.85	>1.8	系统支护后满足规范要求
厂 1-17	60	滑移	1310	4630	无支护	3.54	>1.8	满足规范要求
厂 1-18	368	滑移	6384	12128	无支护	1.90	>1.8	满足规范要求
厂 1-21	33	滑移	679	1477	无支护	2.17	>1.8	满足规范要求

注 各计算块体边界的结构面参数取地质建议值的低值。

6.7.3.2 主变室定位或半定位块体分析

1. 顶拱

主变室顶拱共揭露 6 条Ⅳ级构造，宽度为 1～5cm，除 f_{2-3} 延伸约 140m 外，延伸长度一般在 30～80m，均为岩块岩屑型。经分析，主变室顶拱未发现大规模组合块体，不存在深层稳定问题。表 6.7-25 中列出了主变室顶拱发育的 4 个典型块体的发育特征。

表 6.7-25 主变室顶拱典型块体发育特征表

块体编号	所在位置	构成边界	
		主控结构面	切割结构面
主 2-1	厂右 0+54～厂右 0+84、高程 2007～2012.7m	f_{2-1}：N70°～75°E、SE∠40°～45°	f_{2-2}：N75°～80°W、NE∠70；(1)：N20°～30°E、NW∠75°～85°
主 2-2	厂右 0+30～厂右 0+42、高程 2007～2012.7m	f_{2-3}：N50°～55°E、SE∠30°	(1)：N20°～30°E、NW∠75°～85°；(20)：N80°W、SW∠40°～45°
主 2-3	厂左 0+06～厂左 0+10、高程 2010～2012m	(30)：N70°～75°W、NE∠45°	f_{2-4}：N80°E、SE∠80°～85°；f_{2-5}：N0°～10°E、SE∠70°～85°
主 2-4	厂左 0+11～厂左 0+ 19、高程 2008～2012m	(29)：N45°W、SW∠45°	(1)：N20°～30°E、NW∠75°～85°；(35)：N80°E、SE∠85°～90°

2. 上游边墙

主变室上游边墙发育 4 条小断层，分别为 f_{2-1}、f_{2-2}、f_{2-3}、f_{2-10}，断层宽度为 1～3cm，在边墙延伸 5～20m。经分析，主变室上游边墙发育的典型不利组合块体共 3 个，典型块体发育特征见表 6.7-26。

表 6.7-26 主变室上游边墙典型块体发育特征表

块体编号	所在位置	构成边界	
		主控结构面	切割结构面
主 2-5	厂右 0+102～厂右 0+110、高程 1995～2000m	(61)：N15°W、NE∠45°～50°	(2)：N80°W、NE∠50°；(10)：EW、S∠45°
主 2-6	厂右 0+47～厂右 0+57、高程 1991～1997m	(69)：N5°E、SE∠55°～60°	(12)：N55°W、NE∠40°～50°；(20)：N80°W、SW∠40°～45°

续表

块体编号	所在位置	构成边界	
		主控结构面	切割结构面
主 2-7	厂左 0+18～厂左 0+27、高程 1993～1999m	(22)：N30°E、SE∠60°	(30)：N70°～75°W、NE∠45°；(36)：N85°E、SE∠45°

3. 下游边墙

主变室下游边墙发育 6 条小断层，分别为 f_{2-2}、f_{2-3}、f_{2-7}、f_{2-8}、f_{2-9}、f_{2-11}，宽度为 1～5cm，均为切洞向中陡倾角断层。经分析，主变室下游边墙有代表性的典型不利组合块体共 2 个，典型块体发育特征见表 6.7-27。

表 6.7-27　主变室下游边墙典型块体发育特征表

块体编号	所在位置	构成边界	
		主控结构面	切割结构面
主 2-8	厂右 0+115～厂右 0+124、高程 2003～2007m	(66)：N5°～10°E、NW∠55°～60°	(10)：EW、S∠45°；(12)：N55°W、NE∠40°～50°
主 2-9	厂右 0+115～厂右 0+124、高程 1999～2007m	(1)：N20°～30°E、NW∠75°～85°	(9)：N70°W、SW∠80°；(55)：N75°W、SW∠45°～50°

4. 稳定性计算分析

表 6.7-28 给出了主变室典型块体的稳定性，总体上，主变室典型块体的整体稳定性较好，其中顶拱的部分半定位块体在无支护情况下稳定性稍差，但在系统支护后都能满足规范要求。

表 6.7-28　主变室典型块体稳定性表

块体编号	体积/m^3	失稳模式	滑动力/kN	阻滑力/kN	计算是否考虑支护	安全系数	规范要求安全系数	稳定性评价
主 2-1	540	滑移	14580	30573	支护	2.10	>1.8	系统支护后满足规范要求
主 2-2	228	滑移	6129	13151	支护	2.15	>1.8	系统支护后满足规范要求
主 2-3	7	悬吊	187	1135	支护	6.07	>2.0	系统支护后满足规范要求
主 2-4	50	悬吊	1337	3406	支护	2.55	>2.0	系统支护后满足规范要求
主 2-5	86	滑移	1650	5628	无支护	3.41	>1.8	满足规范要求
主 2-6	88	滑移	1995	6951	无支护	3.48	>1.8	满足规范要求
主 2-7	50	滑移	1141	4557	无支护	4.00	>1.8	满足规范要求
主 2-8	36	滑移	816	3264	无支护	4.01	>1.8	满足规范要求
主 2-9	36	滑移	796	3068	无支护	3.85	>1.8	满足规范要求

注　各计算块体边界的结构面参数取地质建议值的低值。

6.7.3.3 尾调室定位或半定位块体分析

1. 顶拱

尾调室顶拱共揭露 10 条断层，宽度为 0.5～5cm，延伸长度一般为 60～100m，与洞轴线夹角在 50°～85°，其中 5 条为陡倾角断层，3 条为中倾角断层，2 条为缓倾角断层，均为岩块岩屑型充填。经分析，尾调室顶拱发育典型组合块体 5 个，典型块体发育特征见表 6.7－29。

表 6.7－29　　尾调室顶拱典型块体发育特征表

块体编号	所在位置	构成边界	
		主控结构面	切割结构面
尾 3－1	厂右 0+87～厂右 0+95、高程 2028～2030.75m	(12)：EW、S∠30°～45°	(2)：N60°W、NE∠50°～55°； (6)：N10°～20°E、SE∠85°～90°
尾 3－2	厂右 0+51～厂右 0+71、高程 2025～2030.75m	f_{3-2}：N50°W、NE∠20°～30°	f_{3-1}：N60°～65°W、NE∠45°～65°； f_{3-3}：N50°～55°E、SE∠80°～85°； J_{3-1}：N60°W、NE∠80°； (18)：N10°～25°E、NW∠75°～90°
尾 3－3	厂右 0+6～厂右 0+32、高程 2025～2030.75m	(18)：N10°～25°E、NW∠75°～90°	f_{3-7}：N60°W、NE∠85°～90°； f_{3-9}：N70°W、NE∠80°～85°
尾 3－4	厂右 0+10～厂左 0+06、高程 2025～2030.75m	f_{3-13}：N45°～55°W、NE∠15°～25°	f_{3-9}：N70°W、NE∠80°～85°； (18)：N10°～25°E、NW∠75°～90°
尾 3－5	厂左 0+19～厂左 0+33、高程 2025～2030.75m	f_{3-10}：N60°W、NE∠40°～45°	(18)：N10°～25°E、NW∠75°～90°； (34)：N75°W、SW∠35°～45°

2. 上游边墙

尾调室上游边墙发育 19 条小断层和 12 条挤压带，断层宽度一般为 1～5cm，延伸 20～50m。经分析，上游边墙发育典型不利组合块体 5 个，典型块体发育特征见表 6.7－30。

表 6.7－30　　尾调室上游边墙典型块体发育特征表

块体编号	所在位置	构成边界	
		主控结构面	切割结构面
尾 3－6	厂右 0+96～厂右 0+103、高程 1982～1985m	J_{3-33}：N10°～20°E、SE∠30°～35°	(17)：N80°W、SW∠75°～85°； (155)：N60°～70°E、NW∠35°～40°
尾 3－7	厂右 0+69～厂左 0+75、高程 1971～1979m	(213)：N15°W、NE∠45°	J_{3-42}：N65°～70°W、NE∠30°～35°； (94)：N80°E、SE∠45°； (156)：N70°E、NW∠70°
尾 3－8	厂右 0+58～厂左 0+63、高程 2015～2024m	(72)：N35°E、SE∠45°～55°	f_{3-14}：N80°W、NE∠70°～75°； (17)：N80°W、SW∠75°～85°
尾 3－10	厂右 0+19～厂左 0+41、高程 1998～2012m	f_{3-4}：N25°～35°W、NE∠40°～45°	(2)：N60°W、NE∠50°～55°； (34)：N75°W、SW∠35°～45°
尾 3－11	厂右 0+32～厂左 0+41、高程 1973～1978m	(233)：N10°～30°E、SE∠45°～50°	(44)：N60°W、SW∠45°； (235)：N40°W、NE∠50°～55°

3. 下游边墙

尾调室下游边墙发育 21 条小断层和 25 条挤压带。断层宽度为 1～5cm，延伸长度为 30～60m。经分析，下游边墙发育典型潜在不利组合块体 6 个，典型块体发育特征见表 6.7－31。

表 6.7-31　　尾调室下游边墙典型块体发育特征表

块体编号	所在位置	构成边界	
		主控结构面	切割结构面
尾 3-12	厂右 0+32～厂右 0+41、高程 2003～2011m	(76)：N30°W、NE∠40°	f_{3-20}：N15°～20°W、NE∠25°～30°；(3)：N70°W、NE∠85°～90°；(12)：EW、S∠30°～45°
尾 3-13	厂右 0+20～厂右 0+25、高程 1972～1977m	(198)：N35°～40°E、NW∠45°～50°	(38)：N60°W、NE (SW) ∠85°～90°；(197)：N40°E、SE∠45°～50°
尾 3-14	厂右 0+08～厂右 0+14、高程 1969～1973m	(198)：N35°～40°E、NW∠45°～50°	(34)：N75°W、SW∠35°～45°
尾 3-15	厂左 0+15～厂左 0+20、高程 1977～1982m	(175)：N20°～25°E、NW∠55°～65°	f_{3-27}：N50°～60°E、SE∠50°；(2)：N60°W、NE∠50°～55°；(168)：EW、S∠60°～70°
尾 3-16	厂左 0+17～厂左 0+29、高程 2006～2013m	(56)：N35°E、NW∠60°	(34)：N75°W、SW∠35°～45°；(42)：EW、N∠45°～50°
尾 3-17	厂左 0+23～厂左 0+30、高程 1986～1990m	J_{3-12}：N20°～30°E、NW∠40°～50°	(121)：N80°～90°W、SW∠60°～70°；(136)：N5°～10°E、SE∠50°～60°
尾 3-18	厂右 0+82～厂右 0+92、高程 1980～1971m	f_{3-41}：N50°～60°E、SE∠60°～70°	J_{3-31}：N65°W、NE∠65°

4. 稳定性计算分析

表 6.7-32 给出了尾调室典型块体稳定性，总体上，尾调室典型块体的整体稳定性较好。其中在尾调室顶拱分布的部分半定位块体，在无支护情况下稳定性稍差，经现场实际开挖过程中采取针对性加强支护后，计算显示考虑系统支护后各块体稳定性都能满足规范要求。另外，在尾调室下游边墙与尾水洞交汇部位处存在悬吊式定位块体（如尾 3-14、尾 3-18 等），其在考虑系统支护后的安全系数均可满足规范要求。

表 6.7-32　　尾调室典型块体稳定性表

块体编号	体积 /m³	失稳模式	滑动力 /kN	阻滑力 /kN	计算是否考虑支护	安全系数	规范要求安全系数	稳定性评价
尾 3-1	72	悬吊	1944	6813	无支护	3.50	>2.0	系统支护后满足规范要求
尾 3-2	870	滑移	23490	5417	支护	2.19	>1.8	系统支护后满足规范要求
尾 3-3	2264	滑移	59683	120128	无支护	2.01	>1.8	满足规范要求
尾 3-4	230	滑移	5983	22445	无支护	4.69	>1.8	满足规范要求
尾 3-5	215	悬吊	5805	14193	支护	2.44	>2.0	系统支护后满足规范要求
尾 3-6	36	滑移	530	2510	无支护	4.74	>1.8	满足规范要求
尾 3-7	67	滑移	1236	3426	无支护	2.77	>1.8	满足规范要求
尾 3-8	164	滑移	3180	6696	无支护	2.11	>1.8	满足规范要求
尾 3-10	975	滑移	15840	32415	无支护	2.05	>1.8	满足规范要求
尾 3-11	74	滑移	1432	3328	无支护	2.33	>1.8	满足规范要求
尾 3-13	69	滑移	1245	2523	无支护	2.02	>1.8	满足规范要求

续表

块体编号	体积 /m^3	失稳模式	滑动力 /kN	阻滑力 /kN	计算是否考虑支护	安全系数	规范要求安全系数	稳定性评价
尾 3-14	75	悬吊	2025	6813	支护	3.36	>2.0	系统支护后满足规范要求
尾 3-15	24	滑移	558	2388	无支护	4.30	>1.8	满足规范要求
尾 3-16	145	滑移	3240	9400	无支护	2.90	>1.8	满足规范要求
尾 3-17	10	滑移	192	904	无支护	4.71	>1.8	满足规范要求
尾 3-18	95	悬吊	2520	6340	支护	2.52	>2.0	系统支护后满足规范要求

注　各计算块体边界的结构面参数取地质建议值的低值。

6.7.4　研究结论

根据地下洞室群现场开挖揭示的岩体结构面统计资料，开展定位块体、半定位块体及随机块体的稳定性分析复核工作。主要结论如下：

（1）对地下洞室群不同部位开挖揭示的优势节理进行统计分析和随机组合，得到各部位典型随机块体的空间形态和力学边界条件，并据此展开块体稳定性分析工作。从对随机组合而成的约 30 个块体的计算结果看，主要以滑移型破坏模式为主，悬吊型块体分布很少，块体方量为 1～100m^3 不等。各随机块体在现有系统支护体系下，稳定性均能满足规范要求。

（2）在厂房洞室群开挖施工过程中，通过及时对地下洞室群开挖揭示的确定性地质结构面（断层、挤压破碎带等）和优势节理进行组合分析，可构成规模不等的典型定位或半定位块体，针对这些块体（主要是潜在不利块体）进行稳定性计算分析评价，结果显示在现有支护体系下均能满足规范要求。

（3）整体来看，通过对地下洞室群的定位块体、半定位块体和随机块体进行深入分析复核，在现有系统支护措施和施工过程中的针对性动态支护设计方案下，洞室块体稳定问题已得到了较好的控制和解决，各块体的安全系数均可满足规范要求。

6.8　地下洞室群系统锚索安全评价与预警

预应力锚索是地下洞室群深层支护的主要手段，充分、有效地发挥其功效，对控制围岩稳定和抑制变形起着关键作用。一般而言，锚索本身有较强的适应围岩变形特点，在地下工程中，及时施作预应力锚索、合理确定锚索初始锁定吨位可有效发挥其锚固力。但是，在西部大型复杂地下厂房洞室群工程建设实践中，洞室的系统锚索荷载超限问题分析及其控制措施长期以来给工程设计人员带来了较大的困惑，因此有必要对该问题展开深入分析研究。

6.8.1　洞室锚索极限承载力、设计荷载与锁定荷载

预应力锚索极限承载力可按如下公式进行计算：

$$R_u \leqslant \eta_a n S_n R_m \tag{6.8-1}$$

式中：R_u 为锚索极限承载力，kN；η_a 为锚具效率系数，一般取 0.95；n 为组成锚索的钢

绞线根数；S_n 为钢绞线参考截面面积，mm^2；R_m 为钢绞线抗拉强度，MPa。

预应力锚索设计承载力可按如下公式进行计算：

$$N_t \leqslant mnS_nR_m \tag{6.8-2}$$

式中：N_t 为锚索设计承载力，kN；m 为锚索张拉应力控制系数，取 0.60；n 为组成锚索的钢绞线根数；S_n 为钢绞线参考截面面积，mm^2；R_m 为钢绞线抗拉强度，MPa。

其中，张拉应力控制系数，又叫钢材强度利用系数，据《水电工程预应力锚固设计规范》(DL/T 5176—2003)，预应力钢材强度利用系数为当预应力锚杆的张拉力达到设计值时，锚杆材料的平均应力值与锚杆材料抗拉强度标准值之比。对于岩体锚固工程，锚束中的各股钢丝或钢绞线的平均应力，施加设计张拉力时，不宜大于钢材抗拉强度标准值的60%；施加超张拉力时，不宜大于钢材抗拉强度标准值的 70%。进行预应力锚杆（索）设计时，锚束采用的高强预应力钢丝、钢绞线或精轧螺纹钢筋的材质应符合标准规定，在设计张拉力作用下，钢材强度利用系数宜为 0.6～0.65。杨房沟水电站地下洞室群系统锚索的钢材强度利用系数取值按 0.6 考虑。

从上述基本概念可知，预应力锚索的“设计承载力”与“极限承载力”之间本身存在较大的浮动空间（约为锚索极限承载力的 30%～40%），其可作为锚索自身的安全裕度（对应安全系数）。由此可以认为，当锚索超限或钢绞线应力超过其设计值时，只要钢绞线应力不超过其强度标准值，理论上可以认为锚索仍是安全的。从相关工程经验看，单根锚索超限在设计荷载的 10%～20%范围内时，仍可发挥其锚固效果。这也与《岩土锚杆与喷射混凝土支护工程技术规范》(GB 50086—2015) 中锚杆（索）单循环验收试验的要求相符，规范规定：锚杆最大试验荷载，永久性锚杆应取锚杆轴向拉力设计值的 1.2 倍，临时性锚杆应取锚杆轴向拉力设计值的 1.1 倍。

对于大型地下洞室预应力锚索锁定荷载，根据相关工程经验，水电站地下厂房预应力锚索锁定后其吨位会随时间推移出现缓慢增长的情况，锚索的张拉力锁定值一般取设计张拉力的 60%～90%，当地应力水平较高或高边墙变形问题较突出时取低值，以减少或避免地下厂房洞室群在施工期和运行期的预应力锚索超限问题。杨房沟水电站地下洞室群工程的系统锚索锁定荷载主要按设计荷载 70%施加。

6.8.2 洞室系统锚索超限控制标准研究

6.8.2.1 规范规定的洞室系统锚索超限预警标准

《岩土锚杆与喷射混凝土支护工程技术规范》(GB 50086—2015) 中针对锚索支护系统安全评价所建议的分析和判断方法，可作为地下洞室群锚索荷载超限控制标准的参考依据。表 6.8-1 中显示了岩土锚固支护工程安全控制的预警值（规范中将预应力锚索统称为预应力锚杆），其中锚杆（索）预应力应小于 10%的锚杆拉力设计值，即锚索超限不宜大于 10%的锚索设计荷载。

另外，规范中还提出了与预警值相匹配的工程措施，根据监测信息进行反馈分析与处理：当所监测的锚杆预加力变化大于锚杆拉力设计值时，应采取重复张拉或适当卸荷；锚头及锚固地层或结构物变形明显增大并已达到设计的变形预警值时，应采取增补锚杆或其他措施予以加强。

表 6.8-1　岩土锚固支护工程安全控制的预警值

项　　目		预　警　值
锚杆预加力变化幅度	预加力等于锚杆拉力设计值	≤±10%锚杆拉力设计值
	预加力小于锚杆拉力设计值	≤+10%锚杆拉力设计值
		≤-10%锚杆锁定荷载
锚头及锚固地层或结构物的变形量与变形速率		设计单位根据地层性状、工程条件及当地经验确定
持有的锚杆受极限承载力与设计要求的锚杆受拉极限承载力之比		≤0.9
锚杆腐蚀引起的锚杆杆体截面减小率		≤10%

6.8.2.2　工程案例——大型地下洞室锚索轴力监测统计分析

安全监测是了解地下工程围岩潜在问题与工程危害程度最直接、通常也是最可靠的手段，其有利于潜在问题的早期发现和程度诊断。在水电工程地下工程开挖过程中，通常会对洞室变形及支护受力情况进行安全监测，以分析和评价洞室围岩的稳定特征。下面将通过搜集到的多个工程实测案例，进一步了解大型地下洞室预应力锚索在施工期的锚索锚固力变化特征。我国西部典型水电站地下厂房工程条件情况统计见表 6.8-2。工程类比时应分析各自的差异和影响锚索受力增长的主要因素。

表 6.8-2　我国西部典型水电站地下厂房工程条件情况统计

水电站名称	厂房洞室尺寸/(m×m×m)	岩性	实测地应力/MPa		变形模量/GPa	抗压强度/MPa	
			最大	最小		干	湿
锦屏一级	293.14×29.3×68.8	大理岩	35.7	3.26	9～14	—	60～75
锦屏二级	352.4×28.3×72.2	大理岩	10.1～22.9	4.9～14.3	7～14	80～90	65～80
白鹤滩（左岸）	453×31×88.7	玄武岩	19～23	8～10	14～20	约 150	
小湾	298.1×30.6×82	黑云花岗片麻岩和角闪斜长片麻岩	16～26.7	6.9～10.1	10～25	130～170	90～135
龙滩	388.5×30.3×76.4	砂岩 泥板岩	12～13	0.44～4.68	16～22	砂岩 130 泥板岩 40～80	
杨房沟	230×30×75.57	花岗闪长岩	12～14	6～8	9～19	Ⅱ类 80～100 Ⅲ类 60～80	

图 6.8-1 给出了多个已建典型水电站地下厂房锚索超限率的统计情况，表 6.8-3、表 6.8-4 给出了上述水电站地下洞室群锚索荷载的分段统计结果。虽然各工程地下厂房地应力水平（强度应力比）、开挖支护设计方案均存在一定差别，锚索的超限率统计结果也存在明显差异，但是统计数据表明，西部中高地应力硬岩条件地下厂房开挖施工，系统锚索的超限问题是普遍存在的，并且这些工程的锚索超限率一般大于 20%，其中小湾地下厂房的锚索超限率达到 62.8%。显然，这些工程中的绝大多数超限锚索并没有失效，

仍能够发挥支护效果，可见锚索的荷载超过其设计荷载并不一定会导致锚索支护结构的失效，只要锚索具备一定的安全系数，就能够保证在永久运行期的安全性。

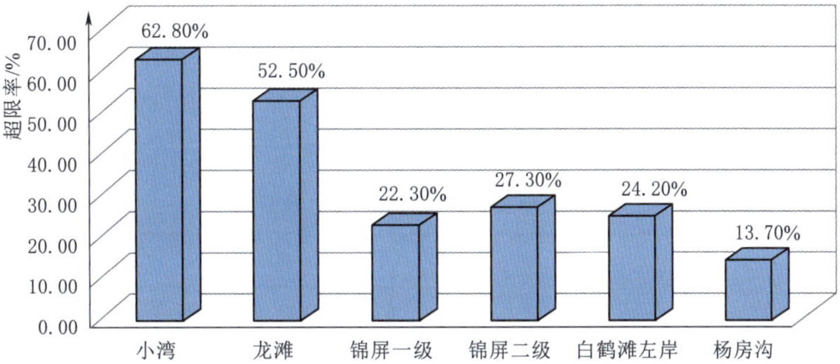

图 6.8-1 西部典型水电站地下厂房锚索超限率统计

表 6.8-3　　典型水电站地下洞室群锚索荷载分段统计

荷载范围	瀑布沟水电站地下厂房		溪洛渡水电站左岸地下洞室群		溪洛渡水电站右岸地下洞室群		龙滩水电站地下厂房		锦屏二级水电站地下厂房		小湾水电站地下厂房	
	锚索根数	占比/%	锚索数量	占比/%	锚索数量	占比/%	锚索数量	占比/%	锚索数量	占比/%	锚索数量	占比/%
≤0.9f_s	13	24.53	12	11.88	2	2.7	6	26.09	40	60.61	9	20.93
(0.9～1.0) f_s	8	15.09	41	40.59	29	39.19	5	21.74	8	12.12	7	16.28
(1.0～1.1) f_s	12	22.64	25	24.75	33	44.59	3	13.04	5	7.58	8	18.60
(1.1～1.2) f_s	10	18.87	17	16.83	10	13.51	2	8.70	6	9.09	8	18.60
(1.2～1.3) f_s	7	13.21	5	4.95	0	0.00	5	21.74	2	3.03	6	13.95
>1.3f_s	3	5.66	1	0.99	0	0.00	2	8.70	5	7.58	5	11.63

注　f_s 为锚索设计荷载。

表 6.8-4　　锦屏一级水电站地下洞室群锚索荷载分段统计

荷载范围	锚索数量	占比/%	荷载范围	锚索数量	占比/%
≤0.9f_s	337	81.99	(1.1～1.25) f_s	17	4.14
(0.9～1.0) f_s	30	7.30	>1.25f_s	11	2.68
(1.0～1.1) f_s	16	3.89			

注　f_s 为锚索设计荷载。

表 6.8-5～表 6.8-7 给出了小湾、龙滩、锦屏二级 3 个水电站主厂房锚索轴力统计情况，由于锚索设计荷载受洞室开挖卸荷影响，大部分锚索荷载一般都有一定幅度的增长，局部锚索荷载增长幅度较大，甚至超出其设计荷载，个别锚索会存在应力损失情况。

小湾水电站主厂房锚索整体超限率达到 62.8%，较可能的原因是 100t 锚索布置比例较高，且锚索的锁定荷载较高（张拉系数为 0.8～0.9）。其中，100t 锚索的最高超限比

（相对设计荷载）达到 44.5%，200t 的锚索最高超限比达到 35.2%，单根锚索的超限比一般为 5%～20%。

龙滩水电站主厂房锚索整体超限率达到 52.2%。单根锚索的超限比（相对设计荷载）一般在 5%～20%，最高超限比达到了 35%。

锦屏二级水电站主厂房锚索整体超限率达到 27.3%。单根锚索的超限比（相对设计荷载）一般在 10%～30%，最高超限比达到了 42.1%。

表 6.8-5 小湾水电站主厂房锚索轴力统计表

桩号	观测部位	设计荷载 /kN	锚索轴力/kN		荷载增量 /kN	设计超限率 /%
			锁定值	实测值		
0+000.0	上游边墙高程 1019.5m	1000	976.8	1019	42.2	1.9
	下游边墙高程 1019.5m	1000	929.6	949	19.4	−5.1
	上游边墙高程 1007.2m	1000	910.5	1213	302.5	21.3
	下游边墙高程 1007.7m	1000	926	1341	415	34.1
	上游边墙高程 986.0m	2000	1657.9	1689	31.1	−15.6
	下游边墙高程 982.7m	2000	1742.9	2058	315.1	2.9
0+040.80	上游边墙高程 1019.5m	1000	988.4	1008	19.6	0.8
	下游边墙高程 1019.5m	1000	1065.6	1182	116.4	18.2
	上游边墙高程 1007.2m	1000	890.6	1133	242.4	13.3
	下游边墙高程 1007.7m	1000	941.1	1231	289.9	23.1
	上游边墙高程 986.0m	2000	1741.3	1899	157.7	−5.1
	下游边墙高程 987.7m	2000	1774.1	2022	247.9	1.1
0+082.50	上游边墙高程 1019.5m	1000	920	968	48	−3.2
	下游边墙高程 1019.5m	1000	988.3	972	−16.3	−2.8
	上游边墙高程 999.2m	1000	959.4	1230	270.6	23.0
	上游边墙高程 986.0m	2000	1664.2	1784	119.8	−10.8
	下游边墙高程 992.7m	2000	1694.8	2169	474.2	8.5
0+139.00	上游边墙高程 1019.5m	1000	999.9	1159	159.1	15.9
	下游边墙高程 1019.5m	1000	988	1128	140	12.8
	上游边墙高程 1007.2m	1000	845.2	1202	356.8	20.2
	下游边墙高程 1007.7m	1000	842.9	1300	457.1	30.0
	上游边墙高程 986.0m	2000	1667.4	1659	−8.4	−17.1
	下游边墙高程 987.7m	2000	1747.7	2704	956.3	35.2
0+145.00	上游边墙新增高程 994.5m	2000	1610	1602	−8	−19.9
0+149.00	下游边墙新增高程 1005.2m	2000	1700.2	2133	432.8	6.7
0+154.75	下游边墙新增高程 1007.7m	2000	1848	1909	61	−4.6
	下游边墙新增高程 990.2m	2000	1652	1684	32	−15.8

续表

桩号	观测部位	设计荷载/kN	锚索轴力/kN		荷载增量/kN	设计超限率/%
			锁定值	实测值		
0+165.00	上游边墙高程 1019.5m	1000	945.7	1147	201.3	14.7
	下游边墙高程 1019.5m	1000	942.3	1169	226.7	16.9
	上游边墙高程 1007.2m	1000	939.5	1335	395.5	33.5
	下游边墙高程 1007.7m	1000	941.3	1445	503.7	44.5
	上游边墙高程 986.0m	2000	1638.8	1701	62.2	−15.0
	下游边墙高程 982.7m	2000	1691.7	2348	656.3	17.4
	下游边墙新增高程 1005.2m	2000	1663	1738	75	−13.1
	上游边墙新增高程 999.5m	2000	1723	1747	24	−12.7
0+217.00	上游边墙高程 1019.5m	1000	940.9	1079	138.1	7.9
	下游边墙高程 1019.5m	1000	1027.7	1183	155.3	18.3
	上游边墙高程 1007.2m	1000	999	1206	207	20.6
	下游边墙高程 1007.7m	1000	898.4	1242	343.6	24.2
0+254.00	端墙新增高程 1017.0m	1000	929.9	988	58.1	−1.2
	端墙新增高程 1014.0m	1000	870.1	819	−51.1	−18.1
0-043.75	端墙新增高程 1014.0m	1000	897.3	1083	185.7	8.3
	端墙新增高程 1002.0m	1000	913	989	76	−1.1

表 6.8-6　　龙滩水电站主厂房锚索轴力统计表

编号	测孔桩号	设计荷载/kN	锚索轴力/kN		荷载增量/kN	设计超限率/%
			锁定值	实测值		
DAP-1	HR0+035.700 上游墙	2000	1541.90	1534.62	−7.28	−23.3
DAP-2	HR0+035.750 下游墙	2000	1796.20	1948.74	152.54	−2.6
DBP-1	HL0+000.250 上游墙	2000	1735.90	1955.05	219.15	−2.2
DBP-2	HL0+000.250 下游墙	2000	1735.90	2001.1	265.2	0.1
DBP-3	HL0+000.250 上游墙	2000	1729.40	2530.13	800.73	26.5
DBP-4	HL0+000.900 下游墙	2000	1692.5	2420.42	727.92	21.0
DBP-5	HL0+000.900 下游墙	2000	1846.70	2659.7	813	33.0
DCP-1	HL0+051.250 上游墙	2000	1501.10	1507.18	6.08	−24.6
DCP-2	HL0+051.250 下游墙	2000	1746.80	1807.07	60.27	−9.6
DCP-3	HL0+051.250 上游墙	2000	1822.00	2441.67	619.67	22.1
DCP-4	HL0+051.900 上游墙	2000	1935.10	2592.89	657.79	29.6
DDP-1	HL0+150.250 上游墙	2000	1577.20	1615.44	38.24	−19.2
DDP-2	HL0+150.250 下游墙	2000	1931.60	1658.76	−272.84	−17.1

续表

编号	测孔桩号	设计荷载/kN	锚索轴力/kN		荷载增量/kN	设计超限率/%
			锁定值	实测值		
DDP-3	HL0+150.250 上游墙	2000	1757.40	1776.12	18.72	−11.2
DEP-1	HL0+258.250 上游墙	2000	2026.40	2099.75	73.35	5.0
DEP-2	HL0+258.250 下游墙	2000	1641.40	1576.42	−64.98	−21.2
DEP-3	HL0+258.900 上游墙	2000	1947.98	2404.73	456.75	20.2
DEP-4	HL0+258.900 上游墙	2000	1715.28	2170.72	455.44	8.5
DFP-2	HL0+306.625 下游墙	2000	1917.17	1844.48	−72.69	−7.8
D 增 P-1	HR0+006.915 下游墙	2000	1875.10	2699.88	824.78	35.0
D 增 P-2	HR0+051.250 下游墙	2000	1833.60	2288.72	455.12	14.4
D 增 P-3	HL0+153.000 下游墙	2000	1569.60	1820.6	251	−9.0
D 增 P-4	HL0+010.000 上游墙	2000	1990.90	2352.74	361.84	17.6

表 6.8-7　　锦屏二级电站主厂房锚索轴力统计表

测点编号	埋设部位/m	设计荷载/kN	锚索轴力/kN		荷载增量/kN	设计超限率/%
			锁定值	实测值		
Dpcf0+000-0	上游边墙高程 1312.00	1750	1356	1571.06	215.06	−10.0
Dpcf0+000-1	上游边墙高程 1322.50	1750	1238.8	2076.01	837.21	19.2
Dpcf0+000-2	上游边墙高程 1334.50	1750	871.7	1547.33	675.63	−11.2
Dpcf0+000-3	上游边墙高程 1350.00	1750	1505.2	2417.19	911.99	38.5
Dpcf0+000-4	下游边墙高程 1350.00	2000	1703.1	921.99	−781.11	−53.8
Dpcf0+062-0	上游边墙高程 1316.50	1750	1463.2	1691.86	228.66	−3.0
Dpcf0+062-3	上游边墙高程 1350.00	1750	1497.5	1645.51	148.01	−5.9
Dpcf0+062-4	下游边墙高程 1350.00	2000	1694.8	2803.91	1109.11	40.2
Dpcf0+108.5-0	上游边墙高程 1316.50	1750	1324.7	1525.25	200.55	−12.8
Dpcf0+108.5-1	上游边墙高程 1321.00	1750	1202.1	1556.43	354.33	−10.6
Dpcf0+108.5-2	上游边墙高程 1334.50	1750	1110.8	1891.76	780.96	8.1
Dpcf0+108.5-4	下游边墙高程 1350.00	2000	1598	2482.2	884.2	24.1
Dpcf0+192-0	上游边墙高程 1316.50	2000	1395.9	2096.77	700.87	4.8
Dpcf0+192-1	上游边墙高程 1321.00	2000	1417.8	2112.69	694.89	5.6
Dpcf0+192-2	上游边墙高程 1334.50	1750	1101	1561.98	460.98	−10.7
Dpcf0+192-3	上游边墙高程 1350.00	1750	1491	2013.9	522.9	15.1
Dpcf0+192-4	下游边墙高程 1350.00	1750	1516.5	765.09	−751.41	−56.2
Dpcf0+294.62	安装间端墙高程 1353.00	1000	665.4	699.18	33.78	−30.0

续表

测点编号	埋设部位/m	设计荷载/kN	锚索轴力/kN		荷载增量/kN	设计超限率/%
			锁定值	实测值		
Dpcf - f68 - 1	下游拱座高程 1362.50	1750	1418.5	1462.35	43.85	−16.3
Dpcf - f68 - 2	下游拱座高程 1362.50	1750	1498.1	1805.02	306.92	3.2
Dpcf0+009.5 - 1	上游边墙高程 1350.00	2000	1477.2	1323.87	−153.33	−33.8
Dpcf0+022 - 1	上游边墙高程 1352.25	1750	1230.1	1383.81	153.71	−20.9
Dpcf0+033.80 - 1	集水井端墙高程 1304.00	1750	1254.2	1173.89	−80.31	−32.5
Dpcf0+045 - 1	上游边墙高程 1354.50	2000	1474.9	1792.71	317.81	−10.3
Dpcf0+099 - 1	上游边墙高程 1354.50	2000	1493.8	1303.69	−190.11	−34.8
Dpcf0+135 - 1	上游边墙高程 1354.50	2000	1412.6	1917.71	505.11	−4.1
Dpcf0+136.90	下游边墙高程 1353.25	2000	1520.7	2135.35	614.65	6.8
Dpcf0+166.6	下游边墙高程 1353.25	2000	1451.1	2804.01	1352.91	40.2
Dpcf0+166.90	上游边墙高程 1353.25	2000	1432.6	1454.97	22.37	−27.2
Dpcf0+229.90	上游边墙高程 1353.25	2000	1425.1	1446.65	21.55	−27.7
Dpcf0+230.20	下游边墙高程 1353.25	2000	1456.8	2265.68	808.88	13.3
Dpcf0+263.00	下游边墙高程 1353.25	2000	1473	1915.19	442.19	−4.2
Dpcfxz0+000.87	下游边墙高程 1316.50	1750	1463.5	2470.47	1006.97	42.1
Dpcfxz0+001.6 - 1	下游边墙高程 1349.50	3000	1579.1	1717.95	138.85	−42.7
Dpcfxz0+001.6 - 2	下游边墙高程 1344.50	3000	1648.7	1593.41	−55.29	−46.5
Dpcfxz0+002.9 - 1	下游边墙高程 1351.10	2000	1231.9	1683.27	451.37	−15.8
Dpcfxz0+003.40 - 2	厂房右端墙高程 1321.00	1750	1444.2	2007.26	563.06	14.9
Dpcfxz0+008.13	下游边墙高程 1318.00	1750	1254.4	2360.15	1105.75	34.9
Dpcfxz 左 0+025 - 1	下游边墙高程 1353.25	2000	1243.8	1455.84	212.04	−27.1
Dpcfxz0+026.13 - 1	下游边墙高程 1318.00	1750	1245.6	2029.64	784.04	16.0
Dpcfxz0+026.13 - 2	上游边墙高程 1295.50	1750	1276.7	1307.67	30.97	−25.3
Dpcfxz0+027.3 - 1	下游边墙高程 1341.25	3000	1518.2	1479.44	−38.76	−50.7
Dpcfxz0+037.6 - 1	下游边墙高程 1351.10	2000	1226.9	1870	643.1	−6.5
Dpcfxz0+059.6 - 1	下游边墙高程 1349.50	3000	1569.3	1725.81	156.51	−42.3
Dpcfxz0+062.4 - 1	下游边墙高程 1357.00	2000	1214.9	1366.65	151.75	−31.6
Dpcfxz0+064.4 - 1	下游边墙高程 1344.50	3000	1567.5	1564.48	−3.02	−47.9
Dpcfxz0+064.6 - 2	下游边墙高程 1351.10	2000	1223.3	1823.62	600.32	−8.8
Dpcfxz0+108.3 - 1	下游边墙高程 1341.25	3000	1596.7	1585.37	−11.33	−47.1
Dpcfxz0+108.8 - 1	下游边墙高程 1349.50	3000	1614.3	1614.26	−0.04	−46.2

续表

测点编号	埋设部位/m	设计荷载/kN	锚索轴力/kN		荷载增量/kN	设计超限率/%
			锁定值	实测值		
Dpcfxz0+109.1-1	下游边墙高程 1337.00	3000	1623.1	1660.93	37.83	-44.5
Dpcfxz0+109.6-2	下游边墙高程 1351.10	2000	1265.4	1727.21	461.81	-13.6
Dpcfxz0+127.4-1	下游边墙高程 1344.50	3000	1618.6	1535.58	-83.02	-48.8
Dpcfxz0+136.6-2	下游边墙高程 1351.10	2000	1249.4	2348.11	1098.71	17.4
Dpcfxz0+138.4-1	下游边墙高程 1357.00	2000	1256.3	1339.62	83.32	-33.0
Dpcfxz0+140.37	下游边墙高程 1316.50	1750	1448.6	1611.71	163.11	-7.9
Dpcfxz0+145.4-1	下游边墙高程 1344.50	3000	1600.7	1573.1	-27.6	-47.6
Dpcfxz0+153.4-1	下游边墙高程 1349.50	3000	1515.7	1585.5	69.8	-47.2
Dpcfxz0+153.4-2	下游边墙高程 1341.25	3000	1591.3	1457.57	-133.73	-51.4
Dpcfxz0+181.4-1	下游边墙高程 1344.50	3000	1575.9	1292.75	-283.15	-56.6
Dpcfxz0+189.87	下游边墙高程 1316.50	1750	1245.6	2068.99	823.39	20.4
Dpcfxz0+193.7-1	下游边墙高程 1349.50	3000	1593.5	1641.55	48.05	-45.3
Dpcfxz0+194.4-1	下游边墙高程 1357.00	2000	1236.6	1338.8	102.2	-33.0
Dpcfxz0+195.1-2	下游边墙高程 1351.10	2000	1220.1	1928.74	708.64	-3.1
Dpcfx0+208.4-1	下游边墙高程 1344.50	3000	1575.9	1410.91	-164.99	-52.9
Dpcfx 左 0+020.5-1	下游边墙高程 1337.00	3000	1449.3	1355.42	-93.88	-54.8
Dpcfxz 左 0+013-1	下游边墙高程 1341.25	3000	1489.1	1486.41	-2.69	-50.5

6.8.2.3　大型洞室预应力锚索的安全性评估标准讨论

在锚固系统达到预期加固效果以后，锚固系统自身的安全性也是设计过程中需要关注的主要问题之一。大型岩体工程中，预应力锚索需要考虑预应力锚索设计荷载和张拉荷载这两方面的合理性。对于特定工程，张拉预应力荷载与锚索设计荷载的比值将直接影响锚索支护岩体的效果，两者比值太小则不能有效发挥锚索预拉荷载支护岩体的作用；两者比值过大，则容易在岩体变形释放较大时，锚索自身安全裕度不足，发生锚索普遍超限问题。

通常而言，由于地下工程围岩条件的复杂性和不确定性，以及工程布置和施工过程的多样性，系统支护中各锚索自身的工作性态也将极其复杂并可能具有明显差异，为充分发挥系统锚固效果，部分锚索的受力可能偏大，这样将不可避免地会出现一些锚索超限问题，并可能随之带来相应的工程风险。根据以往的工程实践经验，在大型水电工程地下厂房洞室群建设中，出现锚索超限的现象是相对普遍的。由于地下洞室系统预应力锚索加固效果主要取决于锚固系统在长期运行中能否提供足够的综合锚固力，因此少部分的锚索超限现象一般不会导致其自身承载力的完全丧失，也不会明显影响到系统锚索的整体锚固效果。但是，如果出现较大范围的锚索超限问题，则可能会影响到系统锚固效果，进而将影响围岩的长期稳定性和安全储备，这时需及时开展超限原因分析并适时研究补强加固处理措施。可见，如何合理可靠地评价大型地下洞室的锚索超限现象是需要深入思考的问题。

从现有认识来看，可结合相关规范规程、工程案例经验等，建立地下洞室群的锚索荷载超限控制标准，用以分析评价支护系统的安全性以及洞室围岩的稳定性。地下洞室群系统锚索安全性分析思路图 6.8-2 所示。

针对地下厂房洞室群或类似工程，建议从以下几个方面对洞室锚索超限问题进行风险评估：

(1) 洞室群锚索的整体超限率，即整个洞室开挖完成后的超限锚索占比。工程条件好的地下洞室一般不需布置预应力锚索，即便布置也应尽量避免出现锚索超限问题。而对于复杂地质条件下的地下洞室，锚索超限问题十分常见，将锚索整体超限率控制在较低水平内，并不会影响系统锚索的整体锚固效果。类比大量西部同类工程案例，锚索超限率偏高（超过 20%）的地下洞室在实际施工过程中均遇到了诸多风险，出于工程安全的考虑，建议将大型水电站地下厂房洞室群系统锚索的整体超限率控制在 10%～20%以下为宜，确保洞室整体具备足够的安全裕度。

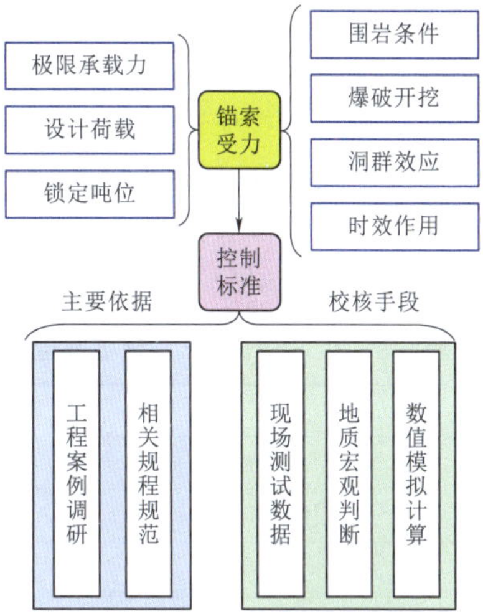

图 6.8-2 地下洞室群系统锚索安全性分析思路

(2) 单根锚索的超限比，即在运行期锚索自身荷载超过设计荷载的比例，其在一定程度上决定了围岩的局部稳定性特征。显然，“锚索整体超限率”适用于评估洞室的整体锚索加固效果和安全裕度，“单根锚索的超限比”侧重于评价局部问题。单根锚索超限可能带来的潜在工程风险，施工期可按规范建议的超限比（超 10%的设计荷载作为预警值，即 $1.1f_s$）来管控和预警，永久运行期可适当放宽，比如单根锚索的超限比按小于 $1.2f_s$ 来控制（锦屏一级水电站地下洞室单根锚索超限比的建议值为小于 $1.25f_s$，杨房沟水电站地下洞室单根锚索超限比的建议值为小于 $1.2f_s$），若锚索受力超过时则需要分析其原因机制和影响，并研究针对性加强处理措施。对于局部洞段或特殊工程部位存在较多锚索超限（超设计荷载）的情况，即便单根的超限比不高，一般也建议分析其原因机制并针对性补强加固。

(3) 以数值反馈分析计算成果作为参考。系统锚索的监测数量、监测部位均相对有限，数值反馈分析计算可作为综合评估系统锚索总体受力情况和安全性的重要手段。在施工期开展动态监测数据反馈分析工作，对调整和优化系统锚固方案，评估支护系统的安全性和可靠性十分必要。

(4) 秉承具体问题具体分析的原则。在工程实践中，对于锚索应力超限问题突出的部位，需根据实际围岩地质条件，综合现场调查、监检测数据（如多点位移计、表观监测、锚杆应力计、松弛声波检测等）和数值分析等多方面资料或手段，客观全面地分析评估加强支护方案的必要性和可行性。

6.8.3 地下洞室群锚索安全控制标准与预警指标

杨房沟水电站地下洞室群属于中等地应力区，围岩地质条件相对较好。在制定锚索锁定吨位、安全控制标准与预警指标时需考虑以下两方面的协调或适宜：①洞室锚索整体超限率不宜过高，应具备一定的整体安全裕度，以保证洞室长期运行稳定；②从确保施工期围岩稳定的角度出发，尽量高效发挥系统锚索的锚固力，锚索初始锁定吨位设定不宜过低，施工中可以接受适量的锚索超限。

基于上述研究，根据“锚索整体超限率”“单根锚索超限比”等关键指标，提出了杨房沟水电站地下洞室群系统锚索安全控制标准与预警指标，见表 6.8－8。显然，该锚索预警指标将是围岩分层变形安全预警系统的良好补充。

表 6.8－8　　地下洞室群系统锚索安全控制标准与预警指标

(A) 系统锚索整体加固效果和安全裕度评价		
指标	分级	
整体锚索超限率	≤10%	≤20%
评价等级	优	良

(B) 局部锚索预警与安全裕度评价		
指标	分级	
单根锚索超限比	≤10% (<$1.1f_s$)	≤20% (<$1.2f_s$)
评价说明	施工期预警指标	运行期基本要求

注　1. 单根锚索的超限比预警时，应针对性加强支护。对于特殊工程部位，即便单根锚索超限比不高，也建议针对性补强加固。
2. 系统锚索的监测数量、部位有限，可以数值反馈分析成果作为参考。
3. 应秉承具体问题具体分析的原则，根据实际围岩地质条件，综合现场调查、监检测数据和数值分析等多方面资料或手段，客观全面分析评估加强支护方案的必要性和可行性。

6.8.4　现场应用实践情况

杨房沟水电站地下洞室群开挖过程中，少部分锚索测力计接近或超过设计值，地下三大洞室整体锚索超限率统计见表 6.8－9。从系统监测情况看，整体锚索超限率为 15.7%，其中主厂房为 13.3%（4 台锚索测力计超限），主变室内整体锚索超限率为 0，尾调室边墙整体锚索超限率为 14.3%（不包含中隔墩），在尾调室中隔墩的三台锚索测力计中有两台超限，超限率偏高。

表 6.8－9　　地下三大洞室整体锚索超限率统计表

洞室名称	已安装锚索测力计数量/台	测值已超（基本达到）锚索实际承载力的数量/台	整体锚索超限率/%
主副厂房洞	30	4	13.3
主变室	4	0	0.0
尾调室边墙	14	2	14.3
尾调室中隔墩	3	2	—
三大洞室总计	51	8	15.7

洞室开挖卸荷作用是边墙锚索测力计不断增长的主要原因，随着各洞室开挖支护完成，监测数据显示各锚索受力已趋于收敛。表 6.8－10 给出了杨房沟水电站地下洞室群三大洞室中锚索超限问题统计与分析评价。从类似工程经验及锚索设计原理来看，锚索测值

超限 10%左右并不会引起钢绞线立即拉断、支护力失效的情况，并且在大部分锚索超限部位，现场已采取了相应的深层加固处理，可以保证洞室围岩的安全稳定。总体上看，杨房沟水电站地下洞室群的整体锚索超限率较小，单根锚索的最大超限比也相对较低，系统锚索发挥了良好的整体锚固效果，并具备一定的安全裕度。

表 6.8-10　　杨房沟水电站地下洞室群锚索超限问题统计与分析评价

超限锚索位置		设计荷载/kN	锁定荷载/kN	实际荷载测值/kN	超限比/%	超限原因与处理措施
主副厂房洞	厂右 0+00 洞段下游边墙高程 1997.0m	2000	1400	2238.1	11.9	超限原因：①高边墙应力释放；②锚索位于高边墙腰部；③地质条件偏差（Ⅲ$_2$ 类）。 处理措施：现场采取了内插加强锚索
主副厂房洞	厂右 0+33 洞段下游边墙高程 1997.0m	2000	1400	2124.9	6.2	
主副厂房洞	厂右 0+99 洞段下游边墙高程 1997.0m	2000	1400	2040.1	2.0	
主副厂房洞	厂右 0+33 洞段上游边墙高程 2011.0m	2000	1400	2366.7	18.3	超限原因：①开挖引起的上游拱肩和拱座区域应力调整；②顺洞向陡倾角节理发育；③松弛圈范围扩大，围岩条件进一步恶化导致该区域变形和锚索测力偏大。 处理措施：采取针对性深层锚索加固处理
尾调室	厂右 0+00 洞段上游边墙高程 2022.5m	2000	1400	2282.9	14.1	
尾调室	厂右 0+66 洞段上游边墙高程 2022.5m	2000	1400	2208.6	10.4	
尾调室中隔墩	中隔墩顶部高程 2005.5m	1000	700	1172.3	17.2	超限原因：岩柱双向开挖卸荷松弛变形问题突出，原锚索设计吨位和预留吨位均偏小。 处理措施：尾调室永久衬砌+固结灌浆
尾调室中隔墩	中隔墩顶部高程 1991.0m	1500	900	1717.3	14.5	超限原因：岩柱双向开挖卸荷松弛变形问题突出，安全裕度偏低。 处理措施：现场进行锚筋桩补强加固，顶部混凝土封闭

6.9 本章小结

依托复杂大型地下洞室群建设的施工期动态监测反馈分析方法体系，充分发挥专家技术团队在复杂地下工程建设中的主观能动性和技能储备，从现场调研、理论分析、数值模拟等多角度，对高边墙变形大、喷层开裂掉块、锚索超限、不利断层影响、蚀变岩体、围岩块体稳定等多个复杂工程问题的成因及其影响机制进行详细的分析论述，提出了针对性处理措施和建议，并结合安全监检测成果对加强支护效果和围岩稳定特征进行了综合评价，有效解决了复杂工程环境下的各类工程技术难题，实现了大型洞室群围岩安全稳定。

通过总结提炼，上述成果也形成了诸多的工程技术标准或分析流程，具体包括：创建了高应力条件下大型地下洞室围岩破坏、喷层开裂成因机制分析方法与防护设计理论，研发了岩壁吊车梁设计及加固措施快速计算分析程序，建立了复杂地质条件下大型地下厂房岩壁吊车梁缺陷设计理论与快速分析系统，构建了大型地下厂房岩体蚀变影响带的致灾机理分析与风险防控的标准工作方法，建立了复杂大型地下洞室群施工期系统锚索安全控制标准与预警指标。这些关键技术为地下洞室群围岩稳定及支护结构安全评价提供了重要技术支撑，实现了施工过程安全危险源的分级动态管控，更加全面、可靠地保障了杨房沟百万千瓦级水电站地下洞室群围岩及支护结构的安全稳定，具有显著的应用推广价值。

参考文献

[1] Anon. Best Practices in EPC Project Scheduling [J]. Ingenieria Quimica, 2006 (38) : 92 - 94.

[2] Ahmed T N, Ruwanpura J Y, Clark R. Predicting Schedule and Cost Elements' Variation for EPC Projects in Alberta [C]//Construction Research Congress 2005: Broadening Perspectives. 2005: 1 - 10.

[3] Moreau K A, Back W E. Improving the Design Process with Information Management [J]. Automation in Construction, 2000, 10 (1): 127 - 140.

[4] Brush Patricia A. Using an Integrated Approach to Manage Health, Safety, and Environmental (HSE) Activities on Enigeering, Procurement, and Construction (EPC) projects [C]//Proceedings of the Air and Waste Management Associations, Annual Meeting and Exhibition. 2004: 4489 - 4495.

[5] Hoek E, Brown E T. Underground excavations in rock [J]. Institution of Mining and Metallurgy, Elsevier Applied Science, 1977: 527.

[6] Hoek E. Rock Engineering [M]. Rotterdam : A. A. Balkema Publishers, 2005.

[7] Kaiser P K, Diederichs M S, Eberhardt E. Damage initiation and propagation in hard rock during tunnelling and the influence of near - face stress rotation [J]. International Journal of Rock Mechanics & Mining Sciences, 2004, 41 (5): 785 - 812.

[8] Carranza - Torres C, Cundall P, Hart R. A new constitutive model based on the Hoek - Brown criterion [J]. FLAC and numerical Modeling in Geomechanics, 2003: 321 - 331.

[9] Martin C D, Kaiser P K, McCreath D R. Hoek - Brown parameters for predicting the depth of brittle failure around tunnels [J]. Canadian Geotechnical Journal, 1999, 36 (1): 136 - 151.

[10] Bieniawski Z T. Classification of rock masses for engineering: the RMR system and future trends [A]. In: Hudson J A, editor. Comprehensive rock engineering, Oxford, 1993: 553 - 573

[11] Cundall P A. A computer model for simulating progressive, large - scale movements in blocky rock system [C]//Proceedings of the International Symposium on Rock Mechanics, 1971, 8: 129 - 136.

[12] Barton N. Some new Q - value correlations to assist in site characterization and tunnel design [J]. International Journal of Rock Mechanics and Mining Sciences, 2002, 39 (2): 185 - 216.

[13] Hoek E, Marinos P, Benissi M. Applicability of the geological strength index (GSI) classification for very weak and sheared rock masses [J]. Bulletin of Engineering Geology and the Environment, 1998, 57 (2): 151 - 160.

[14] Hoek E, Carranza - Torres C, Corkum B. Hoek - Brown failure criterion—2002 edition [J]. Proceedings of NARMS - Tac, 2002, 1 (1): 267 - 273.

[15] Eberhardt E. The hoek - brown failure criterion [J]. Rock Mechanics and Rock Engineering, 2012, 45 (6): 981 - 988.

[16] Wang T , Tang W , Qi D , et al. Enhancing Design Management by Partnering in Delivery of International EPC Projects: Evidence from Chinese Construction Companies [J]. Journal of Construction Engineering and Management, 2016, 142 (4): 04015099.

[17] Yeo K T. Ning J H. Integrating supply chain and critical chain concept in engineer procure construct (EPC) projects [J]. International Journal of Project Management, 2002, 20 (4): 253 - 262 .

[18] Fairhurst C. Nuclear waste disposal and rock mechanics: contributions of the Underground Research Laboratory (URL), Pinawa, Manitoba, Canada [J]. International Journal of Rock Mechanics and Mining Sciences, 2004, 41 (8): 1221-1227.

[19] Mas Ivars D. Inflow into excavations: a coupled hydro-mechanical three-dimensional numerical study [D]. Licentiate Thesis, KTH, Stockholm, Sweden, 2004.

[20] Barton C A, Zoback M D. Stress perturbations associated with active faults penetrated by boreholes: Possible evidence for near-complete stress drop and a new technique for stress magnitude measurement [C]//US symposium on rock mechanics. 1993, 34: 65-68.

[21] Cornet F. H, BerardT, Bourouis S. How close to failure is a natural granite rock mass [J]. Int J Rock Mech Min Sci, 2007, 44: 47-66.

[22] Haimson B C, Cornet F H. ISRM Suggested Methods for rock stress estimation—part 3: hydraulic fracturing (HF) and/or hydraulic testing of pre-existing fractures (HTPF) [J]. International journal of rock mechanics and mining sciences, 2003, 40 (7-8): 1011-1020.

[23] Kuriyagawa M, Kobayashi H, Matsunaga I, et al. Application of hydraulic fracturing to three-dimensional in situ stress measurrement [C] //International Journal of Rock Mechanics and Mining Sciences & Geomechanics Abstracts. Pergamon, 1989, 26 (6): 587-593.

[24] Sjöberg J, Christiansson R, Hudson J A. ISRM suggested methods for rock stress estimation—part 2: overcoring methods [J]. International Journal of Rock Mechanics and Mining Sciences, 2003, 40 (7-8): 999-1010.

[25] Wileveau Y, Cornet F H, Desroches J, et al. Complete in situ stress determination in an argillite sedimentary formation [J]. Physics and Chemistry of the Earth, Parts A/B/C, 2007, 32 (8-14): 866-878.

[26] Goodman R E. The mechanical properties of joints [C]. Proceedings of the Third International Congr International Society of Rock Mechanics, National Academy of Sciences, Washington, DC, 1974: 127-140.

[27] Bandis S C, Lumsden A C Barton N R. Fundamentals of rock joint deformation [J]. International Journal of Rock Mechanics and Mining Sciences and Geomech Abstracts, 1983, 20 (2): 249-268.

[28] Hudson J A. Engineering rock mechanics [M]. London: Redwood publishing company, 1997.

[29] Min K B, Jing L. Numerical determination of the equivalent elastic compliance tensor for fractured rock masses using the distinct element method [J]. International Journal of Rock Mechanics and Mining Sciences , 2003, 40 (6): 795-816.

[30] Min K B, Jing L, Stephansson O. Determining the equivalent permeability tensor for fracture rock masses using a stochastic REV approach: method and application to the field data from Sellafield, UK [J]. Hydrogeology Journal, 2004, 12 (4): 497-510.

[31] Kulatilake P H, Wu T H. Estimation of mean trace length of discontinues [J]. International Journal of Rock Mechanics and Mining Sciences and Geomech Abstracts, 1984, 21 (2): 203-212.

[32] Singh B, Goel R. Rock Mass Classification-A Practical Approach in Civil Engineering [M]. New York: Elsevier, 1999.

[33] Morland L W. Continuummodel of regularly jointed mediums [J]. Journal of Geophysical Research, 1974, 79 (2): 357-362.

[34] Amadei B, Goodman R E. A 3-D constitutive relation for fractured rock masses [C]//In proceedings of the International Symposium on the Mechanical Behavior of Structured Media. Ottawa: 1981.

[35] Gerrard C M. Elastic models of rock masses having one, two and three sets of joints [J]. Interna-

tional Journal of Rock Mechanics and Mining Sciences and Geomechanics Abstracts. 1983, 19 (1): 12-23.

[36] Yoshinaka R, Yamabe T. Joint stiffness and the deformation behaviour of discontinuous rock [J]. International Journal of Rock Mechanics and Mining Sciences and Geomechanics Abstracts. 1986, 23 (1): 19-28.

[37] Chang C S, Huang T H. A constitutive model for jointed rock masses [J]. Journal of the Chinese Institute of Engineers. 1989, 11 (1): 25-34.

[38] Li C. Technical Note A Method for Graphically Presenting the Deformation Modulus of Jointed Rock Masses [J]. Rock Mechanics and Rock Engineering. 2001, 34 (1): 67-75.

[39] Pinto A, Cunha D. Scale Effects in Rock Masses [M]. Rotterdam: A. A. Balkema Publishers, 1990.

[40] 朱焕春，赵海斌．河谷地应力的数值模拟 [J]. 水利学报，1996 (5): 29-36.

[41] 朱焕春，李浩．论岩体构造应力 [J]. 水利学报，2001 (9): 81-85.

[42] 朱树英，邹菁．交钥匙工程（EPC）合同法律特性以及在运作中会产生的问题——兼评江苏常州某热电厂项目 EPC 总承包合同纠纷 [J]. 建筑经济，2003 (5): 41-45.

[43] 孟宪海，赵启，张扬．全球四大著名 EPC 公司分析 [J]. 建筑经济，2004 (6): 82-84.

[44] 李小宁．EPC 工程总承包全过程项目控制 [J]. 国际经济合作，2000 (6): 41-46.

[45] 杨军．工程项目联合体总承包模式及其管理研究 [D]. 北京：对外经济贸易大学，2009.

[46] 孙利辉，徐寅峰，王军．研究联合体形成博弈及均衡结构的存在性研究 [J]. 系统工程理论与实践，2007, 27 (3): 78-81.

[47] 赵涛，刘圣平，石凤志．基于 EPC 联合体的绩效评价模型研究 [J]. 哈尔滨商业大学学报（自然科学版），2006, 22 (1): 144-146.

[48] 石崇，褚卫江，郑文棠．块体离散元数值模拟技术及工程应用 [M]. 北京：中国建筑工业出版社，2016: 189-197.

[49] 冯夏庭，张传庆，李邵军，等．深埋硬岩隧洞动态设计方法 [M]. 北京：科学出版社，2013.

[50] 张春生，侯靖，徐建荣，等．白鹤滩水电站巨型地下洞室群围岩稳定分析与设计方法 [M]. 北京：中国水利水电出版社，2019.

[51] 朱维申，孙爱花，王文涛，等．大型洞室群高边墙位移预测和围岩稳定性判别方法 [J]. 岩石力学与工程学报，2007, 26 (9): 1729-1736.

[52] 冯夏庭，江权，苏国韶．高应力下硬岩地下工程的稳定性智能分析与动态优化 [J]. 岩石力学与工程学报，2008, 27 (7): 1341-1352.

[53] 孟国涛，樊义林，江亚丽，等．白鹤滩水电站巨型地下洞室群关键岩石力学问题与工程对策研究 [J]. 岩石力学与工程学报，2016, 35 (12): 2549-2560.

[54] 张倬元，王士天，王兰生．工程地质分析原理 [M]. 北京：地质出版社，1994.

[55] 孙广忠，孙毅．地质工程学原理 [M]. 北京：地质出版社，2004.

[56] 程良奎．岩土锚固 [M]. 北京：中国建筑工业出版社，2003.

[57] 李仲奎，周钟，汤雪峰，等．锦屏一级水电站地下厂房洞室群稳定性分析与思考 [J]. 岩石力学与工程学报，2009, 28 (11): 2167-2175.

[58] 魏进兵，闵弘，邓建辉．龙滩水电站巨型地下洞室群稳定性分析 [J]. 岩石力学与工程学报，2003, 22 (s1): 2259-2263.

[59] 朱焕春，Andrieux P，钟辉亚．节理岩体数值计算方法及其应用（二）：工程应用 [J]. 岩石力学与工程学报，2005, 24 (1): 0089-0096.

[60] 中华人民共和国住房和城乡建设部，中华人民共和国国家质量监督检验检疫总局．岩土锚杆与喷射混凝土支护工程技术规范：GB 50086—2015 [S]. 北京：中国计划出版社，2015.

[61] 中华人民共和国水利部．水电工程预应力锚固设计规范：DL/T 5176—2003 [S]. 北京：中国水利水电出版社，2003.

[62] 董志宏，丁秀丽，陈胜宏，等．高应力大型地下厂房岩壁吊车梁原型观测与变形机理分析 [J]. 水力发电学报，2015，34 (2)：156-163.

[63] 曾静，盛谦，杨昌定．地下厂房岩壁吊车梁施工与运行期全过程数值仿真分析 [J]. 岩石力学与工程学报，2006，25 (s1)：3051-3056.

[64] 单治钢，段伟锋，吕敬清，等．四川省雅砻江杨房沟水电站可行性研究报告 [R]. 杭州：中国电建集团华东勘测设计研究院有限公司，2012.

[65] 孙强，朱术云，薛雷．西南某地岩石蚀变机制及工程地质特性 [J]. 中南大学学报（自然科学版），2012 (12)：230-237.

[66] 于新华，蒯波．蚀变花岗岩工程特性研究 [J]. 西部探矿工程，2007 (6)：94-96.

[67] 苗朝，沈军辉，李文纲，等．大岗山坝区花岗岩蚀变特征及工程地质特性研究 [J]. 人民长江，2013，44 (24)：23-25.

[68] 魏志云，徐光黎，申艳军，等．大岗山水电站地下厂房区辉绿岩脉群发育特征及稳定性状况评价 [J]. 工程地质学报，2013 (2)：38-47.

[69] 魏伟，沈军辉，苗朝，等．风化、蚀变对花岗斑岩物理力学特性影响分析 [J]. 工程地质学报，2012 (4)：131-138.

[70] 杨根兰．蚀变岩特性及其工程响应研究 [D]. 成都：成都理工大学，2007.

[71] 王振，李明霞，黄志全，等．蚀变岩体对洞室围岩稳定性影响研究 [J]. 人民黄河，2012，34 (3)：125-127.

[72] 郭健，许模，张强．蚀变花岗岩特征及工程特性研究 [J]. 甘肃水利水电，2009，(45)：25-30.

[73] 徐光黎，董家兴，李志鹏，等．声波测试法在判别地下厂房 EDZ 中的应用 [J]. 地球科学，2014 (11)：1599-1606.

[74] 中华人民共和国住房和城乡建设部，中华人民共和国国家质量监督检验检疫总局．水力发电工程地质勘察规范：GB 50287—2006 [S]. 北京：中国计划出版社，2008.

[75] 朱合华，张琦，章连洋，等．Hoek-Brown 强度准则研究进展与应用综述 [J]. 岩石力学与工程学报，2013，32 (10)：19.

[76] 夏开宗，陈从新，刘秀敏，等．基于岩体波速的 Hoek-Brown 准则预测岩体力学参数方法及工程应用 [J]. 岩石力学与工程学报，2013，32 (7)：1458-1466.

[77] 郭维祥，郑克勋，胡政，等．基于 Hoek-Brown 方法的强度参数取值及水电工程应用与案例分析 [J]. 长江科学院院报，2017 (4)：75-81，86.

[78] 国家能源局．地下厂房岩壁吊车梁设计规范：NB/T 35072—2016 [S]. 北京：中国电力出版社，2016.

[79] 徐建军．基于技术引领和标准先行的水电总承包管理新模式探讨 [J]. 水电与抽水蓄能，2018，4 (6)：41-43.

[80] 陈雁高，徐建军，唐孝林，等．杨房沟水电站 EPC 总承包管理实践 [J]. 人民长江，2018，49 (24)：12-16.

[81] 曾新华，谢国权．大型水电工程总承包跨越式发展浅论 [J]. 人民长江，2018，49 (24)：1-6.

[82] 周强．杨房沟水电站地下厂房开挖施工技术 [J]. 施工技术，2019 (11)：48.

[83] 曾新华，谢国权．杨房沟水电站总承包建设模式探讨 [J]. 人民长江，2016，47 (20)：1-4，18.

[84] 周勇，李啟常，潘兵，等．杨房沟水电站深切河谷地应力场反演分析 [J]. 人民长江，2018，49 (24)：48-52，75.

[85] 申茂夏，张春生，李东林，等．杨房沟水电站 EPC 工程总承包管理实践 [J]. 水力发电，2018，44 (12)：82-86.

[86] 方丹，陈建林，张帅．杨房沟水电站地下厂房围岩稳定分析［J］．岩石力学与工程学报，2013，32（10）：2094－2099.

[87] 沈俊良，周勇．杨房沟水电站地下洞群锚索荷载超限控制研究［J］．水利水电技术，2019（6）.

[88] 侯东奇，臧海燕，廖成刚．“动态设计理念和适度性支护原则”在锦屏一级水电站地下厂房洞室群开挖支护设计和施工中的初步应用与体会［J］．水电站设计，2011（3）.

[89] 查京民．国际工程总承包项目管理［M］．北京：化学工业出版社，2006.

[90] 陈云华．杨房沟水电站 EPC 建设管理［J］．水电与抽水蓄能，2018，4（6）：30－34.

[91] 陈志华，于海丰，成虎．EPC 总承包项目风险管理研究［J］．建筑经济，2006，S2：89－91.

[92] 代晓艳．2013 版“清单计价规范”体系下固定价格合同价款调整及风险分担［J］．中国招标，2014（8）：37－43.

[93] 王卓甫．工程项目风险管理——理论、方法与应用［M］．北京：中国水利水电出版社，2003.

[94] 朱小敏．水电施工企业工程项目索赔管理研究［D］．长沙：国防科学技术大学，2008.

[95] 徐磊，任青文．分形节理抗剪强度尺寸效应的数值试验［J］．采矿与安全工程学报，2008，24（4）：405－408.

[96] 王金安，谢和平，Kwasniewski M A. 剪切过程中岩石节理粗糙度分形演化及力学特征［J］．岩土工程学报，1997，19（4）：2－9.

[97] 吉锋，石豫川．硬性结构面表面起伏形态测量及其尺寸效应研究［J］．水文地质工程地质，2011，38（4）：63－68.

[98] 杜时贵，黄曼，罗战友，等．岩石结构面力学原型试验相似材料研究［J］．岩石力学与工程学报，2010，29（11）：2263－2270.

[99] 孟国涛，侯靖，陈建林，等．巨型地下洞室脆性围岩高应力破裂防治措施研究［J］．地下空间与工程学报，2019，15（1）：247－255.

[100] 向欣，王义锋，孟国涛，等．大跨度地下洞室拱顶稳定性及支护措施研究［J］．岩石力学与工程学报，2012，31（增 2）：3643－3649.

[101] 钱七虎，李朝甫，傅德明．隧道掘进机在中国地下工程中应用现状及前景展望［J］．地下空间．2002，22（1）：1－11.

[102] 董学晟，盛谦，周火明，等．三峡永久船闸高边坡开挖扰动区工程岩体力学性状研究［M］．武汉：湖北科学技术出版社，2003.

[103] 郭志华．层状岩体宏观力学参数的计算机模拟试验［D］．武汉：中国科学院武汉岩土力学研究所，2005.

[104] 周火明，盛谦，邬爱清．三峡工程永久船闸边坡岩体宏观力学参数的尺寸效应研究［J］．岩石力学与工程学报．2001，20（5）：661－664.

[105] 盛谦，杨启贵，陈胜宏．节理岩体宏观力学参数的计算机模拟试验［J］．地下空间．1999，19（5）：482－487.

[106] Müller L. 岩石力学［M］．北京：煤炭工业出版社，1981.

[107] 谷德振．岩体工程地质力学基础［M］．北京：科学出版社，1979.

[108] 孙玉科，李建国．岩质边坡稳定性的工程地质研究［J］．地质科学．1965，4（1）：1－5.

[109] 孙广忠．岩体结构力学［M］．北京：科学出版社，1988.

[110] 何满潮，邹友峰，邹正盛．岩石力学发展的新阶段——工程岩体力学［J］．水文地质工程地质．1994，1（1）：1－5.

[111] 科茨．岩石力学原理［M］．北京：冶金工业出版社，1978.

[112] 赵吉东，尹健民，周维垣，等．节理岩体断裂损伤模型在三峡坝基岩体力学参数模拟和预测中的应用［J］．岩石力学与工程学报．2002，21（2）：176－179.

[113] 李世海，董大鹏，燕琳．含节理岩块单轴受压试验三维离散元数值模拟［J］．岩土力学．2003，

24 (4)：648 - 652.

[114] 宁宇，徐卫亚，郑文棠，等．柱状节理岩体随机模拟及其表征单元体尺度研究 [J]. 岩石力学与工程学报．2008，27 (6)：1202 - 1208.

[115] 朱道建，杨林德，蔡永昌．柱状节理岩体各向异性特性及尺寸效应研究 [J]. 岩石力学与工程学报．2009，27 (7)：1405 - 1414.

[116] 朱道建，杨林德，蔡永昌．柱状节理岩体压缩破坏过程模拟及机制分析 [J]. 岩石力学与工程学报．2009，27 (4)：716 - 724.

[117] 晏长根，伍法权，祁生文，等．随机节理岩体变形与强度参数及其尺寸效应的数值模拟研究 [J]. 岩土工程学报．2009，31 (6)：879 - 885.

[118] 周创兵，於三大．论岩体表征单元体积 REV——岩体力学参数取值的一个基本问题 [J]. 工程地质学报．1999，7 (4)：332 - 336.

[119] 尤明庆，邹友峰．关于岩石非均质性与强度尺寸效应的讨论 [J]. 岩石力学与工程学报．2000，19 (3)：391 - 395.

[120] 樊启祥，强茂山，金和平，等．大型工程建设项目智能化管理 [J]. 水力发电学报，2017，36 (2)：112 - 120.

[121] 樊启祥，汪志林，林鹏，等．大型水电工程智能安全管控体系研究 [J]. 水力发电，2019，45 (3)：68 - 72，109.